U0235034

現代化学史
原子·分子の科学の発展

现代化学史

（日） 广田襄 著
（廣田 襄）

丁明玉 译

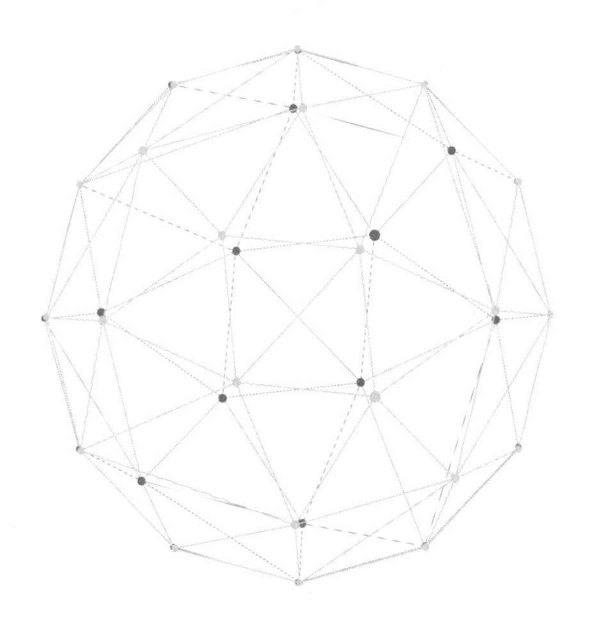

化学工业出版社
·北京·

化学在20世纪获得了大的发展，吸收物理学发展的成果，阐明了化学键的本质，能够在原子、分子水平理解物质结构和化学反应的本质；同时也为理解生命现象打下了基础，促进了分子生物学的兴起，为生命科学的发展做出了巨大贡献。

本书分三篇讲述。第1篇近代化学走向成熟，简要地讲述了19世纪化学的形成与发展过程，作为现代化学（第2、3篇）的铺垫；第2篇现代化学的诞生与发展，讲述了20世纪前半叶现代化学的诞生及其发展；第3篇当代化学，讲述了20世纪后半叶化学各个分支领域的发展状况。书中不仅有对化学原理、化学反应方面的成果记载，还有对化学发展起重要作用的化学装置的发明，以及现代化学发展的所有里程碑意义的发现。

GENDAI KAGAKUSHI /by Noboru Hirota
ISBN 978-4-87698-283-7

Original Japanese edition published by Kyoto University Press

北京市版权局著作权合同登记号：01-2018-2626

图书在版编目（CIP）数据

现代化学史 /（日）广田襄著；丁明玉译 .—北京：化学工业出版社，2018.6（2023.11 重印）
ISBN 978-7-122-32055-1

Ⅰ.①现… Ⅱ.①广… ②丁… Ⅲ.①化学史－世界－现代 Ⅳ.①O6-091

中国版本图书馆CIP数据核字（2018）第084184号

责任编辑：李晓红　　装帧设计：王晓宇
责任校对：王素芹

出版发行：化学工业出版社（北京市东城区青年湖南街13号　邮政编码100011）
印　　装：中煤（北京）印务有限公司
710mm×1000mm　1/16　印张33　字数640千字　2023年11月北京第1版第5次印刷

购书咨询：010-64518888　售后服务：010-64518899
网　　址：http://www.cip.com.cn
凡购买本书，如有缺损质量问题，本社销售中心负责调换。

定　　价：158.00 元　

译者序

TRANSLATOR'S PREFACE

记得还是在2016年上半年，化学工业出版社希望我牵头找几个人翻译日本广田襄先生所著《现代化学史》一书，还说是我的老朋友湖南大学吴海龙教授推荐他们来找我的。据说这本书也是吴教授在日本看过后觉得写得很好，才推荐给出版社的。当时，我因为自己手头的事情很忙，出版社几次和我提起翻译的事我都推辞了。于是，出版社就要我先大体看看内容，写一个书评，以便他们决定是否最终立项。

既然要写书评，就不能凭空胡说。在粗略浏览全书架构后，挑了两章稍微仔细读了一下。读后感觉该书对历史的脉络梳理得很清楚，对重大发明或发现在当时的科学价值以及历史意义的评说也比较准确和客观，对现代化学发展的科学背景（例如，古代和近代化学的基础，物理学的成果对化学进步的影响，化学对医学和生命科学等相关学科发展的促进等）有充分的铺垫和关联。书中的重要人物简介和穿插在正文中的科学家的趣闻轶事于人有益，既让人体会到科学发现的艰难困苦，又向人们讲述了科学发现也有偶然性。

书评交给出版社后就已经把这事抛到脑后了。突然，在2016年暑假的某天，出版社再次联系我，说决定翻译出版此书，还是希望我能负责翻译。这次我没有立即推辞，而是说考虑一下后再说。导致我不再当即推辞，或者说有点愿意接受这个任务的原因主要有两个：一是写书评时看过这本书后给我留下了好感和深刻印象；二是我也想好好系统地读读化学史，之前零零碎碎读到的一些化学史的片段既散乱也不全面。于是，暑假过后我就正式答应出版社翻译这本书，而且决定一个人独自翻译，打算从头到尾仔细学习一遍现代化学史。不过，我也提了一个条件，就是不要限定我交稿时间，因为我还是担心我挤不出太多时间来翻译，给自己留了一条后路。

尽管我是学化学的，大学的一外也是日语，而且还在日本留学多年，但真正翻译起来却比我预想的要难。例如，在人名的核实上就花了很多精力。很多人名我并不太熟悉，从日文读音很难对应上其中文译名；同一个人，已有的中文译名可能有好几个，对不太熟悉的人名就很难选择比较通用的中译名；不同事件中出现的读音相同的人名（姓或名），是同一个人还是不同的人有时无法确定，即使知道是同一个人，前后也可能译成不同的中译名（如：汤姆孙、汤姆逊和汤姆森）。于是，我决定查文献，尽量找到所有人名的英文和出生年月，并将这一信息补充标注在人名之后，以免读者产生混乱。还有一个困难就是有的专业名词的翻译，本人一直搞分析化学，对其他化学研究领域有很多都不太熟悉，只好临时抱佛脚看看文献，尽可能使用各专业领域规范（或通用）的专业名词。

拿出了当年高考复习的拼命劲头，总算在约定的时间交出了译稿。当时，还是与出版社签了个协议的，约定一年交稿，因为我有言在先不能保证按时完稿，所以双方都知道这个协议只是形式而已，约束力并不大，但我还是不愿轻易拖延。尽管我一再告诫自己要严谨认真，但时间太紧、困难又不少，加上水平所限，译文中肯定存在不少瑕疵。除了上面提到的人名和专业名词的翻译可能有不准确的，还有就是没有充足的时间对语言和文字做进一步润色，可能有不少语句读起来不太顺畅，未能充分展现中国语言的美感。在此诚恳地希望广大读者和同行不吝赐教，批评指正。

丁明玉

2018年5月于清华园

前言
FOREWORD

化学的定义

何为化学？回答这个问题绝非易事。查一下《岩波 理化辞典》（第5版）（岩波书店）化学条目，是这样写的：

“化学是研究物质，特别是化学物质的性质、结构以及这些物质相互间的化学反应的自然科学领域之一。根据研究方法、对象物质等差异，分为物理化学（或理论化学）、无机化学、有机化学、生物化学、应用化学等。……”

接着对化学的发展历史进行简短介绍后，做了如下归纳：

“化学与物理学之间的交叉领域物理化学、化学物理学，化学与以化学为基础的生物学之间的交叉领域生物化学、分子生物学等处于持续发展之中。”

作为常识，这样的说明或许是妥当的。化学介于物理学和生物学之间，有和物理学、生物学重合的部分，同时也是以化学反应为中心，研究物质结构和性质的学问。但是这并没有解决问题。作为研究物质性质的领域，在物理学中有物性物理学，处理生物、生命的分子生物学倒不如看作生物学的一个领域。自然界原本无界限，是在学术的发展过程中产生了学术领域的分化，因此严格的定义领域乃无从谈起。与物理学、生物学相比，化学的领域是比较模糊的。

何为化学的问题难以回答还可从下面的事情中体会到。回顾1960年以后的诺贝尔化学奖，发现获奖对象的业绩往往可以看成是属于分子生物学领域的。化学领域的诺贝尔奖评选委员会也包括了分子生物学、生物物理学，似乎考虑很广泛。另一方面，在最近十多年获得诺贝尔化学奖的人中，多人坦陈“不认为自己是化学家，所以获得诺贝尔化学奖感到意外”。这一现状正好说明即使是获得诺贝尔化学奖的科学家对何为化学也没有形成共识。这到底是怎么回事呢？要回答这个问题就有必要回顾化学是怎么发展、化学的概念是怎样演变而来的。

20世纪自然科学的发展的确引人注目。前半个世纪是以量子力学和相对论为代表的物理学的革命，后半个世纪是始于DNA结构解析的分子生物学的兴起，以及随之而来的生命科学大发展带来的生物学的革命。与之相比，化学又是怎样的情形呢？化学也在20 世纪获得了很大发展。吸收物理学发展的成果，阐明了化学键的本质，能够在原子、分子水平理解物质结构和化学反应的本质。同时也为理解生命现象打下了基础，促进了分子生物学的兴起，为生命科学的发展做出了巨大贡献。但是，也由此产生了化学是否失去了其独立性，仅仅是物理学或生物学的一部分的疑问。数年前关于化学在自然科学中的地位，在著名的《科学》杂志上曾有过讨论。认为化学成了为其他领域服务的学问，而作为学科领域的重要性被弱化了。

化学原本产生于人们想了解人类世界里存在的物质的构成和变化的欲望。如果把化学看成研究物质的结构、性质和反应的学问的话，那化学研究的对象就非常广泛，从宇宙空间里存在的物质直至生命，的确是无限的，理应可以说化学位于自然科学的中心。我们对物质的理解在20世纪有了显著进步，现在已经达到了可以观测和控制原子和分子的阶段。而且化学具有创造新物质的特点，这在其他自然科学领域是没有的。

如果考虑化学的应用方面，人类从化学的成果中所得到的恩惠大到难以估量。我们的生活被基于高分子化学成果的纤维和塑料所包围，90%以上的能量依赖化学能。医学和药学得益于生物化学和合成化学的进步而取得了长足发展。在农业领域，化肥的使用支撑了20世纪出现的人口爆发式增长。于是，化学渗透到工业、医学、药学、农学等各个领域，丰富了人类的物质生活。现代化学处于以纳米科学为基础的物质科学、材料科学的中心，其应用给人类生活带来重大影响。另外，在生命科学的前沿研究中，分子水平的化学研究的重要性正在提升。虽然化学也有涉及公害和破坏环境的负面因素，但现在化学的研究领域还在不断扩大。

为什么要写《现代化学史》

论述20世纪物理学和生物学发展的书很多，但论述这个世纪中基础化学发展的书却意外地少。以过去化学的概念考虑，化学领域的确没有出现能与物理学中的相对论和量子力学，以及生物学中的DNA结构解析相提并论的革命性进展。但是，化学的发展历史也充满了很多智慧的碰撞和激动人心的发现与发明。而且，从理解物质本质的角度来看，基于量子理论对物质结构和反应的理解是化学的巨大进步。如果从分子结构解析的角度来看，DNA的结构解析本身也可以说是化学领域的巨大发现。回顾化学的发展不能受过去的物理、化学、生物领域框架的束缚，从原子、分子科学的角度来考虑尤为重要。

当今，由于伴随学术进步出现的专业细分化，每一个研究者埋头于自己狭窄的专业领域，纵观学术全貌变得越来越困难。另一方面，在最尖端的研究中，做超越过去学术领域框架的跨界研究的很多。在这样的领域里经常可以见到大的新进展。我们特别期望像化学这样与其他领域相联系的学科，能够培养在宽广的学术范围内具有广阔视野的研究者。但是，在日本的大学、研究生教育中，从早期开始就分专业，培养视野狭窄的研究者的倾向很强。对开阔视野有用的一个方法或许就是通过回顾历史来反省学术发展的路径。另外，作为各领域的专业研究人员，回顾历史也有助于在整个学术中摆正自己研究的位置。最近的日本有将重心置于马上就能应用的研究的倾向，如果看看有重要影响的研究成果是怎样取得的，或许可以学到对于发展科学技术来说什么才是重要的。

关于化学史有很多优秀的著作。但遗憾的是多数是论述截至20世纪前半叶化学的发展。包括了20世纪后半叶化学发展的著作，说几乎没有也不为过。而化学取得大的发展，化学本身的特质也发生变化还是进入20世纪后半叶之后的事。也就是说要思考现代的化学，将截至最近的发展包含在内的现代化学史是众望所归。特别是在现在这样一个学术专业化的时代，谁也不可能做到通晓一个学术领域的全部，因此一个人写现代化学的通史或许应该说成是不自量力的尝试。笔者本人的研究方向属物理化学，是化学中的一个领域，在其中也只不过是研究核磁共振、光谱学、光化学这些专业领域的研究人员。因此对于博大的现代化学及其发展的历史知之甚少。尽管如此，退休后时间充裕，也可以从稍远一点的距离审视化学全貌。化学在自然科学中的位置，再往大一点讲，是化学对于人类要考虑什么。作为一个从事化学研究40余年的过来之人，我不忌才疏学浅，写自己的“现代化学史”，呈与世人。

那么如何捕捉现代的化学撰写其历史？我想不受限于以往的物理、化学、生物的框架，把化学看作“原子、分子的科学”来写化学史。接下来从此视点出发，以20世纪化学的发展为中心，弄清化学是怎样与物理学、生物学等相邻领域相互联系而发展起来的，追忆其充满活力的历史，思考其未来。因此，在本书中特地把基础化学的发展作为重点，将它对社会产生的影响以及受社会的影响都包括在内，概览其发展的历史，对于重要的发现是怎样产生的，对其背景也想做些探索。

化学是人类的营生，与其他文化和艺术的领域一样，是与担当化学进步的伟人们密不可分的。这些人多是具有特殊兴趣的人物，了解这些人也就是了解人类的多样性，也是学习化学史的一大乐趣。因此在本书中将这样的化学家的小故事作为专栏列出。但愿这个专栏对增加化学读者的兴趣有所裨益。

撰写本书的过程中参考了很多文献。将其中我认为特别重要的文献筛选出来列于各章尾。另外，许多重要的经典论文已翻译成日文收录于《化学之原典》丛书中，其中的参考也有记载。请有兴趣的读者参考。主要学术杂志的简称如下。

- *Anal. Chem.: Analytical Chemistry*
- *Angew. Chem.: Angewandte Chemie*
- *Ann.: Justus Liebigs Annalen der Chimie*
- *Ann. der Chem. Pharm.: Annalen der Chimie und Pharmacia*
- *Ann. Phys.: Annalen der Physik*
- *Ber.: Chemische Berichte*
- *Ber. Chem. Ges.: Berichte der Deutschen Chemiscen Gesellshaft*
- *Biochem. Biophys. Res. Commun: Biochemical and Biophysical Research Bull.*
- *Bull. Chem. Soc. Jpn.: Bulletin of the Chemical Society of Japan*
- *Bull. Soc. Chem. France: Bulletin de la Societe Chimique de France*
- *Chem. Biochem. Z.: Biochemische Zeitschrift*
- *Chem. Commun.: Chemical Communications*
- *Chem. Phys. Lett.: Chemical Physics Letters*
- *J. Am. Chem. Soc.: Journal of American Chemical Society*
- *J. Biol. Chem. Soc.: Journal of Biological Chemistry*
- *J. Chem. Phys.: Journal of Chemical Physics*
- *J. Chem. Soc.: Journal of the Chemical Society*
- *J. de Chim. Phys.: Journal de Chimie Physique et de Physico-Chimie Biologique*
- *J. Mol. Bio.: Journal of Molecular Biology*
- *J. Org. Chem.: Journal of Organic Chemistry*
- *J. Phys. Chem.: Journal of Physical Chemistry*
- *Naturwiss.: Naturwissenschaften*

- *Phil. Mag.: Philosophical Magazine*
- *Phys. Rev.: Physical Review*
- *Phys. Rev. Lett.: Physical Review Letters*
- *Proc. Chem. Soc. London: Proceedings of the Chemical Society London*
- *Proc. Natl. Acad. Sci.: Proceedings of the National Academy of Science*
- *Proc. Roy. Soc.: Proceedings of the Royal Society*
- *Trans. Faraday Soc.: Transactions of the Faraday Society*
- *Z. Anorg. Chem.: Zeitschrift fur Anorganische und Allgemeine Chemie*
- *Z. Naturforsch: Zeitschrift fur Naturforschung*
- *Z. Physikal. Chem.: Zeitschrift fur Physikalische Chemie*
- *Z. Elektrochem.: Zeitschrift fur Elektrochemie*
- *Z. Physik.: Zeitschrift fur Physik*

目 录
CONTENTS

第1篇 近代化学走向成熟

第1章 近代化学之路
——18世纪末之前的化学：原子·分子科学的曙光

第2章 近代化学的发展
——19世纪的化学：原子·分子概念的确立与专业分化

第2篇 现代化学的诞生与发展

第3章 19世纪末至20世纪初物理学的革命

——X射线、放射线、电子的发现和量子论

第4章 20世紀前半叶的化学

——原子•分子科学的成熟与壮大

151

第3篇　当代化学

第5章　20世纪后半叶的化学（Ⅰ）

第6章

20世纪后半叶的化学（Ⅱ）

——基于分子的生命现象的理解

第7章 20世纪的化学与未来

453

第1篇
近代化学走向成熟

第1章 近代化学之路

——18世纪末之前的化学：原子•分子科学的曙光

拉瓦锡和汞氧化实验装置

本书将重点放在20世纪来回顾化学的发展。但学术的进步是连续的，为了理解全貌，有关此前状况的知识也是必需的。因此在最初的两章中总结一下20世纪之前的化学史。本章简单地介绍18世纪后半叶经历拉瓦锡（Antoine-Laurent de Lavoisier，1743—1794）的化学革命，到近代化学起步之间化学的进步。有关这一时期的化学，在很多化学史的书籍中有详细记述，有兴趣的读者请参阅文献[1-7]。此外，在章末列出的科学史书籍中也有关于化学史的记述[8-10]。

1.1 化学的源流

或许当人类变得知道使用火、烧柴来取暖、将食物烧煮后食用时，就已经开始注意到了物质的变化。用火制土器、炼矿得到铜、铁等金属这样的技术可以说是利用物质变化的化学技术的开始。于是要知道物质的变化并利用它，由此就会产生对物质的构成、物质的本质的疑问。化学可以说就是产生于人们对这些古代的化学技术以及物质本质的好奇心。

化学，即“chemistry”的词源据说源于埃及语“黑土”的意思的词语。正如其所示，化学始于古代埃及的窑业和冶金技术，由此传到希腊、罗马。另外，在古代中国、印度、阿拉伯也发展起来了独自的化学技术，有自己的物质观。在本章简单地介绍与近代化学的发展相联系的希腊人的物质观，从希腊文化中心埃及的亚历山大经由阿拉伯在12世纪前后传入欧洲的炼金术，以及由此派生出来的医药化学和与化学相关的技术。

1.1.1 希腊人的物质观

无论哪个古代文明似乎都有某种物质观，但对化学的发展有重大影响的是古希腊哲学家们的物质观。公元前6世纪前后，米莱特斯［Miletos，面向爱琴海的小亚细亚（今土耳其境内）的希腊人都市］的泰利斯（Thales，公元前624—前546前后）认为所有物质的本源都是水。阿那克西曼德（Anaximandros，公元前610—前546前后）认为对任何已知的物质都不能认定彼此相同，相信存在永恒无限的万物之源（primary substance：第一物质）。希拉克略（Herakleios，公元前535—前475）认为唯有变化才是这个世界唯一的现实，火是代表变化的第一物质。与这些不同的另一派认为世界是由在真空中旋转的原子构成。原子论始于留基伯（Leukippos，生卒年不详），代表性人物是德谟克利特（Demokritos，公元前460—前370），他认为原子坚硬而均一且种类有限。伊壁鸠鲁（Epikouros，公元前341—前270）派的哲学家认为原子是物质世界的根源，这个想法在罗马诗人卢克莱修（Titus Lucretius Carus，公元前95前后—前55前后）的诗“物质的本性”中有明确阐述[11]。

但是，在希腊占统治地位的物质观是亚里士多德（Aristoteles，公元前384—前322）的四元素说（图1.1）。他相信存在无形的、难以定义的第一物质，认为赋予第一物质适当的性质就会产生元素。恩培多克勒（Empedokles，公元前490前后—前430前后）认为地上的物质为火、空气、水和土四元素，而天上的物质加上第5元素乙醚。在地上这4种元素按各种比例混合就可得到我们周围的物质。热、冷、湿、干4种性质与此四元素相关联，各元素具有两种性质。例如，火具有热和干的性质，水具有冷和湿的性质。亚里士多德的元素不是一成不变的，如果获得某种性质或舍弃某种性质就能变成别的元素。这种想法对于现代的我们恐怕是荒唐无稽的，但如果说他们这样考虑木材燃烧时的变化就不难理解了。也就是说，他们是这样理解的：燃烧木材最先出来的是烟，这被看作是元素空气。接着持续燃烧受热就会出来某种液体，这被认为是元素水。元素火和火焰光一起溶入大气，最后剩下的是木材的不可燃部分，这不外乎就是土[12]。

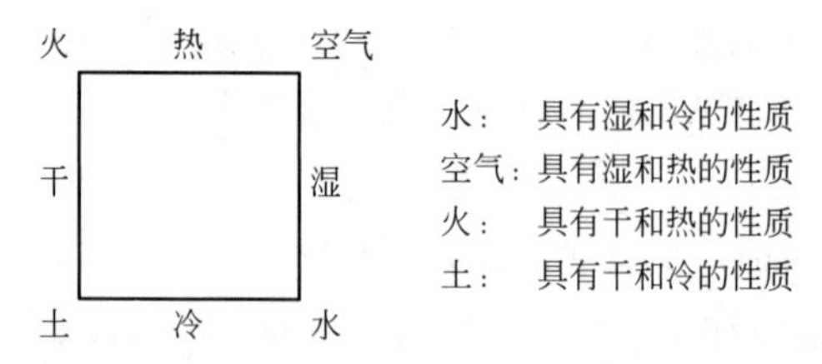

图1.1 亚里士多德的四元素及相互间的关系

1.1.2 炼金术

何为炼金术（alchemy）？可以通俗地认为是从铅、锡等贱金属得到金、银等贵金属的尝试。“炼金术”这一日本语本身就赋予了这样的含义。不过，根据近年的研究，可以认为炼金术具有更广泛的含义。谢泼德（Shepherd，英国历史学家）的说明如下（引自参考文献[2]第3页，该书中对炼金术有更详细的说明）：

> “炼金术是改造宇宙之术。通过炼金术，宇宙的各部分（矿物、动物等）从短暂的存在状态得以释放，成为完整的状态。矿物变成黄金，人类变得长寿、不死，最终得到救赎。这样的变化一方面可以用‘贤者之石’或炼金药液那样的物质，另一方面可以通过启发性的认识或心理上的感悟来完成。”

这样的考虑显示炼金术中存在两类活动。即显教的（外在的）•物质的活动和密教的（内涵的）•精神的活动。这些活动可以分别进行，也可以一起进行。这样的炼金术不仅有始于希腊经阿拉伯扩展到欧洲的，而且也有在印度和中国等其他文明圈兴起的。不过在此仅介绍后来成为近代化学源流的希腊炼金术。

希腊炼金术在公元1世纪前后在亚历山大的希腊学者中兴起，并迅速扩展到地中海地域。这种起源被认为是金属加工工人的技术与希腊哲学融合的结果。工人们尝试用合金和镀金等技术将贱金属伪装成贵金属，亚里士多德的哲学中认为由贱金属转换成贵金属是可能的。可以认为进一步加入魔术的、宗教的元素，就诞生了炼金术。通常的炼金术者用硫黄、汞、金或银的合金，力图找出将贱金属变成贵金属的“贤者之石”，其中也有人想制造出包医百病、能使人长生不老的、称作“elixirs”（万能药）的灵丹妙药。

伊斯兰教兴盛之后，在8世纪前后，这种希腊的炼金术传入伊斯兰统治的阿拉伯世界，在那里加入了阿拉伯的炼金术要素。其中之一就有“所有的金属都由硫黄和汞构成，贱金属可以转换成贵金属”这样的信念。炼金术在12世纪前后从阿拉伯世界传到西欧世界，研究兴盛至17世纪。就连引领现代科学发展的牛顿、波义耳这样的科学家也在炼金术的研究上花费了大量时间和精力。

炼金术出于将贱金属变成贵金属、寻找灵丹妙药的目的是不成功的，但其努力带来了处理化学物质的装置和手段的进步，对增加有关物质的知识有很大贡献，成为后来诞生近代化学的基础。在炼金术中蒸馏是最重要的手段。使用了器皿、烧杯、烧瓶、研钵、漏斗、坩埚等器具，到16世纪前后，在7种已知金属（铁、铜、金、银、汞、锡、铅）的基础上也使用锌、锑、砷。此外还知道硫黄、碳酸钠、明矾、食盐、硫酸铁等盐类。从亚历山大经阿拉伯传到西欧的炼金术中与时俱进的是蒸馏装置（图1.2），可见在设法有效获取浓缩物质方面的进步。因为这种进步，人们才能制备硫酸、硝酸、王水等酸。

克洛斯（Galenos，129—199前后）：罗马时代的医学家，作为皇帝马可·奥里利乌斯（Marcus Aurelius）的御医而名声大噪。他根据希波克拉底（Hippocrates）的“体液病理说”，通过当临床医生的经验和解剖，使得希腊医学体系化。

图1.2 16世纪的蒸馏装置

金属制造的圆锥形蒸馏器上部比表面积大，与空气接触可以提高蒸馏效率

1.1.3 医（学）化学

公元2世纪由希腊医生克洛斯系统化的医学在整个中世纪统治着西欧世界。但到了16世纪情况开始发生变化。随着蒸馏技术的进步所得到的新物质被用于医学，医学发生了变化。从13世纪前后开始已经将酒精蒸馏物用作医药，而在16世纪其他各种各样的油类、药草类的蒸馏物都被尝试用作药品。于是，一个叫作帕拉塞尔苏斯的瑞士医生系统化了医学化学。他虽大半生流浪于德国各地，却留下了大量关于医学、化学和神学的著作。

帕拉塞尔苏斯相信炼金术是医学的基础之一，炼金术真正的目的与其说是金属的转换，倒不如说是制药。他支持亚里士多德的四元素说，并在此基础上加上了来源于阿拉伯炼金术的硫黄、汞和盐三原质的概念。他的原质并不是如今的硫黄、汞和盐的意思，而是在物质之中使物质呈现某种状态的东西。硫黄可以使物质燃烧，汞可以使物质流动和气化，盐可以使物质固定和凝固。他认为通过蒸馏和萃取这样的炼金术的方法得到的被称作奥秘（arcana）的香精可用来治病，某种特定的奥秘对某种病症有效。由此就产生了将硫酸、氯化汞、醋酸铅等各种无机毒物用于医药的想法。他是认为少量毒物对治疗有用的化学疗法的创始者。当时医学化学并没有取得充分的成果，但促进了医学和化学的融合，对两个领域都有刺激作用。

帕拉塞尔苏斯（Paracelsus，1493—1541）：瑞士医生、炼金术者。本名冯霍恩海姆（Theophrastus Bombastus von Hohenheim）。因其超过罗马名医塞尔苏斯而得名帕拉塞尔苏斯。少年时代在德国南部的矿山学校学习，作为金属采矿、冶炼的分析技术人员得到了训练，获得了金属学和化学的知识。14岁起浪迹欧洲，在各地上大学，但对大学的学术（医学）感到失望，他相信要当一名医师最好的办法就是游走民间，学习民间传承。获得医生的名望后在1527年被任命为巴塞尔市（瑞士西北部城市）的医师和大学讲师，但是他完全蔑视当时医学界所信赖的权威，其偏执的性格和言行招致周围医生的反感，不到1年就被逐出巴塞尔市。但他的讲课很受欢迎，他的名声在社会上广为传播，出现了很多追随者。他是将医学与化学融合在一起的医学化学创始者。

1.1.4 技术的遗产

在化学的发展中被寄予厚望的、特别重要的技术当属炼制和冶金。16世纪的欧洲矿山也是重要的产业，出版了很多与采矿、冶金相关的书籍。这些书具有实用性，很少有空洞的理论记述。其中著名的是由德国萨克森地方医师阿格里科拉（Georgius Agricola，1494—1555）所著的《de re metallica》。这本书详细记述了采矿、精炼、冶金和分析的技术，丰富的木版图描绘了当时技术的状况。从这些书的技术中可知用天平（图1.3）进行定量分析的努力。使用天平的实际目的是为了确定从矿石中提取出来的金属的量，但这样的定量东西在炼金术中是没有的。据说当时最精良的天平可以称到0.1mg。而且那个时代已经认识到了砷、锑、铋、锌为金属。

16世纪发展起来的提取无机物的其他技术有玻璃、陶器、炸药、酸、盐等的制造技术。例如，使用钴盐制造蓝色玻璃就始于那一时期。但是钴本身还没有被发现。食盐、苏打、明矾、硫酸等盐的制法也在上述冶金学的书中有记载。

图1.3 16世纪前后的天平

1.1.5 17世纪的化学

从中世纪到16世纪的科学还是受亚里士多德的自然学和托勒密（Klaudios Ptolemaios，约90—168）的天文学的权威统治。但进入到17世纪，观察世界的方法开始发生变化。弗兰西斯•培根（Francis Bacon，

1561—1626）跳出亚里士多德流派的三段论法，主张基于事实的归纳法。他的哲学有助于科学走出仅仅依赖于理论讨论的空洞做法。他认为科学的作用是给人类带来新的发明和富庶。这个想法在英国成了皇家学会（得到国王查尔斯二世的许可设立的科学和技术振兴学会，但完全没有国王和政府财政资助的民间团体）创立者们的哲学。另一方面，勒奈•笛卡尔（Rene Descartes，1596—1650）站在怀疑一切的立场上，除非确实是真实的东西，写了《方法序论》。他提倡将复杂的问题尽可能分割成简单的部分，演绎式地获得结果的方法。当在根据同样原则推导出不同结果的情况下，为了得到正确的结果必须做实验。笛卡尔对世界的看法是基于排除了神秘东西的、合理的机械论，对物质是基于粒子论，但因为要否定真空的存在而没有达成原子论。

另外，法国哲学家伽桑狄（Pierre Gassendi，1592—1655）连伊壁鸠鲁派的原子论的复活也预见到了。1649年他认为原子的性质依赖于原子的形状，在一定条件下原子结合形成分子。于是也就拥护了原子在没有任何东西的空间旋转的思想。事实上，在伽桑狄倡导原子论的背景下，1643年托里拆利（Evangelista Torricelli，1608—1647）将一端封闭的玻璃管里装满水银倒立在水银中，成功地制得了真空。

17世纪开普勒、伽利略、牛顿、哈维（William Harvey，1578—1657）等在天文学、物理学、生物学领域掀起了所谓的“科学革命”，从亚里士多德的自然学和托勒密的天文学中解放出来了，但在化学领域还没有兴起革命。这是因为化学至此已经能提取复杂物质了，主要原因还是仍不能鉴定物质。化学要获得大的进步，不可或缺的就是鉴定和定量处理纯物质，这还需要1个世纪以上的时间。尽管如此，重视机械论的自然观和实验的哲学使化学在逐渐发生变化。

范•海尔蒙特（van Helmont，1580—1644）是帕拉塞尔苏斯的弟子，但不认同亚里士多德的四元素说和帕拉塞尔苏斯的三原质说。他认为原始物质是两种，即水和“发酵素（活性与组织化的原质）”。后者赋予物体各种各样的形态和性质。例如，相信发酵素作用于水可以制造出土。海尔蒙特对化学的贡献是通过化学的方法制备出了与空气不同的气体。他认识到燃烧碳、酒精等的时候产生的气体和空气不同，而与葡萄汁发酵和贝壳蘸醋时产生的气体相同。他认识到各种气体的差异，也知道用不同的方法可以制造相同的气体。不过，对17世纪化学进步贡献最大的人是罗伯特•波义耳。还有以冯•格里克（Otto von Guericke，1602—1686）发明真空泵为契机，气体成了人们关注的焦点，气体化学蓬勃兴起。

1.1.6 波义耳与粒子论哲学

1654年冯•格里克发明了真空泵，于是表示空气压力的强度成了话题。波义耳得到罗伯特•胡克（Robert Hooke，1635—1703）的帮助很快制成了空气泵，做了

罗伯特·波义耳（Robert Boyle，1627—1691）：英国自然哲学家，被称作近代化学的鼻祖。出生于爱尔兰，是英国最富有的贵族之一的科克伯爵的第7个儿子。在伊顿公学接受教育后，在欧洲大陆学习和积累经验，于1644年回到英格兰。他是当时学界领头人的典型，是精通多学科科学的自然哲学家。1655—1659年以及1664—1668年居于牛津，与著名的自然哲学家们保持交流。作为设立皇家协会这个被称作“看不见的大学”的学者群中的核心成员活跃在学术界。

有关空气压力和真空的研究。由此发现了气体体积与压力成反比的“波义耳法则”。波义耳是一个信仰非常笃定的人，他相信化学不仅在医学和产业中有用，也有助于加深人们对神及神创造的自然界的理解。1661年波义耳出版了《怀疑的化学家》（《The Sceptical Chemist》），批判了亚里士多德主义的四元素说和帕拉塞尔苏斯的三原质说，对元素做了如下阐述[13]：

“我认为元素是某种起始的、单一的物体，即完全没有混合的物体。它不是从什么其他物体制得的，而是直接制造称作完全混合物的所有物体的成分，是混合物最终分解所要变成的成分。”

在这个定义中，波义耳相信存在今后制造所有物质的原始物质，当然这个对元素的定义并不是现代化学中所说的元素的含义。于是作为粒子论者的他尝试着根据起始粒子的集合状态的差异说明物质的性质。这个粒子论可以说明很多化学现象，足以打破亚里士多德派的四元素和帕拉塞尔苏斯派的三原质等暧昧概念，但并不是与实际的化学元素相对应的东西。罗伯特·胡克在这个时代发明了显微镜，通过它显示出存在人类眼睛看不见的微观世界（展示胡克通过显微镜观察得到的微观世界的《微观图》于1665年出版。胡克因发现有关弹性体伸缩性的胡克法则和植物细胞而闻名），因此，假设存在肉眼看不见的粒子的粒子论也就成了容易被接受的观点。

波义耳在揭示化学对自然哲学的有效性方面也有贡献。自然哲学家在此之前把化学看成是炼金术士的妖术活动，但波义耳表示了要恰当地理解机械论，重要的是关注化学现象。波义耳是自然哲学家，而化学家把他当同行，自然哲学家评价他是应该受到尊敬的化学家。

波义耳对化学的重要贡献之一是用真空泵进行的燃烧和呼吸的研究。他和胡克一起在各种条件下考察可燃物的状况，发现一除掉空气就不会燃烧，确认了空气参与了很多物质的燃烧。另外，他发现在空气中加热金属，其重量增加，他认为是金属吸收了火的粒子所致。关于呼吸，根据用小鸟和鼷鼠做的实验得出结论：肺起除去空气中的杂质，向外出气的作用。波义耳的观点是空气由3种粒子构成，其中之一是真正的空气粒子，另外混入了2种少量的粒子。于是，燃烧和呼吸归因于这两种其他粒子。此后胡克和梅奥（John Mayow，1640—1679）又独立进行了有关燃烧和呼吸的研究，但他们的研究也没能接近燃烧和呼吸机理的本质。

1.1.7 燃素说

在气体化学停滞不前的过程中，17世纪后半叶的德国兴起了燃素说，成了解释燃烧机理的有力学说。当时德国的矿山业兴旺，以此为背景对矿物的形成产生了兴趣。1667年比彻（Johannes Robert Becher，1635—1682）认为矿物由土和水生成。他提出了所有物质都由3种土构成的学说。3种土就是液体土（给予物质流动性、稀薄性、金属性）、油性土（给予油性、硫黄性、可燃性）、石性土（可融性原质）。后来比彻的弟子格奥尔格•斯特尔（Georg Ernst Stahl，1659—1734）以此为基础提出了燃素说。斯特尔是粒子论者，认可物质是由比彻的3种土，再加上水共4种粒子构成的，将油性土改称燃素。4种粒子通过水的亲和力或凝聚力相互结合产生二次原质。这是与近代化学中的元素相对应的。根据他的观点那就是所有可燃物都含有燃素，燃素在燃烧过程中释放到大气中而失去。加热金属时，从金属中失去燃素生成金属灰（金属氧化物）。进而认为将金属灰和煤一起加热的话，燃素就会从煤转移到金属灰而生成金属。另外，硫黄燃烧中生成了普通酸（斯特尔认为硫黄是酸性原质和燃素的混合物，将这个酸叫作普通酸）和燃素。

斯特尔的燃素说很好地解释了当时有关燃烧所知的大多事实。假定一定量的空气只能吸收一定量的燃素，空气一旦被燃素所饱和，则燃烧就停止。另外，如果只保有一定量的燃素，它耗尽之后燃烧就终止。很多化学现象用燃素说可以很好地定性解释。燃烧有机物的时候如果忽略产生的气体生成物，燃烧过后重量会减少。人们也知道在空气中燃烧时可燃物的重量增加的实例也有，但没太深刻接受。燃烧产生的重量增加对燃素说来说是很深刻的问题，因此在化学研究中必须确立定量的研究方法。于是到接近18世纪末期的大约60年间，燃素说作为一个有力的学说统治着化学。

1.2 气体化学的发展

气体研究从17世纪后半叶开始的近100年间没有多大发展。因为还没有制备各种纯的气体，定量研究它们的方法。牛顿力学的辉煌成功影响到科学的所有领域，强化了机械论的观点，但它没有马上与化学的发展相联系。作为化学对象的现象太复杂，以单纯的机械论的解释无法接近真实情况，直到接近18世纪末，还没能摆脱燃素说。进入18世纪后产业革命兴起，蒸汽机及其应用为人们所关心，同时气体化学的研究也兴盛起来。

约瑟夫•布莱克（Joseph Black，1728—1799）：英国化学家、医生，担任过格拉斯哥大学教授。出生于波尔多，是苏格兰葡萄酒商人的儿子，在格拉斯哥和爱丁堡大学接受教育，在格拉斯哥大学听卡伦的课，对化学产生了兴趣。从在爱丁堡大学做医学学位论文的研究到后来发现与二氧化碳气体相关的研究，他对化学的主要贡献是发现二氧化碳气体和引入依据重量测定的定量研究方法。

对气体化学的进步做出重大贡献的实验方法中有气体的水上捕集。该方法是由英国植物学家、牧师斯蒂芬•黑尔斯（Stephen Hales，1677—1761）引入的。

在剑桥大学接受教育，深受牛顿影响的黑尔斯认为植物通过叶子吸收空气并将其变成固体固定下来。被固定的空气加热就会释放出来，为了将其收集并测定其体积，黑尔斯制作了一个简单的水上收集气体的装置，即将容器倒立在布满水的盘子上，将燃烧样品产生的气体收集到容器中。利用此装置在1730年前后研究了很多生物物质。他的兴趣主要集中在体积大小，不过这种装置对促进后来的化学家研究气体大有帮助。到了18世纪后半叶相继发现了碳酸气（二氧化碳）、氧气和氢气。

1.2.1 布莱克：碳酸气的发现与定量研究

在18世纪的气体化学研究中最先做出很大贡献的是约瑟夫•布莱克。在18世纪50年代从事医学研究的布莱克因为研究抑制胃酸的碱性盐而对碳酸盐产生了兴趣。他由泻盐（$MgSO_4$）和碳酸钾（K_2CO_3）制得了碳酸镁，并详细研究了其性质，结果发现碳酸镁一经加热重量就减少是因为有某种气体逸出了。这种气体具有与普通空气不同的性质，与烧石灰石（$CaCO_3$）得到的气体性质相同。他将这种气体（CO_2）命名为“固定空气”。固定空气的发现一扫之前所有气体都是同一气体（空气）的观点，从这点来看具有划时代的意义。接着他又发现把烧石灰石得到的石灰与水反应就成了消石灰[$Ca(OH)_2$]，将消石灰与碳酸钾反应又回到了石灰石。另外，固定空气是空气的成分之一，还观察到将呼出气吹入消石灰的水溶液中就会出现白色浑浊。布莱克1756年在格拉斯哥被任命为医学教授兼化学讲师，他的授课很受欢迎，不过之后在化学领域没有做出令人瞩目的贡献。他在1760年以后加入了热与温度的研究，不过这也有当时的时代背景的影响。当时蒸汽机是人们关注的焦点，许多科学家对热的研究抱有兴趣。布莱克定量地研究了水的溶解和蒸发现象，测定了溶解热和蒸发热，还提出了比热的概念。但是他没有将这些成果以论文或书的形式发表出来。还有一个值得关注的事情，制造布莱克研究蒸发时的研究装置的人就是后来因发明新的蒸汽机而成名的瓦特。可以说布莱克和瓦特结下了长久的友谊。

约瑟夫·普利斯特里（Joseph Priestley，1733—1804）：生于纺织商人家庭，自幼丧母，由奶奶抚养成人，在培养非国教徒神职人员的研究院接受过教育。在多个学校教过书，出版过英语语法书。后来当了面向非国教徒的惠灵顿研究院的教师，著有历史书。在去伦敦旅行途中结识了本杰明·富兰克林，受到激励，写了《电的历史与现在》，自己也开始电学实验。1767年当了利兹的唯一神教徒教会的牧师，在这里开始了气体化学的实验。（参见专栏1）

1.2.2 普利斯特里与氧气的发现

在化学史上分离、研究的新气体最多的人是英国牧师、业余化学研究者约瑟夫·普利斯特里。他对氧化氮、氯化氢、氨气、二氧化硫、四氟化硅、氧气等进行了系统的研究，考察了这些气体在水中的溶解度、维持或熄灭火焰的能力、对呼吸的倾向、对氯化氢或氨气的行为。不过他最重要的贡献还是发现了氧气。1774年他将在空气中加热汞得到的红色汞灰（HgO）放入充满了汞的气体捕集器中，用12英尺（3.66m）的透镜聚焦太阳光加热，产生了气体，汞灰回到了汞。产生的气体不溶于水，在它里面蜡烛燃烧得更亮、炽热的碳亮闪闪地燃烧。将鼷鼠放入充满这种气体的容器内，考察其对呼吸的影响，发现与将这种鼷鼠放到装有普通空气的容器中相比，鼷鼠活得更久。这样一来他就发现了新的气体（氧气），获知该气体在维持燃烧和呼吸方面比普通空气更优。但是，坚信燃素说的普利斯特里没能认清这种新气体的本质，认为是从空气中脱去大量燃素产生的“脱燃素空气”。

专栏1

以科学和神学的融合为目标的普利斯特里

在18世纪还没有职业的科学家，进行科学研究的都是业余爱好者。他们立志科学研究的理由各种各样。对著名的氧气发现者约瑟夫·普利斯特里而言，理由是科学对神学是不可缺少的要素，有启蒙时代的合理主义和基督教的融合的要素。他是一个极其有趣的人，在政治动荡的年代度过了富于波澜起伏的人生，作为牧师、神学家、教育家、科学家、发明家、自然哲学家和政治哲学家，令人惊讶地活跃在多个领域。

对自然哲学抱有兴趣的普利斯特里最初对电学有兴趣，又是写书又是做实验，但从1767年当了利兹的唯一神教徒教会的牧师时起，开始研究气体化学。也是因为住在酿造所的隔壁，于是着手研究发酵液表面产生的碳酸气（CO_2）的性质和调制方法。将碳酸气溶于水来制造苏打水也是这个时期他的发明。1772年他做谢尔本伯爵的司书，有了充足的时间进行广泛的气体研究，发现了包括氧气在内的许多气体。他作为化学家的活动在这一时期是最有成果的。他还发表了重要的哲学著作。

普利斯特里于1780年迁往伯明翰，在这里加入了新兴产业者和知识分子的“月光协会”，参加活动。在充满知识刺激的环境下，也发表了科学论文，但没能接受拉瓦锡的学说，继续坚持燃素说。另外，发表了很多关于神学的著作，他被认为是反对英格兰政治和非国教徒歧视的激进的批判者，1791年受国教会和国王支持的暴徒的袭击，住所和礼拜堂被破坏，逃亡伦敦。此后在1794年移居美国，1804年在美国去世。在美国几乎没有从事化学研究，但人们寄希望他的存在唤起美国人对化学的兴趣。美国化学会最高奖普利斯特里奖就是为了纪念他而设立的。

作为化学家的他是擅长技术和锐意创新的实验家，在短时间内分离了很多气体，对气体化学的发展做出了巨大贡献。但他的实验是定性的，对实验结果的考察单纯、缺乏洞察力。偏好热、颜色、体积的变化，对变化的定量考察没有兴趣，跟不上化学的新潮流。他在政治上是激进主义者，但作为化学家是保守主义者，到最后还相信燃素说，晚年被化学家同行孤立。他为什么固执于燃素说？他不是现代意义上的科学家，而是自然哲学家，他把阐明自然规律、使之与神学一致当作使命。所以也有人说是因为其哲学的缘故没能接受拉瓦锡的理论。

作为神学家，他出版了大小100种以上的神学相关著作，著有阐述其独自的唯物论哲学的《关于物质与精神的论考》。他认为宇宙的全部都是由可以观察到的物质构成，而灵魂是由有神性的物质形成的，所以人类不可能观察到。他相信人类通过正确地理解自然而进步，由此实现基督的千年王国。他反对笛卡尔的区别物质与精神的二元论，尝试将有神论、唯物论和决定论融合在一起。他的功利主义的想法对边沁（Jeremy Bentham）、穆勒（James Mill）、斯宾塞（Herbert Spencer）等哲学家也产生了影响。

1.2.3 舍勒与氧气的发现

有人比普利斯特里还稍早一点就独立发现了氧气。他就是瑞典的卡尔•威尔海姆•舍勒。他相信空气由两种气体组成，一种维持燃烧和呼吸，另一种则不起这样的作用。加热金属灰得到了维持燃烧的气体（氧气），将其命名为“火之空气”。1773年他将该事实写在了书中，但这本书到1777年都还没出版，所以到普利斯特里发现氧气时还不为人知。和普利斯特里一样，舍勒也是燃素说的信奉者，没能正确理解氧气在燃烧中的作用。他往苦土（氧化镁）中加入盐酸得到了氯，将其看作脱燃素盐酸。不过，他运用其出色的分析技术，发现了多种无机物（辉钼矿和石墨等）、无机酸（砷酸、钼酸等）、有机物（酒石酸、草酸、乳酸、干酪素等），为化学做出了巨大贡献。

卡尔·威尔海姆·舍勒（Carl Wilhelm Scheele，1742—1786）： 瑞典化学家。出生于一个德国商人家庭，在哥德堡入行做药剂师，对化学感兴趣，此后在瑞典各地边当药剂师边继续化学研究。具有卓越的分析技术，在并不优越的环境中开展富有创意和进取的实验，留下了多彩的业绩。在他的业绩中最广为人知的是氧和氯的发现。

亨利·卡文迪许（Henry Cavendish，1731—1810）： 出生于富裕的贵族家庭，但母亲在他2岁前就去世了，所以他是在没有母亲的环境中长大的。这一事实或许是其特殊性格形成的一个原因。在父亲的庇护下开始研究，父亲死后继承了巨额遗产，度过了仅仅沉浸于科学研究的人生。他是一个非常腼腆的人，除参加学术聚会外几乎不外出，对佣人也尽可能不说话，通过留言交代事情。他的研究是定量的，考虑到当时的精度，可以认为是非常准确的。

1.2.4 卡文迪许与氢气的发现

亨利·卡文迪许在1766年发现了被称作“可燃空气”的氢气。在此之前也发现过可燃性气体，但往往与一氧化碳和碳化氢的气体混同而没有确认。卡文迪许用稀硫酸或稀盐酸与锌或铁作用产生氢气，发现其密度比空气小得多。他用燃素说考察实验结果，认为“可燃性的空气”就是燃素。1783年他报道将“可燃性的空气（氢气）”在普利斯特里的“脱燃素空气（氧气）”中燃烧就生成了水。另外他开创了用水银代替水捕集水溶性气体的方法。

DISQUISITIONS
RELATING TO
MATTER AND SPIRIT.

普利斯特里的《关于物质与精神的论考》一书的封面

卡文迪许在物理、化学的广阔领域取得了很多研究成果，公开发表的只不过是其中一部分。他死后过了近70年，麦克斯韦（James Clerk Maxwell，1831—1879）整理、发表了他未发表的论文，才让人们得以知晓他先于别人获得了很多重要的发现。1871年在剑桥大学设立了纪念他的“卡文迪许研究所”，这个研究所迄今（2013年9月）已出了29个诺贝尔奖获得者。

1.3 拉瓦锡与化学革命

根据18世纪中期前后开始兴盛的气体化学的研究，已经明确空气不是元素，至少由两种气体构成，一种维持燃烧和呼吸，另一种则不同。另外还认识到气体是

安托万·洛朗·德·拉瓦锡（Antoine-Laurent de Lavoisier，1743—1794）：出生于富裕的律师家庭。期望进入司法界，在马萨林学院接受了教育，但在这里对科学产生了兴趣。后来在巴黎大学获得了法学学士。马萨林学院在校期间，他听了鲁伊勒在皇家植物园课堂讲授的一般化学课，获得了化学知识。1766年与地质学家葛太德同行做地质调查，发挥了其能力。在关于大都市照明的悬赏论文中显示了敏锐的分析力而获得学术奖。1768年任科学研究院的助手，作为科学家得到了认可。基于定量实验的系统化为近代化学的奠定了基础。（参见专栏2）

物质的一种存在状态，气体有多种。但是化学家还在燃素说的框架中理解化学现象。对气体化学的发展做出很大贡献的普利斯特里和舍勒，作为优秀的实验家取得了很多新发现，但不擅长理论化和体系化。用布莱克开创的定量方法详细考察化学现象，将其结果体系化对化学的近代化是必要的。推进这一工作的是安托万·拉瓦锡，在化学领域发生了被称作“化学革命”的变革，近代化学由此产生。

1.3.1 拉瓦锡与燃烧的新理论

对拉瓦锡的燃烧的关注大概始于1770年前后。有关燃烧的最初实验是金刚石的燃烧。在置于水上的密闭容器中，用透镜聚焦的强光加热，钻石的重量会减少，容器中的空气的量也减少。接着考察磷的燃烧，发现在空气中燃烧磷重量增加。已经知道金属的煅烧（将物质在空气中强烈加热，除去挥发成分使之成为灰状物质）重量增加，这是燃素说最大的问题。认识到燃烧问题的重要性的拉瓦锡全力投入到这个问题的研究。他追加了空白实验，用炭还原红色氧化铅，得到“固定空气”，确认了锡和铅的煅烧吸收了部分空气。另外在水上充满空气的密闭容器中燃烧磷，空气体积减少五分之一，确认了磷的重量增加了。另一方面，在真空中加热磷仅仅发生了升华。

1774年拉瓦锡开始了水银灰的实验。加热水银灰得到的气体与“固定空气”不同，具有与通常的空气相似的性质。这种气体不溶于水，促进燃烧，也不使鸟窒息。此时拉瓦锡还是认为这个气体是更纯的空气。读了他的报告的普利斯特里指出这就是他的“脱燃素化空气”。拉瓦锡进一步做了从水银和空气生成水银灰的实验，测定了当时的空气体积的减少和水银重量的增加。接着加热得到的水银灰，收集并研究产生的气体。这种气体维持燃烧和呼吸的能力比通常的空气强得多。普利斯特里将这种气体命名为“脱燃素化空气”，明显与舍勒称作“火之空气”的气体相同。对此拉瓦锡这样写道[14]：

> "和金属结合使其重量增加，金属灰的成分的原质无非是空气的最健康、纯净的成分。它和金属结合后又游离出来。而且也是制备出极其适合呼吸状态的气体。比大气气体更适合点火和燃烧。"

这个气体燃烧碳生成弱酸二氧化碳，与非金属生成酸性氧化物。因此拉瓦锡将这个物质称作"酸素（oxygen，氧）"，取形成酸的物质的含义。

拉瓦锡接着继续燃烧和呼吸的研究，考察了呼吸与燃烧的关系。关于动物的呼吸做了如下结论：吸入的空气在肺中转换成"固定空气"，或被肺吸收置换成"固定空气"。后来设计了测定化学变化产生的热量的热量计，在其中放置土拨鼠，测定了10h呼吸产生的热量。同时测定呼吸产生的二氧化碳的量，与燃烧碳时相比较。于是揭示了呼吸是在动物体内燃烧氧气生成二氧化碳的一种化学过程。认识到空气由对燃烧和呼吸有活性的成分和无活性的成分构成，将无活性的部分命名为"窒素（azote）"。

拉瓦锡另一个重要研究是关于水的组成。普利斯特里注意到在空气中通过电火花燃烧氢气，就会产生露珠。瓦特和卡文迪许也同样由氢气和氧气生成了露珠。由此，卡文迪许发现这个露珠具有水的性质。但是如前所述，卡文迪许是燃素说的信奉者，他认为在水中加入燃素就是氢，水失去燃素就是氧。拉瓦锡发现在密闭容器内燃烧氢气和氧气就会生成水。而且还发现让水蒸气通过赤热的铁，水蒸气就会分解产生氢气。

1.3.2 燃素说的打破与新的化学理论

随着对燃烧、金属灰、水的组成、酸等化学现象中氧气的作用的理解，拉瓦锡渐渐开始怀疑燃素说。在1783年提交给研究院的论文"关于燃素的考察"中就提出摒弃燃素说。在这里他合乎逻辑地解析问题，都能用氧气说明，显示出根据燃素说的说明更复杂、糊涂。在此之前的化学家批判把燃素弄成了如下模棱两可的原质[15]：

> "这个原质没有严密的定义，为了说明问题，只要有需要，就变成了什么性质都具有的物质。有时是轻物质，别的场合又说成是没有重量的物质；而且既是游离的火，又是与土结合的火；说是能够通过容器的小孔，但有时又不能；有时是苛性的，有时又不是；透明或不透明、有色或无色，众说纷纭。"

布莱克很快接受了拉瓦锡的主张，但英国著名的化学家柯万（Richard Kirwan，1733—1812）强烈拥护燃素说，普利斯特里直到最后还是相信燃素说。在法国国内，到1787年前后，贝托莱（Claude Louis Berthollet，1748—1822）、盖顿•德莫武（Louis Guyton de Morveau，1737—1816）、福尔克拉（Antoine Francois Fourcroy，1755—1809）等有影响的化学家接受了他的主张。他们与拉瓦锡协作致力新理论的普及。新理论的支持者贝托莱是一个有能力的化学家，也热心教育和将化学应用于产业，在漂白剂的发明和将其引入纤维产业方面做出了贡献。他也是拉瓦锡在研究院的同事。福尔克拉是3人中最小的，但他1784年就当上了皇家植物园的教授，是向年轻人解说拉瓦锡理论的第一人。他后来写了《化学知识的体系》共10卷，对新理论的普及做出了巨大贡献。最年长的盖顿•德莫武是用实验证实很多金属在空气中煅烧重量增加的人，从燃素说的信奉者变成了拉瓦锡理论的信奉者。他苦于一直以来化学家和药学家使用不同的命名法。植物学和动物学的命名法已经由林奈（Carl von Linné，1707—1778）做了修订，但化学用语还很混乱。因此，他在1782年提议把化学用语系统化。拉瓦锡、贝托莱、福尔克拉参加了这个提议，尝试在拉瓦锡理论框架中将命名法系统化，于1787年出版了300页的《化学命名法》。这个命名法最重要的一点是把不能分解的物质称作单体（元素），将它们的名字作为贯穿整个命名法的基础。

面对新化学的普及，拉瓦锡所做的最后努力是出版化学新教科书《化学原论》（图1.4）。1789年出版的这本教科书成了此后数十年化学教育的标准教科书。在这本书中拉瓦锡将用化学方法不能分解的物质定义为化学元素。这实际上是一种实用主义的定义，如果分析方法进步了，有可能元素就变得不一样了。拉瓦锡将33种物质列举为元素（图1.5），但其中也包含了后来知道不是元素的物质以及光和热素（热量）。

在《化学原论》中，最前面的部分讲述热和气体，讨论氧气理论。燃烧时产生的热和光用从氧气游离出来的热量可以解释。接着论及单体的生成和性质、单体的氧化物、酸性、由碱性氧化物生成的盐。也明确提出了化学反应前后体系的总质量不变的质量守恒概念。不过这个概念之前布莱克和卡文迪许默默地在使用着，俄罗斯化学家米哈伊尔•罗蒙诺索夫在1748年就提出来了。此外还详细记述了化学器具和化学实验方法。在作为元素列出的33种物质中也包含了他自己都觉得是未知的金属氧化物的氧化镁、氧化钡、氧化铝以及像氟酸根（radical fluorique，在萤石中

米哈伊尔 · 罗蒙诺索夫（Mikhil Vasilievich Lomonosov，1711—1765）： 俄罗斯天才的科学家、文学家，活跃在科学、文学的极其广泛的领域。在科学领域有质量守恒定律的发现、气体分子运动理论的创立、金星中存在大气的假说、南极大陆存在的预言等。他的业绩到他死后相当长时间内不为俄罗斯以外国家所知。

加硫酸产生的氟酸从17世纪开始就已知，但氟直到接近19世纪末才被发现）那样的非金属化合物。什么是元素仍然还不确切，成为化学家长期的困惑。但是《化学原论》与之前的化学书不同，写得有论理和体系，易于理解，对推动新的化学有重大影响力。

TRAITÉ

ÉLÉMENTAIRE

DE CHIMIE.

PREMIERE PARTIE.

De la formation des fluides aériformes & de leur décompofition; de la combuftion des corps fimples & de la formation des acides.

CHAPITRE PREMIER.

Des combinaifons du calorique & de la formation des fluides élaftiques aériformes.

C'EST un phénomène conftant dans la nature, & dont la généralité a été bien établie par Boerhaave, que lorfqu'on échauffe un corps

Tome I. A

图1.4 拉瓦锡的《化学原论》第1章的标题页

	Noms nouveaux.	Noms anciens correfpondans.
Subftances fimples qui appartiennent aux trois règnes & qu'on peut regarder comme les élémens des corps.	Lumière	Lumière.
	Calorique	Chaleur. Principe de la chaleur. Fluide igné. Feu. Matière du feu & de la chaleur.
	Oxygène	Air déphlogiftiqué. Air empiréal. Air vital. Bafe de l'air vital.
	Azote	Gaz phlogiftiqué. Mofete. Bafe de la mofete.
	Hydrogène	Gaz inflammable. Bafe du gaz inflammable.
Subftances fimples non métalliques oxidables & acidifiables.	Soufre	Soufre.
	Phofphore	Phofphore.
	Carbone	Charbon pur.
	Radical muriatique	Inconnu.
	Radical fluorique	Inconnu.
	Radical boracique	Inconnu.
Subftances fimples métalliques oxidables & acidifiables.	Antimoine	Antimoine.
	Argent	Argent.
	Arfenic	Arfenic.
	Bifmuth	Bifmuth.
	Cobolt	Cobolt.
	Cuivre	Cuivre.
	Etain	Etain.
	Fer	Fer.
	Manganèfe	Manganèfe.
	Mercure	Mercure.
	Molybdène	Molybdène.
	Nickel	Nickel.
	Or	Or.
	Platine	Platine.
	Plomb	Plomb.
	Tungftène	Tungftène.
	Zinc	Zinc.
Subftances fimples falifiables terreufes.	Chaux	Terre calcaire, chaux.
	Magnéfie	Magnéfie, bafe du fel d'Epfom.
	Baryte	Barote, terre pefante.
	Alumine	Argile, terre de l'alun, bafe de l'alun.
	Silice	Terre filiceufe, terre vitrifiable.

图1.5 拉瓦锡的元素表

中间一栏将元素分成4组，用括号括上。在最上面一组中列举了自然界广泛存在的东西，光、热量、氧气、氮气、氢气，接下来的一组中有6种非金属，第3组中有17种金属，第4组中列举了5种土类

专栏2

优秀的官员、大化学家拉瓦锡和他的妻子[7]

大化学家中有在化学之外也表现出卓越能力的、令人惊奇的人物。拉瓦锡无疑是其中之一。拉瓦锡从父亲那里继承了巨额遗产而非常富有，而且为求经济上的稳定，1768年购买了综合税务承包人特权。税务承包是从政府承包对烟草、盐、进口商品的征税，每年向政府缴纳一定额度款项的民间机构。但是这个税务制度是腐败的温床，承包商受民众嫌弃。拉瓦锡的动机是纯粹的经济目的，但这在后来成了致命的事情。

1771年28岁的拉瓦锡和13岁的玛丽•皮埃尔莱特•安娜•波尔兹结婚。她是有势力的税务承包商的女儿。13岁的她与拉瓦锡结婚是为了逃避与50岁的潦倒贵族的政治婚姻，她的父亲看中了有能力的部下，富裕的拉瓦锡。不过这桩婚姻无论对谁都是成功的。她是一个非常有能力的女性，知道丈夫是大化学家就学习化学，成了实验助手、记录员、秘书，帮助丈夫的研究。学习英语为丈夫翻译他读不了的化学相关的英文书。跟着画家学绘画，绘制丈夫著作中收录的实验装置图。她在丈夫的科学家同行沙龙上出色地扮演了女主人的角色。在女性没有机会接受高等教育、独立从事研究的时代，她可以说是女性为科学发展做贡献的极好例子。

拉瓦锡夫妇肖像

拉瓦锡不仅作为化学家留下了卓越的业绩，作为高级官员也发挥了卓越的能力。1772年成了科学学会的准会员，1778年成了正会员。科学学会是给国家提建议，回答咨询的公立机构，正会员是从政府领取薪水的高级官员。他作为科学学会的一员，担当综合税务承包商和火药管理局理事，为国家工作。早上5点起床，6点至9点搞化学研究，上午在税务承包事务局，下午到火药管理局和科学学会露面，晚饭后的7点到10点在实验室度过。作为科学学会的会员要就各种各样的问题写报告书。在他亲手写下的问题中有下面这些：巴黎的供水、监狱和医院的改善、催眠术、氢气球、漂白、陶瓷器、火药制造、染色、玻璃制造等。关于农业也探索了经营实验农场增加收获的政策。晚年致力于计量法的制定。另外，作为税务承包人，改善盐税的征收，为防外敌潜入在巴黎周边设置壁垒。

拉瓦锡作为财政家也做出了突出贡献。革命一开始就废除了税务承包制，国民议会想换成根据土地和建筑物的直接税。但是没有人知道国家的总收入。因此政府委托拉瓦锡做好制定新税制的基础。他基于人口统计学的研究提出了以“法兰西王国的国家财富”为题的报告书，提出了国家财富查勘的方法。这是基于法国农业资源的统计学研究，是显示了划时代的独创性的工作。拉瓦锡将科学研究中所使用的相同的定量方法也用于解决社会和经济问题。

尽管有这些社会贡献和在科学研究中无可比拟的业绩，但他作为综合税务承包人的一员，却是民众所厌恶的对象，在法国革命风暴中的恐怖政治也没有把他作为例外。说是在烟草中混入其他杂物获取额外利润，贪污了本该收入国库的钱。以不实的罪状，和他的税务商伙伴一起被逮捕和起诉，裁判的结果是1794年5月8日在革命广场斩首。据说裁判长反驳为拉瓦锡辩护的朋友说“共和国不要科学家，唯有坚持正义”，但数学家拉格朗日却感叹道：“砍下他的头只是一瞬间的事，可生出同样的头恐怕100年也不够啊！”

拉瓦锡被处决后，玛丽也被逮捕拘留了65天。土地、房屋、家具、实验器具、农地、别墅等所有财产都被没收。但是恐怖政治一结束，就掀起了弹劾告发她丈夫（拉瓦锡）的国民议会议员迪潘（Dupin）的运动，将他赶下了台，财产也返还了玛丽。她独立编辑了《化学论文集》（2卷），并于1803年出版，在自家和从前一样举办沙龙，与参加沙龙的一个客人拉姆福德伯爵（参见第2章）再婚。但是，自豪感很强的她以拉瓦锡•德•拉姆福德伯爵夫人头衔自称，这使得拉姆福德伯爵难以忍受，他们的婚姻没有维持太长时间。

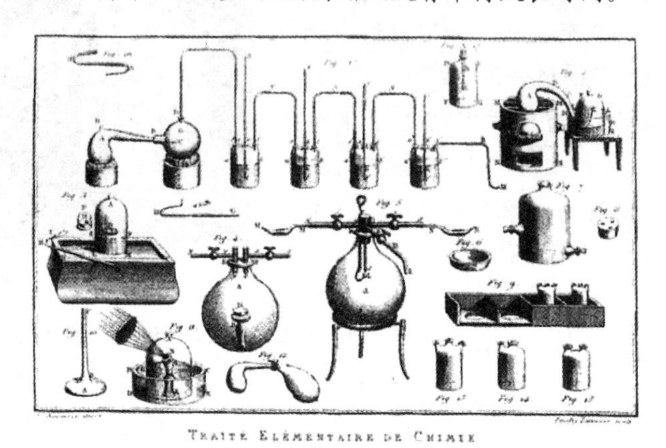

《化学原论》中拉瓦锡夫人绘制的实验器具图

1.4 18世纪的化学与社会

1.4.1 化学产业的开始

化学产业从18世纪中期前后发展起来了。其主要产业是硫酸和碱的制造。硫酸作为金属处理中使用的盐酸和硝酸的原料，还有作为染料的调合剂有很多需求，但在18世纪初很昂贵。1736年英国人沃德（Joshua Ward，1685—1761）在加入了少量水的大玻璃瓶上燃烧硫黄和硝石的混合物制备硫酸，降低了成本。1746年伯明翰的罗巴克（John Roebuck，1718—1794）将玻璃容器换成用铅涂覆的大容器，开发了铅室法，改进了硫酸的制造方法。法国也马上效仿铅室法，进一步加以改进，到18世纪末硫酸价格就便宜了。

碱的需求在玻璃、肥皂、染料等的制造和用作漂白剂，在18世纪后半叶需求增加了。特别是在法国，玻璃制造兴盛，灰汁（碳酸钾）和苏打（碳酸钠）的需求增大。另外，肥皂的需求也增加了。为了制造肥皂，必须供应廉价的碱。1775年法国科学学会决定给开发用廉价的方法由食盐制造优质苏打方法的人提供赏金。于是勒布朗（Nicolas Leblanc，1742—1806）用碳酸钠与从食盐和硫酸制得的硫酸钠反应，开发出了制苏打的方法。勒布朗1791年从国王路易16世那里获得特许，建起了最早的苏打工厂，但被卷入革命风暴，工厂被没收，特许变成了公共财产。这对勒布朗来说是悲剧，但在法国和英国，按勒布朗的方法建起的工厂使苏打产业得到了发展。

因为产业革命，棉织物开始普及，于是对漂白技术进步的要求提高了。1785年发现了氯的漂白作用，但氯气危险、难以处理。苏格兰人坦南特往消石灰中通氯气开发了制漂白粉的技术，漂白所需时间大大缩短，促进了纤维产业的发展。

法国革命后拿破仑的大陆封锁令导致输入品减少，替代品的开发迫在眉睫。在法国国家动员科学家、技术人员的精英集团，图谋科学技术的振兴。1794年设立了理工科学校，沃克兰（Nicolas-Louis Vauquelin，1763—1829）、盖顿•德莫武、贝托莱、沙普塔尔（Jean-Antoine Claude Chaptal，1756—1832）讲授化学课。法国的化学产业是发展了，但技术与高等教育系统集中在巴黎，自给自足意识强、成本意识欠缺，很快就落后于英国了。

在英国，市民教育由私人团体和俱乐部担当。产业革命的中心曼彻斯特的“文艺协会”和伯明翰的“月光协会”就是代表性的例子。英国的产业革命促进了民间企业的发展，出现了参与化学产业的企业家。19世纪10年代引进了依据勒布朗法的苏打制造，随着纺织产业、肥皂产业、玻璃制造的兴盛，以致1830年以后勒布朗法成了英国化学产业的根基。在勒布朗法中作为副产物生成的气态盐酸成了有毒的酸雨，污染大气，也产生了含硫酸钾的残渣处理问题，然而英国还是以勒布朗法为支柱构建起了化学产业。

参考文献

[1] A. J. Ihde, “*The Development of Modern Chemistry*” Dover Publications, Inc., New York, 1984.
[2] W. H. Brock, “*The Chemical Tree*” Norton, New York, 1993.
[3] T. H. Levere, “*Transforming Matter: A History of Chemistry from Alchemy to the Buckyball*” Johns Hopkins Univ. Press, 2001.
[4] B. Bensaude-Vincent, “*A History of Chemistry*” Harvard Univ. Press, 1996.
[5] F. Aftalion, “*A History of the International Chemical Industry*” Chemical Heritage Foundation, 2005.
[6] I. Asimov, “*A Short History of Chemistry*” Doubleday and Co., New York, 1965.
[7] E. Shimao, “*Jinbutsu Kagakushi*” (*Characters in A History of Chemistry*), Asakura Shoten, 2002.
[8] J. Gribbin, “*Science: A History*” Penguin Books, 2002.
[9] J. D. Bernal, “*Science in Histtory*” G.A. Watts & Co. Ltd., London, 1965.
[10] S. F. Mason, “*A History of the Science*” McMillan,1962.

[11] T. Lucretius, "*De Rerum Natura*" (*On the Nature of Things*), A. M. Esolen.trans. John Hopkins Univ. Press, 1995.

[12] Reference 2, page 56.

[13] Reference 2, page 68.

[14] Reference 2, page 106.

[15] Reference 2, page 112.

第2章 近代化学的发展

——19世纪的化学：原子•分子概念的确立与专业分化

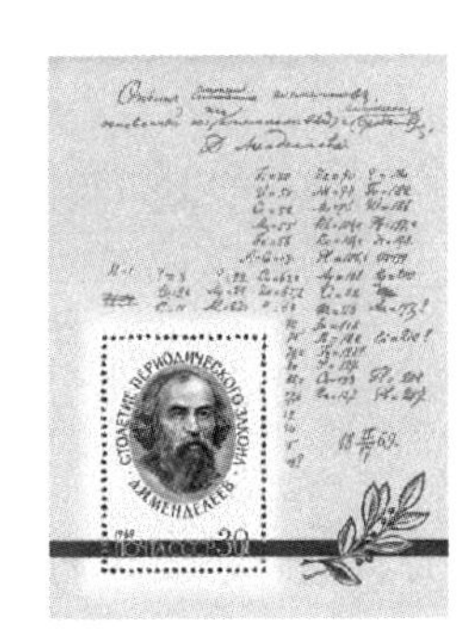

门捷列夫的邮票和最早的周期表

在19世纪的前半叶提出了近代的原子概念，以此为基础定量化学得以发展，化学物质和化学现象相关的知识增加了。引入了原子量作为原子的相对质量，在正确测定原子量方面做了努力，但原子和分子的区别还不明确，化学式也常常不正确，关于原子量的混乱还在持续。到了1860年左右总算确立了原子、分子的基本概念，化学开始了大踏步的前进。到19世纪后半叶复杂的有机物也可以处理了，有机化学获得了大发展，同时借鉴物理学的进步诞生了物理化学。随之化学中的专业领域也发生分化，开启了化学家的专业化。

19世纪，化学是受人欢迎的科学。在以培养科学家为重点的大学，化学教育在德国起步了，培养了很多化学家和化学技术人员。在此背景下基于化学的产业以化学产业之名开始发展。本章将回顾19世纪化学发展的脉络。写本章时参考了章末列举的参考书[1~14]。

在19世纪末活跃的大化学家中好几个人到20世纪获得了诺贝尔化学奖。关于他们的业绩和经历参考了参考书[9]。另外，也采用了从诺贝尔财团的官方网址Nobelprize.org获得的信息。

2.1 原子说与原子量的确定

拉瓦锡的化学革命诞生了作为定量科学的近代化学。但在他的化学中，元素还只是在实践性意义上给了一个定义，并没回答物之本质这一人类自古以来的问题。实际上拉瓦锡提出的关于元素的数目和本性的理论是空洞的、形而上学的东西，浪费时间而已。他是如下阐述的[15]：

> “如果用元素这一词语表示构成物质的、单纯且不可分割的原子，毫无疑问对此完全一无所知。但是如果用物质的元素或原质这样的词语表示通过分析可以达到的最后的点这样的概念，就可以把元素认定为下面这样的概念。即所谓元素一般来说就是将物质用某种方法分解所获得的物质的意思。”

受17世纪粒子论哲学影响的化学家相信存在构成物质的终极粒子，而18世纪末的几乎所有化学家都满足于这一定义来推进化学的实验研究。但是在拉瓦锡的化学中不能定量预测某个反应的结果。

2.1.1 世纪更替时的状况

从18世纪末至19世纪初，分析技术的确取得了进步。还有，随着矿山业的发展，矿物的分析兴盛起来，结果是很多新的金属元素得以发现，化学知识增多了。在这些发现和分析技术进步中做出特殊贡献的化学家有德国的克拉普罗特（Heinrich J. Klaproth，1743—1817）、法国的沃克兰、英国的沃拉斯顿（William Hyde Wollaston，1766—1828）。克拉普罗特是柏林研究院的化学家，给定量分析领域带来了革新，对德国化学的兴盛做出了很大贡献。他发现了锆、碲、钛、铀。沃克兰得到福尔克拉的赏识成了化学家，在矿山学校做分析和讲课，后来成了法兰西学院和皇家植物园的教授。沃拉斯顿是一位有成就的英国医生，但辞去医生埋头化学和物理研究，他发现了铂、钯、铑。他的朋友坦南特（Tennant）也发现了锇和铱。

化合物中连接元素的力是什么？对此化学家以前就动脑筋思考过，“亲和力”的概念很早就有。瑞典化学家贝格曼试图用相对的亲和力说明酸和碱生成盐时的反应。对此法国化学家克劳德•路易•贝托莱反驳道：“生成物不仅与亲和力有关，还依赖与反应有关物质的量”。贝格曼认为反应只因亲和力单方向进行，贝托莱考虑了反应的可逆性。贝托莱进而主张所有化合物能以不同的结合比存在，与主张“定比例法则”的约瑟夫•普鲁斯特发生了争论。“定比例法则”是指由某元素生成两种以上化合物时，与一定量的某种元素化合的另一种元素的重量应该成简单的整数比。“定比例法则”是以重量分析为基础的，得到了很多化学家的默认，而普鲁斯特通过一系列的深入分析使之明了。在这样的情况下登场的是道尔顿的化学原子论，由此拉瓦锡的元素就与原子相联系，给予了定比例法则牢固的依据。

T.O.贝格曼（Torbern Olof Bergman，1735—1784）：瑞典化学家、矿物学家、分类学家。1776年任乌普萨拉大学教授。制作了物质的化学亲和力表。对矿物，特别是镍有研究，对彩虹和极光也做过研究。

克劳德·路易·贝托莱（Claude Louis Berthollet，1748—1822）：法国大革命时期以及拿破仑时代法国的化学家。支持拉瓦锡的燃烧理论，对化学命名法的改良也有贡献。业绩有氨的组成的发现、氯漂白的发现等。开放自家实验室，指导年轻化学家。

约瑟夫·路易·普鲁斯特（Joseph Louis Proust，1754—1826）：法国化学家。从巴黎硝石工厂药剂师到马德里皇家试验所所长，做了很多化合物组成元素的定量分析，对定比例法则的确立做出了贡献。

2.1.2 道尔顿的原子说与原子量

18世纪末有化学家用粒子论说明化学现象。爱尔兰化学家希金斯（William Higgins，1763—1825）考虑终极粒子尝试说明化学现象，但他没有考虑对应各个元素的不同质量的粒子。拉瓦锡的不能分解的物质（元素）是由同质原子构成的，原子因元素不同而具有不同质量和大小的学说最初由道尔顿提出。据此就可以给化学家之前假设的概念一个明晰的模型，即一定量的成分相结合形成化合物，这为定量处理化学反应和化学键铺平了道路。

在道尔顿生长的英国，湖水地区天气瞬息万变，因此他对气象学有兴趣，开始研究大气中的水蒸气的量。他发现空气中水蒸气的量随温度的升高增加，即使把空气换成别的气体，结果也一样。与当时的一般观点相反，道尔顿坚信空气中的水蒸气没有与氧气、氮气化学结合。1801年他在干燥的空气中加入水蒸气后发现总压力只增加了水蒸气的压力那么多，混合气体的总压力等于各气体压力之和这一“分压定律”由此诞生。他用同种粒子相互之间因斥力而排斥，而异种粒子互不相干说明了混合气体的分压、扩散性、均一性等。或许他原本就相信存在原子，但化学的原子说则是通过这些化学研究推导出来的。1803年左右原子量的概念开始发展起来，1808年出版了《化学哲学新体系》(《A System of Chemical Philosophie》)。

道尔顿的原子说基于以下4点假设：第一，所有物质都是由牢不可分的原子构成的。这个原子由热气氛包围，这种热的量因原子团的状态而异。有关这种热的认识还是延续了拉瓦锡的热量概念。第二，原子无论发生怎样的化学反应都不被破坏而维持原样。第三，原子的种类只有元素的数目那么多。之前的原子论者认为只有一种基本的粒子，但道尔顿的原子论与此完全不同，由此原子与元素的定义直接关联。第四，赋予原子相对原子量这一可以实验确定的量。于是关于原子结合形成

约翰•道尔顿（John Dalton，1766—1844）：是一个（基督教）教友派教徒、贫穷纺织工的儿子，出生在英国中部坎布里亚郡的伊格斯菲尔德，在村里的学校接受初等教育后，通过自学掌握了数学和科学知识，10多岁甚至就能读懂牛顿的“自然哲学的数学原理”。1793年在曼彻斯特的非国教徒研究院（新学院）教授数学和自然哲学，但因学校搬迁的缘故，后来一边做家庭教师维持生计一边继续研究。他加入曼彻斯特的文艺、哲学协会参与活动，在那里发表研究成果。他最大的功绩是提出化学的原子说，将拉瓦锡的元素的概念与原子论相联系，引入原子量，打下了近代化学发展的基础。其他为人所知的成就还有分压定律、倍数比例法则的提出。

复合原子的过程就可以做如下假设：两个元素A、B仅仅形成一种化合物时为AB，形成两种化合物时为AB_2或A_2B。3种、4种的场合也依同样的规则确定。这就赋予了普鲁斯特的“定比例法则”以理论依据。

道尔顿利用这些规则根据当时已知的分析结果确定原子量。氢是已知物质中最轻的，所以将其定为1就可以确定所有已知元素的原子量。在道尔顿的原子量中如果复合原子中的原子数之比有误，依此确定的原子量也会是错误的。例如，知道氢和氧的化合物只有水，所以他假定水（H_2O）为HO。根据水的分析结果，氢12.6和氧87.4结合成为水，氧的原子量就可以确定为7。同样，假定氮和氢各一个原子化合生成氨（NH_3），氮的原子量就是6。但是这个原子量的不确定性在此后的数十年成了困扰化学家的问题。

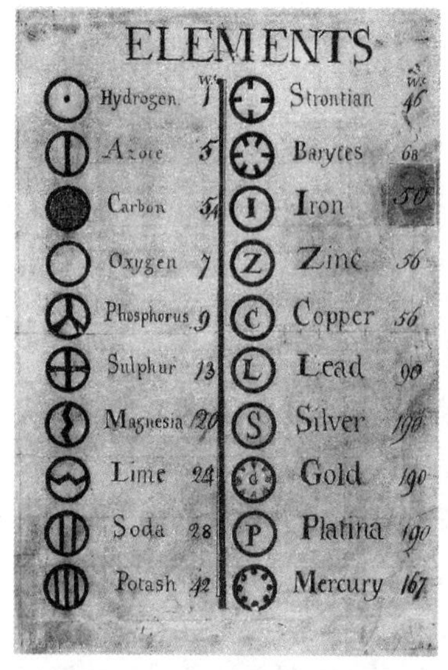

图2.1 道尔顿的元素符号

2.1.3 元素符号

道尔顿用符号表示原子（图2.1）。例如：氢⊙、氧○、氮⦶、碳●、水⊙○、氨⊙⦶。道尔顿本人对这个符号有很强的信心，但印刷时花费多余的费用往往让人难以接受。但是这个符号可以说对人们相信化学原子的真实存在，使化学家在视觉上捕捉化学反应是有贡献的。

瑞典化学家琼斯•贝采利乌斯认为道尔顿的符号不合适，于1813年提出了元素符号体系，即用拉丁文的首字母或前两个字母。最初将构成要素用加号连接起来，像“Cu+O”（氧化铜）这样表示化合物，后来将加号去掉，将元素符号相邻书写。原子数目用上标文字如下表示。例如，硫代

琼斯·雅克比·贝采利乌斯（Jöns Jakob Berzelius，1779—1848）：出生于瑞典的威菲松达的一个神职人员家庭。幼年父母双亡，由亲戚抚养长大。在乌普萨拉大学学医，但没有当医生而对化学感兴趣。在斯德哥尔摩的外科大学当医学、药学教授，后来成为化学教授工作了25年，是19世纪前半叶最有影响力的化学家之一。他是原子论的信奉者，分析了大量无机化合物，致力于测定准确的原子量。另外从1822年起的27年中，阅读欧洲化学文献，连续出版“年报”写评论进行介绍。

硫酸为S^2O^3。贝采利乌斯进一步在氧结合的电正性元素上打点（•）进行简化，不过一般意义上这没有得到认可。现在使用的下标文字是1834年李比希引入的，而元素符号标记法是贝采利乌斯打下了基础，由此可以很容易地表示化学理论和分析结果。

2.1.4 盖·吕萨克的结合体积比与阿伏伽德罗假说

1808年约瑟夫•盖•吕萨克发表了有关气体反应中结合体积比的论文。他研究氢气和氧气的反应时发现2体积氢气与1体积氧气反应。考察其他气体反应是否也有同样的整数比，发现2体积一氧化碳和1体积氧气反应生成二氧化碳；1体积氨气和1体积盐酸反应生成盐等。加上其他研究者的研究结果，他总结出了“结合体积比法则”，即气体反应中的反应物的体积比总是可以用简单的整数表示。

盖•吕萨克的法则表明等温等压条件下相同体积的不同气体具有相同数目的反应分子，但盖•吕萨克没有强调这点。这个结论支持了道尔顿原子说中的定比例法则，但道尔顿并没相信盖•吕萨克法则。正如当时所考虑的那样，如果假设单质气体分子是单原子的，则盖•吕萨克的观察结果本身是难以理解的。因为1体积CO和1体积O反应理应生成1体积CO_2，而2体积CO和1体积O反应生成2体积CO_2就无法理解。其他气体反应也有同样问题。另外，依此假设也不能理解由氧气和碳原子构成的一氧化碳的密度比氧气的密度小。解决这些问题的是意大利物理学家阿莫迪欧•阿伏伽德罗。

阿伏伽德罗1811年发表的论文基于盖•吕萨克法则和道尔顿原子论，解决了上述问题。他首先假设在同一压力和温度条件下相同体积的气体含相同数目的分子。进而假设与反应有关的气体分子分离成半分子（原子）。这就意味着单质气体分子由2原子分子构成。于是一切都可很好地解释了。阿伏伽德罗用molecule integrante（分子组成）表示分子，用molecule elementaire（基本分子）表示原子以示区别。同样的想法在1814年法国的安培（Andre-Marie Ampere，1775—1836）也曾提出过。但是阿伏伽德罗的学说通常被拒绝或忽视。无论对道尔顿，还是对贝采利乌斯，这个学说也都是难以接受的。在道尔顿的原子论中没有考虑原子中因热产生的斥力在

约瑟夫·路易斯·盖·吕萨克（Joseph Louis Gay-Lussac，1778—1850）：出生于巴黎，父亲是检察官。毕业于巴黎工业学校，在土木学校学习过。向贝托莱、德莫武、福尔克拉学习化学，在贝托莱的个人研究所继续研究。1802年测定了气体的热膨胀系数，得到1.3750这一准确值而闻名。长期担任巴黎大学物理学教授。有气体反应法则的发现、钾的分离、硼及碘的发现等很多业绩。

阿莫迪欧·阿伏伽德罗（Amedeo Avogadro，1776—1856）：出生于北意大利，父亲在撒丁岛王国的都灵是有名的律师。他虽获得了法学学位，但自学了数学和物理学，1806年被聘为范赛里学院自然哲学教授，后来当过都灵大学的数学和物理学教授。做过电气、液体的膨胀、比热、毛细管现象等研究。1811年发表阿伏伽德罗假说，提出氢、氧、氮等是2原子分子，但这一学说在约半个世纪内不为世人所接受。

起作用，形成2原子分子。贝采利乌斯认为化学键的本质是电学性质的力，所以带同种电荷的同种原子之间应该是相互排斥的，无法接受单质的2原子分子的存在。这样一来，尽管阿伏伽德罗的假说是正确的，但之后近50年也一直被忽视。在126年后根据量子力学阐明了共价键的本质，其实在此之前单质2原子分子中的结合力的本质一直无法理解（参照4.3节）。

2.1.5 贝采利乌斯的原子量

道尔顿和贝采利乌斯等化学家认识到原子概念的重要性，并努力推动其发展，但围绕原子量的确定陷入了很大的混乱。要准确确定原子量，必须知道化合物中元素的结合重量比和准确的结合式。随着分析技术的进步，结合重量比的确定已成为可能，但结合式还仍然成问题。道尔顿就此问题假定了“最简结合比原理”，但渐渐明白这是不恰当的。另外，气体密度的比较在有限的例子中是有效的，但很多元素不是气体，不是一个可以普遍使用的原理。因此很多化学家对确定原子量不抱希望了，满足于用当量，即表示与一定量基准元素化合的重量。但是贝采利乌斯却敢于面对原子量确定的问题。

贝采利乌斯是个极优秀的分析化学家。他用高纯度试剂，采用经过精心设计的重量分析方法进行一丝不苟的实验，得到了在当时是高精度的分析值。原子量确定中的一个问题是标准元素的选择。道尔顿以氢的重量为1来确定其他元素的原子量，但难点是很多元素不形成氢化物，不能直接确定其结合重量比。还有氢化物的准确分析以当时的技术还有困难。另一方面，氧与很多元素形成稳定的化合物，也适合做更准确的分析，所以贝采利乌斯采用以氧的原子量为100的基准确定了很多元素的原子量。

贝采利乌斯1814年发表了最早的原子量表，1818年发表了修订版。他先基于盖•吕萨克法则将水、氨和氯化氢的化学式分别确定为H_2O、NH_3和HCl。类推出硫化氢为H_2S。从硒（Se）和碲（Te）与硫的类似性推定它们的氢化物为H_2Se和H_2Te。他假定某个元素A的1个原子和元素B的原子结合时的式子为AB、AB_2、AB_3、AB_4中的一种。氧化物的场合以CO_2、SO_2这样的二氧化物为主。这也适合金属的场合。于是他在1818年报告了47个元素的原子量。他确定的原子量在化学式正确的情况下，即使与现在的原子量相比也多是正确的，显示了其分析技术极其优秀。但是金属氧化物由于使用了错误的化学式，多为正确值的2～4倍。例如，在贝采利乌斯原子量中，将氧定为16，钠（22.99）、镁（24.32）、钙（40.08）、铁（55.85）的原子量分别为92.69、50.68、81.93、108.55（括号内为现在的原子量）。

1819年两个报道的出现成了纠正这个错误的基础。法国的珀蒂（Alexis T. Petit，1791—1820）和杜隆（Pierre-Louis Dulog，1785—1838）发现很多固体元素其比热和原子量之积是一定的。采用这个规则，发现铅、铜、锡、锌、铁、镍、金等很多金属的贝采利乌斯之值是正确值的2倍。另外，德国的米切利希（Eilhardt Mitscherlich，1794—1863）发表了化学组成类似的物质具有相同的晶型的“同型律”。利用这个规律通过与已知原子量的化合物进行比较就可以推测有疑问的化合物的原子量。例如，通过铬酸盐和硫酸盐的比较推定出了铬的准确原子量。贝采利乌斯经过这样的修正后，1826年发表了更正确的原子量。但是即便如此，碱金属等的原子量还是错误的。

2.1.6 普劳特的假说

在道尔顿的原子学说中，因为只根据元素数目确认了存在原子，所以也就有50种左右的原子。对于19世纪初的许多化学家而言，这是难以接受的。因为他们不相信神为了创造世界而使用50种之多的不同模块。他们怀疑拉瓦锡的元素也许不是真正的元素。

1815年英国的威廉•普劳特注意到将氢的原子量定为1，则其他原子量接近整数。他认为亚里士多德流派的“原始物质”就是通过氢变成现实的物质，提出了氢是物质的本源。例如，他认为如果假设氯的原子量是36，则36体积的氢被压缩后就制得氯。对这个假说赞成和反对的都有，为了证明或反驳这个假说做了很多研究。一旦原子量的测定变得准确之后，就知道了氢的原子量的整数倍和非整数倍的元素都存在。然而，这样的疑问到了20世纪同位素发现之后才得以解决（参照3.3节）。

威廉•普劳特（William Prout，1785—1850）：英国化学家。在爱丁堡大学学医，在伦敦边开业边做研究。除了普劳特假说，还有尿素的分离、胃液内盐酸的发现等众多与生理学相关的业绩。

2.1.7 围绕原子量的混乱与当量

为了正确测定原子量，化学家们一直在持续努力着。法国年轻的化学家让•巴蒂斯特•杜马于1826年提出了一个在常温下测定液体或固体物质蒸气密度的巧妙方法，尝试了由蒸气密度确定原子量。杜马在准确测定许多化合物气体密度上取得了成功，但没能解决原子量的问题。他得到的碘的原子量是化学分析所得值的2倍，汞是贝采利乌斯值的一半，硫是贝采利乌斯值的3倍。在当时还没有关于气体分子结构的知识，这样的结果无疑会招致混乱。许多化学家对原子说抱有怀疑，寻思与其用原子量，不如用当量。

当量的概念在道尔顿的原子说之前起源于酸碱中和的问题，与一定量标准元素化合的元素的重量称作当量。沃拉斯顿认为当量和原子量相比，不是在理论上而是在实际上更有用。他觉得原子量是基于假设的值，而当量是基于分析值的可以信赖的值，1814年将这个概念扩展到12个元素和45个化合物。此外，德国化学家利奥波德•格梅林考察了以当量为基础的化学式体系。在这个体系中，对应元素的当量是H = 1、O = 8、S = 16、C = 6等，与水及硫化氢对应的化学式是HO及HS。不过，当量即便在处理化学量理论上方便，但对化学式的一般化没有帮助，这进一步加重了围绕原子量的混乱。这种混乱一直持续到19世纪50年代末意大利人坎尼扎罗明确区分了原子和分子为止（参照2.3节）。

2.2 电化学的出现及其影响

19世纪初科学界的大事件是意大利物理学家亚历山德罗•伏特（Alessandro Volta，1745—1827）发明了电池。和空气泵的发明促进了气体化学的兴盛一样，电池的发明孕育了电化学这一新的领域，对化学的发展做出了巨大贡献。自17世纪初威廉•吉尔伯特（William Gilbert，1544—1603）的磁与电相关的书出版以来（英国医生、自然哲学家吉尔伯特在1600年出版了著名的与磁学相关的书《de Magnete》，不过其中也论及静电学），电吸引了很多人的兴趣，但使用莱顿瓶里储存的静电来做实验，只能进行一瞬间的实验。随着电池的发明，利用电流进行长时间的科学实验开始成为可能，最早受到很大影响的是化学。

2.2.1 伏特的电池和电化学的出现

意大利物理学家伏特的朋友伽伐尼（Luigi Galvani，1737—1798）发现了“动

让·巴蒂斯特·杜马（Jean-Baptiste André Dumas，1800—1884）：法国化学家。出生于罗纳河下游的加尔省阿莱斯的一个公务员之家。15岁入药局当学徒，但对工作没兴趣，遂到日内瓦学习自然科学。此后到巴黎在理工学院成了泰纳尔的弟子，后来当上了巴黎大学教授。他除在分子量的确定之外，还在氮的定量方法考察、蒽的分离、链式醇的研究等方面，对有机物的分析和合成做出了很大贡献，他提出化学类型的概念，对有机化学的系统化起了重要作用。

利奥波德·格梅林（Leopold Gmelin，1788—1853）：德国化学家。曾就读于蒂宾根大学和格丁根大学，后任海德堡大学教授。用化学当量的概念尝试化学理论的系统化。作为《Handbuch der anorganischen Chemie》的编者而闻名。

物电”（1780年），即将两种不同的金属与青蛙腿的肌肉一接触就有电流产生，伏特因此受到启发开始研究，阐明了在此现象中动物的参与不重要，是因为两种不同的金属的接触产生了电。1800年他报道用锌和银这样的两种金属片夹住浸了盐水的纸和毛毡，叠放起来形成电堆（电池）（图2.2），由此电池获得了稳定的电流。这个电池的发明得到很大反响，贝采利乌斯和戴维立即将它用于化学研究，取得了很大成果。

贝采利乌斯在1802年发现了电流分解盐类。他与朋友兼资助人希辛格（Wilhelm Hisinger，1766—1852）一起进行盐的电解，发现酸在阳极附近生成、碱在阴极附近生成。由此他引入了电化学的二元论。特奥多尔·格罗特斯1806年提出电解中分子交替重复水解和再结合过程的学说。提出在水的电解中负极从水分子夺走氢，夺走氢后的氧接着从邻近的水分子夺氢，这个过程不断持续。这一观点作为水中质子迁移的格罗特斯机理一直沿用至今。

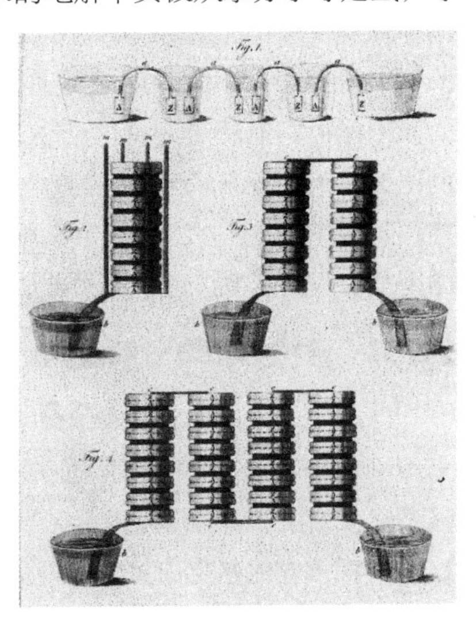

图2.2　伏特的电堆

1799年皇家研究所（Royal Institution，该研究所经国王许可设立，但完全没有来自国王和政府的财政资助，由富裕的贵族出资和捐资设立和运营）在出生于美国的科学家本杰明·汤普森（拉姆福德伯爵，Benjamin Thompson，1753—1814）以及慈善事业家巴纳德先生的主导下设立于伦敦，其目的是加强科学知识的普及和提升劳动阶级的福利。1801年进入皇家研究所的汉弗莱·戴维在这里进行了各种溶液的电分解实验，发现阴极附近是氢、金属、金属

特奥多尔·格罗特斯（Theodor Grotthuss，1785—1822）：出生于现在的拉脱维亚一个富裕的地主家庭，除在莱比锡城、那不勒斯、罗马、巴黎的大学努力学习和研究了5年之外，其余时间在乡下母亲家度过。在电分解和光化学方面留下了开创性业绩。

汉弗莱·戴维（Humphry Davy，1778—1829）：出生于英国康沃尔地方的木雕师家庭，入附近药局为徒，但受拉瓦锡的“化学原论”的影响对化学产生了兴趣。给从事气体生理作用研究的普林斯顿的医生贝多斯当助手，制备各种气体进行实验。他发现一氧化二氮致醉，有麻醉作用。1801年被皇家研究所录用，从1802年至1812年任皇家研究所教授。他研究了碱金属和碱土金属的电分解制备。还发明了探矿用的安全灯。1820年就任皇家协会会长。（参见专栏3）

氧化物、碱，阳极附近是氧和酸。戴维通过这些实验认为化学亲和力是电性力，如果能通过电流控制亲和力，就能分解采用常规方法不能分解的化合物。他基于这个思想继续实验，于1807年使用强力电池，通过熔融的苛性钾和苛性钠的电分解成功地得到了金属钾和钠。次年成功地制备了碱土金属镁、钙、锶、钡。

2.2.2 电化学二元论

贝采利乌斯基于戴维和他自己的电化学研究，发展了总括性说明化学键的电化学二元论。他认为化合物中的原子靠电性力结合，这种结合通过电流又可以分解。原子各自具有极性，有的电性为正，有的为负。氧在所有原子中最负，金属一律具正电性。它们正负相互吸引形成化合物，生成物本身也具有极性。例如，正极性的铜和负极性的氧结合生成CuO的时候，这个分子稍微具有正极性。同样正的S和负的O生成稍微负极性的SO_3。它们的正负相互吸引就形成了硫酸铜（$CuSO_4$）。这种二元论能很好地说明无机化合物，因此一时间成了化学键的主流观点。但是，19世纪30年代以后随着有机化学发展起来后，二元论对理解有机化合物中的键反倒成了障碍。另外，在二元论中单质气体形成双原子分子的观点无法接受，所以阿伏伽德罗的假说不被认可，结果更加助长了围绕原子、分子的混乱局面。

2.2.3 法拉第和电分解法则

1812年进入皇家研究所的迈克尔·法拉第[16,17]在物理、化学的广泛领域取得了多种惊人的开创性业绩。他的研究中与电、磁相关的多，但他本人喜欢被人称作自然哲学家，在不局限于物理、化学的领域探索有兴趣的自然现象。从对后世的影响这点来看，电磁感应相关的发现最重要，构建了19世纪的电磁学和电工学发展的基础，不过在化学领域的业绩也重要。在此对他在化学方面的主要贡献做一介绍。

迈克尔·法拉第（Michael Faraday，1791—1867）：法拉第出生于铁匠家庭，仅上过小学。13岁时给伦敦的书商当徒弟，通过阅读因印书拿进的书本获得知识。其中有化学入门书和百科事典的有关电气部分。1813年作为戴维的助手进了皇家研究所，在物理及化学的广泛领域有很多重要发现。在化学方面著名的有电分解定律、苯的发现、氯气的液化。在物理领域发现了电磁感应、提出了“力线”的概念（即电磁作用通过媒介空间传播）、构建了电磁学发展的基础。（参见专栏3）

专栏3

戴维、法拉第与皇家研究所

在皇家研究所法拉第的一场礼拜五演讲的场景。将近半数参与者是妇女

伦敦皇家研究所原本的构想是给职工和农民进行技术教育的设施，设立之后就偏离了当初的慈善目的，成了出资的上流阶层的演讲和研究场所。在19世纪前半叶，以此为舞台非常活跃的人物是戴维和法拉第。戴维做了电化学的开拓性研究，他年轻英俊、善于演讲，很快即大受欢迎。可以说在业余传统很强的英国，他是最早的职业科学家。皇家研究所的出资贵族中的多数是地主，所以对实用研究的愿望强。戴维开展的研究就与当时重要的制革产业有关，考察了植物中单宁含量的测定方法，发现印度产的儿茶（catechu，椰子科植物）单宁含量最大。还进行了土壤分析和肥料的研究，也讲授农业化学课。于是戴维成了皇家研究所的明星，上流社会的宠儿。1812年戴维被授予爵士爵位，与富有的寡妇结了婚，成了上流阶层的一员，享受着绅士的生活，离开了研究第一线。那个时候法拉第进入了皇家研究所。

法拉第是书商的徒弟，店里的一位客人把他带去听了戴维的一系列讲演。

心怀感激的法拉第将演讲制成带插图的书后送给戴维，恳求做戴维的助手。1813年法拉第终于如愿以偿成了戴维的助手。这年秋天新婚的戴维去大陆旅行，法拉第作为助手同行。在这次历时1年半的大陆旅行中，法拉第从戴维那里学到了很多东西，同时与安培、谢弗勒尔、盖•吕萨克、伏特等法国和意大利的一流科学家认识了，成长为科学家了。但是，法拉第无法容忍戴维的夫人只把他当随从看待的态度。法拉第于1825年当上了实验室主任，在广泛的领域取得了惊人的成果。1833年被任命为富勒化学讲座教授。戴维发现了法拉第的才能并加以培养，但随着法拉第作为一个独立的研究者成长起来后，两人的关系变得冷淡了。

在皇家研究所热闹场景的真实写照，戴维拿着波纹管，拉姆福德伯爵（Count Rumford）站在最右边

皇家研究所通过科学的一般演讲等形式，在大概持续两个世纪的时间对英国的科学、文化做出了很大贡献。而为其打下基础的是戴维，使其趋于完善的是法拉第。以一般市民为对象的星期五演讲的传统是在戴维、法拉第时代形成的，作为世界上最著名的“科学剧场”直至现在。另外，面向青少年的圣诞演讲也很有名，诞生于这个演讲的“蜡烛的科学”作为经典保留了下来[18]。

19世纪20年代的前半段，他开展碳化合物的研究，发现各种新的物质。它们是苯、异丁烯、四氯乙烯、六氯乙烷、萘磺酸等有机化合物。1823年通过加压和冷却成功地液化了氯气，还液化了CO_2、SO_2、H_2S、N_2O等气体。而且首次确认了临界温度的存在，在此温度之上即使加压也不发生液化。晚年最后还进行了与现在的纳米科学也有联系的有关金溶胶的开创性研究。但是，他对化学的最大贡献应该是电分解定律的发现。

他为了准确地测定电量设计了库仑表，它可以测定水电分解所产生的氢的量，即流过的电量，考察了电分解时流过的电流量和所分解的物质的量之间的定量关系。结果发现了两个重要定律。第一是化学的作用，即分解量与流过的电量成严格的正比关系。第二，发现产生1g氢的电量分解等于化学当量的物质，说明电化学当量与化学当量一致。因此，提出氢、氧、氯、碘、铅、锡的电化学当量是1、8、36、125、58。这个结果与原子量的问题密切相关，但法拉第不相信原子的存在，当时没有与原子量的测定这个大问题相关联。1833年他与休厄尔（William Whewell，1794—1866）共同提出了后来广泛使用的电极、阳极、阴极、离子、阴离子、阳离子等术语，不过离子和阴、阳离子的含义与现在的不同，应予留意。如果按法拉第之意，阴离子和阳离子是分别在阳极和阴极可以放电的电解质的一部分。电化学的研究马上在实用方面产生重要结果，19世纪30年代后半段电镀技术和工业化获得了发展。但是法拉第本人的兴趣在于解开自然之谜，对根据所得结果发展理论、考虑有用的应用都没有兴趣，这些都有赖其他的人。

2.3 有机化学的诞生与围绕原子、分子的混乱

至19世纪初，无机化合物成了定量研究的对象，与之形成对比的是有机化合物的研究没有取得进展。乙醇、乙醚、乙酸、甲酸等几个有机化合物是很久以前就知道的，但也仅停留在定性的处理。有机化合物的分析与无机化合物的分析相比难得多，定量研究困难。1780年前后舍勒利用安息香酸在水中的溶解度比它的钙盐低的原理成功地得到了安息香酸。同样地他还获得了草酸、苹果酸、酒石酸、乳酸等很多有机酸。同一时期法国的罗埃尔（Hilaire-Marin Rouelle，1718—1779）从人尿中分离出尿素。拉瓦锡也对有机化合物感兴趣，把有机化学当作化学的一部分，但当时“生机论”（vitalism）占统治地位，即有机物是在动物和植物中通过“生命力”这种特别的力所合成的。

1824年弗里德里希•维勒由银的氰酸盐和氯化铵溶液得到了白色晶体，但确认不是预想中的氰酸铵，而与从尿中得到的纯尿素[$(NH_2)_2CO$]相同。这完全是意料之外的结果，颠覆了当时“生机论”不能从无机物质制备有机物质的一般观点。

弗里德里希•维勒（Friedrich Wöhler，1800—1882）：在马尔堡大学和海德堡大学学医，但在格梅林（Leopold Gmelin）的劝说下做了化学家。取得医学博士学位后，到斯德哥尔摩贝采利乌斯手下做研究。回到德国后在柏林和卡塞尔的工业学校教化学，之后在1836年当了格丁根大学的化学教授。他不单在有机化学方面有成就，在无机化学领域也留下了诸如铝、钡、硼的分离等业绩。然而使其留下不朽功名的是从无机物合成尿素。

米歇尔·欧仁·谢弗勒尔（Michel Eugène Chevreul，1786—1889）：法国化学家。沃克兰的弟子，当过植物园的助手，继其师之后长期在自然史博物馆当教授。除脂肪酸的研究外，有关葛布兰式花壁毯的研究也很有名。

这一发现得到了同时代化学家的高度评价，但"生机论"并没有因此立即销声匿迹。"生机论"此后一直持续到19世纪后半叶，但随着有机化学的发展逐渐散失了影响力。

2.3.1 新的有机化合物和异构体的发现

一跨入19世纪就陆续从动植物中分离出新的有机化合物，为有机化学的发展开辟了道路。19世纪初普鲁斯特从植物的甜汁中同时确定了葡萄糖、果糖、蔗糖。他从奶酪中也分离出氨基酸中的亮氨酸。赛特纳（Friedrich W. Serturner，1783—1841）于1805年从罂粟中分离出吗啡，到1835年前后大约分离出35种生物碱。这一时期重要的研究有米歇尔·欧仁·谢弗勒尔的脂肪研究。他在1825年将脂肪加水分解，发现分解成了甘油和脂肪酸。从植物和动物中分离出了很多脂肪酸，而且取得了用硬脂酸制蜡烛的方法专利。这样制作的蜡烛比以往用兽脂制作的质量要好。他还用酒精等非活性溶剂分离物质，提出了用熔点作为物质纯度的基准。

伴随着化合物的分析和性质研究，新的问题又出现了。此前考虑过某个物质的组成一旦确定，用它就可以测定该物质。但是到了19世纪20年代，发现即使相同组成的物质有时性质也不相同。维勒研究中所用的氰酸银的组成报告为氧化银77.23%、氰酸22.77%。另一方面，盖·吕萨克研究室的李比希发现雷酸银的组成是氧化银77.53%、氰酸22.47%。氰酸银和雷酸银具有完全不同的性质，然而分析结果显示二者的组成相同。接着，维勒和李比希共同研究查明氰酸（HOCN）组成与雷酸（HONC）的组成是相同的。像这样组成相同而性质不同的异构体的存在实例此后发现了很多，也包括无机物在内。到了1830年贝采利乌斯提出异构的概念来说明这样的实例。

2.3.2 有机化合物的分析与李比希

19世纪初有机化合物的分析还处于起步阶段，但走向进步的时机渐渐成熟。最初尝试有机化合物定量分析的是拉瓦锡。为了确定燃烧时消耗的氧气和产生的二氧化碳的体积，他将称量过的炭放入充满氧气的铃形瓶中，在水银灯上燃烧，产生的二氧化碳用碱吸收，通过这个方法测定吸收前后气体的体积。他还尝试燃烧酒精、脂肪、蜡等测定消耗的氧气和生成的二氧化碳的体积来确定成分。他知道了这些物质由碳、氢和氧构成。他进一步用氧化汞等氧化剂来分析难燃烧的砂糖和树脂等。但是二氧化碳和水的成分数据是不准确的，所以得到的分析结果也不准确。

尤斯图斯·冯·李比希（Justus Freiherr von Liebig，1803—1873）：生于药剂师之家，很早就对化学感兴趣。在波恩的埃尔兰根大学学习，不过他不满足于德国大学的化学教育，中途退学，师从盖·吕萨克。23岁时当上了吉森大学的教授，改革化学教育、开创重视实验的教育，培养了许多优秀的有机化学家，他的研究室发展成了研究学院。其门生在各地的大学为此后的有机化学、生物化学的发展做出了很大贡献。他在研究方面以有机化合物的分析方法的改良最著名。晚年对农业化学、生理化学等化学的应用感兴趣，对这些领域的发展做出了很大贡献。（参见专栏6）

有机物分析的准确性取决于如何准确地测定有机物中所含有的氢、碳被氧化后生成的二氧化碳和水的量。1811年盖·吕萨克和泰纳（Louis-Jacques Thenard，1777—1857）引入了以氯酸钾做氧化剂的方法给有机分析带了革新，不过后来用氧化铜代替了氯酸钾，使分析更安全和容易。此后贝采利乌斯将装置改良得更加简单和安全。燃烧生成的水在将燃烧生成物通过填充氯化钾的管子吸收后称量，氧气和二氧化碳在水银灯上捕集到铃形瓶中。他用这个装置确定了简单有机酸的组成。碳和氢的燃烧分析在引入李比希的使用捕获球的方法（图2.3）后得到进一步改良，不需要在水银灯上捕获气体。捕获球由一串5个放入了氢氧化钾溶液的玻璃球构成，吸收燃烧生成的二氧化碳，根据重量的增加确定二氧化碳的量。在捕获球之前放置氯化钙吸收生成的水，根据重量的增加确定样品中的氢含量。通过李比希的改良，有机化合物的分析变得更加简便和可以信赖。

图2.3 用于有机化合物分析的李比希捕获球装置

右侧有捕获球，左侧有氯化钙管

2.3.3 有机化合物的分类：根的概念

在做了很多有机化合物的分析，弄清了它们的组成之后，研究者们将目光转到组成与性质之间的关联上，并开始尝试按化学的标准对有机化合物进行分类。最初的尝试就是源于根（radical，也有书译为“基”，如参考书[1]）的概念。根这个词语从拉瓦锡时代就用来表示通过一系列反应仍保持其同一性的物质的稳定不变的部分。1815年盖•吕萨克研究氰酸及其衍生物，发现CN根表现出与氯化物、碘化物中的氯、碘类似的行为。贝采利乌斯成功地将电化学的二元论应用到了无机化合物，他认为有机化合物也遵循控制无机化合物生成的规则。他从无机化合物的类推考虑有机化合物，认为有机酸是化合物的根和氧结合而成的。

1828年杜马（Jean-Baptiste-Andre Dumas，1800—1884）和布莱（Pierre F. G. Boullay，1777—1858）研究了称作酯的植物性有机酸衍生物，着眼于酯和铵盐之间的类似性，指出酯是命名为“四氯乙烯”的C_2H_4根的化合物。在他的观点中，乙醇可以表示成$C_2H_4 \cdot H_2O$。同一时期李比希和维勒指出，苦扁桃油（苯甲醛）可变化成具有共同原子基团$C_{14}H_{10}O_2$（实际为C_7H_5O）的各种化合物，这个基团叫作苯根。这种根的理论在19世纪30年代很多化学家乐意接受，相当于现在的甲基、乙基、乙酰基、苯基等的东西在化学家之间引起讨论。但是也有很多问题。第一，当时还没有与碳和氧的原子量相关的统一标准。贝采利乌斯采用C＝12、O＝16，而李比希采用C＝6、O＝8，杜马采用C＝6、O＝16，导致化学式混乱。另外，贝采利乌斯分析有机酸用银盐，而所用的银的原子量是现在的2倍，所以有机酸的分子量也成了2倍。其结果乙酸不是$C_2H_4O_2$，而是$C_4H_6O_3$（贝采利乌斯将乙酸化学式写作$C_4H_6O_3$，将C_4H_3命名为乙酰基。注意不要和现在的乙酰基CH_3CO混淆）。第二，贝采利乌斯执着于电化学二元论，后来逐渐明白了将其适用于有机化合物的分类是很牵强的。

在电化学的根理论中带来很大困扰的是奥古斯特•劳伦和杜马提出的置换问题。劳伦研究了很多有机化合物氯化后的氯化物。他比较了氯化后的化合物和原来的化合物的性质，发现化合物的性质没有随着氯化发生明显变化。这说明只不过是氢被氯简单地置换了而已。杜马由蜡烛的烟的刺激成分的研究引导到脂肪酸的氯化的研究，接着考察了乙醇氯化的机理。他进而制备了三氯乙酸，发现其性质与乙酸类似。以至于他也认为与碳结合的氢可以用氯置换。但是正电性的氢被负电性的氯

奥古斯特•劳伦（Auguste Laurent，1807—1853）：法国化学家。出生于葡萄酒商人之家，不愿意继承父亲的职业，老师们劝其做科学家，于是到矿山学校学习结晶学和有机化学。1830年毕业后当了杜马的助手。1838年成了波尔多大学的化学教授，此后在那里进行煤焦油衍生物的研究，发现了很多有机化合物，尝试了这些有机化合物的系统性分类。

置换用贝采利乌斯的二元论是无法说明的。与三氯乙酸这样的物质是通过置换生成的说法相对应，贝采利乌斯试图用接合子的观点说明。所谓接合子是指对电活性基团不产生影响的分子中的电中性部分。认为乙酸$C_4H_6O_3$（注意当时的乙酸不是$C_2H_4O_2$，而是$C_4H_6O_3$）是无水草酸C_2O_3和甲基接合子C_2H_6结合而成的，置换在接合子部分发生。

替代按根分类登场的是杜马的按“化学型（chemical type）”分类有机分子的提案。像三氯乙酸和乙酸那样，多个有机化合物含有相同的当量，以相同方法结合、显示相同的性质和反应性的场合，就认为它们属于相同的型。但是到底以怎样的标准来定义型为好呢？杜马没有绝对的标准，他的观点不具有大的影响。

2.3.4 新的类型理论

推进有机化合物类型理论发展的是查尔斯•热拉尔和劳伦。1839年热拉尔提出残基说。依此说，某种无机物（水、氨、氯化氢等）是极稳定的，所以容易从有机物中脱离出来，有机化合物的残基相结合生成新的有机化合物。例如，他认为在苯的硝基化中，稳定的氢脱离出来，作为残基的苯基和硝基结合生成硝基苯。热拉尔的残基是在反应时与其他残基结合的物质，和在电化学二元论中一样，并不是原本的有机化合物上带电存在的物质。残基理论也可用于置换反应。例如，醋酸被氯置换的反应可以看作是当量的反应物残基结合到脱去部分的反应。

残基理论对明确原子量、分子量相关的问题也做出了贡献。贝采利乌斯基于银盐确定了有机酸的化学式，但由于银的原子量是现代值的2倍，所以有机酸的分子量也是正确值的2倍。将残基理论用于这些有机酸，脱离出来的无机生成物的分子量就会变成通常使用值的2倍。因此贝采利乌斯提出应该将有机化合物的分子量折半。尽管这个提案同时也与阿伏伽德罗和安培的假说一致，但却给当时的化学家带来了更大的混乱。

1846年劳伦采用热拉尔的原子量，将原子量、当量、分子量的区别做了如下阐述。原子量是存在于化合物中的元素的最小量，分子是生成化合物时的最小量的物质。当量是随反应性质可以改变的，或者等于分子量，或者是分子量的整数倍。而且他认识到了氢、氧、氯等分子的双原子性。于是，通过基于氢分子的分子量H_2=2的化学式，有机化学和无机化学就形成了统一的化学体系。

热拉尔从1844年到1845年提出了采用“同系物（homologous series）”概念的系统分类法。这是将席勒和杜马提出的概念做了进一步的一般化处理。根据这个概念，属于同一个“同系物”的化合物在组成上各差一个CH_2，熔点、沸点呈现等差变化。热拉尔还将化学性质相似而不相同的化合物（例如乙醇和苯酚）定义为“同构系（isologous series）”。另外，将性质不同但通过简单反应可以相互制备的化合物（例如乙酯和乙酸）定义为“异源系（heterologous series）”。

这一时期在实验方面新的发现也不断出现。李比希研究室的霍夫曼和俄罗斯喀山大学的齐宁（Zinin，1812—1880）对苯胺衍生物进行了广泛研究。另一方面，在李比希手下学习、给杜马当助手的阿道夫•武兹已经着手胺的研究。从这些研究中可以得到一系列氨型有机化合物。这些化合物都显碱性。霍夫曼从氨（1）开始，合成乙胺（2）、二乙胺（3）和三乙胺（4），打下了氨型化合物的理论基础。

$$\underset{(1)}{\left.\begin{matrix}H\\H\\H\end{matrix}\right\}N}\quad \underset{(2)}{\left.\begin{matrix}C_2H_5\\H\\H\end{matrix}\right\}N}\quad \underset{(3)}{\left.\begin{matrix}C_2H_5\\C_2H_5\\H\end{matrix}\right\}N}\quad \underset{(4)}{\left.\begin{matrix}C_2H_5\\C_2H_5\\C_2H_5\end{matrix}\right\}N}$$

（1）～（4）的分子结构图

劳伦主张乙醇（6）、乙醇钾（7）、乙醚（8）可以表示为水（5）的类似物，不过继续探究这样的类似物，拓展“水型”分类的是亚历山大•威廉姆逊。他想要以烷基置换乙醇的1个氢原子，便将乙醇钾与碘化乙基反应，果然得到了二乙醚。于是他主张无论乙醇还是乙醚都可以当作1个或2个氢原子置换成乙基的产物来表示。威廉姆逊将遵循此分类的物质叫作“水型”，不单单构成有机物，也看作是无机盐、无机酸的基本模型。

$$\underset{(5)}{\left.\begin{matrix}H\\H\end{matrix}\right\}O}\quad \underset{(6)}{\left.\begin{matrix}C_2H_5\\H\end{matrix}\right\}O}\quad \underset{(7)}{\left.\begin{matrix}C_2H_5\\K\end{matrix}\right\}O}\quad \underset{(8)}{\left.\begin{matrix}C_2H_5\\C_2H_5\end{matrix}\right\}O}$$

（5）～（8）的分子结构图

查尔斯•热拉尔（Charles Frederic Gerhardt，1816—1856）： 法国化学家。出生于阿尔萨斯一个白铅制造商之家，被期望继承家业，在莱比锡大学学习化学。在巴黎获得学位后，于1840年就职蒙彼利埃大学，1848年辞职回到巴黎。之后在斯特拉斯堡大学当教授。与劳伦一起反对贝采利乌斯二元论，提倡类型说，进行有机化合物的分类。具有出色的能力，但性格古怪、树敌很多。

阿道夫•武兹（C. Wurtz，1817—1884）： 法国有机化学家。在吉森大学跟李比希学习，作为杜马的后任，担任医科大学、巴黎大学教授。有烷基胺的合成，乙二醇、2-羟基丁醛等的发现，武兹反应的确立等业绩。

亚历山大•威廉姆逊（Alexander William Williamson，1824—1904）： 英国化学家。在海德堡大学跟梅林，在吉森大学跟李比希学习。从1885年到1887年任伦敦大学教授。阐明了由乙醇和硫酸生成乙醚时中间产物的生成机理。

斯塔尼斯奥拉·坎尼扎罗（Stanislao Cannizzaro，1826—1910）：意大利化学家。出生于西西里岛的巴勒莫。在巴勒莫大学学习医学，在比萨大学学习化学。1847年西西里革命时加入义勇军，失败后流亡巴黎，跟谢弗勒尔学习。1851年回意大利任教职，1855年任热那亚大学教授，5年后辞职加入义勇军投身意大利统一事业。意大利政局稳定后回到巴勒莫。1858年发现坎尼扎罗反应等，在有机化学领域有很多业绩。因论证阿伏伽德罗假说的正确性的功绩而获得很高评价。

热拉尔进一步推进了型的理论，提出按照水、氨、氢、氯化氢4个无机物型就可以将全部有机化合物进行分类[19]。醇、醚、酸、酯可以归类于水型；胺、氨基化物、氮化物可以归类于氨型；链烷烃、醛、酮可以归类于氢型；卤化物可以归类于氯化氢型。但是，对热拉尔而言这个分类法不具有结构上的意义，只不过可以给出某种物质有怎样的反应可能性方面的信息而已。

2.3.5 坎尼扎罗使阿伏伽德罗假说起死回生

为了使化学结构式成为可以信赖的东西，还存在有待解决的问题。即使到了19世纪中期也还存在原子量、分子量不确定的问题。连碳、氧这样的基本元素的原子量都不确定。已经认识到具有相同经验式的异构体在有机化合物中有很多，也存在经验式相同、分子量不同的多聚体（multimer）。要理解这样的问题首先必须确定正确的分子量。对这一问题的解决做出重大贡献的化学家是斯塔尼斯奥拉·坎尼扎罗。他领悟到如果应用阿伏伽德罗的假说就可以解决困扰当时的化学家的很多问题，于1858年在意大利的杂志上发表了论文。他尝试了阐释阿伏伽德罗假说中的假设的正确性。

他首先将气体和蒸气的密度与水的密度进行比较，由此认识到了元素和化合物分子量是可以准确测定的。因为氢分子是由2个原子组成的，所以以氢为标准的蒸气密度应该为2倍。于是氢、氧、氮、氯等是双原子分子，而硫、磷、汞、砷不是双原子，认为分别是6原子、4原子、1原子、4原子。硫的分子在气化温度下是6原子，但在1000℃其分子量是氢的32倍，被认为是双原子。反对将蒸气密度用于确定分子量的反对派的一个根据是由蒸气密度确定的氯化铵和五氯化磷等化合物的分子量异常小，不过坎尼扎罗对此做了说明，是因为这些物质的蒸气在高温下发生了解离。于是坎尼扎罗说明了利用蒸气密度和化学分析的结果可以得到正确的分子式。他的论文没有马上引起关注。但是以1860年在德国卡尔斯鲁厄召开的国际会议为契机，情况发生了变化。

这个国际会议的目的是就混乱的原子量、当量、分子量、化学式交换意见，制定统一的标准，会议是在凯库勒和武兹号召下，得到卡尔斯鲁厄大学的维尔莱因、柏林大学的贝耶尔、曼彻斯特大学的罗思科的协助召开的。来自欧洲各国的140位主流化学家参加了这个会议。坎尼扎罗在这里阐述了确定原子量、分子量时应该采用阿伏伽德罗的假说，给了很多出席者深刻的印象。但有人反对用投票的方式决定科学问题，会议没能做出结论。但是在会议最后帕维亚大学帕维赛（Angelo Pavesi，1830—1896）分发了坎尼扎罗的论文，其影响逐渐扩大。洛塔尔•迈耶尔读过这篇论文后记述道，“好像鳞片从眼前散落，疑云顿消，取而代之的是静静的踏实感，”[20]迈耶尔本人也基于阿伏伽德罗的假说写了拓展化学理论的书《现代化学理论》，对化学家产生了影响，后来在元素周期律方面做出了重要贡献。出席这个会议的门捷列夫也说这个会议是通向周期律的第一步。

2.3.6 原子、分子的实在性与化学家

阿伏伽德罗假说的复活使关于原子量、分子量的混乱消失，但当时的化学家也并非确信原子、分子的实在性。道尔顿的原子是基于牛顿的粒子论哲学传统的东西，是不能再分割的、物理上确实存在的原子（物理原子），它结合而成的就是分子。但是，经过此后围绕原子量、分子量的混乱，化学家接受的是分子是化学反应中最小的单位，它是否客观存在则另当别论。对化学家而言，原子是对说明化学现象有帮助的最小单位的原子（化学原子）。对很多化学家而言，原子是否客观存在不能通过实验验证，是形而上学的问题，对此不感兴趣。1867年凯库勒将“化学原子”定义为“发生化学变化时不能进一步分割的物质粒子”。坎尼扎罗主张“物理原子”和“化学原子”的同一性，但在19世纪后半叶的化学家中否定原子客观存在的人不在少数，关于原子的实在性的争论持续到20世纪初。

2.4 有机化学的确立与发展

如前一节所述，19世纪中期围绕原子、分子的混乱得到解决，有关有机化合物的知识在增加，有机化学已经做好了大踏步前进的准备。在此之前有机化学也作为化学的一个领域在展开研究。当时的一流化学家把有机化学和无机化学都作为研究对象。进入19世纪后半叶后，单将有机化学作为研究对象的专家层出不穷，有机化学作为独立的专业领域得到确立，开始快速发展。有机化学首先必须解决的问题是化学结构。

2.4.1 原子价的概念与化学结构式

为了弄清化学结构式，需要确立原子价的概念。从19世纪40年代到50年代，赫尔曼•科尔贝和爱德华•富兰克兰为原子价概念的建立做出了贡献。德国人科尔贝是贝采利乌斯的原子团（radical）理论的信奉者，他在探索贝采利乌斯的原子团和接合部（copulae）的内部构成的方向上取得进展。他根据乙酰基（C_4H_3）化合

赫尔曼·科尔贝（Hermann Kolbe，1818—1884）：德国化学家。在格丁根跟随沃勒学习，1865年起任莱比锡大学教授。因醋酸的合成、科尔贝－施密特反应、羧酸盐电解合成碳氢化合物而知名。

爱德华·富兰克兰（Edward Frankland，1825—1899）：英国化学家。在药局完成学徒修业，在德国马尔堡大学跟随本生学习，回国后在曼彻斯特的欧文斯大学当教授。通过有机金属化合物的研究建立了原子价理论。

物的研究，认为这些化合物由与2当量的碳结合的乙基$[(C_2H_3)C_2]$构成，碳是和氧、氯等的亲和力的作用点。科尔贝和他的朋友英国人富兰克兰尝试了烷基的实际分离。科尔贝相信通过醋酸的电解得到了甲基，但他得到的实际上是乙烷。1849年富兰克兰认为通过锌和碘化乙基的反应得到了乙基，不过其实是丁烷。

但是，富兰克兰通过这个反应得到了副产物乙基锌$[(C_2H_5)_2Zn]$[21]。这作为有机金属化合物合成的最早成功实例是很重要的，同时它也成了推进原子价概念的契机。他认为有机金属化合物是无机化合物的氧和其他元素被碳氢基置换后的产物。他进一步关注无机化合物和有机化合物的类似性，阐述道无论在哪个领域元素都具有有限种的结合力。这还不是明确的化合价的概念，是在化学式中把原子作为具有固有结合力的单位来处理的开始。

1858年奥古斯特·凯库勒和阿奇博尔德·库帕各自独立地提出碳是4价，碳原子相互结合形成碳链[22,23]。在库帕提议的结构式中［图2.4（a）］键用虚线或实线表示，但还留下了类型式的名称痕迹。凯库勒导入了原子价和化学键的概念，但没有用线和符号来表示这种概念。他用香肠式［图2.4（b）］直观地表示化学式，但这种表示不方便。库帕的朋友喀山大学的布特列洛夫（Alexander M. Butlerov，1828—1886）采用4价碳的概念展开了化学结构理论。1864年亚历山大·克拉姆·布朗（Alexander Crum Brown，1838—1922）用线表示键，用圆圈围住元素符号，使直观的结构式［图2.4（c）］得以普及。埃伦迈尔（Richard A. Erlenmeyer，1825—1909）把圆圈去掉后，这个结构式得到迅速普及。

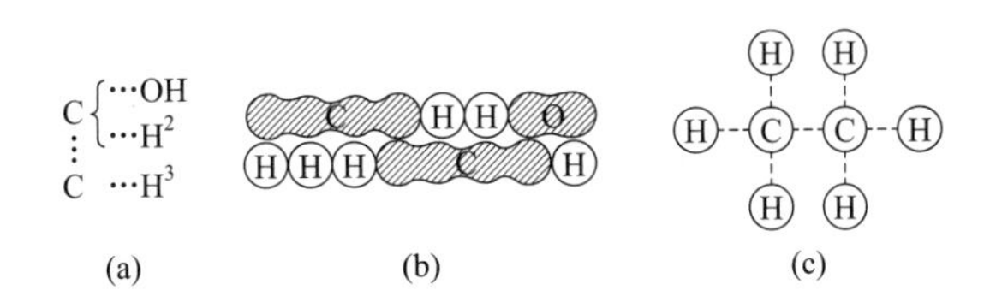

图2.4 化学式的变化

（a）库帕的乙醇（1858年）；（b）凯库勒的乙醇（1861年）；
（c）克拉姆·布朗的乙烷（1864年）

弗里德里希·奥古斯特·凯库勒（Friedrich August Kekulé，1829—1896）：德国有机化学家。凯库勒出生于达姆斯塔特一个公务员家庭，在吉森大学学建筑，但受李比希的影响转向化学。在巴黎、伦敦、海德堡修业后，于1858年到比利时的根特大学当教授，1867年任波恩大学教授。他是一位富有想象力的研究者，确立了古典有机结构论的基础，确定了苯的结构式，度过了作为化学家的辉煌生涯。

阿奇博尔德·库帕（Archibald Scott Couper，1831—1892）：出生于格拉斯哥，在格拉斯哥和柏林学习哲学，但对化学感兴趣，在巴黎跟随武兹学习。在爱丁堡作为化学家出道，但因病受挫。

2.4.2 苯和芳香化合物的结构

不饱和的概念是由洛施密特（Johan Josef Loschmidt，1821—1895）、埃伦迈尔、迈耶等发展起来的，克拉姆·布朗将双键用于乙烯键。而苯及其相关化合物的结构是很难的问题。解决这个问题的是想象力丰富的凯库勒。他根据苯及其衍生物一定含有6个以上的碳原子，认为苯是6个原子通过单双键交替结合的分子。最初他考虑了具有与8个键无关的结合子的开环结构，但逐渐引入了两端结合的闭环结构（C_6A_6，A为不饱和的结合子）。在这里A与其他单原子或多原子基团结合。早期的论文中还使用了香肠结构［图2.5（a）］，但在1865年变成了六角形环结构［图2.5（b）］。他认识到通过置换可以产生各种异构体，预测了在卤素原子的置换中，产生异构体的数目是1原子置换1种，2原子置换3种，3原子置换3种，4原子置换3种，5原子置换1种[24]。这些预测马上由拉登堡（Albert Ladenburg，1842—1911）和科尔纳（Wilhelm Korner，1839—1925）确认。据传凯库勒在晚年的回忆中说，他在位于比利时根特的家中火炉旁打瞌睡的时候，梦见一条蛇咬住自己尾巴在转动，于是想到了六角形结构。不过这个说法的可信性成了近年争论的焦点，持怀疑态度的科学家居多[25]。

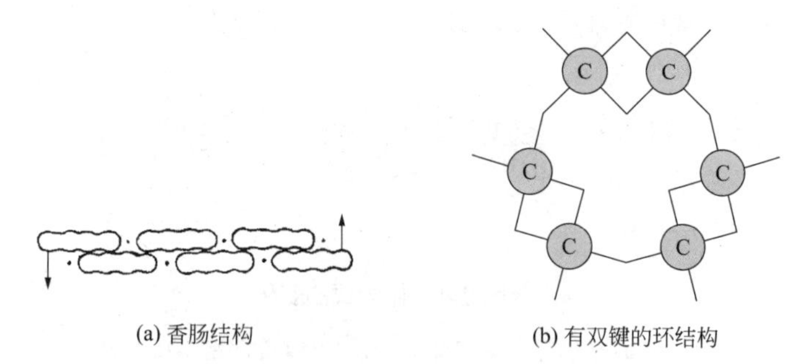

(a) 香肠结构　　(b) 有双键的环结构

图2.5 凯库勒的苯结构式

凯库勒通过双键和单键交替结合解决了苯的碳原子是4价的问题，但对此观点很多化学家不认可。其理由是观察不到用通常的不饱和化合物可以看到的加成反应。为了说明这个问题也提出了其他的结构。另外，拉登堡指出，凯库勒的结构应该产生两种不同邻位置换体，提出了另外的结构（图2.6）。针对这些问题凯库勒提出了“振动机理”的概念，主张苯环所有位置是等价的，2种邻位置换体结构是不存在的[26]。根据他的主张，分子中的原子始终在平衡位置附近振动，与相邻原子碰撞，单键和双键处于动态平衡，其结果是两种苯环结构是等价的。但是苯的碳原子第4个原子价的问题是悬而未决的问题，成了长期议论的话题，其真正地解决必须等待量子化学的出现（参照4.3节）。

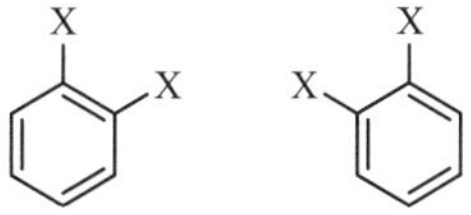

图2.6 双键固定时产生的2种苯邻位取代体的结构

凯库勒的苯结构提出后，有关芳香化合物的研究结果与凯库勒的结构不矛盾。第4个原子价的问题即使遗留下来，也不妨碍很多化学家将凯库勒的结构用作满意的操作假说来推进研究。在19世纪后半叶，芳香族化合物的化学显示出快速进步。很快就有人提出了萘分子是2个苯环缩合的产物，也得到了实验确认。蒽、菲等芳香化合物也有研究。环中含有碳之外的元素的吡啶、喹啉等很多六环化合物也在这一时期得以发现和研究。

2.4.3 碳的四面体说与立体化学

法国物理学家毕奥（Jean-Baptiste Biot，1774—1862）1815年发现很多有机物的液体使光的偏光面发生旋转。因为不是分子方向整齐划一的结晶，所以这意味着改变偏光面的能力一定起因于分子结构本身。19世纪40年代后期路易•巴斯德研究了这个问题，取得了很大进步。

1847年巴斯德在巴黎的巴拉尔实验室作为博士论文题目开始了酒石酸的研究。

路易•巴斯德（Louis Pasteur，1822—1895）：法国化学家、微生物学家。出生于汝拉省多尔一个贫穷的鞣革匠家庭。在高等师范学校跟随杜马和巴拉尔学习，以酒石酸盐的光学异性的研究取得了博士学位。在历任斯特拉斯堡大学、里尔大学、高等师范学校的教授之后，1867年担任巴黎大学教授，从1888年起任巴斯德研究所所长。在光学异构体的研究之后转向发酵研究，取得了乳酸菌的发现、低温杀菌法的开发、生物自然发生学说的否定等众多业绩，成了近代微生物学的鼻祖。

酒石酸是从酿造葡萄酒时产生的废弃物中得到的化合物，知道有2种。通常的酒石酸溶液具有使入射偏光的偏光面向右旋转的效果（光学活性），此外还有不具备这样效果的、被称作外消旋酸（光学惰性）的酒石酸。这两种酒石酸被认为化学性质和晶型都相同，为何偏光效果不同是个谜。巴斯德用放大镜详细地研究了这两种酒石酸的晶型，发现光学活性的酒石酸的晶体是非对称的，而在外消旋酒石酸的晶体中两种结晶几乎是等量混合的，这两种酒石酸不对称，互为镜像关系。巴斯德分离这两种晶体，确认了它们的溶液一个使偏光面右转，一个使偏光面左转，将二者等量混合则变成光学惰性（图2.7）。巴斯德进一步推进了酒石酸的研究，发现了将外消旋体分离为镜像异构体的光学拆分方法。其中有两种方法，一个是利用微生物消耗速度的差异，另一个是在酸性外消旋体中加入光学活性的碱，制备非对映体（分子中存在2个以上手性原子时，其中仅一个反转就产生镜像关系中没有的异构体，这样的异构体称作非对映体）盐后分开。于是光学异构体的研究获得了进步，但与分子结构之间的关系还不明确。巴斯德此后转向发酵和腐败的研究，离开了光学活性的研究。

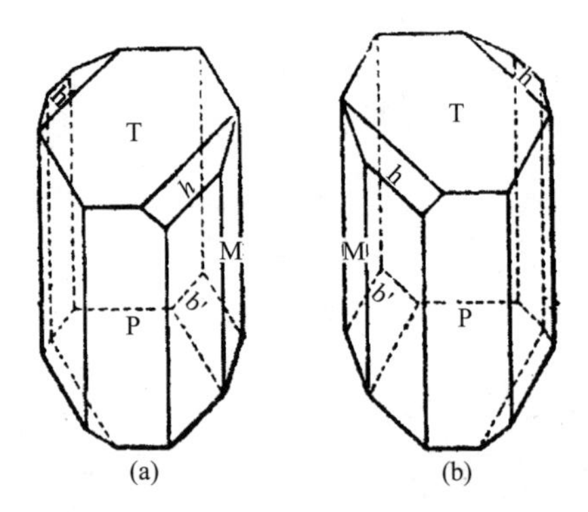

图2.7 巴斯德分离的酒石酸的两个光学异构体的晶体简图

左右的结晶（a）和（b）为镜像关系

到了1874年，雅可比•亨利克•范特霍夫和J.-A. 勒贝尔（Joseph-Achille Le Bel，1847—1930）独立地阐明了光学活性与结构之间的关系，奠定了立体化学的基础。这时范特霍夫才22岁，连学位也没取得。勒贝尔在巴黎接受教育，给武兹当助手。乳酸［$CH_3CH(OH)COOH$］在很多发酵过程中都能见到，贝采利乌斯在动物肌肉中也发现了乳酸。发酵过程中发现的乳酸是光学惰性的，而肌肉中的乳酸是光学活性的。1869年威利森努斯（Johannes Wislicenus，1835—1902）提出这种差异源于原子空间排列差异的观点。范特霍夫发展了这个观点，他在1874年揭示了（图2.8）[27]如果将碳原子按四面体处理，原子或原子团在四面体的顶点相结合，当4个不同的原子或原子团结合时就有2个镜像关系的结构。同年，勒贝尔更抽象地从几何学的角度推导出具有与碳原子相连的4个不同的原子或原子团的分子，如

雅可比·亨利克·范特霍夫（Jacobus Henricus van't Hoff，1852—1911）：荷兰化学家。出生于荷兰鹿特丹的一个医生家庭。违反父亲意愿，在代尔夫特莱顿大学学习化学后，在波恩跟随凯库勒、在巴黎跟随武兹学习，在乌特勒支大学取得博士学位。1876年在兽医学校任教职，2年后到阿姆斯特丹大学当教授，在那里度过了18年，后来到柏林大学当教授。最初研究有机化学，以碳的正四面体学说奠定了立体化学的基础，但后来转向物理化学，在渗透压和化学平衡的研究上取得了成绩，作为物理化学的开拓者也享有声望。1901年享受到获得第一届诺贝尔化学奖的殊荣。

果在内部没有通过对称面的补偿就具有光学活性[28]。

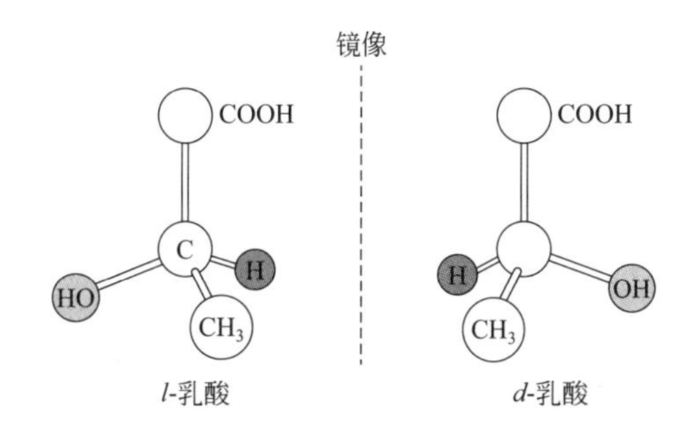

图2.8 乳酸的*d*-体和*l*-体的结构

两者呈镜像关系，中心碳原子为不对称碳原子

巴斯德发现的酒石酸异构体可以用具有两个手性碳原子的*d*-体、*l*-体和二者混合的外消旋体说明。范特霍夫表示已知的所有光学活性的例子中都存在手性碳原子。当时默默无闻的范特霍夫提出的手性碳原子的概念并没马上获得普遍认可，最初批判者也比较多，不过在此后的研究中逐渐得到了认同。1888年维克托·迈耶（Victor Meyer，1848—1897）将具有手性碳原子的异构体命名为立体异构体。

在1874年的论文中，范特霍夫也论及存在以几何异构体为人所知的其他类型的异构体。他指出至少两个不同的取代基位于双键碳上，因双键阻碍分子内的自由旋转，就会产生两种异构体（顺式和反式异构体）。于是顺丁烯二酸和反丁烯二酸的结构差异就明晰了（图2.9）。

(a) (b)

图2.9 顺丁烯二酸（a）和反丁烯二酸（b）的结构

2.4.4 有机化合物的分析

1830年前后李比希确立的有关碳和氢的有机分析方法是很完善的方法，此后几乎没有变化。但对于其他元素做了各种各样的改进。

氮的分析必须和碳、氢的分析分别进行。杜马进行了改进：①用二氧化碳代替燃烧管中的空气；②用浓氢氧化钾溶液代替汞来捕集氮。通过用二氧化碳可以直接测定由样品生成的氮。杜马通过加热碳酸铅得到二氧化碳，而1838年埃德曼（Otto Linne Erdman，1804—1869）和马尔尚（Richard Felix Marchand，1813—1850）用酸与碳酸盐作用，引入了二氧化碳发生器。

1841年瓦伦特拉普（Franz Varrentrapp，1815—1877）和威尔（Heinrich Will，1812—1890）引入了其他定氮方法，即将样品与碱石灰一起加热使氮变成氨气，产生的氨用酸溶液吸收。1883年凯达尔（Johan Gustav Kjeldahl，1849—1900）改进了该项技术，在碱石灰处理之前加了一个步骤，即将样品在加了高锰酸盐的浓硫酸中处理，以使蛋白质等生物相关物质中的氮的分析变得容易且准确。

李比希也开发了有机化合物中硫、卤素的分析方法。他将有机物在碱溶液中用硝酸盐氧化，转变为硫酸钡后分析。同样的氧化方法也用于有机卤化物的分析。这时产生的卤化物转变成为银盐沉淀后分析。1864年卡里乌斯（Georg L. Carius，1829—1875）提出了更普通的硫和卤素的分析方法。在他的方法中样品在密封的玻璃管中通过浓硝酸氧化，生成的硫酸或氢卤酸分别以钡盐和银盐的形式分析。

2.4.5 合成方法的进步

有机化合物的合成在19世纪后半叶成了化学中重要的、受人欢迎的领域。其理由可以列举如下几点：首先，合成自然界存在的和不存在的化合物对化学家而言是一个挑战；其次，合成用来验证化学中的最新理论和结构概念的物质是很有兴趣的课题；最后，与医药和染料等实用方面的需求相适应的化学产业发达起来，对新物质合成的需求在增长。

19世纪中期在众多有机化合物的合成上取得显著成果的化学家有马塞兰•贝特洛。他在甘油和多元醇的研究上取得了很多成果。使乙烯和硫酸反应，再加水分解就合成了乙醇，而且反过来使醇脱水就可以合成烯烃。在1856年，通过高温加热甲酸钡生成了甲烷，作为副产物得到了乙烯、丙烯、乙炔。1862年将氢气通入碳电极的电弧中制得了乙炔，1866年将乙炔通入赤热的管中得到了苯。于是，他表示可以从无机化合物合成很多重要的有机化合物，扼制了生机论。

在19世纪后半叶发现了很多至今仍在广泛使用的合成反应，其中很多用发现者的名字命名。列举这样的反应中的几个典型实例如下。括号内数字表示发现的年份。

武兹（Wurtz）反应（1855年）：

马塞兰·贝特洛（Marcellin Berthelot，1827—1907）：法国化学家、政治家。出生于巴黎的一个医生家庭，学习历史和哲学后成了化学家。在法兰西学院给巴拉尔当助手，后来兼药学院和法兰西学院的教授。他确信化学现象的产生源于物理的力，复杂的有机化合物也可以不借助生命之力来合成。他合成了许多碳氢化合物、脂肪、糖，对热化学也有很大贡献。他是19世纪后半叶具有影响力的化学家。晚年作为教育行政家、政治家也很活跃。

$$3RX + 3R'X' + 6Na \longrightarrow R—R + R'—R' + R—R' + 6NaX$$

（R、R′为烷基，X为卤素）

坎尼扎罗（Cannizzaro）反应（1858年）：

$$2C_6H_5CHO + KOH \longrightarrow C_6H_5CH_2OH + C_6H_5COOK$$

费蒂希（Fittig）反应（1864年）：

$$C_6H_5Br + C_2H_5Br + 2Na \longrightarrow C_6H_5C_2H_5 + 2NaBr$$

弗里德尔-克拉夫茨（Friedel-Crafts）反应（1877年）：

$$C_6H_6 + RCl \xrightarrow{AlCl_3} C_6H_5R + HCl$$ （R为烷基）

珀金（Perkin）反应（1868年）：

$$C_6H_5CHO + (CH_3CO)_2O \xrightarrow{CH_3COONa} C_6H_5CH_2OH + C_6H_5COONa$$

莱默尔-蒂曼（Reimer-Tiemann）反应（1876年）：

$$C_6H_5OH + CHCl_3 + 3NaOH \longrightarrow HOC_6H_4CHO + 3NaCl + 2H_2O$$

随着合成方法的进步，合成出了大量的化合物，已知的有机化合物的数量急速增加，结果是出现了统一有机化合物命名法来整理情报的需求。在1889年的巴黎国际会议上结成了研究命名法的联盟，1892年在日内瓦联盟的提案获得承认，有机化合物的官方命名法得以制定。但原来的命名此后也作为惯用名继续使用。

作为化学情报摘要的手册，截至19世纪前半叶，格梅林（Leopold Gmelin，1788—1853）的《化学手册》（《Handbuch der Chemie》）起到了这个作用，但赶不上有机化学的进步，放弃了有机化学部分，成了无机化学的手册。为了满足有机化学的需求，沃勒（Friedrich Wohler）研究室俄罗斯出生的化学家拜尔施泰因（Friedrich Konrad Beilstein，1838—1906）编辑的厚达2201页的《有机化学手册》（《Handbuch der Organischen Chemie》）的首版由汉堡出版社在1880～1882年出版。4080页的第二版在1886～1889年出版。拜尔施泰因在1866年回到圣彼得堡，从19世纪70年代末一直到1906年去世，将全部精力倾注于手册的编辑和执笔上。

2.5 元素周期律

采用阿伏伽德罗的假说，原子量的不确定性消除了，原子价概念的导入夯实了化学的基础。下一步就是用统一的体系对元素进行分类，了解相互之间的关联。将元素分类的尝试1860年以前就有过，但因为原子量的混乱没有成功。为了使元素的分类具有意义，必须知道足够数量的元素，必须知道它们的准确原子量。

从1790年到1859年间发现了31种新元素，总共已经知道60种以上的元素了，但其中1830年以后发现的新元素只有5个。用以往的化学方法已经达到了发现新元素的极限。这时登场的是分光法，在19世纪60年代通过分光法发现的新元素接连不断。于是使元素的分类切实可行的时机已经成熟。

2.5.1 分光法的引入与新元素的发现

用分光法最初发现新元素的是德国海德堡大学的罗伯特•本生和古斯塔夫•基尔霍夫。本生将焰色用于硬水中盐的分析。他在海德堡大学任职的时候发明了本生灯，因为要进行燃气照明，燃气引到了市区，所以他把高速气体引到实验室，得到了可以用于化学分析的、产生无色火焰的气体喷灯。已经知道将火焰产生的焰色用棱镜分光，就可以得到元素特有的光谱。本生和基尔霍夫认为将盐的混合物在火焰中发出的光用棱镜分光的话就可以更容易地进行分析，于是制作了分光器（图2.10）。他们用这个棱镜马上就取得了成果，在1860年从硬水的分析中发现了铯，次年发现了铷。分光法在其他元素的发现中也马上发挥了威力。1861年克鲁克斯（William Crookes，1832—1919）发现了铊，赖希（Ferdinand Reich，1799—1882）和李希特（Hieronymus T. Richter，1824—1898）发现铟。分光法在后来的镓、稀土、稀有气体元素的发现过程中也扮演了重要角色。

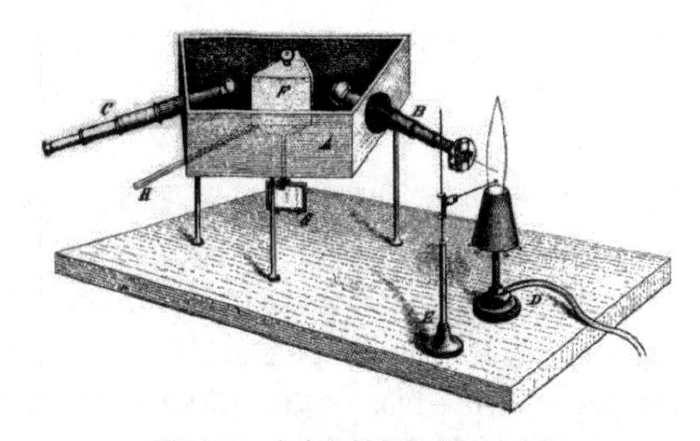

图2.10 本生和基尔霍夫的分光器

2.5.2 元素分类的早期尝试

元素的分类从19世纪前半叶就开始尝试了。歌德（Goethe）的朋友、耶鲁大

罗伯特·本生（Robert wilhelm Bunsen，1811—1899）：德国化学家。是格丁根一个文献学者之子，在格丁根大学获得学位。1836年任卡塞尔大学教授，1839年任马尔堡大学教授。后来在1852年作为格梅林的继任者在海德堡大学任教授。他在化学、物理等多个方面开展了研究。他是一个具有发明天才的化学家，不仅发明了本生灯，其他还有光度计、热量计等很多装置的发明。另外，在英国溶矿炉的研究上也有重要贡献。

古斯塔夫·基尔霍夫（Gustav Robert Kirchhoff，1824—1887）：德国物理学家。出生于哥尼斯堡一个律师家庭，在哥尼斯堡大学学习，历任海德堡大学、柏林大学教授。1849年发现基尔霍夫电路规则，1859年发现基尔霍夫放射规则。此后和本生一起从事光谱分光研究。他的分光学以及黑体放射研究关系到后来的原子结构和量子论的研究。

学的教授德贝莱纳（Johan W. Dobereiner，1780—1849）在1817年注意到碱土类金属有一个三元素组（钙、锶、钡）。到19世纪20年代末，这种三元素组扩大到包括碱金属（锂、钠、钾）、卤素（氯、溴、碘）、硫族（硫、硒、碲）的很多元素。格梅林在他的《化学手册》中报告了很多其他的三元素组。

李比希的朋友、公共卫生学家佩腾科弗（Max von Pettenkofer，1818—1901）1850年报道化学类似的元素的原子量屡屡成等差。杜马通过几个元素系列注意到原子量等差数列的关系。例如，在O、S、Se、Te系列中分别是8、16（2×8）、40（$8+4\times8$）、64（$8+7\times8$）（杜马采用$O=8$的原子量）。他主张在（F、Cl、Br、I）、（N、P、As、Sb、Bi）以及（Mg、Ca、Sr、Ba、Pb）各组中存在这样的等差数列。

1862年法国地质学家坎古杜瓦（Beguyer Chancourtois，1820—1886）提出以“地之螺旋”命名的元素三维配置。在这个图中，类似的元素排成纵向1列，对应各个元素的点相差16并列。他提出原子量服从公式$n+16n'$（n等于7或16；n'为整数）。但是这个报告被化学家们所忽视，没有产生影响。

英国的纽兰兹（John A. R. Newlands，1837—1898）在1863年报道，若将元素按原子量顺序排列，从小组最前面的元素开始数，每数到第8个，就会出现与相同小组类似的元素。他认为与音乐中的八音阶一样，元素也形成8的倍数的八音阶，于是称作“八音律”。但这种分类也有明显的问题，不太为当时的化学家所乐意接受。他在按元素原子量顺序排列进行分类的正确方向上迈出了第一步，但没能取得充分的成果。于是到1865年为止，元素分类的尝试做了很多，但还是没有满意的结果。

2.5.3 门捷列夫和迈耶尔的周期律

成功地独立发现周期律的是俄国的德米特里•门捷列夫[29]和德国的洛塔尔•迈耶尔。门捷列夫最初的论文在1869年出版[30]。到那时为止迈耶尔独立地达成了同样的观点，但他的论文出版是在1870年[31]。门捷列夫的周期律最初没那么受关注，然而他在论文中预言的元素镓被发现后一下子受到关注。

门捷列夫1867年开始编写作为讲课用的教科书《化学原理》。在这个过程中尝试了根据原子价和原子量将元素分类。氢、氧、氮、碳分别是具有1价、2价、3价、4价原子价的典型元素。而且有碱金属和卤素的组。他在卡片上写出元素的名称和性质，用这个卡片在列车的漫长旅途中边玩赏，边将原子量、原子价和性质的类似性进行手工分类。于是按原子量顺序一排列，就认识到了元素性质呈现明显的周期性。他制作周期表，并将它在1869年发表了出来[30]。在这个周期表中，他做了几个大胆的处理。诸如，把氢和其他元素分开，对应尚未发现的未知元素设置空栏，将原子量和性质都类似的元素作为一组等等。另外还考虑到当时的原子量有不正确的，有时也需要改变原子量顺序。

1871年，门捷列夫发表了改进的周期表（图2.11）[32]。在这个表中，元素排成

德米特里•门捷列夫（Dmitri Ivanovich Mendeleev，1834—1907）：出生于西伯利亚托博尔斯克，是14个兄弟姐妹中最小的一个。当教师的父亲失明后，母亲经营玻璃工厂支撑这个家，但不幸遇到父亲的去世和随后的玻璃工厂火灾。具有不屈精神的母亲带着德米特里到圣彼得堡，让他接受了高等教育。在敖德萨中学当老师之后，在圣彼得堡的大学里研究液体的物理性质，工作得到了认可，获得了留学巴黎和海德堡的机会。在海德堡大学跟随本生和基尔霍夫学习，回国前出席卡尔斯鲁厄学会，接触到坎尼扎罗的论文深有感慨。回国后在圣彼得堡工业技术学校任教，之后于1866年到圣彼得堡大学任普通化学教授。尝试元素的分类，于1871年发表了元素周期表，在化学史上留下了不朽之名。

洛塔尔•迈耶尔（Julius Lothar Meyer，1830—1895）：德国化学家。父亲是医生，接受的教育是为了当医生。在各种机构从事过以医学学生为对象的教育，之后于1876年任图宾根大学的化学教授。他感觉到有必要写一本新体裁的、解释明晰的教科书，于是在1864年出版了《现代化学理论》，在该书的修订过程中尝试了元素的分类，得到了与门捷列夫周期律类似的周期表。

12横列，纵列分成从Ⅰ到Ⅷ的组（族）。第Ⅷ族到Fe、Co、Ni为止是空栏。在这里放在一起的过渡金属的相似性以及还只发现了少数几种的稀土类的处理限于当时的知识还难以明晰。另外，原子量也有不正确的。例如，铟的当量是38.3，其2倍76.6则被当作其原子量。这样一来在周期表中就应该放在砷和硒之间，但这里没有空位置。门捷列夫将其当量的3倍作为原子量，放在了镉和锡之间。还有当时铍的原子量是将其氧化物当成Be_2O_3得到的14，但如果将其氧化物假定为BeO计算就是9.4，那就成了第3号元素。但是，最具戏剧性的是他设置空栏并预言了应该放在那个位置的元素的性质，实际上他预言的元素不久就被发现了。

Tabelle II.

Reihen	Gruppe I. — R²O	Gruppe II. — RO	Gruppe III. — R²O³	Gruppe IV. RH⁴ RO²	Gruppe V. RH³ R²O⁵	Gruppe VI. RH² RO³	Gruppe VII. RH R²O⁷	Gruppe VIII. — RO⁴
1	H=1							
2	Li=7	Be=9,4	B=11	C=12	N=14	O=16	F=19	
3	Na=23	Mg=24	Al=27,3	Si=28	P=31	S=32	Cl=35,5	
4	K=39	Ca=40	—=44	Ti=48	V=51	Cr=52	Mn=55	Fe=56, Co=59, Ni=59, Cu=63.
5	(Cu=63)	Zn=65	—=68	—=72	As=75	Se=78	Br=80	
6	Rb=85	Sr=87	?Yt=88	Zr=90	Nb=94	Mo=96	—=100	Ru=104, Rh=104, Pd=106, Ag=108.
7	(Ag=108)	Cd=112	In=113	Sn=118	Sb=122	Te=125	J=127	
8	Cs=133	Ba=137	?Di=138	?Ce=140	—	—	—	— — — —
9	(—)	—	—	—	—	—	—	
10	—	—	?Er=178	?La=180	Ta=182	W=184	—	Os=195, Ir=197, Pt=198, Au=199.
11	(Au=199)	Hg=200	Tl=204	Pb=207	Bi=208	—	—	
12	—	—	—	Th=231	—	U=240	—	— — — —

图2.11 门捷列夫的周期表（1871）

门捷列夫预言了原子量为44的类硼、68的类铝和72的类硅元素的存在。这里的“类”在梵语中是1的意思，在这里用作“下一个”的意思。1871年[❶]用分光法研究稀土的法国化学家布瓦博德兰（Paul Emile Lecoq de Boisbaudran，1838—1912）测定了镓的光谱，分离镓来确定其性质。其性质与门捷列夫预言的类铝元素惊人的一致，于是周期表的准确性获得了认可。类硼元素在1879年作为钪被发现，类硅元素在1871年[❷]作为锗被发现，它们的性质都被证明与门捷列夫的预言接近。

门捷列夫最初的论文在迈耶尔1870年发表论文之前没太受到关注。迈耶尔1864年出版的《现代化学理论》是广泛使用的教科书。为了此书的修订版，他尝试元素的分类，制作与门捷列夫周期表类似的周期表。但是，不走运的是修订版的出版延迟到了1872年，迈耶尔1870年将其概要以论文形式发表了[31]。在这篇论文中迈耶尔以原子量为横轴，以固体元素的原子容（1mol单质原子所占体积）为纵轴做成图（图2.12）。这清楚地表示出了门捷列夫周期律的本质。但是，公正的迈耶尔承认门捷列夫的优先权，自认没有像门捷列夫那样预言未发现元素的勇气。

❶ 原著1871年疑有误，应为1875年。

❷ 原著1871年疑有误，一般认为锗是1886年被发现的。—编者注

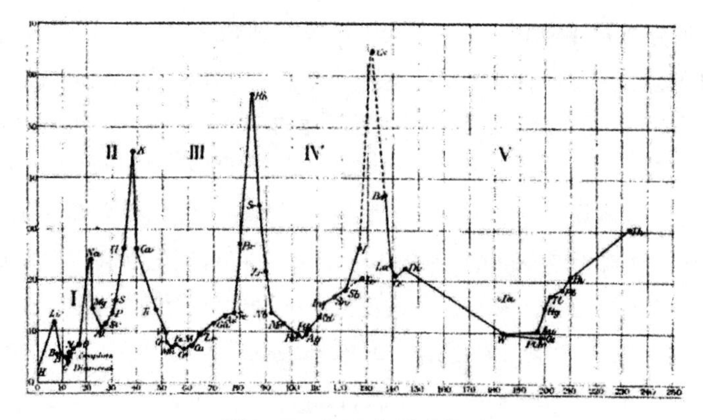

图2.12 迈耶尔的周期律

1872年发表的图的修改版

2.6 分析化学、无机化学的进步

分析手段对发现新元素、准确测定原子量具有决定性的重要性。19世纪初发现了数种元素的克拉普罗特（Heinrich Julius Klaproth，1743—1817）和正确确定原子量的贝采利乌斯是卓越的分析技术家。另外，像分光法这样的新方法的引入对化学的发展做出了很大贡献。因此，分析化学是支撑化学进步的主要领域，不过在19世纪前半叶分析化学这一专门领域还未诞生。到了19世纪后半叶，出现了以分析化学为专业的化学家，从事分析技术的改良、新方法论的开发，然后用其进行原子量的更加精密的测定。

弗雷泽纽斯是重要的分析专家。卡尔•弗雷泽纽斯（Karl R. Fresenius，1818—1897）出生于法兰克福，在波恩读书。后来在吉森大学的李比希手下取得学位，到威斯巴登附近的农业学校当教授。1848年，在经济条件优越、做律师的父亲的资助下设立了私人研究所，在这里培养了很多分析家，开展多目的的化学分析。他的儿子海因里希（Heinrich）和特奥多尔（Theodor）、孙子路德维格（Ludwig）和雷米久什（Remigius）也都成了分析化学家。

19世纪化学的明星是有机化学，但也有以碳以外元素的化学为专业的研究者。在门捷列夫发表周期表的时候知道的元素是63个，而在19世纪最后的30年间新元素，特别是稀土、稀有气体不断被发现，元素的世界越来越丰富，无机化学得到了发展。支撑起这些的是分析技术的进步。邻近世纪末期，作为无机化学和有机化学相互融合的领域，配位化学出现了，此后得到了很大发展。

2.6.1 定性分析、定量分析和容量分析

了解样品中所含成分的定性分析从很久以前就有，但也只是经验的东西，没有

系统化。即使到了弗雷泽纽斯时代也没有进行充分的系统化。在金属组的分离中采用硫化氢由弗雷泽纽斯通过调节溶液的酸碱性扩展到很多金属的分离。1862年启普（Petrus Jacobus Kipp，1808—1864）开发的气体发生器使得硫化氢的使用变得很容易。但是组分离系统性的基础得到加固、定性分析步骤的标准化是到了20世纪以后的事。这是因为必须要有关于平衡过程、氧化还原反应的物理化学的知识。

由贝格曼、克拉普罗特、贝采利乌斯等有效使用的重量分析方法在19世纪后半叶也还是受欢迎的，是可以信赖的分析法。在这个时代虽然没有特别新的方法和思想引入，但滤纸、坩埚、天平等得到改良，方法变得更加简练。在19世纪中期仪器厂商制造出新型天平来销售。

容量分析从以前就作为实用的方法在使用，但在19世纪之前并没作为分析方法确立下来。奠定容量分析基础的是盖•吕萨克。他在1824年通过靛蓝溶液的脱色作用研究了漂白粉的功效。接着进一步推进到酸碱的定量滴定。但是准确确定当量点很难，所以容量分析一般不被采用。另外做容量分析的器具也不完备。克服这些困难，确立容量分析的是莫尔。

在波恩、海德堡、柏林接受教育的卡尔•弗里德里希•莫尔（Kail Friedrich Mohr，1806—1879）经营制药业，但对化学研究有兴趣，从事了分析化学的研究。他对器具和分析方法的改良具有特别出众的才能，他对移液管、滴定管、烧瓶等容量分析用的器具进行了各种改良。他通过引入铬酸钾作内部指示剂确立了用硝酸银溶液定量氯化物的滴定方法。还是他引入草酸作为中和滴定的基准试剂，引入莫尔盐（硫酸亚铁铵）作为氧化剂的标准。此外，本生在1853年引入了碘滴定法，研究氧化还原反应。后来施瓦兹（Schwartz）将硫代硫酸钠引入到这个滴定中。

2.6.2 仪器分析

在19世纪后半叶，仪器分析引入分析化学取得了显著成果。正如在2.5节所述，由本生和基尔霍夫引入的分光法在新元素的发现中发挥了巨大的力量。分光法进而引入到天文学，使存在于太阳和星球上的元素的同时测定和发现成为可能。氦气最初是在太阳的光谱中发现的。分光法经过改良广为使用，在19世纪后半叶稀土和稀有气体的研究中扮演了决定性的角色。

折射仪和旋光仪作为利用物质特有的光学性质的分析方法出现了，其背景是因为对显微镜和望远镜改良的要求所带来的光学镜头的质量的提高。1828年乔瓦尼•阿米奇（Giovanni B. Amici，1786—1863）开发出了消色镜头，校正了因光的波长所产生的折射率波动，由此显微镜的性能一跃提升。到了19世纪后半叶阿贝（Ernst Karl Abbe，1840—1905）和肖特（Otto Schott，1851—1935）对光学仪器做了进一步的改良。阿贝与卡尔•蔡司（Carl Zeiss，1816—1888）设立的公司合作，于1860年开始光学仪器的开发和改良。他开发出阿贝折射仪。因为光学活性物质可以旋转偏光面，所以知道了旋光性对分析有帮助的事实。旋光仪的改良急速推进，在19世纪的后半叶也被广泛用于糖类等物质的分析。

在19世纪后半叶，电解也成了很重要的分析方法。1864年吉布斯报道了基于铜和镍的电解分析。接着大量报道了电解分析的应用。

2.6.3 原子量的确定

在1859年的卡尔斯鲁厄国际会议之后，阿伏伽德罗的假说得到认同，奠定了测定准确原子量的基础。准确的原子量的确定成了19世纪后半叶分析化学家的一个重要目标。周期表的引入使得一些原子量的重新检讨成为必要，确定新发现元素的原子量也很急迫。19世纪60年代斯塔斯（Jean Servais Stas，1813—1891）报告了12种元素的准确原子量。

铟的原子量做了重新确定，一如门捷列夫修正的那样。铂的原子量也做了修正。门捷列夫预言的3个类硼元素的原子量也分别由其发现者确定。钯、铝、钍等的原子量也在这一时期确定。

氢和氧的原子量之比且不论其重要性如何，尚不能准确测定。1842年杜马将其比值定为1∶7.98，但仍怀疑有些许误差。1880年多位化学家参与到了解决这一问题，而美国标准局的诺伊斯（William Albert Noyes，1857—1941）1890年报道的值1∶7.9375被认为是最可信的。

在这一时代有关原子量的基准是取H = 1，还是取O = 16，化学家之间还没有统一，因此原子量表都不是官方的。1893年应美国化学会的请求，由弗兰克•克拉克（Frank W. Clark，1847—1931）制作了官方的表。德国化学会也于1898年发表了官方的表。1903年设立了与原子量相关的国际委员会，形成了由英、美、法、德的化学家组成的工作部会。国际认可的原子量表从1903年开始发行，直至第一次世界大战。

19世纪90年代美国的西奥多•理查兹投入到了原子量的准确测定中。他于哈佛大学毕业后到德国留学，后来又回到哈佛大学教授分析化学。他和很多合作研究者一同细心注意，坚韧地开展研究，核查了全部28个元素的原子量。他因为这一功绩在1914年成了美国第一个获得诺贝尔化学奖的人。他发现金属氯化物和溴化物比氧化物更适合原子量的测定，通过钡、锶、锌、镁、镍、钴、铁、钙、铀、铯的氯化物确定了它们的原子量。

2.6.4 氟的发现和莫瓦桑

1830年之前就已经知道氯、溴、碘3个卤素是元素。那时虽然也知道存在氟，但其制备极其困难。自古以来就知道氟化钙为主成分的萤石可以作为炼铁等的熔剂。舍勒发现萤石的酸可以溶解硅。在1809年盖•吕萨克和泰纳尔得到了纯的（氢）氟酸。戴维尝试了通过氟化物的电解获得氟，但因其毒性损害人体健康而没

西奥多·理查兹（Theodore William Richards，1868—1928）： 美国化学家。就读于哈佛大学，1888年取得博士学位后到德国留学，跟随维克托·迈耶尔学习，回国后到母校任职，1901年当上了教授。精密地测定了很多元素的原子量。1913年揭示了从各种矿物得到的铅的原子量有微小差异，确认了同位素的存在。1914年因原子量精密测定的功绩，成为美国第一个获得诺贝尔化学奖的人。

弗雷德里克·亨利·莫瓦桑（Frederic Henri Moissan，1852—1907）： 法国化学家。毕业于巴黎药学院，在自然博物馆的弗雷米手下学习化学，当过药学院、巴黎大学教授。以无机化学为专攻，在氟的制备上获得成功。通过电炉合成了各种碳化物、硅化物，在难熔物质的熔解上获得成功，奠定了高温化学的基础。也因尝试合成钻石而闻名。1906年获诺贝尔化学奖。

有获得成功。1854年巴黎理工学院的弗雷米（Edmond Fremy，1814—1894）认为无水氟化钙电解时从阳极产生了被认为是氟的气体，但没能分离出来。

1886年弗雷德里克·亨利·莫瓦桑在低温下电解氟化钾的液态氟化氢溶液，在铂金容器中成功制备了氟。莫瓦桑在19世纪末到20世纪初作为领军人物活跃于无机化学领域。特别是推进了铁族金属氧化物、氟化物的研究。用氟化银和碘化烷基合成了很多氟化烷基，对氟和氟化物知识的传播做出了很大贡献。他开发了使反应在高温下发生的电炉，用它尝试钻石的人工合成，当时被认为取得了成功，不过现在看来是不成功的。莫瓦桑的电炉是在石灰块中通过碳电极间的电弧放电获得高温的。他用电炉制备耐热的氧化物、金属、碳化物、氮化物、硅化物、硼化物，并广泛研究它们的性质。他用炭还原金属氧化物，分离得到了铬、锰、钼、钨、钯、铀、锆、钛等。因此是他奠定了高温化学的基础。

莫瓦桑因为氟化物、铬化合物、碳化物、电炉的研究，于1906年获得诺贝尔化学奖。这一年门捷列夫也是候选人之一，投票中两人仅相差1票。两人均于1907年去世。莫瓦桑无疑是伟大的化学家，但门捷列夫的诺贝尔奖获奖机会却永远地失去了，这的确令人遗憾。

2.6.5 稀土元素的分离

稀土元素的研究始于18世纪末，约翰·加多林（Johan Gadolin，1760—1852）揭示了在斯德哥尔摩近郊的伊特比小镇采掘出的黑色矿物里含有未知的土类（氧化物）。埃克伯格（Anders Gustav Ekeberg，1767—1813）对这种土类做了进一步调研，命名为钇土。1803年克拉普罗特以及贝采利乌斯和希辛格分离了其他土类，贝采利乌斯将它命名为铈土。这些土类以氧化物的形式被认识，与碱土类的氧化物类似，所以称为土类，考虑到其在地壳中存在的量微小，取名稀土类。钇土和铈土的分析是极其困难的课题，分析化学家持续一个世纪的奋斗开始了。稀土类分离的经过归纳于图2.13。

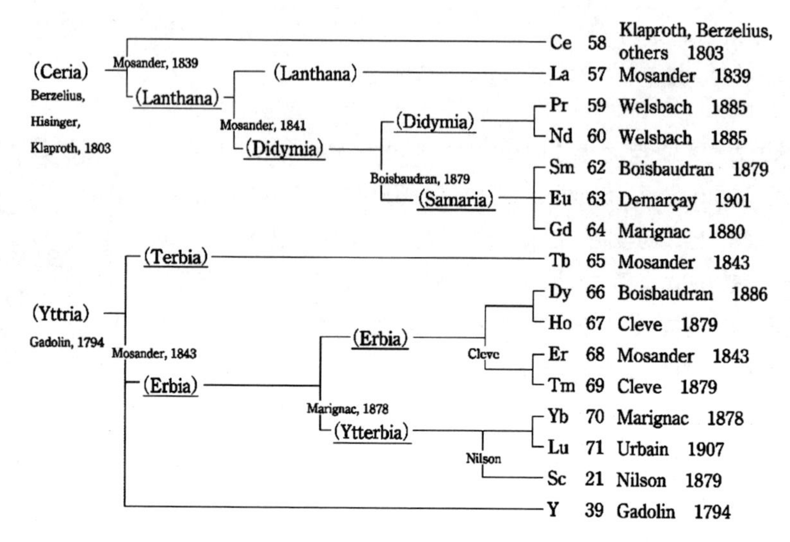

图2.13 稀土类制备的经过

括号内是当时的物质名称，下划线的物质表示是混合物。
右侧栏中记载了现在的元素符号、原子序数、发现者和发现年份

从1839年到1843年，瑞典化学家莫桑德尔（Carl Gustaf Mosander，1797—1858）发现钇土和铈土都不是一种元素的氧化物，而是混合物。将这些氧化物溶于强酸，以各种盐的形式分别结晶，新元素的氧化物就可以分别从钇土和铈土中与主成分分离。从铈土中发现的命名为镧土和镨土（didymia），从钇土发现的称作铒土和铽土。进一步探明镨土和铒土也是混合物。这些发现困扰了当时的化学家。这些元素的氧化物的性质极其相似，仅仅有微小的溶解度和原子量差异。此后直到19世纪70年代也没有见到大的进步。

1878年瑞士的马利纳克（Jean C. G. Marignac，1817—1894）指出铒土可以进一步分成铒土和镱土两个成分，稀土类的分离急速推进。次年，尼尔松（Lars Fredrik Nilson，1840—1899）指出镱土可以进一步分成钪土和镱土。另一方面，铒土被分成3个成分［铒土（Er）、钬土、铥土（Tm）］，钬土后来又分成镝土（Dy）和钬土（Ho）。到了这一时期，分光法引入了分析，从光谱可以知道化合物分离进行的程度，使新元素的同时测定成为可能。经确认莫桑德尔的镨土也是混合物，1879年分成了镨土和钐土。此后从镨土中分离出镨（Pr）和钕土（Nd），从钐土中分离出钐土（Sm）、铕土（Eu）、钆土（Gd）。于是，到了19世纪末几乎所有稀土类元素都已经知道了。

很多稀土元素的发现使得门捷列夫感到困惑，这些元素的原子量接近，性质也几乎相同，他想到这是否会打破周期律。在周期律被固定化的1869年那个时候，仅知道6个稀土类元素，门捷列夫将这些元素放入了Ⅲ族、Ⅳ族、Ⅴ族。迈耶尔把稀土类还放在周期表之外，而随着更多稀土类的发现，对很多化学家而言已经可以认为这个战略是令人满意的。稀土类在周期表中的位置的问题得到解决是进入20世纪后，波尔提出了原子模型、摩斯利（Moseley）进行X射线光谱研究之后的事了（参见3.2节和3.6节）。

2.6.6 稀有气体的发现和周期表的修正

卡文迪许在1783年通过在氮气（燃素空气）和氧气（脱燃素空气）的混合物中溅射电火花生成亚硝酸（氮氧化物）的实验，注意到在空气中除氮气、氧气、二氧化碳和水以外，还存在少量不反应气体。但是，直到19世纪80年代谁也没有考虑过空气中还存在未知元素。

剑桥大学卡文迪许研究所的物理教授瑞利受普劳特假说（参照2.1节）的刺激，认为原子量取极其接近整数的值不会是偶然的，开始进行氢气和氧气密度的精确测定。他用各种方法生成氧气测定其密度，在1892年报告其值在实验误差范围内一致，是氢气密度的15.882倍。同样，他也考察了氮气，但发现由氨生成的氮气比从空气中得到的氮气轻得超出实验误差范围。他考虑了各种可能性（例如N_3的存在），但原因不得而知，将结果发表在了《自然》(《Nature》）杂志上征求大家的意见[33]。

那时伦敦大学的化学教授威廉•拉姆塞也在为同样的问题烦恼。他就这个问题与瑞利讨论，得到了瑞利的鼓励，开始着手从空气中除去氮气、氧气、水蒸气、二

约翰•斯特拉特［通称瑞利卿，John Strutt (Lord Rayleigh)，1842—1919］：英国物理学家。出生于埃塞克斯州特伦的一个贵族家庭，就读于剑桥大学，1873年成为瑞利卿。1879年作为麦克斯韦的后任当上了卡文迪许研究所的教授，5年后辞职，在特伦的私宅的实验室继续研究。在电磁学、光学、流体动力学、热学等古典物理学的广阔领域取得了业绩。1904年获诺贝尔物理学奖。

威廉•拉姆塞（William Ramsay，1852—1916）：英国化学家。出生于格拉斯哥一个土木技术员之家，在格拉斯哥大学读书。后留学德国，在图宾根大学跟随有机化学家费蒂希（Fittig）学习。1880年任布里斯托尔大学教授，1887年任伦敦大学教授。在发现稀土类、证明存在0族元素之后，开始从事放射能的研究，提出放射性元素的衰变说。1904年获诺贝尔化学奖。

氧化碳后看剩下来什么物质的实验。直到1884年夏天，他们确信大气中含有未知的惰性气体，决定两人分工推进研究。于是瑞利研究未知气体的物理性质，拉姆塞研究未知气体的化学性质。1894年8月他们在英国科学振兴协会的大会上做了初步性的报告，但受到严厉的批判。但是他们已经进行了细致的实验和缜密的考察，确信未知气体的存在。拉姆塞的残留气体显示已知气体所没有的谱线。从该气体完全没有反应活性考虑，与希腊语的“懒惰”契合命名为氩（argon）。1895年将论文发表了出来[34]。瑞利进一步利用扩散速度的差异尝试分离氮气和氩气，测定出其密度为19.7（以H_2=1）。进而定容比热和定积比热之比显示该气体为单原子分子。氩的原子量为40。

氩气的发现又提出了新的问题，氩置于周期表的何处？原子量比钾大，但按其性质不该排在钾之后。拉姆塞指出氩气属于氯和钾之间的新的一列，但不相信氩是单原子分子气体的化学家居多。但是，此后随着新的稀有气体陆续发现，周期表的修正已刻不容缓。

拉姆塞发现将称作钇铀矿石的矿物加热时，产生的惰性气体显示与氩不同的谱线。该谱线判明与洛克耶尔（Joseph N. Lockyer，1836—1920）发现的存在于太阳中的元素氦的谱线相同。根据密度测定其原子量为4，也弄清它与氩同样为单原子气体[35]。

拉姆塞又弄到大量液态空气，将它们分别蒸馏，研究最后残留的少量液体气化后的气体的光谱，显示了新的光谱线。于是发现了氪。到1898年为止又在空气中发现了氖和氙[36]。5个惰性的稀有气体被发现，也确定了在周期表中将原子价为零的元素放在何处。但是，要理解为什么这些元素是惰性的只能等到量子论的出现。拉姆塞因为稀有气体元素的发现，于1904年成了第一个获得诺贝尔化学奖的英国人。同年瑞利获得了诺贝尔物理学奖。

2.6.7 维尔纳与配位化学的诞生

化学结构理论在有机化学领域获得了辉煌的成功，而在无机化学领域则不是这样。原子价的原理在简单无机化合物中是有效的，很多无机化合物的盐是复杂的，应该怎样表示其结构是一个未解决的难题。在很多金属中原子价不是一定的，因此问题就更复杂了。

1822年格梅林从钴盐的氨溶液中得到草酸钴盐$Co(NH_3)_6(C_2O_4)_3$。1851年弗雷米合成了钴盐$[Co(NH_3)_5Cl]Cl_2$，但该盐的氯化物即使加硝酸银也只有一部分会沉淀。人们对这样的金属配合物充满兴趣，在此后的40年间研究了钴、铬、铂的配合物，但结构问题一直没有解决。1869年勃朗斯特兰（Christian Wilhelm Blomstrand，1826—1897）提出弗雷米的钴配合物是$Co_2Cl_2 \cdot 12NH_3$、氮为5价的链结构。但是加热该盐，只失去1/6的氨，加硝酸银也有1/3的氯化物不沉淀。约根森（Sophus Mads Jorgensen，1837—1914）提出该配合物是$CoCl_3 \cdot 6NH_3$，呈图2.14（a）所示的结构。

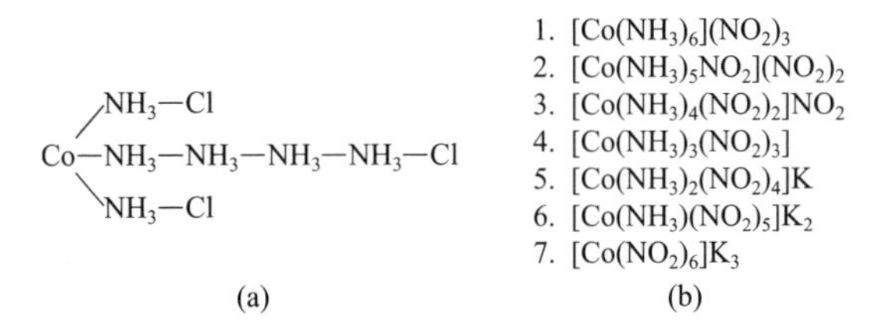

图2.14 钴配合物的化学式

（a）约根森的$CoCl_3(NH_3)_6$的化学式；（b）维尔纳的一系列配合物的化学式

对于这个问题，年轻的阿尔弗雷德•维尔纳提出了全新的观点[37]。1892年他提出在钴配合物中，氨分子不是链状结合的，钴的原子价是6，氨分子与中心钴原子直接结合，可以用亚硝酸根离子和氯离子置换。对于一系列钴配合物给出了如图2.14（b）所示的化学式。

他指出同样的考虑方法也适用于铂、铬等其他金属的配合物。他提出了主原子价和副原子价的概念，中心金属和氨的结合属于副原子价，称其为配位数。维尔纳为了证实该学说的正确性，应用当时阿伦尼乌斯刚刚引入的电离学说，根据电导率的测定证实与金属离子结合的阴离子不是离子键结合（图2.15）。他就化学作用提出了内界和外界的概念，即在金属配合物中，配体与中心离子直接结合的部分为内界，其外侧的溶剂分子、反离子等弱结合的部分为外界。他认为由于内界离子的排布不同肯定会存在异构体。

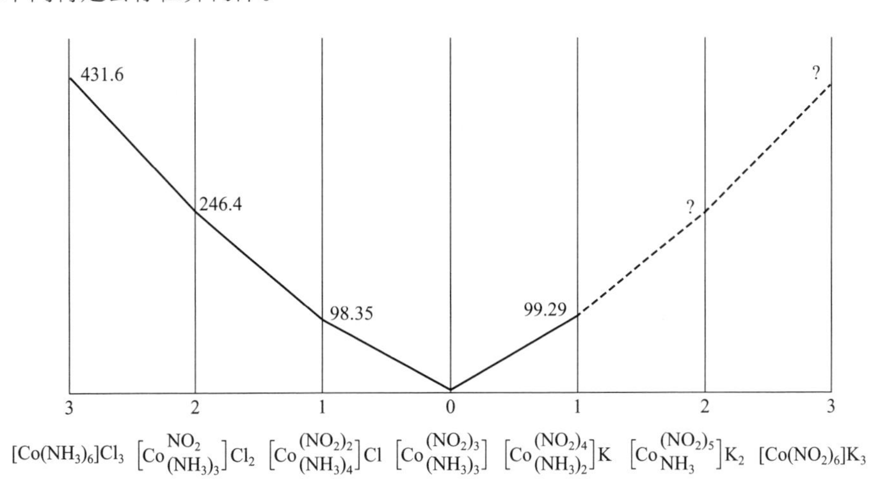

图2.15 钴配合物的电导率

纵轴为电导率，横轴为外界离子数。收录于维尔纳的《New Ideas of Complex Cobalt Compounds》（1911）

阿尔弗雷德·维尔纳（Alfred Werner，1866—1919）：出生于法国阿尔萨斯地区的米卢斯。维尔纳就读于苏黎世工学院并取得博士学位。在他刚刚当上工业学校讲师的时候，他与汉奇共同发表了有关有机氮化合物立体化学相关的论文。1893年他当上了苏黎世大学的副教授，而且很快就升任了教授。他领导了配位化学的开创性研究，并提出了金属配位化合物的新化学键理论。他在1913年获得了诺贝尔化学奖。

在$Co(NH_3)_2Cl_4$的场合，推测存在如图2.16所示的2个异构体。实际上关于配合物中存在这样的异构体，在1890年约根森在用2个乙二胺置换的钴配合物中就发现了。不过$Co(NH_3)_2Cl_4$的2个异构体的存在到1907年才终于得到确认。

维尔纳的研究引入了新的概念，拓展了配位化学的新领域[38]。更新的配位化学也把有机化学和无机化学联系在一起了。在随后发展起来的生物化学中配位化学也起了重要的作用。他对近代化学的贡献的确很大。1913年他因为在配位化合物原子价方面的贡献获得诺贝尔化学奖。

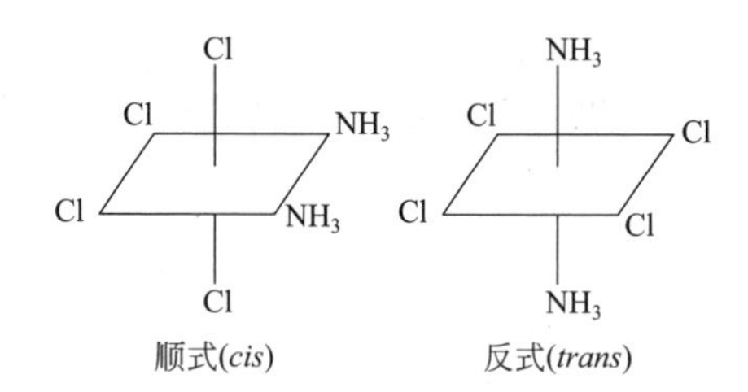

图2.16 钴配合物的立体异构体

2.7 热力学·气体分子运动理论[10,39,40]

原子量体系的确立、元素周期律的明朗，奠定了化学取得巨大发展的基础。另一方面，主要由物理学家加深了对热和能量的理解，并将其引入到化学，对化学的系统化做出了很大贡献。

17世纪以来，关于热的本质有“运动说”和“物质说”两个对立的考虑方法。在运动说中，构成物体的原子或粒子的运动就是热，牛顿的粒子论哲学是其背景。在物质说中，存在“热素”这种没有重量的物质，有关热的现象就是基于这种物质进出所产生的。从18世纪中叶开始，这种热素说占了上风。拉瓦锡将热素当作一个元素考虑，舍勒、道尔顿、盖·吕萨克、阿伏伽德罗这些有影响的化学家们也都相信热素说。但是在18世纪后半叶，拉姆福德伯爵（Count Rumford）看到制作大炮的过程中，在进行挖炮身的掏空作业时，产生了大量的热，掌握了力学的功和热之间有密切的关系，运动说也一直持续着。

到了18世纪产业革命兴起，蒸汽机作为这个革命的原动力，以此为契机，对热现象的理解获得了大的进步。对当时的技术者来说，如何制作效率优良的热机器是大的课题。格拉斯哥的瓦特改良了纽科门（Thomas Newcomen，1663—1729）的蒸汽机，发明了新的蒸汽机，对产业革命起了很大作用。另外，对科学家来说，热成了有兴趣的研究课题。瓦特的朋友格拉斯哥大学的教授布莱克引入了温度和热量的概念，其测定方法的确立奠定了热学的基础。19世纪在英国和法国关于热的研究兴盛起来，打下了热力学的基础。

2.7.1　卡诺与热机器

在热力学发展的过程中，最初做出巨大贡献的是萨迪•卡诺。1824年他写了《关于火的动力的考察》，明确了热从高温流向低温时做功，考察了热变功的效率。卡诺的论文是在将热当作气体的热素说的框架中写的，而理想化的热机器的效率仅仅依赖于高温和低温热源的温度。但是他的论文有些领先于时代，发表的当时几乎没引起人们的关注。经过10年后，终于被伯诺瓦•克拉佩龙看上，将其内容做了补充，进行了公式化，变得更加明确，对后来热力学的发展产生了很大影响。卡诺在1832年因霍乱去世，时年36岁，与此同时记录了他后面研究的展开和想法的记事本也大多丢失。从仅存的笔记来看，据说他已经对热素说产生了怀疑，尝试在水中进行伦福德伯爵的实验，研究产生的热和所使用的动力的关系。

2.7.2　能量守恒定律与热功等量

卡诺和克拉佩龙的先驱性工作直到19世纪50年代仍然没有广为人知，但在理解热的本质方面一直在进步。德国医师朱利叶斯•罗伯特•冯•迈尔（Julius Robert

萨迪•卡诺（Nicolas Léonard Sadi Carnot，1796—1832）：法国物理学家、工学家。出生于巴黎一个著名的革命者家庭。在巴黎理工学院受教于当时一流的科学家、数学家，后来当上了法国陆军将校官。他关心的是开发出效率优良的热机，为此他对蒸汽机的效率进行了考察。1924年出版了《关于火的动力的考察》，提出了与热力学第二定律相通的观点，但当时不被理解，他因霍乱而早逝。

伯诺瓦•克拉佩龙（Benoît Paul émile Clapeyron，1799—1864）：法国物理学家、技术家，从巴黎综合理工学院毕业后，投身工程实务，在高等土木学校执教。1834年发表了介绍卡诺业绩的报告，推导了表示液体蒸气压和温度关系的公式。

詹姆斯·焦耳（James Joule，1818—1889）：英国业余物理学家。出生于曼彻斯特一个富裕的酿造之家，多在家中接受教育。道尔顿在晚年也是他的数学家庭教师。他对酿造业没有兴趣，热衷物理研究。他一生既没在大学任过教职也没任过研究职位，自费在酿造所内建起的实验室中开展研究。留下了电流和发热量相关的“焦耳定律”、热功等量的测定等业绩。

von Mayer，1814—1878）通过医师考试后，在1840年作为医生登上了去爪哇岛的荷兰商船。他注意到船员的静脉血在热带与更冷的地方相比异常的红。他认为在热带为了能够以更少的氧化维持体温，血液颜色的变化就小。由此他深入思考食物消耗和热的产生和所做的功之间的关系，直到可以认为热和功肯定能相互转化才在1842年发表。他自己没做实验，但关注气体的定压比热和定容比热的差异，这个差可以归结为气体在定压时膨胀所做的功。他用当时的数据得到的热功等量值是3.6J/cal。

对能量守恒定律做出最重要贡献的是詹姆斯•焦耳。1837年他研究了电流的加热效果，发现由电流所发生的热正比于导体的阻抗和流过的电流强度的平方这一法则（焦耳定律）。1843年焦耳在加了水的容器中通过机械的功转动叶轮，测定了产生的热量。他得到的值是4.169J/cal。焦耳连大学也没上过，作为科学家没有得到公认，所以给皇家协会提交的论文被拒绝，最初他的研究受到了冷遇。但是在1847年的英国学术协会的会议上，其重要性得到了威廉•汤姆逊的认可，逐渐被接受。焦耳和汤姆逊后来成了朋友，也共同研究气体的性质。特别是断热、膨胀时的冷却现象（焦耳-汤姆逊效应）很著名。

后来以开尔文卿而知名的威廉•汤姆逊在1849年最初使用“热力学”这个词，为这个新的学问的系统化做出了很大贡献。开尔文认识到焦耳是正确的，支持他的研究。于是，热是运动的一种形式，而不是物质的观点在科学家中逐渐得到认同。如果将能量守恒定律公式化，就是热力学第一定律，即某个体系的全部能量的变化等于其所做的功和由其供给的热量的和。

对能量守恒定律的普及做出很大贡献的是德国物理学家、生理学家赫尔曼•冯•亥姆霍兹。他在1847年出版了《关于力的守恒》的著作，在书中概括性地处理了能量守恒的问题。他详细地论及热的动力学理论，表示碰撞时表观上失去的能量转变成了热。另外，英国律师威廉•格罗夫（William Grove，1811—1896）作为兴趣爱好进行物理研究，在1846年写了《关于物理力的相互关系》这本书，对能量守恒做了明确阐述。

2.7.3 热力学第二定律和熵

在卡诺死后20年，是开尔文认识到了他的工作的重要性，并使之发展。开

威廉·汤姆逊（通称开尔文卿，William Thomson，1824—1907）：英国物理学家。出生于爱尔兰的贝尔法斯特，父亲是一位数学教授。他接受的是精英教育，10岁就进格拉斯哥大学预科学习，后来在剑桥大学接受教育。22岁就当上格拉斯哥大学教授，任格拉斯哥大学自然哲学教授至1899年。19世纪后半叶他在科学技术的广阔领域做出了很多重要的贡献。因为对热力学系统化的贡献、焦耳-汤姆逊效应的发现、电磁学中各种测量器具的发明而闻名。在技术领域有名的是对穿越大西洋的海底电缆的敷设起指导性作用。他是代表维多利亚时代大英帝国科学和技术的大科学家，1866年被授予爵位。

赫尔曼·冯·亥姆霍兹（Hermann von Helmholtz，1821—1894）：德国生理学家、物理学家。跟父亲学自然哲学，在柏林大学学习医学，之后当了军医，不过一直坚持生理学研究，在各大学讲生理学。后来将注意力扩大到物理学，1871年任柏林大学物理学教授。在物理学、生理学的广泛领域留下了多彩的业绩。

尔文在1845年为了和亨利·勒尼奥进行共同研究去了巴黎，在那里知道了卡诺的工作，并发扬光大。像焦耳实验显示的那样，功可以很容易地转换成热，但热向功的转换显然有限制。一个机器运转的时候并不是吸收的热全部转换成功，热的一部分从高温物体向低温物体移动，能量的一部分逸散掉了。深入考察这个问题，他得到了现在作为热力学第二定律闻名的定律，即“热从高温物质向低温物质不可逆地流动”。

根据卡诺热机（卡诺提出的想象上的热机。以理想气体为工作物质，通过等温膨胀、断热膨胀、断热压缩、等温压缩的循环向外部做功的机器）的研究，开尔文在1848年提出了热力学温度的概念。基于气体膨胀时对外界所做的功与温度成正比这一事实定义热力学温度。据此，摄氏温度加上273.15就是热力学温度。现在为了纪念开尔文，热力学温度用符号K表示。热力学温度还表示可能的最低温度0K的存在。1851年开尔文阐述如下：

> “从物体的任何部分都不可能通过将它冷却到周围物体的最冷程度以下来产生力学的效果。”

这是热力学第二定律的一种表现形式。

但是，和开尔文同一时代独立地从事卡诺工作的开展、达到更深理解的是德国

亨利·勒尼奥（Henri V. Regnault，1810—1878）：跟随李比希学习的法国化学家，最初在有机合成领域取得成绩。后来转向物质的热性质研究，任法兰西学院物理教授，对热学的发展做出了贡献。

鲁道夫·克劳修斯（Rudolf Clausius，1822—1888）：出生于普鲁士的克斯林（今波兰科沙林）。曾就读于柏林大学和哈雷大学。1855年当上苏黎世工艺技术学校的物理学教授，后来当过维尔茨堡大学、波恩大学的教授。坚持卡诺的研究，引入熵的概念，将热力学第二定律公式化是他最著名的业绩，不过在分子运动论和电磁学方面也有卓越的业绩。

物理学家鲁道夫·克劳修斯。他是热力学和分子运动论的理论家，对卡诺机做了详细解析，引入了熵的概念。他是如下表述第二定律的：

“热在没有同时产生与之关联的变化的情况下，不会从低温物体向高温物体移动。”

通过热机吸收的净热是热机在高温热源吸收的热Q_h和向低温物体放出的热Q_l的差值，对于理想机器这个差值就是机器所能做的功。热机器的效率η可以用Q_h除以这个差值得到。1854年克劳修斯指出在两个热力学温度T_h和T_l之间可逆工作的卡诺热机的效率可以用下式表示：

$$H = (Q_h - Q_l)/Q_h = (T_h - T_l)/T_h$$

如果这里的热机是非理想机器，效率会比这个值低。对于循环机器，由上式可以得到如下关系。理想机器的场合为等号，非理想机器的场合为不等号。

$$Q_h/T_h - Q_l/T_l \geqslant 0$$

克劳修斯重点对Q/T进行了讨论。他引入熵（S）的概念来表示这个值。对于体系吸收或放出的微量热量为dQ，热力学温度为T的可逆过程，体系发生一个微小变化时熵的微小变化dS可以表示成dS = dQ/T。进一步考虑包括多个温度的一般过程，在可逆过程所构成的循环过程中，dS = dQ/T的积分等于0。对于不可逆过程，dS>dQ/T。对于包括不可逆过程的循环过程，dS的积分为正值。自发发生的过程为非可逆过程，所以由此可以推导出熵增原理，即在自然发生的过程中，包含体系及其环境的总熵一定是增大的。克劳修斯将热力学的两个定律做了如下归纳：

宇宙的能量是守恒的。(热力学第一定律)
宇宙的熵趋向最大化。(热力学第二定律)

熵的概念对于当时的科学家来说并不是那么容易理解的。连开尔文也尚且不评价熵，认为以热耗散讨论为好。但是，熵能够说明自然发生的变化，所以后来成了对整个自然科学都产生极大影响的重要概念。

2.7.4 气体分子运动理论的发展

从热力学诞生之前就开始了尝试用分子理论理解像波义耳定律和盖•吕萨克定律所显示的气体的性质。瑞士物理学家伯努利（Daniel Bernoulli，1700—1782）在1738年认为气体的压力来自于分子与容器表面的碰撞，推导出与波义耳定律相当的公式。但是，该研究有些超前，此后很长时间没引起关注。到了19世纪，两位英国业余科学家约翰•赫拉帕斯（John Herapath，1790—1868）和约翰•瓦特斯顿（John Waterston，1811—1883）向皇家协会提交了关于气体分子运动理论的论文，但都遭到拒绝。这是因为当时科学界的主流不能理解新的研究。赫拉帕斯投稿至别的杂志，论文于1821年出版，但几乎没引起关注。瓦特斯顿的情形则更加悲惨。他1845年投稿的论文被搁置于皇家协会的保管库中，直到他死后的1892年也未能重见天日。他的论文重新被发现已经是麦克斯韦确立分子运动理论之后的事了。

1848年焦耳按照伯努利的思路计算了氢分子的速度。在1857年和1858年克劳修斯导出了气体压力和体积、分子数、质量、平均速度间的基本关系，推导了气体分子连续两次碰撞间行进的距离“平均自由程”。这就回答了对常温下分子每秒运动数百米这一结论的疑问。疑问就是分子既然运动得这么快，为什么房间里的气味传播要花那么长时间呢。据此，就说明了因为分子间的碰撞，一个分子不可能笔直移动很远，分子实际移动一定距离所花费时间要长得多。

进一步推进有关气体中分子运动讨论的是詹姆斯•克拉克•麦克斯韦。他1865年辞退国王学院教授，隐居苏格兰乡下数年，1871年成了剑桥大学卡文迪许研究所的第一代教授。他在物理学广阔的领域做出了很多重要的贡献。经典电磁学理论的构建或许是其最大的功绩，但归纳成麦克斯韦方程式的气体分子运动理论方面的业绩也是伟大的。

麦克斯韦关于气体分子运动理论的研究始于1859年阿伯丁大学时代，在伦敦又继续研究。他对克劳修斯的论文感兴趣，并使之得到发展。他推导出表示气体分子速度分布的公式，并于1860年发表。在这里他引入统计学的方法探讨大量分

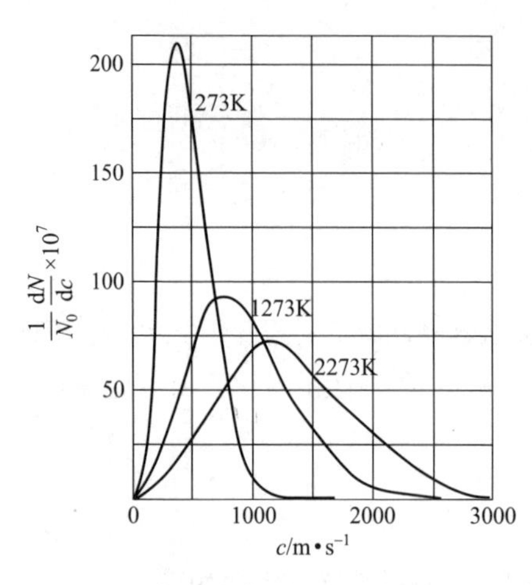

图2.17 分子速度的麦克斯韦－玻尔兹曼分布

3个不同温度下N_2分子的相对概率。横轴表示速度，纵轴表示相对概率

子的速度是如何分布的。由此得出分子的速度从慢速的分子到快速的分子呈称作高斯分布的铃形分布。此后历经数年深入探讨，1867年发表了改进版。该分布规则由玻尔兹曼变成了表示分子能量分布的公式，现在称作麦克斯韦-玻尔兹曼分布定律（图2.17）。但是，麦克斯韦不满意分子运动理论。这是因为气体分子运动理论不能充分说明气体的定积比热和定压比热之比γ。如果说能量在分子的前行、旋转、振动的自由度上均等分配，由气体分子运动理论预测的γ值对双原子分子是1.33，但实验值接近1.4。然而要理解这个不一致必须等到量子论的出现。

2.7.5 玻尔兹曼和熵

奥地利物理学家路德维格•玻尔兹曼进一步延伸了麦克斯韦开拓的道路，加深了对分子能量分布和熵与概率关系的理解，创立了统计力学，将分子运动理论和热

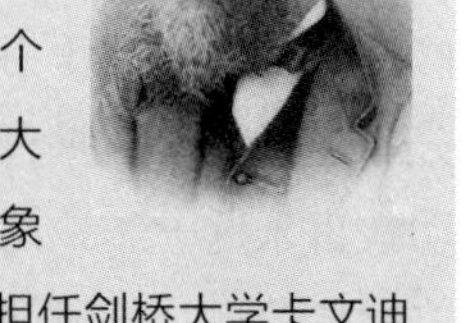

詹姆斯•克拉克•麦克斯韦（James Clerk Maxwell，1831—1879）： 出生于苏格兰爱丁堡一个富裕家庭，自幼对周围的世界充满非常大的好奇。爱丁堡大学毕业后进入剑桥大学，1854年以优异成绩毕业。最初的工作是关于土星环的开创性业绩，提示环是由在各个同心圆轨道上运动的无数固体粒子构成。1856年任苏格兰阿伯丁大学教授，1860年任国王学院教授。因气体分子运动理论、电磁现象的数学基础构建和电磁学麦克斯韦方程式的导出而闻名，1871年担任剑桥大学卡文迪许研究所的第一代所长。

路德维格•玻尔兹曼（Ludwig Boltzmann，1844—1906）： 出生于维也纳，在维也纳大学读书，1866年毕业，1869年任拉茨大学教授。1873年改任维也纳大学数学教授，但1876年又回到了拉茨大学，任实验物理学教授。此后历任慕尼黑大学、维也纳大学理论物理学教授。他长年受狂躁抑郁病折磨，最终因抑郁症于1906年自杀。他创立了统计力学，将分子运动理论与热力学结合，使得根据分子理论去理解熵成为可能。

恩斯特·马赫（Ernst Mach，1838—1916）：澳大利亚物理学家、哲学家。维也纳大学科学哲学教授。从超音速流的研究提出马赫数。从实证论的立场追求物理认识的本质，主张思维经济学说，认为不能经验地验证的说道没有意义，予以拒绝。

力学相结合。玻尔兹曼最初致力于不用概率论的解释，而从力学原理推导热力学第二定律。但是没有成功，他发展麦克斯韦的理论，在1868年展示了对速度分布原理的更有说服力的推导。于是发现了分子具有能量E的概率与现在称作“玻尔兹曼因子”的$\exp[-E/(k_BT)]$成正比（这里k_B为玻尔兹曼常数，即每个分子的气体常数，也即用阿伏伽德罗常数除气体常数R所得值，$k_B=1.38\times10^{-23}$J/K）。接着玻尔兹曼投入到体系接近平衡状态的过程的研究。玻尔兹曼最初的目的是不引入概率，从分子运动理论出发揭示体系接近平衡状态时有怎样的行为。但是从分子理论将趋近平衡合理化又必须引入概率的观点。体系的总能量在一定条件下，由原子（或分子）的集合构成的巨大的体系所能取的状态数变得非常大，但他揭示了计算这个状态数的方法。这个数与原子状态的实现概率成正比。平衡状态的分布可以理解为实现概率最高的分布。这样一来玻尔兹曼就推导出了熵S和可能的状态数W之间的有名的关系式：$S=k_B\ln W$。由这个公式不仅更容易理解熵，而且由这个表述可以得到诸多其他热力学性质，基于分子理论打开了计算热力学量的统计力学的道路。但是，玻尔兹曼的想法并没有立即得到广泛的认可。

玻尔兹曼的全部研究都与原子的实在性有关。19世纪后半叶多半化学家都默默地接受了原子的存在，但也有一派认为原子只不过是一个为了方便说明现象的概念而已，不能认为是实际存在的东西。特别是像物理学家、哲学家恩斯特·马赫和物理学家奥斯特瓦尔德这样有影响力的科学家，在德语圈学术界摆开了反原子论的强大阵容，玻尔兹曼必须反复和他们进行激烈论战。原子的实在性到1910年不再受怀疑了，但令人痛惜的是在这稍早之前玻尔兹曼去世了[41]。位于维也纳中央墓地的他的墓碑上，与其胸像一起刻着他的不朽业绩：$S=k_B\ln W$。

2.8 物理化学的诞生和发展

到了19世纪中叶，对与原子和分子有关的现象的本质抱有兴趣的科学家多数既是物理学家，同时也是化学家。道尔顿、法拉第、盖·吕萨克、阿伏伽德罗、本生等是代表性人物。但是渐渐地物理学家和化学家的分化开始了。前节论及的热力学、统计力学的开拓者主要是物理学家，对化学没有太大兴趣。到了19世纪后半叶，在化学领域有机化学兴盛起来，但多数有机化学家对与他们的问题没有直接关系的理论问题没有显示出太大兴趣。然而另一方面，对物质的物理性质与化学组成间的关系抱有兴趣而研究其物理性质的化学家也有。海德堡大学的赫尔曼·柯普

（Hermann Kopp，1817—1892）就是一个典型例子，他为了检验分子量和比热之积是一定的这一诺伊曼（Franz Ernst Neumann，1798—1895）定律，测定了很多化合物的比热。他还为了弄清沸点和熔点与分子结构的关系，研究了很多物质的熔点和沸点。这样的研究大多不太有成果，但有关物质的经验性的事实大量积累，也有人尝试将其系统化来了解理论背景。另外，即使在有机化学领域也有像范特霍夫的碳四面体学说促进了立体化学的诞生那样，也出现了不满足于以合成为中心的有机化学，想要理解现象的本质而转向物理化学研究的研究者。还有，在19世纪后半叶，出现了热力学、气体运动理论，它已经达到了可以用于说明化学现象的阶段。在这样的状况下，物理化学作为化学的一个领域诞生和发展起来了。1887年奥斯特瓦尔德和范特霍夫出版了《Zeitschrift für physikalische chemie》一书，物理化学在化学中作为一个确定的领域开始发展起来。

2.8.1 气体的性质

在19世纪后半叶已经知道在高压和低温条件下，所有气体都会偏离理想气体的行为。1873年范德华修正了对于1mol理想气体的状态方程式，$pV = RT$（R为气体常数），提出了与实验吻合很好的公式，$(p+a/V^2)(V-b) = RT$。这个公式考虑了分子间起作用的引力为a/V^2，分子实际占有的体积为b。

气体的液化是19世纪后半叶一个有兴趣的问题。1869年安德鲁斯（Thomas Andrews，1813—1885）提出了临界温度的概念，即在此温度以上无论怎么加压都不会发生从气体到液体的相变化。这个概念显示之前认为是永久气体的氢气、氧气、氮气如果处于临界温度以下的低温也有可能液化。1883年伦敦大学的杜瓦（James Dewar，1842—1923）和波兰克拉科夫大学的乌鲁布莱夫斯基（Zygmunt Florenty von Wroblewski，1845—1888）和奥尔谢夫斯基（Karol Stanislav Olszewski，1846—1915）使大量空气的液化变成可能。杜瓦为了处理低温液体设计了杜瓦瓶。在气体液化中利用了焦耳-汤姆逊效应，即让气体绝热膨胀温度就会降低。

根据气体分子运动理论，如果只考虑平行运动，定压比热容C_p和定容比热容C_v之比γ应该是1.67。克劳修斯对很多气体测定了这个比值，而这个比值小于1.67。他认为被气体吸收的热不仅使平行运动的速度增加，也用于增加分子的旋转和振动运动。当时，接近1.67的比值仅发现于汞蒸气，不过后来在稀有气体中也发现了，根据这个比值确认了稀有气体是单原子气体。

2.8.2 从热化学到化学热力学

从拉瓦锡时代开始对化学反应中产生的热就感兴趣。1840年热尔曼•亨利•赫斯提出一系列化学反应的反应热总和取决于其始态和终态，与所经历的路径无关的法则。这是一种限定形式的能量守恒定律。化学反应中产生的热的测定是由哥本哈根大学的尤利乌斯•汤姆森（Julius Thomsen，1826—1909）和巴黎大学的贝特洛从1850年开始竭尽全力所为。他们改良热化学测定装置和技术进行了系统性的研究。贝特洛为了测定燃烧热在1881年开发的弹式量热仪后来使用了很长时间。在这样的研究背景下，就有了反应时产生的热直接反映了反应分子间的化学亲和力这样的观点，但后来渐渐知道这并不是正确的。

热力学应用于解决化学问题始于19世纪60年代后期。由热力学第一定律和第二定律就明白了控制变化的是能量和熵两个方面。在液体的气化这样简单的相变化中，根据克劳修斯的熵的表达，就可以得到表示蒸气压p和温度T之间关系的克拉贝龙-克劳修斯方程，$\mathrm{d}\ln p/\mathrm{d}T = pQ/(RT^2)$。在这里，$Q$是汽化热。1868年海德堡大学的霍斯特曼（August F. Horstmann，1842—1929）在氯化铵的升华中也发现蒸气压随温度的变化可以用同样的公式表示。但是包含反应的方向性在内，将热力学适用于化学变化的问题还需要进一步的新拓展。

以碳四面体学说奠定立体化学基础的范特霍夫受到霍斯特曼工作的刺激，引入热力学处理平衡问题[42]。他表示如果可逆反应过程中体系所做的功是化学亲和力A，将蒸气压与亲和力关联，设平衡常数为K，可以得到关系式$-RT\ln K = A$，平衡常数随温度的变化可以由下面的范特霍夫等温式给出：

$$\mathrm{d}\ln K/\mathrm{d}T = Q/(RT^2)$$

在这里，Q为汽化热，R为气体常数。

要将热力学广泛地应用于解决化学问题，甚至包括化学反应，必须进一步发展热力学的形式。这一工作从1874年开始的78年间，是由美国耶鲁大学的数学物理学家吉布斯和1882年亥姆霍兹开展的[43,44]。他们引入了被称作自由能的新热力学量。它们可以表示成：

亥姆霍兹自由能（F） $F = E-TS$

吉布斯自由能（G） $G = H-TS$

在这里，E、H、S分别为体系的能量、焓、熵，T为热力学温度。这显示出变化的驱动力是反应物和生成物之间的自由能的差值（ΔF或ΔG），等压条件下的ΔG、等容条件下的ΔF朝着减小的方向变化，在平衡状态变为0。很多化学反应在等压条件下进行，所以往往采用化学家吉布斯的自由能讨论化学变化。

吉布斯有关热力学的长文发表于康涅狄格州科学院的杂志上，有些抽象难解，所以其重要性为欧洲学术界所知花了很长时间。到了19世纪80年代末，奥斯特瓦

热尔曼•亨利•赫斯（Germain Henri Hess，1802—1850）：出生于瑞士的俄国化学家、医生。生于日内瓦，移居俄国，1840年发表了热化学的赫斯定律。师从贝采利乌斯，后来担任圣彼得堡大学教授。

约西亚·威拉德·吉布斯（Josiah Willard Gibbs，1839—1903）： 出生于康涅狄格州的纽黑文，父亲是耶鲁大学的宗教文学教授，就读于耶鲁大学。1863年获得美国最早的工学博士，1866年开始的3年间留学欧洲，受到基尔霍夫（Kirchhoff）和亥姆霍兹的影响。1869年受聘耶鲁大学数学物理学教授。发表了多成分多相体系平衡方面的论文，引入了自由能和化学势的概念，是将热力学应用于化学的先驱。另外，还有统计力学方面的先驱性业绩。他是美国本土最早的伟大科学家。

亨利·路易斯·勒夏特列（Henry Louis Le Chatelier，1850—1936）： 法国化学家，从理工学校、高等矿山学校毕业后当矿山技术员，后来任高等矿山学校教授、巴黎大学教授。因勒夏特列原理而闻名，不过作为水泥、玻璃、燃料等诸多工业领域的专家也很活跃。

尔德和勒夏特列分别将该论文译成德文和法文，于是他的业绩获得了广泛的认可。吉布斯后来作为矢量解析和统计力学的创始人也取得了业绩。

在吉布斯的论文中包括了以吉布斯相律闻名的公式。即成分个数为C，相数为P的体系在平衡状态所能获得的自由度为f，用公式可以表示为$f = C-P+2$。这个公式后来被广泛使用，对于理解非均相体系很重要，在合金组成这样的实际问题的研究中也有用。

化学热力学的重要成果之一是以能斯特公式闻名的电池的电动势公式。从1888年至1889年的研究中，能斯特推导出电池电动势E，当电池中电解质的浓度为c时，可以用下式表示[45]：

$$E = 常数 + \frac{RT}{nF}\ln c$$

在这里，R为气体常数，F为法拉第常数，n为电荷数的变化。这个公式不仅给出电池电动势，作为氧化还原反应中平衡计算等的基础公式也非常重要，现在也广泛使用。

2.8.3 化学反应理论的起步

1850年海德堡大学的物理学家路德维希·威廉米（Ludwig Wilhelmy，1812—1864）在氧气存在的条件下从旋光度的变化来研究蔗糖的水解速度。发现水解速度与蔗糖的浓度成正比，依据公式$-dc/dt = kc$减少。在这里c表示浓度，t表示时间，k表示反应速率常数。1866年哈库特（Augustus George Vernon Harcourt，1834—1919）表示过氧化氢氧化溴化氢的氧化反应速度与溴化氢和过氧化氢的浓度为一次关系。由此他推进了反应速度的一般处理方法。

挪威的卡托•古德贝格（Cato M. Guldberg，1836—1902）和彼得•瓦格（Peter Waage，1833—1900）从1864年到1879年对平衡反应进行了详细研究[46]。他们指出反应完全不进行的时候达到平衡，在平衡状态表示从反应物和产物任何一方都很接近。他们用浓度表示平衡条件，将其命名为活性质量，引起正反应和逆反应的化学亲和力势均力敌时达到平衡，于是就达成了质量作用定律的想法。但是，明确地用公式表示平衡常数的是贝特洛和圣吉勒斯（Leon Pean de Saint-Gilles），他们在1879年用下面的式子表示乙酸乙酯的酯化平衡。

$$\frac{[H{\cdot}C_2H_3O_2][C_2H_5OH]}{[C_2H_5{\cdot}C_2H_3O_2][H_2O]}=\frac{1}{4}$$

1884年范特霍夫写了一本名为《Etudes de Dynamique Chimique》的书，从热力学和可逆反应的观点考察了化学平衡[42]。他为了表示动态平衡，引入了现在也还在使用的双箭头符号，向前和向后的反应速度相等时表示平衡常数式。在他考察的实验例子中，有德维尔（Deville）研究过的二氧化氮的聚合•解离、N_2O_4=$2NO_2$等反应。同一时期，巴黎矿山学校的亨利•路易斯•勒夏特列提出了向处于动态平衡的体系施加变化，体系就会朝向减小这种变化的方向移动这一基本原理（勒夏特列原理）[47]。

1889年阿伦尼乌斯对研究蔗糖转化时反应速度随着温度升高而急剧增大感兴趣。他把这种温度变化看成是活性分子与非活性分子间的平衡，说明了分子的活化所需能量越大，反应速度随温度的变化就越大。于是诞生了作为阿伦尼乌斯公式为人所知的表示反应速率常数k随温度变化的公式[48]：

$$k=A\exp\left(\frac{-E_a}{RT}\right)$$

在这里，E_a表示活化能。

少量存在就能促进化学反应的物质叫催化剂，这个概念是1837年贝采利乌斯最先提出的，不过拓展催化剂的物理化学研究的是奥斯特瓦尔德[49]。他强调催化剂加快反应速度，但不改变反应方向，并进行了广泛研究。他特别广泛研究了酸催化剂引起的反应速度的变化。他还在将氨氧化变成硝酸的反应中用热的铁作催化剂。这在硝酸的工业生产中很有用。

由分子所吸收的光引发光化学反应这一想法最初是格罗特斯在1819年提出的，19世纪60年代本生研究了在1843年由德雷珀（John W. Draper，1811—1882）[50]再次发现的从氢气和氯气制氯化氢的反应，观察到通过光会发生反应，但在19世纪光反应的机理完全不清楚。

2.8.4 溶液的性质与渗透压

溶液的熔点比溶剂的熔点低（冰点降低），以及加溶质后溶剂的蒸气压下降、

弗朗索瓦·玛丽·拉乌尔（Francois-Marie Raoult，1830—1901）：法国化学家。进行了有关冰点下降和沸点上升方面的开创性研究，推导出了有关稀溶液蒸气压的拉乌尔定律。1870年至1901年一直担任格勒诺布尔大学教授。

恩斯特·贝克曼（Ernst Beckmann，1853—1923）：德国化学家。当过药店学徒后，师从科尔贝学习化学，历任吉森大学、埃尔朗根大学、莱比锡大学教授。1870年至1901年一直担任格勒诺布尔大学教授。因发现贝克曼重排、设计贝克曼温度计并发展冰点和沸点的测定方法而闻名。

雨果·德弗里斯（Hugo de Vries，1848—1935）：荷兰植物学家、遗传学家。阿姆斯特丹大学教授。作为孟德尔法则的再发现者和突变论的主要提倡者而闻名。

沸点上升的现象（沸点上升）相当早以前就为人所知，但到了19世纪后半叶，对冰点降低和沸点上升开始了定量研究。法国化学家、格勒诺布尔大学的弗朗索瓦·拉乌尔在1882年溶解很多有机化合物测定冰点降低，发现100g水中溶解1g溶质的溶液，其冰点降低值乘分子量为一定值。这一关系对其他溶剂也一样适用。据此，他指出可以利用冰点降低测定分子量[51]。他对沸点上升也做了详细研究。于是冰点降低和沸点上升作为测定分子量的简便方法引起了化学家的关注，在好几个实验室都进行了同样的工作。例如，埃伦斯特·贝克曼设计出能够测定精确温度的温度计进行温度的精密测定。拉乌尔的研究揭示了奇妙的事实。对无机盐来说，每一个分子的冰点降低比有机化合物的场合更大，这揭示了盐分解成其组成成分而存在于溶液中。

1884年范特霍夫从和同事、植物学家雨果·德弗里斯的谈话中，对渗透压产生了兴趣。渗透压现象也是很早以前就知道的。但在19世纪70年代，德国的威廉·普费弗（Wilhelm Friedrich Philip Pfeffer，1845—1920）致力在多孔性素瓷容器壁内保持半透膜，进行了广泛研究。范特霍夫琢磨普费弗和德弗里斯的数据，关注稀溶液和气体的类似性，应用热力学第二定律进行解析取得了进步。实验数据已经显示出与波义耳-盖·吕萨克定律一样，渗透压与浓度和热力学温度成正比，他对物质的量浓度为c的溶液，得到了同样的公式：

$$\Pi = RTc$$

在这里，Π表示渗透压，R为气体常数。由此，渗透压测定也成了确定分子量的新手段。但是，对于很多有机化合物而言，观测到的渗透压值与用上述公式预测的渗透压值很接近，而对无机盐溶液而言，二者却不吻合。这时，可以引入经验系数i，将上式的RTc换成$iRTc$。要是这样，对盐酸、硝酸钠而言，i取接近2的值。这个结果在1885年发表了，但当时范特霍夫还没有注意到i接近2这个值的意义。i的意义在后面将要叙述的电离学说中就清楚了。

2.8.5 电离学说与阿伦尼乌斯、范特霍夫、奥斯特瓦尔德

离子这一术语已经由法拉第引入来表示在电极上放电的物质，不过阿伦尼乌斯的离子与此概念不同，是全新定义的概念。但是，物质在溶液中解离成离子这一观点本身并非全新概念。

离子的存在最初是在19世纪50年代由威廉姆森和克劳修斯推测的。另外，德国的希托夫（Johann W. Hittorf，1824—1914）研究了盐的电解，认为电流依赖朝向电极、以不同速度运动的离子而流动，并通过实验加以了证实。1874年柯尔劳希（Kohlrausch，1840—1910）表示任何离子都具有固有的移动度（迁移率），一种盐的电导率可以由构成该盐的离子的移动度之和计算得到。他还发现电导率随溶液的稀释而增加，趋近无限稀释的值。但是他们认为离子只有在电流流过时才会产生。

瑞典化学家斯万特•阿伦尼乌斯将电化学研究作为学位论文的题目。他的学位

斯万特•阿伦尼乌斯（Svante August Airhenius，1859—1927）：出生于瑞典乌普萨拉近郊。师从克莱夫学习化学，在斯德哥尔摩大学研究电化学。1884年在乌普萨拉大学以有关电导率测定和电离理论的论文取得博士学位后，和奥斯特瓦尔德、柯尔劳希、范特霍夫一起做研究，完成了电离学说，获得了越来越广泛的支持，成了物理化学的创始人之一。1903年获得诺贝尔奖后，当上了斯德哥尔摩诺贝尔物理化学研究所的所长，在天文学、宇宙论、地球科学、生理学等广泛的领域开展研究。（参见专栏4）

威廉•奥斯特瓦尔德（Friedrich Wilhelm Ostwald，1853—1932）：是德国移民的儿子，出生于拉脱维亚的里加，就读于多尔帕特大学。1881年任里加工业大学教授，1887年任莱比锡大学教授。他活跃在化学平衡、反应速度理论、催化剂等广阔的研究领域，取得了很大成就，同时在将物理化学变成一个确定的化学分支领域方面做出了重要贡献。他与范特霍夫、阿伦尼乌斯结下了深厚友谊，为世人了解他们的研究做出了贡献，善于发现年轻有为的研究者并鼓励和培养他们。他在1909年因稀释率的发现、反应速度和化学平衡的研究获得诺贝尔化学奖。他为化学的启蒙也尽了力，他所著一般化学教科书《Grundriss der allgemeinen Chemie》在全世界都能读到[52]。

专栏4

阿伦尼乌斯与地球温暖化

从19世纪后半叶到20世纪前半叶，在活跃的大科学家中有这样一些智慧巨人，他们在自然科学广阔的领域对各种问题都有兴趣并进行研究。阿伦尼乌斯就是其中之一。电解质溶液的研究告一段落，他就转向新领域的研究。首先对生理学的问题感兴趣，尝试将物理化学的手段应用于毒素和抗毒素的问题，1907年根据在加利福尼亚大学所做的演讲出版了题为《免疫化学》的书。另外，他对地质学、地球科学、天文学、宇宙物理学、宇宙论、生命起源等也感兴趣，就这些领域撰写教科书或面向一般读者的启蒙书。他在1907年写的《以史为鉴看科学宇宙观的变迁》[原题《宇宙的构成》(《Das warden der welten》)]由寺田寅彦翻译，收录于岩波文库[56]。关于生命起源，他提倡地球上的生命由宇宙创造的胚种论。

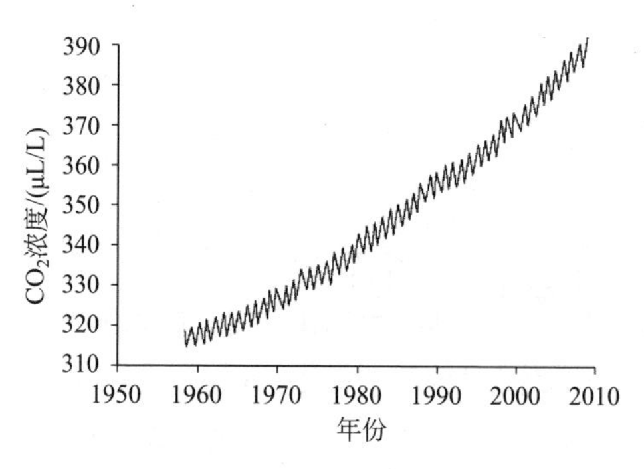

大气中二氧化碳量的增加

到了20世纪末期，人类活动引起的CO_2增加带来的地球温暖化成了一个待解的重大问题，早在约100年前阿伦尼乌斯所做的研究受人瞩目。所谓的温室效应已经被傅里叶和丁达尔认识到，但最早对其进行定量考察的是阿伦尼乌斯[57]。1896年他在英国杂志《Philosophical Magazine》上发表了题为“大气中的二氧化碳对地球温度的影响”的论文。在这篇论文中，关于CO_2吸收红外线和物体放射红外线，他根据当时已知的信息计算了CO_2温室效应对地球温暖化的影响程度[58]。他的计算结果是大气中CO_2的存在量增加1倍，地球的平均温度上升4℃，接近现在ICPC的预测。

阿伦尼乌斯为什么要进行地球温暖化的计算？对地球历史感兴趣的他的动机在于要理解为什么在地球上有冰期和间冰期那么长时间的气温变化。作为CO_2增加的原因，首先要考虑的是像石灰石分解这样的自然因素，不过从当时的消费量来看，要使大气中CO_2增加1倍需要3000年。因此阿伦尼乌斯认为CO_2增加导致的温暖化对人类来说不是威胁而是恩惠[57]。这是因为考虑到随着气候温暖，寒冷地区变成宜居环境，农业也会发展，使食物供应变得更容易。特别令人惊叹的是在100年以前就有化学家定量考察CO_2增加导致地球温暖化的可能性。将图中所示的最近的增加率维持下去的话，CO_2的量增加1倍还要不到200年。要是那样的话地球上会发生怎样的状况？令人忧心。

1910年前往诺贝尔物理化学研究所访问阿伦尼乌斯的寺田寅彦（1878—1935，物理学家，1916年起任东京大学教授。作为夏目漱石门下的随笔作家而闻名。其随笔集至今仍读者甚众）记述道：他在自己住宅兼研究所的屋顶上装备小口径望远镜和经纬仪，用它也可以进行小型天文学研究，看着他童颜的脸上流露出和蔼的微笑，油然而生感慨，“就在这里，眼前看到了一个真正享受学问的典型人物。”不过也有相反的一面，据说阿伦尼乌斯对诺贝尔奖委员会有很强的影响，一直阻碍与自己意见不合的能斯特和欧利希（Ehrlich，1854—1919）的获奖。

阿伦尼乌斯肖像邮票（瑞典）

论文由实验研究和理论研究两部分构成。实验部分是柯尔劳希研究的拓展，新添加的东西很少。在理论部分他论及如果认为盐在溶液中以复杂的分子存在，它随着溶液稀释而离解，就可以说明柯尔劳希的实验结果。但是在那个时候还没有明确地提出离子的概念。1883年对于他提出的学位论文，审查委员会没有给予好的评价，阿伦尼乌斯在瑞典没有获得学术职位。他将论文的副本送到了几位欧洲著名学者那里。奥斯特瓦尔德对他的论文印象很好，将他招到位于里加的自己的实验室。阿伦尼乌斯从1884年到1886年在里加与奥斯特瓦尔德开展共同研究，1886～1891年间，在维尔茨与柯尔劳希、在阿姆斯特丹与范特霍夫一起开展研究。他完成离子电离说是读了范特霍夫1885年的论文之后的事。

用阿伦尼乌斯的电离说既可以很好地解释范特霍夫的渗透压，也可以很好地解释拉乌尔的冰点降低。假设m为未解离的分子的物质的量，n为已解离的分子的物质的量，k为由一个分子所产生的离子的数目，则范特霍夫的校正系数i可以用下式表示：

$$i = (m+kn)/(m+n)$$

如果假设离子的解离度为α，则$\alpha=n/(m+n)$、$i=1+\alpha(k-1)$。由电导率、渗透压、冰点降低测得的i值非常吻合。这些内容都于1887年发表在《Zeitschrift für Physikaslische Chemie》杂志上[53,54]。

奥斯特瓦尔德将电离学说用于酸的研究，在1887年推导出了有名的奥斯特瓦尔德稀释率定律[55]。据此，将α当作阿伦尼乌斯解离度就可以得到下式。

$$c\alpha^2/(1-\alpha)=K$$

在这里，K是常数，c是酸的浓度。这个公式是将质量作用定律应用于电离平衡所得到的，因此在弱酸和弱碱的场合由这个式子立即就能得到H^+和OH^-的浓度，非常有用。

阿伦尼乌斯的电离说对当时的化学家来说是全新的观点，所以并非马上就能为人所接受的。进而又产生了为什么盐在溶液中解离成离子这样的问题。但是，因为得到范特霍夫和奥斯特瓦尔德这样当时的物理化学最高权威的支持，电离说逐渐被接受。电离说给予化学的冲击非常大。它带给化学新的概念，为此前主要基于经验事实的定性分析和容量分析的方法奠定了牢固的理论基础，对它们的系统化大有帮助。

范特霍夫、阿伦尼乌斯、奥斯特瓦尔德3人对物理化学的发展做出了巨大贡献，而其中在奥斯特瓦尔德位于莱比锡的研究所里，来自英国、美国、日本等国的留学生很多（日本物理化学的先驱池田菊苗以及大幸勇吉都曾留学于奥斯特瓦尔德门下），从19世纪末到20世纪初是全球的物理化学研究中心。1887年奥斯特瓦尔德和范特霍夫协作创刊的杂志《Zeitschrift für Physikaslische Chemie》也为物理化学的发展做出了很大贡献。不过另一方面，他试图用能量理论说明所有现象，在1909年之前并不相信原子、分子的存在。

2.8.6 胶体和表面化学

胶体粒子从戴维和法拉第时代就已经知道，但系统的研究是由英国化学家托马斯•格拉罕姆开始的。1861年他以糊状的意思引入了“胶体”这个词。他区分溶解而且可以透过羊皮纸的结晶质和不能透过的胶体，将用膜分离胶体和结晶质的方法命名为透析。他制备三硫化砷、硅酸、氧化铝、氢氧化铁等各种物质的胶体，将它们的溶液称作溶胶，与果冻状的凝胶相区别。他还发现在溶胶中加入少量盐就会凝固成块。在19世纪末期之前，哈迪（William Bate Hardy，1864—1934）和弗罗因德利希（Herbert Freundlich，1880—1941）等详细地研究了胶体的加盐凝固，也认识到了与构成盐的离子电荷的关系。从胶体置于电场中就会向电极移动的实验确认了胶体粒子带电荷。胶体在电场中的移动被称作电泳（electrophoresis或cataphoresis）。

托马斯•格拉罕姆（Thomas Graham，FRS，1805—1869）：就读于苏格兰大学，历任伦敦大学教授（1837—1855），后任造币局长官。在气体扩散的研究之后转向胶体研究，被称作近代胶体化学之父。

1898年奥斯特瓦尔德的助手布瑞迪希（Georg Bredig，1868—1944）以在水中于金属电极之间通电弧电流的方式制备了金属胶体的溶胶。用这个方法在水溶液中制备了铂、金、银等的溶胶。胶体粒子成了吸引很多化学家兴趣的对象，但开始定量研究、使之变得对化学的发展产生重要影响那是进入20世纪以后的事了（参照4.4节）。

表面现象自古就是科学家感兴趣的对象。1757年本杰明•富兰克林观察到海面上的油膜有镇波的效果，在1774年他发表了对此的考察。在19世纪后半叶，物理学家对表面张力测定及其理论研究达到了鼎盛期。1891年德国年轻的业余女科学家泡克尔斯（参见专栏5）就水面上的油膜考察了表面张力和表面积的关系，发现在某个临界面积以上和以下，表面张力有很大差异，在瑞利卿的介绍下，研究结果在《Nature》杂志上报道了[59]。同一时期，瑞利卿自己也在做同样的研究。1899年他揭示了难溶性物质如果有充分的表面积，就会在液体表面展开，形成一个分子厚度的单分子膜。

专栏5

泡克尔斯和瑞利卿

在女性连进大学的机会都还没有被准许的19世纪末，有一位女性在厨房一隅做实验，完成了表面科学的开创性研究，其成果发表于《Nature》杂志。帮助她的成果在《Nature》杂志上发表的是瑞利卿，他因发现氩气而获得诺贝尔物理学奖，在经典物理学的广阔领域取得了辉煌的业绩。

艾格尼丝•泡克尔斯

1891年瑞利卿对界面的物理现象感兴趣，开展了单分子膜的研究。有一天他收到了一封素不相识的人寄来的德语信。这封信来自家住德国不伦瑞克的名叫艾格尼丝•泡克尔斯的女子，这封信记述了她历经10年在厨房做实验得到的有关在水表面形成的油膜对表面张力的影响的成果。令人吃惊的是她10年前就已经开始进行的工作与瑞利卿自己手头正在进行的研究很相近。

艾格尼丝•泡克尔斯（Agnes Pockels，1862—1935）出生在奥地利管辖的威尼斯，父亲是一位奥地利陆军士兵，父亲在1871年因患疟疾退役，举家迁往不伦瑞克。她对科学具有强烈兴趣，但从市立女子高中毕业后就开始照顾病弱的双亲。据说她在厨房洗碗的过程中，对像油那样的污物对水的表面张力的影响感兴趣，从20岁左右开始研究。没能上大学，而幸运的弟弟弗里德里希（Friedrich）到了格丁根大学学习物理，通过他可以获得科学文献。她手工制作的用于测定表面张力的装置也可以说是后来朗格缪尔开发的著名装置的原型。

瑞利卿对她的信感到惊讶，附上她的信的英译稿后写信给《Nature》杂志的编辑洛克耶要求发表。于是她的研究成果发表于1891年的《Nature》，作为表面科学的开创性业绩为世人所知。得益于瑞利卿的鼓励，她此后也在家里继续研究，继续在《Nature》等杂志上发表论文，但由于双亲病情恶化，不得不将更多时间用于看护双亲，进入20世纪后没能再怎么做研究。她终身未嫁，与大学和研究所也无缘，不过1931年不伦瑞克工业大学授予了她荣誉博士称号。而且这一年获得了胶体学会的权威奖劳拉•伦纳德奖（Laura Leonard award）。

泡克尔斯没有得到来自母国德国的科学家的任何支持。瑞利卿是权威的大科学家，但他亲切、宽容、容易亲近，任何时候都不惜助人一臂之力。他出生于乡村贵族之家，继承第3代瑞利男爵，自己也成了贵族。关于瑞利卿，寺田寅彦记述道：他是英国“乡村贵族”和“物理学”联姻诞生的特殊产物，从他的照片中就仿佛能看出他的温情与些许幽默[60]。顺便提一下，泡克尔斯的弟弟弗里德里希因光电效应之泡克尔斯效应和激光分光所用的泡克尔斯池而闻名。

泡克尔斯实验装置的复制品

2.9 天然有机化学

有机化学家一直对天然有机化合物抱有兴趣。到了19世纪后半叶，化学已经发展起来，足以处理这些复杂的有机化合物。特别是染料、糖、蛋白质、萜烯、卟

埃米尔·费歇尔（Hermann Emil Fischer，1852—1919）：费歇尔是一位成功实业家的儿子，在波恩大学师从凯库勒学习，后迁至斯特拉斯堡，1875年在拜尔教授手下获得学位并成为他的助手。和拜尔一起转到慕尼黑做讲师，1882年任爱尔兰根大学教授，1885年任符兹堡大学教授，1892年作为霍夫曼的继任者当上了柏林大学的教授。费歇尔因糖和卟啉类的研究于1902年获得了第二届诺贝尔化学奖。但是，尽管有这些伟大的业绩，他的晚年也并不幸福。在第一次世界大战中失去了两个儿子，对大战带来的人和物质的巨大损失感到失望，自己也因癌症侵袭处于抑郁状态，于1919年自杀身亡。

啉类，从实用的观点看也受瞩目。而且这些物质中的多数在生命现象中扮演重要角色，从这个观点来看也是让人感兴趣的对象。天然有机化学作为有机化学的一大领域得到确立，不仅在化学产业方面变得很重要，也为20世纪的生物化学的飞跃发展做好了准备，从这点来看也具有重大意义。

天然有机化学发展的先驱人物是德国伟大的有机化学家埃米尔·费歇尔。他确定糖的立体排布并合成糖，确立了糖化学[61]。进而研究糖的分解酶，揭示了糖的化学结构与酶的关系。还有，确定了尿素、黄嘌呤、咖啡因等的结构，对卟啉衍生物化学进行了系统化[61]。此后转向蛋白质研究，将蛋白质分解得到氨基酸，弄清了蛋白质的肽结构。这样一来就奠定了生物化学的基础。从19世纪末到20世纪初，在费歇尔的研究室里集聚了来自欧洲各国、美国、日本等全世界的研究者和学生，是全世界的一大化学研究中心。他的门生有6人获诺贝尔奖，62人当上大学教授。不仅是诺贝尔化学奖获奖者，许多获生理学·医学奖的生物化学家也与费歇尔有渊源。

2.9.1　糖的结构与合成

到1870年为止，已经知道葡萄糖、果糖、半乳糖和山梨糖4个单糖。也知道蔗糖加水分解生成葡萄糖和果糖，乳糖加水分解可以得到半乳糖和山梨糖。知道4个单糖都可以用经验式$C_6H_{12}O_6$表示，拥有羧基，是多元醇，但确定包含立体排布的结构是很困难的课题。费歇尔在这方面取得成功有赖于他具有卓越的能力和不屈的精神，也得益于时机成熟和偶然的幸运。1874年范特霍夫和勒贝尔的手性碳原子的发现对糖的结构解析具有决定性的重要性。还有1875年由一系列肼衍生物的研究所发现的酚肼与糖反应制得具有确定熔点的黄色结晶脎，分离纯化也容易。这是糖研究中极其重要的物质。

根据之前的研究，像葡萄糖这样具有醛基的糖，可以认为是如下的结构：

$$CH_2(OH)—CH(OH)—CH(OH)—CH(OH)—CH(OH)—CHO$$

有4个手性碳原子。像果糖这样具有酮基的糖可以认为具有如下结构，有3个手性碳原子。

$$CH_2(OH)—CH(OH)—CH(OH)—CH(OH)—CO—CH_2(OH)$$

根据范特霍夫法则，可以认为醛糖有$2^4=16$个立体异构体，酮糖有$2^3=8$个立体异构体。因此费歇尔认为已知的葡萄糖的4个异构体为16个可能的立体排布中的4个。他用脎的衍生物的同时，也使用其他德国化学家，特别是基连尼（Heinrich Kiliani，1855—1945）开发的合成方法进行研究，不仅弄清了之前已知的糖的异构体的差异，还成功地新合成了预测的异构体中的9个。费歇尔为了表示糖的立体排布，引入了图2.18所示的投影式。

d-葡萄糖	*d*-甘露糖	*d*-半乳糖	*d*-果糖
COH	COH	COH	CH_2OH
H—C—OH	HO—C—H	H—C—OH	CO
HO—C—H	HO—C—H	HO—C—H	HO—C—H
H—C—OH	H—C—OH	HO—C—H	H—C—OH
H—C—OH	H—C—OH	H—C—OH	H—C—OH
CH_2OH	CH_2OH	CH_2OH	CH_2OH

图2.18 按费歇尔投影式表示的糖结构式

1894年费歇尔开始用糖研究酶。结果发现葡萄糖的某些异构体用酵母很容易发酵，而有些异构体尽管结构类似也不发酵。另外还发现麦芽糖酶加水可以分解α-甲基葡萄糖苷，但不能分解β-甲基葡萄糖苷。根据这些事实推论出酶只有在采取适合基质的特别结构时才具有活性。为了说明这个假说，他用了钥匙和锁眼关系的类推[62]。另外，两个甲基葡萄糖苷的研究显示了它们形成含氧的环状结构，第5个碳为手性并产生光学异构体的可能性。

2.9.2 嘌呤及其衍生物

埃米尔•费歇尔在叶啉系化合物的研究方面也留下了卓越的业绩。1881年他研究咖啡因，此后研究了尿酸和黄嘌呤等关联化合物。咖啡因在19世纪20年代从咖啡和茶叶中分离得到。尿酸由舍勒在1776年从尿结石中得到，李比希和沃勒在19世纪30年代，拜尔和斯特雷克（Adolph Strecker，1822—1871）在19世纪60年代也做过研究。发现黄嘌呤及其相关物质鸟嘌呤和腺嘌呤存在于血液、线条筋和尿中。因此，对这些物质非常感兴趣，但它们相互之间的关联还不清楚。

和糖的研究一样，费歇尔通过合成准确地确定了这些物质的结构，弄清了它们都具有共同的嘌呤骨架（图2.19）。嘌呤类化合物和它的分解产物之间的关系到19世纪末由费歇尔和他的共同研究者确定。对包含人类在内的少数动物来说，嘌呤的氮以尿酸的形式排泄出来，但多数动物则进一步分解成尿囊素。对鸟和爬虫类来说尿酸是氮代谢的主要最终产物，在鸟粪堆积物中含量很高。

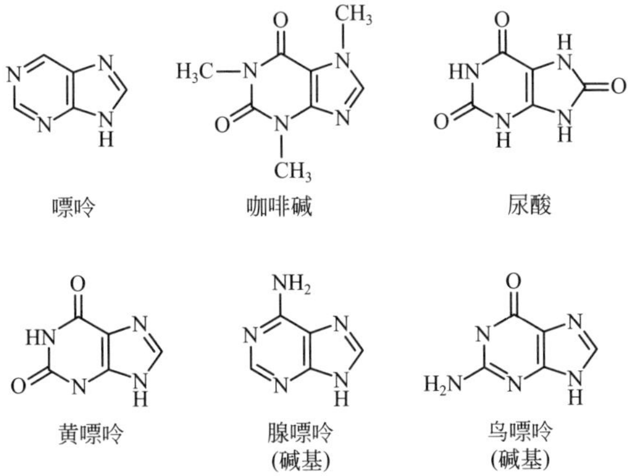

嘌呤 咖啡碱 尿酸

黄嘌呤 腺嘌呤（碱基） 鸟嘌呤（碱基）

图2.19 嘌呤类化合物的结构式

2.9.3 蛋白质和氨基酸

在蛋白质中很早就吸引化学家注意的是白蛋白。加热蛋白和血清等出现的凝固现象是众所周知的，这种凝固的物质被称作白蛋白。还有牛奶一加酸就凝固的物质酪蛋白和蔬菜汁放置就会析出的血纤维蛋白等也是在19世纪前半叶知道的。知道它们都含有氮，但分离出纯物质弄清化学组成是很困难的课题。

蛋白质（protein）这个词是在1838年由荷兰化学家赫拉尔杜斯•穆尔德提议的[63]。他主张卵白蛋白、血清白蛋白、血纤维蛋白都具有能用$C_{40}H_{62}N_{10}O_{12}$经验式表示的成分，而且这个单元在血纤维蛋白和卵白蛋白中与1原子的硫和磷结合，用碱处理可以将共同的单元分离成3部分。李比希最初支持这个假说，但后来强烈反对。那时候的化学家理解了蛋白质的复杂性，努力通过分析探明其组成，逐渐知道了蛋白质对热、酸、碱的反应，同时对分解物氨基酸的知识也在增加。

最初纯化出来的氨基酸是1810年渥拉斯顿在尿结石中发现的一个成分胱氨酸，但它来源于蛋白质是到1899年才知道的。1819年普鲁斯特（Proust，1754—1826）检出了奶酪发酵产物亮氨酸。布拉克诺（Henri Braconnot，1780—1885）从动物胶中得到了有甜味的甘氨酸结晶，在19世纪50年代确定它是氨基乙酸（NH_2CH_2COOH）。但氨基酸的结构确定通常是困难的。

赫拉尔杜斯•穆尔德（Gerardus Mulder，1802—1880）：荷兰医生、化学家，广泛开展生物体的构成成分的分析研究。“蛋白质（protein）”是经贝采利乌斯提示，基于这些物质是动植物营养的主成分，根据希腊语“第一”意思的“protos”取名的。

在1860年已经普遍接受亮氨酸和酪氨酸是白蛋白的分解产物。1866年瑞特豪森（Carl H. Ritthausen，1826—1912）通过酸加水分解植物蛋白得到了谷氨酸，两年后得到了天冬氨酸，并分离纯化了它们。到1890年它们的结构都通过合成弄清楚了。于是有关氨基酸的知识逐渐积累，但进一步明确蛋白质和氨基酸的关系，向蛋白质结构解析迈出一大步的是20世纪之后埃米尔•费歇尔的研究。

2.9.4 核酸的发现

核酸与本节所列举的其他天然物质不一样，是在生理化学的研究中发现的。1869年图宾根大学著名生理化学家菲力克斯•霍佩-赛勒的学生弗雷德里希•米歇尔因为考虑要确定细胞的化学组成而着手白细胞的研究。他从在附近外科医院弄到的沾满大量脓液的绷带分离白细胞进行化学分析。他从细胞质中分离出（细胞）核来分析其成分，发现它与普通的蛋白质不同，将其称作核蛋白质[64]。这个物质和蛋白质一样，含有碳、氢、氧、氮，但另外还含有相当量的磷。他发现这个物质不仅在脓液的白细胞中有，在酵母、鸭的红细胞、肾脏等的细胞中也广泛存在。此后，他注意到鲑鱼卵细胞几乎仅由核构成，于是继续研究，发现核蛋白质是含有酸性基团的巨大的分子，但他患了结核病，51岁就去世了。1889年阿尔特曼（Richard Altmann，1852—1900）纯化了不含蛋白质的核蛋白质，因其显酸性而将其命名为核酸。

在米歇尔之后对核酸化学的发展做出巨大贡献的科学家有阿尔布雷希特•科塞尔。到1894年为止，他发现了核蛋白质中的4个碱基成分（腺嘌呤、鸟嘌呤、胸腺嘧啶、胞嘧啶），弄清了核酸由4个碱基和糖以及磷酸构成（图2.19和图2.20）。此后从

菲力克斯•霍佩-赛勒（Ernst Felix Hoppe-Seyler，1825—1895）：德国医生、生物化学家。生理化学的先驱。历任图宾根大学教授（1861）和斯特拉斯堡大学教授（1872）。在生理组织分析、代谢研究方面取得了很多业绩。

弗雷德里希•米歇尔（Friedrich Miescher，1844—1895）：瑞士生物化学家、生理学家。1869年在图宾根大学霍佩-赛勒手下做研究，从脓液中收集白细胞时发现了核酸，并将其命名为核蛋白质（nuclein）。发现核酸后当上了巴塞尔大学的教授，1885年设立了瑞士最早的生理学研究所。还发现了血液中二氧化碳浓度有调节呼吸的作用。

阿尔布雷希特•科塞尔（Albrecht Kossel，1853—1927）：德国生物化学家。在霍佩-赛勒手下学习生理化学，经马尔堡大学，到海德堡大学当教授（1901）。研究细胞、核、蛋白质，发现了腺嘌呤、胸腺嘧啶。因“细胞化学的研究”于1910年获诺贝尔生理学•医学奖。

酵母的核酸中发现了尿嘧啶。科塞尔对蛋白质，特别是组蛋白等核蛋白质和精蛋白也有出色的研究，因“基于蛋白质、核酸相关研究确立细胞化学”的成就获得了1910年的诺贝尔生理学•医学奖。于是核酸作为构成细胞核的化学成分，其重要性得到了认识，但包括米歇尔、科塞尔在内，当时的化学家谁也没有认识到核酸在遗传学上的重要性。19世纪末期在细胞学家和遗传学家中已经开始有人认为核蛋白质是遗传相关物质，但弄清核酸是遗传信息的载体物质花了半个世纪以上的时间（参照6.1节）。

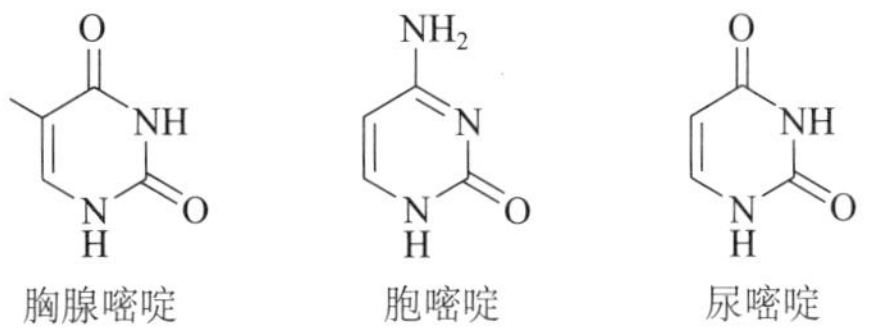

胸腺嘧啶　胞嘧啶　尿嘧啶

图2.20　核酸碱基嘧啶衍生物的结构

2.9.5　萜烯类

植物通过水蒸气蒸馏得到的芳香性油从16世纪起就为人所知，用作香水和医药，吸引了很多化学家的兴趣。其中也有在19世纪后半叶研究火热的以萜烯为人所知的精油及其氧化物樟脑类。萜烯类的研究者中最有名的是奥托•瓦拉赫，他研究了很多萜烯类，弄清了它们相互间的关系。萜烯类是碳数为$5n$（$n \geqslant 2$）的有机化合物，但1887年瓦拉赫提出了它们是由C_5H_8的异戊二烯构成的异戊二烯法则。他在1910年因萜烯及樟脑的研究获得了诺贝尔化学奖。

2.10　生物化学的诞生之路

与生命现象相关的化学一直是化学家感兴趣的对象。拉瓦锡关于呼吸做了开创性实验。贝采利乌斯和李比希论及了发酵和腐败的原因。李比希写了农业化学和动物化学的书。但是，在19世纪后半叶还没有生物化学（biochemistry）这个术语，与生命现象相关的化学主要作为生理学的一个领域生理化学（physiological chemistry）来处理。1877年图宾根大学的霍佩-赛勒创刊了这个领域最早的专门杂志《Zeitschrift für Physiologische Chemie》，主张这个领域作为学术领域的独立性，然而生物化学作为一个独立的领域得到普遍认可是进入20世纪之后的事。因

奥托•瓦拉赫（Otto Wallach，1847—1931）：德国有机化学家。师从沃勒，在凯库勒手下做研究，后任波恩大学教授、格丁根大学化学研究所所长（1889）。因芳香油的研究为精油工业的发展做出了巨大贡献，对樟脑的研究也很有名。1910年获诺贝尔化学奖。

此，在19世纪后半叶，生物化学的研究由有机化学家、生理学家、生物学家等来做。如前节所述，从天然有机化学的研究开始，逐渐弄清了与生物体有关的分子的结构，将其脉络与生理化学的脉络合二为一，到了20世纪就诞生了生物化学这个大的学术领域。在这节将回顾一下至生物化学诞生为止的19世纪与生命现象有关的化学的发展。

2.10.1 农业化学与植物营养

与农业中的土壤肥沃程度的重要性和植物生长必需的营养素相关的讨论从很早以前就开始了，但那些都只不过是推测。范•海尔蒙特（Jan Baptist van Helmont，1577—1644）、培根、波义耳等认为水是植物生长最重要的营养素，另一方面梅奥（John Mayow，1640—1679）和赫尔斯（Hales）强调空气的重要性。英国医生伍德沃德认为土壤是重要的营养素。人们知道肥料、堆肥、石灰有用，但并没有确切的根据。

农业中的实验始于18世纪末期前后。拉瓦锡以改善法国农业为目标，在300英亩（1英亩=4046.86m^2）的农场做实验，德国的特尔（Albrecht D. Thaer，1752—1828）在更广阔的土地上进行农业实验。爱因霍夫（Heinrich Einhof，1777—1808）发表了土壤和肥料的分析数据。戴维在1813年出版了《农业化学原理》，讨论了土壤的肥沃度。但是，用当时的分析技术得到的数据还没有达到能够准确讨论这个问题的水平。

19世纪前半叶中重要的问题是作为植物营养素所必需的元素是什么。19世纪20年代德国植物学家C. P. 施普伦格尔（Carl Philipp Sprengel，1787—1859）对植物生长必需的矿物质进行了研究，认为15种元素（碳、氧、氢、氮、硫、磷、氯、钾、钠、钙、镁、铝、硅、铁、锰）是植物必要的营养素，指出也许还有其他必需的微量元素。他从土壤分析入手考察了最佳的土壤成分。

法国的让•巴普蒂斯特•布森戈（Jean-Baptiste Boussingault，1802—1887）进行了大规模的农田实验和实验室分析。他分析植物灰分的成分来了解植物对矿物质成分的利用，调查了各种肥料的影响。他对植物生长中的氮源也做了研究，把谷物营养价与氮成分量做了关联。

农业化学因为李比希的活动受到很大刺激。1840年他出版了《有机化学在农业和生理学中的应用》一书，他在有机化学界名声也大，所以这本书非常受欢迎。他自己没有农业化学的研究经验，这本书主要是基于他对当时农业化学领域开展的研究的见解所写的综述。这本书最开头的部分处理植物的营养，认为在植物的生长中以下物质是必需的：①碳和氮；②水及其构成元素；③作为无机元素来源的土壤。他认为通过空气中的氨获得氮，不重视土壤作为氮源的作用，这点成为争议的焦点。他认识到植物营养中无机元素的重要性，强调磷酸、钾、苏打、石灰、镁的必要性，不过他有关碱类之间的等价性的观点遭到了批判。李比希是一个非常自信的人，他毫不隐讳地批判别人的说法，固执地坚持自己的学说。他的书中有很多错误，但在强调无机元素的重要性这点上刺激了肥料工业的成长。可以说他对农业化学的热情助推了人们对土壤化学和植物营养的关心，对促进这些领域的研究有很大贡献。

2.10.2 发酵化学

啤酒和葡萄酒制造工业、从面包生料制作面包的过程中发生的发酵对人类来说是最贴近的生物化学现象之一。发酵、腐败现象对化学家来说一直都是感兴趣的对象。拉瓦锡和盖•吕萨克尝试着弄清糖发酵产生二氧化碳和酒精（乙醇）的过程的定量关系，探明了1分子糖分解产生2分子酒精和二氧化碳。盖•吕萨克认为空气中的氧引起发酵。人们知道发酵与酵母有关，但酵母被认为是非生物物质。

到了19世纪有关发酵产生的原因在化学家中产生了争论。李比希是这样解释的：糖和酵母接触就会因酵母粒子的振动，连接分子的力被破坏，于是发生分解。贝采利乌斯和米切利希（Eilhardt Mitscherlich，1794—1863）认为因催化剂或接触物质的作用而发生发酵和腐败。但是随着显微镜的进步，观测微生物成为可能，发现酵母是球状微生物，1837年卡尼亚尔•德拉图尔（Cagniard de La Tour，1777—1859）、施旺（Theodor Schwann，1810—1882）和库珍（Friedrich Traugott Kutzing，1807—1893）三位研究者独立提出了发酵中有微生物参与。

卡尼亚尔•德拉图尔提出酵母通过球状微生物增殖，它将糖分解成酒精和二氧化碳。施旺认为酵母是长了球状芽的微小植物，酒精发酵是这个微小植物所致。库珍也同样主张酵母是微生物。另一方面，当时权威化学家们并不认可这个学说。李比希顽固地坚持自己的学说，认为酵母的微生物是发酵的产物而不是发酵的原因。贝采利乌斯也对微生物说没有好感。即便如此，从19世纪40年代到50年代进一步的研究还是在持续，微生物说渐渐被接受。

在这样的状况下，巴斯德用酵母进行了发酵研究。他从光学活性的戊醇的研究切入发酵研究。他研究了糖发酵成乳酸，发现参与发酵的酵母细胞的种类与参与糖的酒精发酵的酵母细胞不同。他后来研究了各种发酵过程，分别甄别了特有的微生物。结果发现参与发酵的微生物中有好气性的和厌气性的。基于这些研究，他主张酵母细胞整体上来说是在发酵过程中起催化作用的“组织化了的酵素（ferment）”。

在18世纪后半叶，逐渐知道了将麦芽中发现的淀粉转变成糖的淀粉酶和在胃中发现的有助食物消化的胃蛋白酶这样的水溶性物质的存在，到19世纪末知道了20多种这样的酶。这些酶大部分是促进底物加水分解的酶，因此可以与被认为和微生物有关的酵素区别来考虑。1878年德国生理学家威廉•库内认为不是酵母本身，而是酵母中的某种物质进行发酵反应，因此他提出将这种物质称作酶（enzyme）。此后这个词语就用来表示淀粉酶和胃蛋白酶等水溶性的反应促进物质。

威廉·库内（Wilhelm Kühne，1837—1900）：德国生理学家。在格丁根大学师从沃勒学习化学，在柏林、巴黎、维也纳各地学习生理学。1868年任阿姆斯特丹大学教授，后来任海德堡大学生理学教授。从事代谢化学研究，发现了蛋白质消解酶胰蛋白酶。

爱德华·毕希纳（Edward Buchner，1860—1917）：德国生物化学家。就读于慕尼黑大学、爱尔兰根大学，是当过拜尔助手的有机化学家，不过他由于受内格里的影响，对发酵化学感兴趣。他在当上图宾根大学教授的1896年证明了发酵是由酵素引起的化学反应，因而获得1907年的诺贝尔化学奖。获得诺贝尔奖后，他先后受聘布雷斯劳和维尔茨堡大学的教授，但第一次世界大战时志愿加入德国军队，在罗马尼亚战线的野战医院负伤，1917年去世，享年57岁。

在有机化学家中有很多像特劳伯（Moritz Traube，1826—1894）这样的研究者也都认为发酵就是依靠和这些酶一样的水溶性酶。但是在发酵过程中寻找这样的酶的很多尝试都相继失败。在生物学家中，认为发酵相关的酶是与细胞原形质相连接的内格里（Karl Wilhelm von Nageli，1817—1891）的观点占统治地位。于是，发酵是否靠无细胞的酶产生的争论一直持续到大约19世纪末期。解决这个问题的是毕希纳。

1897年图宾根大学的爱德华·毕希纳得到在慕尼黑大学当卫生学教授的兄弟汉斯的提议和协作，和汉斯的合作者哈恩一起尝试了从酵母中得到无细胞的酶溶液。汉斯想从微生物中提取无细胞性的抗毒素，期望弟弟开发出这样的方法。他们将酵母在研钵中与砂和硅藻土一起磨碎成糊状，压榨得到无细胞的榨汁。出于保存的目的，在榨汁中加入糖，在放置的过程中发现出现了发酵现象。于是他们成功地彻底斩断了酒精发酵与新鲜细胞的关系，长年以来关于发酵的争论画上了句号[65]。毕希纳将这个酶命名为胃促胰酶。酒精发酵过程到20世纪得到了进一步详细的研究，多个中间产物被发现的同时，也渐渐知道了发酵是一个极其复杂的过程。毕希纳因发酵化学的研究获得了1907年的诺贝尔化学奖。他的成功有其兄的协助和哈恩的技术，因此也有评论说是他走运，不过毕希纳的发现成了近代酶研究的起点，是朝着生物化学诞生迈出的重要一步。

2.10.3 呼吸与生物体内的氧化

拉瓦锡晚年对动物呼吸与燃烧的联系抱有兴趣，和拉普拉斯（Laplace，1749—1827）共同开发了冰热量计，对呼吸时产生的热和燃烧时产生的热进行了比较。他们比较了碳燃烧和土拨鼠呼吸过程中产生相同量的二氧化碳时的热量。1789年他和塞甘（Armand Seguin，1767—1835）得出了如下结论[66]：

"一般而言，呼吸无非就是碳和氢的缓慢燃烧，与灯和蜡烛燃烧时发生的过程完全相同。……实际上，空气从肺中呼出时，氧气被消耗，与吸入时的空气相比含有更多的二氧化碳和水。"

拉瓦锡和塞甘做出结论：拉瓦锡称作"动物机械"的东西由呼吸、发汗、消化3个过程控制。这是19世纪的动物生理学的出发点，问题是氧气在哪个器官变成二氧化碳，碳和氢以怎样的形式存在。1837年马格努斯（Heinrich G.Magnus，1802—1870）确认了血液中存在溶解的氧气、二氧化碳和氮气，做出结论认为氧气在肺中被吸收，通过血液运送到体内各处，在毛细血管中进行氧化产生二氧化碳。

在19世纪中期，李比希关于呼吸和生物体内氧化的观点受到了关注，但那不是基于实验的观点，主要是他作为化学家的名声所致。李比希关于呼吸的观点只不过是将拉瓦锡的观点近代化了而已。关于食物的氧化，分为脂肪和碳水化合物等不含氮的以及白蛋白和酪蛋白等含氮的两类，可以认为前者是动物体的燃料，后者可以转换成血液。李比希关于生命现象的化学观点很多是错误的，但从另一方面来看通过检验他的观点也推动了生物化学的研究。

李比希认为红细胞含铁化合物，它被氧饱和，在毛细管失去氧。到19世纪50年代末期已经认识到动脉血和静脉血的颜色不同是血红蛋白的氧化和脱氧化所致。19世纪60年代由霍佩•赛勒和乔治•斯托克斯通过分光学的研究进一步阐明了和氧结合的铁化合物的性质。1862年霍佩•赛勒发现被命名为氧化血红蛋白的物质在可见光区有两个强吸收带，斯托克斯在两年后发现这两个吸收带随着加入硫化亚铁铵溶液而消失，变成了一个宽幅的吸收带[67]。他的研究不仅成了生物化学研究的基础，在将分光法引入到生物化学研究这点上也是很重要的。到了1875年，这些研究结果使我们认识到血红蛋白和氧的相互作用是与氧的结合，而不是氧化，血红蛋白的作用是进行氧气的传输。到了19世纪后半叶，氧化发生在动物组织细胞中的观点逐渐得到认可，但对生物体内的氧化达到正确理解还是很遥远的事。

2.10.4 消化与代谢

至1800年前后，营养物质的消化和吸收被认为是：咀嚼溶解的食物在胃肠中

乔治•斯托克斯（George Gabriel Stokes，1819—1903）：英国物理学家、数学家。毕业于剑桥大学，1849年受聘剑桥大学教授。在流体力学、矢量解析、分光学等广阔的领域留下了很多业绩，众所周知的斯托克斯法则、斯托克斯定律、斯托克斯位移等都是以他的名字命名的。

克劳德•贝尔纳（Claude Bernard，1813—1878）：法国生理学家。法兰西学院教授。在代谢生理和神经生理方面取得了很多业绩。因为在实验生物学以及医学的方法论构建方面也有贡献而闻名。他强调假说在实验中的重要性。

受空气和水的影响变成作为血之源的液体，血液成分转换成各自的组织成分。因此，相信肌肉纤维是溶于血液中的血纤维蛋白固化而来的。以拉瓦锡和他同时代的人们的工作为基础进行的新的化学工作就是用在生物体内发现的元素记述这种转换的过程。

新的生理学从研究食品中各种成分的营养学作用开始。例如，法国生理学家马让迪（Francois Magendie，1783—1855）通过研究给予限定食物的狗，显示含氮的食物对于生存是不可缺少的。他还根据吃肉和乳制品等含氮成分多的人患痛风和结石的人多这点出发，主张在预防这些病时限制含氮多的食品是有效的。他担任了检测从骨头中提取的用作食料的动物胶的有效性的法国政府委员会的委员长，报告了仅用动物胶是不能维持生命的，白蛋白和酪蛋白这样的成分也是一样，仅靠它们维持生命也是不充分的。19世纪的生理学家认为人体排除不需要的成分，同时用新的成分进行置换的内部运动就是消化、代谢。

19世纪40年代李比希推测尿素和尿酸是血液中含氮成分在水和氧的影响下变化而来的，这种含氮成分与食物的含氮成分是相同的。但是，人们马上就明白了消化和代谢的过程比李比希推测的要复杂得多。法国生理学家克劳德•贝尔纳发现从喂食不含碳水化合物饲料的动物肝脏流出的血液里存在糖，于是得出结论说动物肝脏具有造糖机能[68]。这推翻了动物血液和组织中发现的糖类物质来源于食物的观点。他进一步发现在血液中总是含有葡萄糖，以糖原的形式积蓄在肝脏中。他强调代谢过程中的中间体的测定是很重要的。贝尔纳是在19世纪后半叶具有很大影响力的生理学家，他的《实验医学绪论》[69]作为该领域的经典著作流传了很久。

尿素和尿酸在动物体内怎样产生和排泄出来这一问题是19世纪后半叶许多生理学家和化学家讨论的对象。杜马和李比希认为组织的蛋白质氧化分解是存在于尿中的尿素的来源，但有生理学家提出尿中尿素只有一小部分来源于组织蛋白质的反对观点，于是引起了争论。各种学说纷纷提出，争论持续不断，不过就当时的学术水平而言要解决蛋白质代谢的问题太难。

2.11 化学家的教育

2.11.1 19世纪初的状况

进入19世纪之前，化学发展的主要力量是富有才能的业余爱好者。他们要么本人生活富裕，要么受惠于富裕人的资助开展研究。那时的化学还没有作为学问在大学讲授，充其量只不过附属于医学进行教学。这一状况首先在革命后的法国发生了改变。1794年在巴黎设立了理工学校，由当时一流的学者进行先进的科学教育。设立理工学校的目的是培养精通数学和力学的军事技术人员，但在这里也教授化学，贝托莱作为第一代教授在这里任职，之后换成了德莫武（Guyton de Morveau，1737—1816），在巴黎优秀的化学家很多，即便在其他学校也进行化学教育。在这些学校没有实验室，但教授拥有私人实验室，接受学生。盖•吕萨克是贝尔纳早期的学生，他自己私自教授的学生中有杜马、李比希。在19世纪最初的1/4世纪中，对化学有兴趣的年轻人云集于巴黎，但巴黎的化学家还不至于形成有影响力的学派。

这个时代的另一个中心是斯德哥尔摩的贝采利乌斯的研究室。但即使在这里大学也不提供实验室，贝采利乌斯仅仅是私人接收选拔出来的学生。米切利希和沃勒在这里学习过。

在德国这一时期没有重要的化学研究中心。后来振兴德国化学的李比希和维勒也是不满意德国化学的现状，到国外学习先进的化学。即使在个人主义盛行的英国也没有化学学校，汤姆逊（Thomas Thomson，1773—1852）在苏格兰进行了包含实验在内的系统性化学教育，但没有产生大的影响。这样的状况因李比希的改革发生了大的变化。（参见专栏6）

2.11.2 李比希的教育改革及其影响

李比希在吉森大学推行了以实验指导为中心的化学教育。学生要基于实验学习化学，这一直持续到现在，是大学化学教育的原型。他们最初学习定性分析和定量分析，接着进行有机化合物的合成实验，最后给一个研究课题。

李比希确立的化学教育马上在德国其他大学也被采纳。李比希的朋友维勒在1836年到格丁根大学当教授，效仿吉森大学的方式开始教育。维勒是具有与李比希不同气质的人，是容易亲近的人。他极有耐心地帮助学生成长，从他的门下培养出了很多人才。在德国也发展起来了其他教育中心。19世纪中期前后，海德堡大学的本生研究室也是一个中心。各地的大学都想引入李比希的方式，吉森大学的毕业生到各地的大学去当教授，开始了吉森式的教育。为了引进领军型的化学家，学校有时也提供设施完备的研究室。柏林大学引进从英国刚回到波恩大学的霍夫曼就

奥古斯特•霍夫曼（August Wilhelm von Hofmann，1818—1892）： 出生于吉森，最初在格丁根大学学习法律，但转学化学，师从李比希。1845年当上伦敦皇家化学院院长，从事研究和教育。1864年回德国，1865年担任柏林大学教授。霍夫曼的业绩涉及有机化学的广阔领域。最初进行煤焦油的研究，后来长时间从事苯胺相关的研究。霍夫曼转移、霍夫曼分解、霍夫曼脱去等，冠以他的名字的反应和法则很多。

是其中一例。后来柏林大学在霍夫曼、费歇尔的领导下成了世界化学研究的中心（对日本有机化学、药学的发展分别做出巨大贡献的长井长义和朝比奈泰彦就分别在霍夫曼和费歇尔的研究室留学过）。很多诺贝尔化学奖、生理学•医学奖获得者都与李比希有联系，从这点就足以见得李比希的教育改革的重要性以及他作为一个教育家的伟大之处。

这样一来，德国大学里的化学教育就变得很充实，培养了许多化学家。这就奠定了19世纪后半叶至20世纪初德国在化学和化学产业方面领导世界的基础。

专栏6

李比希与化学教育的革新

在19世纪初，几乎所有大学都还没有将化学作为正规的学问讲授，也没有开展化学工作者的教育。改变这个状况，使化学成为受人欢迎的学问发展起来的功臣是李比希。

李比希在吉森大学实验室的场景

李比希21岁时就当上了一个规模较小的大学吉森大学的教授，他开始了让多数学生通过做实验来学习化学的全新的化学教育方式。最初没有得到大学的援助，而是作为个人的事业开始的，但1833年实验室成了大学的公共设施，德国国内不用说，世界各地的学生汇集于此。在李比希的实验室以分析为重点，是系统的、适应当时化学研究的内容。而且更重要的是他本人是优秀的分析化学家，钻研新的装置推进研究，他对研究的热情和灵感对学生产生了很大的影响。团队变大后李比希本人直接指导学生就少了，但有年长的学生作为助手帮助初学者。给年长的学生分配课题，每天早晨报告前一天的研究进展，李比希和学生们一起讨论这个报告，所以学生对很多问题都有了解，达到了相互教育的目的。吉森大学成了化学教育的中心，后来成了德国大学化学教育的模式。进而这种模式向研究学院（research school）发展，他的门生中化学家辈出，对19世纪后半叶至20世纪初有机化学及生物化学的发展起到了指导性的作用。

李比希从19世纪30年代末将主要兴趣从有机化学转向了农业化学和生理化学，对这些领域的发展产生了很大影响。并不是因为他本人在这些领域所做的研究，而是写书引起了争论。可以说在19世纪化学的发展与扩张中，李比希起的作用比谁都大。李比希为什么突然将感兴趣的对象从有机化学转向农业化学呢？德国的秋、冬气候严酷，耕地不肥沃，导致食物和饲料经常不足。19世纪中叶许多德国人移居美国。在这样的背景下，他作为化学家是在考虑寻找对策。他写的《农业化学》虽然有很多错误，但在国内外广泛传播、不断再版。

李比希是一个性急易怒的独裁者。1832年担任德国杂志《药学年鉴》的共同编者后，在该杂志上发表了很多论文，在1837年将该杂志改名为《化学•药学年鉴》，之后没多久又改成《李比希年鉴》，持续了124年。作为编者的李比希喜好哗众取宠，批判了很多同时代的化学家。他是一个自信狂，没有包容地批判别人。自己受到批评就发怒，常常顽固地坚持自己的主张。因为这样的性格，和同时代的几乎所有化学家都绝交了，唯独和温和、敦厚、谦虚的沃勒是终生的朋友。

最后一版《李比希年鉴》（1997年12月）

2.11.3 其他国家的状况

在中央集权很强的法国，大学的地位是处于政府和学士院的控制之下。像杜马和贝特洛这样强势的化学家对教授的任命有影响，李比希的改革不被接受，在巴黎以外的地方大学的状况更严重，结果是从18世纪后半叶到19世纪前半叶作为化学的中心繁荣起来的法国没能维持其名声。

在英国李比希受欢迎，出现了采纳他的改革的动向。他1837年在英格兰和苏格兰做演讲旅行，阐述了化学对农业和产业的作用。热心英格兰科学教育振兴的维多利亚女王的丈夫阿尔伯特成功地吸引了很多地主和产业界人士设立化学学校的兴趣。于是1845年设立了皇家化学院，李比希的弟子奥古斯特•霍夫曼被任命为第一任院长。霍夫曼效仿吉森大学的方式进行教育，开始聚集对化学教育和研究感兴趣的年轻人。霍夫曼对从煤焦油中得到的化合物感兴趣，于是开始了这方面的研究。

因为霍夫曼的名望，学生开始聚集，但这个学校的出资人不满霍夫曼对基础研究的重视。英国的产业家们期望科学家开展对产业能立竿见影的研究，没有兴趣从长期的展望来支持研究，也没有心情基于科学来兴起新兴产业。随着时间的推移，学生数也减少，最终这个学校与皇家矿山学校合并，霍夫曼1864年辞职去波恩大学当教授，一年后任柏林大学教授。霍夫曼在柏林大学继续研究含氮有机化合物。

牛津和剑桥这样具有古老传统的英国大学对化学没有兴趣，延续着重视古典和数学的学习计划。不过，1837年格雷姆（Thomas Graham，1805—1869）就任伦敦大学，开始胶体化学的开创性研究，在格梅林和李比希手下学习过的威廉姆森（Williamson）于1855年加入。在苏格兰、格拉斯哥和爱丁堡还保留有卡伦（Cullen，1710—1790）和布莱克的传统，但具有很大影响的有机化学家还没诞生。

18世纪末期，本杰明•富兰克林和托马斯•杰弗逊（Thomas Jefferson，1743—1826）等新世界美国的领导者们对科学是怀有好意的。在1769年，拉什被任命为1765年创设的费城医科大学最早的化学教授。从18世纪后半叶开始到19世纪初，化学在东部各大学已经作为自然哲学或人文科学的一部分讲授了，但没有进行专门的化学教育。在19世纪中叶之前，美国大学教育的主要目的是培养法学家和牧师，所以科学教育只不过被认为是必要的。但是，1846年西利曼（Benjamin Silliman，1779—1864）在耶鲁大学提出创设农业化学和动植物生理学讲座，开设了实用化学和农业化学的讲座。1847年哈佛也创设了科学学校，师从李比希的霍斯伏特（Horsford，1818—1893）当了所长，开始效仿吉森的教育。于是从19世纪中期开始美国也在大学开始化学教育，开始化学家的培养。这样一来毕业后到欧洲留学取得学位渐渐成了时尚，同时在美国也开始了研究生院。耶鲁大学把第一个科学博士学位授予了吉布斯，哈佛大学1877年推出了最早的化学学位。到19世纪末在约翰霍普金斯、宾夕法尼亚、哥伦比亚、密西根、芝加哥、威斯康星各大学都开设了研究生院。

2.12 19世纪的化学产业

19世纪化学产业的大事情就是吕布兰法制纯碱的发展与衰落。随着中产阶级的增加，消费活动变得活跃，与肥皂、玻璃、织物等制造相关的化学产业的需求增大，为此需要制碱工业的发展。吕布兰法的普及增大了硫酸的需求，此外，19世纪后半叶又增加了肥料产业，硫酸的巨大市场应运而生。出现了基于有机合成化学的染料产业，与大学的化学研究密切相关的化学产业在德国兴起。19世纪末电化学产业也出现了。于是，在19世纪初小规模的家族工业形式的化学产业到了19世纪末开始变身为巨大的产业。

2.12.1 制碱产业

吕布兰法是在18世纪末期开发出来的，但在工业上达到有商业价值使用是进入19世纪后经历了相当长的时间。1823年马斯普拉特（James Muspratt，1793—1886）在利物浦成功地在工厂实现了用吕布兰法生产碳酸苏打。接着在英国和法国各地开始了用吕布兰法的生产。但是，吕布兰法中有各种各样的问题。将盐变成硫酸钠时有氯化氢产生，它会形成含盐酸的雨降落到周边的农田，威胁附近的居民健康。因此民事诉讼屡屡发生。还有，废弃物硫化钾也是麻烦。而且，相对于原料而言得到的产品的效率也不高。氯化氢的问题因戈萨基（William Gossage，1799—1877）发明了盐酸吸收塔得以解决。将氯化氢转变成氯气的技术也开发出来了，氯用于漂白剂的制造。进而，硫化钾用燃烧炉氧化变成硫黄回收。于是，到19世纪80年代吕布兰法得到相当程度的改善。尽管如此，该制造法中还是有很多浪费，增加了不愉快的劳动，因此需要更有效的、清洁的方法。

由重碳酸铵（碳酸氢铵）和盐制苏打（碳酸钠）的方法是在1801年由法国的菲涅尔（Augstin Jean Fresnel，1788—1827）发现的，但有效地运行有困难。马斯普拉特也投入很多经费尝试了，但未获成功。1861年比利时化学家欧内斯特•索尔维（E. Ernest Solvay，1838—1922）设计了碳酸氯化塔，使从下朝上吹入的二氧化碳在氨性食盐水的雨雾中反应制备碳酸氢钠。这个方法的优点在于利用很容易到手的原料，污染少，与吕布兰法相比燃料也少，因此在与吕布兰法的竞争中逐渐处于优势地位。

苛性碱（氢氧化钠）是将氢氧化钾与碳酸钠反应制备的，但19世纪末工业规模地引入了食盐电解的方法。这个方法的问题是要防止在阴极和阳极产生的钠和氯的反应，不过这可用汞电极法得到解决。

2.12.2 肥料产业

自古以来人们就知道肥料对植物的生长有益。15世纪前后的因卡人知道用鸟的排泄物做成的海鸟粪是有效的肥料。1804年洪堡德（Humbold，1769—1859）带回了海鸟粪的样本，查清其中含有氮、磷。

人们知道化学物质在植物生长中是有用的，但到了19世纪前半叶才根据法国的布森戈、英国的劳斯（John Bennet Lawes，1814—1900）、李比希等的研究弄清楚了植物生长和磷、氮、钾等元素的关系。李比希虽然没有理解植物要从土壤吸收养分、可溶性肥料是必需的，但在1840年提出了骨头用硫酸处理后用作肥料。1842年劳斯取得了用硫酸处理骨粉制备过磷酸肥料的专利，并马上开始在工厂生产。

另外，也用磷酸盐矿生产过磷酸肥料。肥料产业的成长成了硫酸的最大消费源。

从19世纪中叶起氮肥也开始变得重要。李比希抱有植物从空气中摄取氨的错误观点，但他提倡生产硫酸铵。美国化学家皮尤（Evan Pugh，1828—1864）在1857年指出土壤中的氨对植物生长很重要。19世纪后半叶硫酸铵的生产也成了重要的产业。19世纪后半叶美国和英国从秘鲁和智利大量输入鸟粪。还有，也输入智利硝石（$NaNO_3$）用作肥料。

2.12.3 煤焦油化合物与合成染料

在李比希手下以煤焦油相关的研究取得学位的霍夫曼因为和李比希的关系，在1845年当上了设立在伦敦的皇家化学院的院长，在那里开展煤焦油的研究。煤焦油是生产焦炭和煤气时的副产物，除作木材防腐剂使用以外没有什么用途，是很麻烦的废弃物。霍夫曼和他的学生曼斯菲尔德（Charles Mansfield，1819—1855）改进分别蒸馏技术，从煤焦油中分离出优质的苯和甲苯等20多种物质。于是煤焦油的处理、研究成为可能，开辟了有效利用其中成分的道路。

1856年皇家化学院18岁的学生威廉•帕金想用氯丙烯（C_3H_5Cl）、甲苯胺（C_7H_9N）和重铬酸钾的化合物合成疟疾特效药奎宁（$C_{20}H_{24}N_2O_2$）。但是没有得到奎宁，得到的是褐色块状物。用苯胺尝试同样的反应，生成了黑色物质，发现该物质可以将织物染成紫色。于是最早的合成染料苯胺染料mauve（苯胺紫）就这样偶然地成功合成了。帕金退学后在父兄的帮助下开始了苯胺紫的制造。在19世纪的欧洲，因为房屋的装饰和女性的衣装对染色的需求在增加，存在每年追求流行的各种各样颜色的市场。因此，当时天然染料产业成了利润大规模增长的工作。其中用苯胺紫染色的丝绢在巴黎很受欢迎，在英国也流行起来。受苯胺紫的成功的刺激，新的合成染料的需求增加，以苯胺、甲苯胺、喹啉等作为起始物制得了其他合成染料。但是苯胺紫的化学结构还不知道，其合成还是依赖试错的经验性方法。

1858年法国的弗雷尔（公司）引入了三苯甲烷系列色素碱性品红。这是一种红色染料，比苯胺紫使用更广泛，制造也容易。进而以碱性品红为基础又制造了霍夫曼紫、帕金绿等染料。最早的偶氮染料是在1863年将重氮盐和芳香胺结合制得的曼彻斯特棕。1880年以后偶氮染料成了最早和最广泛使用的合成染料。于是天

威廉•帕金（珀金，William Henry Perkin，Jr，1838—1907）：
英国有机化学家。在皇家化学院师从霍夫曼。作为霍夫曼的助手在尝试合成奎宁的过程中偶然发现了色素苯胺紫，这就是后来称作苯胺紫的染料。他取得专利后于1857年兴起了合成染料工业。此外还成功合成了酒石酸、香豆素、茜素。也因帕金反应（由芳香醛合成桂皮酸）而闻名。

然染料受到合成染料的排挤几乎不再使用了。

2.12.4　天然染料的合成与合成化学产业

有机化学从一开始就是与应用结合最强的领域，而19世纪后半叶因为合成法的进步，已经可以为产业的发展做出很大贡献了。其中，最初是天然染料合成方法的发展。在这个领域没有基础与应用的界限。

到19世纪中期前后，染料取自天然的植物和动物。例如，从印度的科罗曼德海岸产的植物叶子提取的靛蓝用作蓝色染料，欧洲栽培的茜草属植物madder用作红色染料。胭脂红是从附着于墨西哥和秘鲁仙人掌的胭脂虫提取的。由帕金开创的合成染料广泛地使用起来了，而为理解天然染料的结构和化学，使其合成作为一种化学技术发展起来做出巨大贡献的是拜尔。

1875年作为李比希的继任者当上慕尼黑大学教授的阿道夫•冯•拜尔在这里测定靛蓝的结构并完成了它的全合成（图2.21）。拜尔作为一名优秀的教师也很著名，他的弟子中出了很多优秀的化学家，其中就包括费歇尔、毕希纳、维尔施泰特等创立生物化学的3位诺贝尔奖获得者。拜尔本人因为有机色素和氢化芳香族化合物的研究于1905年获得诺贝尔化学奖。

图2.21　靛蓝的结构式

作为天然染料madder的成分为人所知的茜素在19世纪60年代由拜尔研究室的格雷贝（Carl Graebe，1841—1927）和利伯曼（Carl Liebermann，1842—1914）用蒽合成出来了。通过在最初的氧化步骤中使用发烟硫酸的方法开发出了合成方法，德国的化学企业巴斯夫（BASF）推动其工业化，于是合成茜素完全取代了madder。拜尔在19世纪70年代开始了靛蓝的研究，1880年以邻硝基桂皮酸为起始物质成功合成了靛蓝，1883年弄清了其结构。1890年BASF的霍伊曼（Karl Heumann，1850—1894）开发了以萘为原料的制法，靛蓝的合成终于商业化了。赫斯特（Hoechst）公司也接着独自进行了改良。于是在德国大学和产业界建立起了密切的协作关系，德国的化学产业开始雄霸世界。接受了由李比希创始的化学教育训练的有能力的化学家多了起来，他们在德国的化学公司从事研究、开发。在产业

阿道夫•冯•拜尔（J. F. W. Adolf von Baeyer，1835—1917）：德国有机化学家。在柏林大学取得博士学位后，在海德堡大学跟随本生学习，接着师从凯库勒。1875年任慕尼黑大学教授。因靛蓝的合成与结构测定、酞系染料的发现、尿酸衍生物、环状有机化合物、碳酸同化作用等研究而闻名。他的门生中出了费歇尔、维尔施泰特等很多著名的有机化学家。他1905年获诺贝尔化学奖。

革命方面落后了的德国在俾斯麦（战舰）之下推行着野心的富国、强兵政策，想在与化学密切的产业方面掌握主动权。

另一方面，尽管有霍夫曼的主张，但帕金的成功使英国早期繁荣的染色产业仍然无视基础研究，仅仅依赖经验。霍夫曼回到德国后，他培养的很多德国化学家也回国了。英国资本家中对化学产业感兴趣的人少，英国的染料产业逐渐衰落。

2.12.5 制药产业

在19世纪前半叶，药品产业还没有发展起来。药剂师开的药方是从草木提取的药和汞衍生物、硫黄等。英国的外科医列表在1867年将石炭酸（苯酚）作为杀菌剂列入。

1853年科尔贝（Kolbe）用苯酚合成了水杨酸，发现有解热效果和作为食品保存剂有用。20年后他的弟子冯•海登（von Heyden，1838—1926）开始了工业生产，但因为对消化器官有副作用没有推广使用。拜耳公司从事没有副作用的解热剂的开发，1889年开发出非那西汀，1898年开发出以阿司匹林的名称闻名全世界的乙酰水杨酸。这些是作为解热、镇痛剂有价值的药物，因此得到了广泛的使用，但不是对疾病本身有效的药物。

在19世纪后半叶，以巴斯德和科赫（H. H Robert Koch，1843—1910）的研究为基础发展起了细菌学，细菌被认定为传染病的根源。科赫在1872年用显微镜观察时用苯胺染料将细胞选择性地染色。1889年科赫的助手欧利希（埃尔利希，Paul Ehrlich，1854—1915）认为使用适当的染料可以杀死细菌，1891年发现亚甲基蓝对疟原虫有作用。于是化学疗法兴起，开始尝试选择性地作用于细菌，系统性地探索没有副作用的有机化合物。这些尝试有了收获，尽管治疗梅毒的药物洒尔佛散等开发出来已经是20 世纪之后的事了，但可以说化学疗法已经诞生，已经从染料化学分离出来了。

2.12.6 炸药产业

炸药自发明以来，硫黄、木炭、硝石这样的黑色火药成分几乎没有变化。法国的佩卢兹（Theophile-Jules Pelouze，1807—1867）将纤维素硝化后，瑞士的舍恩拜因（C. F. Schonbein，1799—1868）发现该硝化物具有爆炸性，1846年用浓硫酸、硝酸和棉制成了硝化纤维素。同年意大利的索布雷洛（索布雷罗，Ascanio Sobrero，1812—1888）用同样的混合酸处理甘油制得硝化甘油。这些就是最早的合成炸药。但是，这些炸药不稳定，有爆炸的危险，硝化甘油为液体，不适合做炸药。

1866年阿尔弗雷德•诺贝尔成功地将硝化甘油用硅藻土吸收使之稳定化。他将其命名为达那炸药在各国取得专利，制成棒状推向市场。达那炸药必须通过起爆剂

阿尔弗雷德·诺贝尔（Alfred Nobel，1833—1896）：瑞典化学家、工程师、实业家。出生于发明家的家庭，在彼得堡跟随家庭教师学习化学、外语，后来加入父亲制造炸药的事业。1866年发明达那炸药，接着发明了最早的无烟炸药和加硝化甘油的发射炸药，因此获得巨额财富。但是，在战争中无烟炸药显示了巨大威力，他对此感到遗憾，他将遗产作为诺贝尔奖基金捐赠给了瑞典皇家科学院。

引爆，方可比较安全地操作。1875年开发出了由硝化甘油和硝化纤维混合物制成的爆炸性明胶。19世纪后半叶随着采掘业和土木工程的兴盛，对强力炸药的需求很大。而且在军事上也有了火药的市场。诺贝尔设立多国籍的企业覆盖了在全球的销售。他的企业昌盛，他到死的时候已经获得巨额财富。他立遗嘱捐出3200万克朗财产作为基金，设立了5个领域（物理、化学、生理学•医学、文学、和平）的诺贝尔奖。

2.12.7 金属与合金

从18世纪后半叶到19世纪，随着产业革命的进行，对铁和铜的需求急增。支撑产业革命的蒸汽机和纺织机械的制造，以及随着铁道、钢铁船和铁桥等的出现对钢铁的需求，这些是采用以往的制造方法无法满足的。新的制造方法的开发主要是由技术人员进行的。

到18世纪末弄清了生铁和钢的差异是因为碳含量不同导致的。1784年考特（Henry Court，1741—1800）开发了采用放射炉的“搅拌式炼铁法”，该炼铁方法是使高热气体被炉顶的耐火砖反射引导至金属上，用铁棒搅拌熔化了的铁，使生铁变成熟铁。在该方法中碳和其他杂质在搅拌的过程中燃烧得到纯度高的铁，然而钢铁的生产仍然受限。

在18世纪期间高炉逐渐用于生铁的制造，不过在1828年尼尔森（J. B. Neilson，1792—1865）利用余热得到的高温空气对高炉进行了改良。1855年贝塞麦（Henry Bessemer，1813—1898）提出了在熔化的生铁中吹入空气氧化杂质，利用这个氧化过程的发热炼钢的方法，使大量制造钢铁成为可能。但是，贝塞麦法的问题在于不能用于含磷和硫的铁矿石的转化。另一方面，19世纪60年代西门子（Siemens）兄弟以及马丁（Martin）父子用预热气和空气使反射炉达到高温，用内衬硅酸盐耐火砖的平炉冶炼钢铁获得成功。于是用贝塞麦炉不能处理的铁矿石也可以大量地生产钢铁了。不能用于含磷矿石的贝塞麦法的难点在1877年由托马斯（S. G. Thomas，1850—1885）和吉尔克里斯特（P. C. Gilchris，1851—1935）解决了，他们用白云石那样的碱性材料耐火砖衬贴于转炉内使磷结合到矿渣中。通过在铁中混入其他金属（钨、铬、镍、锰等）的合金制造具有特定性质的钢也在19世纪起步了。

在19世纪开始精炼的新金属中有铝。1886年法国的埃罗（Paul L. V. Herout，1863—1914）和美国的霍尔（C. M. Hall，1863—1914）独立开发了通过电解生产铝的方法。这个方法是以在电炉中熔解的冰晶石和氟化钠作溶剂电解由铝土矿精炼的氧化铝。

2.13 近代化学引入日本

近代化学引入日本是在江户时代后期。在此后的约160年间日本化学追赶着世界化学，直至现在竞争世界尖端。看看2012年之前的诺贝尔化学奖的获奖者名单，前50年一个获奖者也没有，而后60年诞生了7位获奖者。这样的发展是怎样实现的呢？这还是要放在世界化学的发展中来看。在本节将概述19世纪近代化学是如何引入日本的。

2.13.1 近代化学教育的开始[70,71]

1811年在浅草的天文方历局中设置了幕府的官方机构蕃书和解御用（专事荷兰语翻译与研究的机构），在这里进行荷兰语百科全书（原书为法语）的翻译。那里的翻译官、兰（荷兰）医宇田川榕庵从1837年到1846年出版了由全12卷构成的化学书籍《舍密开宗》（图2.22）。这被认为是近代化学引入日本的开始。这本书是以曼彻斯特大学的威廉•亨利所著《Elements of Experimental Chemistry》的荷兰译本为蓝本翻译的，该书沿袭了拉瓦锡的体系。“舍密”是荷兰语chemie的音译。榕庵不仅翻译，实际上自己也尝试做实验。还进行热海等温泉水的分析，同时测定了含有的铁、铜、铅、钙、明矾、二氧化碳、硫酸根离子等成分。蕃书和解御用在1856年成了洋学所的蕃书调所，1863年改为开成所。在那里并设称作化学所的化学教育部门，川本幸民当过这里的教授。他翻译德国化学家Julius Adolph Stoeckhardt（1809—1886）的《Die Schule der Chemie》的荷兰译本，以《化学新书》出版。在这本书中用中国使用的“化学”代替了“舍密”，化学一词逐渐固定下来。川本幸民在日本也因最先酿造啤酒而闻名。就这样近代化学被介绍到了日本，然而因为化学具有与实际结合的特点，所以即使在西洋传入的学问中也是很受

宇田川榕庵（1798—1846）：江户时代末期的医生，兰学家。出身于大恒藩医之家，为长子，后成为兰学家宇田川玄真的养子。1816年任津山藩医，1826年任幕府的西洋图书翻译生助理。少年时代开始修兰学，通过很多翻译书介绍了西洋的化学、植物学、药学。遇到拉瓦锡的《化学原理》的荷兰语译本，受其影响出版了日本最早的系统性化学书籍《舍密开宗》。

日本人欢迎的学问。

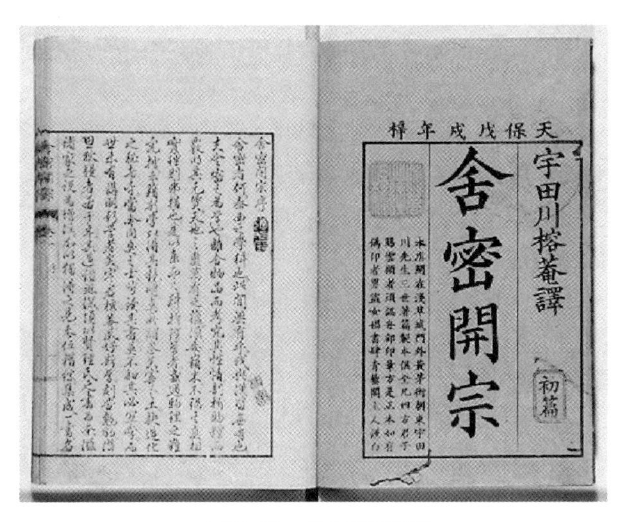

图2.22 《舍密开宗》

在日本开始近代化学教育的是荷兰人格拉塔玛（Koenraad W. Gratama，1831—1888）。在闭关锁国时代的日本，唯一对西洋开放的是长崎，19世纪50年代末设立了医学讲习所，开始了近代医学教育。在这里作为基础教育讲授化学，不过在1865年从医学教育中分离出来，设立了教授物理和化学的“分析穷理所”，1866年格拉塔玛作为专任教师来到日本。他是在乌特勒支大学取得了自然科学及医学学位的陆军军医。幕府邀请格拉塔玛到江户计划在开成所建设理化学校，但由于幕府倒台致使这个计划受挫。但是明治新政府认识到理化教育对富国强兵的重要性，将开成所内的理化学校移至大阪，设立大阪舍密局（化学局），1869年格拉塔玛在这里开始了化学教育。幕府末期的大阪是洋学兴盛之地，以绪方洪庵的适塾（从事医学教育的私塾）为中心，适塾出了很多承担明治初期日本发展的人才。格拉塔玛的任期到1870年末到期，他次年就回国了。大阪舍密局在1870年改名理科学校，此后与洋学校合并成了大阪开成所分局理学所，但由于1872年明治政府推行中央集权的学制改革，大阪开成所改为第四大学区第一中学，结束了理化学专门教育学校的角色。但是，这个学校后来又历经曲折成了京都第三高等中学，与京都大学的设立联系在了一起。

明治新政府将开成所变成开成学校，1869年建立大学，开成学校和医校成了大学的分校，分别称为大学南校及大学东校。1871年设立了文部省，这些学校又被称作南校和东校，不过后来在1875年南校变成了东京开成学校，东校变成了东京医科学校，其中设有制药学科。1871年工部省设立工学寮着手工学教育的整合，1874年设立了工学院。内务省也于1875年在驹场设立了农校。于是，到1875年在理、工、医、药、农领域开始了实施近代化学教育的制度。在这些学校除了聘请外

久原躬弦（1856—1919）：出生于美作国津山（现冈山县津山市）一个藩医家庭。1877年东京大学理学部化学科第一届毕业，次年任准助教，曾担任日本化学会第一任会长。从1879年起留学美国约翰霍普金斯大学，取得博士学位后回国。1886年起在第一高等学校任教，后来担任1900年创立的京都帝国大学理工科大学的教授。在京都大学进行的主要研究是酮肟的贝克曼转移，即在酸存在下发生的分子内转移。在海外也有很高的评价。

樱井锭二（1858—1939）：1871年入大学南校，1877年作为第二届留学生到英国留学，在伦敦大学师从威廉姆森。1881年回国，成了京都帝国大学理学部化学科的第一个日本人教授。1917年任理化学所副所长，1926年起担任日本学士院院长，这里成了日本学术体制整合以及学术行政的中心。

国教授担纲教育外，同时向海外大量派遣留学生，致力新学问的引入。在早期的留学生中，日后起到领导日本化学发展作用的有樱井锭二、长井长义、松井直吉等。

2.13.2 大学制度的确立与化学家的培养

1878年东京开成学校和东京医科学校合并成立东京大学。第一届的毕业生中有久原躬弦。另外，工部省废除了工学寮，将工科学校改称工部大学校。这年设立了化学会（次年改为东京化学会），久原任会长，这被看作是日本化学会的创始，但当时只有24名会员。

在创立当时的东京大学理学部的化学教授中有来自东京开成学校时代的教授英国人阿特金森（Robert William Atkinson，1850—1929），以及美国人朱厄特（Frank F. Jewett，1844—1926）等，不过留学海外的日本研究者回国，逐渐替代了外国教师。留学哥伦比亚大学的松井直吉在1880年成为朱厄特的继任者担纲无机化学和分析化学，1881年留学伦敦大学师从威廉姆森的樱井锭二作为阿特金森的继任者担纲有机化学和物理化学。

另一方面，在工部大学校来自工科学校时代的教授英国人戴弗斯（Edward Divers，1837—1912）担任教授直至1899年，培养了很多化学家、化学工程师。他作为无机化学家与很多日本人开展合作研究，发表在伦敦的化学会志上，在日本开展了当时世界通行的研究。

1886年东京大学的各学部变成了帝国大学的分科大学，称作帝国大学理科大学、帝国大学工科大学等。戴弗斯1886年转到理科大学，松井转到工科大学。1893年长井长义结束在柏林的留学到医科大学药学科当教授。另外，1890年驹场的农校成了帝国大学农科大学，诞生了农艺化学科，1897年古在由直从德国回国来该校任教授。1897年京都帝国大学成立，在理工科大学设立纯正的化学科和制造化学科。在医科大学设立医化学讲座。于是在理、工、医、药、农各领域开始了近代化学教育，开始了化学家和化学工程师的培养。19世纪的日本还在忙于学习欧洲的近代化学，几乎没有可以名载世界化学史那样的独创性研究，但吉田彦六郎发现漆的氧化酶还是值得特别提及的。（参见专栏7）

专栏7

吉田彦六郎与漆的研究[72]

在近代化学引入日本稍后的19世纪80年代，取得名留世界化学史业绩的化学家是吉田彦六郎。吉田1859年出生于备前福山西町，是阿部藩家老吉田丰辰家的第4个儿子。1871年进入东京大学前身的大学南校，经历开成学校进入1877年刚刚创立的东京大学理学部化学科。在这里接受英国教师阿特金森的教育，毕业研究做的是有关薄荷醇的研究。1880年毕业后，到农商务省地质调查所分析科上班，开展漆的研究。

吉田彦六郎

OH
OH
R

漆醇结构式

漆以“Japan”的名字在西欧也有名，但从化学的角度看还是一个未开拓的研究对象。吉田的研究目的是一个宏大的目标，从漆的成分分析入手，解析漆硬化的机理，进而对现实漆工业的改良也有帮助。选择奈良县吉野产的漆树为研究材料，以划伤树干内外之间的部分得到的生漆为原料，从成分的分离纯化开始研究。用无水乙醇提取得到主成分是酸，将其命名为漆酸，分子式为$C_{14}H_{18}O_2$。进而发现存在蛋白质样的$C_{72}H_{110}N_6O_{24}$和阿拉伯胶样的糖质$C_{12}H_{22}O_{11}$等水溶性成分。因此得出结论认为漆的硬化是因为在氧气和湿气存在下，受淀粉酶样物质的作用而氧化。淀粉酶样物质是酵素（酶），但酶这个词语在1878年才刚刚由库内提出，只不过仅仅知道加水分解酶而已，谁也不知道酶引起氧化反应。因此吉田也是用了淀粉酶这一词语。于是吉田就成了氧化酶的最早发现者。此后法国的伯特朗研究东京产的漆，将该氧化酶命名为虫漆酶，萨姆纳（Sumner）也认可虫漆酶的发明者是吉田，弗拉顿（J. Fruton）的生物化学史[6]

吉田撰写的中学教科书的封面

中也有记载。但是，这个事实在日本的生物化学家中也不太知道。1980年左右美国的生物化学家H. S. Mason博士到访日本的时候询问了吉田的事迹，但知道吉田名字的人很少。

此后被称为日本有机化学开拓者的真岛利行选择作为最初的研究题目的就是漆的结构研究。吉田发现的漆的主要成分漆酸就是由真岛用图的形式表示的漆醇，R表示由各种不饱和烷基组成的混合物。漆化学的研究是在日本化学处于黎明期可以向世界展示的独自的研究。

吉田后来历经京都帝国大学理科大学助理教授、学习院教授，于1896年任第三高等学校教授，从1898年起留学德国两年，之后和久原同时参与京都帝国大学理工科大学的创立，担任化学第三讲座（有机合成化学）的教授。吉田常常对人说，“书上的学问是死的，必须亲自动手。”他重视实学，担任很多化学公司的顾问。然而正因为这方面的牵连，卷入了京都大学的泽柳事件（1913年就任京都大学总长的泽柳政太郎推行大学改革，独断罢免了7位教授，与反对此事的教授会之间发生了抗争。此事件对确立日本大学的教授会的自治起了很大作用），于1913年54岁时自愿从京都大学退职。

日本的近代化学教育即使说晚于西欧开始，但也不至于晚很多。就如在2.10节所述，19世纪在英国就连剑桥和牛津这样有传统的大学也不教授化学。在德国因为李比希的改革，化学在大学里是受欢迎的学问，但在古老的大学也不讲授工学，工学在高等工业学校（Technische Hochshcule）讲授。美国开始进行近代化学教育从时间上来看和日本没有什么差别。在日本，大学的化学教育和研究不仅在理学部有，从最初就在包含了工、医、药、农应用的各学部都有，这是日本的一个特色，也可以说这使得日本的化学在广阔的领域发展成为可能。但是，在漫长的犹太•基督教文明的传统中，与科学发达的西欧不同，过度重视科学的实用价值的倾向很强。把科学当作文化的一部分，以解开自然之谜为主要宗旨，以长期的眼光培育科学的风气太弱，这对于化学来说也不例外（欧文•贝尔兹曾明确提出了这样的批评[73]，他是一位明治初期来日、长期居留日本的受雇外国人）。

参考文献

[1] A. J. Ihde, “*The Development of Modern Chemistry*” Dover Publications, Inc., New York, 1984.

[2] W. H. Brock, "*The Chemical Tree*" New York, 1993.

[3] J. Gribbin, "*Science: A History*" Penguin Books, 2002.

[4] M. J. Nye, "*Before Big Sceience*" Harvard University Press, Cambridge, 1996.

[5] M. J. Nye, "*From Chemical Philosophy to Theoretical Chemistry*" University of California Press, Berkeley, 1993.

[6] J. S. Fruton, "*Molecules and Life: Historical Essays on the Interplay of Chemistry And Biology*" John Wiley & Sons, Inc., 1972.

[7] K. Maruyama "*Seikagaku wo tsukutta Hitobito*" (*Scientists who built Biochemistry*) Shyoukabo, 2001.

[8] J. S. Fruton "*Protein, Enzymes, Genes*" Yale University Press, 1999.

[9] L. K. James, ed. "*Nobel Laureate in Chemistry 1901–1992*" Amer. Chem. Soc./ Chemical Heritage Foundation, 1994.

[10] K. Laidler, "*The World of Physical Chemistry*" Oxford University Press, Oxford, 1993.

[11] F. Aftalion, "*A History of the International Chemical Industry*" Chemical Heritage Foundation, 1991.

[12] R. J. Forbes and J. E. Dijkserhauis, "*A History of Sciences and Technology*" Penguin Books, 1963.

[13] J. D. Bernal, "*Science in Histtory*" G. A. Watts & Co. Ltd., London, 1965.

[14] E. Shimao, "*Jinbutsu Kagakushi*" (*Characters in A History of Chemistry*), Asakura Shoten, 2002.

[15] W. H. Brock, "*The Chemical Tree*" p.129.

[16] J. M. Thomas "*Michael Faraday and The Royal Institution*" IOP Publishing Ltd., 1991.

[17] E. Shimao, "*Maikeru Farade-*" (*Michael Faraday*) Iwanami Shoten, 2000.

[18] M. Faraday, F. J. L. James, D. Phillips, "*The Chemical History of a Candle*" Oxford Univ. Press, 2011.

[19] M. C. Gerhard, *Ann. Chim. Phys*. **37**, 285 (1852).

[20] Ref. 1, Ihde's book, p. 233.

[21] E. Frankland, *Phil.Trans.Roy. Soc*., **142**, 417 (1852).

[22] A. Kekule, *Ann. Chem. Pharm*., **106**, 129 (1858).

[23] A. S. Couper, *London, Edingburh and Dublin Phil. Mag. & Science*., 4th ser. 16, **104** (1858).

[24] A. Kekule, *Ann*., **137**, 158 (1866).

[25] J. H. Woitz ed. "*The Kekule Riddle*" Cache River Press, 1993.

[26] A. Kekule, Ann., **162**, 88 (1872).

[27] J. H. van't Hoff, *Archives Neeerlanderes des Sciences exactes et natura-relles*, **9**, 445 (1874).

[28] J. A. Le Bel, *Bull. Soc. Chem. France*, **22**, 337 (1874).

[29] P. Strathern, "*Mendeleyev's Dream*" Penguin Books, 2001.

[30] D. Mendelejef, *Z. Chem*., **12**, 405 (1869).

[31] L. Meyer, *Ann. d. Chem. Phar. u. Suppl*., VII 354 (1870).

[32] D. Mendelejef, *Ann. d. Chem. Phar. u. Suppl*. VIII 123 (1871).

[33] Lord Rayleigh, a) *Nature*, 46, 512 (1892), b) *Proc. Roy. Soc*., **55**, 340 (1894).

[34] Lord Rayleigh, W. Ramsay, *Phil. Trans. Roy. Soc*., **186**, 187 (1895).

[35] W. Ramsay, *Proc. Roy. Soc.*, **58**, 81 (1895).

[36] W. Ramsay, *Ber.*, **31**, 3111 (1898).

[37] A. Werner, *Z. Anorg. Chem.*, **3**, 267 (1893).

[38] A. Werner, "*Neue Anschaung der Anorganischen Chemie*" F. Vieweg und Sohn, Braunschweig, 1905.

[39] S. Tomonaga, "*Buturigaku towa Nandarouka*" (*What is Physics?*) Iwanami shinsho, 1979.

[40] Y. Yamamoto, "*Netsugakusisou no Shiteki Tenkai*" (*Historical Developments of Ideas in Thermodynamics*) Chikuma Gakugei Bunoko, 2008.

[41] Though the debate against anti-atomits was not the direct cause of Boltzman's suicide, it has been considered that the fierce debate affected his mental states. David Lindley, "*Boltzmann's Atom*" Free Press, 2001.

[42] J. H. van't Hoff, "*Etude de Dynamique Chinamique*" Amsterdam, 1884.

[43] H. Helmholtz, *Sitzber. Kgl. Preuss. Akad. Wiss. Berlin*, 22 (1882).

[44] W. Gibbs, *Trans Connecticut. Akad.*, **3**, 108, 343 (1876), *Am. J. Ssci., Ser*. 3, **16**, 441 (1878).

[45] W. Nernst, *Z. Physical Chem.*, **4**, 129 (1889).

[46] C. H. Guldberg, W. Waage, *J. prakt. Chem.*, **19**, 69 (1879).

[47] H. L. Le Chatelier, *Comptes rendus*, **99**, 786 (1884); **106**, 355 (1888).

[48] S. Arrhenius, *Z. physikal. Chem.*, **4**, 226 (1889).

[49] W. Ostwald, *Z. Elektrochem.*, **7**, 995 (1901).

[50] J. W. Draper, *Philos. Mag. J. Sci.*, **26**, 465 (1845).

[51] F. M. Raoul, *Comptes rendus,* **95**, 1030 (1882).

[52] Ostwald also wrote the following introductory text book for novices: W. Ostwald "*Die Schule der Chemie–erste Einführuing in die Chemie für jederman*" Vieweg, Brunschweig, 1903.

[53] J. H. van't Hoff, *Z. physical. Chem.*, **1**, 481 (1887).

[54] S. Arrhenius, *Z. physikal. Chem.*, **1**, 631 (1887).

[55] W. Ostwald, *Z. physical. Chem.*, **2**, 270 (1888).

[56] S. Arrhenius, "*Das Werden der Welten*" Leipzig Academische Verlags-gesellsahaft, 1908.

[57] S. Arrhenius, "*On the Influence of Carbonic Acid in the Air upon the Temperature of the Ground*" *Phil. Mag*., ser. 5, **41**, 237 (1986).

[58] G. Christianson, "*Greenhouse*", Penguin Books, 2000, p 115.

[59] A. Pockeles, *Nature*, **43**, 437 (1891).

[60] Terada Torahiko zenshu Vol.6, "*Reirii Kyou*" (*Lord Rayleigh*) Iwanami shoten, 1997.

[61] E. Fischer, "*Synthesis in the purine and sugar froup*" Nobel Lecture, 1902.

[62] E. Fischer, *Ber. Chem. Ges*., **27**, 2985 (1894).

[63] G. J. Mulder, *Ann*., **28**, 73 (2838).

[64] F. Miescher, *Med. Chem.Unt*. 441and 502 (1871).

[65] E. Buchner, *Ber. Chem. Ges*. **30**, 117 (1897).

[66] An excerpt from p.233 of reference 6.

[67] G. C. Stokes, *Proc. Roy. Soc*., **13**, 335 (1864).

[68] C. Bernard, *Comp. Rend*., **44**, 578 (1857).

[69] C. Bernard "*Introduction a l'etude de la Medecine Experimentale*" Paris, 1865 (English

translation: "*An Introduction to the Study of Experimental Medicine*" Dover, 1957).

[70] H. Fujita, "*Osaka Seimikyoku no Shiteki Tenkai*" (*Historical Development of Osaka Seimikyoku*) Shibunnkaku Shuppan, 1995.

[71] M. Imoto, "*Nihon no Kgaku*" (*Chemistry in Japan*) Kagakudoujin, 1978.

[72] T. Shiba , "*Wakojyunnyaku Tokuhou*", Vol.70, No.3 (2002).

[73] T. Berutsu ed. "*Berutsu no Nikki*" (*A diary of Bälz*), Translation by S. Suganuma, Iwanami Bunko, 1951.

近现代的化学和科学·技术史年表（至19世纪末）

年	化 学	物理学、生物学、技术
1600	原子论的复活（伽桑狄），1649	磁石的各种性质（吉尔伯特，1600） 落体法则（伽利略，1604） 望远镜的发明（利伯希，1608） 血液循环说（哈维，1628） 真空的发现（托里拆利，1643）
1650	《怀疑的化学家》出版，元素的定义（波义耳，1661）	空气泵的发明（格里克，1650前后） 波义耳法则（波义耳，1662） 细胞的显微镜观察（胡克，1665） 光的分散（牛顿，1666） 光的波动说（惠更斯，1678） 运动定律与万有引力（牛顿，1687）
1700	燃素说（斯特尔，1718） 气体化学的兴盛（黑尔斯，1730前后） 锌的发现（马格拉夫，1746） 铂金的发现（乌罗阿，1748）	蒸汽机的发明（纽科门，1705） 两种电（杜菲，1733） 瓦特蒸汽机（瓦特，1736）
1750	二氧化碳的发现（布莱克，1754） 氢的发现（卡文迪许，1766） 氮的发现（卢瑟福，1772） 氧的发现（舍勒，1772；普利斯特列，1774） 氯的发现（舍勒，1774）	雷的本质（富兰克林，1752） 潜热、热容量的发现（布莱克，1761）
1775	燃烧的新理论（拉瓦锡，1777） 《化学原论》发行、元素表、重量守恒定律（拉瓦锡，1789） 金属新元素的发现（克拉普罗特、沃克兰、沃拉斯顿等，1781—1805） 苏打制造法（吕布兰，1794） 稀土的发现（埃克伯格，1794） 定比例法则（普鲁斯特，1799）	动物电（伽伐尼，1780） 库仑定律（库仑，1785—1789）
1800	气体热膨胀定律（盖•吕萨克，1803） 原子说、倍数比例规律（道尔顿，1803） 亨利定律（亨利，1803） 碱金属的发现（戴维，1807）	伏打电池（伏打，1800） 光的干涉（杨，1801）

续表

年	化 学	物理学、生物学、技术
1800	气体反应定律（盖•吕萨克，1808）	
	碱土金属的发现（戴维，1808）	
	阿伏伽德罗假说（阿伏伽德罗，1811）	
	普勒特假说（普勒特，1815）	太阳光谱的黑线（夫琅和费，1815）
		光的反射、偏转（菲涅尔，1816）
	原子量的确定（贝采利乌斯，1819～1826）	昂贝尔定律（昂贝尔，1820）
	同型律（米切利希，1819）	
	原子热定律（杜隆-珀蒂，1819）	
	化学教育改革（李比希，1824）	卡诺原理（卡诺，1824）
1825	苯的发现（法拉第，1825）	欧姆定律（欧姆，1826）
	尿素的合成（沃勒，1828）	布朗运动（布朗，1827）
	燃烧分析法改进（李比希，1831）	电磁感应（法拉第，1831）
	气体扩散定律（格拉罕姆，1832）	
	电解法则（法拉第，1833）	
	蛋白质组成（穆尔德，1838）	
	发酵和催化反应（贝采利乌斯，1839）	细胞说确立（施旺，1839）
	热化学的赫斯定律（赫斯，1840）	电流的热效应（焦耳，1840）
	化学应用于农业（李比希，1840）	
	有机化合物分类（热拉尔，1839～1846；劳兰，1846）	热功等量（焦耳，1843）
	光学异构体（巴斯德，1847）	能量守恒定律（亥姆霍兹，1847）
1850		热力学第二定律（克劳修斯，1850；开尔文，1851）
		焦耳-汤姆逊效应（焦耳、汤姆逊，1854）
	合成染料苯胺紫（帕金，1856）	
	碳原子的四价说（凯库勒、库帕，1858）	阴极射线的荧光作用与偏转（普吕克尔，1858）
	原子光谱分析法（本生、基尔霍夫，1859）	气体分子运动理论（麦克斯韦，1859）
	卡尔斯鲁厄国际会议，阿伏伽德罗假说的复活（坎尼扎罗，1860）	《物种起源》发行（达尔文，1859）
	胶体的概念（格拉罕姆，1861）	电磁方程式（麦克斯韦，1861）
	质量作用定律（古德贝格、瓦格，1864）	熵增原理（克劳修斯，1865）
	苯的结构式（凯库勒，1865）	遗传定律（孟德尔，1865）
	元素周期律（门捷列夫，1869）	阴极射线的直进性（希托夫，1869）
	核酸的发现（米歇尔，1869）	
	手性碳原子学说（范特霍夫、勒贝尔，1874）	气体状态方程（范德华，1873）
1875	吉布斯自由能、相律（吉布斯，1876）	熵的统计学解释（玻尔兹曼，1877）
	酶的提出（库内，1878）	
	镱的发现（马利纳克，1878）	辐射定律（斯特藩，1879）
	靛蓝的合成（拜尔，1880）	
	拉乌尔定律（拉乌尔，1883）	自由能的概念（亥姆霍兹，1882）
	糖的合成（费歇尔，1884）	

续表

年	化学	物理学、生物学、技术
1884	平衡常数随温度的变化（范特霍夫，1884）	
	勒夏特列原理（勒夏特列，1884）	氢光谱系列公式（巴尔默，1885）
	氟的发现（莫瓦桑，1886）	阳极射线的发现（戈尔德斯坦，1886）
	稀溶液理论（范特霍夫，1887）	显微镜理论（阿贝，1887）
	电解质溶液的电离学说（阿伦尼乌斯，1887）	光电效应（赫兹，1887）
	稀释率（奥斯特瓦尔德，1889）	电磁波的实验证明（赫兹，1888）
	电极电势（能斯特，1889）	
	反应速度随温度的变化（阿伦尼乌斯，1889）	氢光谱公式（里德堡，1890）
	指示剂理论（奥斯特瓦尔德，1892）	
	金属配合物的配位理论（维尔纳，1893）	维恩位移定律（维恩，1893）
	稀有气体（氩）的发现（拉姆塞、瑞利，1894）	
	酶的作用机理（费歇尔，1894）	
1895	无细胞发酵（毕希纳，1897）	

第2篇
现代化学的诞生与发展

第3章 19世纪末至20世纪初物理学的革命

——X射线、放射线、电子的发现和量子论

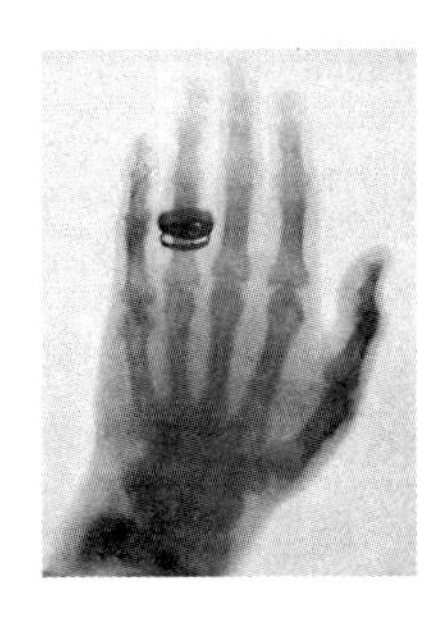

戴着戒指的手的X射线照片

到19世纪后半叶为止，化学一帆风顺地发展起来了，但到了19世纪末彻底改变物理学和化学的三个革命性发现相继出现。这些发现直接或间接与采用真空放电管的研究有关。因此其背景是真空泵的技术进步。首先，1895年威廉•伦琴发现了X射线，接着在1896年亨利•贝克勒尔发现放射线，在1897年J. J. 汤姆逊又发现了电子。于是一进入20世纪就弄清了原子由电子和原子核构成，几乎所有化学现象中都是电子扮演主角。19世纪的化学是以原子概念为中心发展起来的，而在20世纪的化学中就是基于电子的行为阐释化学。另外，化学家通过利用X射线获得了在原子水平正确了解分子和晶体结构的手段。这样一来，基于电子行为和原子、分子结构的新的化学开始发展起来。这使得新物质的合成成为可能，成了促进产业发展的源泉，也开辟了阐明与生命现象相关的复杂化学现象的道路（参见4.1节）。而且放射能的发现孕育了放射化学这一新领域。人们马上意识到要理解原子和电子的行为，单靠经典力学、经典电磁学是不够的，新的物理学，即量子论和量子力学诞生了。量子力学马上应用于解释化学问题，之前一直是谜团的化学键的本质也可以理解了，量子化学这一新的领域诞生了。本章，在考察20世纪的化学发展之前，先介绍电子、X射线、放射线的发现及其对化学的冲击，量子论•量子力学的诞生及其在化学中的应用起步。在写本章时主要参考了参考书[1~9]。

3.1 电子的发现

19世纪末很多化学家接受了电解质溶液的电离学说，加深了溶液电导的理解。但是，引导电子发现的是低压气体中的电导，即放电现象的研究。

3.1.1 气体放电的研究

气体中的放电现象闪电是我们身边可以看到的现象。闪电的本质是电的流动，这在1752年由本杰明•富兰克林（Benjamin Franklin，1706—1790）的著名的风筝实验所验证。气体中的放电现象的研究从18世纪就开始了。1709年豪克斯比（Francis Hauksbee，1660—1713）将玻璃容器内的空气抽到大气压的1/60，与摩擦电源一连接，就发现容器内发出光亮。这个现象在此后有包括法拉第在内的多位科学家进行过研究。但是，气体放电的研究取得大的进步是在19世纪的后半叶，是因为真空泵的改进，可以得到高真空了。

1855年波恩的约翰•盖斯勒（Johann Geissler，1814—1879）以水银柱作为活塞开发了高性能的真空泵，能将玻璃管中的空气降低到千分之几个大气压以下。波恩大学的普吕克尔（Julius Plucker，1801—1868）用此真空泵进行了低压气体的导电研究。他将玻璃管内的空气除去，在管的大部分地方发光就消失，但观察到在玻璃管的阴极附近的位置出现绿色光（辉光）。这显示是有什么东西从阴极出来了，在接近真空的管中飞行，碰到玻璃管而发光。还发现这个辉光的位置随磁石而移动，说明产生辉光的放射线带电。普吕克尔的学生希托夫（J. W. Hittorf，1824—1914）在小阴极的附近放置物体，就发现其影像出现在管壁。由此他认为从阴极发出的放射线是直线前进的。这个放射线也得到了德国物理学家戈德斯坦（Eugen Goldstein，1850—1930）的确认，命名为阴极射线。

图3.1 克鲁克斯放电管

英国化学家、物理学家、心灵术者威廉•克鲁克斯对这一现象做了进一步的详细研究。他制作了称作克鲁克斯管的改良放电管（图3.1），提高真空度进行了实验，在1879年发表了其成果。他在放电管中放置金属十字架，观察到阴极射线照射，在产生荧光的管壁出现清晰的影像。另外，还尝试以阴极射线照射的冲击力转动小风车。这些结果表明阴极射线是由粒子构成的。进一步将阴极线弄成细束，在磁石的作用下会发生弯曲，这显示阴极射线带负电。

但是在1889年德国实验物理学家海因里希•赫兹提出了不同的观点。他发现阴极射线通过带正、负电荷的两块金属板之间时也几乎不偏转，认为阴极射线不是荷电粒子束。1892年知道了阴极射线很容易透过金和铝的薄膜。他的学生勒纳（Philipp E. A. von Lenard，1862—1947）发现阴极射线透过放电管的铝薄膜窗在附近的空气中产生荧光。根据这些实验事实，德国物理学家们认为阴极射线不是荷电粒子线，而是电磁波。另一方面，法国物理学家让•佩兰（Jean Baptiste Perrin，

威廉·克鲁克斯（William Crookes，1832—1919）：英国化学家、物理学家。在伦敦皇家化学大学学习，当过霍夫曼的助手，因继承父亲的遗产而富有，建立私人研究所进行研究。开始是有机化学家，但后来转向分光学，通过分光分析发现新元素铊。除了有关真空放电的研究外，还因稀土元素的研究、发现酚的防腐作用等多姿多彩的研究活动而闻名。

海因里希·赫兹（Heinrich Rudolf Hertz，1857—1894）：德国物理学家。历任卡尔斯鲁厄大学和波恩大学教授。在实验室产生电磁波，证明了电磁波与光一样产生反射、折射现象，为麦克斯韦的光的电磁论提供了实验基础。

1870—1942）在1895年证实阴极射线将负电荷给予放置在放电管中的集电器上，支持了荷电粒子说。在这样的状况下剑桥大学、卡文迪许研究所的J. J. 汤姆逊开始了阐明阴极射线本质的研究。

3.1.2　汤姆逊的实验与电子的发现

J. J. 汤姆逊在1884年作为瑞利卿的继任者被选为卡文迪许研究所的第3代实验物理学教授兼所长。汤姆逊还年轻，在几位物理学家中没有作为实验家的业绩，所以这一当选结果令英国物理学界震惊。但是这个选择带来了很好的结果。在他的领导下卡文迪许研究所成了实验物理学的中心，他的助手中有7人获得了诺贝尔奖。汤姆逊自己绝不是实验高手，但据说他在考虑从本质上解决重大问题的方法时具有特别的才能。

汤姆逊用磁石控制产生荧光的阴极射线束，证明只有射线束对准集电器的开口时，才能得到负电荷，确认了佩兰的结论。进而开展实验推翻赫兹阴极射线在电场中不能弯曲的结论。他认为阴极射线碰撞管内的气体产生离子化，生成的离子被电极吸引使电极的静电压消失。他认为真空度足够的话阴极射线应该会因为电场而弯曲，通过实验得到了预想的结果。于是得到了阴极射线是由带负电的粒子构成的证据，但接下来的问题是确定该粒子的电荷和质量。

汤姆逊没能分别测定出质量和电荷这两个值，但能够通过比较随电场和磁场产生的弯曲确定质量和电荷的比（质荷比）（图3.2）。他得到的平均值是1.2×10^{-11}kg/C（C为库仑）。在19世纪末已经知道氢离子的质荷比值约为10^{-8}kg/C。因此该新的粒子的质荷比相当于氢离子的约千分之一。这是值得惊喜的发现。因为这个结果意味着该粒子具有比原子小得多的质量，要不是这样，那就具有很高的电荷。汤姆逊的测定值与现在的值0.56857×10^{-11}kg/C相比差了很多，但这个差异的原因却不知道。质荷比既与实验所用气体无关，也与电极的金属无关。他还用光电效应得到的粒子

约瑟夫·约翰·汤姆逊（J. J. Thomson，1856—1940）： 出生于曼彻斯特近郊一个书商之家，在欧文学院（曼彻斯特大学前身）接受教育，之后获得奖学金在剑桥大学专攻数学至毕业。1884年任卡文迪许研究所教授，因发现电子、提出原子模型、发现气体电离、发现同位素等，奠定了原子物理学的基础，培养了卢瑟福等很多研究者。1906年获诺贝尔物理学奖。

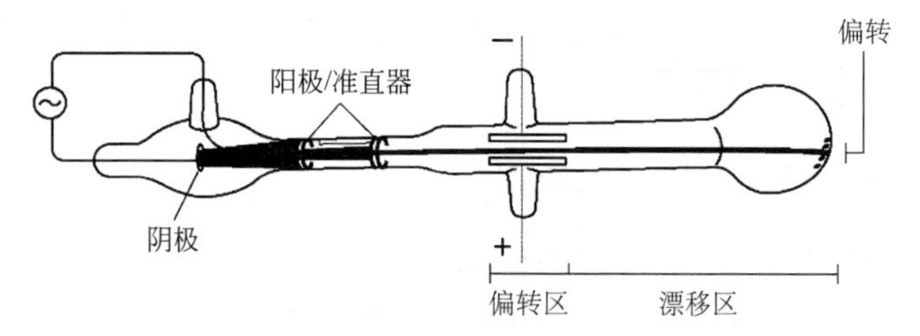

图3.2 汤姆逊的阴极射线管

上部是汤姆逊测定电子质荷比时使用的阴极射线管；下部是其概念图。
阴极射线从阴极放射出来，其一部分通过阳极和准直仪的狭缝变成细束向前

以及从白热的金属表面得到的粒子做同样的实验，但得到的值不变。于是知道了汤姆逊发现的粒子是普遍存在的。他由此进一步推测该粒子是所有物质的基本构成要素。他是这样阐述的[10]：

“在阴极射线管中物质处于新的状态。在那里的碎片物质与处于通常的气体状态中相比可以到达远得多的地方。于是像来自于氢和氧等无论多么不同的元素的物质碎片都完全是一样的。这个新的物质碎片是构成各种各样化学元素的共同物质。”

汤姆逊将这个基本粒子只是单纯地称作粒子（corpuscle），而没有用特别的名字。在此之前数年爱尔兰物理学家斯托尼（G. J. Stoney，1826—1911）提议将原子变成离子时获得或失去的电的单位称作“电子”。这一名词被广泛使用直至今日。

3.1.3　电子电荷的测定

在确定电子的质荷比后，剩下的问题就是确定质量或者电荷。这首先在卡文迪许研究所进行了尝试。人们已经知道用水蒸气饱和的空气的温度因膨胀而下降，于是形成雾。1897年C. T. R.威尔逊发现用X射线照射，使空气离子化所生成的离子成为核而形成雾。这个现象后来威尔逊做成雾箱用于基本粒子的研究。汤姆逊研究室的汤森德（John S. E. Townsend，1868—1957）测定了一个离子成为核生成的水粒子的下降速度，用斯托克斯定律（在黏度为η的流体中，半径为α的球以速度v运动时，在球速慢的场合，与速度成正比的$6\pi\eta\alpha v$的阻力作用于球）测定其半径。将落下的一串水滴用硫酸吸收，测定酸所集聚的电荷，也可测定出吸收的水的量，于是就能求得一个水滴的电荷。这样得到的电荷是1.0×10^{-19}C。威尔逊改进了这个方法，通过加电场测定阻止水滴落下的电压。这样一来电子的电荷就可以测定了，由此可以证明电子的质量是氢原子质量的千分之一以下。

此后芝加哥大学的罗伯特•密立根从1908年至1917年用油滴做了同样的实验，测定了更准确的电荷值。在他的装置中，在提供电压的两片平行的电极板之间的油滴的运动可以用显微镜观察到。在电极板上加电压，荷电油滴就上升或下降，根据其速度，用与威尔逊相同的方法测定了电荷。他们的电荷经常变化，但这个变化通常是某个最小值的整数倍。根据这个最小值就可以确定电子的电荷为1.592×10^{-19}C。从这个值和质荷比（0.54×10^{-11}kg/C）就可以确定电子的质量约为9×10^{-31}kg。这意味着电子质量是氢原子质量的约1/1850。另外，根据电解，已知1F（法拉第常数）为96500C/mol，所以将它用电子电荷一除，就得到阿伏伽德罗常数（N_A）为6.06×10^{23}。密立根后来除了电子电荷的精密测定之外，还进行了光电效应的精密测定，证实了爱因斯坦的光量子学说。他1923年因“电基本量及光电效应相关研究”获得诺贝尔物理学奖。

C. T. R. 威尔逊（Charles Thomon Rees Wilson，1869—1959）：英国物理学家。毕业于剑桥大学，后任剑桥大学自然学教授（1925—1934）。发现过饱和状态的水蒸气因放射线产生的离子成核凝聚，完成了雾箱，为原子核物理的发展做出了很大贡献。1927年获诺贝尔物理学奖。

罗伯特•密立根（Robert Andrews Millikan，1868—1953）：美国物理学家。出生于伊利诺伊州，在哥伦比亚大学取得博士学位，留学德国，后来在1910年任芝加哥大学教授。通过油滴实验测定了电子电荷。从1921年至1945年担任加利福尼亚工业大学（加州理工）的校长，该大学理工系发展成了顶级的大学，其贡献很大。1923年获诺贝尔物理学奖。

3.2 X射线的发现及早期研究

X射线的发现是19世纪末带来科学革命的三大发现的第一个，与电子的发现一样，诞生于采用真空放电管的实验。电子的发现诞生于具有明确目的进行的实验，这个目的就是要探明阴极射线的本质。但X射线的发现是偶然的恩赐。X射线发现以来这一百多年间化学受到的影响的确非常之大，本书中也屡屡提到用X射线的研究，在这里对X射线的发现经过和早期研究做一个介绍。

3.2.1 X射线的发现

维尔茨堡大学的威廉•伦琴作为物理学家做了很踏实的工作，但也没有取得特别显著的业绩，1895年他已经50岁了。他当时也用真空放电管进行阴极射线的研究。他将在紫外线照射下发射荧光的氰化铂钡［$BaPt(CN)_4$］的晶体用作检测器，研究了从真空放电管发出的荧光。1895年11月8日，他注意到即使用厚的黑色纸覆盖放电管，晶体也产生荧光。从阴极射线对着的放电管端出来的放射线，在离开数英尺（1英尺=0.3048m）远的地方放置的涂了$BaPt(CN)_4$的屏幕上产生荧光。他将这个放射线命名为X射线，并研究了各种物质对X射线的吸收。X射线透过纸、木等物质，但被金属（特别是铅）充分吸收。黑纸包着的照相版容易感光X射线。骨头成分吸收X射线，但人体组织容易透过，所以可以观测人体内部。他将有关这一发现的论文提交给维尔茨堡的物理、医学协会，发表于1896年1月。论文的预印本在1896年1月1日送到，其中就有他夫人的手的X射线照片，轮廓清晰地看得出骨头，很快报纸上也出现了这一发现的新闻。他的论文的英译版在1896年1月23日的《Nature》杂志和2月10日的《Science》杂志上报道了。

这一发现在世界科学界和医学界引起轰动。很多科学家加入X射线的研究，医生马上开始将它应用于疾病诊断。但是，在此后的研究中也发现X射线对人体产生不利影响。很多研究者遭受了辐射而患癌症，出现了100多人死亡。经过这些悲剧，获得了有关X射线伤害的认识和防护相关知识。之后伦琴写了两篇论文，这是他对X射线研究的最后贡献。他1900年受聘慕尼黑大学教授，获得第一届诺贝尔物理学奖，得到了各种各样的荣誉。虽然得到了财富和名声，但此后几乎放弃了研

威廉•伦琴（Wilhelm Konrad Roentgen，1845—1923）：出生于德国莱纳普一个富裕的纺织商人家庭。在苏黎世联邦理工学院学习机械工程，以气体的研究获得博士学位。老师孔特受聘维尔茨堡大学教授的时候一起到了维尔茨堡大学，在那里于1885年当上了物理学教授。在电磁现象和压力条件下的物性变化等研究之后转向气体放电的研究，1895年发现X射线一举成名。1901年获得第一届诺贝尔物理学奖。

究，于第一次世界大战后的1923年去世，享年78岁。

3.2.2 X射线的本质与物质结构

X射线的本质是什么没有马上弄清楚，物理学家们此后超过10年之久持续讨论它是电磁波还是粒子线。因为在磁石作用下不发生弯曲，所以不是源于像电子那样的带电粒子的东西。但是，也不像通常的光那样产生反射和折射。X射线即使通过稠密地刻线的衍射光栅也不产生衍射。发现者伦琴基于之前提出的以太弹性体模型，推测是以太的纵波。1897年斯托克斯提出阴极射线的带电粒子与金属和玻璃碰撞，就会因碰撞冲击从那里产生球状以太波（电磁波）。

X射线的穿透力随电压增加而增大，所以斯托克斯推测X射线是非常短波长的电磁波。但是，没有使非常短波长的电磁波产生衍射的衍射光栅，所以没能测定X射线的波长。1912年慕尼黑大学的物理学家马克斯•冯•劳厄预测固体中的原子间距离适合X射线的衍射。他的学生弗里德里希（Walter Friedrich，1883—1968）和克尼平（Paltl Knipping，1883—1935）用硫化锌晶体成功地实际观测到了X射线的衍射类型[11]。于是探明了X射线是非常短波长的电磁波。

很快英国的布拉格父子就开始将从晶体X衍射得到的点加以解析，应用于结构分析。1912年夏天，父亲利兹大学教授亨利•布拉格与在剑桥大学刚上研究生的儿子劳伦斯•布拉格就劳厄的工作展开了讨论。劳伦斯对晶体X衍射进行研究，推导出（图3.3）衍射角（θ）、X射线波长（λ）和原子间距离（d）之间的关系式（布拉格公式）[12]：

$$n\lambda = 2d\sin\theta \text{（}n\text{为正整数）}$$

他们两人在假期中利用亨利在利兹大学设计的分光器进行研究，确定了包括金刚石在内的多个晶体的原子排布[13,14]。这样一来就开辟了用X射线研究物质结构的道路。两人于1915年获得诺贝尔物理学奖。两人在英国打造出了X射线结晶学的辉煌传统。

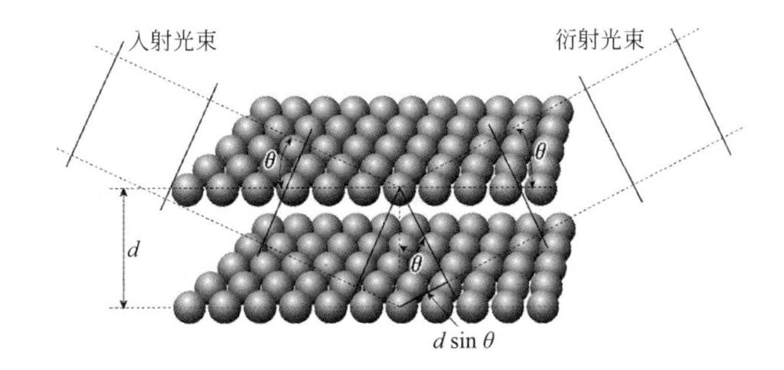

图3.3 用于推导X射线衍射布拉格公式的图

从面间距离为d的两个相邻面衍射的射线束的行程差是$2d\sin\theta$，这个值在波长整数倍时，两个射线束相互加强

马克斯·冯·劳厄（Max von Laue，1879—1960）：德国理论物理学家。曾在德国各地的大学学习，后来在1912年到苏黎世大学当教授，1919年任柏林大学教授。1912年提出晶体适合X射线衍射，奠定了晶体物理学的基础。1914年获诺贝尔物理学奖。

威廉·亨利·布拉格（Sir William Henry Bragg，1862—1942）：曾就读于剑桥大学三一学院，后来任澳大利亚阿德莱德大学教授，1909年回英国任利兹大学教授。奠定X射线结构解析的基础之后，1915年任伦敦大学教授，1923年任皇家研究所所长。在这里汇集了优秀的年轻研究者，组成X射线研究团队，推进结构解析研究，培养了隆司德尔、阿斯特伯里、伯纳尔等后来成为X射线研究的领导人才。1915年获诺贝尔物理学奖。

劳伦斯·布拉格（William Lawrence Bragg，1890—1971）：曾在澳大利亚阿德莱德大学修数学，到剑桥大学改攻物理，1912年毕业。这年推导出X射线衍射中的布拉格条件，建立了X射线晶体结构解析的基础，和父亲亨利共同进行岩盐、金刚石、萤石、黄铁矿、铜等的结构解析。1915年与父亲一同获得诺贝尔物理学奖，当时才25岁，是到目前为止最年轻的获奖者。1919年担任曼彻斯特大学教授，在那里进行无机化合物和合金的X射线结构解析研究。1938年担任卡文迪许研究所所长。（参见专栏8）

专栏8

劳伦斯·布拉格与卡文迪许研究所

因在1913年发现X射线衍射的布拉格定律，在25岁时就获得诺贝尔奖的劳伦斯·布拉格后来到曼彻斯特大学继续从事X射线衍射的研究。1936年卢瑟福突然去世，次年布拉格被选为卡文迪许研究所的所长继任者。在卢瑟福做所长的时代，卡文迪许研究所是世界原子核物理的中心，因此这一任命在英国的科学界带来了不小的震动。特别是在核物理学家间的失望情绪很大。在卢瑟福手下做研究的很多优秀的年轻研究者失望地调往其他地方。卡文迪许研究所失去了在核物理领域的领导地位。但是布拉格坦然地说："我们已经充分地告诉了人们原子核物理学，慢慢也该告诉人们其他的东西了。"

1927年在卡文迪许研究所设立了晶体学的讲师职位，伯纳尔的小组用X射线结构解析技术进行蛋白质的开创性研究。伯纳尔1938年调走了，但佩鲁茨（Perutz）留下来了，继续蛋白质的研究。布拉格对此很感兴趣，积极支持他的研究。很快第二次世界大战爆发了，研究所的改编和新的发展就跨越到了战后。

卡文迪许研究所

战后，布拉格推进了生物大分子的X射线结晶学和电波天文学。这些在当时都还是两眼一抹黑的东西，但历史证明这是一个出色的决断。此后从卡文迪许研究所开始诞生了分子生物学和结构生物学，在电波天文学方面也引领世界，诺贝尔奖获得者辈出。

布拉格作为卡文迪许研究所的所长大获成功。布拉格获得这样成功的原因是什么呢？首先，可以列举出他有很多幸运眷顾。他遇到了一个可能实现DNA和蛋白质的结构解析及电波天文学的发展的时期。可以说是得天时。而且他常常给新来的学生和研究员传授一些黄金法则（golden rule）。从剑桥移居美国的理论物理学家弗里曼•戴森（Freeman John Dyson，1923—）说了如下三条[15]：

①不要想着夺回过去的光荣。

②不要轻易地向流行伸手。

③不要惧怕被理论至上主义者轻视。

戴森写出了布拉格做所长成功的背景有这三个。的确，作为卡文迪许研究所的所长，他没想夺回过去在核物理领域的荣耀，但选择了开拓新的领域。蛋白质的结构解析和电波天文学无疑还不是流行的领域。当时几乎所有的人都认为血红蛋白的结构解析等终究是没有前途的研究。这个世界充满了复杂和多样性，是超乎所有理论家的想象的。布拉格的黄金法则抓住了自然科学研究中应该注意的核心问题。

布拉格的素描[马克斯•佩鲁兹]

布拉格是喜爱素描、园艺和卡通片《赏鸟记》的英国绅士。辞去卡文迪许职位后，受聘伦敦皇家研究所所长，没有住进带庭院的自家住宅中。在那里他甚至隐匿身份当住宅区的园艺师，参加每周一次的园艺工作。不过在那里他的身份还是被暴露了，只好放弃那个工作，这被当作笑话流传坊间[16]。

3.2.3 莫塞莱的研究和原子

在X射线的早期研究中，一个重要的研究在1913年已经在曼彻斯特大学的卢

亨利·莫塞莱（Henry Moseley，1887—1915）：他的父亲是牛津大学植物学、解剖学教授，但他很小时就失去了父亲。他上过伊顿公学，进入牛津大学学习至1910年毕业。当过曼彻斯特大学讲师，从事过放射线研究，又转向X射线分光学的研究，发现了莫塞莱定律。也有推测说他要不是在1915年去世，有可能会获得1916年的诺贝尔物理学奖。

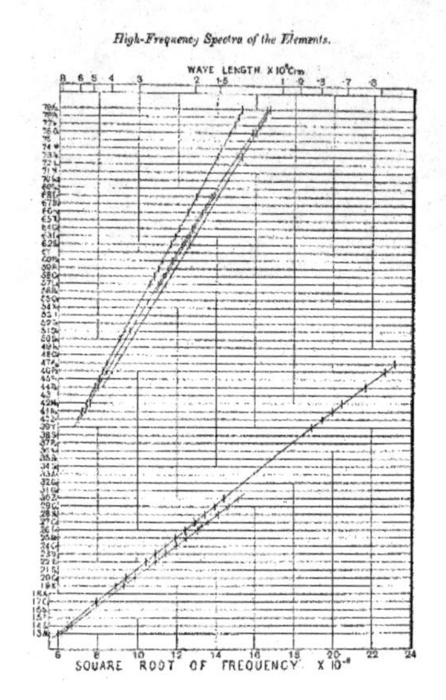

图3.4　原子序数与X射线频率间的关系

横轴表示频率的平方根，纵轴表示原子序数。转载自莫塞莱1913年的论文

瑟福研究室，由年轻的亨利·莫塞莱在进行。他用各种金属作为X射线管的靶材，测定产生的X射线中主要的两根线（特征X射线）的波长。结果弄清了按在周期表中的位置更换金属的话，产生的X射线的波长有规律地减小。将X射线的频率的平方根对周期表中表示原子顺序的原子序数作图，就得到了被称作莫塞莱定律的漂亮直线关系（图3.4）[17,18]。这一发现明确显示出原子序数暗藏着与原子有关的重要信息。该研究对确定周期表中的原子顺序也很有用。钴比镍原子量大，但可以确定原子序数是钴小。他从这个直线关系确定了当时尚不确定的稀土元素的顺序，预测了到铀为止存在92个元素。弄清了周期表中元素的顺序不是由原子量，而应该是由原子序数决定的。

然而，原子序数到底意味着什么呢？弄清它是接下来的大问题。当时已经不断出现有关原子结构的新观点，莫塞莱提出了与之有关的原子序数的含义。但是第一次世界大战一开始，莫塞莱就作为英国工兵队的通信士官入伍了，1915年加利波利登陆战（第一次世界大战中盟军为了通过德国的同盟军土耳其与俄罗斯建立联络，进攻土耳其境内的加利波利半岛）中的悲剧发生了，莫塞莱战死沙场，年仅27岁。他的死对物理学、化学来说是一个巨大的损失。他要是活着，他的业绩无疑是有资格获得诺贝尔奖的工作的。

3.3　放射能的发现与同位素

巴黎自然历史博物馆的亨利·贝克勒尔在1896年2月知道了伦琴发现了X射线。在研究发荧光和磷光的物质的他思考X射线和荧光与磷光之间是不是有什么关

亨利·贝克勒尔（Antoine Henri Becquerel，1852—1908）：出身于三代研究发光物质的家族。祖父安东尼·塞瑟是发光物质研究的权威，在自然博物馆为了他设立物理学讲座，第二代他父亲亚历山大·爱德蒙是对磷光物质感兴趣的研究者。亨利从理工大学毕业后，到土木学校学习，当了土木工程师。而1891年其父去世，他借机继承父亲的事业，当了博物馆的教授。受伦琴发现X射线的刺激，研究荧光与X射线的关系，发现放射能。1903年获诺贝尔物理学奖。

系呢。在他的研究室从祖父一辈开始收集到的荧光和磷光性物质很多，用它们开始进行实验，发现了放射能。贝克勒尔发现放射能也是偶然的幸运所致。放射能的研究此后由居里夫妇和卢瑟福向前发展了一大步，成了20世纪显著改变科学·技术的原动力。

3.3.1 贝克勒尔的发现

1896年2月，贝克勒尔将各种荧光·磷光性物质的晶体放在用厚厚的黑纸严密包装的照相干板上，在太阳光下晒数小时，研究照相干板是否感光。许多场合什么也不发生，但在发磷光的铀硫酸钾晶体的场合，一见光照相干板就感光出现晶体的影像。显然是有某种放射线从晶体中出来到达了照相干板。此后几天连续没有出太阳，期间贝克勒尔将黑纸包裹的照相干板和铀盐一起放到了桌子的抽屉中。他的想法是铀盐没有被光照，照相干板应该不会感光。但令人吃惊的是将这个照相干板一显影，显然像是从铀盐发出了放射线一样，照相干板感光了。进一步做详细研究，知道了这个放射线与磷光和荧光没有关系，是铀特有的。也发现这个放射线具有和X射线一样的穿透力，使照相干板感光，使空气离子化。而且这个发现最令人惊奇的是铀盐凭空产生了能量。贝克勒尔认为这是一种X射线，但1899年发现这个放射线随磁石弯曲，明确了它不是X射线。但贝克勒尔没有在此基础上进一步推进放射线的研究，此后放射线研究的大发展是由居里夫妇和卢瑟福完成的。

3.3.2 居里夫妇发现镭

1897年9月，在巴黎与皮埃尔·居里刚刚结婚的玛丽跟丈夫商量以铀盐的放射线作为学位论文的题目开始研究，用皮埃尔和哥哥雅克·居里开发的基于压电效应的水晶电量计测定放射线引起的空气离子化来研究放射线。她研究了很多矿物样品，探讨了在铀之外是否还有产生放射线的矿物。

她确认了铀的放射线强度与铀的量成正比。证实了氧化钍和约80%是氧化铀的沥青铀矿矿石（铀的主要矿石，主成分是UO_2。因呈像沥青一样的黑色而得此名。大的矿产在沉积岩中呈层状而生。）显示出比铀盐强得多的离子化能力。1898

皮埃尔·居里（Pierre Curie，1859—1906）：出身于巴黎一个医师之家，是家中次子，在家里接受家庭教师和父兄的教育后，16岁时进入索邦大学学习，18岁毕业后当了物理实验助手。与哥哥雅克合作发现了压电效应，此后在结晶和磁性领域取得成果，奠定了近代磁性研究的基础。从24岁开始，当了工资微薄的市立物理化学学校的教师，但他是一个内敛内向的梦想家和理想主义者，对在社会上出名没有兴趣。和玛丽结婚后，协助玛丽的放射能研究，发现了钋、镭。1903年获得诺贝尔物理学奖。（参见专栏9）

玛丽·斯克罗多夫斯卡·居里（Marie Skłodowska Curie，1867—1934）：出身波兰华沙，父母都是教师，她是兄弟姐妹5人中最小的。她以优异的成绩中学毕业，但在当时俄罗斯统治下的波兰女性是没有希望进大学的，她一边当家庭教师一边勤奋学习。24岁时为了进索邦大学学习，拜托学了医的姐姐来到巴黎。她一边忍受贫穷一边勤奋学习，数学和物理都获得了出类拔萃的成绩。作为学位论文的题目开始了放射能的研究，发现了钋、镭。1903年获诺贝尔物理学奖，1911年再度获得诺贝尔化学奖。（参见专栏9）

专栏9

居里夫妇[19]

出生于波兰的玛丽·居里具有超群的能力和不屈不挠的精神。但是在女性科学家稀少的19世纪后半叶，想要作为一个科学家取得成功，仅此是不够的。她在索邦大学遇到了作为物理学家已经取得了优秀业绩的皮埃尔·居里，1895年结婚。这对于她而言是极大的幸运。皮埃尔是一个诚实、具有优秀人品的人。即便有才能和有学习的机会，获得丈夫的理解、在科学领域取得成功的女性也是稀少的。不乏和伟大的科学家结婚、度过不幸一生的例子，爱因斯坦的第一任妻子（米列娃·马里奇）和哈伯的第一任妻子（克拉拉·伊梅瓦尔）就是这样的例子。

居里夫妇在实验室

1894年春遇到玛丽时，皮埃尔

已35岁。两个人谈论科学和社会，感觉共同之处颇多，皮埃尔被玛丽强烈吸引，热烈地向她求爱。但是玛丽说不一定什么时候会回波兰，没有马上答应皮埃尔的求婚。最终答应皮埃尔炽热的求婚是在1895年7月。

放射能的研究作为玛丽的学位论文的研究展开了，她首先发现了沥青铀矿等矿石具有强烈的放射能。玛丽认为这些矿石肯定含有放射性的新元素，于是着手沥青铀矿的分析。皮埃尔也中断磁性研究加入到她的研究中，1898年发现放射性新元素钋和镭，并联名发表。但是，要是新元素就必须得到纯品来测定其原子量，因而玛丽挑起了这一工作。这是一个极其困难和严酷的体力劳动，是需要耐力的工作。从1t沥青铀矿提纯得到的镭的氯化物仅仅0.1g。

玛丽1902年取得了学位。两人和贝克勒尔一起在1903年以“放射能的研究”获得了诺贝尔物理学奖，夫妇二人一跃成为名人。1904年皮埃尔迎来了在索邦大学设置的新的教授职位，玛丽的实验室也附属其中。被认为是长年的辛劳有了收获，未来光辉的道路已经打开。但是1906年春悲剧发生了。皮埃尔横过道路时滑倒，被马车辗压而死。皮埃尔死后，玛丽在索邦大学继续讲授丈夫的物理学课程，1908年成为巴黎大学第一位女教授。

既为女性又是外国人的玛丽还必须挑战各种歧视和偏见。1911年成了空缺的科学委员会委员候补人选，但因为是女性和波兰人，有委员强烈反对选举她，因而落选。这年11月以丑闻记事为卖点的报纸大势报道玛丽与皮埃尔的学生、著名物理学家保罗•郎之万之间的桃色新闻，玛丽每天都为来自大众传媒的攻击而苦恼。家里被投石，被骂外国女人滚回去。就在这一事件闹得正酣的时候，她第二次获得诺贝尔奖、化学奖的消息传到。获奖理由是“镭和钋的发现、镭的性质及其化合物的研究”。某个诺贝尔奖委员甚至提议是否在证明丑闻是不实之前拒绝授奖，但玛丽回答说荣誉是因为我对科学的贡献而授予的，与个人行为无关，她带病出席了授奖仪式。但是此后因抑郁状态和放射线伤害而引起的肾脏病痛苦了1年多。

纪念世界化学年发行的、设计为居里夫人的邮票

年她引入了放射能这个词语来表示放射性强度。她认为沥青铀矿显示强放射能的原因可能是在这个矿石中存在未知的元素。她也得到了丈夫的协助，着手分离工作。将沥青铀矿粉碎后溶于酸，采用与定性分析中使用的方案类似的步骤进行分离，在每一步用电量计确认放射性物质的存在。经过漫长的枯燥劳动之后，发现在硫浓缩物中存在高放射能的物质，1898年7月她将这个物质以其母国波兰的发音命名为钋。

其他碱土类的沉淀成分也显示强的放射能。为了分离出其中产生放射能的元素就必须将钡的残渣分离出来。从氯化钡中分离出最难溶的部分，这部分显示出铀的60倍的放射能，用分光分析观察到弱的新发光线。进而一直分离得到是铀放射能900倍的物质。于是1898年12月居里夫妇宣告发现了第二个新元素。这个新元素的盐在暗处发光，以源自拉丁语的radius（光线）命名为radium（镭）。居里夫妇着手镭的纯化，到1902年7月，从数吨沥青铀矿的矿石中得到了0.1g的镭氯化物。测定出镭的原子量为225。皮埃尔测定出1g镭在1h放出的能量足够将1.33g水从0℃加热至100℃。

发现放射能的贝克勒尔和居里夫妇在1903年因“放射能研究”获得诺贝尔物理学奖。

3.3.3 卢瑟福的研究与放射能的本质

随着放射能研究的推进，认识到放射能不是一种。对阐明放射能本质贡献最大的是卢瑟福。卢瑟福1895年进入卡文迪许研究所，研究X射线对气体电导的影响，之后开始在放射线研究领域活跃起来。1898年卢瑟福发现铀的放射线至少有两种。一种是容易被吸收的放射线，命名为α射线。另一种是穿透力非常强的放射线，命名为β射线。α射线可以很容易地用金属薄膜挡住，但β射线具有比α射线强100倍的穿透力。这年贝克勒尔和德国的吉塞尔（F. O. Giesel，1852—1927）知道了放射线的一部分像阴极射线一样用磁石可以使之弯曲。这个成分的质荷比值和电子相同。居里夫妇也研究了随磁石的偏转，确认了β射线带负电。根据这些观察结果弄清了β射线是电子线。

1898年卢瑟福受聘加拿大蒙特利尔的麦吉尔大学的教授，在那里继续活跃于放射能研究领域。α射线最初被认为不被磁石偏转，但1903年卢瑟福在强磁场和电场下观察到α射线偏转，显示α射线也是荷电粒子线。通过仔细地测定得知α射线带正电，质荷比是氢离子的2倍。这显示α射线是2价的氦离子或1价的氢分子离子。氦最初是在太阳中发现的，但拉姆塞在钇铀矿石中也发现了。因为氦和放射性物质联系在一起被发现了，所以卢瑟福推测α射线是氦离子。他在麦吉尔大学和一个牛津大学毕业的年轻化学家弗雷德里克•索迪共同开始了工作。索迪1900～1902年在加拿大和卢瑟福一起做研究，之后回到了英国，1903年在伦敦和拉姆塞一起做研究，发现从溴化镭确实生成了氦。1907年卢瑟福获得曼彻斯特大学的教授职位回到了英国。在这里马上着手研究以确认α射线就是氦离子。他和罗伊兹（Thomas Royds，1884—1955）收集足够量的从镭样品放射出来的α粒子，观察到它的光谱线与在太阳光光谱线中确认的氦光谱线相同。

第3个放射线是1900年法国的维拉尔（Paul Ulrich Villard，1860—1934）发现的，该放射线不随磁场偏转，和X射线一样具有强穿透力。卢瑟福在1903年将该放射线命名为γ射线。该放射线的真实面目没有马上弄清，而在1914年卢瑟福和安德雷德（Andrade，1887—1971）成功地观察到了采用晶体得到的衍射，确认为波长非常短的电磁波。

卢瑟福1908年获得诺贝尔化学奖。获奖理由是“有关元素的衰变及放射性物质的化学研究”。他是实验物理学家，但当时放射能在物理和化学两个领域都很重要，他的研究是有关化学的本质的东西，所以他得化学奖就不奇怪了。

3.3.4　钍的放射能和元素的转化

卢瑟福注意到来自钍的放射能有时不稳定。他将气体吹到钍的表面，将吹扫出来的气体收集到烧瓶中，以收集从样品中出来的气体。该气体显示很强的放射能，到此探明了被认为是钍的放射能的物质大部分源于该气体。他将该气体称作钍射气。于是伴随钍射气的放出，钍本身失去放射能，然而发现过一段时间放射能又恢复。这显示钍慢慢衰减，转变成其他快速衰减的物质。同样的现象在镭中也有发现。

1903年卢瑟福和索迪发现钍的放射能的54%来自于被称作钍X的、由钍所生成的放射性物质。钍X从钍盐中分离出来，残留物质的放射能要弱得多，没有生成钍射气。但是将残留物质放置数日，就又恢复放射能，能生成钍射气了。这个现象显示钍X由钍产生，钍射气由钍X产生。

于是放射能所具有的复杂性逐渐弄清了，但更重要的是知道了发出放射线后所

欧内斯特·卢瑟福（Ernest Rutherford，1871—1937）：出身于新西兰南岛纳尔逊城南明水村一个（苏格兰）移民家庭。在新西兰纳尔逊大学接受教育后，到坎特伯雷大学学习物理和数学，取得了优异的成绩，开始研究电磁。1895年获得奖学金去卡文迪许研究所，在J. J. 汤姆逊手下开始研究。研究了X射线对气体电导的作用之后，转向放射能的研究。历经加拿大的麦吉尔大学（1898）、曼彻斯特大学（1907），1919年担任卡文迪许研究所所长，成了原子核物理的创始者。1908年获得诺贝尔化学奖。

弗雷德里克·索迪（Frederick Soddy，1877—1956）：在威尔士大学和牛津大学学习后，到加拿大在麦吉尔大学与卢瑟福一起开始了放射能的研究。1902年回到英国，1904年到格拉斯哥大学当物理化学讲师，继续研究放射性物质并取得了很多成果。1914年任阿伯丁大学教授，1919年受聘牛津大学教授，1921年获得诺贝尔化学奖，但此后告别了放射能的研究。晚年也出了很多有关科学与社会的关系、经济等方面的著作。

生成的物质和原来的放射线元素是不同的元素。1902年卢瑟福和索迪证明了钍射气是新的惰性气体，与氩、氪、氙是同族的。这个新元素最初叫作“niton（镭射气）”，后来叫作“氡”。另一方面，钍X的化学性质也和钍不同。后来知道这是镭的一种。

1903年卢瑟福和索迪在一篇题为“放射能的原因和性质”的论文[20]中写道：

“放射能这一现象实际上是从一种化学元素到另一种化学元素的变换，这一变换由释放出带电荷的α粒子和β粒子所引起。”

这样一来，就意味着之前作为化学基本原理被认可的“元素不变性”有时也不成立。这种因为放射能造成的元素变换在铀的场合也发现了。到1912年报道了30种放射性元素，就铀、钍、锕做了详细的变换系列研究。

卢瑟福和索迪证明放射能的衰减是呈指数函数的。即可用下式表示：

$$I_t = I_0\exp(-kt)$$

在这里，I_0为最初的放射能强度；I_t为在时间t的强度；k为衰减速率常数，辐射能衰减至一半的时间，即半衰期$\tau_{1/2}$，可以用$\ln(2/k)$表示。

进而也弄清了放射性元素的半衰期有的非常短，有的出奇地长。钍射气的半衰期是54.5s，镭射气是3.82天。而镭226的半衰期是1600年，铀238的是4.51×10^9年。

3.3.5 放射性同位素和放射迁移系列

1911年索迪指出元素释放出α粒子后就会变成周期表中其左侧的第2个元素。同一时期拉塞尔（A. S. Russel，1888—1972）发现元素释放出β粒子后会变成周期表中其右侧第一个元素。索迪、拉塞尔、法扬斯（K. Fajans，1887—1975）将此一般化为所有放射性转变过程。这一现象就意味着相同元素具有质量不同的个体。索迪预测了铀矿石中的铅的原子量是206，而从钍矿石得到的铅的原子量是208。这个预测在1914年由理查兹（Richards，1868—1928）和霍尼希施密特（Otto Honigschmidt，1878—1945）通过实验验证了。索迪将在周期表中占据相同位置但具有不同质量的放射性元素命名为同位素。他将这个概念限定在放射性同位素范围内使用，没有扩展至所有元素。铀、钍、锕是通过α衰变和β衰变联系在一起的放射迁移系列，借此进行元素变换。例如，钍232经过1.41×10^{10}年半衰期的α衰变变成镭228，通过5.77年半衰期的β衰变变成锕228，它经过1.913年半衰期的α衰变变成镭224（钍X），它接着α衰变变成氡220（钍射气）。进一步经过4次α衰变和2次β衰变，最后变成稳定的元素铅208，这个系列遂告终结。

3.3.6 阳极线和质量分析：稳定同位素

1886年戈德斯坦发现在放电管的阴极开一个孔，粒子线就从孔中出来朝向与阳极相反的方向。该粒子线在低压气体中依气体种类发出不同颜色的光。他将该粒子线称作阳极线。

德国物理学家维恩（W. Wien，1864—1928）1897年成功地通过电场和磁场使该阳极线偏转，从其偏转方向和偏转程度发现它是带正电的粒子，质荷比是阴极线粒子的数千倍。该粒子线被认为是管内气体原子或分子通过阴极线碰撞出电子后所生成的离子所形成。但是阳极线的一部分和气体分子碰撞后或失去电荷，或得到多余的电荷，所以依据一种离子研究阳极线是困难的。J. J. 汤姆逊充分降低气体压力、减小阳极线和气体分子碰撞的概率后进行实验，得到了各种原子和分子的离子比较准确的质荷比。这样一来就指引汤姆逊从阳极线的研究发现了属于同一元素、具有不同原子量的同位素。

1913年汤姆逊发现氖气中的阳极线的质荷比有两个不同的值。一个是氢原子的20倍，另一个是22倍。拉姆塞测定的氖的原子量是20.2。汤姆逊认为氖有两个同位素。独具慧眼的汤姆逊着眼于质量分析在化学中的重要性，早在1913年他这样记述道[21]：

> “可以认为的确有很多化学问题用它比用其他任何方法都要容易解决得多。这个方法灵敏度惊人地好，样品微量也可，特别是不要求高纯度。”

但是要实现汤姆逊的这个期待必须进行装置改良。汤姆逊的助手弗朗西斯•阿斯顿在多孔性物质中通入气体，试图利用轻的气体扩散快的原理分离原子量为20和22的气体，但由于爆发了第一次世界大战而中断了研究。战后阿斯顿开发出分离能得到提高的质量分析仪（质谱仪），重启研究。在汤姆逊的装置中，相同质荷比的离子以抛物线出现，而阿斯顿通过改良使之聚焦于一点，成功地使分离能上了一个台阶（图3.5）。

弗朗西斯•阿斯顿（Francis William Aston，1877—1945）：出生于英国伯明翰一个富裕的商人家庭。是在伯明翰大学师从弗兰克兰（Frankland）学习过的有机化学家，但受发现X射线和放射能的刺激而对物理学感兴趣，在卡文迪许研究所给汤姆逊当助手。第一次世界大战后开发质谱仪着手同位素的研究，发现几乎所有元素都有同位素。1922年获得诺贝尔化学奖。

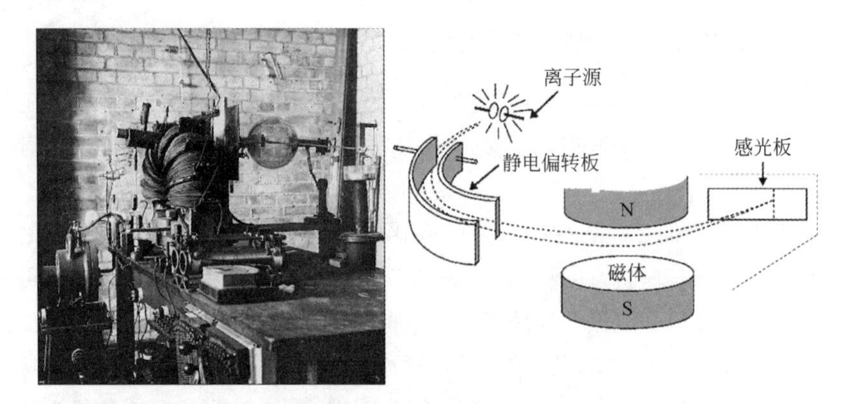

图3.5 阿斯顿的质谱仪以及表示磁场和电场中使离子偏转的质量分析原理的概念图

于是，阿斯顿就可以准确地测定气体中粒子的质量了。他证实90%的氖的原子量是20，10%的是22。拉姆塞测定的20.2的原子量可以用两种同位素原子量的加权平均值解释。这样就确认了稳定分子也存在同位素。和阿斯顿同时期，芝加哥大学的登普斯特（Arthur J. Dempster，1886—1950）也制造了质谱仪，比阿斯顿更早发布，但阿斯顿关于同位素有很多重要的发现，对化学做出了更大的贡献。

阿斯顿又发现了很多新的同位素。发现硫有3种（32，33，34）、氯有2种（35，37）、硅有3种（28，29，30）同位素，探明很多元素存在稳定的非辐射性同位素。弄清了同位素的存在与放射性没有关系。

随着阿斯顿能准确测定同位素的原子量值，于是就发现了同位素和原子量之间具有令人惊奇的规则。阿斯顿称之为“整数法则”，即如果将原子量以氧原子量的1/16为基准，则所有同位素的原子量接近整数。实际上这与1815年普劳特发表的所有原子都是由某种基本粒子构成的假说是一致的。普劳特认为这个基本粒子可能是氢，但因为已知像氯这样显然不是整数原子量的元素有很多，所以这个假说长时间被忽视。

但如果详细调查，准确的原子量值稍微偏离整数一点点。1905年发表的爱因斯坦的狭义相对论揭示质量（m）和能量（E）之间存在著名的关系式$E=mc^2$（c为光速）。如果像普劳特的假说那样由氢原子构成其他原子，则可以认为实测的原子量和普劳特假说所预测的原子量值之间的差异反映了原子的稳定化能。在这里阿斯顿用原子量减去与原子量接近的整数，得到的值用质量数相除，再乘以10000，将得到的数定义为敛集率。将该敛集率对质量数作图，则在周期表中位于氧之前的原子为正值，氧之后的原子为负值，在铁附近达到最低，之后又开始增加，再变成正值。敛集率显然反映了与原子稳定性之间的相关性。

阿斯顿开发的质谱仪当时并不是能对其他研究产生帮助的高分辨率的仪器，但到了20世纪后半叶，质谱仪的分辨率上了一个台阶，成了化学领域最重要的分析仪器。阿斯顿作为有机化学家起步，但受X射线和放射能发现的刺激开始物理研

哈罗德·尤里（Harold Clayton Urey，1893—1981）：出生于印第安纳一个牧师家庭，在蒙大拿大学学习动物学，后转向化学到加州大学伯克利分校在G. N. 路易斯门下取得博士学位。此后在欧洲跟随物理学家玻尔和克拉迈尔斯学习，回国后于1934年任哥伦比亚大学化学教授。在化学反应论、量子力学、分子光谱等广阔的领域开展研究，这种广博的背景与重氢的发现联系在了一起，成功地进行了碳、氮、氧、硫等很多同位素的分离，晚年对宇宙化学感兴趣，成了这个领域的开拓者之一。1934年获诺贝尔化学奖。

究，受汤姆逊聘请到卡文迪许研究所给他做助手，开始了质谱分析的研究。他于1922年获诺贝尔化学奖。他此后也致力于质谱仪的改进，1927年达到了万分之一的精度。他对同位素分离这一地球化学的分支也感兴趣，1924年制作了同位素丰度比最早的表格。

3.3.7 重氢的发现

在稳定同位素中特别重要的是原子量为2的重氢（D）。1931年哈罗德·尤里从《Physical Review》杂志上的一篇论文得到启示，计划了证实重氢存在的实验。他认为氢和重氢的质量差异无疑已经在原子光谱中表现出来了，但通常的氢中重氢的丰度很低，所以必须浓缩后检测。根据氢和重氢的蒸气压的理论计算，他得出通过液化氢的蒸发可以浓缩重氢的结论，在14K温度下蒸发出氢，用浓缩了重氢的液体氢通过光谱确认重氢的存在。尤里的这一发现不仅确认了重氢的存在，而且在证明用常规物理和化学的方法可以分离同位素这点上也是很重要的。1932年通过水的电解证明了重氢可以以重水（D_2O）的形式浓缩。重水的利用拓宽了新的科学研究道路。正如后面将要讲到的一样，重氢离子在核裂变反应中是有用的放射源。另外，用重氢标记的分子可以与未标记的分子相区别，所以在化学反应机理的研究中得到了广泛的应用。因为发现重氢的功绩，尤里于1934年获得了诺贝尔化学奖。他担任过《Journal of Chemical Physics》杂志的首任主编，为化学物理和物理化学的发展做出了很大贡献。

3.4 原子的真实性

19世纪的化学家在一片茫然中假设存在原子·分子来推进研究，获得了巨大成功。但是道尔顿的原子是不能再分割的微小粒子的说法单纯，无法令人满意，有关争议在化学家之间一直持续着。在19世纪前半叶，普劳特提出了以氢为要素构成原子的假说。另外19世纪中叶发现了元素的光谱，但这用道尔顿的原子无法理解。

另一方面，物理学家抱着不同于化学家认为的原子的原子概念。到了19世纪后半叶，受维恩经验批判论学派代表性哲学家恩斯特•马赫影响的物理学家和物理化学家中，有人强烈反对在理论上提出像原子这样不能直接观测的东西。从19世纪末到20世纪初，在原子论者和反原子论者之间有激烈的论战。但是，在20世纪最初的10年间支持原子论的实验和理论相继出现，到1910年原子论得到了确认。

3.4.1 19世纪的物理学家和原子

19世纪前半叶的物理学家根据牛顿的粒子论哲学发展了机械论的世界观。古典力学由拉普拉斯和拉格朗日等从数学上进行了系统化，确立了统一理解自然的基础。在法国、德国和英国接受了数学教育的物理学家们开始活跃，数理物理学开始发展起来。对这些物理学家而言，粒子在数学的处理上就是给予了坐标和质量的东西。热、光、电被认为是由没有重量的粒子构成的流体。这种流体到了19世纪渐渐重要起来，被称作“以太”。

19世纪初由菲涅尔和托马斯•杨（Thomas Young，1773—1829）发展了光的波动学说，提出光是在以太中传播的横波。为了统一理解物质、热、光、电、磁等，弄清以太的性质成了物理学家的主要目标。以拉格朗日和傅里叶的方法为基础的以太理论逐渐提炼出来，变得抽象化了。

在这样的背景下，1867年威廉•汤姆逊（后来的开尔文卿）提出原子涡流学说。该学说把原子看成像以太那样的、完全流体中的漩涡，由此既保持连续性，同时又可以赋予不连续性。另外还期待依据涡原子的振动或许能说明元素的光谱。他认为涡原子是完全的弹性体，严密的气体运动理论可以从这样的原子导出。在他的观点中，物质、光和电全部都应该是能作为以太中的运动来描述的东西。

以太成为物理学家关心的焦点的最大理由是法拉第发现的电磁现象。法拉第的发现推导出了这样的观点：电磁效应曲线传递，带电物体没有被绝缘体遮蔽，而是将电荷诱导至其他物体。他认为以太即空间的介质本身是被电或磁力线充满的。实际上磁力线可以用磁石周围撒布的铁粉显示。要是这样，有光也不受磁力影响的理由吗？法拉第于1845年发现平面偏光的光透过硼酸铅时，偏光面随强磁场旋转，这就是法拉第效应。数学物理学家们认为这就是以太在磁场中赋予旋转应力的证据。

法拉第发现的电磁现象由麦克斯韦在数学上进行了系统化。但是，他也支持以太观点，评价涡原子为实在可能的表现之一。他认为这些是有用的假说。但是，没有证明以太存在的实验证据。很多物理学家不认为有必要为了处理物理现象而提出原子的存在那样的不连续性，对涡原子也没有多少兴趣。19世纪的化学家开始根据道尔顿的原子论说明化学现象，所以几乎所有的化学家对涡原子都不感兴趣。

19世纪末期，马赫强烈攻击原子论，主张科学家的作用就是观测事实和现象，在理论上提出像原子那样不能观测的东西是有害的。1899年原子论者玻尔兹曼主张有必要进一步发展与物理学、化学、晶体学上很多观测事实并不矛盾的原子论，但以奥斯特瓦尔德为首的反原子论者并不买账。为了进一步推进原子论，支持原子、分子实在性的实验证据是必要的。

3.4.2 布朗运动理论与爱因斯坦

1827年英国植物学家布朗在显微镜下观察花粉颗粒的运动，观察到花粉颗粒在做剧烈的无规运动。这个现象最初被认为应该是源于花粉的生命力，但后来发现同样的现象任何微粒都可观察到。在19世纪末认为流体中的粒子绝对不会与相邻的粒子碰撞，而是躲开相邻的粒子做无规则的运动。法国物理化学家让•佩兰认为这是显示分子的存在。1905年阿尔伯特•爱因斯坦以及次年马利安•斯莫鲁霍夫斯基都独立地提出了说明这一现象的理论。

对于做不规则布朗运动的粒子，爱因斯坦关注在一定时间t内连接粒子的出发点的直线距离，即位移（x），推导出了如下公式：

$$\overline{x^2} = 2Dt$$

x平方的平均值$\overline{x^2}$与扩散系数D成正比，D通过斯托克斯-爱因斯坦关系式$D = RT/(6N_A\pi a\eta)$与阿伏伽德罗常数N_A关联。在这里，η为液体黏度，T为热力学温度，a为粒子半径。对于旋转的布朗运动（由分子碰撞产生的不规则旋转运动）也可给出同样的公式。

当时爱因斯坦对存在具有确定大小的原子抱着浓厚的兴趣，作为学位论文开始这项研究。推测原子或分子的大小的尝试在19世纪后半叶就开始进行了。奥地利物理学家洛施密特（也称罗什米特，Johan Josef Loschmidt，1821—1895）基于气体分子运动理论，推测了空气中分子的大小和阿伏伽德罗常数。爱因斯坦关注于溶液，从热力学及统计力学的观点出发进行了研究。采用统计力学的方法进行布朗运动理论相关的研究对后来的物理和化学的研究产生了很大的影响。

爱因斯坦大学毕业后，经朋友父亲的推荐在伯尔尼专利局谋得一职得以养家糊口，而专利局的工作有富裕的时间，所以能专心于研究。在这里他发挥了惊人的创造力，进行了领导20世纪科学变革的研究。特别是1905年被称作爱因斯坦的“奇迹之年（annus mirabilis）”，以3个不同的题目在《Annalen der Physik》杂志上发表了给科学带来革命性变化的划时代的论文。它们是光电效应[22]、布朗运动[23]、狭义相对论[24]以及质能关系[25]相关的工作。可以说其中任何一个工作都可以单独获得诺贝尔奖，但1921年他的诺贝尔物理学奖是针对光电效应相关的业绩[爱因斯坦的诺贝尔奖的对象不是相对论，据传是因为评选委员不理解相对论。尽管自1905年以来有大量业绩，获奖推迟到1921年虽然也有战争的影响，但也是因为勒纳（Lenard）等德国物理学家的反犹太偏见所致]。

阿尔伯特·爱因斯坦（Albert Einstein，1879—1955）：出生于德国乌尔姆一个犹太家庭，父亲是电气工程师和企业家。他在德国接受了初等教育，在当时严厉的军国主义和普鲁士教育制度的环境中度过了少年时代。因讨厌征兵从中学退学，但得益于出类拔萃的物理和数学成绩，获得了苏黎世联邦理工学院的入学许可。在这里独自学习，加深了物理和数学的知识，但因为对正规的上课不感兴趣，招致教授们的不悦。因此为了争取大学的职位费尽了周折，然而因在1905年发表了划时代的论文而一举成名。历任布拉格大学、苏黎世联邦理工学院、柏林大学教授，1933年为了逃避纳粹德国到了美国，在普林斯顿大学高级研究所度过了研究生涯。1921年获诺贝尔物理学奖。

马利安·斯莫鲁霍夫斯基（Marian Smoluchowski，1872—1917）：波兰系奥地利物理学家。曾在维也纳大学学习，遍历巴黎、格拉斯哥、柏林各大学之后，从1899年起在利沃夫大学当教授，1913年任克拉科夫大学教授。在统计物理学方面留下了开创性的业绩。

3.4.3 佩兰的实验验证[3]

从1905年到1912年，让·佩兰开展了布朗运动理论的实验验证，还对用各种方法得到的阿伏伽德罗常数进行了比较研究，尝试了证明原子论的正确性。他主要用将植物性乳液弄干制备的乳浊液、从藤黄和乳香等树脂得到的乳浊液进行研究。通过离心分离法分选粒子的大小，制备相同大小粒子的试样，确定粒子的密度和体积来进行实验。他在显微镜下观察这些微粒的运动，拍摄大量的照片来测定粒子数目。他做的实验主要是准确测定达到沉降平衡（沉降是微细颗粒在重力作用下下沉的现象，在重力和黏性阻力产生的摩擦力势均力敌的时候，达到稳定的沉降速度。沉降平衡就是指沉降和布朗运动势均力敌的状态）的粒子和做并行·旋转布朗运动的粒子的变位分布。他针对不同种类、大小的粒子，通过改变温度、溶剂种类和黏度进行这个实验，做详细的研究。实验结果与爱因斯坦的理论预测完全一致。从这些实验推导出的阿伏伽德罗常数（N_A）是$(6.5\sim6.9)\times10^{23}$。

佩兰进一步比较了从与阿伏伽德罗常数有关的各种现象的解析得到的$N_A/10^{23}$值。气体黏度、布朗运动、分子的不规则分布［临界乳光（用光照射处于临界点附近的液体，就会因为散射光看到乳浊的现象）和天空的蓝色］，从黑体的光谱、球体的电荷、放射能等测定的13个$N_A/10^{23}$值全部在6.0～7.5之间[3]。像这样由不同现象得到一致的阿伏伽德罗常数充分显示了原子论的正确性和原子的实在性。顽固的反原子论者奥斯特瓦尔德到1909年也开始相信原子的真实存在了。于是原子论取

让·佩兰（Jean Baptiste Perrin，1870—1942）：法国物理化学家。在高等师范学校学习，1897年在索邦大学当物理化学讲师，1910年之后任巴黎大学教授。在做了支持阴极射线由带负电的粒子构成的研究之后，通过沉降平衡和布朗运动的观察成功地测定了阿伏伽德罗常数，确定了分子的实在性。1936年在法国第一届人民战线内阁中作为科学研究所长官入阁。1926年获诺贝尔物理学奖。

得了胜利。佩兰在1926年获得了诺贝尔物理学奖。

3.5 量子论的出现

19世纪的物理学构筑在物质和能量的连续性的基础上。原子论取得胜利，否定了物质的连续性，但乐观论在19世纪末还占统治地位，他们认为用基于牛顿力学和麦克斯韦电磁学的古典物理学能够统一理解世界。1900年开尔文表示在古典物理学的地平线上出现了两片小乌云，其中一片是古典物理学不能解决黑体辐射的问题，另一片是不能观测以太中的运动。

进入20世纪，能量的连续性也受到了质疑。其契机是有关黑体辐射的问题。被加热的物体放射电磁波，电磁波的波长与物体的温度相关，随着温度升高，短波长的电磁波增加。这可以从加热的铁块的颜色随着温度升高由红色变成橙色再变成白色这一事实得到体现。出于理解这个现象的尝试诞生了量子论。

3.5.1 普朗克的量子论

黑体是吸收和发射所有波长电磁波的理想化的物体，黑体辐射可以通过在密闭容器上的孔洞发射出来的电磁波近似获得。这个发射光谱和发射强度在19世纪后半叶由德国物理学家做了详细研究。

1893年维恩研究了放射能的波长随温度变化的相关性，发现了强度最强的波长与温度的乘积具一定的规律。在此之前的1879年发现了斯特藩-玻尔兹曼定律（Stefan-Boltzmann law），即放射的全部能量与温度的4次方成正比。从理论上说明黑体辐射的波长相关性是19世纪后半叶物理学的大课题。瑞利认为电磁场是可能频率的振动子的集合，频率ν的辐射意味着该频率的振动子被激发，考察能量密度的波长依赖性，推导出了瑞利-吉恩斯定律（Rayleigh-Jeans law），[瑞利和吉恩斯推导的关于热辐射的公式。在温度T、振动频率ν时的辐射密度$\rho(\nu,T)$可以用下列公式表示：$\rho(\nu,T)=(8\pi\nu^2/c^3)k_BT$，式中$c$是光速，$k_B$是玻尔兹曼常数]。不过瑞利-吉恩斯定律仅在长波范围内与观测结果吻合，在短波长范围内是完全失败的。经典物理学显然没能解决黑体辐射的问题。

成功地解决黑体辐射问题的是柏林大学的教授马克斯•普朗克。他自1895年以来从电磁波振动子的熵的观点出发探索解释与黑体辐射有关的实验数据的方法。1900年10月25日在柏林的聚会上普朗克提出了一个关于黑体辐射的经验公式。这是一个努力使之与实验结果相吻合的公式，还没有加上理论上的理由，但与实验结果却是高度一致的。接着他倾其全力于该公式的理论阐释。

普朗克着眼于固体由原子排列而成，原子一直处于振动状态。他假定这些振动子具有的能量不是经典力学中认为的那样连续性的，而只限于$h\nu$的能量的整数倍。在这里ν是振动子的振动频率，h是具有量子论特征的常数，称作普朗克常数（量子论领域的特征常数，用h表示，$h = 6.63 \times 10^{-34}$J•s。如果给定的力学体系的作用量比h大得多，则这个体系就可以用经典力学表述）。于是，玻尔兹曼用推导熵的公式的方法，推导出了有关黑体辐射能与振动频率依存关系的公式。能量密度ρ的普朗克方程式可以用下式表示：

$$P(\nu,T) = (8\pi h\nu^3 / c^3) / \left\{ \exp\left(\frac{h\nu}{k_B T} \right) - 1 \right\}$$

在这里，c为光速，k_B是玻尔兹曼常数。在高温低振动频率范围，$\frac{h\nu}{k_B T} \ll 1$，则可得到近似的瑞利-吉恩斯公式。1900年12月14日，普朗克将论文提交德国物理学会，这一天因此被定为量子论的诞生日[26]。

普朗克公式的发表在当时没有获得多大关注。当初这个公式被认为单单是解释黑体辐射的。普朗克本人也认为这个公式仅仅适用于固体中的原子。但是1905年通过在《Nature》杂志上的相互论争，明白了瑞利-吉恩斯公式不能令人满意，但要替代有漏洞的经典理论，普朗克的处理方法开始受到关注。在1905年量子论被爱因斯坦用于说明光电效应，于是状况一下子发生了变化。

3.5.2 爱因斯坦的光量子假说

因为光照从金属表面释放出电子的“光电效应”是吉尔大学的赫兹于1887年发现的，两年后埃尔斯特（Johann P. L. J. Elster，1854—1920）和盖特尔（Hans

马克斯•普朗克（Max Karl Ernst Ludwig Planck，1858—1947）：出生于基尔，曾在柏林大学学习，师从亥姆霍兹。在慕尼黑大学取得博士学位后，于1889年回到柏林大学任教授。他的早期研究在热力学领域，开展了把热力学应用于物理化学的研究、电解质溶液电导率的研究等，出版了重构热力学基础的教科书。他以通晓物理化学的理论物理学家而闻名。回到柏林大学后转向热辐射的研究，直至提出量子论。1918年获诺贝尔物理学奖。

亚瑟·康普顿（Arthur Holly Compton，1892—1962）：美国物理学家。在普林斯顿大学取得博士学位，1923年任芝加哥大学教授，1945年任圣路易斯华盛顿大学校长。因发现康普顿效应于1927年获诺贝尔物理学奖。是第二次世界大战中原子反应堆开发的领导者之一。

Geitel，1855—1923）报道了进一步的详细研究。1902年勒纳表示光的振动频率比某个一定的阈值ν_0还小的时候，光的强度无论怎么强也不释放出电子，但如果比ν_0大，则即使光的强度弱也释放出电子。释放出的电子的动能与入射光的振动频率和ν_0的差值成正比。爱因斯坦注意到这些观测结果用光的波动说无法解释，他于1905年提出了将光看作$h\nu$能量被量子化了的粒子来进行处理的假说。按照这个学说光电效应就很简单。这是因为一个光的粒子具有$h\nu$的能量，只要这个能量足够大就可以释放出电子。这个光的粒子称作辐射量子，不过1926年美国物理化学家G. N. 路易斯提出了“光子”一词，这就是现在通常所使用的名词。

光具有粒子性的观点是令人惊讶的，但爱因斯坦指出并不是否定光的波动性，光具有波动性和粒子性这样的“二象性”，光电效应和光由分子吸收和发射时，光作为粒子起作用。1923年美国物理学家亚瑟·康普顿在X射线的散射中发现了波长比入射X射线波长要长的光（康普顿效应）。因为X射线是物质中的电子接受散射所致，所以这个现象被认为可以佐证光作为具有确定动量的粒子在起作用，支持了光量子说。爱因斯坦关于光不仅涉及光电效应，在后来的论文中也处理了与原子、分子的吸收和释放有关的基本问题。这成了处理光谱的基础，是作为分光学和激光基础的非常重要的论文[27]。

量子论的必要性在其他问题中也渐渐明朗起来。众所周知，固体的比热随温度降低而变小，但这用经典理论也无法解释。1907年爱因斯坦证实了如果将固体中原子的振动能量子化就有可能解释。另外，气体的比热是不能用气体分子运动理论解释的问题之一，因此麦克斯韦对气体分子运动论的有效性抱有怀疑。这个困难用能量的量子化也立马能解决。1911年爱因斯坦对各种气体的比热也做了解释。

1913年爱因斯坦和斯特恩（Otto Stern，1888—1969）暗示即使在热力学零度振动子仍然具有残留能量，称之为零点能。他们从氢气的比热数据推测振动频率为ν的振动子的零点能为$(1/2)h\nu$。

3.6 原子结构与量子论

20世纪初，随着电子的发现已经明确道尔顿的原子不可再分割的理论是错误的，并已经开始提出有关原子结构的模型。汤姆逊在1903年提出了如下模型：电子正好像李子布丁中的葡萄干一样，被埋入带正电荷的连续组织体中。

同一时期，东京大学的长岗半太郎提出了土星模型。根据这一模型，电子就像土星周围的环和太阳周围的行星一样，围绕中心带正电荷的物体旋转。检验这样的模型的合理性的实验由卢瑟福的研究小组开启。

3.6.1 卢瑟福发现原子核

卢瑟福在加拿大在放射能方面做了非常出色的研究，不过1907年回到英国后，在曼彻斯特大学开始了新的研究。在这里他利用放射能开始了探究原子内部的研究，开创了原子核物理这一物理学新领域。1919年他继汤姆逊之后担任卡文迪许研究所的教授，卡文迪许研究所从20世纪20年代至30年代成了全球核物理学实验研究的中心。他在物理学方面的贡献的确是伟大的，他的弟子中有很多人获得了诺贝尔物理学奖。人们认为理所当然他自己也应该获得诺贝尔物理学奖，然而不知为什么他没有获得诺贝尔物理学奖。如果联想到居里夫人获得了化学和物理学两个诺贝尔奖，这似乎是不可思议的事情。

卢瑟福来到曼彻斯特大学，马上来自德国的年轻研究者汉斯•盖革和出生于新西兰的欧内斯特•马斯登（Ernest Marsden，1889—1970）也加入研究室。他们使从镭线源得到的α射线通过狭缝成为细的射线束通过薄金箔，对此时产生的散射进行研究（图3.6）。α粒子通过构成箔的原子附近，α粒子的轨道就会偏转，所以α射线束就会展宽。他们使α射线束照在硫化锌板上测定其宽度。硫化锌的网屏会因每一个α粒子的碰撞而发光，所以可以计数产生散射的粒子。但是用肉眼计数是需要耐力的苦差。后来盖革开发出了以他的名字命名的计数器，这对核物理和放射线的研究产生了巨大影响。

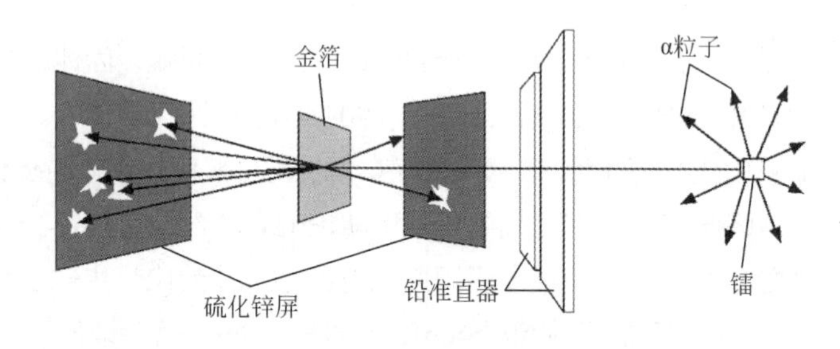

图3.6 盖革和马斯登的散射实验示意图

散射粒子的数目随散射角的增大而急剧减少，散射角超过2°～3° 就没有粒子散射了。但是某日他们观测到了意想不到的结果，即少数α粒子以90° 以上的大散射角向入射方向散射。为了说明这个结果，卢瑟福推测α粒子和原子中具有巨大电荷的小粒子发生了碰撞。基于简单的计算对实验结果的解释是α粒子与位于原子中心的正电荷中心碰撞而向后方散射。于是他提出的原子模型是：原子由带正电荷、几乎具有原子所有质量的中心小核和包围在这个核外的电子所构成[28]。根据测定

长岗半太郎（1865—1950）：出生于长崎县，1887年毕业于京都帝国大学物理系。1893年留学，师从亥姆霍兹、玻尔兹曼。1896年回国任京都帝国大学教授。1903年发表土星型原子模型，1917年任理化学研究所研究员，从事地球物理学、分光学等广阔领域的研究。1931年任大阪帝国大学校长。1937年获文化勋章。

汉斯·盖革（Hans Wilhelm Geiger，1882—1945）：德国物理学家。在埃尔兰根大学、慕尼黑大学学习后，给卢瑟福当助手，1925年任基尔大学教授，1928年任图宾根大学教授，1936年任柏林工科大学教授。1913年发明计数管，因改良后的盖革-米勒计数器而闻名。

查尔斯·巴克拉（Charles Glover Barkla，1877—1944）：在卡文迪许做研究，任伦敦大学（1909）、爱丁堡大学（1913）教授。根据气体的X射线散射，推测原子内的电子数，赋予了原子序数真实的含义，确认了荧光X射线由K、L、M系列构成。1917年获诺贝尔物理学奖。

向各个角度散射的α粒子的比例，盖革和马斯登推测出了核的正电荷值。该值比原子量小、比原子序数大，但显示出与电荷的大小和原子序数成比例地增大。他们讨论到核的正电荷似乎是原子量的一半[29]。那时查尔斯·巴克拉根据X射线散射实验已经得出了原子中的电子数是原子量的一半的结论。卢瑟福马上认识到1913年莫塞莱得到的X射线光谱准确地显示出了核的正电荷数。这样一来就可以正确理解原子序数、核电核数的大小、核周围的电子数之间的关系了。

3.6.2 玻尔的原子模型

19世纪中叶在采用分光法开始研究以来，元素所显示的光谱留下了无法理解的问题。在19世纪后半叶积累了很多光谱学数据，但在数据的解析方面也没有什么进展。1885年瑞士的约翰·巴尔默（Johann Jakok Balmer，1825—1898）发现氢光谱的4条谱线满足一个经验公式。瑞典隆德大学的里德堡（Johannes Rydberg，1859—1919）引入波数（$1/\lambda$，λ为波长）后用下式表示。

$$1/\lambda = R(1/2^2-1/n^2)$$

（N为3、4、5、6等整数，$R = 2\pi^2 m_e e^4/h^3$）

在这里，m_e为电子质量，h为普朗克常数。该系列的氢原子光谱被称作巴尔默系。可以用一般公式表示成：

$$1/\lambda = R(1/m^2-1/n^2)$$

巴尔默系对应$m = 2$的场合。此后对应$m = 1$的系列由莱曼（Theodore Lyman，

1874—1954）发现，$m = 3$的系列由帕邢（Louis K. H. F. Paschen，1865—1947）发现，这就成了人们熟知的分别以他们的名字命名的系列。但是，完全不理解这些光谱的起源。解答这一问题的是丹麦年轻的物理学家尼尔斯•玻尔，由此使得朝向理解原子结构的方向又迈出了一大步。

玻尔1911年以金属的电子论取得博士学位后，去了剑桥的汤姆逊研究室，但汤姆逊对新的物理学没有兴趣，所以1912年玻尔转至曼彻斯特卢瑟福研究室开始原子结构的研究。在这里他考察了卢瑟福原子模型的理论意义。他在学位论文研究中已经认识到经典理论不合适。卢瑟福的原子模型是电子在带正电荷的核周围运动，这一模型在经典物理中是不稳定的。他认为在原子内电子的处理方面普朗克和爱因斯坦采用的量子化是不能采用的。于是电子的轨道角动量被量子化，假定原子只存在于一系列特定能量值的稳定状态，从而构筑氢原子的理论。这一理论可以很好地说明氢原子的光谱[30]。

在玻尔的量子论中，认为发射光谱是电子从能量高的轨道跃迁至能量低的轨道时产生的。这样一来跃迁的能量ΔE和光谱的频率ν之间存在$\Delta E = h\nu$的关系。于是，对跃迁产生的光的频率，他得到了下列公式：

$$N = (2\pi^2 m_e e^4/h^3)(1/m^2 - 1/n^2) \qquad n = 3, 4, 5, 6, \cdots$$

所以，如果$R = 2\pi^2 m_e e^4/h^3$，$m = 2$的话，这就是巴尔默系的里德堡公式。这个公式非常好地重现了依靠实验得到的公式。另外，如果$m = 1$或$m = 3$，可以分别说明莱曼系或帕邢系的光谱。这一成功显示了原子在稳定状态处于不连续的能量状态，只有状态间的跃迁才有可能产生光的吸收或发射这一大胆假设的正确性。这个工作在1913年完成。他进一步引入原子序数Z对上述公式进行扩展，将这一理论扩展到了He^+、Li^{2+}、Be^{3+}的单电子原子体系。对于He^+的理论，解决了在星际光谱中观察到的光谱之谜。后来连氧原子的单电子原子的光谱也可以通过放电得到，与玻尔理论的预测相比，显示了理论的有效性。玻尔理论对量子论的正确性得到了确证，即使从这一点来说也是划时代的。

玻尔1916年当上了哥本哈根大学的教授。1921年大学为他设立了新的理论物

尼尔斯•玻尔（Niels Henrik David Bohr，1885—1962）：父亲是哥本哈根大学的生理学教授克里斯蒂安•玻尔，在一个充满学术氛围的家庭环境中成长。在哥本哈根大学学习，获得学位后在曼彻斯特大学跟随卢瑟福学习。1913年将量子假说引入卢瑟福的原子模型成功地说明了氢光谱系列，之后成为早期量子论发展的领导者。此后对量子力学的诞生也起到了指导作用，他提出互补性原理（并协原理），确定了量子力学的哥本哈根解释。1922年获诺贝尔物理学奖。

理学研究所，他作为该所所长度过了他的职业生涯。在他卓越的领导才能下，这个研究所成了面向国际开放的理论物理学研究的招牌，直至第二次世界大战开始，成了许多年轻物理学者研究和交流的场所，玻尔对20世纪20年代至30年代的量子力学的发展起了指导性的作用[31]。他于1922年获得诺贝尔物理学奖。

3.6.3 玻尔理论的发展与原子结构

玻尔理论很好地说明了单电子原子的结构，但马上就发现在处理多电子原子时无法得到满足，新的尝试又开始了。1915年阿诺德•索末菲引入椭圆轨道拓展了玻尔理论。因为第一次世界大战研究进展受阻了，进一步的发展和修正由玻尔本人、索末菲、威尔逊等人继续进行。但是，多电子原子的处理非常复杂。

在多电子原子中，锂和钠原子比较简单，可以与单电子原子类似地处理。这是因为锂的第3个电子或钠的第11个电子进入远离其他电子的椭圆轨道，所以其他电子屏蔽核的正电荷，可以将核看作有效核电荷为+1。

对于电子的量子化，索末菲在表示离椭圆轨道中轴距离的主量子数的基础上，引入了第二个量子数角量子数l。该量子数规定了将轨道椭圆性量子化的角动量。对于相同主量子数的轨道，l越大，能量越高。他进一步引入了确定磁场中轨道面的方向的第三个量子数m。该量子数与磁场中光谱线的分裂（塞曼效应）有关，称作磁量子数。由此可以部分解释塞曼效应，但也有谱线的分裂不能用这3个量子数解释的，称作“异常塞曼效应”。

索末菲在1919年出版了《原子结构与光谱线》《Atombau und Spektrallinien》[32]，这本书在当时对于学习新物理学的人而言就像圣经一样。

玻尔在1922年进一步发展了他的原子论，用原子内的轨道（壳层）上电子从能量低的轨道开始填充这一“累积原理”，提出了讨论电子结构的一般模型[33]。他将原子内的壳层按（2）、（2, 6）、（2, 6, 10）、（2, 6, 10, 14）分组，据此将周期表中86号之前的元素以2、8、8、18、18、32的周期排列。于是周期表的元素顺序即原子序数与原子的电子结构之间就有了对应关系。从第2组往后的各组，壳层电子能量是不同的，可以进一步分成2、6、10、14这样的次级组。根据与光谱线的关系将它们称作s、p、d、f壳层（轨道）[34]。

关于光谱线的解析，令当时的物理学家苦恼的“异常塞曼效应”，在引入新的量子数后得到了解决。1924年沃尔夫冈•泡利给电子加上了新的量子数m_s，提出了原子中电子的状态用4个量子数n、l、m、m_s表示。泡利引入了“泡利不相容原理”[35]，即原子中的任何一个电子都不可能取相同的量子数。其结果是进入各个轨道的容许电子数是s轨道2个、p轨道6个、d轨道10个、f轨道14个。于是量子论就顺理成章地说明了周期表中元素的序号，为基于原子内电子结构讨论元素性质奠定了基础。但是关于m_s的缘由泡利没做任何解释。

阿诺德·索末菲（Arnold Sommerfeld，1868—1951）：德国物理学家，曾任格丁根大学助手，1907—1940年任慕尼黑大学教授，活跃于20世纪10～20年代。因玻尔原子模型的修正、角量子数和磁量子数的引入、金属的电子论等闻名。是量子论发展时期物理学的伟大导师，他的门生中人才辈出，如包括海森堡、泡利、德拜、贝特、鲍林等诺贝尔奖获得者在内的许多著名物理学家和物理化学家。

沃尔夫冈·泡利（Wolfgang E. Pauli，1900—1958）：瑞士理论物理学家。出生于维也纳，在慕尼黑大学师从索末菲获得博士学位。1928年任苏黎世联邦理工学院教授，1940年移居美国，任普林斯顿大学教授。除了泡利不相容原理外，还有源于传导电子的泡利永磁性、中微子预言等很多业绩。关于物理学他是一个完美主义者，也因对同事的工作采取严厉批评而闻名，在物理学圈内的交流中被称作“物理学的良知”。1945年获诺贝尔物理学奖。

奥托·斯特恩（Otto Stern，1888—1969）：德国、美国物理学家。曾在布累斯劳大学学习，历任法兰克福大学讲师，1923年任汉堡大学物理化学教授，但受纳粹德国的追捕到了美国。他是原子谱线、分子谱线研究的开拓者。1943年获诺贝尔物理学奖。

在此前的1921年奥托·斯特恩和瓦尔特·盖拉赫（Walter Gerlach，1889—1979）发现银的原子线在不均一的磁场中分裂成两根谱线。这意味着银原子具有磁矩。为了说明这一现象，1925年荷兰物理学家乌伦贝克（George E. Uhlenbeck，1900—1988）和古德施密特（Samuel A. Goudsmit，1902—1978）提出电子存在第4个量子数，即自旋量子数m_s。他们提出电子具有称作自旋的固有角动量，其值只能取$\pm\frac{1}{2}\left(\frac{h}{2\pi}\right)$中的任何一个。这按经典理论可以用电子的向左或向右自旋这样的描述来理解。于是电子就具有了伴随自旋角动量的固有磁矩，开启了在微观水平理解物质磁性的道路。

玻尔模型合理地说明了原子的光谱和元素周期表及化学性质的差异，但物理和化学的很多问题仍然悬而未决地留在那里。他想采用将经典理论与量子论对应的“对应原理”[10]（在经典物理学中支配着不能说明的微观世界现象的物理法则在某个极限一定与经典物理学对应的原理。例如，光的能量值在量子论中是不连续的，但光量子数在很大的极限值时可以看作是连续的，从而回归经典物理学。）来解决问题，但用它也没有在根本上解决问题。没过多久年轻的物理学家们引入了新的量子力学，玻尔的量子论过时了（参照3.7节）。不过他的原子模型直观上容易理解，所以之后很长时间在化学领域广为采用。

詹姆斯·查德威克（James Chadwick，1891—1974）：在曼彻斯特大学和剑桥大学学习后，到柏林技术大学与汉斯·盖革一起进行研究。1919年回国，与卢瑟福同时进入卡文迪许研究所，与卢瑟福合作用α射线开展各种原子的破坏实验，1932年证实在采用α粒子的核反应中释放出的粒子是中子。1935年获诺贝尔物理学奖。

3.6.4 中子的发现与核的结构

卢瑟福发现原子核后20年间，物理学家们认为原子核由质子和电子构成。例如，氦的原子核由4个质子和2个电子构成，所以整体上带有2个正电荷。要探索原子核到底由什么构成就需要破坏它看看有什么东西出来。从1920年到1932年之间，科学家们用粒子射线照射各种原子，查找有什么产生。卢瑟福认为用α粒子撞击氮原子核，就可从中释放出氢原子和质量为2的原子。这意味着用α粒子撞击可以使氮原子破坏，这与当时的“原子核由质子和电子构成”的认识不矛盾。

1930年德国的博玻特（Walther W. G. Bothe，1891—1957）用α射线照射铍发现有新类型的放射线产生。约里奥（Jean Frederic Joliot-Curie，1900—1958）和伊蕾娜·居里（Irene Joliot-Curie，1897—1956）在1932年发现用α射线照射铍产生了不带电荷的放射线，这个放射线从烷烃产生了质子。博玻特和约里奥·居里夫妇都认为该放射线是一种γ射线。不过詹姆斯·查德威克认为α射线从铍核中敲出了中性粒子，这个粒子从烷烃敲出了质子。他用硼做实验确认了中性粒子的存在，知道了其质量比质子稍大一点点[36]。

20世纪20年代卡文迪许研究所的研究者们偶尔探测到1个质子和1个电子牢固结合的中性粒子，所以查德威克听到约里奥·居里夫妇的研究报道后马上就可以做出存在中子的结论。但是查德威克最初也没有考虑到中子是素粒子的一种，认为是质子和电子的复合体。但是分光学家赫茨贝格（Gerhard Herzberg，1904—1999）指出像N_2这样的双原子分子的光谱因构成原子核的素粒子是奇数还是偶数而不同，用中子是质子和电子的复合体的观点不能说明实测的光谱。到1934年前后显示中子是素粒子的实验结果也增多，确定了中子是素粒子。于是确定了原子核由质子和中子构成，质子和中子的数目由以下规则得出：质子数=原子序数，中子数=原子量-原子序数。查德威克1935年获诺贝尔物理学奖。

3.7 量子力学的出现与化学

1925年出现的量子力学提供了可以圆满表述原子、分子微观世界的力学。量子力学的出现不仅给物理学，也给化学带来了很大冲击。随着量子力学的出现，与

沃纳·海森堡（Werner Heisenberg，1901—1976）： 出生于德国南部的维尔茨堡，在慕尼黑大学跟随索末菲、在格丁根大学跟随玻恩学习，到玻尔手下留学，之后在玻恩的手下做研究，1925年创立矩阵力学。接着在1927年发现测不准原理，为量子力学的确立做出了巨大贡献。另外还预言了对位和邻位氢的存在、阐明了强磁场的本质、始创场量子理论等，在量子力学的发展中扮演着领导者的角色。历任莱比锡大学教授（1927—1941）、威廉皇家物理所所长（1942—1945）等。哲学著作也很多。1932年获诺贝尔物理学奖。

化学有关的很多实验事实第一次可以给出合理解释了。在这一节以与化学的关联为中心，就量子力学发展的梗概做一简要归纳。有关量子力学的发展历史出版了很多书，此处仅列举高林的书[37]。

3.7.1 海森堡的矩阵力学[38]

像光谱那样与原子有关的观测结果的解释是基于玻尔的“对应原理”在向前推进的，但玻尔理论的不完善是明显的，有必要构筑新的理论。德国的年轻物理学家沃纳•海森堡在1925年提出了矩阵力学这一新的量子力学。海森堡通过将对应体系的始态和终态的指标作为行和列的矩阵来表示能量和跃迁频率这样的可观测物理量。于是发展了记述原子性质所必需的矩阵代数学。他和玻恩以及约尔丹进一步发展了矩阵力学。这样一来原子的各种性质就可以通过求解一阶齐次方程的固有值和固有解得到。矩阵力学应用于解决氢原子的问题显示了其正确性，但应用于很多其他问题时计算复杂。

3.7.2 德布罗意波[39]

除了从玻尔理论到海森堡矩阵力学的流派之外，还有其他流派。法国的路易•德布罗意于1923年至1924年提出了像电子这样的粒子具有波动性的反常识的大胆观点。他从光的量子论和光量子说类推，认为存在伴随自由运动的粒子的物质波。根据相对论的讨论推导其波长可由$\lambda=h/(mv)$给出。在这里，v和m分别为粒子的速度和质量，h为普朗克常数。于是就提出了物质具有粒子-波动二象性，即电磁波不仅具有粒子性，像电子等粒子还具有波动性。

他进一步提出了通过实验可以验证的电子的干涉和衍射的理论，试图从晶体中的电子线的衍射来确认其预测，但以失败告终。到了1930年，美国贝尔研究所的戴维森（Clinton Joseph Davission，1881—1958）和革末（Lester Germer，1896—1971）、苏格兰阿伯丁大学的G. P. 汤姆逊（J. J. 汤姆逊的儿子）观察到了电子的衍射，证实了德布罗意的假设。德布罗意于1929年、戴维森和G. P. 汤姆逊于1937年

路易·德布罗意（Louis Victor de Broglie，1892—1987）：出生于法国名门贵族家庭。以做外交官为目标，在巴黎大学学习历史和哲学，但兴趣逐渐转移到物理，从讨论量子论的1911年索尔维会议的会议录中得到启示，转向物理。因为第一次世界大战，着手物理研究被推迟，在1923年作为学位论文提出对于原子水平的粒子是伴随着波动性的物质波这样的观点。1929年获诺贝尔物理学奖。

分别获得了诺贝尔物理学奖。

3.7.3 薛定谔波动方程与氢原子[40]

德布罗意的观点由奥地利物理学家埃尔温•薛定谔发展成了波动方程。他将哈密顿的变分原理用于伴随电子的德布罗意波，推导出了下列波动方程，该方程对于处理声波和电磁波的物理学家来说很熟悉。

$$\nabla^2\Psi(x,y,z)+(8\pi^2m_e/h^2)\{E-V(x,y,z)\}\ \Psi(x,y,z)=0$$

在这里，∇^2为拉普拉斯算符，m_e为电子质量，E为电子的总能量，V为电子的势能，Ψ为电子波振幅。解这个方程得到的固有值E就是在稳定状态下电子取得的可能的能量。随时间变化的波函数$\Psi(x, y, z, t)$可以用$\exp(-2\pi ivt)$乘以Ψ得到。和电磁波一样类推，Ψ^2就是表示电子密度的指标。不过马克斯•玻恩认为Ψ^2是表示在某个位置电子的存在概率。回顾该波动函数的解释，在物理学家中讨论也一直持续不断，但玻恩的解释逐渐被广泛接受了。

人们立即认识到海森堡、玻恩、约尔丹的矩阵力学和薛定谔的波动方程是用完全不同的方法展开的，但二者在数学上是相同的。1927年保罗•狄拉克发表了包含二者、形式上更加简练的量子力学的数学形式。量子力学的建立者海森堡在1932年，薛定谔和狄拉克在1933年获得诺贝尔物理学奖。对矩阵力学的发展做出很大贡献的马克斯•玻恩此时没有获得诺贝尔奖，而是在1954年因“量子力学的概率论解释之贡献”获诺贝尔物理学奖。玻恩是量子力学发展时期的伟大导师，从他门下出了包括6位诺贝尔奖获得者在内的很多引领型物理学家。

埃尔温·薛定谔（Erwin Schrodinger，1887—1961）：在维也纳大学学习，在历任苏黎世大学、柏林大学、格拉茨大学的教授后，1940—1955年任都柏林高级研究所所长，1956年以后任维也纳大学教授。他不仅始创波动力、是量子力学的创立者之一，而且在理论物理的广阔领域留下了很多业绩[41]。还有，1944年出版的《生命是什么》一书，从物理学家的角度讨论生命的本质[42]。在历史和哲学方面也造诣很深，是一个欧派的有教养的人[43]。1933年获诺贝尔物理学奖。

马克斯·玻恩（Max Born，1882—1970）：德国理论物理学家。1921年受聘格丁根大学教授，开始着手相对论、热力学、固体物理的研究，但从1925年前后起和海森堡等年轻研究者共同为量子力学的建设做出了巨大贡献。推进了薛定谔波动函数的统计学解释，这成了标准的解释。此外进行了粒子散射问题处理中玻恩近似等多姿多彩的研究。1933年受纳粹的追捕而远渡英国，任爱丁堡大学教授，1953年回德国。1954年获诺贝尔物理学奖。

保罗·狄拉克（Paul Dirac，1902—1984）：先在布里斯托大学学习电气工程，1925年去剑桥转向理论物理。1926年在哥本哈根大学玻尔手下做研究，发表了统一矩阵力学和波动力学的理论，建立了辐射场的量子论。1928年提倡相对论量子力学，预言了反粒子（正电子）的存在。1932年以后至1969年任剑桥大学教授。1933年获诺贝尔物理学奖。

量子力学在化学领域的应用通常是使用薛定谔方程式。设核电荷为Ze（对氢$Z=1$）、电子离核的距离为r，则$V=-Ze^2/r$，类氢原子的薛定谔方程式就可以求解。如果将ψ表示成球坐标r、θ、φ的函数，则ψ可以用单独的r函数$R(r)$与θ、φ的函数$Y(\theta, \varphi)$的乘积给出，允许的能量值通过换算质量μ（由质量m_1和m_2组成的体系的换算质量μ可以由$1/\mu=1/m_1+1/m_2$给出），可以表示成$E_n=-4\pi^2\mu e^2 Z/(h^2 n^2)$，由主量子数$n$决定。这和玻尔模型得到的结果相同。$Y(\theta,\varphi)$是由两个量子数$l$和$m$限定的函数，体现波函数的角度相关性。从这些可以得到$Z=1$的氢原子的轨道（图3.7）。对应$l=0$、1、2、3的轨道分别是s、p、d、f轨道，这些轨道用ψ^2的值就可以表示电子的存在概率。于是氢原子的轨道就可以用可视化的图形表示（图3.8）。

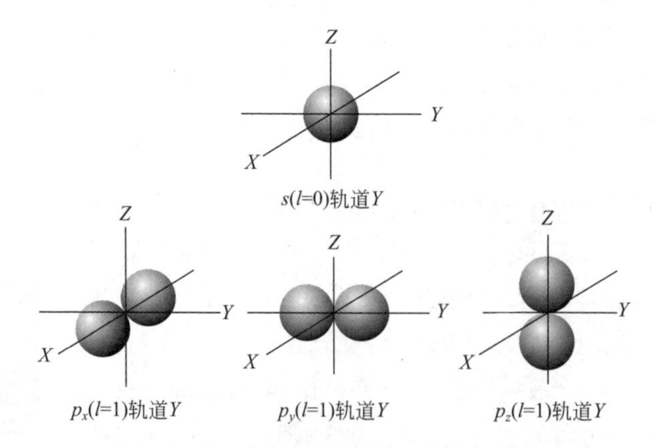

图3.7 表示氢原子波函数角度相关性的图

（上面1个图表示s轨道，下面3个图表示p轨道）

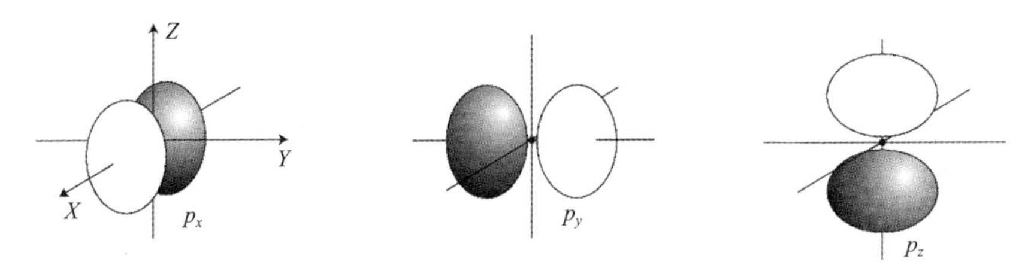

图3.8 2p轨道的形状

表示在其内部电子存在概率为90%的区域的界面的2p轨道的形状。
颜色浅和深的部分表示波动关系的符号不同

3.7.4 多电子体系的近似解

薛定谔方程式对氢原子可以求解，但周期表中氦以后的多电子体系不能求解。近似求解多电子体系的薛定谔方程式的尝试很快就开始了。1927年哈特里（Douglas R. Hartree，1897—1958）导入了将多电子体系的波函数Ψ用各个电子i的波函数ψ_i（x_i, y_i, z_i）的乘积表示的近似法。将Ψ作为试行函数通过变分原理导入ψ_i的方程式，各个电子的力场用其他电子形成的平均场表示，采用自洽场（self-consistent field，对于粒子i，将i之外的其他粒子施与粒子i的力的势能用各粒子的波函数所确定的电子云产生的平均势能V_i来置换，再用V_i来求解薛定谔方程。用得到的波函数计算势能V_i'，重复这个操作至$V_i= V_i'$。这样所得到的V_i称作自洽场）求解它。但是这个函数不满足Ψ对于电子的交换是反对称的泡利原理，所以，提出了取代它的哈特里-福克法。在这个方法中整个系统的波函数Ψ可以近似地用斯莱特1929年导入的行列式$|\psi_i(x_i, y_i, z_i, \sigma_i)|$（斯莱特行列式）表示，通过变分原理确定各个$\psi_i$。斯莱特行列式可以用$\psi_i$的乘积的形式表示，对于电子的交换是反对称的。在这里$\psi_i(x_i, y_i, z_i, \sigma_i)$可以由电子的空间坐标$x_i$、$y_i$、$z_i$的函数和电子自旋坐标的函数的积给出。哈特里-福克法是为了说明多电子原子性质提出的，不过后来成了处理分子电子状态的重要方法。

3.7.5 海森堡的测不准原理

假设电子可以用波动方程表示，那对于电子的准确位置我们知道什么呢？海森堡考虑以下问题。假设要准确确定电子的位置，必须用非常小波长的光，即大能量的光。但是能量大的光子与电子碰撞会改变其速度。假设用长波长的光，就算不影响电子的速度，也不能准确确定其位置。因此动量的不确定性Δp与测定位置的不确定性Δq有关。基于这样的考察，他推导出了海森堡“测不准原理”（不确定性原理），即$\Delta p \cdot \Delta q \geqslant h/(2\pi)$。

不确定性公式对于能量与时间也成立。即能量的不确定度ΔE和时间的不确定度Δt之间有$\Delta E \cdot \Delta t \geqslant h/(4\pi)$的关系。这个公式表示要以小于$\Delta E$的不确定度测定能量，就需要比$h/(4\pi\Delta E)$长的时间，与用分光学可以观测到的光谱线宽直接相关。

在1927年前后的物理学家之间围绕这个不确定性原理、波动性和粒子性等问题热议持续不断。玻尔后来提出了被称作“哥本哈根解释”的观点。要是按照这个观点物理学家要想说明量子水平的现象，要么取不连续物理中的粒子性观点，要么取连续体物理中的波动性的观点，二者必选其一。海森堡的测不准原理论及实验家的选择必然是对体系产生了影响的结果。玻尔关于量子力学的解释为很多物理学家所接受，但薛定谔、爱因斯坦等不接受玻尔的解释，这一争论此后一直持续着。基于量子力学的计算结果可以说明观测到的原子水平的现象，但有关量子力学的根本仍然留有疑问，这在费曼（Richard Feynman，1918—1988）的“没有人真正理解了量子力学”的话语中[45]有明示。

3.7.6 量子力学和化学

随着量子力学的出现，化学家获得了说明化学现象的基本原理。1929年量子力学的开拓人之一的狄拉克在“多电子体系的量子力学”论文的序言中如下写道[46]：

> “这一物理法则完全可以看作是物理学的大部分和整个化学的数学理论基础，唯一的困难是这一法则的严密地应用过于复杂和推导难以求解的方程式。”

但是，并非因此化学就成了应用数学。就像经典力学由牛顿完成，经典电磁学由麦克斯韦完成那样，也仍然有无数应该解决的物理学问题遗留了下来。即使知道理解原子、分子的基本法则，也并不是就能马上理解复杂的化学现象。倒不如说量子力学的出现对化学而言是新的出发点。正如下一章将要详细叙述的那样，化学键的本质因为量子力学的出现才开始变得可以理解，各种化学现象的理解也因量子力学的应用才开始成为可能。实际上作为化学的一个领域，量子化学这一新的领域诞生了，包含统计力学的应用在内的理论化学作为化学的重要领域登场了。

化学的问题是多电子体系的问题，因为薛定谔方程不能严密求解，所以不得不依赖于近似解。因此根据玻恩-奥本海默近似[47]将原子体系的运动和电子体系的运动分开讨论。原子核与电子相比质量大、运动极其缓慢，所以首先将原子核固定来确定电子系的能量E。E是原子核位置的函数，使E处于极小值的点决定分子的形状，在这个点附近的振动就是分子振动。整个分子的旋转按刚性体的旋转处理。电子的运动、分子的振动、旋转可以分开讨论，各种运动的能量可以近似确定。这样一来就为采用分光学研究分子结构以及电子状态奠定了基础。

参考文献

[1] S. Weinberg, "*The Discoveries of Subatomic Particles*" Cambridge University Press, 2003.

[2] S. Tomonaga "*Ryousi rikigaku*" (*Quantum Mechanics* (1) Misuzu Shobo, 1952.

[3] J, Perrin "*Les Atomes*" Librairie Felix Alcan, Paris, 2nd Ed. 1921.

[4] A. J. Ihde "*The Development of Modern Chemistry*" Dover Publications, New York, 1984.

[5] J. Gribbin, "*Science A History*" Penguin Books, 2002.

[6] M. J. Nye "*Before Big Science*" Harvard Univ. Press, 1996.

[7] M. J. Nye "*From Chemical Philosophy to Theoretical Chemistry*" Univ. California Press, Berkeley, 1993.

[8] A. Pais "*Niels Bohr's Time*" Clarendon Press, Oxford, 1991.

[9] W. J. Moore "*Physical Chemistry*"4th Ed. Prentice-Hall, 1972: many historical episodes are given in this text book.

[10] J. J. Thomson, *Phil. Mag*., **44**, 295 (1897).

[11] W. Friedrich, P. Knipping, M. Laue, *Ann. Physik*. **4**, 971 (1912).

[12] W. L. Bragg, *Proc. Cambridge Phil. Soc*., **12**(1), 43 (1912).

[13] W. H. Bragg, W. L. Bragg, *Proc. Roy. Soc*. **4**, 88 (1913).

[14] W. L. Bragg, *Proc. Roy. Soc., A*, **89**, 248 (1913).

[15] H. G. Mosely, *Phil. Mag. Series* **6**, 26, 257 (1913).

[16] H. G. Mosely, *Phil. Mag. Series* **6**, 27, 703 (1914).

[17] F. Dyson, "*From Eros to Gaia*" p. 1151-1154.

[18] J. M. Thomas, D. Phillips ed. "*The Legacy of Sir Lawrence Bragg*" Science Reviews, p.111.

[19] R. Reid, "*Marie Curie*" Saturday Review Press/Dutton, New York, 1974.

[20] E. Rutherford and F. Soddy, *Phil. Mag. Series* 6, **4**, 561 (1903).

[21] J. J. Thomson, *Proc. Royal Soc*., A **89**, 1 (1913).

[22] A. Einstein, *Ann. Phys*., **17**, 132 (1905).

[23] A. Einstein, *Ann. Phys*., **17**, 549 (1905).

[24] A. Einstein, *Ann. Phys*., **17**, 891 (1905).

[25] A. Einstein, *Ann. Phys*., **18**, 639 (1905).

[26] M. Planck, *Ann. Phys*., **4**, 553 (1901).

[27] A. Einstein, *Phys. Z*., 18, 121 (1917).

[28] E. Rutherford, *Phil. Mag. Ser*. 6, **21**, 669 (1911).

[29] H. Geiger, E. Marsden, *Phil. Mag. Ser*. 6, **25**, 604 (1913).

[30] N. Bohr, *Phil. Mag.Ser*. 6, **26**, 1 (1913).

[31] Reference 8 gives detailed discussions on Bohr's work and its influences.

[32] A. Sommerfeld, "*Atombau und Spektrallinieen*" Friedrich Vieweg und Sohn, Braunschweig, 1919.

[33] N. Bohr, *Z. Phys*., 9, 1(1922).

[34] N. Bohr, *Nature*, **112** supplement, 30 (1923).

[35] W. Pauli, *Z. Phys*., **31**, 765 (1925).

[36] J. Chadwick, *Proc. Roy. Soc*., A **136**, 692 (1932).

[37] T. Takabayashi "*Ryoushiron no Hattenshi*" (*Historical Development of Quantum theory*) Chikuma Gakugei Bunko, 2010.

[38] W. Heisenberg, *Z. Phys*., **33**, 879 (1925).

[39] L. de Broglie, Thesis (Paris) 1924, *Ann. Phys*.(Paris), **3**, 22 (1925).

[40] E. Schrödinger, *Ann. der Phys*., **79**, 361, 489; **80**, 437; **81**, 109 (1926).

[41] W. Moore, "*A life of Erwin Schrödinger*" Cambridge, 1994.

[42] E. Schrödinger, "*What is life*" Cambridge Univ. Press, 1944.

[43] E. Schrödinger, "*Nature and the Greeks and Science and Humanism*" Cambridge, 1951.

[44] W. Heisenberg, *Z. Phys*., **43**, 172 (1927).

[45] R. P. Feynman, "*The Character of Physical Law*" MIT Press, 1967.

[46] P. A. M. Dirac, *Proc. Royal. Soc*., A **123**, 714 (1929).

[47] M. Born, R. Oppenheimer, *Ann. Physik*., **84**, 457 (1927).

第4章　20世纪前半叶的化学

——原子·分子科学的成熟与壮大

描绘有鲍林头像和红细胞（包含镰刀状红细胞病的红细胞）的邮票

随着19世纪末兴起的物理学中的3个发现，X射线、放射线、电子的发现和紧接着的量子论的发展，20世纪的化学大大改观，作为基于原子、分子合理地理解和控制包围着我们的世界的学问获得了大的发展。其成果众多，而且化学所处的社会状况、化学研究的方法和风格以第二次世界大战为界线有很大变化，所以本书中将20世纪的化学以1945年为界分成两部分，本章将概览前半叶的发展。在写本章时主要参考了章末列举的参考书[1~23]。

20世纪初的化学和化学工业的中心是德国。受益于从19世纪中期前后开始直至后半叶的大学化学教育的整顿（参照2.10节），到第一次世界大战开始，在化学的所有领域都是德国处于优势地位。但是，正如在第2章所看到的那样，英国、法国、瑞士、瑞典等欧洲各国也开展了各有特色的卓越研究。作为新兴国的美国也在20世纪初开始出现优秀的研究者。因为第一次世界大战的失败，德国失去了压倒性的优势，尽管如此也还设立了皇家研究所等研究机构，至20世纪30年代初德国的化学维持着高水平。但是纳粹政权开始排斥犹太学者，德国的化学急速衰退。取而代之美国在化学方面开始占据优势。在引入近代化学方面落后的日本也在20世纪前半叶改革大学制度，推进化学家和化学技术人员的培养，还设立了理化学研究所，不断完善开展跻身世界水平的研究基础。

与其他自然科学领域相比，在化学领域工作在产业界的研究者的比例高，但驱使基础化学研究者从事的研究通常是脱离实用的真理的探索。20世纪初法国数学家、物理学家亨利·庞加莱置探索真理于最高价值，倡导“为了科学的科学”[24]，1950年生物化学家迈耶霍夫（Otto Fritz Meyerhoff，1884—1951）也如下写道：

亨利·庞加莱（Jules Henri Poincaré，1854—1912）：法国数学家，科学哲学家。在纯数学和应用数学广阔的领域留下了卓越的业绩。作为科学思想家也非常出色，《科学与假说》《科学的价值》《科学的方法》等著作也广为人知。

"生物化学与医学的进步有重要关系。但是正因为如此，生物化学必须是纯粹的科学。要开始纯粹科学的研究就应该为对知识的憧憬而鼓舞，此外就不应受任何其他东西所鼓舞。"

与其他领域的研究者相比，化学家有更加重视科学的实用价值的倾向，不过上述想法是20世纪前半叶很多化学家所共有的。然而到了20世纪，科学变成产业的基础，与国家的发展和战争紧密捆绑在一起，开始更强烈地认识到科学的实用价值。其中，化学与第一次世界大战也有很强的关系。

4.1 20世纪前半叶化学的特征

在1951年，20世纪最伟大的化学家之一、从无机化学到生物化学，在广阔的领域以结构化学为武器活跃的莱纳斯·鲍林对20世纪前半叶化学的进步做了如下总结：

"我们刚刚渡过的半个世纪，从庞大而尚未整理成形的经验知识的堆积中向有组织的科学发展。这个变革主要是原子物理学发展的结果。发现电子和原子核之后，物理学家对原子和简单分子的电子结构的详细理解取得了急速进步，直至量子力学的发展达到了其顶点。对于电子和原子核的新的概念很快引入化学，引导出了一个能将莫大的化学事实的一大半归纳于一个统一的组织架构中的结构论的形式。同时，通过把新的物理学技术应用于化学问题，不断有效地使用化学本身的技术，使伟大的进步得以实现。"

这篇文章非常好地总结了20世纪前半叶化学进步的特征。化学诚然脱胎于仅仅依赖经验的学问，但已开始朝着理论性的、精致的学问发展。

已经很明显，19世纪的化学中原子扮演了主角，但在世纪之末发现了电子，在很多化学现象中电子扮演着主角。大致说来，基于电子的行为理解化学现象成了

莱纳斯·鲍林（Linus Pauling，1901—1994）：出生于美国俄勒冈州的农村，在贫穷中长大。通过苦学从俄勒冈农业大学毕业后，1925年在加州理工大学以X射线衍射结构解析获得博士学位。1926年留学欧洲，在索末菲的研究室学习量子力学。回国后任加州理工大学助理教授，将量子力学应用于化学键相关的问题取得了很大成果，成了化学键理论以及结构化学的世界权威。从20世纪30年代中期开始对将结构化学应用于解决生物化学问题抱有兴趣，在蛋白质的结构、抗体的生成和抗原抗体反应、分子遗传病等方面进行了开创性研究。1951年提出蛋白质的α螺旋结构，为蛋白质结构化学做出了巨大贡献。1954年以“关于化学键的本质及复杂分子的结构研究”获得诺贝尔化学奖。晚年主张维生素C对感冒和癌症有效，但这在专家中招致恶评。第二次世界大战后反对核试验，致力于推动和平运动，1963年获诺贝尔和平奖。他是一个不害怕犯错误，对不断开拓新领域抱有热情的伟大化学家[25]。

20世纪化学的一大特征。这样一来化学和物理就连在一起了，就可以基于基本相同的原理理解了。这个倾向进而传导至生物学，20世纪后半叶生物学的大部分可以基于分子去理解。20世纪的科学，朝向专业化、细分化发展了，而另一方面是取得了用原子、分子概念理解物质与生命的共同基础。另外，化学的成果也引入到了地球和宇宙科学，开始产生很大的影响。

另一方面，以化学为基础的技术的发展也日新月异。从19世纪开始染料的合成和苏打工业等基于化学的产业已经发展起来了，而进入20世纪化学产业越来越发达，已达到了很大规模。一个典型的例子是在第一次世界大战邻近之前，哈伯（Fritz Harber，1868—1934）和博施（Carl Bosch，1874—1940）开发出了从空气中的氮气合成氨的方法，人工肥料可以大量生产了。还有在20世纪20年代高分子化学诞生了，其应用所派生出的人造纤维和塑料等开始进入我们的生活，化学的应用开始对人类的生活产生很大影响。另外，化学疗法在医学领域推进，药品产业也兴盛起来了。但是另一方面，化学家开发的毒气也被用于第一次世界大战，目光转向了化学的恶用。

正如在第2章中所述，19世纪后半叶在化学中已经发生了专业领域的分化，确立了我们现在所习惯了的物理化学、无机化学、分析化学、有机化学领域，出现了各自领域的专业化学家。在20世纪前半叶又加上了生物化学，核化学·放射化学也诞生了。本章将回顾这些领域在20世纪前半叶的进步。不过，就像本节开篇鲍林的文章所写的那样，新的化学的发展之所以变得可能，是因为接受了前章所述的物理学的革命性成果，生物化学的发展也与生物学、医学的进步有密切关系。应该注意到超出传统化学框架的领域之间的协力成了化学发展的新的巨大原动力。

4.2 物理化学（Ⅰ）：化学热力学及溶液化学

根据19世纪开始的热力学去系统地理解化学现象的尝试到1920年前后基本完成，集大成于化学热力学。制作化学物质的热力学函数表，据此就可以预测发生某个化学反应在热力学上是否可能。与化学平衡相关的问题基本上弄清了，以平衡体系的热力学为基础，处理宏观现象的经典物理化学基本完成。作为早期物理化学中一个重要领域的溶液物理化学此后也发展成了活跃的研究领域，电解质溶液和酸碱理论也向前发展了。这些进步为分析化学打下了坚实的基础。

在20世纪前半叶物理化学的进步中最突出的是结构化学和理论化学的发展。化学键的解释是长期的课题，而路易斯-朗格缪尔的共价键概念提出之后，化学键的本质因量子力学的出现开始变得可以理解。量子力学在化学中马上得到应用，产生了量子化学这一新的领域，将统计力学的应用也包含于其中，理论化学作为一个重要的研究领域开始出现了。

结构化学的大进步主要依赖实验技术的飞跃发展。首先，通过X射线和电子衍射的应用就可以获得简单无机、有机化合物的分子及晶体结构相关的详细信息。进一步，分子的红外、可见、紫外区域的光吸收，研究发光、散射的分子光谱发展起来了，就可以获得分子结构和分子中电子的状态相关的丰富知识。

有关化学反应的速度和机理的研究，随着经验的化学反应论的进步，在20世纪10年代已经可以讨论简单气相反应的反应机理了，但在分子水平理解反应过程的详细情况、预测反应速度还是极其困难的课题。在20世纪30年代初出现了过渡状态理论，朝着非经验性的化学反应理论迈出了第一步，但其终点还在很遥远的未来。

胶体、界面和表面这样复杂的体系也作为物理化学的真正的研究对象提出来了，使定量的研究得以推进。胶体化学对生物化学、高分子化学的发展也有很大作用。随着量子力学的出现，在微观水平理解物质的电学、磁学性质的道路也被打开，但还没有达到化学家基于量子力学和统计力学研究物性的水平，这个领域作为物理学的一个分支发展成了固体物理学，化学家的贡献比较少。

20世纪最初的20年间物理化学的中心是德国，活跃的化学家有奥斯特瓦尔德、能斯特、哈伯等。不过在美国也有G. N. 路易斯的加利福尼亚大学等多个大学开始培养优秀的研究者。另外，朗格缪尔显示了在企业的研究所开展卓越研究的先例。量子力学是在第一次世界大战后的德国发展起来的，而马上将其拿来发展新的物理化学的倒不如说是美国的化学家。像鲍林、尤里、马利肯（Mulliken，1896—1986）等富有进取精神的年轻化学家，在欧洲直接学习了新物理学，用它发展了新的物理化学。另外，在物理学家中还有像德拜、海特勒（Walter H. Heitler，1904—1981）、伦敦（Fritz W. London，1900—1954）、斯莱特（John C. Slater，1900—

吉尔伯特·牛顿(G. N.)·路易斯(Gilbert Newton Lewis, 1875—1946): 出生于波士顿一个律师家庭，在哈佛大学理查兹手下取得博士学位。在奥斯特瓦尔德和能斯特研究室留学1年后，回哈佛大学任讲师，但由于反抗理查兹的德国式的权威主义和经验主义的研究方针而辞去哈佛大学的工作，在马尼拉当了1年的计量局局长。回国后在麻省理工学院(MIT)诺伊斯(Arthur Amos Noyes, 1866—1936)的团队开展以电极电势的系统性研究为中心的化学热力学研究。1912年被提拔为加利福尼亚大学伯克利分校化学系主任，至1946年去世，开展了很多出色的研究，培养了很多人才。他重视基本原理，鼓励学生独立思考。通过自由的讨论相互启发，共同成长。主要业绩有化学热力学的系统化、化学键理论、酸碱理论、重水、同位素的研究，涉及分光学、光化学研究等广阔领域。其门下出了包括4位诺贝尔奖获得者在内的很多领军型化学家。

1976)等那样积极深入化学问题取得了成果的人，化学物理作为物理学和化学的新的交叉领域诞生了。在20世纪20年代末物理化学的中心已经开始从德国转移到美国，这一倾向及至纳粹取得政权排斥犹太学者得以确定。

4.2.1 化学热力学的完成

用亥姆霍兹和吉布斯引入的自由能的概念可以研究气体、液体、溶液、固体的各种性质。为了讨论像溶液、合金这样的多成分体系的平衡，可以采用在温度T、压力p_i以及其他成分一定的条件下以成分i的物质的量n_i对吉布斯自由能进行偏微分所得到的化学势$\mu_i=(\partial G/\partial n_i)_{T,\ p,\ n_j}$。用这个化学势可以说明冰点降低、沸点升高、渗透压等依数性(与溶质分子的种类无关，而是由其数量决定的稀溶液的性质。冰点降低、沸点升高是其典型实例)、相平衡、化学平衡等。进而开启了用热力学数据预测化学平衡的道路。1901年G. N. 路易斯为了处理真实气体，引入了逸度(为了从热力学上讨论真实气体引入的代替压力的量)的概念代替压力，在1907年为了处理真实溶液而进一步引入了活度(为了从热力学上讨论真实溶液引入的代替浓度的量)概念，稳固了非理想体系热力学的基础。

范特霍夫从联系平衡常数K和反应热的公式，$\mathrm{dln}K/\mathrm{d}t = \Delta H/(RT^2)$，给出了平衡常数随温度变化的公式。其实也就是将其积分后得到的公式：

$$\ln K = -\Delta H/(RT) + C$$

在这里，C是未知数，不确定它就不能确定平衡常数的绝对值。这是让当时的物理化学家头痛的问题。

为了解决这个问题，1905年瓦尔特·能斯特提出了被称作“能斯特热定律”的

沃尔特·能斯特（Walther Hermann Nernst，1864—1941）：出生于现今波兰境内西普鲁士的布里森，父亲是地方法官。曾在苏黎世、柏林、格拉茨、维尔茨堡等大学学习物理和数学，之后在奥斯特瓦尔德的实验室开始了物理化学研究。在这里主要进行电化学和溶液化学的研究，发现了能斯特公式这一著名的电动势与自由能变关系的关系式。从1891年开始在格丁根大学担任物理化学与电化学研究所所长。1905年转到柏林大学，1925年担任物理化学研究所所长。在柏林大学进行低温下的固体比热、高温下的气体密度、光致气体的连锁反应等研究。他也很关心应用，也进行电灯的改良等实用性研究。他是与范特霍夫、奥斯特瓦尔德齐名的20世纪初物理化学的领导人物，1920年因“对热化学的贡献”被授予诺贝尔化学奖。

提案[26]，即“伴随着物理或化学变化的熵变随着温度趋近于0K而趋近于零”，该提案的提出当时还缺乏实验证据，此后他致力于获得支持该定理的实验数据。接着爱因斯坦从理论上证实固体的比热在0K时为零，从而支持了能斯特的提案。该热定律在1910年由普朗克表述为“所有完全的晶体的熵在热力学温度零度（0K）时等于零”，通常称作热力学第三定律。这是从基于统计力学的熵的定义也可以预测的结果。由此可知在0K时ΔG和ΔH具有相同值，就可以用热力学的数据确定平衡常数。

在20世纪最初的20年间，很多化学家致力于收集热力学数据。从这些数据得到的平衡常数对化学工业也很有帮助，特别是在采用气体反应的时候有用。作为其典型实例有弗里茨·哈伯用氮气和氢气合成氨。哈伯最初从事电化学研究，却在1905年出版了名为《The Thermodynamics of Technical Gas Reactions》的书，收集的数据在工业上可以在广泛温度范围内计算重要气体的反应产率[27]。从这个工作开始他实际上已经介入了氨的合成，从巴斯夫公司（Badische Anilin und Soda Fabrik，BASF）得到了资助，成功地实现了工业化。（有关氨的合成将在4.11节详述）

关于烷烃的稳定性也得到了工业上有用的信息。从生成热的数据可以计算常压下使氢气通过加热至500℃的碳上，达到平衡生成气的70%为甲烷。大的烷烃在热力学上不稳定，但分解成碳和甲烷的分解反应速度在常温下很慢。如果将大的烷烃在常压下加热，不稳定的大烷烃就会通过热裂解（分解沸点高的重质石油制备沸点低的轻质石油）分解成焦炭和甲烷，但在高压下就会裂解成像汽油中那样的分子量大的分子。热力学数据对找到这样的实验条件是有用的，这样一来就可以生成希望的烷烃。

在20世纪前半叶，很多化学家热衷研究热力学性质，特别是G. N. 路易斯做出了很多贡献。路易斯和兰得尔（Merle Randall，1888—1950）在1923年出版了

《Thermodynamics and the Free Energy of Chemical Substance》[28]，这本书在全世界流行，在热力学及其在化学应用中产生了很大影响。路易斯、吉布森（George E. Gibson，1884—1959）、拉蒂默（Wendell M. Latimer，1893—1955）等加利福尼亚大学的团队广泛开展了与第三定律有关的热力学的研究。

为了应用第三定律，相关的热力学性质方面的知识，特别是与熵相关的知识都是在极低温下测定得到的，所以获得极低温的技术显得非常重要。在20世纪初荷兰莱顿大学的卡末林•昂内斯通过液体氢的蒸发得到了比1K稍低的温度，成功地将氦液化。在加利福尼亚大学从事极低温下熵研究的威廉•吉奥克提出获得极低温的绝热消磁法，他和麦克杜格尔（D. P. Macdougall）在实验上获得了成功。由此可以得到低至10^{-3}K的低温。这是利用永磁性物质中的熵与磁场强度之间的关系（因为永磁体离子的磁化按外磁场整齐排列，磁化状态与没有磁化的状态相比，处于熵更高的状态，体系的能量取决于磁场强度），在等温状态下将永磁体磁化后，在绝热状态下除去磁场获得低温的方法。该绝热消磁法在极低温研究中也成了极其重要的技术。

在20世纪30年代，统计力学，也包括吸纳了量子力学的量子统计力学在内，也已被广泛地应用于解决化学问题。量子统计力学显示可以根据从晶体学以及分光学的研究中所得到的分子结构知识来获得有关热力学函数的信息。1939年出版的福勒（Ralph Howard Fowler，1889—1944）和古根海姆（Edward A. Guggenheim，1901—1970）所著《Statistical Thermodynamics》[29]作为统计力学领域的经典之作广为流传。

这样一来化学热力学就发展到了可以制作化学物质的热力学函数表的程度，以至于可以预测某个化学反应在某个条件下发生，或者这个反应在热力学上是不可能

海克•卡末林•昂内斯（Heike Kamerlingh Onnes，1853—1926）：荷兰物理学家。在格罗宁根大学和海德堡大学学习，1882年任莱顿大学教授。在莱顿大学创立了低温研究所，制备了大量液体空气、液体氢，1908年成功地将氦液化，1911年发现超导现象。1913年获得诺贝尔物理学奖。

威廉•吉奥克（William Francis Giauque，1895—1982）：出生于加拿大，中学毕业后到尼亚加拉瀑布城的电化学公司工作了2年。出于当化工技术员的愿望，进了加利福尼亚大学。受G. N. 路易斯的影响，对热力学第三定律有关的研究感兴趣，在吉布森的指导下开始了熵的研究。因其能力得到认可，在取得博士学位后当上了讲师，成功地开发了绝热消磁法，1934年升任教授。1949年以“对化学热力学的贡献，特别是极低温下物质的各种性质的研究”获诺贝尔化学奖。

的。能斯特和吉奥克因为对化学热力学的贡献分别于1920年和1949年获得诺贝尔化学奖。

4.2.2 溶液的物理化学

溶液的研究是与化学热力学的研究相联系而发展的。非电解质溶液的热力学的性质、依数性、溶解度、相平衡等是基于热力学进行讨论的。将遵循拉乌尔定律（参照2.8节）的溶液看作理想溶液，来讨论它与拉乌尔定律之间的偏离。为了处理非理想溶液，路易斯引入活度的概念来代替浓度。1929年希尔德布兰德（Joel H. Hildebrand，1936—）引入了“正规溶液”的概念，即就算是非理想溶液，作为最接近理想溶液的溶液，混合熵与理想溶液是相同的，但混合热不为0。20世纪30年代统计力学也开始应用于液体和溶液，不过那主要限于理想溶液和正规溶液。

电解质溶液的研究是早期物理化学研究的重大课题。阿伦尼乌斯（Arrhenius）的电离学说尽管有范特霍夫、奥斯特瓦尔德那样的物理化学领军人物的强力支持，但也有很多化学家对此并不看好，还有部分人强烈反对。一个疑问就是离子的电荷是怎么产生的。还有就是当时还不知道离子键，所以对这个疑问没有给出满意的回答。在阿伦尼乌斯的电离学说中，强电解质应该是100%离解，但从电导率实验获得的离解度若不是非常稀的溶液就不是100%，实验结果与预测不一致。因此人们认为在强电解质中质量作用定律不成立。阿伦尼乌斯的研究仅限于水溶液，当开始用非水溶液（使用水以外溶剂的溶液）做研究，不可理解的实验结果就越来越多。电离说的支持者和怀疑者之间出现了激烈论战，此后新的进步出现了。

反对派的急先锋之一是威斯康星大学的卡伦贝格（Louis Kahlenberg，1870—1941）[2]。他是在奥斯特瓦尔德手下学习过的物理化学家，他最初相信了电离学说，但知道电离学说不能很好地说明非水溶液的结果后改变了观点，变成了电离学说的强烈反对者。他详细研究了溶质的离解与溶剂的介电常数之间的关系。尽管氰化氢的介电常数（92）比水的介电常数（80）大，但电解质在氰化氢中的离解并没有在水中大。他用非水溶液详细研究了电导率和冰点降低，发现很多用电离说不能解释的异常现象，相信电离说是一个不能令人满意的理论。伦敦大学的阿姆斯特朗（Henry Edward Armstrong，1848—1937）也反对电离学说，尝试用溶质与水生成水合物来说明实验结果。但是，这些反对者也并没有提出能够满意地解释观测结果的学说。

显然阿伦尼乌斯的电离学说只适用于稀溶液。1909年丹麦的比耶鲁姆（Bjerrum，1879—1958）根据铬盐的吸收光谱对浓度的依赖性，已经注意到了离子间的相互作用[30]，但他的想法当时还没引起关注。阿伦尼乌斯认为电解质在溶解之前是分子状态，在20世纪10年代布拉格父子根据X衍射的结果弄清了强电解质晶体的离子性，弄清了强电解质在溶解前已经成了离子。1920年又发现了熔融盐是良导体。于是目光又转到了溶液中的离子间以及离子和溶剂之间的相互作用的问题上。

在这种状况下，彼得•德拜和埃里希•休克尔认为强电解质的电导率没有获得100%的离解度是因为离子间的相互作用减小了离子的移动度（在气体、溶液、固体中，离子、电子、胶体粒子等荷电粒子受电场E的作用力以平均移动速度v移动时，由公式$v=\mu E$定义的系数）。离子受其周围带相反电荷的离子氛（以某个离子为中心，将分布于其附近的所有离子称作离子氛）吸引，这会阻碍离子的运动。1923年他们引入统计力学的方法计算离子氛的强度，结果显示移动度的减小与浓度的平方根成正比，定量地预言了电导率与离子浓度和电荷数的关系[31]。根据德拜-休克尔理论的预测与实验结果做了比较研究，显示可以近似说明电解质溶液的性质。1926年由拉尔斯•翁萨格考虑布朗运动进一步做了改良，提出了对非水溶液也适用的更一般的公式[32]。但是，德拜-休克尔-翁萨格公式是一个只在稀溶液中成立的公式，处理更浓的溶液和离子-离子、离子-溶剂间有强相互作用的体系还存在问题。应用统计力学处理电解质溶液的更一般的方法在那之后也一直持续有研究。

彼得•德拜（Peter Joseph William Debye，1884—1966）：出生于荷兰的马斯特里赫特，曾在德国亚琛工业大学学习。在这里受到索末菲的赏识，1904年任索末菲的助手，1906年和他一起转至慕尼黑大学。1911年思考爱因斯坦的比热公式、固体的弹性振动，并提出了修改公式，因而成名。1914年受聘格丁根大学教授，开展极性分子的研究，进行了气体的X射线、电子线的衍射，粉末X射线衍射法等划时代的研究。从1920年起转至苏黎世联邦理工学院，1927年任莱比锡大学教授，1934—1939年任柏林皇家研究所所长。1923年提出电解质溶液的德拜－休克尔理论。1940年离开德国，任美国伊萨卡的康奈尔大学化学系的教授，第二次世界大战后继续高分子的光散射的研究。1936年获诺贝尔化学奖。

埃里希•休克尔（Erich Armand Arthur Joseph Hückel，1896—1980）：在格丁根大学学习物理和数学，在苏黎世大学给德拜做助手，1923年和德拜共同发表电解质溶液的理论，后来到斯图加特工业大学任教。1931年通过采用π电子体系的分子轨道法的处理方法，开辟了将量子化学用于有机化学的道路。

拉尔斯•翁萨格（Lars Onsager，1903—1976）：出生于挪威的美国化学家、物理学家。1945年起任耶鲁大学教授。通过考察不可逆现象和摇动之间的关系推导出翁萨格的倒易关系。以德拜－休克尔理论的拓展、极性液体的理论、强磁体的伊辛模型的严密解、液氦的理论等闻名。1968年获诺贝尔化学奖。

索伦·索伦森（Soren P.L.Sorensen，1868—1939）：丹麦化学家。在哥本哈根大学取得博士学位，1901—1938年在哥本哈根大学的卡尔斯堡研究所担任化学部主任。在研究蛋白质的离子密度时，探明氢离子浓度很重要，提出了pH的概念。

尼古拉斯·布朗斯特（Johanns Nicolaus Brønsted，1879—1947）：丹麦物理化学家。1923年提出基于质子转移的酸碱概念，提出关于水溶液中酸碱催化剂的理论。1924年用德拜-休克尔理论将离子强度和活度系数关联起来了。

4.2.3 酸碱概念

与电解质溶液理论有关的重要问题是酸、碱问题。阿伦尼乌斯的电离说假定在酸的溶液中存在氢离子（H^+），在碱的溶液中存在氢氧根离子（OH^-）。酸及碱的强度分别与H^+和OH^-的浓度成正比。纯水也微弱地解离成H^+和OH^-，已知其离子积（$[H^+][OH^-]$）为10^{-14}（mol^2/L^2），所以氢离子浓度成了表示酸性或碱性溶液酸度的指标。1909年索伦森引入了表示氢离子浓度的方便的指标$pH(= -lg[H^+])$的概念[33]。这个概念扩展到表示酸、碱的平衡常数，pK_a、pK_b的值被广为使用。

基于阿伦尼乌斯电离说的酸碱概念在处理水溶液时是方便的，但期望更一般化的扩展。其中在1923年丹麦的尼古拉斯•布朗斯特、比耶鲁姆以及英国的劳瑞（Thomas Martin Lowry，1874—1936）着眼于酸碱体系中质子的作用，提出了酸碱定义。布朗斯特定义酸为质子给予体、碱为质子接受体。根据这个观点通过酸碱反应就可以生成新的酸和碱。例如，对盐酸和水而言，有$HCl + H_2O = H_3O^+ + Cl^-$，水相对于盐酸是碱，生成的$H_3O^+$是酸，$Cl^-$就成了碱。这样一来，酸和碱就是相对的，质子给予体就成了酸。

1923年路易斯将酸碱概念做了进一步的拓展。路易斯将具有能够从构成其他分子或离子的原子中接受电子对的原子的分子或离子定义为酸。接受电子对的分子或离子是酸，给出电子对的是碱，于是它们就分别称作路易斯酸和路易斯碱。根据这个定义，O、HCl、SO_3、BCl_3、H^+等就是路易斯酸；CN^-、OH^-、季铵、乙醇等就是路易斯碱。他主张像氧化剂也可以扩展到不含有氧的分子一样，酸也不应该限于含有氢的分子或离子。路易斯酸及路易斯碱的概念此后被应用于化学的广阔领域。

4.3 物理化学（Ⅱ）：化学键理论和分子结构理论

4.3.1 化学键理论的诞生与G. N. 路易斯

化学键的本质是什么？这一直以来是化学家心中的一个谜团。到了20世纪，因为发现了电子，物理学家开始阐明原子的结构，开始出现将化学键着眼于电子来考虑的近代化学键理论。阿伦尼乌斯的电离说是当时物理化学所关心的大事，然而为什么有的物质在溶液中成为离子，而其他物质则不能成为离子呢？强电解质和弱电解质的差异源于什么？这与化学键的问题密切相关。路易斯一方面拓展热力学的研究，另一方面对化学键的问题也具有强烈兴趣。1902年路易斯对原子结构做了推测，图4.1所示的立方体的顶点排布电子的原子模型记录在笔记本上，但没有发表。从这时开始到1916年他的共价键的模型出现为止，这期间化学家一直在探索原子的结构和化学键。1904年能斯特研究室的阿贝格（Richard Abegg，1869—1910）注意到将化合物中各原子的原子价相加就是8。例如，Cl的原子价在NaCl中是1，但在$HClO_3$中是7，相加就是8。化学家开始注意到8个电子具有特别的意义。拉姆塞在1908年提出电子像橙子皮一样包裹原子，一旦形成键这个皮就分离，在2个原子间形成一个层。

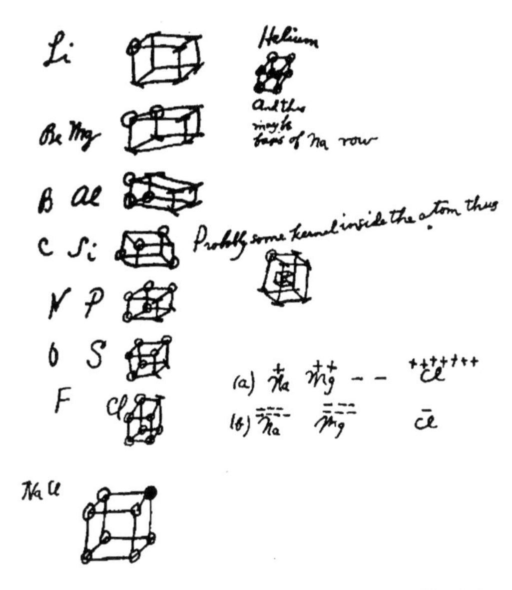

图4.1　路易斯的笔记本上记载的原子的立方体模型（1902年）

J. J. 汤姆逊在1904年提倡原子的“李子布丁模型”，提出了化学键来自于静电力的学说，这个静电力由2个原子通过使1个或多个电子移动所产生。这在此后也被化学家采纳，有的化学家支持具有极性的键的观点。尽管很多无机化合物中的键用此理论可以解释，而有机化合物中的键用具有极性的键无法解释，布雷（William Crowell Bray，1879—1946）和布兰奇（G. E. K. Branch，1866—1959）指出无极性的键是必要的。由于卢瑟福有关原子结构的发现，汤姆逊改变了观点，在1914年认为化学键有极性和非极性两种。路易斯的共价键理论就是在这样的背景下出现的。

1916年路易斯和德国的柯塞尔（Walter L. J. Kossel，1888—1956）提出着眼于外壳的8个电子的化学键理论（八隅体规则）[34,35]。柯塞尔用圆环原子模型（图4.2）说明了离子键，即电子从一个原子转移至另一个原子，通过静电相互作用而形成键，而重要之处在于特别着眼于外壳被8个电子填满的稀有气体的电子结构。

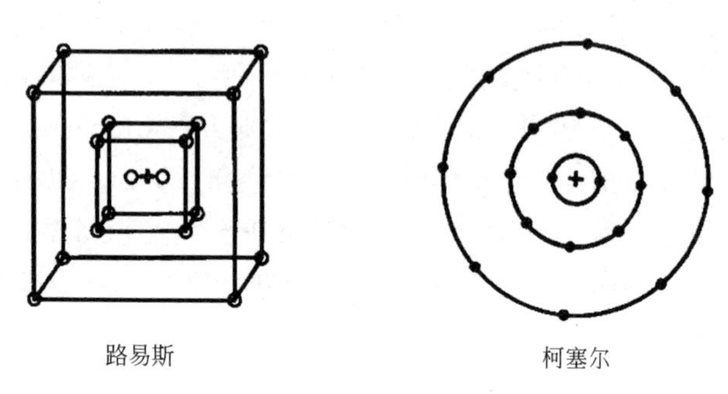

图4.2 路易斯和柯塞尔的氖原子模型（1916年）

路易斯采用了立方体原子模型（图4.2）。在周期表中第二周期的原子中，随着从Li至F向前，电子依序占据立方体的顶点，Ne最外层被8个电子填满而成为稳定的、不活泼的原子。两个原子共有立方体的没有被电子填满的顶点而形成化学键。根据这个观点，对于食盐这样的离子性的盐类，钠原子给出最外层的1个电子成为稀有气体原子结构的正离子，氯得到1个电子成为稀有气体结构的负离子。这和X射线解析的结果也是一致的。像F_2这样的双原子分子的键，可以用2个原子共用立方体的棱及其两端的2个电子来解释。氢原子间的键可以这样解释：氢原子以2个电子构成稳定的立方体，与另一个氢原子共用2个电子。更进一步，像O_2这样的双原子分子中，可以认为2个立方体共用4个电子形成双键。像这样，HCl、H_2O、NH_3、CH_4、CCl_4等分子中的键都可以说明。不过，他的观点显然也有问题。这个模型中不能处理三键，所以就无法说明N_2分子的键。另外，他将电子看成静止的来处理，而这与物理学家把电子看作是在运动的来处理的构想是相违背的。他提出用:表示化学键，用通常的元素符号表示含内层电子的原子的核。H_2、HCl、H_2O、NH_3、CH_4可以如下表示。

```
                             H       H       H
H:H   H:Cl:   :F:F:        H:N:    H:O:    H:C:H
                             H               H
```

路易斯的立方体原子模型是短命的，但这一键的表现方式此后在化学教科书中广泛使用直至今日，明确了共价键的本质是2个原子共用1对电子。

1919年朗格缪尔加入化学键理论领域，改良和拓展了路易斯的学说，并使之传播于世[36]。朗格缪尔引入了共价键（covalent bond）这一术语，在美国各地和欧洲就化学键发表演讲。他将周期表中元素的电子排布成2、8、18、32电子的层，并试图以最外层填入8个电子就会稳定化来说明元素的化学性质。当时朗格缪尔已经因在表面化学领域的开创性业绩成名了。他尊重路易斯在化学键理论上的优先权，不过路易斯的理论还是被人们称作路易斯-朗格缪尔理论。路易斯不喜欢如此，两人关系开始恶化，1922年以后朗格缪尔从化学键理论中退出。1923年路易斯写了《价键与原子结构》(《Valence and the Structure of the Atom》）一书[37]，这本书作为化学键理论的名著具有很大影响力。

20世纪初，物理学家和化学家都对原子结构抱有兴趣并投入研究，他们对原子的印象不同，分别对原子的不同性质感兴趣。正如在上一章所说明的那样，物理学家的第一兴趣是原子光谱的解释，由此诞生了玻尔原子模型，s、p、d等不同的原子轨道的概念。化学家想要说明元素的化学性质，出现了填入8个电子的壳层观点。1921年英国的伯里（Charles R. Bury，1890—1968）根据化学的证据，提出了电子在可以保有2、8、18、32个电子的层中依序排布的观点，这与玻尔提出原子结构处于相同的时期。在1923年路易斯的书出版的时候物理学家和化学家关于原子结构的印象趋同了。

路易斯理论的重要之处是为化学家提供了视觉化地来把握原子和分子的电子结构与化学键的途径。他的想法对之后的有机电子理论的发展也产生了很大影响，即使现在化学的入门书中也在广泛使用着。不过他对化学键的直观的把握方式在重视严谨性的物理学家中不太受好评。

路易斯理论的进一步拓展是由牛津大学的西奇威克（Nevil V. Sidgwick，1873—1952）完成的。他指出，在有的化合物中与键关联的电子对由同一原子提供，将这种键命名为配位键。如后所述，配位键对理解维尔纳配合物中的电子状态特别有用。例如，在六氨合钴配合物中，认为6个氨分子分别提供1对孤对电子给钴，12个电子进入外层，与氨的氮原子形成键。

4.3.2 原子价键法

理解化学键的本质对化学而言是最基本的，然而在量子力学出现之前这是不可能的。不过，薛定谔方程即使对氢分子也不能严密求解，所以只能依赖近似的方法。最初的量子力学上的近似处理是1927年由德国物理学家沃尔特•海特勒和弗里茨•伦敦对氢分子的共价键所做的称作原子价键法的方法[38]。他们用构成氢分子的2个氢原子A、B的1s轨道的波函数$\psi_{1sA}(1)$和$\psi_{1sB}(2)$的乘积表示氢分子的电子的波函数ψ。1和2表示各个电子，因为两个电子无法区分，所以将电子轨道的波函数ψ表示成：

$$\psi = C[\psi_{1sA}(1)\psi_{1sB}(2) + \psi_{1sA}(2)\psi_{1sB}(1)]$$

专栏10

G. N.路易斯与朗格缪尔之间的争执

实验中的G. N.路易斯（1944年）

在优秀的科学家之间，因为竞争或意见相左而产生不和的事情屡屡发生。20世纪前半叶美国的代表性物理学家G. N.路易斯和朗格缪尔的关系就是这样一个例子。于是关于路易斯的死因出现了各种各样的臆测。

1946年3月23日星期六的下午，70岁的G. N.路易斯被发现在实验室的真空系统前倒地身亡。附近充满氢氰酸气体。公告中说在实验中因心脏麻痹倒地身亡，当时使用的气体容器破裂氢氰酸气体泄漏出来了，就此做了了结，但关于其死因也有包括会不会是自杀等各种臆测。那天下午他和某个客人一起用完午餐，闷闷不乐地回来，然后去了实验室，不一会儿就被发现倒地了。于是到了近些年已经弄清了事实上当时在一起用午餐的是朗格缪尔。朗格缪尔那天是因为在加利福尼亚大学接受名誉博士称号来到了伯克利，与伯克利大学里包括路易斯在内的少数几个重要相关人员一起共进午餐。

路易斯和朗格缪尔从20世纪10年代末前后起就因不和睦处于排斥关系。路易斯比朗格缪尔年长6岁，是化学热力学和化学键理论研究的先驱者，被尊为美国化学界的长老，但没有获得诺贝尔奖。另一方面，朗格缪尔年轻，作为表面化学的开拓者得到认可，已经在1932年获得了诺贝尔奖。路易斯和朗格缪尔都有在格丁根大学能斯特研究室留学的经历，最初关系友好。但是，1919年朗格缪尔加入化学键理论领域以来，两人的关系恶化。1916年路易斯在《美国化学会志》(《Journal of American Chemical Society》）上发表“Atoms and Molecules”的论文后，因军务暂时离开了研究。他原本打算稍后再更详细地发表关于化学键的观点，但没能马上实现。这时朗格缪尔加入进来，发展并精炼了路易斯的观点，使之广为传世。朗格缪尔外向，是社交型性格的人，也很擅长演讲，所以他博得了人气，共价键的理论就被称作“路易斯-朗格缪尔”理论。但自己最初提出的理论并列写上了朗格缪尔的名字，对路易斯来说是难以接受的。

像路易斯这样做出很多重要贡献的化学家为什么没有获得诺贝尔奖呢？有关50多年前遴选的资料已经可以查阅了，因此事情就明朗起来。诺贝尔奖由全世界的科学家提出推荐，但决定则由瑞典遴选委员会做出。不可否认遴选委员会个人的主观性和偏好对判断有很大影响。科菲（Coffey）在《Cathedrals of Science》一书中就路易斯为什么没有获得诺贝尔奖做了记载。路易斯是一个性格内向的人，不喜欢在自己熟悉的伯克利圈子之外去与人交往。因此在伯克利很孤立，在欧洲学者中也没有知己，在遴选委员会中没有强有力的推荐人。他每年都作为诺贝尔奖候选人推荐，但都以决定性的业绩不够为由继续搁置。另外，他把研究领域在化学热力学、化学键理论、同位素、光化学中变换，这也对他有不利作用。20世纪20年代他以化学热力学成为候选人的时候，他已经离开了这个领域。以化学键理论成为候选人的时候，量子力学的理论出现了，路易斯的键理论被认为落后于时代了。委员会没有评价路易斯的直观的电子对的观点对包括有机化学在内的化学学科所产生的巨大冲击。关于同位素，曾传言他会与尤里共同获奖，但这也没有实现。有关光化学，被以时期尚早而退回。不过，很容易想象当看到朗格缪尔、尤里这些年轻人获得诺贝尔奖的时候，路易斯的自尊心会受到伤害。

路易斯的死因恐怕不是自杀吧。但是，在伯克利自己的主场地，关系不和睦的朗格缪尔被授予了名誉博士称号，自己不得已和他共进午餐，路易斯因受到心理上的压抑而意志消沉也就没有什么不可思议了。足可以认为这种压抑导致他心脏麻痹。

也考虑电子自旋效果，将氢分子的能量作为核间距的函数计算（图4.3）。在这里系数C根据电子的存在概率在整个空间的积分等于1来确定。他们根据这一计算，对于电子自旋反平行的基态成功地得到了实测值的约2/3的键能（将分子解离成各个原子所需要的能量可以近似地用分子内各个键能的总和表示）。这是首次阐明阿伏伽德罗假说所假设的双原子分子的键的本质的划时代研究。该计算的键能由两项组成。一项是称作库仑能的能量，是用核与电子间的库仑相互作用这一经典的描述可以理解的能量。另一项是称作交换能的能量，在经典的描述中无法理解，它来源于电子不能识别而可以交换。交换能的大小由波函数的重叠程度决定，比库仑能要大得多，它决定化学键的强度（图4.4）。因此，表示化学键本质上是量子力学现象。海特勒-伦敦的化学键的量子力学理论的出现诞生了量子化学这一新的化学领域。此后量子化学被应用于很多化学现象的解释，在20世纪后半叶随着计算机的进步

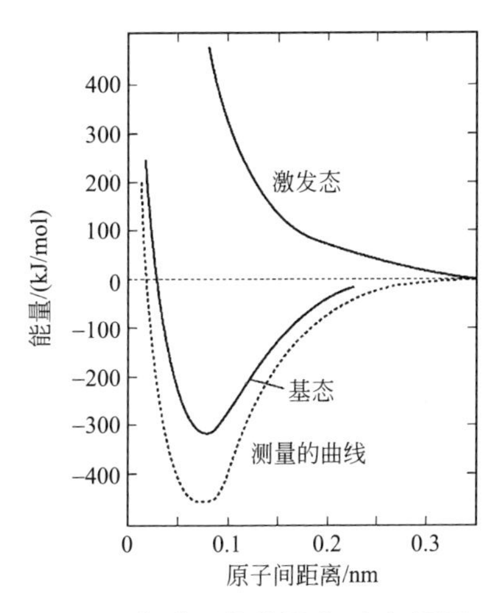

图4.3 氢分子的能量（E）与原子间距离（r）的关系

2个原子在远离的状态下体系的能量为0。体系的能量在r = 0.09nm时最小。实线是根据海特勒-伦敦模型的计算值，虚线是实测值

发展成了一个很大的领域。

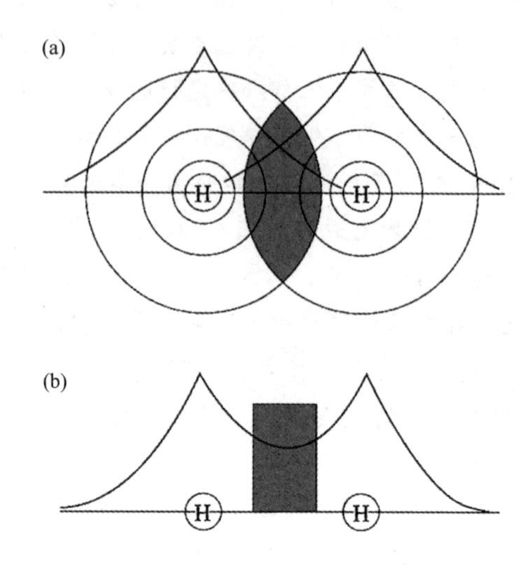

图4.4 表示氢分子中原子轨道重叠的概念图

（a）表示在键轴上和二维平面看到的两个1s轨道的波函数的重叠。

重叠在原子间的区域（阴影部分）大。同心圆表示电子存在概率的等高线。

（b）表示两个原子轨道相互重叠，对应 $\psi = \psi_{1sA}(1) + \psi_{1sB}(2)$

始于海特勒-伦敦理论的现代化学键理论很快被应用于解释很多化合物的键的问题。对化学键理论的发展和普及做出很大贡献的有莱纳斯•鲍林。他推进了X射线和电子衍射广泛应用于分子结构的研究，推进了将量子力学应用于解决结构化学的问题。为了说明很多化合物的结构解析的结果，发展了具有介于离子键和共价键中间性质的部分离子键的概念。金属卤化物中的离子键不是100%离子性的，另一方面HF和HCl的共价键是具有相当程度离子性的键。为了理解这样的键的性质，鲍林在1931年引入了电负性的概念。它表示结合在一起的两种原子吸引电子的能力，它是通过对很多键进行考察得出的，其值可以用不同种类的两个原子A、B之间的键能与A及B所形成的双原子分子的键能的几何平均值的差表示。1934年密立根（Mulliken）提出与鲍林不同的电负性的处理方法。他将原子的第一电离能（从真空中的原子或分子中电离掉一个电子所需要的能量）与其电子亲和能（在真空中中性原子与电子结合时所释放出的能量）之和的1/2作为电负性的标度。鲍林和密立根的电负性大体是成比例的。

1931年鲍林和约翰•斯莱特独立地提出了杂化轨道的概念，说明了甲烷的键和立体结构[39,40]。认为碳的2s轨道上的1个电子上升到2p轨道，1条2s轨道和3条2p轨道形成杂化后的4条sp^3轨道，在这些杂化轨道中的电子与氢的电子配对成键（图4.5）。这样一来就说明了稳定的四面体结构的甲烷。用同样的杂化轨道概念可以说明直线形（sp）、平面三角形（sp^2）结构的分子。进而用含有d轨道的杂化轨

沃尔特·海特勒（Walter H. Heitler，1904—1981）：德国理论物理学家。曾在卡尔斯鲁厄、柏林、慕尼黑各大学学习，师从索末菲。在化学键相关研究之外，还在放射理论、宇宙射线、介子理论等方面留下了很多业绩。曾在格丁根大学当讲师，但1933年因受纳粹追捕而远渡爱尔兰，任都柏林高等研究所教授，第二次世界大战后1949年任莱比锡大学教授。

弗里茨·伦敦（Fritz W. London，1900—1954）：在慕尼黑大学取得了哲学博士学位，但转向了物理学，师从索末菲。曾任柏林大学讲师，在英国的化学企业工作，之后于1939年赴美受聘迪克大学教授。在化学键相关研究之外，还以分散力理论、超导现象理论和超流体氦相关研究而闻名。

约翰·斯莱特（John Clarke Slater，1900—1976）：美国物理学家。在哈佛大学取得博士学位后，又到剑桥大学、哥本哈根大学学习，1930年任麻省理工学院（MIT）教授。在原子、分子、固体的电子状态研究上取得成就。在斯莱特轨道、斯莱特行列式、杂化轨道理论等方面为化学的发展做出了贡献。

道还可以说明平面四方形和八面体结构的分子。这些解释与晶体结构解析结构非常吻合。鲍林的处理方法由斯莱特进一步加固了理论基础。鲍林和韦兰德（George Willard Wheland，1907—1972）在1933年讨论了像苯这样的芳香化合物的处理方法。这是基于不同结构之间的“共振”处理分子的方法，代表分子状态的波函数可以用对应不同共振结构的波函数的线性组合来表示。鲍林的方法有体现化学家直观感觉诉求的优点，作为“化学价键法”被采用，不过在激发态的计算和复杂分子的计算方面有困难。

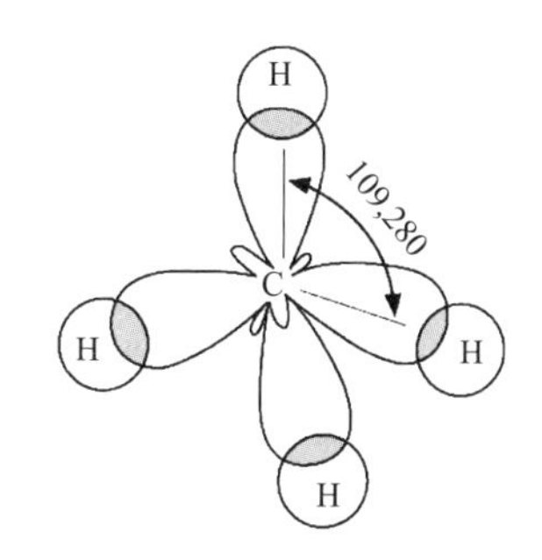

图4.5 甲烷中的碳原子通过 sp^3 杂化轨道成键

1935年鲍林与威尔逊合著出版了《Introduction to Quantum Mechanics with Application to Chemistry》[41]。这作为化学工作者的量子力学入门书广为流传。1939年又出版了《The Nature of the Chemical and the Structures of Molecules and Crystals》[42]，它作为化学键理论的经典，至今仍广为引用。另外，1947年出版的《普通化学》（《General Chemistry》）[43]作为新的化学入门书在全世界流传。

4.3.3 分子轨道法

作为处理分子的电子状态的又一个近似方法，分子轨道（molecular orbital，

弗里德里希·洪特（Friedrich Hund，1896—1997）：出生于卡尔斯鲁厄，在格丁根大学专攻数学、物理学，之后从1929年开始任莱比锡大学教授。1927年引入分子轨道概念对双原子分子的光谱从量子理论的角度进行了解释。以“洪特规则”，即在原子轨道上存在多个电子时，自旋简并最大的状态最稳定这一规则而闻名。

罗伯特·马利肯（Robert Sanderson Mulliken，1896—1986）：毕业于麻省理工学院，在芝加哥大学取得博士学位后，开展同位素的分离研究。1925年留学欧洲，学习当时正在不断发展中的量子力学。1928年引入分子轨道概念说明了双原子分子的光谱。对基于分子轨道法研究分子结构和电子状态的发展做出了贡献，进一步提出了分子间的电荷转移相互作用概念，开拓了统筹理解分子间相互作用和反应的道路。1966年获诺贝尔化学奖。

MO）法是从20世纪20年代开始发展起来的。在海特勒-伦敦的方法中，将成键电子以1对表示，而在分子轨道法中，在属于整个分子的分子轨道中依据泡利不相容原理将每2个电子从能量低的轨道依序填入。1927～1928年弗里德里希·洪特和罗伯特·马利肯独立地用分子轨道法处理了分子的光谱[44,45]。他们引入分子轨道的概念说明双原子分子的电子光谱。使双原子分子的核间距接近，在极限情况下就会成为融合原子。以这个原子作为开始可以处理双原子分子。洪特弄清了双原子分子键中的σ键（由进入键轴对称的轨道，即σ轨道的电子所形成的键）和π键（由进入p轨道的电子所形成的键）的区别。1929年英国的伦纳德·琼斯（John Edward Lenard-Jones，1894—1954）引入LCAO（linear combination of atomic orbitals）法，即用原子轨道的线性组合表示分子轨道[46]。在这个方法中，与分子AB的分子轨道对应的波函数可以近似地用A原子的波函数ψ_A和B原子的波函数ψ_B的线性组合表示，即

$$\psi_{AB} = C_A\psi_A + C_B\psi_B$$

系数C_A及C_B采用变分法（得到薛定谔方程近似解的重要方法。用近似的波函数ψ_1得到的能量E_1相对于真实能量E_0，有$E_1 \geqslant E_0$）确定。

在分子轨道法中，分子的电子结构可以从下面的轨道开始依序填充电子得到。对于氢分子，可以得到2个氢原子的1s轨道的波函数的线性组合，$\psi_g = \psi_{1sA} + \psi_{1sB}$和$\psi_u = \psi_{1sA} - \psi_{1sB}$。其中$\psi_g$的轨道是核间电子密度具有重叠的稳定的成键轨道，$\psi_u$是反键轨道。这些轨道绕分子轴对称，成键轨道称作$1s\sigma_g$，反键轨道称作$1s\sigma_u$。氢分子的基态电子状态是在$1s\sigma_g$轨道上填入2个电子的状态，可以用$(1s\sigma_g)^2$表示（图4.6）。同核双原子分子的电子结构最简单的处理就是将氢分子的处理方法加以拓展

得到。在Li_2中，考虑电子填入2s轨道的分子轨道，在氮和氧分子中，考虑由2p轨道线性组合的分子轨道。像LiH这样的异核双原子分子，分子轨道也可以用H和Li的原子轨道的适当的线性组合得到。受到电子相互作用影响的2电子以上的多电子分子的分子轨道可以和多电子原子一样处理。对于n个电子的近似波函数可以用n次斯莱特行列式表示，并对它求解，就可以得到近似的波函数和能量。根据分子轨道法的化学键和分子状态的研究由洪特、马利肯、赫茨伯格（Gerhard Herzberg，1904—1999）、斯莱特、库尔森（Charles A. Coulson，1910—1974）等很多人做了拓展。

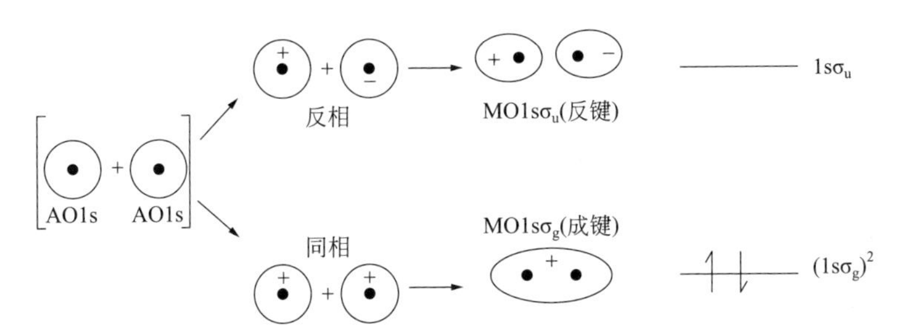

图4.6 由两个原子轨道（AO）构成分子轨道的概念图

下面的轨道是原子间电子密度大的成键轨道，其中两个电子反向自旋平行填入的状态为稳定的基态。上面的轨道表示原子间电子密度小的反键轨道

1931年休克尔将分子轨道法扩展到近似处理像苯这样的芳香族化合物的电子状态[47]。他用苯骨架碳的2p轨道的线性组合表示对应π电子的分子轨道。这被称作休克尔法，打开了分子轨道法应用于解决有机化学问题的道路。采用休克尔法就可以理解芳香性和芳香化合物的反应性等。分子轨道法到了20世纪后半叶对化学的很多领域产生了巨大冲击，不过在计算机出现之前的20世纪前半叶，对复杂分子的处理还受到限制。

罗伯特•马利肯以“采用分子轨道法的化学键及分子电子结构相关的基础研究”获得1966年诺贝尔化学奖。但是，笔者认为在分子结构相关的开拓性研究方面洪特的贡献也很大，如果让洪特共同获得诺贝尔奖就好了。

4.3.4 氢键、金属键

氢键在水和有机酸的聚合、核酸结构等很多领域的化学现象中扮演重要角色。这种键的存在最早是在1912年由摩尔（Tom Sidney Moore，1881—1966）和温米尔（T. F. Winmill）做的推测，1920年拉蒂默（Latimer）和罗德布什（Worth H. Rodebush，1887—1959）用氢键说明了水、氟化氢、氨水、醋酸等的聚合。鲍林解释说氢键起因于电负性大的氟、氧、氮等原子与氢原子之间的静电吸引力。根据氢键的存在就可以说明水、氟化氢、氨水等尽管分子量小但沸点却很高的特异性。

1916年由洛伦兹（Hendrik A. Lorentz，1853—1928）提出的金属的自由电子理论认为自由电子在由原子紧密堆积的固体的间隙中运动。1927年泡利（W. Pauli，1900—1958）拓展了自由电子的量子论，索末菲等进一步发展了基于量子力学的金属结构理论。在钠和铝等典型的金属中，核占据紧密堆积的晶格节点，s、p价电子成为在整个晶体中运动的导电电子。因为这样的电子波函数的扩展所产生的量子力学动能减少是结合能的主要来源。在过渡金属中也可考虑d电子对成键的贡献。

4.3.5 分子极性

电负性不同的两个原子间一旦成键，负电荷集中于负电性的原子，正电荷留在正电性原子上，所以键形成电偶极矩（正负电荷对，例如点电荷 $\pm q$ 仅相距 l 时，该电荷对称作电偶极，ql 称作电偶极矩）。多原子分子的偶极矩可以用各个键的偶极矩的矢量和表示。1914年彼得•德拜推导出了偶极矩和介电常数之间的关系式，根据该关系式他和兰格（L. Lange）通过测定介电常数确定了分子的偶极矩[48]。

从偶极矩可以得到有关分子结构的两个见解。即键的极性程度和分子几何构型。偶极矩大小可以用德拜（D）为单位测量。$\pm e$ 的电荷相距仅0.1nm的距离时的偶极矩是4.8D。HCl的原子间距离是0.126nm，其偶极矩是1.03D。这表示该键的离子性约为1/6。CO_2 的偶极矩是零，表示该分子是直线形的。水分子具有1.85D的偶极矩，但OH键的偶极矩为1.60D，由此可知水分子的键角接近105°。德拜关于极性分子写了一本书《Polar Molecules》，该书作为经典名著闻名[49]。德拜是物理出身，但在20世纪前半叶致力解决化学中的重要问题，在物理化学、化学物理的广阔领域取得了众多开创性业绩。1936年以“采用气体分子的X射线及电子线的衍射研究”获得诺贝尔化学奖。

4.3.6 分子间力

在不形成化学键的原子或分子之间各种各样的力在起作用，这在范德华状态方程中也考虑到了，但关于该力的详细情况到20世纪20年代至30年代才可以理解了。这样的力本质上是来源于静电相互作用。力由势能 U 的梯度给出，在产生力的能量中有下列因素。设相互作用的原子或偶极之间的距离为 r，同时呈现与该距离的相关性。

① 来源于具有真实电荷的离子间的库仑相互作用的能量，$U \propto r^{-1}$。

② 两个永久偶极间的相互作用的能量，$U \propto r^{-6}$。

③ 永久偶极与它对其他分子诱导出的偶极间的能量，$U \propto r^{-6}$。

④ 源于在中性原子或分子间起作用的被称作色散力的能量，$U \propto r^{-6}$。

色散力的直观的说明如下：像氩这样的中性原子，核被电子的负电荷云包围，负电荷云从时间平均上来看是球形对称的，但瞬间会有偏移，可以看作小的偶极子。该偶极子和另外的偶极子相互作用产生瞬间的吸引力。1930年伦敦对该色散力做了量子力学的处理。中性原子或分子凝聚时起作用的、被称作范德华力的力是上述②～④的力。

分子间的距离非常接近的话，一个分子的核及电子云与另一个分子的核及电子云之间的相互作用就会互相排斥，产生$U \propto (r^{-9} \sim r^{-12})$的排斥能。考虑这些相互作用，作为分子间势能的近似，伦纳德•琼斯势能，$U(r) = -Ar^{-6} + Br^{-12}$被广泛采用。像这样的分子间弱相互作用在超分子化学和表面化学等广泛领域的化学现象中扮演重要角色。

4.3.7 采用X射线•电子射线衍射的结构解析

在实验方面支撑化学键理论发展的是由X射线结构解析得到的晶体中的原子间距离和键角有关的知识。1912年劳厄与弗里德里希及克尼平共同用闪锌矿（ZnS）的晶体观测了X射线的衍射。劳厄发展了必要的数学方法来根据晶体内的原子排布重构出现在照相干板上的衍射点。知道了劳厄报告的亨利•布拉格马上设计出根据X射线产生的离子化的量测定X射线束强度的分光仪，与儿子劳伦斯一起开始了研究。1912年劳伦斯•布拉格发现有关衍射的著名的布拉格公式[50]，布拉格父子用一定波长的X射线测定从处于与晶面平行的面上的原子层间反射的X射线，根据来自各个面的反射角确定原子层间距，确定晶体内原子的位置[51]。进而他们又在1915年将傅里叶解析方法引入晶体解析，使通用解析法得到了发展。

在劳厄和布拉格的方法中，单晶（对于任意晶轴，在晶体内的所有部分其取向都相同的晶型固体）样品是必需的，而在1916年和1917年格丁根大学的德拜和谢乐（Paul Scherrer，1890—1969）以及美国通用电气公司的赫尔（Albert W. Hull，1880—1966）提出了采用粉末样品的新方法。在这个方法中，胶片装在圆筒形相机内，来自不同面的衍射线可以在入射X射线周围的同轴圆周上观测。

随着这些解析技术的发展，就可以得到有关晶体和分子详细的知识。最早进行结构解析的是食盐。1914年劳伦斯•布拉格证实食盐呈现面心立方晶格排列的Cl^-和Na^+交互排列的结构（图4.7）。确定了Cl^-和Na^+的中心间距是0.282nm。这个研究显示晶体中的NaCl已经以离子存在，成了阿伦尼乌斯的电离说的强力支撑。同年钻石的结构得以解析清楚，碳的四面体结构和0.154nm的碳原子间距弄清楚了。不过，后来弄清了石墨的结构是1个碳原子以0.142nm的距离与3个碳原子结合，呈正六角形环形成的片以0.340nm的距离重叠，钻石

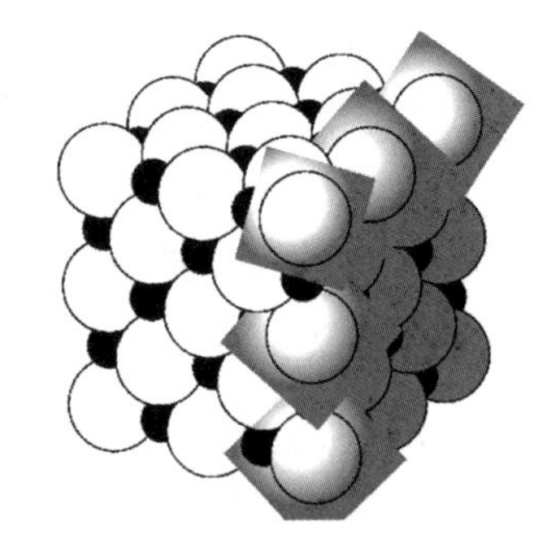

图4.7 食盐的晶体结构模型

白球表示氯离子（Cl^-），黑球表示钠离子（Na^+）。球的半径按各离子的离子半径绘制

和石墨的性质差异可以从晶体结构得到解释。接着很多金属、无机化合物的晶体结构得以研究。在早期研究的物质中有铜、氟化钙（CaF_2）、碳酸钙（$CaCO_3$）、硫化铁（FeS_2）等。在日本，1915年东京大学的西川正治解析了尖晶石（$MgAl_2O_4$）的晶体结构[52]。西川此后在理化研究所率先进行日本的X射线衍射研究，门下的仁田勇从20世纪20年代后期至30年代开展了证实有机化合物的碳原子的四面体结构的研究[53]。

20世纪20年代初萘和蒽等芳香族化合物和氯铂配合物等维尔纳配合物的结构也得以解析清楚。1928年朗斯代尔（Katherine Lonsdale，1903—1971）确定了六甲基苯的结构，探明苯环的C—C键长是0.142nm，介于通常的C—C单键和C═C双键长度之间[54]。这成了支持苯环共轭理论的重要结果。以共价键结合的原子之间的距离是表征键强度和性质的良好指标，通过X射线晶体结构解析的结果就可以详细理解无机化合物和金属配合物中的化学键。

在20世纪20年代盛行金属、合金的晶体结构解析。德拜-谢乐法在金属微结构无序排列的合金的研究中特别有用。在矿物学领域20世纪20年代开始硅酸盐的研究，1924年解析了石榴石的结构。20世纪20年代至30年代的X射线结构解析的应用为无机化学、有机化学、金属学、矿物学的发展做出了很大贡献。

X射线结构衍射的手法不仅是固体，对液体的结构研究也发挥了威力。如果液体是完全无序的，散射理应不出现极大或极小值，然而实际上观测到了极大值。这是因为液体中的分子或离子不是完全无序的，秩序在近距离的分子或离子间残存，X射线衍射成了研究液体结构的有力手段。最有趣的液体结构的一个例子就是水的结构，1933年J.D.伯纳尔（专栏11）和福勒发表了基于X射线衍射的水结构的先驱性研究[55]。以后采用X射线衍射的液体结构的解析就广泛研究起来。

在生物化学上意义深远的复杂有机化合物的结构解析也在20世纪30年代开始，其开拓者也是伯纳尔。他在1937年进行了甾醇的结构解析，指出用有机化学的手法推定出的胆固醇的结构是错误的。1945年牛津大学的霍奇金解明了青霉素的结

西川正治（1884—1952）：1910年毕业于京都帝国大学物理系，1915年在寺田寅彦手下进行尖晶石的晶体结构研究，最先成功解析了具有复杂原子排列的晶体结构。1922年晋升理化学研究所的主任研究员，他的研究室在X射线衍射、电子射线衍射研究方面取得了国际认可的业绩。1951年获文化勋章。

仁田勇（1899—1994）：1923年从东京大学化学系毕业后，进入理化学研究所西川研究室，着手采用X射线进行有机化合物的晶体结构解析研究，一生伴随此研究。1933—1960年任大阪大学教授，1960—1968年任关西学院大学教授。1970年解明了河豚毒素的结构。1966年获文化勋章。

构。关于生物大分子，在20世纪30年代初利兹大学的威廉•阿斯特伯里就已经开始了像角蛋白这样的纤维状生物大分子的结构解析。另外，柏林皇家研究所的迈克尔•波兰尼（Michael Polanyi，1891—1976）也从20世纪20～30年代通过X射线衍射研究纤维的结构。多罗西•克劳福特（婚后称霍奇金）（专栏16）和伯纳尔于1934年在剑桥大学从胃蛋白酶晶体观测到了衍射图像[56]。1937年佩鲁茨在剑桥大学开始了血红蛋白的结构解析研究。像蛋白质这样复杂的生物大分子的X射线结构解析用当时的X射线衍射技术终究是不可能实现的，但在英国开始的这种被认为是鲁莽的先驱性研究在第二次世界大战后结出了果实，关系到分子生物学、结构生物学的诞生。

气体的电子射线衍射的理论处理是1915年由德拜进行的，但实验是在1930年由德国物理学家威尔（R. Wierl）开始的[57]。即使是无序排列的分子也可以在干涉图上观测到极大或极小值，通过解析它就可以确定分子内的原子间距。另外，如果知道了分子中相邻原子间的距离，也能计算键角。气体电子衍射作为比较小的分子的结构鉴定法是有用的。

因为电子射线带有负电荷，所以作为研究物质结构的手段具有X射线没有的优

约翰•德斯蒙德•伯纳尔（John Desmond Bernal，1901—1971）[56]：英国晶体学家。毕业于剑桥大学，历经皇家研究所、剑桥大学讲师后，受聘伦敦大学教授。因采用X射线衍射进行各种物质的结构解析以及生命起源和水的结构的研究而闻名。作为《科学的社会功能》和《历史中的科学》的作者也有名。（参照专栏11）

威廉•阿斯特伯里（William Thomas Astbury，1898—1961）：就读于剑桥大学，毕业后到皇家研究所亨利•布拉格的手下进行X射线衍射晶体解析的研究。1928年调往利兹大学，在那里开始了角蛋白和胶原蛋白等纤维状蛋白的X射线结构解析，成了生物大分子X射线结构解析的先驱者。

恩斯特•鲁斯卡（Ernst Ruska，1906—1988）：曾在慕尼黑工业大学学习，1934年在柏林工业大学取得博士学位。1937年进入西门子公司从事电子显微镜的开发。1955—1972年任弗里茨•哈伯研究所显微镜部部长。1931年最先开始开发电子透镜，1933年开发出世界上最早的电子显微镜。1986年获得诺贝尔物理学奖。

马克斯•克诺尔（Max Knoll，1897—1969）：德国电气工程学家。曾在柏林工业大学学习，在高电压研究所取得博士学位。1927年成为电子研究所团队的负责人，与卢斯卡在1931年共同开发出电子显微镜。1932年进入电讯公司投入电视的开发。

点。即将磁场和电场适当组合就能作为对电子射线的透镜，就可以制作用电子射线代替光的显微镜。电子射线具有的波长可以比可见光波长短，因此与光学显微镜相比可以观测微小得多的结构。电子显微镜在1931年由柏林工业大学的恩斯特•鲁斯卡和马克斯•克诺尔开发出来，1939年西门子公司制造出最早的商品。第二次世界大战后，电子显微镜被用于广阔的科学领域，发挥了很大威力，不过鲁斯卡获得诺贝尔物理学奖却是在电子显微镜开发出后经过了半个世纪的1986年，这时共同研究者克诺尔已经去世。不可否认考虑到电子显微镜对整个科学的巨大影响，这个诺贝尔奖给人来得太迟的印象。

专栏11

J. D.伯纳尔：科学圣人的遗产与复杂性[57]

在科学家中，有人发挥出令人惊讶的才能，在多个方面都很活跃。J. D. 伯纳尔（1901—1971）就是这样的一个人物。关于他的科学成就本书中提及多次。作为X射线晶体学家的他1934年和克诺尔一起拍摄了胃蛋白酶的衍射照片，开启了球状蛋白质的X射线晶体学的研究。还指出了温道斯给出的胆固醇结构是错误的，证实了X射线解析对复杂的有机化合物的结构解析是不可或缺的。有人认为这些业绩是值得诺贝尔奖的，但他太多才、兴趣对象广泛，不能集中于一件事情，所以没能完成可以获得诺贝尔奖那样的工作，这是最有见地的评价。

手持X射线装置的伯纳尔

2005年有关这个传奇般人物的浩瀚传记出版了[57]。该书描绘了伯纳尔具有超群知识能力，同时充满了具有复杂性格人物的波澜壮阔的人生。

J. D. 伯纳尔1901年出生在爱尔兰，父亲是西班牙系犹太人改宗的天主教信奉者，是一个农场经营者，母亲是斯坦福大学出身的、有教养的美国女性。伯纳尔在爱尔兰接受了初等教育，在英格兰寄宿学校接受了中等教育，进入剑桥大学最初专攻数学，但中途将专业变更为自然科学直至毕业。毕业研究进行与空间群有关的划时代的研究，因而能力得到认可，1923年在亨利•布拉格任所长的皇家研究所谋得职位，开始了其晶体学家的生涯。剑桥大学在学期间读了历史、艺术、社会、政治等广泛领域的书，以令人惊讶的理解力和记忆力吸收知识，以没有不知道的事情的博学和闪光的知性令周围的人倾慕，被人以圣人（Sage）的绰号相称。另外，从虔诚的天主教徒变成马克思主义者，与活动家群体也有交往。

因20世纪20年代至30年代中期的X射线晶体学的先驱性研究，作为科学家的实力得到了认可，从剑桥大学的讲师出道，1938年成了伦敦大学•贝伯克学院的教授，年纪轻轻就被选作皇家学会的会员。但是第二次世界大战一开始，盯上了他超强知识能力的英国政府任命他为国防委员会的一员，他离开科学为国防和作战计划而奔忙。最初作为炸弹和防爆专家，接着从1942年2月起作为统合参谋本部部长蒙巴顿的顾问，参与各种各样的作战计划的立案。其中最重要的就是参与联合军登陆进攻作战，伯纳尔对联合军预定登陆的海岸进行了详细考察，制成详细的海图帮助了登陆作战。

伯纳尔是一个具有丰富想法的人，并毫不吝啬地将它给予周围的人。他的最佳资质就是有想法、抢先、激发和鼓舞周围的人。为他的非凡领导力所倾倒的克劳福特•霍奇金，在他手下开始血红蛋白研究的佩鲁茨、受他刺激成了结晶学家的肯德鲁等受他影响的人为结构生物学的诞生和发展做出了巨大贡献，获得了诺贝尔化学奖。

但是，关于伯纳尔也有不可理解的事实。他在20世纪30年代成了狂热的共产主义者。这个事情本身也没有什么不可思议的。这是因为第一次世界大战和大萧条使资本主义思想幻灭，英国很多知识分子被共产主义所吸引。不过随着苏联共产主义实体的明朗，很多人的幻想破灭而远离了共产主义。尽管如此，伯纳尔直至最后都信奉共产主义。在苏联，发生遗传学争论，得到斯大林支持的李森科（Trofim Lysenko，1898—1976）肃清反对派时，西方的左翼科学家也反对李森科，而伯纳尔忘记了科学的批判精神继续支持李森科。为什么像他那样具有辉煌知性和人性的人物却赞美非人性的斯大林时代的苏联、支持李森科说呢？笔者在此感到人类难以琢磨的复杂性。

4.3.8 分子分光学与结构化学

自基尔霍夫和本生将分光法引入化学研究（参照2.5节）以来，分光法用于元素的同时测定和分析积累了大量的光谱图和数据。但在量子力学出现之前还完全不可能理解光谱的起源。正如已经叙述的那样，理解原子光谱的尝试成了促进量子力学发展的主要因素，而量子力学的出现又开辟了理解分子光谱的道路，从1930年前后开始，分子分光学作为物理化学的一个分支领域获得了很大发展。观测到的光谱可以从基于量子力学的计算解析。很多场合，由玻恩-奥本海默近似就可以将与电子相关的部分和与核相关的部分的波函数近似地分离后处理，所以对于电子的波动方程可以用固定核的排布计算，得到关于电子状态的见解。通过解对应核运动的波动方程就可以得到分子振动和转动状态相关的详细信息。

分子振动最简单的模型是谐振子（从一个定点接受与距离成比例的力做直线运动的质点的运动称谐振，做这样振动的振子称谐振子）模型，它给出等间距的振动能级，但实验观测到的振动能因为振动的非协调性，能级变高，随之间隔变小。1929年莫尔斯引入称作莫尔斯函数的势能函数（势能就是位置能，表示它的函数就称作势能函数），近似地处理了非协调性。多原子分子的振动可以用称作基准振动的振动来解释。将转动和振动进一步近似分离后处理，对应刚性体转动的波动方程对对称陀螺分子（主惯性模量中两个相等的陀螺为对称陀螺，轴对称的陀螺就是这样的例子，在这样的分子中采用）、非对称陀螺分子的非直线型分子也可求解，可以得到转动能级。于是至20世纪30年代初就可以理解被量子化的分子能级了。作为例子，图4.8表示CO的能级。电子状态间、振动状态间、转动状态间的能量差分别对应可见-紫外光、红外光、微波能。分子在量子化的能级间跃迁时产生电磁波的发射和吸收。1917年爱因斯坦拓展了有关电磁波发射和吸收的一般理论，推导出吸收和诱导发射以及自然发射的概率间的关系[59]。量子力学一出现，这种跃迁概率就可以近似地采用摄动论（摄动法就是电场和磁场产生的摄动比体系能量小时，获得近似波函数的方法）的方法给出，据此弄清了有关状态间跃迁的选律。于是就可以将电磁波的吸收和发射强度与电磁波的波长对应，以光谱形式来观测的分子光谱学作为提供与分子相关的详细信息的强有力手段登场了，结构化学得以发展。

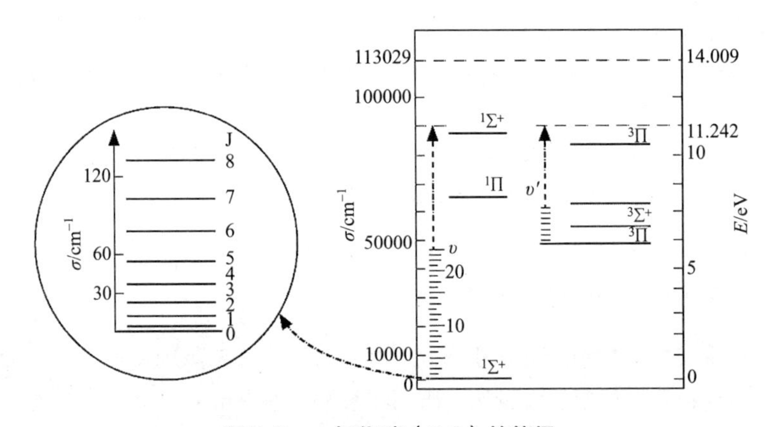

图4.8 一氧化碳（CO）的能级

右侧长方形框内表示电子能级及振动能级（左端的密能级）。
左侧圆圈内表示转动能级，图放大了500倍

电子光谱可以根据假设在电子状态间的跃迁中，核间距不变的弗兰克-康登原理（1926年）做出解释。在双原子分子气体中的电子光谱不仅包含了电子状态的信息，也包含了振动能级的详细信息，根据其解析可以得到原子间距和解离能。对3原子以上的简单多原子分子也可以得到有关分子结构的详细了解。在20世纪30年代很多物理学家、物理化学家都在研究分子的电子光谱，但其中做出显著贡献的是格哈特•赫茨伯格。特别是根据短寿命自由基的高分解能光谱解析阐明其结

构的工作，对化学反应理论、光化学、天文学都产生了很大冲击，他因这个业绩在1971年获得了诺贝尔化学奖。他所著的《Atomic Spectra and Atomic Structure》（1937），《Molecular Spectra and Molecular Structure》Ⅰ（1939）、Ⅱ（1945）、Ⅲ（1966）是网罗了该领域文献的经典名著。

在观测振动能级间跃迁的振动光谱中，有红外光谱和拉曼光谱。二者都是根据振动的详细解析得到有关键距和键能、分子内势能等信息。在红外光谱法中，将红外线照射在测定对象物质上，测定其吸收。振动能级间的跃迁出现在近红外区，提供振动-转动光谱。根据转动结构的解析可以得到原子间距离。分子的固有振动频率因分子结构而不同，但分子内的OH、NH、CH、C—C、C═C、C═O等键显示特有振动频率的吸收，所以红外光谱也可以用来进行有机化合物的鉴定。拉曼光谱法是利用光照射在物质上时产生的称作拉曼散射的散射光技术。将光照射在物质上，散射出来的光几乎都是和入射光相同振动频率的光。但是散射光的一部分为偏离入射光振动频率的光。以拉曼效应著称的这一现象1928年由印度加尔各答大学的钱德拉塞卡拉•拉曼和克利希南（K. S. Krishnann，1898—1961）发现[60]。拉曼等用透镜将太阳光聚焦得到强力的光源，用它照射在各种液体及蒸气样品上，用光学滤光片观测与入射光不同振动频率的散射光。拉曼散射来源于物质中的原子和离子、分子的振动和转动，所以根据入射光和散射光的频率差异就可以得到有关分子振动和转动的信息。在红外光谱和拉曼光谱中选律不同，所以二者是相互补充的。在拉曼和克利希南的发现之后，拉曼效应立即被其他研究者重复和确认，在20世

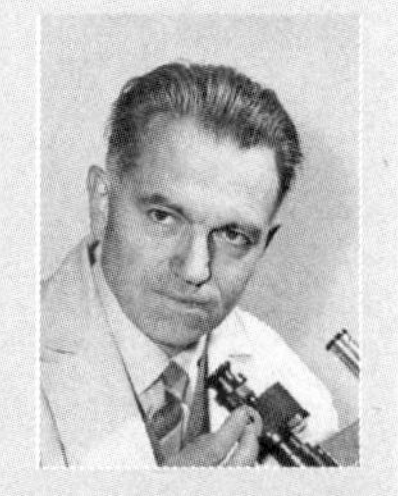

格哈特•赫茨伯格（Gerhard Herzberg，1904—1999）：出生于德国汉堡，在达姆斯塔特工业大学学习，在格丁根大学的弗兰克和玻恩手下做过研究，之后在达姆斯塔特大学任讲师，受纳粹迫害于1935年去加拿大，任萨斯喀彻温大学教授。1945年起的3年间受聘芝加哥大学叶凯士天文台教授，之后转至渥太华的加拿大国立研究机构，在这里开展双原子分子和自由基的光谱研究，在分子的电子排布以及几何结构的确定方面取得了很大成就。另外，在星间分子的分光学研究方面也开展了先驱性的研究。1971年获诺贝尔化学奖。

钱德拉塞卡拉•拉曼（Chandrashekhara Venkata Raman，1888—1970）：出生于印度南部的特里奇诺波利，在马德拉斯大学接受物理教育，1907年取得艺术硕士（MA）学位。之后到印度财政部上班，在附近加尔各答印度科学振兴协会继续研究。1917年就任加尔各答大学的物理教授，在这里继续光的衍射、散射现象的研究，直至拉曼散射的发现。1930年获诺贝尔物理学奖。

纪30年代被用于分子结构的研究。与拉曼和克利希南同一时期，苏联的兰兹伯格（G. Landsberg，1890—1957）和曼德尔斯坦（L. I. Mandelstam，1879—1944）用固体样品也发现了相同的效应，拉曼的功绩得到广泛认可，他于1930年获得诺贝尔物理学奖。

来自转动能级间跃迁的纯转动光谱在轻分子中处于远红外、在重分子中处于微波区域。第二次世界大战中为了开发雷达，微波技术获得了进步，它被用于战后的科学研究。在20世纪40年代末出现了微波光谱，转动光谱的研究也兴盛起来。

4.3.9 电子和核的磁性与磁共振

电子因自旋而具有固有的角动量，与之对应具有$\boldsymbol{\mu} = -g_e\mu_B\boldsymbol{S}$的磁矩。这就是人们传统印象中的电子自旋时产生的磁矩。在这里，μ_B为玻尔磁子（电子具有的磁矩的单位，$\mu_B = eh/(2m) = 9.274 \times 10^{-24}$J/T），$g_e$是被称作$g$值的常数。在外磁场下，自旋角动量也被量子化，在磁场方向上允许的值是$\pm(1/2)h/(2\pi)$。因此，在强度B的磁场中电子的能量因为与磁场的相互作用分裂成2个，即$\pm(1/2)h/(2\pi)$（图4.9）。奇数质量数的原子核全部具有用1/2的奇数倍值的量子数I表示的自旋，与之对应拥有核磁矩$\boldsymbol{\mu}_N$，所以在磁场中$\boldsymbol{\mu}_N$在磁场方向上的成分与电子的情况一样取量子化的值，能量分裂成$-g_N\mu_N M_I(I = I, I-1, \cdots, -I)$的$2I+1$。磁共振就是观测在磁场中分裂的自旋能量相邻的能级间的电磁波所产生的跃迁，电子的场合就是电子自旋共振（ESR），核的场合就是核磁共振（NMR）。在电子自旋的场合，在数千高斯的磁场中跃迁必需的电磁波是微波，在核自旋的场合是电波。

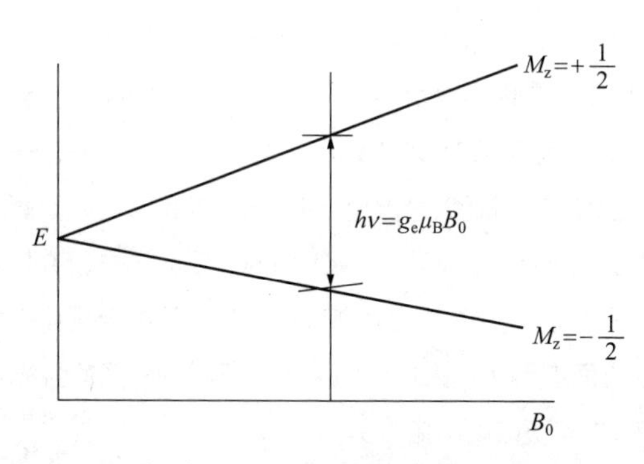

图4.9 自旋量子数（S）因与1/2电子的磁场相互作用产生的塞曼分裂

横轴为磁场强度B_0，纵轴为能量E。在磁共振法中观测在磁场中分裂的两个能级之间电磁波或微波的跃迁

磁共振最早的成功实例是在1938年纽约哥伦比亚大学的伊西多•拉比用氯化锂的分子线确定核磁矩，这是核磁共振的开始[61]。凝聚态的磁共振在20世纪30年代已经由荷兰的霍尔特（Evert Gorter，1881—1954）预测到，苏联的扎沃伊斯基在1944年首次成功地用锰、铬、铜盐进行了ESR测定[62]。第二次世界大战后牛津大

伊西多·拉比（Isidor Isaac Rabi，1898—1988）：出生于现今波兰的雷马努夫，是一个贫穷的犹太移民的儿子，在纽约长大，获得奖学金进康奈尔大学学习化学，1927年在哥伦比亚大学取得博士学位。之后到量子力学不断发展的欧洲跟随玻尔、海森堡、斯特恩等学习，回国后将磁共振法与斯特恩的分子线法组合，成功地准确测定了原子核和分子的磁矩。1944年获诺贝尔物理学奖。

Y. K. 扎沃伊斯基（Yevgeny Konstantinovich Zavoisky，1907—1976）：出生于俄罗斯的莫吉列夫·波多尔斯基，在喀山大学学习物理。1933年任实验物理学副教授，开始物质的电磁波吸收研究，1944年用锰、铬、铜盐成功地观测了电子自旋共振。

学的布利尼（Brebis Bleaney，1915—2006）领导的团队对永磁性盐的ESR开展了大量研究，奠定了ESR的基础，此后就广泛应用于化学中。凝聚态的NMR在战后的1946年由哈佛大学的珀塞尔（E. M. Purcell，1912—1997）团队和斯坦福大学的布洛赫（Felix Bloch，1905—1983）团队独立发现。20世纪后半叶NMR取得惊人的发展，在化学中成了最重要的分析手段之一，有关这些将在下一章详述。

4.4 物理化学（Ⅲ）：化学反应论与胶体·表面化学

4.4.1 化学反应论的发展

化学反应理论即使进入到20世纪也没有多大进展，最早出现的是热力学反应论，接着是基于碰撞理论的反应论，然后到了20世纪30年代是统计力学的反应论，即过渡状态论，总算打开了从理论上理解化学反应的道路。在19世纪后半叶，普方德勒（Leopold Pfaundler，1839—1920）、范特霍夫、阿伦尼乌斯已经有了被活化的分子参与反应的观点。

法国物理化学家雷内·马塞兰（Rene Marcelin，1885—1914）在1910年用亲和力（2.8节）表示反应速度[63]。将马塞兰的亲和力换成吉布斯自由能，化学反应速度就可以用下式给出：

$$v = C[\exp(-\Delta G_1^{0\neq} / RT) - \exp(-\Delta G_{-1}^{0\neq} / RT)]$$

雷内·马塞兰（Rene Marcelin，1885—1914）：英年战死的法国天才物理化学家。在巴黎大学理学院发展了基于热力学及统计力学的化学反应速率理论，1914年引入反应中的势能面的观点。另外，在表面化学方面也做了先驱性的研究。

在这里，$\Delta G_1^{0\neq}$、$\Delta G_{-1}^{0\neq}$ 为活化自由能，下标1表示朝着活化状态的反应，–1表示其逆反应。20世纪20年代，斯海弗（Frans E. C. Scheffer，1883—1964）等荷兰化学家发展了这一观点，他们引入了活化熵（$\Delta S^{0\neq}$）和活化焓（$\Delta H^{0\neq}$）的概念，将反应速率常数表示成：

$$k = \nu \exp\left(\frac{-\Delta S^{0\neq}}{RT}\right)\exp\left(\frac{-\Delta H^{0\neq}}{RT}\right)$$

但是，没能赋予ν明确的含义。

海德堡大学的特劳茨（Max Trautz，1880—1960）和利物浦大学的麦卡拉•路易斯（McCullagh Lewis，1885—1956）在1916～1918年假设在气相发生的反应是因分子碰撞所致，采用碰撞理论将反应速度定式化[64]。他们的理论是在气相中的单分子反应（只有一个分子参与的反应。典型的实例是激发态分子自发解离或异构化的反应）源于容器壁的红外辐射这样一个思想框架中构建的。这一观点激发了很多实验家，但逐渐认识到了其错误，在20世纪20年代中期被抛弃。但是，他们认为反应速度由分子碰撞频率所决定，所以，这个理论是有用的。路易斯根据克劳修斯的分子运动论，计算了可以看作刚性球的分子A和分子B之间在单位时间、单位体积中的碰撞次数，假设只有具有足够能量E_a的碰撞才会反应，其比例可以用$\exp\left(-\frac{E_a}{RT}\right)$给出，则可得到下式给出的反应速率常数。

$$k = N_0 d_{AB}{}^2\{8\pi k_B T(m_A + m_B)/(m_A m_B)\}^{1/2}\exp\left(-\frac{E_a}{RT}\right) = Z_{AB}\exp\left(-\frac{E_a}{RT}\right)$$

在这里，N_0是单位体积中的分子数，d_{AB}是分子A和B的半径之和，k_B是玻尔兹曼常数，m_A和m_B分别是分子A和分子B的质量。Z_{AB}是分子碰撞数。路易斯将该公式应用于反应$2HI \rightarrow H_2 + I_2$，得到的结果与实验值非常一致，不过后来发现在很多反应中与实验值有很大差异，说明用单纯的碰撞理论不能理解反应速度。特别在复杂分子的场合，差异有时达到10的几次方。在20世纪30年代欣谢尔伍德（Hinshelwood，1897—1967）和马尔文•休斯（Emyr Alun Moelwyn-Hughes，1905—1958）引入校正因子p，用pZ_{AB}代替Z_{AB}。p对每一个反应都不相同，一是要考虑为了发生反应，分子必须以适当的立体分布发生碰撞。单纯的碰撞理论显然是不满足的，但在化学反应理论的发展中碰撞理论起了重要作用。为了解释碰撞理论的预测值与实验值之间的差异所做的努力诞生了更加成熟的理论。

在20世纪前半叶化学反应理论的发展中，最重要的是过渡态理论的出现。1914年马塞兰将化学反应看成相位空间中点的运动，运用吉布斯的统计力学的方法表示了反应速度[65]。但是马塞兰在第二次世界大战中不幸战死，没能再发展该理论。1919年黑尔茨费尔德（Karl Herzfeld，1892—1978）将统计力学用于平衡反应求出了解离反应的速度[66]：

$$k=\frac{k_{\mathrm{B}}T}{h}\left[1-\exp\left(1-\frac{h\nu}{k_{\mathrm{B}}T}\right)\right]_{\mathrm{e}}^{-E/(RT)}$$

在这里，ν是键的振动频率，h是普朗克常数。

1931年柏林大学皇家研究所的亨利•艾林和迈克尔•波兰尼对反应$H+H_2 \rightarrow H+H_2$，用半经验的量子力学方法计算了反应过程中的三维势能曲面（分子的电子状态能E是表示分子内原子排布的内部坐标的函数，将E作为内部坐标的函数表示出的图就是势能曲面。通常绘图时只有1个或2个内部坐标为变数，剩下的内部坐标都固定不变）[69]（图4.10）。次年格丁根大学的佩尔兹（H. Perzer）和维格纳（Eugene Paul Wigner，1902—1995）着眼于鞍部讨论了反应体系势能面的跨越，得到了对应反应速度的公式[70]。

在这样的背景下，1935年普林斯顿大学的艾林以及曼彻斯特大学的波兰尼和埃文斯（M. G. Evans，1904—1952）提出可以适用于广泛的化学及物理过程的过渡态理论[71,72]。该理论的精髓在于假定以接近势能面鞍部的点表示的活性配合物与反应物处于准平衡状态，用统计力学的方法计算活性配合物的浓度。反应速率常数k可以用下式表示：

亨利•艾林（Henry D. Eyring，1901—1981）：出生于墨西哥，是一个摩门教徒的儿子。在亚利桑那州立大学学习后，1927年在加州大学伯克利分校取得博士学位。1931年任普林斯顿大学教授，1946年起任犹他大学研究生院院长。在理论化学的广阔领域留下了卓越的业绩，化学反应理论的研究，特别是过渡状态论在化学的广阔领域产生了重大影响。还有1944年与沃尔特（Walter）和金伯尔（Kimball）出版了合著《Quantum Chemistry》[67]，这本书作为量子化学的入门书与鲍林的书一起长期为人拜读。1941年与格拉斯顿（Glasstone）、莱德勒（Laidler）共同出版的《The Theory of Rate Processes》[68]也在全世界广泛流传。

迈克尔•波兰尼（Michael Polanyi，1891—1976）：出生于匈牙利的布达佩斯，在布达佩大学学医，但获得进哈伯研究室学化学的机会而成了化学家。第一次世界大战后，当上了哈伯的皇家研究所的部门主任，从20世纪20年代至30年代，活跃于化学反应理论、X射线衍射、表面科学等物理化学的广阔领域，1933年逃离纳粹德国去了英国，在曼彻斯特大学继续研究。第二次世界大战后转向哲学、社会学，提倡“意会认知”的重要性，成了著名的哲学家。

$$k=\frac{k_B T}{h}\frac{q^{\neq}}{q_A q_B}\exp\left(-\frac{E_0}{RT}\right)$$

在这里，q_A和q_B是对应反应物A和B的分配函数［能量处于E_i的概率在正比于$\exp\left(\frac{-E_i}{kT}\right)$分布的体系的集合中，用 $Z=\sum_i \exp\left(\frac{-E_i}{kT}\right)$表示的函数］，$q^{\neq}$是对应于活性配合物的分配函数，$E_0$是活性配合物和反应物的零点能之差。在过渡态理论的热力学表示中，k可以用下式表示：

$$k=\frac{k_B T}{h}\exp\left(\frac{-\Delta S^{0\neq}}{R}\right)\exp\left(\frac{-\Delta H^{0\neq}}{RT}\right)$$

在这里，$\Delta H^{0\neq}$为活化焓，$\Delta S^{0\neq}$为活化熵。用过渡态理论是不可能准确地计算出反应速度的，但过渡态理论的价值在于它能给出一个大体框架，有助于了解化学反应是怎样发生的。对于多原子分子间的反应，反应速度比按过渡态理论预测的要慢得多的理由，以及与溶剂效应、盐效应、压力效应、同位素效应等对反应速度的影响相关的实验结果，在过渡态理论的框架内是可以很好地定性理解的。过渡态理论已经广泛用于理解有机化学反应。艾林和波兰尼没有获得诺贝尔奖，但笔者认为在20世纪前半叶的化学反应速度理论研究方面，在化学的广泛领域做出最大贡献的是过渡态理论。

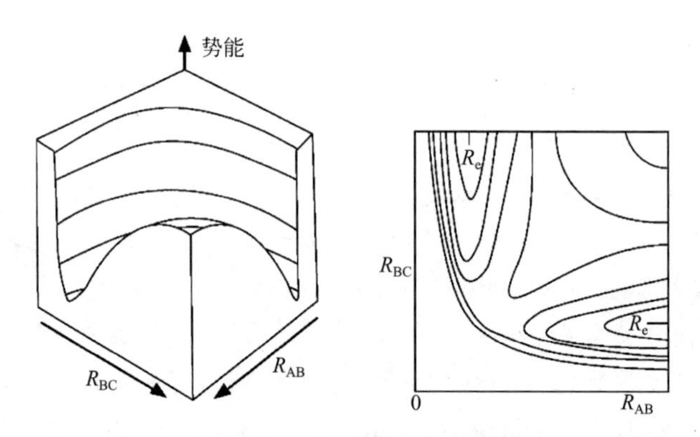

图4.10 化学反应的势能面

左：是对$H_A+H_BH_C$═$H_AH_B+H_C$反应，将反应体系是直线时的体系能量变化作为原子间距离R_{AB}及R_{BC}的函数表示的图

右：相对于左面势能面的等能线图（相当于地图的等高线图）。R_0为平衡核间距

在溶液内的两分子碰撞受溶液内分子扩散控制。如果碰撞的分子立即反应，则反应就是受扩散控制的反应（扩散控速反应）。在20世纪前半叶没有手段研究这么快的反应，但1916年斯莫鲁霍夫斯基（Smoluchowski，1872—1917）表示在研究布朗运动的过程中扩散控速反应的速率常数k_d可以由下式给出[73]：

$$k_d = 4\pi(D_A+D_B)$$

在这里，D_A和D_B是A和B分子的扩散系数。

像溶液中的酸碱反应那样与离子有关的反应，不是用浓度，而应该用活度表示反应速度，这是1908年苏格兰化学家拉普沃斯（Arthur Lapworth，1872—1941）提出的。像A+B ⟶ X ⟶反应物这样的路径进行反应时，如果采用活度系数γ，则两分子反应的速度v可以表示成$v = k[A][B]\gamma_A\gamma_B/\gamma_X$。德拜-休克尔理论出现后，在20世纪20年代布朗斯特（Broensted，1879—1947）、布耶鲁姆（N. J. Bjerrum，1879—1958）、克里斯琴森（Jens Anton Christiansen，1888—1969）等用这个式子说明了实验结果。

1940年荷兰物理学家克雷默斯（H. A. Kramers，1894—1952）为了考虑溶剂流动对反应速度的动态影响，从朗之万方程出发，得到了与粒子跨越一维能垒的速率常数相对应的方程[74]。朗之万方程是针对在与反应坐标方向上速率成正比的摩擦力，以及与溶剂分子碰撞产生的无序力的影响下粒子的布朗运动方程。克雷默斯得到的方程可以由基于过渡态理论的速率常数k^{TST}乘以克雷默斯透过系数κ^{KR}给出。结果显示，当摩擦力变大，速率常数就会变得比k^{TST}小得多。克雷默斯的理论到20世纪后半叶开始受到化学家的关注。

4.4.2 热反应的理解与连锁反应

1907年博登施泰因（Max Bodenstein，1871—1942）和利德（Samuel Colville Lind，1879—1965）发现气相的氢（H_2）和溴（Br_2）的反应速度v不能用简单的速率方程式表示，而要用下面这样复杂的方程表示[75]：

$$v = k\left[H_2\right]\left[Br_2\right]^{1/2} / \left(1+\frac{[HBr]}{m\left[Br_2\right]}\right)$$

在这里，k和m是常数。1919年克里斯琴森与黑尔茨费尔德（Karl Herzfeld，1892—1978）提出如下反应机理对此做了说明。

（1）$Br_2 \longrightarrow 2Br$，（2）$Br + H_2 \longrightarrow HBr + H$，（3）$H + Br_2 \longrightarrow HBr + Br$，（4）$H + HBr \longrightarrow H_2 + Br$，（5）$2Br \longrightarrow Br_2$

反应（4）是（2）的逆反应，在（2）和（3）的反应中生成的HBr阻碍反应的进行。在这个机理中因为（1）中的Br_2分子的热分解使反应得以进行，不过后来证明用光分解代替热分解使反应启动也发生了相同的反应。在这个反应中，与反应有关的H原子和Br原子的浓度小，假定该浓度对时间的微分看作为0的稳定状态，就可以得到速率方程。这个稳定状态的假设是查普曼（David L. Chapman，1869—1958）和昂德希尔（Leo Kingsly Underhill）以及博登施泰因在1913年提出的，此后被用于推导很多复杂的反应速率方程式。

在用气相热反应阐明单分子分解机理之前有过很多混乱。1919年佩兰主张单分子反应是因为从反应容器壁吸收了辐射所引起。当时辐射说对一般气相反应而言是被很多化学家所相信的学说。若按此观点，反应应该不依赖压力，是一次反应。1921年牛津大学的林德曼（Lindemann，1886—1957）和哥本哈根大学的克里斯琴森提出[76,77]：单分子反应是由经过分子碰撞而活化的分子所引起的，但在高压范围内被活化的分子A*与另外的A分子碰撞而失活，A和A*处于平衡，A*的浓度与A成正比，所以是一次反应。即反应机理如下

$$A + A \longrightarrow A^* + A, \quad A^* \longrightarrow B + C$$

在低压区域内活性分子难以失活，反应与A*分子生成的速率成正比，所以是二次反应。单分子反应在低压下成为二次反应在后来的实验中得到证实，该观点已被认可是基本正确的。但是，实验结果与预测在定量上是不一致的，尝试了各种修正。

1927年西里尔•欣谢尔伍德指出被活化的分子的能量有可能由分子的振动自由度分配，修正了活化的速度[78]。同年加利福尼亚大学的赖斯（Oscar Knefler Rice，1903—1978）和拉姆斯佩尔格（Herman C. Ramsperger）做了修正[79]，考虑了被活化的分子分解成生成物的速度依赖于能量。芝加哥大学的卡塞尔（Louis S. Kassel）也马上发表了相同的处理，考虑了这些因素的理论就成了众所周知的单分子反应的RRK理论（RRK来源于Rice、Ramsperger、Kassel的首字母）[80]。

气相有机分子的热反应在20世纪20年代至30年代也掀起了研究热潮。1925年泰勒（Hugh Scott Taylor，1890—1974）提出有机自由基参与反应的可能性。他研究氢和乙烷间的汞光增敏反应，提出了下面的机理。

$$H + C_2H_4 \longrightarrow C_2H_5, \quad C_2H_5 + H_2 \longrightarrow C_2H_6 + H$$

在这个反应中，受紫外线激发的汞原子使氢分子解离产生氢原子（H），氢原子与乙烷反应产生C_2H_5。产生的C_2H_5与氢分子反应生成H，形成连锁反应。1929年柏林大学的帕内特（Friedrich Adolf Paneth，1887—1958）和霍弗迪茨（Wilhelm Hofeditz）将自由基补充在铅那样的金属蒸发吸附而成的薄膜（金属镜）上，从而证实了像C_2H_5这样的自由基的存在。例如，甲基自由基和铅反应就会以气态四甲基铅检测出来。

1934年F. O. 赖斯（Francis Owen Rice，1890—1989）和黑尔茨费尔德在很多有机分子的分解反应中考虑自由基参与机理，说明了其反应速度。例如，乙醛热分解成甲烷和一氧化碳，但反应级数是1.5。这可以用含CH_3CO和CH_3自由基的机理说明。

连锁反应对阐述爆炸很有效。1923年克里斯琴森和克拉默斯（H. A. Kramers，1894—1952）暗示了分支连锁反应的可能性。在一个连锁载体原子或自由基产生2

西里尔·欣谢尔伍德（Sir Cyril Norman Hinshelwood，1897—1967）：出生于伦敦，就读于牛津大学。第一次世界大战中在炸药工厂工作。1921年到牛津大学任讲师，1937年升任教授。1922年发表了着眼于分子内能作用的单分子反应理论，在20世纪20年代至30年代，以氢和氧生成水的反应、气相的连锁反应为中心，在气相反应的研究上取得了很多业绩。之后也做了液相的催化反应和细菌的细胞内反应的研究。1956年获诺贝尔化学奖。

尼古拉依·谢苗诺夫（Nikolay N. Semenov，1896—1986）：苏联化学家，毕业于彼得格勒大学，1928年任列宁格勒工业大学教授。1935年任莫斯科化学物理研究所所长，1944年兼任莫斯科大学教授。因发现爆炸反应中的连锁反应理论、混合气体的爆炸极限的存在而闻名。1956年获诺贝尔化学奖。

个以上载体的场合，连锁载体急剧增加，引发剧烈反应，甚至有可能产生爆炸。达到爆炸的分支连锁反应的确证实例是由苏联的尼古拉依·谢苗诺夫得到了有关P_5和O_2的反应。他发现了压力极限[81]，在此压力之上就会发生爆炸。另一方面，欣谢尔伍德对H_2和O_2的反应做了研究，发现了高压极限[82]，在此压力之上不会发生爆炸。高压极限的存在可以用来除去连锁载体。欣谢尔伍德和谢苗诺夫因“化学反应机理，特别是连锁反应的研究”获得了1956年的诺贝尔化学奖。

4.4.3 光反应和激发态分子

在19世纪前半叶，格罗特斯（Grotthuss，1785—1822）于1817年和德雷珀（J. W. Draper，1811—1882）于1843年分别提出了被分子吸收的光引起光化学反应的观点。1905年在爱因斯坦光量子假说提出之后，施塔克（Johannes Stark，1874—1957）于1908年，爱因斯坦于1912年分别将光量子概念引入到光化学反应[83,84]。他们提出在光化学过程的第一个阶段，1个分子因吸收1个光量子而活化的光量子活化原理。即通过1个光量子的吸收，分子被活化到具有$E = h\nu$能量的激发状态。但是被活化的分子并不一定反应，还有因为1个活化分子产生别的可活化分子或原子而使反应得以进行，所以理解实际的光反应并不容易。从这里引申出了光化学反应的量子效率ϕ的概念，即每一个吸收的光量子所消耗的反应分子或生成分子的数目。

例如，瓦尔堡在1918年发现通过吸收1个光量子，分解2分子的HI，生成H_2和I_2，提出该反应是如下进行的：

$$HI + h\nu \longrightarrow H + I, \quad H + HI \longrightarrow H_2 + I, \quad I + I \longrightarrow I_2$$

这时吸收1个光子生成2个分子，ϕ就是2。

1913年博登施泰因发现[85]在由H_2和Cl_2生成HCl的反应中，1个光量子的吸收有非常多的分子反应，ϕ竟达到10^4～10^6。1918年能斯特为了说明这个反应提出了如下连锁反应机理[86]：

$$Cl_2 + h\nu \longrightarrow 2Cl, \quad Cl + H_2 \longrightarrow HCl + H, \quad H + Cl_2 \longrightarrow HCl + Cl$$

用这个机理就可以理解产生的Cl原子依次反应发生连锁反应，吸收1个光子就可产生很多HCl。

人们很早就知道受光激发的分子发出荧光或磷光，但并不理解其详细机理。1935年波兰的雅布伦斯基（Aleksander Jablonski，1898—1980）为了说明色素分子呈现的磷光，提出了由基态、荧光态和发磷光的准稳定态3个阶段构成的路线。从这时起基于分子轨道法的分子中电子状态的研究也有进展，分子的激发态也开始能够理解。1944年G. N. 路易斯和M. 卡沙（Michael Kasha，1920—2013）提出芳香有机化合物的准稳定状态是激发三重态，荧光来源于相同自旋多重度的状态间（通常为单重态间）的辐射跃迁，磷光来源于不同自旋多重度的状态间（通常从三重态到单重态间）的辐射跃迁[87]。但是，获得三重态说的确证拖到了第二次世界大战战后。

4.4.4 胶体化学

胶体和表面在19世纪后半叶成了物理化学的研究对象，但并没有充分了解其本质。进入20世纪后，随着观测技术的进步推进了定量研究，这一领域开始了大的发展。胶体在20世纪初吸引了很多研究者的兴趣。最初的兴趣所在为金属溶胶和硫化物等无机物的胶体，但随着生物化学的发展，兴趣转移到了蛋白质分子这样的大分子。当时占统治地位的观点认为蛋白质是小分子的胶体，关注蛋白质胶体也源于这个观点。胶体是具有很大表面积的体系，对胶体的兴趣必然与对表面、界面的兴趣有联系。从20世纪初开始就可以看得出表面与界面化学也有了大的进展。

为了弄清胶体粒子的本来面貌，首先必须确定粒子的大小和重量。这些可以从光散射、沉降、黏度、依数性开始研究。胶体粒子使光产生散射自1869年发现以来以“丁达尔现象”广为人知。由比光的波长小得多的粒子产生的光散射在19世纪70年代瑞利做过详细研究，证明散射光的强度与波长的4次方成反比。1907年米氏（Mie，1869—1957）提出了散射粒子的大小与波长相比不算小的理论。在20世纪20年代因施陶丁格（Herman Staudinger，1881—1965）提出了高分子化学，合成高分子作为物理化学感兴趣的对象开始受到关注。1947年德拜将瑞利的理论应用于高分子溶液，将光散射用于高分子分子量的测定。

利用丁达尔现象试图在显微镜下观察胶体粒子的是奥地利出生的化学家席格蒙迪。他与物理学家西登托夫（Henry F. W. Siedentopf，1872—1940）合作开发了超倍显微镜。光线通过胶体溶液体系，用这个显微镜可以在与光线成直角方向观测散

理查德·阿道夫·席格蒙迪（Richard Adolf Zsigmondy，1865—1929）：出生于维也纳，曾在维也纳、慕尼黑、柏林的多个大学学习。在慕尼黑大学取得博士学位后，在柏林、格拉茨的几个大学，耶拿的玻璃公司工作过后，受聘为格丁根大学教授。以金胶体、有色玻璃研究、基于光散射理论探明胶体状态等业绩闻名，与西登托夫共同开发的超倍显微镜不仅在胶体化学上，对生物化学、医学领域的发展也做出了很大贡献。1925年获诺贝尔化学奖。

特奥多尔·斯韦德贝里（Theodor Svedberg，1884—1971）：出生于瑞典的巴尔博，曾在乌普萨拉大学学习，后来又任该大学教授、物理化学研究所所长。对胶体粒子确认了布朗运动的实验依据。开发超速离心分离技术，为胶体化学的发展做出了贡献，使确定蛋白质等高分子的分子量成为可能，为生物化学、生物物理学、高分子化学的发展做出了很大贡献。还有，和蒂塞利乌斯一起作为电泳法的开拓者也很著名。1926年获诺贝尔化学奖。

射光。于是，不能直接观测的微小粒子也可作为散射光观测到。超倍显微镜的开发是在1903年报道的，立即被用于胶体的观测，确认了微小粒子的存在。基于此1907年沃尔夫冈•奥斯特瓦尔德（Wolfgang Ostwald，1883—1943）定义“胶体是物质以0.2～1μm程度的大小分散的状态”。席格蒙迪因开发超倍显微镜的功绩获得了1925年的诺贝尔化学奖。超倍显微镜在生物化学、细菌学领域也有很大贡献。

在第3章已经讲到20世纪初佩兰观测布朗运动和沉降平衡，以及爱因斯坦和斯莫鲁霍夫斯基（Marian Smoluchowski，1872—1917）关于布朗运动的理论。从物理化学的观点来看，主要是与溶液中粒子扩散相关的爱因斯坦方程，即扩散系数D、溶液黏度η和粒子半径之间的关系式，$D = k_BT/(6\pi r\eta)$。在这里，k_B是玻尔兹曼常数。爱因斯坦推导出了相对于溶液中粒子运动的摩擦力和扩散系数之间的关系，用斯托克斯1851年推导的在黏度为η的溶剂中、对半径为r的粒子的摩擦力得到了这个公式。此后直至今日该公式广泛用于讨论溶液中分子的运动。

佩兰关于胶体粒子沉降的研究限于重力场下，所以仅限于大的粒子的研究，不适合蛋白质分子。瑞典乌普萨拉大学的特奥多尔•斯韦德贝里最早做了胶体粒子的布朗运动等基础研究，1923年开发出超速离心机，通过在高达3×10^5g的重力场下的超速离心沉降，开辟了研究巨大分子性质的道路。他在1929年引入的沉降速度法奠定了蛋白质分子量测定的基础。而且，他用基于超速离心机的沉降平衡确定了蛋白质等高分子的分子量。斯韦德贝里于1926年以“基于超速离心机的胶体研究”获得了诺贝尔化学奖。

在19世纪末人们已经知道胶体粒子和蛋白质带有电荷。一旦施加电压这些粒

阿尔内·蒂塞利乌斯（Arne Wilhelm Kaurin Tiselius，1902—1971）：瑞典化学家。乌普萨拉大学毕业后，给斯韦德贝里当助手继续研究工作，1938年任乌普萨拉大学教授。在蛋白质溶液的电泳研究，特别是电泳装置的开发方面，氨基酸及蛋白质分解溶液的吸附分析等领域取得了业绩。1948年获诺贝尔化学奖。

子就会依据其电荷向电极方向移动。这一现象被称作电泳，斯韦德贝里研究室的阿尔内·蒂塞利乌斯从1930年前后开始对此做了详细研究。他开发出U形装置，研究了血液中的蛋白质等的电泳。这个方法此后成了蛋白质分析中极其重要的方法。蒂塞利乌斯1948年因电泳和吸附分析方面的研究获得了诺贝尔化学奖。

4.4.5 表面与界面化学

单分子膜的研究从19世纪末到20世纪初由瑞利（Rayleigh，1842—1919）和泡克尔斯（Pockels）（参照2.8节）开始，接着在第一次世界大战前由马塞兰（Marcelin）继续进行，但大的发展是由欧文·朗格缪尔（Irving Langmuir，1881—1957）带来的。1917年朗格缪尔设计了直接测定液上膜显示的表面压的表面压力仪，详细研究了表面压与表面积之间的关系，弄清了存在两类膜[88]。像硬脂酸那样的长链脂肪酸的水上膜的场合，在某个临界面积以上有一个随压力的增加面积不大变化的临界面积。该面积对应于将分子亲水基插入水中，而疏水链并列朝向空气中排列所形成的单分子膜的面积。另一种类型表面膜呈现像二维气体那样移动的状态。朗格缪尔和布洛杰特（K. B. Blodgett，1898—1979）1935年开发出了单分子累积膜（朗格缪尔-布洛杰特膜，LB膜）的制备技术，即让水面上的单分子膜维持其原有状态，通过将其移取至玻璃等固体基板上制得。这成了20世纪后半叶在纳米技术领域受到关注的技术。

有关气体在固体表面吸附的定量考察，先驱性的研究也是朗格缪尔最先开始的[89]。

欧文·朗格缪尔（Irving Langmuir，1881—1957）：出生于纽约，在哥伦比亚大学学习金属工学后，到格丁根大学师从能斯特获得博士学位。1909年进入美国通用电气（GE）公司的研究所，在这里一直持续研究。最初的研究是为了改善电灯泡的寿命而进行的在加热金属灯丝存在的条件下气体热传导的研究，查明了电灯泡寿命依赖于钨丝的蒸发。由此得以认识到灯丝与气体相互作用的重要性，提倡单分子吸附层的概念，成了固体表面化学研究的开拓者。另外，还进行了水面上的油膜研究，在单分子膜的研究方面也是先驱性人物，与布洛杰特一起开发了单分子膜制备方法。1932年获诺贝尔化学奖。

1916年他认为吸附除了分子通过范德华力吸附在表面的物理吸附外，还有形成化学键而吸附的化学吸附。于是提出了表示吸附在表面的气体的量与气体压力之间的关系的、被称作朗格缪尔吸附等温式的公式。这个公式是基于固体表面有一定的吸附位点，这个吸附位点上吸附1个分子，吸附于不同位点上的分子之间没有相互作用这一模型推导出来的。根据这个公式，表面被吸附分子占据的比例θ与气体的压力p之间的关系可以表示如下：

$$\theta = Kp/(1 + Kp)$$

在这里，K是吸附过程的平衡常数。因此在压力低的时候有$\theta = Kp$，证实了θ与压力成正比增加。

因为朗格缪尔的等温式是基于均一吸附位点模型，所以在实际的不均一表面上往往不遵循该等温式。这时往往会用到弗里德里希的经验公式，$\theta = Kp^{1/m}$（m为大于1的数）。

1932年朗格缪尔因在表面化学方面的业绩获得诺贝尔化学奖。他1909年进入美国通用电气（GE）公司的研究所，该所所长认为对于世纪问题的解决而言，基础研究很重要，在他的支持下持续开展研究取得了业绩，作为产业界的研究者是美国最先获得诺贝尔奖的人。他的情况是将以实用为目的的研究向重要的基础研究引导的典型案例。

4.5 核·放射化学的诞生

放射能的发现对20世纪前半叶化学的影响非常大。这从1960年之前的诺贝尔化学奖获得者中，从事与放射能、放射线核素、核反应相关研究的科学家人数众多这一点上体现得清清楚楚。卢瑟福、居里、索迪（Frederick Soddy，1877—1956）、弗雷德里克•约里奥、伊蕾娜•约里奥、赫维西、哈恩、利比（Willard F. Libby，1890—1980），回想这些人物真是丰富多彩。原子核的研究是以剑桥大学的卢瑟福等物理学家为中心发展起来的，而放射能和核反应的研究是作为物理与化学的交叉领域发展起来的。发现核分裂的放射化学先驱者赫维西是化学家，但与物理学家共同借助新的物理学成果开展研究，取得了很大成果。元素转换对化学来说是炼金术以来的课题，但核化学给予这个问题全新的展开，对人们的物质观产生了很大影响（参照3.3节）。

随着放射性核素的发现，显示元素的转换实际上已经发生。接下来的疑问是“人工产生这种转换可能吗？”。以卢瑟福为首的科学家们用粒子射线碰撞开始探索元素转换的可能性。于是发现元素发生转换实际上是可能的，可以制造人工放射性核素。进一步还知道了核分裂的发生，由此产生巨大的能量。这给人类文明和人类的未来产生了极大的影响。

于是“核•放射化学”作为化学的尖端领域诞生了，开始了活跃的研究工作。在核化学领域，通过核反应可以制造比铀重的元素，出现了超铀元素化学。将放射性核素用作示踪剂的研究不仅在分析化学、生物化学中显得重要，对医学、地质学、天文学、考古学等广阔的学术领域都有巨大贡献。

4.5.1 元素的嬗变

卢瑟福等发现原子自然地转变成其他元素的原子之时，道尔顿以来作为近代化学基础的为人坚信的“元素不变”这一概念被打破。转化元素是炼金术士的梦想，而实现这一梦想的可能性产生了。

1919年卢瑟福在圆筒中放入镭线源，将一端用阻挡α射线的金属箔覆盖，往里面充入各种气体，探索α射线照射的影响。在里面放入空气时观察到因为气体和α粒子的碰撞产生的高速氢原子穿过金属箔出来。如果里面的气体是氧气和一氧化碳就不会发生这种现象。卢瑟福是这样报道的[90]：

“α粒子和氮碰撞产生的到达远距离的原子不是氮原子，恐怕是氢原子这一结论难以回避，如果是这样，就不得不做出氮原子与高速α粒子碰撞而衰变的结论。”

卢瑟福和查德威克（James Chadwick，1891—1974）发现这个远距离飞行的粒子线是在磁场中弯曲的带正电荷的粒子，确认它就是质子。

在20世纪20年代卢瑟福和他的共同研究者研究了各种元素受α射线照射的影响。在周期表里从硼到钾的元素中，碳、氧、铍以外的元素因α射线碰撞都会产生质子。但是，该质子是怎么产生的还不清楚。要探明这一问题必须知道被碰撞的原子会变得怎样。1925年剑桥大学的布莱克特（Patrick Maynard Stuart Blackett，1897—1974）从2万个以上的雾箱照片中发现8个α粒子飞行痕迹可以分成轻粒子和重粒子的飞行痕迹，获得了通过下面的核反应原子的嬗变实际上发生了的证据。

$$^{4}_{2}\mathrm{He}+^{14}_{7}\mathrm{N}\longrightarrow ^{17}_{8}\mathrm{O}+^{1}_{1}\mathrm{H}$$

于是直至1926年终于探明了通过α粒子碰撞原子序数小的元素可以释放出质子，但是在重元素中，由于α粒子受核大的正电荷的排斥而没有质子的释放。

1932年在卢瑟福研究室，科克罗夫特（John Douglas Cockcroft，1897—1967）和沃尔顿（Ernest T. S. Walton，1903—1995）通过比α粒子轻的质子的碰撞进行了原子嬗变。他们将氢放电产生的质子通过高电压加速碰撞氧化锂靶（对电极），观察到从锂靶向相反的方向飞出α粒子。此后奥利芬特（Oliphant）等探明了$^{7}_{3}\mathrm{Li}$转换成氦。

$$ {}_{1}^{1}H+{}_{3}^{7}Li \longrightarrow {}_{2}^{4}He+{}_{2}^{4}He $$

在这样的核反应实验中用上了加速器。最早科克罗夫特和沃尔顿的装置中使用80万电子伏特的电压，而1931年麻省理工学院（MIT）的范德格拉夫（van de Graaff, 1901—1967）的加速器中使用150万电子伏特。1929年德国的威德罗（Rolf Wideroe，1902—1996）提出了线性加速器。1931年加利福尼亚大学的劳伦斯（Ernest Orlando Lawrence，1901—1958）和利文斯顿（Milton Stanley Livingston，1905—1986）设计了将带正电的粒子在磁场中依次用高频电场加速的回旋加速器，可以获得80000eV的能量。于是就可以用高能质子进行元素转换，可以得到很多元素的同位素来研究其性质。

1932年尤里发现了重氢。探明了重氢与氢相比质量是2倍，电荷相同，所以比质子适合更多的用途。1930年中子一经发现，就马上被用于核反应的研究，这是因为中子不带电荷，不被核排斥，适合原子转换实验。中子可以用轻元素和α粒子碰撞得到，可以将铍、镭和氡等的α射线源混合在一起得到［捕获α粒子释放中子(α,n)的反应］。还有如果用环形加速器，将铍和锂与重氢碰撞可以得到高能中子［(d,n)反应］。

4.5.2 人工放射能的发现

1934年巴黎的弗雷德里克和伊蕾娜•约里奥将α粒子照射在铝箔上研究了产生的放射能。他们发现一停止α射线照射，从铝释放质子和中子的过程也终止，但正电子的释放继续[91]。这明显显示了通过照射产生的物质是放射性的。同样的现象在镁和硼的α射线照射实验中也观察到了。约里奥夫妇认为通过(α,n)类型的核反应产生的核素是放射性的，假设了如下的机理：

$$ {}_{2}^{4}He+{}_{13}^{27}Al \longrightarrow {}_{15}^{30}P+{}_{0}^{1}n, \qquad {}_{15}^{30}P \longrightarrow {}_{14}^{30}Si+{}_{1}^{0}e $$

根据之后的实验确认了铝变换成了放射性的磷。同样通过α射线照射，确认了从硼和镁生成具有特定半衰期的放射性同位素，分别是氮（^{13}N）和硅（^{27}Si）。这显然标志着人工放射能已经发现了。

人工放射能除了其本身具有的科学兴趣外，同时从很多应用的潜力来看，马上受到了极大的关注。制备了很多新的放射性核素，并研究其性质。人工放射能的发现与回旋加速器等加速器的开发和改进盖革计数器及闪烁计数器等放射能检测器的时期重合，研究获得了急速进展。到1930年前后知道了约40种放射性核素，而在1960年前后已经知道了约900种放射性核素。其中很多是20世纪30年代发现的。弗雷德里克•约里奥•居里和伊蕾娜•约里奥•居里在1935年因“人工放射能的研

弗雷德里克·约里奥·居里（Frederic Joliot-Curie，1900—1958）：在巴黎市立工业学校攻读物理、化学，师从朗之万。1925年在镭研究所给玛丽·居里当助手，1928年与居里的长女伊蕾娜结婚，二人协力开展通过α射线碰撞的放射线释放实验，发现了人工放射能。第二次世界大战中参加对纳粹德国的抵抗运动，战后致力原子能的和平利用，对和平运动也非常关心，任世界和平评议会议长。1935年获诺贝尔化学奖。

伊蕾娜·约里奥·居里（Irène Joliot-Curie，1897—1956）：居里夫妇的长女，在巴黎大学学习之后，1921年进入镭研究所开始放射线研究，1926年与同事弗雷德里克结婚，从1929年前后开始共同开展研究。1933年在元素的人工放射线转换上获得成功。1935年获诺贝尔化学奖后，受聘巴黎大学教授。1947年任镭研究所所长，1946—1951年担任法国原子能委员。

究”获得诺贝尔化学奖。

4.5.3 核分裂的发现

中子一经发现，很多科学家就投入到用中子进行照射的实验。不带电荷的中子不排斥核的电荷，可以进入原子核内部，被认为是有利的。因为认识到这一点，罗马大学的物理学家恩利克·费米率领的团队在1934年对弄到的所有元素尝试了用中子碰撞看是否引起核反应。周期表最后的元素92号元素铀（U）用中子照射观测到3种放射能。这是以10s、40s和13min为半衰期衰变的物质。费米的团队认为^{238}U捕获中子，通过（n,γ）反应生成^{239}U，它依次转变成原子序数为93和94的新元素（超铀元素）。费米团队的研究产生了很大反响，但这个观点没能得到其他研究者的确认，被认为是错误的。

在柏林大学的皇家化学研究所，物理学家莉泽·迈特纳和化学家奥托·哈恩及斯特拉斯曼的团队开始了同样的实验，得到了与费米等不同的结果。哈恩等的团队认为用慢中子照射得到了4min半衰期的钍（^{235}Th）的放射能，但这也没有得到确认。巴黎大学的伊蕾娜·约里奥和萨维奇（Paul Savitch，1882—1949）检测出了半衰期3.5h的放射能，发现这是由57号元素镧的载体提取出来的。他们认为是生成了锕（^{227}Ac）。这样一来，这个解释就与铀的中子照射实验结果发生了混乱。出现这种混乱的主要原因是当时的科学家相信通过铀的中子照射产生接近于铀原子量的元素。核裂变是违背当时的核物理常识的，物理学家谁也没考虑过核裂变的可能性。还有，不知道在5f轨道中填入电子的第二稀土类从哪里开始，化学家认为生

恩利克·费米（Enrica Fermi，1901—1954）：意大利出生的美国物理学家。1926年发表新的统计法（费米统计），同年任罗马大学教授。1934年以后通过利用中子的元素人工转换制备了很多放射性元素。1938年迁往美国，从事原子核分裂连锁反应，1942年12月成功实现铀核分裂的人工控制。1938年获诺贝尔物理学奖。

莉泽·迈特纳（Lise Meitner，1878—1968）：出生于维也纳，在维也纳大学师从玻尔兹曼获得博士学位。1907年在柏林大学当普朗克的旁听生，在这里与哈恩开始了共同研究。在柏林大学给普朗克做助手后，转到皇家化学研究所，1923年任物理部主任。1934年起从事与核分裂相关的研究，1938年底亡命瑞典，最早从理论上弄清了铀核分裂的可能性。

奥托·哈恩（Otto Hahn，1879—1968）：出生于法兰克福，在马堡大学和慕尼黑大学学习化学，以有机化学的研究获得博士学位。1904年到伦敦大学拉姆塞的研究室留学，发现了放射性钍，之后到加拿大麦吉尔大学卢瑟福的手下继续放射能的研究。1906年回到德国，在柏林大学设有放射化学研究室，开始了和迈特纳的共同研究。1912年转到皇家化学研究所，从1934年起关注铀的中子辐射实验，直至1938年发现核分裂。第二次世界大战后长期担任由皇家学会改组成立的马克斯·普朗克学会的首任总裁。1944年获诺贝尔化学奖。

成物超铀元素属于过渡金属。因此，尝试了以过渡金属的盐类作为载体将生成物作为沉淀提取出来。无机化学家艾达·诺达克（Ida-Tacke Noddack，1896—1978）猛烈批判费米的报告，暗示了核分裂的可能性，但这被当作单纯的臆测而忽视。从1934年至1938年间，积累了各种各样的实验数据，但无论是物理学家还是化学家对其解释都感到棘手。

1938年在纳粹德国吞并澳大利亚后，迈特纳感到深处险境，逃往瑞典，哈恩和斯特拉斯曼在柏林继续研究。他们在钡（原子量138）载体上发现了放射能，认为这是来自于镭的放射能。但是在1938年底他们认识到这是来源于钡自身的放射能。这个结果显然表示因中子碰撞，铀分裂产生放射性的钡。1939年1月他们将结果发表在《Naturwissenschaften》杂志上[92]。他们认为物理学家不相信核裂变，在论文中没有明确写铀核分裂，但结果显而易见显示了核分裂。他们认为通过核分裂也可产生原子量100附近的元素，并做了探索。于是确认了锶、氪、铷的存在。

亡命中的迈特纳在瑞典知道了哈恩和斯特拉斯曼的实验结果的消息，与身为物理学家的外甥弗里希（Otto Robert Frisch，1904—1979）讨论，接受了核分裂的观点，建立了核分裂的理论。根据铀和钡等的分裂产物的敛集率（packing fraction）的差异，他们认为伴随核分裂会释放大量的能量。弗里希通过实验确认了这一观点。迈特纳和弗里希在《Nature》杂志发表论文，通过中子捕获暗示铀核分裂了，进而推测分裂的产物是放射性的[93]。

核分裂发现的新闻马上由玻尔带到了美国，在美国也马上开始了研究。巴黎大学的约里奥、丹麦的迈特纳和弗里希、加利福尼亚大学的爱德温•麦克米伦（Edwin M. McMillan，1907—1991）等报道存在具有很大反冲能（指从粒子A释放出粒子B时，根据动量守恒原则，A会弹飞的现象）的产物。在核分裂时中子定量产生也马上得到确认。于是核分裂在世界各地引发研究热潮。1940年在写这个领域的综述时已经有接近100篇的文献[94]。但是随着第二次世界大战的爆发，认识到了核分裂用作武器的可能性，研究成了机密。哈恩1944年因发现原子核分裂独享当年的诺贝尔化学奖。但是他的发明显然是与迈特纳和斯特拉斯曼共同研究的成果，很多人认为迈特纳也应该共同获得诺贝尔化学奖[95]。

专栏12

核分裂发现中哈恩与迈特纳的贡献[96]

原子核分裂假如在和平年代被发现，作为发明者之一的迈特纳或许会成为与居里夫人齐名的伟大女科学家而闻名于世。不幸的是这个发现出现在纳粹德国已经掌握政权，第二次世界大战爆发在即的1938年，迈特纳被政治所捉弄，没有获得诺贝尔奖。

德国博物馆展示的哈恩、迈特纳、斯特拉斯曼的实验装置

莉泽•迈特纳从维也纳来，成了柏林大学马克斯•普朗克的旁听生。但是不想做实验的迈特纳接触了实验物理学主任教授鲁本斯（Rubens），他介绍了埃米尔•费歇尔化学研究所的助手奥托•哈恩。哈恩是马堡大学有机化学的助手，但在伦敦大学拉塞姆手下留学，通过从钍盐中提取镭的研究课题进入了放射化学领域。在这里取得了成果，继而到加拿大麦吉尔大学卢瑟福手下做放射化学

研究，之后在柏林大学费歇尔研究所谋得职位。

于是哈恩和迈特纳在1907年碰到了一起，开始了长期的共同研究。当时化学研究所是禁止女性的，迈特纳例外地获准只在从前用作木工室的哈恩的放射能测定室做研究（1年后德国的大学在法律上也已允许女性入学，费歇尔的研究所也对女性开放了）。这个时代的放射能研究是物理和化学的交叉领域，俩人正好互补。迈特纳擅长物理和数学，哈恩懂化学，擅长分析技术。但是俩人之间除了研究上的同事外，没有亲密的关系。俩人因共同研究取得业绩，迈特纳作为科学家的评价得到确立。

1912年哈恩当上了柏林大学新设的皇家化学研究所（KWI）放射化学部主任。迈特纳也于1913年在KWI获得了和哈恩同样的地位。1917年俩人发现镤等，取得了很多卓越的业绩。迈特纳的能力和业绩得到了认可，1923年授予教授称号，当上了KWI物理部的主任。虽然长期与哈恩共同研究，但也独立推进核物理学的研究取得了业绩。爱因斯坦称她“我们的玛丽•居里”，她作为一流的物理学家获得了很高的评价。

1934年听到费米的中子照射实验结果，迈特纳说服哈恩重启中断了的共同研究。于是加上年轻的化学家斯特拉斯曼，3人团队开始了铀的中子照射研究。在这个研究中迈特纳握有主导权，负责研究的计划和结果的考察，两名化学家专门负责核反应中产生的元素的分析和鉴定。

1933年纳粹德国对具有犹太血统的科学家开除公职，施行流放和迫害。迈特纳的祖父一人是犹太人，而她是澳大利亚市民，所以直至1938年她都没有从研究所流放。但是，在1938年4月纳粹德国吞并了澳大利亚，情况突变，成了德国市民的她也感到身处险境。她在7月份得到朋友们的帮助亡命瑞典，在柏林哈恩和斯特拉斯曼继续进行实验。哈恩和斯特拉斯曼在12月想把被认为是因中子照射产生的镭用溴化钡载体结晶分离，但无论如何做也没能成功，不得不做出生成的东西是钡的结论。哈恩将这个事实写信告诉了迈特纳，请她对结果给予解释。哈恩和斯特拉斯曼仅仅将结果发表在了《Naturwissenschaften》杂志上，这成了报道核分裂发现的最早论文。从这个研究的过程来看，本来应该是哈恩、斯特拉斯曼、迈特纳3人署名的论文，但署上被当作犹太人的迈特纳的名字在政治上是不可能的。

在圣诞节即将到来之际，从哈恩那里听到柏林的实验结果的迈特纳在圣诞节期间与身为物理学家的外甥奥托•弗里希讨论，着手哈恩-斯特拉斯曼实验结果的解释，在理论上表示铀因捕获中子而发生核分裂释放大量能量，并发表在了《Nature》杂志上。于是铀的核分裂结果得到了解释。

与核分裂的发现及其解释有关的4位科学家中获得诺贝尔奖的只有哈恩1人。哈恩获得诺贝尔奖没人会有质疑，但只有他获奖就出现了很多疑议。1944

年化学部门的诺贝尔奖委员会秘密决定授予哈恩化学奖。这是在战争状态下没有充分调查、加上政治因素的草率决定。对此在1945年曾有过纠正的动向，但结果还是没做变动，在第二次世界大战后授予了哈恩1944年的诺贝尔化学奖，忽视了迈特纳和斯特拉斯曼的贡献。迈特纳和弗里希因玻尔的推荐获得1945年物理学奖的候选人，但据说因把控物理部门的赛格巴恩（Karl M. G. Siegbahn，1886—1978。1924年诺贝尔物理学奖获得者）的反对没有实现。

在实验室的迈特纳（左）和哈恩（右）

哈恩在第二次世界大战后任皇家学会改组成立的马克斯•普朗克学会的总裁，作为德国科学重建的核心人物活跃着。但是，有关迈特纳在整个核裂变发现过程中的贡献，他只字未提，独占核裂变发现的荣誉。在这点上，考虑到他和迈特纳之间的友情和长期的共同研究，笔者不得不觉得哈恩是不诚实的。

1959年柏林大学的原子能研究所命名为哈恩-迈特纳研究所，1966年美国原子能委员会赠予哈恩、迈特纳、斯特拉斯曼3人恩利克•费米奖。1982年发现的109号元素献给了迈特纳，命名为meitnerium（Mt，鿏）。

4.5.4 超铀元素

判明1934年费米发现超铀元素（原子序数比铀大的元素，即92号之后的元素）的报告是错误的，于是研究者对新元素发现的报告慎重起来，到了20世纪40年代发现了93号和94号元素。加利福尼亚大学的爱德温•麦克米伦用中子照射铀薄膜，发射出了核裂变产物，但发现半衰期23min的放射能留在了薄膜里。伴随它又发现了半衰期2.3天的放射能。23min的放射能是铀239，但2.3天的放射能被认为应该是原子序数为93的新元素。麦克米伦和阿贝尔森（Philip Hauge Abelson，1913—2004）继续研究探索其化学性质，查明是氧化态为4价和6价的新元素，命名为镎

埃德温·麦克米伦（Edwin Mattison McMillan，1907—1991）：美国物理学家。在加州理工大学取得学位后，转至加利福尼亚大学，与洛伦兹合作为回旋加速器的发展做出了贡献。受鲍林的影响对化学具有强烈兴趣，与化学家合作进行放射性核素和超铀元素的研究。1951年获诺贝尔化学奖。

格伦·西博格（Glenn Theodore Seaborg，1912—1999）：出生于密西根，在加利福尼亚大学G.N路易斯手下获得博士学位，在伯克利分校一直继续超铀元素的研究。1940年与麦克米伦一起发现元素钚。从1944年至1957年与很多合作研究者一起人工制取了从95号到102号元素，开创了锕系化学。第二次世界大战后从1950年开始深度参与原子能行政管理，1961年至1971年任原子能委员会主席。106号元素𬭳（Sg）用他的名字命名。1951年获诺贝尔化学奖。

（neptunium，Np）[95]。这就是超过铀的意思，其名取自位于天王星外侧的海王星（neptune）。镎的研究由格伦·西博格的团队继续进行。

西博格的团队用重氢照射铀得到了^{238}Np，但探明它经β衰变就变成原子序数94的新元素。该元素半衰期是90年，对其化学性质进行了研究。进一步根据使用经中子照射^{238}U得到的大量的^{239}Np所做的实验，弄清了^{239}Np通过半衰期2.3天的β衰变成了94号元素。94号元素根据冥王星（pluto）命名为钚（plutonium，Pu）。1942年西博格等发现钚也存在于天然的铀中。

因为93号和94号元素的发现，人们也期待有可能合成其他超铀元素。到这时为止元素的转换技术和同位素的鉴定技术也确立了。因为在超铀元素中电子进入5f轨道，所以可以预想超铀元素的系列和稀土元素的系列类似。1944年西博格、詹姆斯（Ralph A. James，1920—1973）、吉奥索（Albert Ghiorso，1915—2010）通过回旋加速器将氦照射在^{239}Pu上，得到了已生成96号元素（锔，Cm）的证据。通过对^{239}Pu进行中子照射，也获得了生成95号元素（镅，Am）的证据。于是到1945年就得到了截至96号的元素[97]。超铀元素的合成在第二次世界大战后也一直持续着，这个系列的最后一个元素，103号的铹在1961年制得。

4.5.5 放射性核素和放射能的化学利用

研究将放射性元素作为示踪剂使用的先驱者是乔治·德·赫维西。他和帕内斯在1913年将镭D(^{210}Pb)用于确定铅盐的溶解度。赫维西在1920年用钍B(^{212}Pb)证实水溶液中的$Pb(NO_3)_2$和$PbCl_2$的Pb交换很快，支持了阿伦尼乌斯的电离学说[98]。另外，也开展了将示踪剂用于生物化学的开创性研究。但是当时能够利用的放射性核素很少，在化学方面的应用受限。1934年约里奥夫妇发现了人工放射能，因而可乔治·德·赫维西（George Charles de Hevesy，1885—1966）：出生于匈牙利的布达佩斯，在布达佩斯大学和柏林工业大学学习后，在弗莱堡大学取得博士学位。之后在智利、曼彻斯特、哥本哈根各地做研究，1926年受聘为弗莱尔大学教授。在利用同位素做示踪剂、铪的发现、稀土元素研究、X射线分析的应用等广阔的领域有很多出色的业绩。与卢瑟福、玻尔等很多物理学家都有交流，这大概是他在化学的广阔领域能够做出卓越研究的原因之一吧。1943年获诺贝尔化学奖。

以利用的放射性核素的数量急剧增加，扩展了在化学方面应用的可能性。1941年鲁本（Samuel Ruben，1913—1943）和卡门（Martin D. Kamen，1913—2002）发现通过氮的（n,p）反应产生^{14}C[99]。已弄清该同位素半衰期长达5600年，适合用作示踪剂，对研究含碳化合物参与的化学反应非常有利，不过到了第二次世界大战后才广泛用于生物化学、医学、农学等领域的研究。将放射性核素用作示踪剂的研究在第二次世界大战后获得急速发展。

人们的关注也转向具有通过核反应产生高能量的原子（热原子）所引起的化学现象。1934年西拉德（Leo Szilard，1898—1964）和查尔默斯（T. A. Chalmers）用中子照射碘甲烷，用水提取可以浓缩富集到放射性的^{128}I。这成了重要的分离核反应产物的方法（西拉德-查尔默斯法），一般而言就是利用因核反应时的能量反跳的原子从有机化合物等的分子中游离出来。但是详细研究高能原子引起的化学反应以及产生的激发分子的性质是第二次世界大战后的事情了。

赫维西因“与同位素用作化学反应中的示踪剂相关的研究”获得了1943年的诺贝尔化学奖。

4.6 分析化学

在化学的发展中，分离、分析、检测、观测方法的进步比什么都重要。20世纪前半叶的分析化学在最初的20年主要依赖传统方法，而之后发生了很大变化。从前的定量分析、容量分析的方法吸收了物理化学、配位化学等其他领域的成果，进一步精炼之后诞生了新的仪器分析。仪器分析技术的突飞猛进是在第二次世界大战后因为电子和计算机进步的支撑发展越来越快，大大改变了化学研究的硬件，不过其萌芽却在20世纪30年代就可以看出。在现在的化学研究中占有重要位置的红外、可见、紫外分光分析，质谱分析、磁共振、电子分光、色谱、极谱、微量元素分析等是在20世纪前半叶开发，第二次世界大战后进一步飞速发展起来的。其中许多方法是物理学的进步带来的，也有像色谱、微量分析这样由化学家自身努力发展起来的方法。放射线一发现就被尝试使用放射线用于分析目的，产生了放射分析。利用放射能、放射性核素的研究在第二次世界大战中是秘密研究，在战时研究得以飞速推进，放射线核素在多个方面成了推进战后化学研究的原动力。战时研究中为了分离核分裂物质，促进了色谱的进步。随着同位素化学的进步，对质谱分析的需求提升，质谱分析仪的性能得以提高。

4.6.1 定量分析

从19世纪末到20世纪初物理化学的进步带来的有关溶液平衡方面的知识促进了人们对定量分析中重要现象和概念，即同离子效应、溶度积、pH、缓冲溶液、配离子形成、指示剂理论等的明确理解。由此分析化学家就可以进行更加精炼的分析。

这样的进步促进了指示剂更有效的使用。19世纪的化学家基于经验使用指示剂，1891年奥斯特瓦尔德提出了指示剂理论，汉奇（Hantzsch，1857—1935）提出了将指示剂看作类酸、类碱的观点。很多研究者研究了氢离子浓度与指示剂颜色变化之间的关系。1909年索伦森提出pH的概念，1911年蒂泽德（Henry T. Tizard，1885—1959）讨论了指示剂的灵敏度。1914年比耶鲁姆出版了有关指示剂理论的书。萘磺酸系和麝香草酚蓝等新的指示剂也被引入。

1923年法扬斯引入了吸附性指示剂荧光素及其衍生物，也带来了沉淀滴定（利用沉淀形成反应的滴定）的进步。这些指示剂在用银离子滴定氯化物样品时对明确地指示终点有帮助。酒石黄和酚藏花红在酸碱滴定中显示出有效。在氧化还原滴定（基于氧化还原反应进行的滴定）中也同样引入了新的指示剂。

楚加耶夫（Chugaev，1873—1922）在1905年发现了二甲基乙二肟和镍盐的反应，这个反应在1907年由布兰奇用于重量分析。像草酸和酒石酸这样的二元酸与多种离子形成配合物，在分析上是很有用的。

4.6.2 微量分析

20世纪初做化合物中的元素分析通常需要几克样品。尝试用毫克级重量的样品进行分析的先驱者是澳大利亚格拉茨工业大学的弗里德里希•埃米希（F. Friedrich Emich，1860—1940）。在20世纪初他想了很巧妙的办法尝试在玻璃器具或毛细管中进行化学操作。

使有机化合物的分析仅用数毫克样品就可以实现的是弗里茨•普雷格尔。他在澳大利亚格拉茨大学学医，开始了有关胆汁酸生理学的研究，但只能得到极少量分析所需样品。他向埃米希学习，钻研用少量样品就可做分析的装置，从而推进了研究。在微量分析中能够准确称量数毫克样品的微量天平是必需的，从汉堡的库尔曼那里弄到了精度为0.01mg、荷重可以达到20g的高性能天平。对李比希的碳和氢的分析方法加以改良使之小型化了。经过努力，氮、硫、卤素等的分析也同样小

弗里茨·普雷格尔（Fritz Pregl，1869—1930）：出生于澳地利的拉巴克，曾在格拉茨大学学习医学，1903年当上生理学和组织学教授，但同时学习了化学知识。此后留学德国，跟随奥斯特瓦尔德和费歇尔学习。从1931年起直至去世都在格拉茨大学任医学化学研究所教授，继续微量分析法的研究。1923年以“有机物质的微量分析方法的开发”获得诺贝尔化学奖。

型化，都可以处理微量样品了。于是用数毫克样品就可以做有机化合物的分析了。他在1912年公布了之前的成果，1917年出版了单行本《Die Quantitative Organische Mikroanalyse》[100]。这本书在全世界流传，微量分析向全世界扩展。全世界的研究者为了学习微量分析技术而访问格拉茨大学的普雷格尔研究室。

作为简单、灵敏、选择性好的定性微量分析方法，有将一滴试剂滴入少量样品中分析其成分的点滴试验。这个方法由法伊格尔（Fritz Feigl，1891—1971）发展并系统化。他在1920年以点滴试验在维也纳大学获得博士学位，之后在维也纳大学致力该方法的发展直到1938年，但纳粹德国兼并澳大利亚后，滞留比利时，之后亡命巴西。

4.6.3 仪器分析

在20世纪前半叶仪器分析还没有达到广泛使用的程度，多为部分专家研究用的仪器。但第二次世界大战后很多获得巨大发展的分析方法在这个时代被引入。

20世纪初人们对电化学的方法有很大期待，但实际上大多没有太大帮助。电势差测定装置缺乏稳定性、电导率测定麻烦，一般而言，与以前的滴定法相比说不上更有优势。电势差测定法的进步依赖于pH测定法的进步。因此必须开发稳定、好使的标准电极。1909年由哈伯和克莱门西维兹（Zygmunt Klemensiewicz，1886—1963）提出的玻璃电极到了20世纪30年代总算成了能耐受实际应用的电极。此后，基于这种玻璃电极制造出了pH计，电位滴定变得容易，并得到了广泛应用。

1922年布拉格卡勒尔大学的雅罗斯拉夫·海洛夫斯基发表了极谱的原理[101]，1925年与正在留学中的志方益三共同发明了自动极谱[102]。这是一种研究指示电极对应于参照电极的电位与对电极之间流动的电流之间关系的电位计，但指示电极用滴汞电极，对电极（阳极）用汞，通过电解过程测定所加电压与电流的关系，接触电极的溶液中含有可还原离子或基团时，可以观测到电流呈阶梯状增加。此后，很多研究者改良过极谱法，在定性分析、定量分析、电极反应研究中得到了广泛应用。海洛夫斯基终身致力于极谱的研究与发展。他因发明极谱分析法获得了1959年的诺贝尔化学奖。

雅罗斯拉夫·海洛夫斯基（Jaroslav Heyrovsk，1890—1967）： 出生于布拉格，父亲是布拉格大学的罗马法学教授。在布拉格接受初等教育后，在伦敦大学拉姆塞手下钻研，跟随唐南学习电化学。之后回布拉格在卡雷尔大学开始滴汞电极的研究，发现了极谱法原理，和志方益三共同开发出了极谱装置。1950年任极谱研究所所长，一生致力极谱的发展和启蒙。1959年获诺贝尔化学奖。

志方益三（1895—1964）： 1920年东京大学毕业后，先在理化研究所，后到京都大学任教授。1925年在布拉格的卡雷尔大学留学期间，与海洛夫斯基一起开发自动记录式极谱仪，为分析化学、电化学的发展做出了很大贡献。1942年转到中国大陆科学院，1953年回国任名古屋大学教授。

将可见光吸收用于分析的尝试始于19世纪后半叶。光因介质的吸收强度发生变化是18世纪的科学家朗伯和19世纪的物理学家比耳发现的，得到了现在称作朗伯-比耳定律的关系式（$I = I_0e^{-al}$，I是通过长度为l的介质的光强，a是与浓度成正比的吸光系数），利用这个关系式测定吸光度就可以进行定量分析，不过直到1930年前后，光的吸收主要用于定性分析，作为分光分析的先驱性应用实例有赫尔穆特•费歇尔（Hellmuth Fischer，1902—1976）的双硫腙的利用。1926年他研究这个化合物，显示了用于分析的可能性，20世纪30年代做了详细研究。这个试剂与很多阳离子生成显色配合物，很方便少量离子的检测。用朗伯-比耳定律使定量分析变得常规可行是进入20世纪40年代分光光度计商品化之后的事情了。紫外区域的吸收也随着商品分光仪器的普及才得以用于分析（图4.11）。

图4.11 贝克曼DU分光光度计

1941年市售的该分光计使分光分析显著地容易了，精度也提高了红外区域的吸收对有机化合物的定性鉴定有用，不过到20世纪40年代前后红外分光仪还只是物理化学研究者的研究用仪器。1928年发现了拉曼散射，拉曼分光作为红外分光的辅助分光法被用于结构化学的研究，不过它也和红外分光一样还仅止于物理化学的研究领域。

利用发光的分析法早就在广泛应用。该方法灵敏度高、可以检测极微量物质。定量分析可以将照相干板、装置、步骤进行标准化。通过比较特定发光线的强度确定物质含有量。发光分析对需要进行大批量分析的应用领域特别有用。

由阿斯顿开发的质谱仪在20世纪前半叶也还只是研究用仪器。但当稳定同位素作为示踪剂用于化学研究后，质谱分析仪的用途得以拓宽，需求增大。在20世纪40年代石油化学产业已经开始将质谱用于烷烃混合物的分析。

4.6.4 色谱

色谱是由俄国植物生理学家迈克尔•茨维特发明的[103]，是可以用于物质分离、精制的重要手段。茨维特在1903年报告了将吸收了液体的碳酸钙柱用于植物色素分离的方法。1906年发表了将石油醚中叶绿素色素通过碳酸钙柱进行分离的报告。胡萝卜素和叶黄素两种色素以两条色带出现，用酒精分离提取。他用色谱这个词命名了这个方法。但是这个研究发表之后很长时间没有引起化学家的关注。据说其理由之一是当时的叶绿素研究的权威威尔斯泰特用不同的吸附剂尝试分离没有成功，对茨维特的结果给予了否定。

到了20世纪30年代，库恩（Richard J. Kuhn，1900—1967）、卡勒（Paul Karrer，1889—1971）、温道斯（Windaus，1876—1959）等知名有机化学家开始将色谱用于叶绿素、类胡萝卜素、维生素等在生物化学上感兴趣的有机化合物的研究，色谱作为分离、分析的手段的真正价值一下子得到了认可。结果人们对色谱的兴趣高涨，开始瞄准新发展的研究。作为其典型例子就是英国的阿奇•马丁和理查德•辛格引入的分配色谱。他们在1941年提出了以两个互不相溶的液体作固定相和流动相的新方法[104]。以保留在硅胶上的水作固定相，三氯甲烷作流动相分离乙酰氨基酸，用甲基橙作指示剂。这个方法马上被用于有机酸和脂肪酸的分离。康斯坦因（R. Consden）、戈登（A. H. Gordon）、马丁以及辛格发现用水饱和的滤纸适合氨基酸的分离，提出了纸色谱。1944年引入了在滤纸上用两个适当的溶剂进行二维展开的方法（图4.12）。这是廉价、高效的方法，成了氨基酸

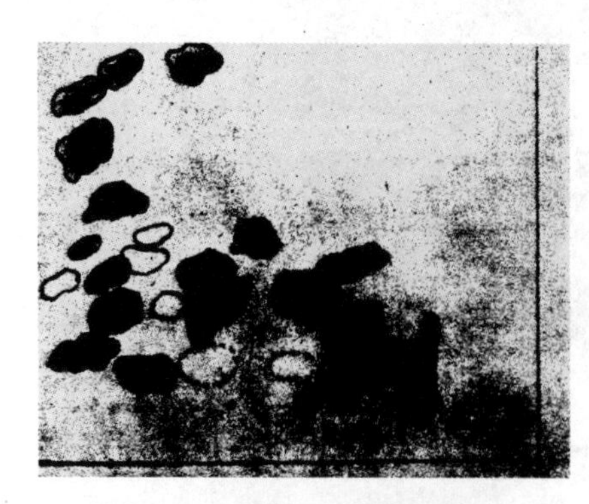

图4.12 早期的二维纸色谱实例

马铃薯汁的分离，用茚三酮显色（来自1952年辛格的诺贝尔奖演讲资料）

迈克尔·茨维特（Michael Tswett，1872—1919）： 出生于意大利，父亲是俄罗斯人，母亲是意大利人。在瑞士长大，在日内瓦大学学习物理和数学，但转向植物学获得了博士学位。1896年迁至俄罗斯，曾在圣彼得堡的俄罗斯科学院生物研究所做研究，之后于1902年受聘波兰华沙大学植物生理学研究所助手，次年升助理教授。1906年发明色谱，但因处于第一次世界大战爆发和俄国革命爆发的混乱之中，47岁就病逝了。

阿奇·马丁（Archer John Porter Martin，1910—2002）： 出生于医生家庭，曾在剑桥大学学习，专攻生物化学，以维生素E的研究取得博士学位。1938年加入利兹羊毛研究协会，在这里于20世纪40年代前半段与同事辛格一起开发了分配色谱、纸色谱等划时代的新技术。1948年起在国立医学研究所做研究，20世纪50年代初开发了气相色谱。1952年和辛格一起获得诺贝尔化学奖。

理查德·辛格（Richard L. M. Synge，1914—1994）： 出生于利物浦，曾在剑桥大学学习，以乙酰氨基酸分离相关研究于1941年获得博士学位。此后加入利兹羊毛研究协会，与同事马丁一起投入分配色谱的开发，取得了业绩。1943—1948年在利斯特预防医学研究所做研究，从事抗生肽分离，取得了纸色谱的二维展开等业绩。1952年和马丁一起获得诺贝尔化学奖。

和抗生素等生物化学上重要物质的有效分离手段。采用离子交换剂的色谱也在20世纪40年代发展起来。到那时为止，可以制备很多离子交换合成树脂，采用这些树脂的离子交换色谱在第二次世界大战中对核分裂产物的分离是有效的。

马丁和辛格因发现氨基酸的色谱分析方法获得了1952年的诺贝尔化学奖。他们是在剑桥大学受过教育的生物化学家，是利兹羊毛研究所的研究员。他们的业绩可以说是用简单的装置获得具有重大影响成果的典型案例。

4.6.5 采用放射能的分析

放射能一经发现，放射性核素就马上被应用于分析化学研究。如前所述，1913年赫维西和帕内斯将镭D（^{210}Pb）用于铅盐溶解度的测定。但因能够利用的放射线核素有限，所以当时在化学方面的应用受到限制。从1940年前后开始，很多放射线核素可以利用了，应用得以扩展，不过在分析化学中能够常规性广泛地应用是第二次世界大战后的事了。作为分析化学方面的应用主要是放射分析和同位素稀释法。

放射分析是根据试样释放的能量和半衰期鉴定用高能放射线或粒子线撞击试样

威拉德·利比（Willard Frank Libby，1908—1980）：出生于科罗拉多，在加利福尼亚大学伯克莱分校取得博士学位后，作为教官留在伯克莱，第二次世界大战中参加了曼哈顿计划，1945年任芝加哥大学教授。很早起就进行微弱放射能的检测与定量。1960年开发了使用 ^{14}C 测定年代的方法，为考古学、人类学、地质学等广阔学术领域的发展做出了很大贡献。还将同位素用于示踪在生物化学的研究方面也做出了贡献。1960年获诺贝尔化学奖。

时产生的放射性核素，根据放射能的量定量测定作为分析对象的核素的量，方法灵敏度高。通常所用的是中子线轰击，这个方法在1936年由赫维西和利瓦伊（Hilde Levi，1909—2003）最先尝试。他们用中子线照在某种稀土元素上，就发现产生了放射线，将它用于元素的鉴定。

同位素稀释法是在定量某个样品中的元素X时，加入一定量同位素比不同的该元素，将元素X化学分离后测定同位素比。在该方法中，即使后续化学操作中元素有损失也不影响分析结果，所以是既方便，精度又好、灵敏度又高的分析方法。

4.6.6 放射年代测定

作为放射能的应用，对其他领域产生很大影响的一个例子就是年代测定。放射能矿物年代测定是1905年由美国化学家博尔特伍德（Bertram B. Boltwood，1870—1927）最先开展的。他提出根据铀的半衰期和累积的氦的量就可以推测矿物的年代。1907年认识到 ^{238}U 衰变的最终生成物是 ^{206}Pb，根据铀和铅的存在比推定了岩石的年代。他推定的最古老的岩石的年代是 4.5×10^9 年。

1937年格罗塞（Aristid von Grosse，1905—1985）指出通过宇宙线碰撞产生放射线核素。1946年芝加哥大学的威拉德·利比表示，由宇宙线产生的中子和大气中的氮碰撞产生的一定量放射性 ^{14}C 存在于生物体中，利用这一结果确立了C-14年代测定法。具有5730年半衰期的 ^{14}C 变成 CO_2，通过包括光合成在内的生物碳循环过程进入动物、植物体内。动植物死后 ^{14}C 的吸收终止，^{14}C 以5730年的半衰期减少，所以根据 ^{14}C 量的测定就可以测定年代。利比开发了检测微量 ^{14}C 的高灵敏度装置，使年代测定获得成功。这个方法作为适合于500～50000年的化石和考古学样品年代测定的方法而显得重要[105]。利比1960年获诺贝尔化学奖。

4.7 无机化学

整个19世纪无机化学最大的课题就是新元素的分析及其性质的阐释（参照2.5

节）。到了20世纪初，天然存在的元素几乎都已被发现，周期表接近完成，但也还留下了空缺的部分。这些随着物理学的发展及其应用得到了解决。坚持不懈地研究个别元素的化学，积累了很多经验事实。完成了周期表，弄清了原子结构，以此为基础整理出了无机化学中的大量知识，并开始尝试理解它。

根据能斯特方程弄清了氧化还原电位与吉布斯自由能的关系，可以测定各元素的各种氧化态的氧化、还原电位了。这些可以归纳在拉蒂默图中（图4.13），于是就可以预测某个反应是否能发生了。

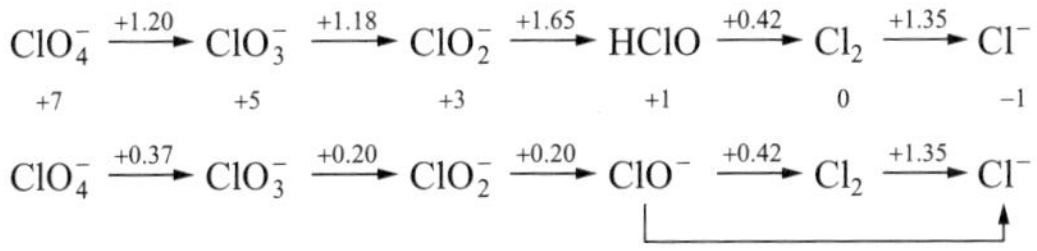

$$\underset{+7}{ClO_4^-} \xrightarrow{+1.20} \underset{+5}{ClO_3^-} \xrightarrow{+1.18} \underset{+3}{ClO_2^-} \xrightarrow{+1.65} \underset{+1}{HClO} \xrightarrow{+0.42} \underset{0}{Cl_2} \xrightarrow{+1.35} \underset{-1}{Cl^-}$$

$$ClO_4^- \xrightarrow{+0.37} ClO_3^- \xrightarrow{+0.20} ClO_2^- \xrightarrow{+0.20} ClO^- \xrightarrow{+0.42} Cl_2 \xrightarrow{+1.35} Cl^-$$

图4.13 拉蒂默图

表示元素不同氧化态间的氧化还原电位。上面是在酸性溶液中的电位值，下面是碱性溶液中的电位值

通过应用吉布斯相律，包括金属和合金在内的固体无机化合物的研究获得了发展。19世纪末由维尔纳开创的配位化学的新发展即使进入了20世纪仍然一直持续不断，成了无机化学的重要领域。但是整体来看20世纪最初的30年对无机化学来说并不是太活跃的时期。无机化合物的键与结构复杂，难以给出合理的解释，各元素的行为多无规律性，用周期表不能做出充分且一致的解释。无机化学被认为还是一个停留在事实积累阶段的寂寞的学科领域。

这种状况从20世纪30年代开始有了改变。因为X射线晶体学和分光学的引入，有关无机化合物和晶体结构的知识更加可靠和准确。鲍林等对化学键理论的发展拓宽了合理解释无机化合物中化学键的道路。配位化学（参照2.6节）作为无机化学、分析化学、有机化学、生物化学交叉的领域开始获得发展。放射能的发现（参照3.3节）也与新元素的发现相联系，诞生了同位素化学这一新领域。在高分子化学中也认识到了无机化合物作为催化剂的重要性。而且第二次世界大战时期核武器的开发研究给了无机化学很大刺激。于是第二次世界大战一结束，无机化学就迎来了兴盛期。

这个时代无机化学研究膨胀式发展，不过本章仅对新元素的发现、配位化学的进步、硼和硅的氢化物、固体的结构、地球及宇宙化学等方面的进步做一概述。

4.7.1 新元素的发现与周期表的完成

19世纪末在周期表中明显还有空缺的部分。围绕稀土元素的混乱还没有解决，稀土类有多少元素也没确定。过渡金属元素与其他元素的差异也不明确。元素一共到底有多少不确定，在周期表最后部分留下了疑问。进入20世纪，1900年发现氡

（Rn，原子序数86），1901年发现铕（Eu，原子序数63），1907年发现镥（Lu，原子序数71）。此后一段时间没有发现新元素，而在1917年迈特纳和哈恩以及索迪和克兰斯顿（John A. Cranston，1891—1972）独立地发现了91号元素镤（Pa）。

莫塞莱的X射线光谱研究和玻尔的原子论对周期表的完成和新元素的发现做出了很大贡献（参照第3章）。根据莫塞莱的研究确定了原子序数，直至解决了稀土元素数目的问题。1913年他的研究涵盖从铝（原子序数13）到金（原子序数79）的元素，表明61号和72号元素还没被发现。在1920年的玻尔周期表中，铀被定为93号元素，43、61、72、75、85、87号元素没有被发现，留着空缺。

法国稀土学者于尔班（Georges Urbain，1872—1938）知道了莫塞莱的研究后，与莫塞莱合作用X射线光谱研究他的稀土样品，确认了铒（Er，原子序数68）、铥（Tm，原子序数69）、镱（Yb，原子序数70）和镥（Lu，原子序数71）的存在。第一次世界大战后，于尔班为了发现72号元素用X射线光谱探索稀土样品，但没有成功。玻尔基于量子理论认为72号元素不是3价而是4价元素，不是稀土类。他认为稀土类在71号元素就结束了，72号元素和锆是同族元素。他向同事赫维西提议研究锆矿石。和玻尔预想的一样，1923年赫维西和科斯特（Dirk Coster，1889—1950）根据X射线光谱发现了新元素，根据玻尔的研究据点哥本哈根的拉丁语名hafnia命名为hafnium（铪，Hf）[106]。

1925年柏林大学的诺达克（Walter Noddack，1893—1960）、塔克（后来的诺达克夫人）和伯格（Otto Berg，1873—1939）报道发现了43和75号元素。75号元素是从硅铍钇矿反复浓缩得到的，根据X射线光谱鉴定。他们根据塔克的故乡是莱茵兰（Rheinland），便将75号元素命名为rhenium（铼，Re）。他们还报道发现了43号元素，命名为钨，不过这在后来被认为是错误的。因为根据后来的研究，表明该元素没有稳定同位素，在自然界不存在可以检测出来的量。43号元素的发现归功于意大利的塞格雷（Emilio Segre，1905—1989）和佩里尔（Carlo Perrier，1886—1948）。1937年他们从回旋加速器发明者劳伦斯那里得到用回旋加速器重氢照射了几个月的钼试样，研究其放射能，发现了新的放射线同位素，并进行分离鉴定。这个元素以人工可以合成的意思命名为锝。1908年（日本）东北大学的小川正孝报告发现了43号元素，并根据“日本”二字的读音（Nippon）命名为Nipponium，但这个元素最近被认为是75号元素铼[107]。

1902年布劳纳（B. Brauner，1855—1935）就预言存在61号元素，并得到了莫塞莱的研究的支持，但实际上到了1945年才发现。这年美国橡树岭国立研究所的马林斯基（Jacob A. Marinsky，1918—2005）、格兰德宁（L. E. Glendenin，1918—2008）和科里尔（C. D. Coryell，1912—1971）从原子堆铀燃料的核裂变产物中分离、分析得到了这个元素。这个元素根据希腊神话中从奥林帕斯山盗取火种给人类的普罗米修斯，命名为promethium（钷，Pm）。

从莫塞莱的研究以来，试图发现85号和87号元素的尝试也很多。特别是对87号元素，好几个研究团队报道发现了，但到后来都是错误的。1939年柏林大学居里研究所的佩里（M. C. Perey，1909—1975）在锕227的衰变产物中得到了87号元素存在的证据。她确认该元素像预想的那样具有碱金属的性质，命名为francium（钫，Fr）。

85号元素在1940年由加利福尼亚大学的科森（Dale R. Corson，1914—2012）、麦肯齐（K. R. Mackenzie，1912—2002）、塞格雷的研究团队用回旋加速器通过α射线照射铋得到。该元素属于卤素，但具有相当的金属性。该元素是没有稳定同位素的卤素，所以根据希腊语不稳定的意思命名为“astatine”（砹，At）。

如前节所述，1940年麦克米伦和阿贝尔森发现93号元素镎和1941年西博格等发现钚就确定了存在93号以后的超铀元素，截至1945年，已经知道了到96号为止的元素。

4.7.2 配位化学的进步

有关配位化合物的研究，维尔纳的划时代的工作最早在1893年发表了论文，研究工作跨越世纪持续到了1915年前后。维尔纳1905年出版了《无机化学中的新的思考方法》(《Neuere Anschaungen auf dem Gebiete der Anorganischen Chemie》)，做了系统考察[108]。他根据氨配体的研究，在中心金属原子中引入主原子价和副原子价的概念，提出了配位学说，氨配合物中存在几何异构体是这个学说的最直接的证据。进而在1911年合成了不含手性碳的镜像异构体，并成功地对其光学异构体进行了拆分。他的副原子价是表示中心金属原子与结合的分子或离子间的键的原子价，但这个键的本质还不清楚。

在早期的配位化合物研究中，维尔纳认为2价的镍、铂、钯的4配位配合物呈平面结构，但要得到确证有困难。不过在1922年通过X射线衍射弄清了在K_2PdCl_4和K_2PtCl_4等配合物中，金属原子位于4个氯离子组成的正四边形平面的中心，也确认这样的配合物中存在顺反异构体。

对配位键本质的理解不得不等待化学键理论的进步（参照4.3节）。1920年科塞尔提出了配合物的静电模型。根据该模型，可以认为配合物通过中心离子和极性分子间的静电引力结合，带电荷多且体积小的离子形成稳定性高的配合物。但是配合物研究者明白这个观点过于简单。法扬斯着眼离子和电子云的变性，试图说明配合物的颜色。

根据路易斯和朗格缪尔提出的共价键的观点和玻尔的原子理论，西奇威克在1927年出版了《原子价的电子论》(《The Electronic Theory of Valency》)[109]，尝试解释配位键。他解释配位键是由单方的原子提供共用电子对的一种共价键。他认为在配位键中提供电子的原子变得部分呈正电性，接受电子的原子变负，从而产生静电相互作用。

专栏13

小川正孝与nipponium[107]

从19世纪后半叶开始至20世纪初，发现新元素是无机化学家向往的大目标之一。当时还不知道地球上存在多少元素。但实际上在19世纪末几乎所有稀土元素和稀有气体都被发现了，在20世纪初未发现的稳定元素已经很少了。这个时期加入发现新元素的竞争、实际上已经在新元素的分离上取得了成功，但却惋惜地错过了发现新元素荣耀的化学家就是小川正孝。

小川正孝
（1865—1930）

小川正孝1865年1月26日出生于江户，是松山藩士江户诘武士小川正弘的长子。因明治维新举家迁至松山，很早失去父亲，靠母亲辛苦将其养育成人。从松山中学毕业后，得到旧松山藩主的奖学金进京，经过大学预科后进入帝国大学理学院化学系，1889年（明治22年）毕业。进入大学院（研究生院），在外国教师戴维斯手下做研究，次年到静冈中学工作。31岁被推举为校长，不过还是辞职进京了，到帝国大学当助手，在戴维斯手下重新开始了研究。34岁任第一高等学校（高中）教授，1904年39岁时留学英国，在伦敦大学卢瑟福手下做研究。因发现稀有气体成名的卢瑟福当时交给小川的课题是从在锡兰发现的新矿物方钍矿中探索新元素。

小川重复沉淀、溶解、蒸发、萃取这些经典的分析方法，得到了被认为是以微量成分存在的新元素的光谱。根据卢瑟福的提议用日本国名（Nippon）将它命名为“nipponium”（Np）。但是滞留英国期间出不了确定性的结果，就购买了方钍矿带回日本，回国后继续新元素的研究。辛苦的结果是从1kg方钍矿中得到了0.1mg水平的新元素的氧化物。根据分析结果，其原子量是100，被当作是当时还未知的43号元素。他将这个结果以“Preliminary note on a new element”为题发表在英国的化学杂志《Chemical News》上。但是，这个研究没有得到其他研究者的确认，其可信性逐渐被动摇。

小川在1911年受聘新成立的东北大学教授，1918年被推举为东北大学校长，任职至1928年。回国后他也一直继续nipponium的研究。但是新元素的确认采用经典的手段有限，必须采用在铪的发现中很有效的X射线分光的方法。遗憾的是20世纪20年代的日本没有可以用于小川研究的X射线分光装置。总算到了1930年东北大学买进了X射线分光装置，可以研究自己的样品了。但是此后很快小川去世了，其研究结果没有公开发表。1937年西格雷以人工放射性元素的形式发现了43号元素，认为这个元素天然不存在。由此小川的

nipponium就被看成了“幻之元素”。

到了接近20世纪末的时候，东北大学名誉教授吉原贤治从小川的遗物中发现了nipponium的X射线照相干板，尝试对其进行解读。结果弄清了小川的nipponium样品是75号元素铼。小川认定的43号元素其实是周期表中下一栏的75号元素铼。铼在1925年已经由诺达克（W. Noddack）和塔克（I. Tacke）发现了，但小川比他们早17年就发现了铼。小川的分析能力和吃苦耐劳精神没人能比，所以谁也没能重复他的研究。然而他的确是成功分离了新元素。遗憾的是因为假设的原子价弄错了，原子量推测出错，把75号元素当成了43号元素。nipponium其实并非幻想，的确是令人可惜的事。

2004年理化学所的森田浩介研究组用线形加速器将^{70}Zn照射在^{209}Bi靶标上成功制取了113号元素。新元素经过确认流程到正式命名需要时间，113号元素的正式名称尚未确定。用于nipponium的元素符号Np已经用于93号元素镎，所以nipponium这一元素名称大概不会载入周期表。

根据量子力学来阐释配合物的键和物理性质的尝试始于1929年。1929年德国的物理学家汉斯•贝特提出晶体场理论，用对称性讨论金属离子的d轨道电子的能量如何受到晶体场的影响[110]。在贝特的论文中提供晶体场的配体被看成是具有电荷的离子性分子，并按点电荷处理，弄清了d轨道能量如何因晶体场的对称性和强度而分裂[111]。这篇论文是后来关乎配位场理论发展的重要起点。

另一方面，1931年鲍林基于杂化轨道的思想对配位键做了解释[111]。例如，就钴配合物而言，如图4.14所示，认为3价的钴离子的4个未成对电子与孤对电子一起占据3个3d轨道，剩下的2个3d轨道与4s轨道和4p轨道形成d^2sp^3杂化轨道，该杂化轨道由6个氨的氮原子的孤对电子占据。同样，像$Ni(CN)_4$这样的平面结构的4配位配合物，可以认为采用了dsp^2杂化轨道。鲍林在他的著名的《化学键理论》中，详细地论述了这个观点。他的观点直观，容易为化学家所接受，被用于解释配位化学中的许多现象。

1932年美国物理学家约翰•范弗莱克用晶体场理论成功地解释了配合物的磁性。他进一步将晶体场理论和马利肯的分子轨道理论合并起来，提出了更满意的配位场理论[112]。在配位场理论中考虑了金属离子与配位体的轨道之间的重合和电子的非定域化。于是，根据d电子轨道能级就可以合理地解释配位化合物的磁性和吸收光谱了。例如，晶体场强的情况下显示出不服从洪特规则，电子会按照泡利不相容原则占有因晶体场作用而分裂的低能级轨道，从而出现低自旋状态。配位场理论此后在无机化学家中也被广泛采用了[113]。

螯合物是中心金属通过两个以上的键与有机分子结合形成的，它以稳定的分子

<u>汉斯·贝特（Hans Bethe，1906—2005）：</u>德国出生的美国物理学家。曾在慕尼黑大学学习，取得博士学位后留学罗马大学做研究。在德国获得教职，但1933年迁到美国，任康奈尔大学教授。在物理学的很多方面都有显著业绩，在1938年探明了太阳能是由从氢到氦的核聚变反应所产生。获1967年诺贝尔物理学奖。

<u>约翰·范弗莱克（John H. van Vleck，1899—1980）：</u>美国物理学家。1922年在哈佛大学获得博士学位后，历经明尼苏达大学和威斯康星大学，1934年任哈佛大学教授。在磁性量子理论和金属配合物的配位场理论方面做出了先驱性业绩，1977年获诺贝尔物理学奖。

形式存在。例如，$Ni(NH_2CH_2CH_2NH_2)_3$比$Ni(NH_2CH_3)_6$更稳定。螯合物的重要性在化学的广泛领域不断增加。在分析化学中二甲基乙二醛肟、2,2′-联吡啶、8-羟基喹啉等分别作为镍、铁、铝的螯合标准试剂使用。

作为与生物相关的分子，重要的螯合分子的研究在有机化学和生物化学中广受关注。已知叶绿素和氯高铁血红素是镁和铁配位在紫菜碱环上的化合物，其他很多酶反应也已知道是与配位化合物相关的。于是配位化合物的化学作为几乎与所有领域都相关的交叉研究领域开始发展起来，这一趋势在20世纪后半叶越来越强。

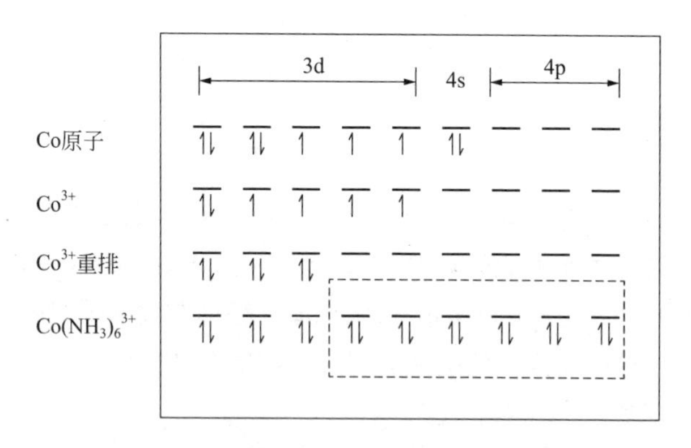

图4.14 鲍林杂化轨道对配位键的解释

（NH_3与Co^{3+}的6个d^2sp^3杂化轨道形成配位键）

4.7.3 有趣的无机化合物：硼和硅的氢化物

在20世纪前半叶研究了很多新的无机化合物，作为其中特别有趣味的化合物，在此列举硼和硅的氢化物。硼的氢化物在1879年由琼斯（Francis Jones）用硼化镁和盐酸反应合成。氢化硼反应性强，在空气中起火，因此是一个难处理的化合物，1912年前后德国的施托克（Alfred E. Stock，1876—1946）开发出在真空中合成和精制的技术之前，纯化合物的研究没能进行。施托克和他的合作者采用真空技术长期持续研究氢化硼，做出了很大贡献。

在氢化硼中，最简单的分子是乙硼烷（B_2H_6），但这个分子的结构却长期困扰化学家。施托克提出乙烷类似的结构，但问题是价电子不够。也否定了离子性结构的可能性。20世纪20年代至30年代出现了各种提案，但哪一个都有问题。1943年牛津大学的本科生朗盖特-希金斯（Longuet-Higgins，1923—2004）和贝尔（Ronald P. Bell，1907—1990）一起提出了氢的桥联结构（图4.15）[114]。另一方面，1945年皮策（Pitzer，1914—1997）提出2个质子处于硼之间双键电子云中的质子化双键模型。希金斯用缺电子"香蕉轨道"解释了架桥结构（图4.15），即在由氢的1s轨道和2个硼原子的原子轨道构成的分子轨道中填入1个电子。20世纪30年代鲍尔（Simon Bauer）电子衍射似乎可以认为支持了类乙烷结构，但并不确定。到了1951年赫德伯格（Kenneth Hedberg）和肖梅克（Verner Schomaker，1914—1997）的电子衍射终于证明了希金斯结构的正确性，有关乙硼烷结构的长期争论画上了句号。狄尔泰（Walter Dilthey）已经在1921年提出了乙硼烷的架桥结构。硼的高次氢化物的结构在20世纪50年代由利普斯科姆（Lipscomp）进一步用X射线衍射做了详细研究，架桥结构的普遍性得到了认可。同样的架桥结构在$Al_2(CH_3)_6$等很多分子结构中都有发现。

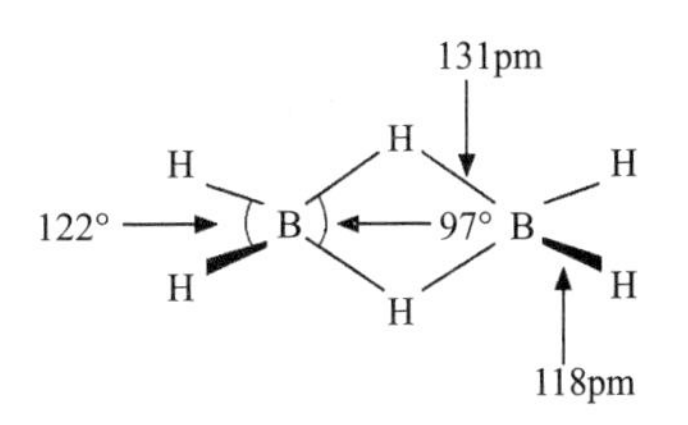

图4.15 乙硼烷的结构与架桥键

20世纪30年代芝加哥大学的施莱辛格（H.I. Schlessinger，1882—1960）合成了$LiBH_4$、$BeBH_4$和$AlBH_4$。$LiBH_4$稳定、溶于水，Li^+和BH_4^-以离子键结合，$AlBH_4$最容易气化。施莱辛格的学生H. C.布朗（H. C. Brown）从20世纪30年代后期起开始将硼、锂、铝的氢化物用于有机化学反应，发现$LiAlH_4$在有机化合物的还原中非常有效，进一步发现$NaBH_4$也有同样的效果。他的基于氢化硼反应试剂的有机化合物还原反应研究此后获得了很大发展。布朗在1979年因硼化合物拓展到重要的有机合成反应获得诺贝尔化学奖。

1858年沃勒（F. Wohler，1800—1882）最先制得硅烷（SiH_4）。他由Mg粉和砂（SiO_2）制得Mg_2Si，将它与盐酸反应，得到主成分为硅烷的气态硅氢化物。因为碳和硅在周期表中是同族，科学家对硅的氢化物充满兴趣，但容易气化、在空气中自燃，所以处理起来困难，研究没有取得进展。20世纪10年代施托克利用真空技术研究了SiH_4、Si_2H_6等氢化硅。这些化合物反应性非常强，与烷烃的类似性受到抑制。硅烷在20世纪后半叶成了半导体产业中的重要物质，硅化合物的研究在第二次世界大战后蓬勃发展起来。

4.7.4 固体的结构与物性

如前所述，自1914年布拉格父子的食盐X射线结构解析以来，无机化合物的结构广泛采用X射线衍射进行研究。随着衍射技术的进步，复杂的结构也逐步得以解明。很多无机化合物的键主要是离子键性质的。因此，离子的大小成了决定晶体结构的重要因素。1926年挪威（出生于瑞士）的戈尔德施密特测定各种晶体中离子的核间距，发表了能够确定的合乎情理的离子半径（指将离子看作球，该球的半径）表。离子半径表此后由鲍林做了修正，用于讨论无机化合物的晶体结构和化学键。

离子晶体中的凝聚能可以在作用于各离子的离子间静电相互作用之和中，考虑近距离起作用的排斥力来计算。静电相互作用之和在1918年由马德隆（Erwin Madelung，1881—1972）计算，可以由下式给出：

$$U_{\mathrm{M}} = -MN_{\mathrm{A}}Z^2\mathrm{e}^2/(4\pi\varepsilon_0 r_0)$$

在这里，M是马德隆常数，N_{A}是阿伏伽德罗常数，Z是离子电荷的最大公约数，r_0是带相反电荷离子间的距离。晶格能可以经验性地用称作玻恩-哈伯循环的热化学循环求得，所以可以与由上式得到的值进行比较讨论。

固体的电学性质和磁学性质等物性的近代研究主要是由物理学家开始做的。在20世纪30年代量子力学已经应用于处理物理和化学的问题，但化学家的兴趣主要还是在分子，用于固体的研究由物理学家进行。在此就固体物性的研究发展做一个简要介绍。1905年道尔顿提出自由电子理论，即将金属中的电子看作像三维井型势能场中自由活动的气体那样进行处理。根据这个观点，应该可以观测到来自电子平行能（如果将电子看作粒子，和其他粒子一样具有平行运动的能量）的很大热容量，而金属的热容量可以用原子的振动阐释，没有观测到来自电子的热容量。这个矛盾在1928年由索末菲解决了，他认为电子是费米粒子（自旋为半整数1/2，3/2，…，一个状态只有一个粒子占有），不遵循玻尔兹曼分布，而是遵循费米-狄拉克分布。金属中的电子在由晶体结构所决定的离子质点所形成的周期性电场中运动。1928年布洛赫（Felix Bloch，1905—1983）引入了下面的布洛赫函数作为这样的固体中电子的波动函数，并计算了电子的能量。

$$\Psi(x) = U_{\mathrm{k}}(x)\mathrm{e}^{ikx}$$

在这里，e^{ikx}表示以波数k在x方向上运动的电子波，$U_{\mathrm{k}}(x)$是表示离子质点形成的周期性势能场的函数。

金属的凝聚能可以定性地理解成金属原子的正的质点和容易流动的电子的负的流体之间的经典引力。固体中电子的能级因原子聚集形成紧密排列的能级带。固体的电学性质可以通过电子如何占据这个能带来定性理解。20世纪30年代根据能带模型弄清了导体、半导体、绝缘体的差异（图4.16）。在金属那样的导体中电子只填充能带的一部分，而在绝缘体中低能带被电子填满，填充带与空能带之间有较大的能级差。可以认为因能级差小，从填充的价电子带到空的导电带之间，电子受热激发时就产生半导体。根据这个模型也能理解掺杂制作半导体的原理了。

物质磁性的研究有很悠久的历史，但近代的研究始于1895年皮埃尔•居里的研究。他发现永磁体的磁化率（物质的磁化强度$\boldsymbol{M}$与磁场强度$\boldsymbol{H}$之间的关系，磁化率为公式$\boldsymbol{M}=\chi\boldsymbol{H}$中的$\chi$）与热力学温度$T$成反比的法则。这个法则在1905年由朗之万（Paul Langevin，1872—1946）从理论上推导出来。1907年魏斯（Weiss，1865—1940）发现强磁体的磁化率在转移温度T_c以上时与$T-T_c$成反比的居里-魏斯定律。魏斯针对相互作用的磁矩基团推导了这个法则。1928年海森伯格认为由具有来源于铁族和稀土类电子磁矩的原子所构成的磁体中，在离子间起作用的正的交换相互作用是强磁场的根源，这被称作海森伯格模型，他提出了原子水平的强磁场理论。1932年尼尔（Neel，1904—2000）提出了反强磁体理论，即在邻接的原子间起作用的是负的交换相互作用。以这些理论为基础，就可以讨论金属和无机化合物固体的磁性了。

在固体中原子容易扩散的事实是从19世纪末开始知道的，20世纪20年代针对固体中的缺陷提出了各种各样的模型，扩散过程得以阐明。1926年俄罗斯的弗伦克尔（Frenkel，1894—1952）提出原子移动到离开晶格节点的晶格间位置类型的缺陷，1930年德国的肖特基（Schottky，1886—1976）提出有空晶格节点的缺陷。进而在1934年泰勒（Geoffrey I. Taylor，1886—1975）、奥罗万（Egon Orowan，1902—1989）以及波兰尼探明了存在被称作位错（dislocation，是晶体内缺陷的一种，起因于晶体内的位错，线状相连发生的一串原子的位移）的缺陷。这些缺陷的存在与金属的机械强度和反应性密切相关，它的阐明对解决物质科学中的实际问题很有用。

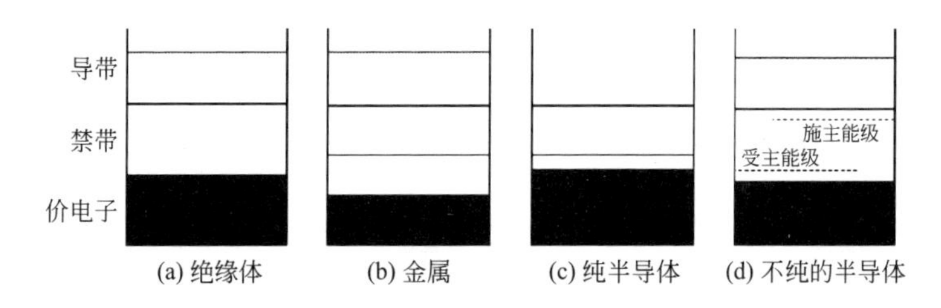

图4.16 解释固体电性质差异的能带模型

电子占据的部分用黑色表示

4.7.5 地球与宇宙化学[115]

19世纪初在贝采利乌斯等的努力下，做了很多矿物的分析，基于此诞生了地球化学。1838年德国化学家舒贝因（Schonbein，1799—1868）引入“地球化学”这个词来表示探索地球起源和矿物的领域，不过19世纪它才作为一个确定的领域发展起来。

19世纪末前后地球化学的主要目的之一是确定构成地壳的各种元素的相对含量。美国地质调查所的F. W. 克拉克对北美矿物进行了广泛的化学研究，其结果在1908年以“地球化学数据”为题发表了[116]。他的数据显示地壳中的元素的存在量随原子量（的增加）而减少。另外在19世纪后半叶，根据陨石的化学分析结果也知道了陨石化学组成与地球上的岩石组成不同，人们认为根据陨石的组成就有可能获得有关宇宙化学组成的线索。于是，不只是以地球为对象，也出现了从化学的视角捕捉整个宇宙的自然现象的尝试。德国物理化学家埃米尔•鲍尔（Emil Baur，1873—1944）的《化学的宇宙论》就是其中的一个例子。

19世纪60年代分光法作为分析法已经确立，分析太阳和星球上存在的元素就成为可能。与地球上相同的元素星球上也存在吧？同样的化学现象在星球上也发生吧？克鲁克斯和洛克伊尔（J. N. Lockyer，1836—1920）等科学家怀揣着这样的疑问。从19世纪末到20世纪初，物理化学取得了很大发展，但担当早期物理化学发展的大化学家们，如阿伦尼乌斯、能斯特、路易斯等也对地球化学、宇宙化学感兴趣。芝加哥大学的物理化学家哈金斯（Harkins，1873—1951）1917年发现陨石中偶数原子序数的元素的存在量比奇数原子量元素的存在量要多很多。他将这一现象与元素的相对稳定性关联起来做了考察。开发质谱仪的阿斯顿也对同位素分离的地球化学意义感兴趣，1922年最早制作出表示同位素相对存在比的表，提出这或许表示原子进化过程中原子核的相对稳定性。不过在近代地球化学的诞生和由地球化学向宇宙化学的发展中扮演着最重要角色，被称作近代地球化学之父的是挪威的维克托•戈尔德施密特。

在20世纪初的挪威，在沃格特（Vogt，1858—1932）和布罗格（W. C. Brogger，1851—1940）的领导下，不断养成地球化学的传统。瑞士出生的戈尔德施密特在奥斯陆大学作为学位论文的题目“基于化学平衡应用相律研究奥斯陆地区岩石的热成岩作用”，在地质学上带来了新的拓展。20世纪20年代戈尔德施密特和

维克托•戈尔德施密特（Victor M. Goldschmidt，1888—1947）： 瑞士出生的矿物学家、晶体学家。1914年任挪威克里斯蒂安尼亚大学教授，1929—1935年任格丁根大学教授，但由于受纳粹追捕回到了挪威。系统地阐明了氧化物和氟化物的晶体结构，奠定了无机晶体化学的基础。以热力学为基础研究岩石的热成岩作用，开辟了地质学的新领域，研究岩石中的元素分布，成了近代地球化学的鼻祖。其目标是构建基于热力学和晶体学的地球化学，但未能终了。

他的共同研究者为了解明与重要矿物中元素的分布相关的一般规律，用X射线晶体学系统地研究了晶体结构与原子和离子的关系。他们为了进一步研究微量存在的元素又引入了分光学的方法，调查稀土元素等的相对分布，确定了奇数原子序数的元素即使是稀土元素存在量也少[117]。地球化学的研究从20世纪10年代后期开始在苏联也兴盛起来，以维尔纳茨基（Vernadsky，1863—1945）和斐尔司曼（Fersman，1883—1945）为中心展开了研究。

戈尔德施密特进一步着手确定包括太阳、星球、陨石的数据在内的宇宙中元素相对含量的研究，1938年将元素的存在比作为该元素中子数的函数表示出来。他的数据后来在戈珀特•迈尔（Goppert Mayer，1906—1972）和延森（Jensen，1907—1973）的原子核结构的壳模型的构建，以及宇宙论中的原子生成过程的解释方面也起了很重要的作用。

宇宙空间是否存在分子长期以来是一个疑问，不过从1937年到1941年根据光谱观测发现了多个双原子分子的存在。这些分子包括CH、NH、CN、CH^+。但星际分子的化学取得大的发展是在第二次世界大战后电波天文学诞生之后的事。

4.8 有机化学（Ⅰ）：物理有机化学、高分子化学的诞生与合成化学的发展

在19世纪后半叶，碳原子价的四面体学说和苯的结构得以确立，以此为基础的经典有机结构理论发展起来了。另外。利用分析和合成的新技术，研究了很多天然物质和实验室合成的新物质。于是制造染料和药品等有用物质的有机工业化学得以发展（参照2.12节），在20世纪前半叶又有了更大的进步。同时新发展起来了物理有机化学、天然有机化学、高分子化学。

随着结构化学的发展，可以测定原子间距离和原子间夹角了，逐渐知道了分子的各种性质，有机分子的结构理论成了正确、有用的理论。随着电子理论的出现，基于电子行为合理解释有机反应机理的有机电子理论在20世纪20年代登场了。于是诞生了物理有机化学。

20世纪前半叶有机化学的一大进步是分离、分析天然存在的复杂分子，确定其结构并进行合成的天然有机化学。19世纪末至20世纪初，埃米尔•费歇尔（Emil Fischer，1852—1919）打下了单糖、卟啉化合物、蛋白质化学的基础。此后分析和合成技术进一步发展，就可以挑战更复杂的分子了，并取得了显著的成果。这些研究成果成就了多个诺贝尔奖获得者。

在19世纪后半叶取得了显著进步的新合成方法的开发在20世纪前半叶又有了很大进展。特别是在用石油合成有用物质时，利用有效的催化剂的合成方法得以开

发，并取得很大成功。天然有机化学的发展也进一步强烈刺激有机合成化学。但是这个时代最大的成果是高分子化学的确立和以此为基础的高分子合成的发展。由此，新的纤维、人造橡胶、塑料的合成得以实现，人类不仅成功地制造了天然物质的替代品，而且可以制造比天然物质性能更加优良的物质了。高分子化学作为与基础化学和应用化学密切关联的领域获得了很大发展。

在19世纪，德国的有机化学居压倒性优势地位。这一趋势进入20世纪后还继续了一段时间。但是第一次世界大战后，化学键理论和结构化学发展起来，受其影响的物理有机化学就以英国为中心发展起来了。在有机合成化学和天然有机化学方面德国的优势地位继续保持着，但除德国以外，英国、瑞士、美国等国家也出现了值得关注的研究成果。有机化学领域的诺贝尔奖获得者在1901年至1925年间有德国的费歇尔、迈耶、瓦拉赫、威尔斯泰特和法国的格林尼亚（F. A. V. Grignard，1871—1935）及萨巴捷（Paul Sabatier，1854—1941），而在1926年至1950年间有德国的维兰德（H. O. Wieland，1877—1957）、库恩、温道斯、布特南特、狄尔斯（O. P. H. Diels，1876—1954）、阿尔德（Kurt Alder，1902—1958），再加上英国的霍沃思（W. N. Haworth，1883—1950）和鲁宾逊（Robert Robinson，1886—1975），瑞士的卡勒和卢齐卡（L. S. Ruzicka，1887—1976）。本书中将20世纪前半叶的有机化学分成两部分处理。在这一节将论述物理有机化学、高分子化学和有机合成化学的发展。

4.8.1 物理有机化学的诞生与发展

尝试理解有机化合物的结构与反应机理始于19世纪末至20世纪初。例如，1903年英国的物理化学家拉普沃斯（A. Lapworth，1872—1941）对由酮生成氰醇的机理解释如下：氰基加成到极化了的酮的羰基上，接着夺取酸中的质子（图4.17）。

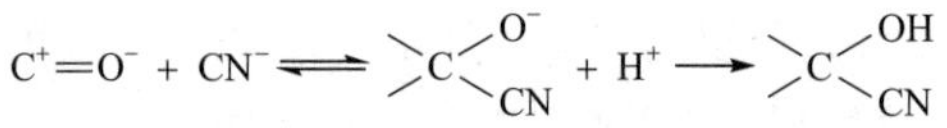

$$C^+{=}O^- + CN^- \rightleftharpoons \;>C{<}^{O^-}_{CN} + H^+ \longrightarrow \;>C{<}^{OH}_{CN}$$

图4.17 拉普沃斯提出的从酮到氰醇的合成机理

他研究醛和α,β-不饱和酮的加成反应以及安息香缩合（在甲酰基的α位没有氢的2个醛分子通过氰化碱缩合生成α-酮醇），认为离子性在反应机理中起重要作用。他进一步展开分子内的相互极化的概念，并想据此理解反应过程。这就是后来与“诱导效应”相关的观点。

1899年斯特拉斯堡大学的蒂勒（F. K. J. Thiele，1865—1918）注意到在不饱和化合物的双键上进行氢和卤素的加成，双键位置就会变化，他认为双键碳原子具有“残余原子价”。另一方面，也有研究组着眼于分子内的部分极化，尝试解释苯取代物中取代反应的位置。

基于路易斯和朗格缪尔的电子对概念的化学键理论很快就用来讨论有机化合物的结构和反应。在路易斯的共价键理论中，$CH_3:CH_3$的C：C键中成键相关电子为2个碳原子平等共有，但$H_3C:NH_2$、$H_3C:OH$、$H_3C:Cl$等不同原子间的成键电子不是2个原子平等共有，会出现电子极化，产生偶极矩。着眼于这种电子极化的有机电子论是由鲁宾逊和英戈尔德在英国发展起来的。

与拉普沃斯关系密切的罗伯特•鲁宾逊在1922年关注不饱和化合物中电子容易移动的特性，用弯曲的箭头表示这种移动（图4.18）。他提出在芳香化合物和共轭体系分子中，两种电子效应，即电子对的移动和静电诱导效应（*I*效应）是重要的，试图解释苯取代物中取代反应的位置等现象[118]。另一方面，克里斯多夫•英戈尔德从1926年左右起就在这个领域发表论文，对有机电子论的系统化和发展做出了很大贡献。他引入了“诱导效应”（由键合原子间的电负性差异所产生的极化沿键轴传递至邻近的键）和“中介效应”（是一种极化产生的机理，被认为存在于羧基化合物等分子中，在羧基的双键中极化为碳原子带正电荷，氧原子带负电荷），主张这些效应使分子内的电子密度发生变化，在反应时会产生很大影响。他详细研究了相邻取代基的影响，讨论了分子内的极化。他讨论了共轭体系中键的形成依赖于成键原子是电子接受性还是电子给予性的。1928年他尝试了对反应机理的系统化[119]，将给予电子并使之共有的试剂称作亲核试剂，作为电子接受体的试剂称作亲电试剂。这样一来就尝试了一般性地解释长期以来成为争论焦点的苯置换体中的取代反应的位置等问题。他的电子论归纳在专著《Structure and Mechanism in Organic Chemistry》[120]中。

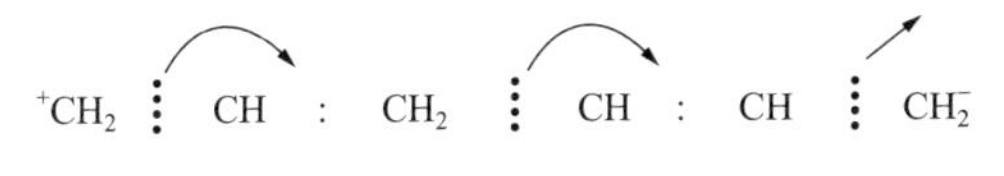

图4.18 鲁宾逊的电子移动性的表示

英戈尔德和休斯（Hughes，1906—1963）在反应机理的研究方面引入了物理化学的研究方法，特别是反应速度论的方法。从1933年至1935年，他们提出用S_N1、S_N2、E1、E2等表示方法（在这里，S表示取代反应、E表示脱去反应、1和2表示在决定反应速度的步骤中参与的分子数目，下标N表示亲核反应）将反应机理分类，尝试系统地理解很多有机反应。他们进一步测定偶极矩和解离常数，根据同位素效应和热力学量推进了反应机理的研究。在反应机理的解释上，采用溶剂极性、所加盐和催化剂的效应、立体效应、立体位阻等做了详细讨论。于是，以英戈尔德为中心的英国学派发展了有机电子论。

另一方面，纽约哥伦比亚大学的哈米特（Louis Plack Hammett，1894—1987）在1935年发表了关于涉及苯衍生物的反应或平衡的取代基效应经验规则[121]，现在称作哈米特规则。根据这个规则，涉及某个反应或平衡的取代基的影响可以用公式

克里斯多夫·英戈尔德（Christopher Kelk Ingold，1893—1970）：英国化学家。在南安普敦大学、伦敦帝国理工学院学习，历任里兹大学（1924—1930）、伦敦大学（1930—1961）教授。发展了通过在基质和试剂中的电荷偏移说明有机化学反应的有机电子论，为有机化学的理论构建做出了很大贡献。

$\lg(k/k_0)=\rho\sigma$表示。这里k、k_0分别表示有取代基和无取代基时的反应速率常数或平衡常数，σ是由取代基位置和种类决定的常数，ρ是由反应条件决定的值。这样一来，取代基的亲电子或给电子效应就可以定量讨论了。

苯呈现的特殊性质和稳定性很早就受到关注。1925年鲁宾逊将苯特有的性质归因于存在6个剩余电子。1931年休克尔根据分子轨道法的计算，表示6个电子填入由苯环的6个碳原子的p轨道构成的π电子轨道中，从而产生稳定化作用。英戈尔德也已在1922年提出了可以用2个凯库勒（Kekule）结构和3个杜瓦（Dewar）结构的动态平衡表示苯，不过用鲍林的原子价法可以从这些结构之间的共振来解释苯的稳定性。休克尔将苯系物的处理一般化，表示封闭环内的电子数可以用$4n+2$表示时，就可以获得芳香性。

4.8.2 自由基

在19世纪后半叶，一般认为具有不成对电子的自由基要么不存在，要么即使存在也无法分离出来。最早的稳定自由基的合成被认为是在1900年由密执安大学的摩西·冈伯格合成了三苯甲基。他将三苯甲基与银作用试图得到六苯乙烷$(C_6H_5)_3C—C(C_6H_5)_3$，但得到的化合物不具有预想的性质，得到的产物反应活性强、呈黄色溶液状。也就是说他的实验结果暗示不是$(C_6H_5)_3C—C(C_6H_5)_3$，而可能存在$(C_6H_5)_3C\cdot$自由基[122]。冈伯格认为在两个碳原子周围排列6个苯基是困难的，因此产生了自由基。根据化学的证据可以推测三苯甲基是稳定的自由基，但要获得其确证在20世纪初难以实现。

冈伯格的研究之后，尝试了很多稳定自由基的合成。四苯联胺在甲苯溶液中加热，发现可逆地分解生成了二苯胺自由基。通过磁化率的测定确认2,2-二苯-1-三硝基苯肼（DPPH）是非常稳定的自由基。20世纪30年代很多稳定的自由基被合成出来，通过磁化率的测定来确认是自由基。例如，维兰德合成了二苯基氮氧化物

摩西·冈伯格（高姆博格，Moses Gonberg，1866—1947）：出生于俄罗斯的美国化学家。18岁时从俄罗斯放逐举家移居美国。1894年在密执安大学取得学位后留学德国，回国后任密执安大学教授。1900年发现三苯甲基以稳定的自由基存在。

（Ph_2NO）。施伦克（Schlenk，1879—1943）用碱金属还原芳香酮得到了阴离子自由基的金属羰基自由基。

通过热分解和光反应产生的高反应性自由基在20世纪20年代物理化学的反应研究中假定其作为中间体存在，不过它们在有机化学反应机理的研究中变得重要起来是第二次世界大战之后的事了。

4.8.3 立体化学的发展

一进入20世纪，就知道了光学异构体不仅存在于拥有手性碳原子的有机化合物中，也广泛存在于具有两个以上螯合环的金属配合物以及其他类型的有机化合物中。范特霍夫已经预测到了C—C键不能旋转的环状化合物和丙二烯中存在光学异构体，图4.19类型（Ⅰ）的光学异构体在1909年、类型（Ⅱ）的光学异构体在1935年观测到了。另外，20世纪20年代发现即使在邻位有大体积取代基的类型（Ⅲ）那样的化合物也存在光学异构体。

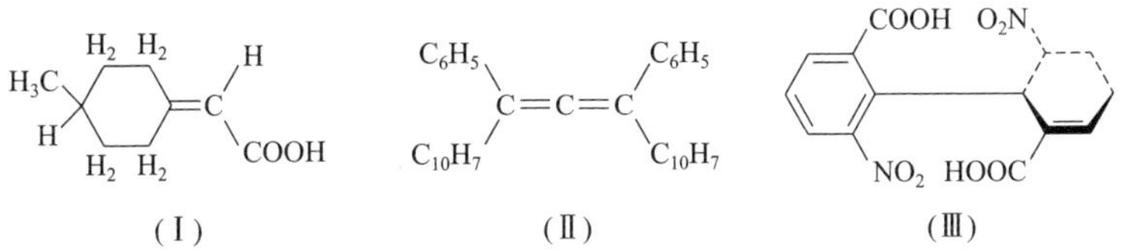

（Ⅰ）　（Ⅱ）　（Ⅲ）

图4.19　各种类型光学异构体实例

由双键或环平面两侧的立体排布的差异产生的*cis-trans*（顺-反）或*syn-anti*几何异构体的研究也取得了进展，制备出了很多化合物。含C═C的顺-反异构体的分离，如果是像马来酸和富马酸那样化学性质差异很大的场合，分离很容易，但棘手的时候很多。一般而言，已经知道顺式体易溶于非活性溶剂，熔点也低，燃烧热大，它们的物理性质的差异可以用于推测它们的结构。对于简单的分子，测定偶极矩（反式体的小）以及X射线衍射的结果都可以采用。

在20世纪前半叶的立体化学的重要进展中有立体构象的解析，立体构象这个词语是1929年霍沃思引入的，用来表示分子中原子的空间排布。以分子中的某个单键为轴，旋转由这个键连接起来的原子团，键两侧的原子的相对位置就会改变，分子的空间构型也就不同了。这样的空间排布就是立体构象。例如，就乙烷而言，前面的C—H键和后面的C—H键完全重合时［图4.20（Ⅰ）的重叠结构］和处于相交叉的位置时［图4.20（Ⅱ）的交叉结构］，就是两个能量不同的排布。1937年，加利福尼亚大学的肯普（J. D. Kemp）和皮策根据熵的测定证实

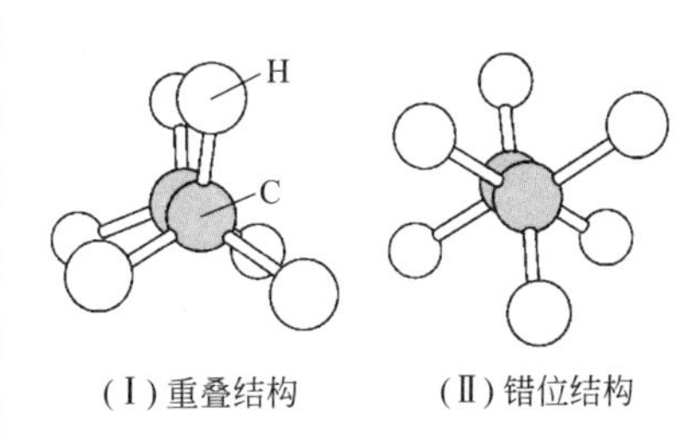

图4.20　乙烷的立体构象

乙烷中的甲基的旋转是不自由的受限旋转，确定交叉结构的能量比重叠结构低12.5kJ/mol[123]。

1930年以后，根据X射线及电子衍射、偶极矩的测定、红外和拉曼吸收等，碳的C—C单键周围的受限旋转的研究兴盛起来，不仅是乙烷，对卤代乙烷等也进行了详细研究。东京大学的水岛三一郎、森野米三等的团队证实了二卤代乙烷中有反式和左右排列式（对于和A—B—C—D结合的4个原子，在源于B—C键旋转的立体构象中，A—B键和C—D键的两个平面的夹角为60°）两种交叉结构的旋转异构体，对两者之间的能量差等做了详细研究[124]。

在有机化学中最受关注的立体构象研究是有关饱和环状化合物（环烷烃）的研究。特别是环己烷的结构是长期受到化学家关注的问题。在19世纪人们认为环烷烃呈平面结构。迈耶解释说：在五元环和六元环化合物中键角偏离碳四面体角的109.5°比较小，所以变形小，这类分子大量存在，但更小环的化合物变形增大，就不存在了。1890年德国的萨赫斯（Sachse，1854—1911）指出环己烷的环如果呈偏离平面的椅式或船式结构，扭曲就会解除（图4.21）[125]。但是这个观点在1918年海德堡大学的莫尔（Ernst Mohr，1865—1918）指出环己烷或许是容易转变的椅式和船式异构体的混合物之前，没有受到关注[126]。1930年挪威奥斯陆大学的奥德•哈塞尔通过X射线结构解析弄清了环己烷呈椅式结构。

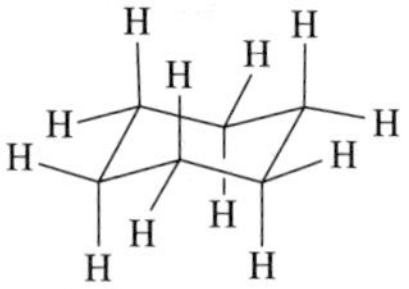

(Ⅰ)椅式结构 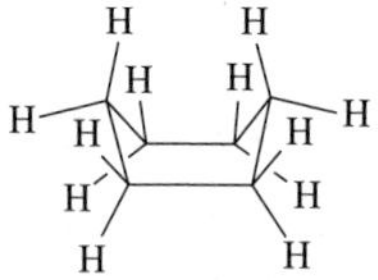　(Ⅱ)船式结构

图4.21　环己烷的结构

1939年哈塞尔用电子衍射尝试确定环己烷的结构，查明即使在气相也是椅式结构。他进一步证明碳-氢原子键有与分子平面几乎平行和接近垂直两种[127]。它们在后来被称作平键和直键。皮策根据相邻碳原子的交叉结构讨论了椅式结构的稳定性。

立体构象的研究成果对此后的天然有机化学和生物化学的研究产生了很大影响。甾类和萜烯等天然化合物很多都含有环己烷或环戊烷，为了阐明其立体化学，立体构象的解析很重要。立体构象解析应用于天然产物领域在第二次世界大战后由德里克•巴顿展开[128]。哈塞尔和巴顿因为立体构象研究方面的功绩获得1969年的诺贝尔化学奖。

4.8.4 有机合成化学的发展

在19世纪后半叶获得巨大发展的有机化学进入20世纪后也没有衰退，而是继

水岛三一郎（1899—1983）：1923年毕业于京都帝国大学，1927年任该大学副教授，1938年升任教授。推进了用电磁波、红外、拉曼效应研究分子结构，特别是因分子内部旋转相关研究而闻名，发现了旋转异构体的左右排列型。1961年获（日本）文化勋章。

森野米三（1908—1995）：1931年毕业于东京大学理学部，1940年任该大学副教授，1943—1948年任名古屋大学教授，1948—1969年任东京大学教授。1941年和水岛三一郎共同采用拉曼光谱法发现乙烷衍生物的旋转异构体，第二次世界大战后采用电子衍射和微波分光法推进了分子结构的研究。1992年获（日本）文化勋章。

奥德·哈塞尔（Odd Hassel，1897—1981）：挪威物理化学家。曾在奥斯陆大学、慕尼黑大学、柏林皇家研究所学习，1934年起任奥斯陆大学教授。根据气体电子衍射证实了环己烷的椅式结构和平键、直键的存在。1969年获诺贝尔化学奖。

德里克·巴顿（Derek H. R. Barton，1918—1998）：毕业于伦敦帝国理工学院。曾任格拉斯哥大学教授，1957年起任伦敦帝国理工学院教授。曾担任过法国天然化学研究所所长（1978年）。构筑了倍半萜烯、甾类等环状脂肪类化合物的立体构象解析的基础。还有关于巴顿反应、醛甾酮的全合成、生物碱的生物合成等研究。1969年获诺贝尔化学奖。

续发展。越来越多样的合成方法得以开发，使用的器具也有进步。但是最初30年的研究大体上是沿袭已经确定的格调。有机合成化学中开始出现变化是20世纪30年代之后的事情了。促进这一变化的背景有几个主要因素可以考虑。首先，有机化学本身已经成熟，处理复杂天然有机化合物的领域在发展，受其刺激，复杂分子的合成成了感兴趣的对象。这一倾向随着有机化学在生物学、医学、药学、农学领域的应用的兴盛越来越得到强化。其次，通过物理化学来合理理解化学现象有了进步，以此为基础开始尝试开发合理的合成方法。再次，开始积极地引入分光法和物理的分析技术尝试复杂化合物的合成。但是，有机合成化学中这样的变化在20世纪前半叶还仅仅只是开始，实际上结出硕果倒不如说是到了20世纪后半叶以后。在此，概略地叙述20世纪前半叶开发的重要合成方法的典型案例。

1900年法国的维克多•格林尼亚发现异丁基碘和镁在无水乙醇中混合的反应剂是稳定的，将苯甲醛变成了苯基异丁基乙烯醇[129]。由卤代烷烃和镁制得的用符号RMgX（R为烷基、X为卤素）表示的有机金属试剂根据他的名字称作格林尼亚（格氏）试剂。格氏试剂富有反应活性，例如C_2H_5MgBr可以和C═O、—CN、卤代烷烃分别发生如下反应。

$$C_6H_5COC_6H_5 + C_2H_5MgBr \longrightarrow (C_6H_5)_2C(C_2H_5)OH$$

$$CH_3CN + C_2H_5MgBr \longrightarrow CH_3COC_2H_5$$

$$CH_3I + C_2H_5MgBr \longrightarrow CH_3C_2H_5$$

格氏试剂和很多官能团反应，所以全世界的研究者已经用它合成了各种各样的化合物。到1912年与使用格氏试剂相关的研究发表了超过700篇论文，此后它的应用越来越广泛。

对于使用催化剂的加氢反应，19世纪末至20世纪初，法国的保罗•萨巴蒂埃和森德伦斯（Jean B. Senderens，1856—1937）开展了先驱性的研究。1897年他们发现以还原镍作催化剂时苯很容易就转变成了环己烷。此后，萨巴蒂埃及其共同研究者用各种还原金属对很多有机化合物的接触还原进行了系统性的研究，开创了有机化学的新领域。他们的研究成果对后来的工业也起了重要作用。

格林尼亚和萨巴蒂埃于1912年共同获得了诺贝尔化学奖。作为法国人他们是继居里夫人之后的获奖者。格林尼亚在里昂研究格氏试剂，在南锡大学和里昂大学任教授。萨巴蒂埃一直在图卢兹大学从事研究。意味深长的是在中央集权很强的法国，两人都是在地方上做出了卓越的研究。在有机化学领域法国的诺贝尔化学奖此后只有1987年莱恩和2005年肖万获奖。

在20世纪最初的四分之一世纪里开发了很多有机合成反应，其中用开发者的名字命名的人名反应很多。代表性的反应如下。

布霍勒（Bucherer）反应（1904年）：氨和亚硫酸钠存在下萘酚转变为萘胺。

达金（Dakin）反应（1909年）：酚醛用过氧化氢转变成双酚和羧酸。

克莱门森（Clemmensen）还原（1913年）：用锌汞齐和酸将酮或醛还原为

维克多•格林尼亚（Victor Grignard，1871—1935）：法国有机化学家。毕业于里昂大学，1900年在学位论文研究中创制了格林尼亚试剂。1909年任南锡大学教授，1919年起任里昂大学教授，有组织地展开了格林尼亚反应在有机合成中的应用。格林尼亚合成法作为新的C—C键的生成方法在有机合成化学中开启了重要的新领域。第一次世界大战中作为下士从军，投入毒气的开发研究。1912年获诺贝尔化学奖。

保罗•萨巴蒂埃（Paul Sabatie，1854—1941）：毕业于巴黎理工学院，在法兰西学院贝洛特手下进行热化学研究。1884年任图卢兹大学教授，最初开展硫化物、氯化物、铬酸盐等的研究，1897年发现了用还原镍在不饱和有机化合物中加氢的接触还原法，使鱼油等变成固形硬化油成为可能。进而研究了以各种金属作催化剂，涉及全部有机化合物的接触还原法，构建了油脂化学工业的基础。1912年获诺贝尔化学奖。

奥托·狄尔斯（Otto P. H. Diels，1876—1954）： 父亲是柏林大学文献学教授的儿子，曾在柏林大学跟随埃米尔·费歇尔学习。历任柏林大学（1914）和基尔大学教授（1916—1945）。业绩有发现一氧化碳、开发用硒使各种碳氢化物脱氢的方法，为甾醇的结构确定做出了贡献等。1928年因为发现狄尔斯-阿尔德反应，成功地合成了很多有机化合物并解析它们的结构，该反应在合成橡胶和塑料制造领域也很重要。1950年获诺贝尔化学奖。

库尔特·阿尔德（Kurt Alder，1902—1958）： 出身于当时被德国占领的波兰南部城市霍茹夫，在那里接受了初等教育。后进入柏林大学和基尔大学学习，在狄尔斯手下获得博士学位，曾在基尔大学当过助手（1926）和讲师（1936），之后转入I. G.法尔本公司，从事合成橡胶研究。1940年任科隆大学教授，继续有机化学研究。1950年获诺贝尔化学奖。

烷烃。

施密特（Schmidt）反应（1924年）：用叠氮化物使羧酸转变成胺。

米尔文（Meerwein)-潘道夫（Ponndorf）-瓦利（Varley）还原（1924年）：用异丙基铝盐催化剂使酮转变成二级醇。

狄尔斯-阿尔德反应（1928年）：由丁二烯和无水马来酸生成6元环的反应。

狄尔斯-阿尔德反应（图4.22）是基尔大学的奥托•狄尔斯和库尔特•阿尔德发现的[130]。在共轭双键的1,4-位置发生加成形成2,3-位置双键的反应是极具普遍性的反应，共轭二烯与羰基和羧基活化的双键或三键容易反应。这个反应在环状化合物的合成、共轭二烯类的确认、各种聚合过程中是非常有用的反应。

图4.22 狄尔斯-阿尔德反应

狄尔斯和阿尔德在1950年获得了诺贝尔化学奖。这距离他们最初的论文发表已经过去了22年，显示出狄尔斯-阿尔德反应的重要性随着时间的推移逐渐增大。狄尔斯从1916年起任基尔大学教授，到1928年已经是公认的在很多领域取得了实绩的有机化学家。另一方面，阿尔德1926年在狄尔斯手下获得博士学位。他们获得诺贝尔化学奖是在格林尼亚和萨巴蒂埃获奖之后时隔38年在合成方法开发方面的获奖，这在天然有机化学领域的诺贝尔奖占压倒性多数的时代是弥足珍

罗伯特·鲁宾逊（Robert Robinson，1886—1975）：在曼彻斯特大学学习，在珀金（Perkin）的影响下对天然有机化合物的合成感兴趣，在拉普沃斯的影响下对有机化学理论方面也感兴趣。历任雪梨大学、利物浦大学、圣安德鲁斯大学、曼彻斯特大学、伦敦大学教授，最后任牛津大学教授（1930～1955）。对有机电子论的发展做出了重要贡献，在植物色素、生物碱等研究方面取得了卓越的业绩。1947年获诺贝尔化学奖。

贵的。

天然存在的有机化合物的合成在19世纪后半叶已经就靛蓝那样的染料进行了合成。1917年罗伯特·鲁宾逊成功地合成了一种生物碱莨菪酮（$C_8H_{13}NO$）[图4.23（Ⅰ）]，受到了关注。这一合成使人们预感到了此后通往复杂天然物合成的道路。复杂天然有机化合物的合成始于1930年左右。作为其中的代表性实例，在此列举瑞士苏黎世大学的保罗·卡勒（Paul Karrer，1889—1971）、德国海森堡大学的理查德·库恩（Richard Kuhn，1900—1967）等课题组开展的研究工作。

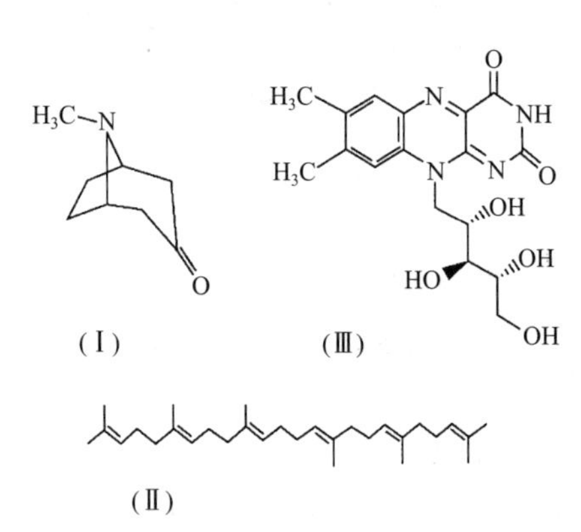

图4.23　（Ⅰ）莨菪酮、（Ⅱ）角鲨烯和（Ⅲ）维生素B_2

卡勒1931年成功地合成了可以从鲨鱼的肝油中获得的角鲨烯（$C_{30}H_{50}$）[图4.23（Ⅱ）]。1934年成功地全合成出更复杂的维生素B_2（$C_{17}H_{20}N_4O_6$）[图4.23（Ⅲ）]。他的合成方法也可以用于工业生产。同一时期致力于维生素B_2分离和结构研究的库恩也成功合成了维生素B_2。卡勒在1937年开始合成维生素E（$C_{29}H_{50}O_2$），1938年成功合成了维生素E中的一种。这些研究是20世纪30年代有机合成化学的辉煌成果，可以说他为第二次世界大战后的天然化合物合成的飞跃发展揭开了序幕。

4.8.5　高分子化学的诞生与发展

在20世纪初人们知道橡胶、纤维素、树脂、蛋白质等物质具有很大的分子量，但认为它们是由一般的小分子聚集而成的胶体。但是胶体化学作为物理化学新发展起来的一个领域是备受关注的领域。像埃米尔·费歇尔和维兰德那样的引领型有机化学家认为单一有机化合物的分子量不超过500，很多著名高分子研究者也都认为高分子化合物是小的环状化合物聚集变成具有胶体性和弹性的物质。打破这个常识确立高分子化学的是赫尔曼•施陶丁格。

他从古典有机化学家起步，最初因研究酮出名，但从1920年左右起集中精力研究高分子化合物。他测定了橡胶的分子量，1917年首次发表观点称像这样分子量很大的分子是以共价键连接的长链状巨大分子，1920年对此观点又做了扩展[131]。但是，这个观点与通常认为的高分子化合物是胶体的观点不同，所以招致强烈反对。他以聚甲醛（甲醛的聚合物）和聚苯乙烯制备不同聚合度的聚合物推进了研究。1929年总结了有关聚甲醛的研究成果，展示了支持聚合物是长链巨大分子的证据。进而在聚苯乙烯的研究中发现了在不同条件下制备的聚合物可以区分为不同分子量的成分。有了这些成果，对他的学说的反对逐渐减少了。

施陶丁格为了确定高分子的分子量，使用了当时可以利用的各种物理的手段，特别是通过溶液黏度的测定进行了详细研究。1932年提出了溶液的固有黏度$[\eta]$和摩尔质量M之间的关系式，$[\eta] = KM$（K为比例系数）。假设溶液和溶剂的黏度分别为η和η_0，则$[\eta]$为用单位体积的质量浓度c除$[(\eta/\eta_0)-1]$所得值。

施陶丁格与相信胶体说的研究者之间的争论长期持续，但到了20世纪30年代初期前后，他的巨大分子之说已被普遍接受了。与通常的有机分子不同，高分子由各种各样不同大小的分子组成，分子量表示其平均值。高分子的形状对物质的物理或化学性质有影响。这些都偏离了普通有机分子的概念，但施陶丁格相信高分子有机化学有很大可能性。施陶丁格于1953年获得了诺贝尔化学奖，但这时他已经72岁了。和他同时代的很多著名有机化学家很早就获得了诺贝尔奖。如果考虑高分子化学的发展及其应用的社会效应的大小，他的获奖可以说太迟了。

施陶丁格从有机化学的立场展开高分子化学的研究，而从物理化学的观点对高分子化学的发展做出重大贡献的是赫尔曼•马克。马克在柏林皇家研究所与波兰尼（Polanyi）一起投入X射线晶体学，进行纤维素纤维的结构解析，1926年发展了支持施陶丁格巨型分子说的独自的理论。马克之后在巴斯夫（BASF）公司的研究所和库尔特•迈耶（Kurt H. Meyer，1882—1952）一起进一步发展了采用X射线结构解析技术的高分子物质结构研究，同时打下了聚苯乙烯塑料和聚氯乙烯、聚丙烯、合成橡胶的工业生产基础。1932年转至维也纳大学，进一步展开了聚合机理和高分子溶液黏度、橡胶弹性的研究，以及在广泛领域内的高分子化合物研究。因为纳粹吞并澳大利亚不得已亡命的他，经历加拿大的纤维素公司的工作，1940年起受聘纽约的布鲁克林工业大学教授，把这里培育成高分子的研究和教育的中心。高分子物质的研究从有机化学的一个领域发展成包括物理化学和物理在内的“高分子科学”这样一个大的领域，他的贡献是巨大的[132]。

这样一来，高分子的结合过程以及聚合物结构从20世纪20年代至30年代就弄清了，为20世纪30年代塑料、纤维、合成橡胶制造中的一大技术革新开辟了道路，给人类生活带来了很大变化。有关这些高分子化学的应用将在4.11节介绍。

赫尔曼·施陶丁格（Hermann Staudinger，1881—1965）：出生于德国黑森，曾在哈雷、慕尼黑、达姆斯塔特、斯特拉斯堡大学学习，经历卡尔斯鲁厄大学，于1912年作为威尔斯泰特的继任者到瑞士联邦工业大学当教授。以有机化学家出道，在酮的发现及其自动氧化机理的研究方面取得了成就，不过从异戊二烯的聚合物的研究开始，推进了苯乙烯、乙酸乙烯酯等的聚合及其聚合物的研究，奠定了高分子化学的基础。1953年获诺贝尔化学奖。

赫尔曼·马克（Herman F. Mark，1895—1992）：出生于维也纳，在维也纳大学学习后，在将X射线结构解析技术用于高分子化学等方面，在高分子化学的基础与应用方面开展了先驱性的研究。为逃避纳粹经加拿大移居美国，在纽约的布鲁克林工业大学发展高分子科学的教育与研究。

4.9 有机化学（Ⅱ）：天然有机化学和生物化学的基础

从19世纪末到20世纪初由埃米尔·费歇尔开拓的天然有机化学在20世纪前半叶获得了很大发展，成为有机化学中最活跃的领域。其快速发展的理由之一是随着有机化学的进步可以处理复杂分子了，使该领域充满了魅力，成了有能力、有野心的化学家挑战的目标。另一个理由是这个领域与生物化学、医学、药学、农学有很深厚的关联，随着这些领域的不断发展而受到刺激。另外，天然有机化学的进步反过来又成了支撑这些相关领域进步的基础。特别是生物化学的进步受天然有机化学发展的支撑面更大。只要看一看20世纪前半叶的诺贝尔化学奖获得者中与这个领域有关的化学家是多么多，就可以理解这个领域的重要性。威尔斯泰特（1915）、维兰德（1927）、温道斯（1928）、汉斯·费歇尔（1930）、卡勒（1937）、霍沃思（1937）、库恩（1938）、布泰南特（1939）、鲁奇卡（1939）、鲁宾逊（1947），化学奖的获奖者连续不断。在这节以他们的业绩为中心回顾天然有机化学在20世纪前半叶的发展。

4.9.1 糖

埃米尔·费歇尔假定甲基葡糖苷为环状结构，正确地解释了存在两种异构体，但他没有考虑到把环状结构扩展到葡萄糖本身。因为葡萄糖存在两种构型，其中之一的旋光度是+113°，另一种是+19°，在水溶液中两个异构体的旋光度为+52.5°，接近二者的平均值，唐雷（Tanret，1847—1917）没有认识到1895年发现的事实所具沃尔特·霍沃思（Norman Haworth，1883—1950）：英国化学家。曾在曼彻斯特大学、格丁根大学学习，1920年任纽卡斯尔阿姆斯特朗学院教授，1925年任伯明翰大学教授。确定了单糖的环状结构，提出了著名的霍沃思投影式。1932年确定了维生素C的化学结构，命名为抗坏血酸。1934年又成功地合成了它。1937年获诺贝尔化学奖。

有的意义。1903年阿姆斯特朗（Edward F. Armstrong，1878—1945）弄清了2种葡萄糖和费歇尔的甲基葡糖苷的关系。在此后的糖化学中糖的环状结构的阐明和多糖类的研究成了中心课题。

1925年英国伯明翰大学的沃尔特·霍沃思和他的共同研究者就葡萄糖的结构提出在5个碳原子和1个氧原子构成的六元环上还结合有一个碳原子的模型。就糖化合物立体结构的表示方法提出的霍沃思投影式（图4.24）此后被广泛采用。在英国的霍沃思和欧文（Irvine，1877—1952）、美国的哈德逊（Hudson，1881—1952）等很多研究者的努力下，到1930年前后重要的单糖的环结构得以解析清楚，多糖类的结构解析成了接下来的课题。霍沃思和他的共同研究者弄清了麦芽糖、纤维二糖、乳糖等重要二糖的结构，进一步研究了众多多糖的结构。有很多研究者在研究多糖类，包括像淀粉和纤维素这样在产业界也很重要的物质的研究。

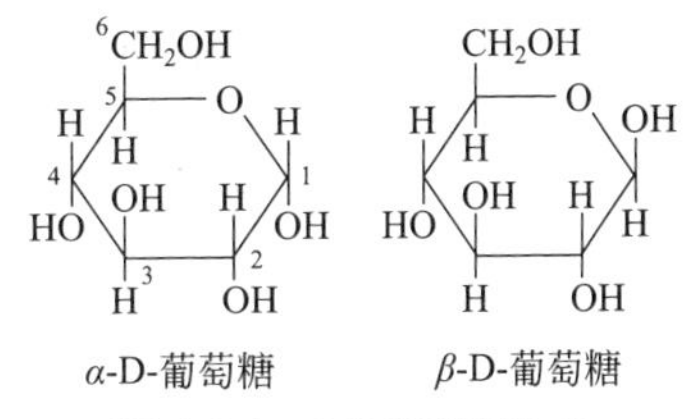

图4.24 霍沃思投影式

霍沃思在1937年因糖化合物和维生素C的研究业绩获得了诺贝尔化学奖。他是英国人在有机化学领域最早获得诺贝尔化学奖的人。

4.9.2 蛋白质和氨基酸

到19世纪末很多蛋白质的纯化和鉴定工作得以推进，多数氨基酸被发现。但是，蛋白质本身的结构解析是极其困难的课题。在这个问题上采用有机合成的手段进行挑战的是埃米尔·费歇尔。他认为酰胺键将氨基酸连接起来形成多肽，形成类似蛋白质的物质。这时库尔提乌斯（Curtius，1857—1928）已经由甘氨酸的酯脱醇生成了二聚体。费歇尔和他的共同研究者采用之前开发的合成方法合成了各种各样的多肽。1907年他们成功合成了由18个氨基酸构成的多肽[133]。这样的多肽和蛋白质一样显示双缩脲反应（蛋白质和多肽在碱性溶液中与铜离子配位，呈现紫红色至蓝紫色的反应，是鉴定蛋白质的方法之一），用胰酶可以分解。但通过这样的合成制备的分子与天然的蛋白质分子相比要小很多。

通过测定渗透压和冰点降低就可以确定分子量，报道蛋清蛋白的分子量是14000，血红蛋白是48000。这么大分子量的分子的本质是什么？这成了20世纪初的大问题。1916年前后费歇尔发表观点认为蛋白质充其量由30～40个氨基酸构成，分子量超过5000就不是单纯的分子了。1917年索伦森报道蛋清蛋白的分子量是34000，1925年亚岱尔（G. S. Adair，1896—1979）确定羟基血红蛋白的分子量是66800。使用20世纪20年代由斯维德贝格开发的超速离心机能够测定很多纯化的蛋白质分子量，可以确认大分子量蛋白质。但是当时占统治地位的观点认为这些超大分子不是单一分子，而是更小分子的聚集体。到了20世纪20年代末期出现了高分子化学，蛋白质是超大分子的观点终于被大家接受了。

蛋白质的结构解析在20世纪前半叶还是不可能的事。将白蛋白结晶化在19世纪末期已经知道。20世纪30年代初期得到了几个蛋白质的晶体。1934年剑桥大学的巴纳尔和克劳福特（Crowfoot，后称霍奇金）从胃蛋白酶的晶体得到了蛋白质最初的X射线衍射图像，但由X射线晶体解析确定蛋白质的三维结构，以当时的技术是不可能的。

氨基酸容易形成$^{+}NH_3RCHCOO^{-}$形式的两性离子，该性质是由布耶鲁姆证实的一个重要事实，但这个性质使氨基酸的分析面临困难。解决这个困难的方法是1941年由马丁和辛格开发的色谱方法，在蛋白质加水分解产生的氨基酸的分析中发挥了威力。特别是1945年纸色谱的引入使各个氨基酸的分离、鉴定变得容易。

4.9.3 核酸

科塞尔弄清核酸由4种碱基和糖以及磷酸构成之后，发展这一研究的是纽约洛克菲勒研究所的菲巴斯•列文。他从1908年至1929年开展核酸研究，先确认了从酵母得到的核酸中含有的糖是核糖。在确认来自动物胸腺的核酸上花费了很长时间，不过最终还是鉴定出是脱氧核糖。于是弄清了两种核酸的存在，即核糖核酸（RNA）和脱氧核糖核酸（DNA）。但是有关碱基他认为4种碱基的组成比是相同的，他主张核酸呈现由4种核苷酸（由糖、磷酸和碱基结合的单元）每间隔相同数链状连接的结构（四核苷酸说）。这一主张源于他最初亲自做过的来自酵母的核酸中的碱基组成接近1，但他相信这是普遍正确的。假设这一学说是正确的，核酸不会采取多样的结构，因此也不能成为遗传信息那样复杂的信息载体。列文当时是有权威的生物化学家，他的学说有很大影响力。在20世纪前半叶，很多生物化学家认为具有比核酸复杂得多的结构的蛋白质才是遗传因子的主体，关注核酸的化学家很少。但是到了20世纪40年代，与列文同在洛克菲勒研究所、长年研究肺炎双球菌的细菌学家艾弗里（O. T. Avery，1877—1955）的研究组报道了暗示DNA是遗传信息载体的重要研究结果（参照第6章）。

从20世纪30年代后期到40年代，进一步推进核酸化学结构研究的是英国的亚

菲巴斯·列文（Phoebus A. T. Levene，1869—1940）：出生于立陶宛，1893年移居美国，在哥伦比亚大学学习。1905年在洛克菲勒医学研究所担任生物化学研究室主任，开展核酸结构和功能的研究。鉴定了DNA的构成成分，提倡DNA的四核苷酸学说。

亚历山大·托德（Alexander R. Todd，1907—1997）：曾在格拉斯哥大学学习，于剑桥大学获得博士学位，历经伦敦大学、曼彻斯特大学教授，从1944年起直至1971年任剑桥大学教授。从事核苷酸的结构与合成研究、维生素类的结构鉴定与合成、生物碱的研究等，在生物化学中重要的有机化合物的研究方面取得了卓越的业绩。受封爵士称号。1957年获诺贝尔化学奖。

历山大·托德。他用有机合成的手段弄清了核苷酸的结构[134]。在聚核苷酸中，一个核糖的3′-末端通过磷酸的二酯键与下一个核糖的5′-位置相连，碱基结合在核糖的1′-位置上（图4.25）。托德还成功地合成了像腺苷三磷酸（ATP）和黄素腺嘌呤二核苷酸（FAD）那样的核苷酸辅酶，对维生素B_1、维生素E、维生素B_{12}的结构确定也做出了很大贡献。他在1957年获得了诺贝尔化学奖。

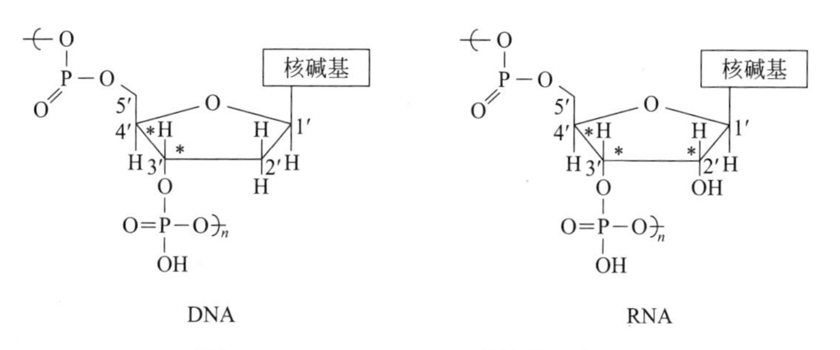

图4.25　DNA和RNA的核苷酸结构

4.9.4　叶绿素和氯高铁血红素

植物的叶和花、血液的色素从19世纪起就是化学家感兴趣的对象。1873年索比（Henry Clifton Sorby，1826—1908）用溶剂从叶子的色素中分离提取出绿色和黄色两种色素。20世纪初茨维特将色谱用于分离。20世纪最初的四分之一个世纪中该领域的领导者是理查德·威尔斯泰特。他在瑞士的苏黎世联邦理工学院、柏林皇家研究所开展生物色素及光合成、酶的研究。他和共同研究者在1906年发现叶绿素的色素由a和b两种成分构成，其比例是3∶1。确定叶绿素a的分子式是$C_{55}H_{72}N_4O_5Mg$，b中多一个O、少两个H。他进一步研究其结构和性质，发现叶绿素和血液色素的关系。通过血红蛋白和叶绿素的分解产生吡咯的置换体已经在1901年由能斯基（Nencki，1847—1901）发现，威尔斯泰特鉴定了这些吡咯类，由此转向血卟啉结构的重构[135]。他进一步开展了胡萝卜素和花色素花色苷等的研究。

理查德·威尔斯泰特（Richard Willstatter，1872—1942）：出生于卡尔斯鲁厄一个犹太家庭，在慕尼黑大学师从贝耶尔学习。以可卡因结构研究取得博士学位，作为贝耶尔的助手开展生物碱的结构研究。1905年受聘瑞士的苏黎世联邦理工学院教授，开始叶绿素的结构研究，揭示了叶绿素和氯高铁血红素的类似性。1912年任柏林大学教授及皇家研究所所长，1916年任慕尼黑大学教授。20世纪20年代着手酶反应的研究，主张酶不是蛋白质。1924年对反犹太主义的压力提出抗议，辞去慕尼黑大学教授。1915年获诺贝化学奖。

汉斯·费歇尔（Hans Fischer，1881—1945）：在洛桑大学和马尔堡大学学习化学和药学，在慕尼黑医院工作之后，到柏林大学化学研究所在埃米尔·费歇尔手下做研究。1918年任维也纳大学教授，1921年任慕尼黑工业大学教授，一生坚持氯高铁血红素和叶绿素的结构以及卟啉类的合成相关的研究。1945年因为战争研究所遭到破坏，意志消沉而自杀。1930年获诺贝尔化学奖。

威尔斯泰特的研究从20世纪20～30年代由汉斯·费歇尔接棒获得了很大发展。他于1921年在慕尼黑工业大学开始研究从血红蛋白得到色素氯高铁血红素，发现由氯高铁血红素除去铁就变成了一种卟啉，通过氯高铁血红素的分解就生成了吡咯，遂开展了卟啉和吡咯化学的研究[136]。

费歇尔认识到氯高铁血红素是在4个吡咯环构成的骨架上带有甲基、乙基、苯基以及丙酸基的物质，1926年由吡咯合成了卟啉。1929年进一步成功地合成了氯高铁血红素。此后，转而研究叶绿素，研究了它的分解产物吡咯，确定了叶绿素的结构，并挑战了它的合成，不过没能成功（图4.26）。

威尔斯泰特于1915年因叶绿素的研究获得了诺贝尔化学奖，汉斯·费歇尔于

叶绿素a　R=CH_3
叶绿素b　R=CHO

（Ⅰ）　　（Ⅱ）

图4.26　叶绿素（Ⅰ）和氯高铁血红素（Ⅱ）

阿道夫·温道斯（Adolf Otto Reinhold Windaus，1876—1959）：德国有机化学家。曾在弗赖堡大学和柏林大学学习，历任因斯布鲁克大学教授，1915年任格丁根大学教授。以甾醇类特别是胆甾醇的结构研究、通过紫外线照射由麦角甾醇生成维生素D等研究而闻名。1928年获诺贝尔化学奖。

海因里希·维兰德（Heinrich Wieland，1877—1957）：德国有机化学家。曾在柏林、斯图加特、慕尼黑等大学学习，历任慕尼黑工业大学、弗赖堡大学教授，1925—1953年长期担任慕尼黑大学教授。在有关胆汁酸结构的出色研究之外，使其成名的还有稳定自由基的研究，因探明生物体内氧化反应是脱氢化过程的研究而对生物化学、生理学的发展做出了很大贡献。1927年获诺贝尔化学奖。

1930年因卟啉的研究和氯高铁血红素的合成。

4.9.5　类固醇与激素

类固醇是3个环己烷环和1个环戊烷环共享化学键相连，具有类固醇核结构的化合物的总称，作为胆汁酸、胆甾醇、激素广泛存在于动植物中，从19世纪起就吸引着化学家的兴趣。在20世纪前半叶有机化学进步到可以处理这样复杂的化合物，像格丁根大学的阿道夫·温道斯和慕尼黑大学的海因里希·维兰德那样当时有机化学的领导者都加入这些物质的结构解析。温道斯研究了胆甾醇，维兰德研究了作为胆汁酸成分的利胆酚酸。1919年维兰德成功地将胆甾醇转换成利胆酚酸，揭示了二者是密切相关的物质。认识到二者具有由4个环构成的共同骨架，胆甾醇具有二级醇基和异辛基侧链，利胆酚酸具有—$CH(CH_3)CH_2CH_2COOH$基，不过主要采用依赖氧化分解的化学方法来确定骨架结构几乎是不可能的。由维兰德提出的胆甾醇的结构是如图4.27（a）所示的结构，巴拉尔在1932年通过X射线衍射证实这个结构是不正确的。维兰德与罗森海姆（Rosenheim，1871—1955）和金（Harold King，1887—1956）合作提出了图4.27（b）所示的修正结构。这个例子说明了确定复杂有机分子的结构物理学的方法是不可缺少的。

(a)　　(b)

图4.27　胆甾醇的结构

（a）维兰德最初的结构；（b）维兰德修正后的结构

阿道夫·布特南特（Adolf Frederick Johann Butenandt，1903—1995）：德国有机化学家、生物化学家。曾在格丁根大学师从温道斯学习，除担任过但泽工业大学（1933）、图宾根大学（1944）、慕尼黑大学（1956）教授外，还是皇家研究所生物化学部主任。成功地进行了性激素的晶体分离和化学结构确定。因为该业绩1939年评上诺贝尔化学奖，但由于纳粹禁止受奖而辞退，第二次世界大战后的1949年获奖。此后成功地分离了昆虫蜕皮素（脱皮、变态激素）、性吸引物质诱烯醇。

拉沃斯拉夫·鲁日奇卡（Lavoslav Stjepan Ružička，1887—1976）：出生于克罗地亚的瑞士有机化学家。曾在卡尔斯鲁厄、苏黎世的各个大学学习，1929年任瑞士联邦工业大学教授。以聚甲烯、萜烯、皂角苷、甾醇类的研究，性激素睾酮的结构确定等业绩而知名。1939年获诺贝尔化学奖。

维兰德因胆汁酸的研究在1927年获诺贝尔化学奖，温道斯因类固醇的研究在1928年获诺贝尔化学奖。不过，他们在类固醇研究之外也留下了很大功绩。维兰德在各种生物碱、生物体内氧化还原反应和稳定自由基的研究方面也留下很多卓越的研究。温道斯发现通过紫外线照射麦角甾醇变成了维生素D。

性激素是类固醇的一种重要化合物。格丁根大学的阿道夫·布特南特在1929年与美国的E. A. 多伊西（E. A. Doisy，1893—1986）几乎同时成功地分离制备出了雌激素雌甾酮的纯晶体。1931年分离纯化出了雄性激素雄甾酮的晶体，1939年由雄甾酮得到了甲睾酮。布特南特对性激素、甾醇类展开了庞大的研究。以萜烯、皂角苷、甾醇类的研究取得业绩的图宾根工业大学的拉沃斯拉夫·鲁日奇卡也独立地成功分离了雄甾酮。布特南特和鲁日奇卡因为在性激素研究领域的业绩共同获得了1939年的诺贝尔化学奖。

4.9.6 维生素和胡萝卜素

到了20世纪，人们逐渐认识到了在蛋白质、脂肪、碳水化合物、无机盐之外还存在生命维持和成长不可缺少的微量有机化合物，它们统称为维生素。20世纪前半叶维生素的研究受到很多营养学家、生物化学家、有机化学家的关注。在维生素的研究中取得很大业绩的有机化学家有瑞士苏黎世大学的保尔·卡勒和德国海德堡大学皇家研究所的理查德·库恩。

1926年卡勒开始植物色素的研究，研究了花色苷、黄素类、类胡萝卜素类。他弄清了类胡萝卜素构成8个异戊二烯单位结合的共轭双键体系，两端具有同样的结构。到1930年卡勒确定了胡萝卜素和番茄红素的结构（图4.28）。他进一步发现

保尔·卡勒（Paul Karrer，1889—1971）：出生在莫斯科，父母都是瑞士人，幼年时迁居瑞士，在苏黎世大学维尔纳手下学习化学并取得博士学位。1917年任苏黎世大学教授，在植物色素特别是类胡萝卜素的结构确定方面取得业绩，发现胡萝卜素是维生素A的前驱体。而且在维生素C、维生素B_2、维生素E等的结构解析方面做出了重要贡献。1937年获诺贝尔化学奖。

理查德·库恩（Richard Kuhn，1900—1967）：出生于维也纳近郊，在维也纳接受中等教育，到维也纳大学学习医药化学，之后在慕尼黑大学跟随威尔斯泰特学习并取得博士学位。历经慕尼黑大学、苏黎世联邦理工学院，最后到海德堡大学任教授，并兼任皇家医学研究所化学部部长（1929），之后升任所长。在类胡萝卜素和酶的研究、维生素B_2的晶体纯化与合成、维生素A的合成等方面取得了业绩。1938年的诺贝尔化学奖因纳粹阻碍而辞退，第二次世界大战后接受了奖状和奖牌。

图4.28 β-胡萝卜素的结构

胡萝卜素通过水加成产生2分子的维生素A。这是维生素分子结构得以确定的最早实例。当时多数维生素研究者不相信维生素是特定的分子，因此这个工作是划时代的成果。

卡勒此后也继续维生素的研究，确认了有关维生素C结构的森特-哲尔吉提案，1934年和库恩几乎同时成功全合成了维生素B_2（核黄素）。进而在1937年开始研究维生素E（生育酚），在1938年最早成功合成了生育酚，为生育酚类的结构解析和合成做出了巨大贡献。他在1930年出版了有机化学的教科书《Lehrbuch der Organischen Chemie》，它被翻译成世界各国的语言，再版13次，作为20世纪30～50年代的代表性教科书在世界范围内广泛流传[137]。卡勒在1937年因为类胡萝卜素、核黄素、维生素A和B的研究获得了诺贝尔化学奖[138]。

库恩在1926年至1929年间，在苏黎世联邦理工学院开展多烯类的合成、结构及光吸收的研究。此后在海德堡大学推进了类胡萝卜素的研究，发现了胡萝卜素的新异构体，成功地从很多天然产物中分离出了类胡萝卜素，并进行了结构鉴定。进而在1933年至1934年间成功地分离及合成了维生素B_2的晶体，1937年又成功地合成了维生素A。他积极引入新的分析方法和物理手段，是一个对立体化学和光学等的理论问题，以及生物化学都有兴趣的博学的有机化学家。库恩在1938年因维生素B_2的合成获得了诺贝尔化学奖。在维生素的研究中还有多伊西因维生素K的研究与达姆共同获得了1943年的诺贝尔生理学•医学奖。

4.10 生物化学的确立与发展：动态生物化学

在19世纪后半叶，生物化学这一处理生命现象的化学有两个大的流派。一个是作为医学中的生理学的一个领域生理化学的流派，另一个是有机化学中的研究生物体构成分子的流派。它们在20世纪合二为一，确立和发展为一个大的独立的学科领域。由埃米尔•费歇尔引领的生物体构成分子的研究到20世纪越来越发展，糖、氨基酸、肽、卟啉类的结构得以解明，此后如上一节所述那样，维生素、激素等与生命现象相关的各种有机分子的结构也得以解析清楚。生物化学以它们的发展为基础，从生物体相关分子的结构研究逐渐转移至以探明生物体内反应为目标的动态的生物化学。

生物体内的反应是由酶控制的，所以酶化学成了生物化学的中心课题。19世纪末期毕希纳发现从细胞中分离出的酶——胃促胰酶使糖发酵变成乙醇，开启了近代生物化学，不过逐渐知道了在乙醇发酵过程中有很多中间产物，发酵过程极其复杂。20世纪前半叶的生物化学弄清了呼吸、消化、代谢等过程的详细情况，以弄清参与这些过程的酶为中心，作为一个跨化学、生物学、医学、药学、农学的领域获得了很大发展。1926年尿素酶（脲酶）得以结晶化，弄清了它是蛋白质，不过酶参与的复杂代谢过程的解明是极其困难的工作。20世纪30年代后期放射性核素示踪引入代谢研究，生物化学的研究开始了大发展，但它孕育出大的成果是第二次世界大战之后的事了。

活跃于这个时代的生物化学家既有作为有机化学家起步的人，也有从医学家或生物学家变成生物化学家的人。到1950年对辅酶的存在和发酵过程的阐释做出贡献的哈登和奥伊勒•切尔平、将酶晶体化后证实其为蛋白质的萨姆纳和诺斯罗普、将烟草花叶病病毒结晶出来的斯坦利都获得了诺贝尔化学奖，而在成为生理学•医学奖对象的工作中生物化学领域的业绩也居多。做核酸和蛋白质研究的科塞尔、阐明了肌肉收缩是因为糖解作用的能量所引起的希尔和迈耶霍夫、开展呼吸作用和生物体内氧化还原研究的瓦尔堡、发现维生素C和研究肌肉收缩的森特-哲尔吉、研究维生素的霍普金斯、多伊西和达姆都是20世纪前半叶获得诺贝尔生理学•医学奖的生物化学家。代谢的生物化学研究因为与医学的关系很强，所以成了生理学•医学奖的对象，不过化学奖和生理学•医学奖的区分并不是那么明确。

4.10.1 酶研究的发展

酶的研究是20世纪前半叶生物化学研究的关键所在。从毕希纳发现无细胞酒精发酵开始，近代酶化学就算起步了（参见2.10节）。1904年伦敦大学的阿瑟•哈登和杨（William John Young，1878—1942）报道将酵母榨汁渗析分成蛋白质和非蛋白质两部分尝试糖的发酵，两个部分单独都没有引起发酵，但将两部分混合起来就发酵了。从这个实验发现了被透析出来的部分是辅酶的部分，含有"辅酶"或"候补分子族"。这个物质对热是稳定的。哈登和杨将这个物质命名为辅酶（cozymase）[139]。他们进一步发现，将磷酸钾加入到酵母榨汁中，发酵产生的CO_2就会显著增加，磷酸与糖结合而固定。但是弄清了发酵过程极其复杂，要了解其全貌、探明酶和辅酶的本质还需要假以时日。

进一步推进哈登和杨的研究的是斯德哥尔摩大学的汉斯•冯•奥伊勒•切尔平。他和他的共同研究者获得辅酶浓缩了的样品研究其化学性质，弄清了辅酶的分子量是490、其性质类似于核苷酸（糖、碱基和磷酸结合的化合物）[140]。哈登和奥伊勒•切尔平因酒精发酵的研究在1929年共同获得诺贝尔化学奖。

自哈登和杨的发现以来，辅酶和候补分子族也在很多酶反应研究中被发现和鉴定。所谓辅酶就是复合蛋白质，其候补分子族是指蛋白质部分可逆地解离存在时其非蛋白质部分。这个部分是低分子化合物，很容易透析掉。在鉴定为辅酶的物质中有嘧啶和卟啉的化合物、核糖和脱氧核糖那样的五元单糖、磷酸化合物、维生素B的复合体等。

进入20世纪的时候，以费歇尔和毕希纳为首的很多化学家已经有了酶是蛋白质这样的观点，但确定这一点花了很长时间。

20世纪20年代著名的有机化学家威尔斯泰特根据酶不显示蛋白质特有的显色

阿瑟•哈登（Arthur Harden，1865—1940）：英国化学家。出生于曼彻斯特，在曼彻斯特大学学习，去德国爱尔兰根大学留学，取得博士学位。历经曼彻斯特大学讲师、詹纳（Jenner）研究所生物化学部主任，1912年任伦敦大学教授。1897年起历时20多年研究糖的发酵，探明了发酵时磷酸的作用，证实了辅酶的存在。另外，在细菌酶的研究上也取得了开创性的业绩。1929年获诺贝尔化学奖。

汉斯•冯•奥伊勒•切尔平（Hans von Euler-Chelpin，1873—1964）：出生于德国奥格斯堡，最初学习美术，后转向科学，在柏林大学学习。在格丁根大学能斯特手下做了两年研究后，在斯德哥尔摩大学给阿伦尼乌斯当助手，1906年任斯德哥尔摩大学教授。兴趣从物理化学转移到了生物化学，研究糖的发酵和酶。确认了辅酶的存在，并探明了它的性质。另外，还探明了生物体内糖和磷酸是怎样起作用的。1929年获诺贝尔化学奖。

反应，主张蛋白质只不过是酶的载体，胶体状的蛋白质中吸附了未知小分子酶。当时附和著名的威尔斯泰特的观点，但怀疑酶是蛋白质的学者很多[141]。1926年美国康奈尔大学的詹姆斯•萨姆纳（专栏14）在艰苦忍耐9年的研究之后，成功地从豆粉中提取、结晶获得了将尿素分解为CO_2和氨的酶——脲酶[142]。这个晶体显示出了很高的活性，显示了蛋白质的性质。但是，萨姆纳的样品含有杂质，酶是蛋白质这一观点反驳了当时占统治地位的观点，所以没能马上被接受。此后洛克菲勒研究所的约翰•诺思罗普课题组致力各种酶的结晶化。从1930年至1935年间他本人成功地实现了胃蛋白酶的结晶化，他的共同研究者陆续完成了胰蛋白酶、胰凝乳蛋白酶、核糖核酸酶等酶的结晶化，证明它们都是蛋白质[143]。于是确定了威尔斯泰特等的观点是错误的，酶是蛋白质。进而在1936年洛克菲勒研究所的温德尔•斯坦利将烟草花叶病病毒那样的植物性病毒像酶一样地结晶化，受到了关注[144]。呈现类似生物行为的病毒被结晶化是令人惊奇的发现。萨姆纳因发现酶可以结晶化、诺思

詹姆斯•萨姆纳（James Batcheller Sumner，1887—1955）：出生于波司登近郊，毕业于哈佛大学，在医学部的研究生院学习生物化学。获得博士学位后到康奈尔大学投入脲酶的精制和分离研究。1926年成功地实现结晶化，主张酶是蛋白质，不过并没马上被人们接受。到了20世纪30年代，在诺思罗普等的研究的支持下，他的主张被接受了。1946年获诺贝尔化学奖。（参见专栏14）

约翰•诺思罗普（John Howard Northrop，1891—1987）：出生于纽约，在哥伦比亚大学研究酶化学获得了博士学位。第一次世界大战中从事以丙酮、乙醇的工业生产为目的的发酵过程研究，此后在洛克菲勒研究所从事酶的研究。成功实现了胃蛋白酶、胰蛋白酶等很多酶的高纯度结晶化，证明了酶是蛋白质。另外在1938年还首次成功地分离了噬菌体。1946年获诺贝尔化学奖。

温德尔•斯坦利（Wendell Meredith Stanley，1904—1971）：出生于美国印第安纳州，在本地的阿尔罕姆大学学习，在那里是一名名气很大的足球名将。在伊利诺伊大学研究生院知名有机化学家亚当斯（Roger Adams，1889—1971）手下学习有机化学，留学慕尼黑大学之后，1931年进入洛克菲勒研究所，从1932年开始从事烟草花叶病病毒的研究。1935年成功地获得了它的晶体，该病毒既具有可结晶的纯物质特征，也具有可增殖的生物特征，证明了中间状态的存在。1946年获诺贝尔化学奖。

萨姆纳不屈的斗志与围绕酶本质的论争[23]

19世纪末期前后，酶通常被认为是一种蛋白质。但是进入20世纪，胶体化学作为物理化学的一个新的分支领域问世，受其影响酶被看作是低分子催化物质附着在蛋白质胶体上的二元载体说占了上风。强烈主张这一学说的是大有机化学家威尔斯泰特及其一派。他们尝试制取纯的酶，致力于蔗糖酶等的精制，但结晶化没能成功，他们相信酶不是纯粹的蛋白质。

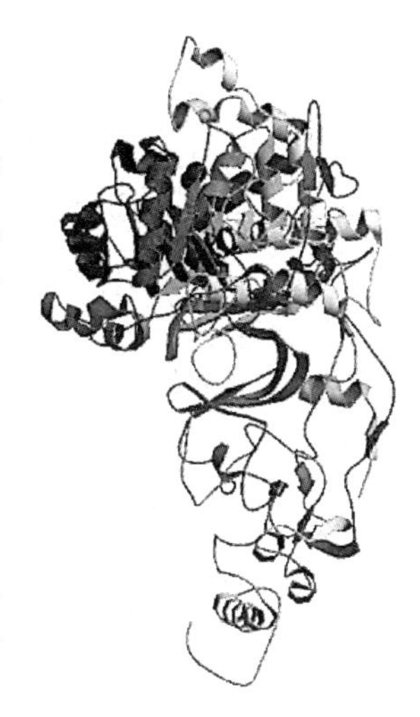

由刀豆精制成的脲酶

最早成功实现酶的结晶化的是美国康奈尔大学的无名生物化学家萨姆纳。他17岁时和友人外出狩猎，因为友人的误射，灵活方便的左手中了枪弹，因此遭遇了从肘之上切断左手腕的意外事故。要想成为实验科学家，这被认为是不利条件，因其不屈的斗志，萨姆纳克服了这一障碍，成了生物化学家。不仅如此，爱好运动的他在滑雪、网球、游泳、登山等很多运动项目上都表现出了超过常人的力量。在酶的研究上也是历经多年艰难的研究和学会主流的反对，以不屈的斗志战斗到底，第一个成功实现了酶的结晶化，1946年获诺贝尔化学奖。

萨姆纳出生于波士顿近郊的小镇坎顿上一个经营农场和纺织业的家庭。在哈佛大学学习化学，1910年毕业，开始在叔叔经营的纺织公司工作，不过几个月后接到加拿大蒙特爱立森大学代课一个学期的邀请，在讲课期间对教育产生了兴趣。想要到哈佛大学研究生院一鼓作气地学习生物化学，于是叩开了医学部生物化学教授福林（Otto Kuute Olof Folin，1867—1934）的门。福林认为独臂没有希望在生物化学上成功，劝其与其学生物化学不如学习法律，然而萨姆纳强调即使一个手腕都没有也不妨碍做实验，恳请许可入学。结果无法拒绝萨姆纳顽强的意志，福林接收了他。福林给了萨姆纳一个题目，要他探明尿素的合成是在体内什么地方进行的。为了定量测定尿素，他采用了将尿素在脲酶作用下变成氨再定量测定的方法，于是他幸运地遇到了脲酶。

研究生毕业的萨姆纳获得了康奈尔大学生理•生物化学的助理教授职位。但是因为担任讲课和实习，可以专注于自己研究的时间有限。他在那时读到了刀豆的提取液具有很高的脲酶活性的报道，想要由刀豆精制脲酶。因为在当时酶不是蛋白质的观点是主流，所以这对很多人来说不认为是有前途的计划。

萨姆纳用咖啡磨将刀豆磨得很细，尝试了用各种溶剂从中萃取脲酶。尝试了一边加入中性盐和有机溶剂，一边降低温度重复沉淀，但几乎没有浓缩到脲酶活性成分。他从1917年开始研究，历经6年也没有获得任何可以发表的与脲酶精制有关的成果。在1923年将30%乙醇萃取液冷却到零下5℃，总算发现了几乎所有脲酶活性物都沉淀出来了。但是还没能结晶化。1926年4月他将乙醇溶液换成丙酮溶液尝试了结晶化。于是终于成功地得到了高活性的晶体。他兴奋地在学会报告了这个成果，但几乎没有反响。威尔斯泰特一派完全不相信他的结果，他们和萨姆纳之间的论争此后又持续了数年。进入20世纪30年代诺思罗普成功实现了胃蛋白酶的结晶化，1933年至1934年诺思罗普和库尼茨（Kunitz）陆续将胰蛋白酶、胰凝乳蛋白酶等晶体化，酶蛋白质说获得了更多支持。

但是威尔斯泰特等此后还是不改变主张，论争持续了整个20世纪30年代。他们主张萨姆纳和诺思罗普的结晶中还含有杂质，其中有未知活性物质。这个主张也有一定道理。因为也有很多酶，当酶中不存在小分子辅酶时就不显示作用。萨姆纳选择的是容易结晶化的脲酶，威尔斯泰特选择的是困难的蔗糖酶，这一巧合也是引起长期论争的一个原因。

利奥诺·米凯利斯（Leonor Michaelis，1875—1949）：在柏林大学学习动物学，从细胞学、细菌学进入酶的物理化学研究。1913年与门滕同时提出反应速度方程，1922—1925年在爱知医科大学（现名古屋大学医学部）任教授，之后赴美任约翰·霍普金斯大学教授，从1929年至1940年任洛克菲勒研究所研究员。

罗普和斯坦利因酶和病毒蛋白质的纯化制备获得了1946年的诺贝尔化学奖。

伴随着20世纪初物理化学的反应速度论的研究进展，开始尝试理解决定酶反应速度的因素。基于费歇尔的形成酶-基质复合物中间体的观点发展了酶反应速度理论。1913年利奥诺·米凯利斯和M. 门滕（M. L. Menten，1879—1960）表示在酶（E）和基质（S）通过 $E+S \rightleftharpoons ES \rightarrow E+P$（生成物）的机理，经由复合物ES进行反应的场合，反应的初始反应速率（v_0）由下式给出：

$$v_0 = v_{max}[S_0]/(K_m + [S_0])$$

在这里，$[S_0]$为基质初始浓度，K_m是称作米凯利斯常数的参数，v_{max}是酶用基质饱和时的反应速率。这个方程此后有很多研究者修正、拓展，作为酶反应理论的基础方程即使在现在也不失其重要性。

在酶研究的实验方法中也引入了物理化学的手段，发挥了重要作用。在酶研究中最早引入压力测定是英国的巴克罗夫特（Joseph Barcroft，1872—1947）（1902年），德国的瓦尔堡用改进的压力计测定微生物、动物组织切片、酶溶液等的呼吸、发酵时产生气体的发生和吸收量，取得了很大业绩。他的压力计被称作瓦尔堡压力计，从20世纪20年代到40年代在全世界广泛使用。瓦尔堡进一步将分光法用于酶研究取得了成果。他弄清了含铁酶在生物体的氧化反应中扮演重要角色，不过在这里要巧妙地利用具有特有吸收带的酶的吸收光谱和作用光谱。因为这些研究方法的发展使酶化学性质研究取得了很大发展。

1923年赫维西（Hevesy，1885—1966）和他的共同研究者最早引入了用镭D（^{210}Pb）和钍B（^{203}Pb）将放射性同位素作为示踪剂用于生物化学研究的方法。此后通过将同位素用作示踪剂弄清了在体内由更简单的物质合成复杂物质的机理，以及代谢过程中存在的中间体的形成过程，不过在生物化学研究中最重要的放射性核素是^{14}C和^{32}P，它们被广泛用于代谢研究并取得巨大成果是第二次世界大战之后的事。

4.10.2 呼吸和生物体内的氧化还原

呼吸和生物体内的氧化还原问题是20世纪初生物化学的中心课题之一。19世纪后半叶，弄清了血液中含铁的血红蛋白与呼吸有关，和血红蛋白结合的氧在血液中被运送至各个组织，在细胞内发生化学反应的观点已经获得了普遍接受。

1904年丹麦生理学家克里斯蒂安•玻尔（Christian Bohr，1855—1911；尼尔斯•玻尔之父）研究了血液中的血红蛋白（Hb）和与氧结合的氧化血红蛋白（HbO_2）的比例$Y=[HbO_2]/([Hb]+[HbO_2])$与处于平衡的氧气分压的关系，发现Y对氧气分压呈S形曲线（图4.29）。为了解释这一结果出现了很多说法，1911年希尔（Archibald V. Hill，1886—1977）认为血红蛋白的单元聚集在一起产生协同相互作用，最初生成的HbO_2使之后Hb与氧的结合变得更加容易。20世纪20年代弄清了血红蛋白由4个次级单元构成。

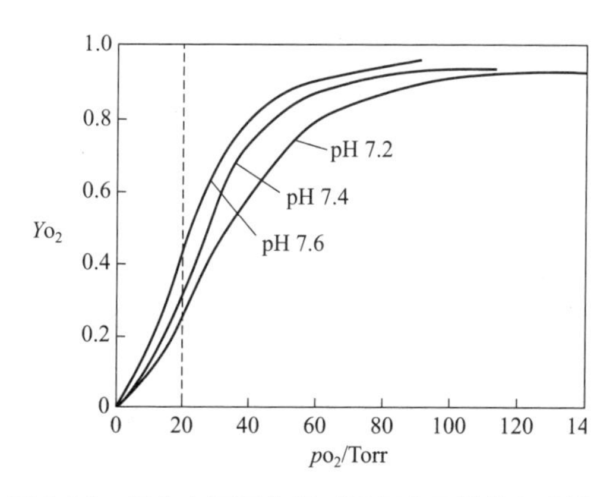

图4.29 氧化血红蛋白相对于氧分压的饱和曲线

（横轴为氧分压，纵轴为氧化血红蛋白的比例）

19世纪后半叶到20世纪初化学热力学发展起来了，可以根据热力学来理解平衡和氧化还原反应了。在19世纪后半叶，氧气以怎样的状态参与生物体内反应受到热议，但谁的说法都缺乏确证。然而人们逐渐认识了酶参与生物体内的氧化，1910年前后已经认识到了存在各种各样的氧化酶。在这种状况下，柏林皇家研究所的奥托•瓦尔堡大大地推进了细胞内氧化的研究。

铁与细胞内氧化有关的事实是到了1910年才知道的，瓦尔堡在1908年开始研究，除了世界大战中有中断外，一直持续了20年研究生物体内的氧化。他用压力计定量地研究了海胆卵和红细胞对氧气的获取。1921～1925年他将血液和氯高铁血红素等含铁成分燃烧制得的碳用作催化剂进行演示实验，据此研究了氧气的获取和一氧化碳等对他的妨碍作用。于是得到了如下结论[145]：分子状的氧气与二价铁结合，通过它高氧化态的铁和有机物基体反应，二价铁可以再生，而不是分子状氧气直接和有机分子反应。瓦尔堡认为这个结论也适用于生物体内的氧化，不过在当时有关生物体内与铁结合的酶物质还没有得到解释。瓦尔堡用巧妙的实验证实了含铁酶包括铁-卟啉化合物。他和内格雷恩（Erwin Paul Negelein，1897—1979）通过光照使与CO结合而受到阻碍的酶的呼吸重新激活，将其效率作为激发波长函数的作用光谱作图，得到了参与呼吸的酶的光谱。所得到的光谱显示420nm的卟啉特有的强吸收（索瑞带）和源于蛋白质的氨基酸的弱吸收，证实这个酶是血红素化合物[146]。

19世纪80年代中期前后英国（爱尔兰）的麦克芒恩（Charles A. MacMunn，1852—1911）发现在动物肌肉组织中发现的呼吸色素在还原状态给出4个吸收带，在氧化状态这些吸收带消失。1925年剑桥大学的生物学家大卫•凯林发现了昆虫肌肉组织和酵母的悬浊液中有4个吸收带的光谱，将产生这种吸收带的色素命名为细胞色素[147]。在空气中振荡悬浊液这个吸收带就会消失，放置后吸收带又会出现。他证实了这个色素在生物的氧呼吸过程中起媒介作用。凯林进一步弄清了4个吸收带中的3个源于不同的色素，将它们命名为细胞色素a、b及c。他还假定存在催化氧气氧化还原型细胞色素的酶——氧化酶。

1912年有机化学家维兰德提出了关于醛氧化成酸的学说：最初水附加在醛上，

奥托•瓦尔堡（Otto Heinrich Warburg，1883—1970）：在费歇尔手下学习化学，取得学位后到海德堡大学学习医学。1918年任皇家生物学研究所教授，从1931年起任皇家细胞生理学研究所所长，在生物体呼吸•氧化、光合成、糖代谢、癌等研究领域做出了很大贡献。他将物理化学的手段引入到生物化学研究中，取得了很大成果。1931年因细胞内氧化研究方面的业绩获诺贝尔生理学•医学奖。

大卫•凯林（David Keilin，1887—1963）：英国生物学家。出生于莫斯科，在比利时学习医学，在巴黎研究寄生虫生活史，之后转到剑桥大学，历经助手、讲师，1931年升任教授。1924年在苍蝇生活史研究中发现了细胞色素，阐明了它在细胞呼吸中的作用。

从那里发生催化脱氢产生酸。他注意到在铂或钯催化剂存在下即使没有氧也能发生有机化合物的氧化。他尝试了将这一现象适用于生物体内的氧化。他报告如果存在苯醌和亚甲基蓝那样的氢接受体，细菌就不容易使乙醇和乙醛氧化成醋酸。维兰德的研究暗示存在与氧化酶不同的还原酶。

20世纪10年代末桑伯格（Torsten L. Thunberg，1873—1952）在亚甲基蓝溶液中放入剁得很碎的肌肉组织，测定了脱气后加入有机酸亚甲基蓝脱色的时间。由此发现了乳酸和琥珀酸那样的有机酸促进亚甲基蓝的还原，得出的结论是这些化合物像维兰德认为的那样因脱氢酶的存在而发生了脱氢化[148]。维兰德-桑伯格学说在20世纪20年代为很多研究者所接受，在生物体内的氧化过程中氧气和氢气双方都被活化了已经成为共识。

20世纪20年代氧化还原的电子理论有了发展，人们对氧化还原的理解已经统一为氧化是失去电子的过程，还原是得到电子的过程。测定了很多反应的氧化还原电位，根据这些电位开始尝试用基于氧化还原电位的电子流理解生物体内的氧化。对于生物体内的氧化还原体系也可以测定它们的氧化还原电位了。还有，作为与生物体内氧化过程中的电子传输有关的物质，也探索了亚铁血红素（二价铁离子与卟啉的配合物）之外的物质。初期考虑的物质有含巯基（—SH）的谷胱甘肽以及森特-哲尔吉从副肾皮质和橙子中分离出来的抗坏血酸（维生素C）。20世纪20年代维生素的研究兴盛起来，有机化学家逐渐弄清了它们的化学结构，这也是开始从电子转移反应的角度来理解酶催化的生物体氧化反应的时期，已经认识到很多维生素是电子转移体系的构成要素。20世纪30年代瓦尔堡所做的研究包括维兰德的脱氢酶和凯林的细胞色素，对从电子转移流的角度统一把握生物体内氧化起到了决定性的作用。

1928年美国的巴伦（E. G. Barron，1899—1957）和哈罗普（G. A. Harrop，1890—1945）发现当添加少量像亚甲基蓝这样的色素，在葡萄糖存在下的红细胞对氧的摄入会显著增加，同时葡萄糖被氧化。维兰德详细研究了产生这个作用的机理，得到的结论是：在亚甲基蓝导致的葡萄糖的磷酸盐的氧化中，如果有对热不稳定、不能被透析的酶与对热稳定、能够被透析的辅酶，则亚铁血红素化合物的存在不可缺少。1932年瓦尔堡和克里斯汀从酵母中分离出了这种酶（一种黄色的蛋白质）和辅酶。候补分子黄色色素是一种黄酮，是维生素B_2的衍生物，称作黄素单核苷酸（FMN）（图4.30）[149]。

瓦尔堡和克里斯汀进一步推进了与葡萄糖磷酸盐氧化相关的酶和辅酶的研究。这一研究与奥伊勒•切尔平进行的酒精发酵中的辅酶也是有关联的。他们发现了腺苷酸系的辅酶二磷酸吡啶核苷酸（DPN）（图4.31）[150]。这个辅酶是腺嘌呤、烟酰胺、五单糖、磷酸按1∶1∶2∶2比例结合的分子。这个分子现在称作烟酰胺腺嘌呤二核苷酸（NAD）。

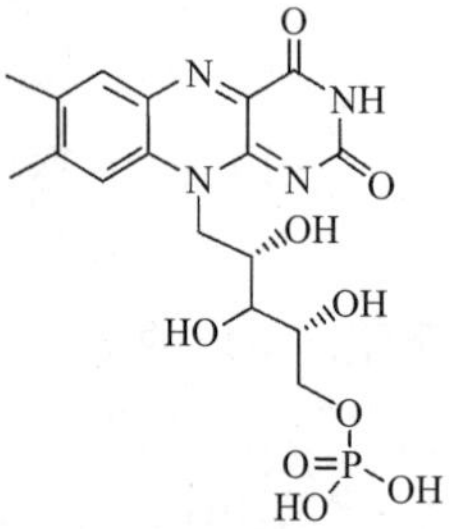

图4.30 黄素单核苷酸（FMN）

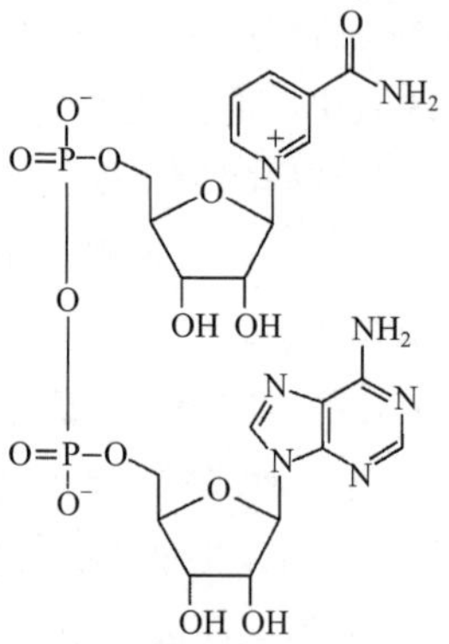

图4.31 二磷酸吡啶核苷酸（DPN）

于是，到1945年已经认识到了生物体内的氧化是包含亚铁血红素化合物、FMN和NAD的一个过程，但生物体内的氧化还原过程的详细内容的解明不得不等待第二次世界大战后的研究了。

4.10.3 糖分解机理的阐明和柠檬酸循环

用酵母使葡萄糖发酵转变成乙醇和CO_2的糖分解过程的阐明是需要对很多中间体和酶进行分离和鉴定的麻烦工作，是20世纪前半叶生物化学研究的一个大课题，很多研究者为此做出了贡献。20世纪初哈登和杨有以下两个发现：第一，酒精发酵与无机磷酸有关；第二，对于发酵，酵母的无细胞提取液中的酒化酶和辅酶两个成分是必需的。首先，这两个发现是解明糖分解机理的出发点。

19世纪末已经弄清葡萄糖分解生成由3个碳构成的分子，即CO_2和乙醇，不过在1913年诺伊贝格（Carl A. Neuberg，1877—1956）最早提出的学说是生成两个甲基乙二醛，其中一个还原成丙三醇，另一个氧化生成丙酮酸，进一步经由乙醛变成乙醇。1918年奥托•迈耶霍夫发现由哈登和杨发现的辅酶在肌肉组织中也存在，后来又发现该辅酶对肌肉中的糖分解也是必需的[151]。于是弄清了酒精发酵和肌肉中的糖分解过程的类似性。直到1925年认识到丙酮酸是这两个过程中的重要中间体。

1906年哈登和杨提议葡萄糖与磷酸成酯结合，并对其进行了分离，不过到1928年才弄清该酯是果糖-1,6-二磷酸酯。此后奥勒（Heinz Ohle，1894—1959）提出葡萄糖首先生成葡萄糖-6-磷酸酯，再变成果糖-1,6-二磷酸酯，分解生成三碳甘油醛的磷酸酯和二羟基丙酮的磷酸酯。1933年埃姆登（Embden，1874—1933）提出这些生成物进一步转变成3-磷酸甘油和3-磷酸甘油酸，后者生成丙酮酸。1934年迈耶霍夫和罗曼（Karl Lohmann，1898—1978）证实在肌肉萃取液中果糖-1,6-二磷酸酯分解成三单糖的磷酸盐。但是，糖分解过程中磷酸的酯化是怎样发生的，它具有怎样的生物化学意义，都尚不明确。

奥托·迈耶霍夫（Otto Fritz Meyerhof，1884—1951）：在海德堡大学取得医学博士学位后，受瓦尔堡的影响成了生理学家，曾任基尔大学教授，1924年任皇家医学研究所的生理学部长。1929年起担任海德堡大学医学研究所所长，对解决糖分解作用机理、ATP的作用等当时生物化学的主要问题起了指导性作用。1938年从纳粹德国逃亡到法国，后来又转到美国当了宾夕法尼亚大学教授。1922年因发现肌肉中弱酸的生成和耗氧的相关关系获得诺贝尔生理学·医学奖。

弗里茨·李普曼（Fritz Albert Lipmann，1899—1986）：曾在格尼斯堡、柏林、慕尼黑等大学学习医学，在皇家研究所师从迈耶霍夫，1939年赴美，1949—1957年任哈佛大学教授。因在代谢过程中的高能磷酸键、辅酶A（CoA）等方面的研究业绩，1953年获得诺贝尔生理学·医学奖。

阿尔伯特·森特-哲尔吉（Albert Nagyrápolti Szent-Györgyi，1893—1986）：匈牙利出生的生物化学家。在布达佩斯大学学习医学后，辗转欧洲各地的大学继续学习，1927年在剑桥大学的霍普金斯研究室分离出了来自副肾的还原性物质。1932年任塞格德大学医学化学教授，在这里弄清了分离出来的还原性物质是抗坏血酸，它是抗坏血病因子，命名为维生素C。另外，在细胞呼吸研究上继续取得成果，1937年获得诺贝尔生理学·医学奖。从1938年起开始肌肉的生物化学研究，揭示了肌纤蛋白和肌球蛋白两种蛋白质会合就会以ATP为能量源发生肌肉收缩。第二次世界大战后在美国继续肌肉收缩方面的研究。

1929年菲斯克（Fiske，1890—1978）、萨伯罗（Subbarow，1896—1948）和罗曼各自独立地在肌肉和酵母中发现了腺苷三磷酸（ATP）（图4.32）[152,153]。1931年迈耶霍夫和罗曼弄清了糖分解过程与ATP有关。有关糖分解和发酵过程中ATP的作用，根据帕纳斯（Parnas，1884—1949）等的研究，ATP并不是与糖分解的整个过程有关，只与某个特定的过程有关，与磷酸根的转移有关。主要是迈耶霍夫的研究组对这些过程做了详细研究，鉴定了中间体的结构和参与反应的酶。据此，基本上弄清了葡萄糖在ATP的作用下分解变成三碳化合物的磷酸酯，然后分解成丙酮酸、乙醛和乙醇这一过程的概貌（图4.33）。这一过程以埃姆登-迈耶霍夫途径为人所知。

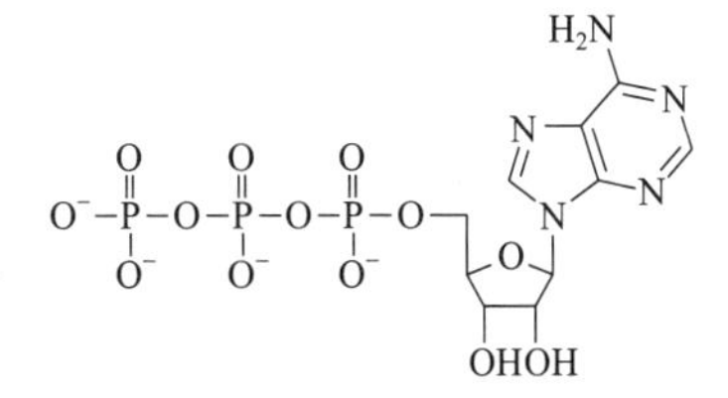

图4.32 腺苷三磷酸（ATP）

已经探明ATP的磷酸相互间的结合能约30kJ/mol，ATP在转变成腺苷二磷酸

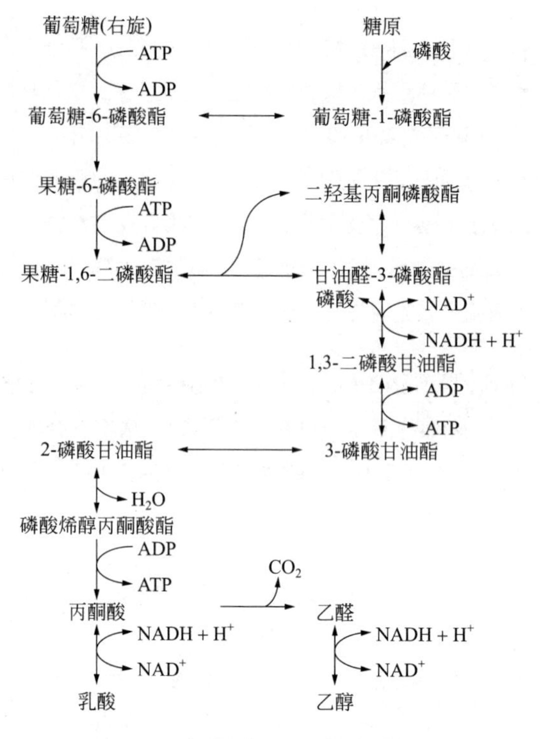

图4.33 埃姆登-迈耶霍夫途径

（ADP）时释放出这个能量，ADP转变成ATP时积蓄能量。葡萄糖分解的全过程可以表示成：

$$葡萄糖 + 2ADP + 2磷酸 \longrightarrow 2乙醇 + 2CO_2 + 2ATP + H_2O$$

弗里茨•李普曼和卡尔卡（H. M. Kalckar，1908—1991）指出ATP对所有生物而言都是高能量的通货一样的东西，承担能量代谢的主角。

到1935年前后糖分解机理已经研究得差不多了，不过葡萄糖的氧化机理和细胞呼吸之间的关系还没弄清。1935年匈牙利出身的生物化学家森特-哲尔吉发现将少量琥珀酸、富马酸、苹果酸、草酰乙酸加入到磨碎的鸽子肌肉中，细胞呼吸就会急剧增加。他揭示了这些酸按琥珀酸→富马酸→苹果酸→草酰乙酸这样变化[154]。马蒂乌斯（Carl Martius，1906—1993）和克诺普（Franz Knoop，1875—1946）证实柠檬酸经*cis*-丙烯三羧酸转变成异柠檬酸，然后脱氢产生α-酮戊二酸。

已经知道α-酮戊二酸通过氧化脱碳酸分解成CO_2和琥珀酸，所以由此证实了从琥珀酸至草酰乙酸的反应路径。如果从草酰乙酸生成琥珀酸就完成了琥珀酸的催化循环。1936年英国谢菲尔德大学的汉斯•克雷布斯发现由丙酮酸和草酰乙酸生成了柠檬酸，因此认为柠檬酸算循环完成。循环的各种酶对解释实际观察到的呼吸

汉斯·克雷布斯（Hans Adolf Krebs，1900—1981）： 出生于德国，曾在德国各地的大学学习医学，1926—1930年在瓦尔堡的研究所当助手，从事生物化学研究。之后行医，因逃避纳粹德国赴英，在剑桥和谢菲尔德大学继续生物化学研究，1945年任谢菲尔德大学教授。1953年因发现三羧酸循环（TCA）而获得诺贝尔生理学·医学奖，不过在肝脏中的尿素形成循环（鸟氨酸循环）的发现等其他方面也有很多成果。

塞韦罗·奥乔亚（Severo Ochoa de Albornoz，1905—1993）： 曾在马德里大学学医，在海德堡大学师从迈耶霍夫。1940年赴美，1954年任纽约大学医学院教授。1959年在试管内成功合成RNA，因这一业绩获得1959年诺贝尔生理学·医学奖。

格蒂·科里（Gerty Theresa Cori，1896—1957），卡尔·科里（Carl Ferdinand Cori，1896—1984）： 两人是布拉格大学时的同一级同学，1920年结婚，1922年移居美国。1936年在圣路易斯的华盛顿大学发现“科里酯”（葡萄糖-1-磷酸酯），1942年发现催化生成该酯的反应的酶，1943年成功合成糖原。这样一来，肝脏中的糖原转变成葡萄糖，进而转换成乳酸，成为肌肉运动的能源的反应——“科里循环”就得以确立。夫妇二人同时获得1947年诺贝尔生理学·医学奖。

速度是充分的。于是，丙酮酸氧化生成CO_2的柠檬酸循环就确立了（图4.34）[155]。由丙酮酸生成柠檬酸的详细过程作为未解决的问题遗留了下来，不过在1945年卡普兰（Kaplan，1917—1986）和李普曼发现辅酶CoA，1951年奥乔亚证实丙酮酸经由乙酰基CoA与草酰乙酸反应产生柠檬酸后，这个循环的全部细节就明朗了。这个循环称作柠檬酸循环或TCA循环。

对于动物而言，葡萄糖以糖原的形式积蓄在肝脏和肌肉中，它分解后就成为血液中的葡萄糖。20世纪30年代圣路易斯华盛顿大学的卡尔·科里、格蒂·科里夫妇通过阻碍下一个过程中必需的酶的活性的实验解明了糖原的合成与分解路径的各个过程[156]。他们在ATP和酶的存在下，在试管中从葡萄糖，经由葡萄糖-6-磷酸酯、葡萄糖-1-磷酸酯，成功地合成了糖原。ATP是最早步骤中的磷酸供体，在

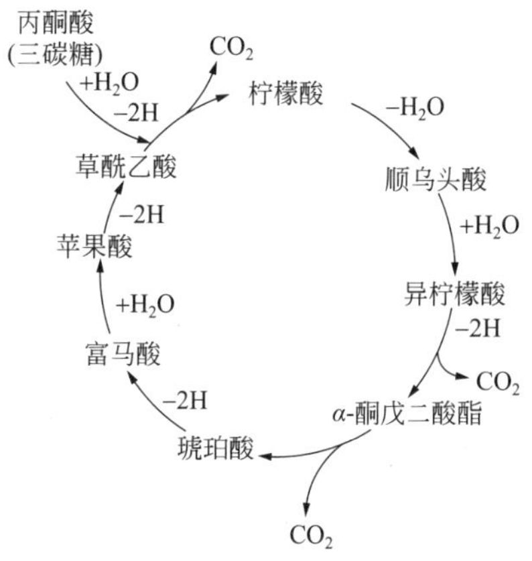

图4.34 克雷布斯柠檬酸循环（1937年）

最后步骤中由ADP生成。他们因“糖原的催化转化过程的发现”获得了1947年的诺贝尔生理学•医学奖。他们在布拉格接受教育，在20世纪20年代移居美国，从1931年起在圣路易斯华盛顿大学做了很多开创性的研究，同时培养了优秀的研究人员。（参见第6章）

4.10.4 光合成

光合成通过光将CO_2还原成糖，将水氧化成O_2，因此是与糖的氧化相反的过程。20世纪初之前，人们认为光合成色素吸收的光直接还原CO_2，被还原的CO_2和水反应生成糖。在这个观点中，光合成生成的O_2来源于水。但是荷兰籍美国微生物学家范尼尔（C. B. van Niel，1897—1985）证实厌氧性绿色硫黄菌用H_2S进行光合成生成硫黄。1931年他用氢给予体H_2A按下式将光合成一般化[157]。

$$6CO_2 + 12H_2A \longrightarrow (CH_2O)_6 + 12A + 6H_2O$$

对植物而言H_2A是水，硫黄菌的场合是H_2S。该式表示光合成是按两步反应进行的，即通过光能使H_2A氧化的光反应和通过生成的H使CO_2还原的暗反应。

这一学说的正确性通过两个研究得以证实。1937年罗伯特•希尔（Robert Hill，1899—1991）不给分离出的叶绿体提供CO_2，在苯醌和$Fe(CN)_6^{3-}$这样的电子接受体的存在下用光照射，观察到在产生O_2的同时电子接受体被还原。这一反应被称作希尔反应，证明CO_2不直接参与O_2的发生过程。一进入20世纪40年代，各种放射性同位素就作为示踪剂用于化学研究。鲁本（Samuel Ruben，1913—1943）和卡曼（Kamen，1913—2002）在1941年用^{18}O标记的H_2O和CO_2证明在光合成中产生的O_2来源于H_2O。

关于CO_2如何转变成糖，自19世纪末贝耶尔提出CO_2先变成甲醛，甲醛再聚合形成六糖的学说以来，没有什么进步。鲁本、卡曼、哈西德（Hassid，1899—1974）用小球藻中的$^{11}CO_2$，确认了^{11}C通过暗反应进入有机化合物，不过该同位素半衰期短，只有22min，不适合于光合成研究。1940年他们在氮的(n,p)反应中发现了半衰期5600年的^{14}C同位素，但因为战争没能用该同位素推进光合成的研究。第二次世界大战后将^{14}C用作示踪剂的代谢研究获得了大发展，加利福尼亚大学的卡尔文（Melvin Calvin，1911—1997）研究组用$^{14}CO_2$解明了植物将CO_2转变成糖的路径（参见6.3.5）。

4.10.5 脂质代谢

脂质的大部分是由脂肪酸和甘油组成的三酰甘油，它被消化成脂肪酸。脂肪酸和糖类一样通过氧化代谢成CO_2和H_2O。有关脂肪酸分解的实质性研究是1904年由斯特拉斯堡大学的克诺普开始的。他合成了末端带苯基的各种脂肪酸，给药予犬，从尿中分离出带苯基的代谢产物进行研究。发现给予奇数碳的脂肪酸就排泄出马尿酸（苯甲酸和氨基乙酸形成的酰胺），而给予偶数碳的脂肪酸就排泄出苯乙酰尿酸（苯乙酸和氨基乙酸形成的酰胺）。由此他推论出在脂肪酸的分解中，从羧基开始的β位（第二）的碳被氧化。即脂肪酸的分解按下面的路径进行。

$$CH_3(CH_2)_nCH_2CH_2COOH \longrightarrow CH_3(CH_2)_nCOCH_2COOH \longrightarrow CH_3(CH_2)_{n-2}COOH$$

碳原子数目每次减少2个的话，对奇数碳的苯取代脂肪酸而言，最后就会被氧化到苯甲酸。对克诺普的假说赞成和反对的都有，但比这更详细的氧化机理的阐述在20世纪前半叶没有进展。他的假说被证明是正确的，氧化机理的全貌得以明晰是20世纪50年代的事，缘于CoA和与脂肪酸相关的各种酶的发现。在克诺普的实验中应该关注的是在此研究中他最早将标记的方法引入代谢研究。尽管他用苯基标记的方法只有有限的利用价值，但一旦到20世纪30年代同位素可以利用了的时候，用同位素标记的方法在代谢研究中就发挥了巨大的威力。

利用同位素标记的脂肪酸的开创性研究是1935年由鲁道夫•舍恩海默开始的[158]。他用重氢置换的脂肪进行研究。当时认为将脂肪作为能量代谢的储备储存起来，根据需要进行消耗。他合成重氢化的硬脂酸后在一定期间内喂食大鼠，之后杀死大鼠研究该脂肪酸的重氢含量。其研究结果显示脂肪酸总是被储存，然后又被消耗。另外喂食了重氢化的硬脂酸，就会发现重氢化的软脂酸和油酸，喂食重氢化的油酸就会发现重氢化的硬脂酸。这些研究表明硬脂酸、油酸、软脂酸以可以相互转化的动态状况存在。

后来也探明了脂肪酸在体内的合成与氧化相反，通过C_2为单位的缩合进行。1945年里滕贝格（David Rittenberg，1906—1970）和布洛赫（Konrad E. Bloch，1912—2000）用同位素标记证实了缩合单位源于乙酸。

4.10.6 蛋白质和氨基酸代谢

含氮化合物的代谢是19世纪以来备受关注的问题，但到了20世纪也没能在其探究上取得进展。尿素在1773年由罗埃尔（Hilaire-Marin Rouelle，1718—1779）

鲁道夫•舍恩海默（Rudolf Schoenheimer，1898—1941）：出生于柏林，学习医学，在柏林大学获得博士学位。在莱比锡大学学习化学后，在弗莱堡大学投入到了胆固醇和动脉硬化症的研究中，不过在这里向赫维西学到了通过同位素标记研究反应的方法。1933年为躲避纳粹到了美国，在哥伦比亚大学认识了尤里，用重氢标记生物分子，确立了追踪代谢的方法，带来了代谢研究的革命。他的研究证实了构成生物体的分子处于不断更替的动态平衡。然而，1941年他在自己研究的鼎盛时期自杀了。

从尿中分离出来，但其由来一直不明。1904年科塞尔和达金（Henry D. Dakin，1880—1952）在动物的肌肉中发现了精氨酸酶，观察到它具有将精氨酸加水分解成尿素和鸟氨酸的作用。到1930年前后才认识到精氨酸酶与生物体内尿素的合成有关，但单从蛋白质所获得的精氨酸的分解难以解释尿素的生成。

1932年克雷布斯和汉斯莱特（Kurt Henseleit，1908—1973）证实在肝脏中尿素合成的最初反应是1分子氨和1分子碳酸在鸟氨酸的δ-氨基位置的加成，由此脱除1分子水生成瓜氨酸。他们认为接下来瓜氨酸进一步与氨分子反应生成精氨酸，精氨酸加水分解生成尿素和鸟氨酸。克雷布斯通过该反应路径提出了鸟氨酸与氨和碳酸反应合成瓜氨酸的“循环”（鸟氨酸循环）（图4.35）。该循环不仅提出了有关尿素合成的新观点，而且成了像柠檬酸循环那样的通向代谢路径系统化的开创性工作。但是详细解明有关鸟氨酸循环的各个过程是进入20世纪50年代后的事情了。

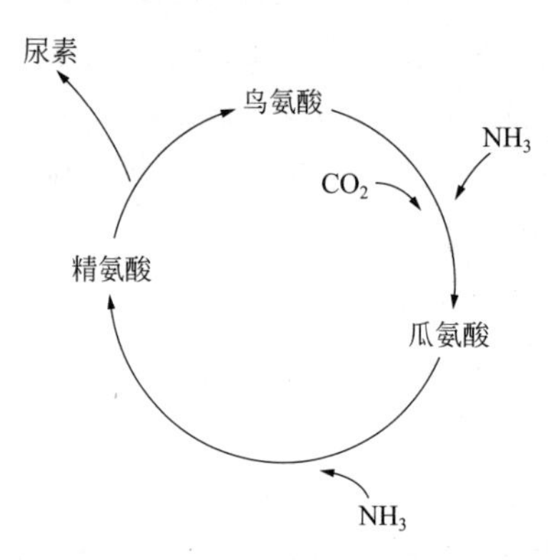

图4.35 鸟氨酸循环

能够理解氨基酸代谢的详细情况也是第二次世界大战之后的事情了，不过氨基酸代谢中重要的氨基酸转移反应至1940年前后已经知悉。1937年布朗斯坦（Alexander E. Braunstein，1902—1986）和克里茨曼（Maria G. Kritzmann，1877—1931）证实磨碎的鸽子和老鼠的肌肉发生将谷氨酸的氨基转移至丙酮酸和草酰乙酸生成丙氨酸和天冬氨酸的反应。这是证明酶催化的氨基转移反应的证据性的工作。

1937年^{15}N已经用于代谢研究了。从1939年到1941年舍恩海默和他的共同研究者利用^{15}N开展了有关蛋白质代谢的先驱性研究[159]。他们将^{15}N标记的氨基酸喂食动物，分析组织中的蛋白质加水分解得到的氨基酸来研究同位素的含量。从这些研究得到的重要结论是：组织中蛋白质的氨基酸经常性地发生化学变化，从食物摄取的氨基酸和组织内其他蛋白质的氨基酸混合在一起处于变化的运动状态。

4.10.7 维生素和激素

直到20世纪初，人们还是认为食物是提供能量和构成身体物质所必需的，因此必须摄取蛋白质、脂肪、碳水化合物。还没有认识到极微量的化学物质是维持生命所必需的。但是，从以前就经验性地知道很多疾病起因于饮食缺陷。1747年英国海军外科医生林德给患坏血病的船员吃橙子和柠檬来治病。日本海军军医高木兼宽在1884年发现如果给士兵以多样性的食品而不是单纯的大米，就不会患脚气。1886年艾克曼（Christiaan Eijkman，1858—1930）在米糠中发现了对脚气有效的成分。

20世纪初剑桥大学的生物化学家哥兰•霍普金斯用各种各样的饲料喂养老鼠研究寿命，得出的结论是自然食品中含有的无数物质对维持健康是必需的。他指出佝偻病和坏血病可以通过适当的饮食防治。1912年冯克（Casimir Funk，1884—1967）从酵母中提取出对脚气有效的水溶性成分，将其命名为维生素。在比冯克的报道更早的1910年铃木梅太郎从米糠中提取出了该成分，命名为硫胺素，但铃木的报道是日语，所以没有马上为全世界所知晓。有关维生素的发现，艾克曼和霍普金斯在1929年获得了诺贝尔生理学•医学奖，但将维生素作为物质最早提取出来的是铃木，他的业绩没有得到评价是很遗憾的事情。霍普金斯作为生物化学家做出了很多贡献，还培养了很多诺贝尔奖学者，是一个伟大的科学家，但他有关维生素的研究后来没有做验证实验，作为维生素的发现者授予他诺贝尔奖遭到质疑。

1913年美国的麦科勒姆（E. V. McCollum，1879—1967）发现黄油和蛋黄的脂肪中有老鼠成长不可缺少的成分，并提取出了该成分。麦科勒姆提取出的成分与冯克提取出的成分性质不同，他称其为“油溶性A”，将冯克提取的成分称作“水溶性B”。1920年德拉蒙德（Jack Cecil Drummond，1891—1952）重新将这两个成分命名为维生素A和维生素B。他进一步从柑橘系的水果中提取出对坏血病有效果的成分，将其命名为维生素C。维生素D可以用于抗佝偻病。于是，维持生命所必需的微量成分逐渐被发现，并按α、β的顺序命名。进一步发现在维生素B中有一组性质类似的成分，作为维生素B组依次按B_1、B_2、B_3、…来命名。

如前节所述，维生素的化学结构的确定从20世纪20年代后期开始至20世纪30年代都是有机化学的重大课题。维生素的结构在很多有机化学家、生物化学家的努力下一经解明，就弄清了很多维生素在生物体内起着辅酶的作用，这是酶发挥其活性所必不可少的。因此维生素类的缺乏会导致将维生素类作为辅酶利用的酶所参与

哥兰•霍普金斯（Gowland Hopkins，1861—1947）：在伦敦皇家矿山学校学习化学之后，当了伦敦医院的助手并学习医学，毕业于伦敦大学。历经剑桥大学讲师，于1914年升任教授。在生物化学领域有很多业绩，不过他最大的功绩是在培养很多年轻的研究者方面起了指导性作用。获1929年诺贝尔生理学•医学奖。

铃木梅太郎（1874—1943）：出生于静冈县榛原郡堀野新田村（现牧原市）的农家，排行老二，1896年毕业于东京大学农科大学，进大学院（研究生院）专攻植物生理学。1900年留校任助理教授，次年留学瑞士、德国，在柏林大学埃米尔•费歇尔手下从事蛋白质研究。1906年回国任盛冈高等农林学校教授，从1907年至1934年担任母校的教授。1910年成功地从米糠中提取出抗脚气的有效成分（维生素B_1），命名为硫胺素。1917年理研（日本理化学研究所）创立时兼任所员。

高峰让吉（1854—1922）：从工部大学应用化学系毕业后留学英国，回国后任专利局副局长，研究过磷酸肥料，开日本化肥工业之先河。1890年赴美，创制高峰淀粉酶，1901年成功提取出肾上腺素。1902年在纽约开设高峰研究所，进行了很多发明与开发研究。1913年临时回国，参与理化学研究所的创建。

爱德华·多伊西（Edward Adelbert Doisy，1893—1986）：美国生物化学家。1923年任圣路易斯大学教授。1929年成功提取出性激素雌酮。1939年分离了两种维生素K（K_1、K_2），确定了其结构，并成功地合成了维生素K_1。1943年获诺贝尔生理学·医学奖。

的代谢系统的功能不全的现象也就可以理解了。

1902年英国人贝利斯（W. M. Bayliss，1860—1924）和斯塔林（E. H. Starling，1866—1927）从十二指肠膜中发现了促进胰液分泌的分泌物，将其命名为荷尔蒙（激素）。激素由处于身体各处的腺体所分泌，通过血液运送至身体各处，促进生理作用。其中最简单的是肾上腺素，高峰让吉和助手上中启三在1901年成功地从动物的副肾中分离出肾上腺素，并得到了它的晶体。

抗糖尿病的激素是从胰脏的胰腺分泌出的胰岛素，1921年由加拿大的班廷（Banting，1891—1941）和贝斯特（Best，1899—1978）分离出来。1927年德国生理学家桑德克（Bernhard Zondek，1891—1966）和阿什海姆（Selmar Aschheim，1878—1965）将从妊娠妇女尿中得到的提取物给雄性小鼠注射，发现小鼠出现性兴奋。两年后布特南特和多伊西成功地分离出该性激素。20世纪30年代中期已经发现各种各样的激素，并开始尝试其结构解析和合成。

4.11 应用化学的发展

以化学为基础的产业从19世纪开始，染料合成和纯碱工业发展起来成了重要的经济活动，不过进入20世纪后发展得越来越快，已变成很大规模，扩展到了广阔的范围。一个典型的例子是在第一次世界大战中哈伯和波希开发出了由空气中的氮气合成氨的方法。进而，在20世纪20年代诞生的高分子化学的应用产生了塑料和尼龙那样的优质人造纤维。在医学领域也是一样，化学疗法获得进步，开启了驱逐传染病之路，随之药品工业得以发展。化学的成果也在肥料、农药等农业领域得到利用，食材生产的增加支撑了不断增加的人口。于是化学的应用开始为使人类生活变得富庶和方便做出巨大贡献。本节将记述20世纪前半叶特别突出的应用化学成果。

4.11.1　空气中固氮与高压化学

19世纪后半叶，在产业革命后的欧洲，伴随着为了养活增加的人口而出现的耕地面积的扩大，肥料的需求急剧增加。当时的氮肥源主要是智利硝石和制造气体时的副产物氨，遗憾的是这无法满足急速增大的需求，寻找新的氮源成了迫在眉睫的课题。担心智利资源枯竭的英国物理学家、化学家克鲁克斯在1898年提示有可能固定占空气80%的氮气。1903年挪威的伯克兰（Birkeland，1867—1917）和艾德（Samuel Eyde，1866—1940）开发了制备硝酸钙的方法，即在电弧的高温下使氮气和氧气反应制得NO，并将其氧化成NO_2，由此制备硝酸，再使其与石灰石反应。不过这个方法效率低、耗电量大，在挪威以外的地方没有商业化成功案例。最早工业化制氨的是弗兰克（Adolf Frank，1834—1916）和卡罗（Nikodem Caro，1871—1935），是将氰氨化钙加热、在水蒸气中加水分解得到。在高温下使氮气与碳化钙反应可以制备氰基氨，它也可直接用作肥料。

在20世纪初，有很多化学家对将氮气和氢气直接反应得到氨的可能性感兴趣。1900年勒夏特列确立了在催化剂存在下氮气和氢气变成氨的温度和压力条件，但因爆炸事故终止了研究。能斯特也对该反应的热力学进行了研究，不过成功地合成氨的是弗里茨•哈伯。哈伯虽然在有机化学方向获得了博士学位，但在卡尔斯鲁厄工业大学谋得职位后对物理化学感兴趣，开展了电化学和气体热力学方面的研究。他对基于物理化学解决应用问题感兴趣，1898年出版了《基于理论的实用化学概论》，1905年出版了《工业气体的热力学基础》。1905年哈伯测定了N_2（气体）+$3H_2$（气体）→ $2NH_3$（气体）反应的平衡常数，不过他的测定结果与基于能斯特热定理的计算结果不一致，因此两人之间发生了激烈争论。从化学平衡的观点来看，增加压力和降低温度有利于NH_3的生成，但在低温下反应速度又变慢。因此要提高反应速度催化剂是至关重要的。1909年哈伯及其助手勒罗西尼约以锇作催化剂，在175atm（1atm=101325Pa）、550℃成功地实现了氨的合成。与合成氨有关的BASF公司和哈伯是合作关系，因受这一结果的鼓舞，将冶金学家卡尔•波斯和催化剂专家米塔施（Alwin Mittasch，1869—1953）派遣到卡尔斯鲁厄，投入到哈伯法的工业化。

在工业化中，可以耐高温、高压的反应装置和廉价高效的催化剂的开发是必不可少的。BASF公司用于反应装置的是含碳量低的特殊钢，开发了高效的铁催化剂，克服了很多技术上的困难，以称作哈伯-波斯法的方法在1913年开始了年产8700t氨的工业生产。合成所需的氢气是从水蒸气与焦炭反应得到的水性气（$CO+H_2$）中，通过金属催化剂将CO氧化成CO_2除去的方法获得的。氮气从液态空气中分离获得。BASF公司在第一次世界大战中扩大生产，1918年德国一年生产了20万吨的合成氨。氨不仅是肥料，也用于硝酸的制造。硝酸是用高温下的铂催化剂将氨氧化制得的。硝酸是炸药制造不可缺少的，因1914年世界大战的爆发，需求激增。在战争中智利硝石的供应不稳定，各国开始了氨的合成。

哈伯法的成功是基础科学为产业做贡献的一个例子，是优秀的科学家与技术人员协力的礼物。哈伯在1912年当上了柏林皇家研究所的所长，直到1933年与其地位相称，他扮演了德国物理化学发展的领导者角色。他因为与氨合成相关的业绩获得了1918年的诺贝尔化学奖。哈伯是罕见的天才科学家，然而尽管他名声远扬，但他的人生充满了不幸和悲剧（专栏15）。他是一个爱国主义者，为德国做出了很大贡献，但因为他是犹太人，所以逃离了纳粹政权下的德国，1934年客死瑞士。

在哈伯-波斯法中开发的高压化学技术也被应用于其他领域。1921年法国人帕达（Georges Patard）开发了在催化剂存在下对一氧化碳施加高压、添加氢气来合成甲醇的方法。1911年俄罗斯的伊帕切夫（V. N. Ipatieff，1867—1952）开始了在高压下在油脂中添加氢气的开创性研究。在缺乏石油资源的德国，对在高温高压下将可以获得的丰富的煤炭与氢气反应制造合成气非常关心。1913年德国化学家弗里德里希•贝吉乌斯获得了将粉末化的煤炭在高压下加氢得到汽油的专利，两年后制造了日产30t汽油的实验装置。1932年前后由波斯率领的法尔本（I. G. Farben）公司采用贝吉乌斯法已经可以每年制造30万吨的合成汽油了。

弗里茨•哈伯（Fritz Haber，1868—1934）：出生于德国西里西的亚布雷斯劳（现为波兰的弗罗茨瓦夫）一个富裕的商人之家。高中毕业后一度打理家业，后来到柏林大学、海德堡大学学习有机化学。服两年兵役后，1891年在柏林工业大学获得有机化学博士学位。1894年到卡尔斯鲁厄工业大学当助手，开始了物理化学的研究。写了有关电化学和气体反应的教科书并获得好评，因而得到升迁，1901年基于平衡理论着手从氮分子合成氨的方法开发。1906年升任教授，1912年就任新设的皇家物理化学•电化学研究所所长。1918年获诺贝尔化学奖。（专栏15）

卡尔•波斯（Carl Bosch，1874—1940）：在莱比锡大学学习有机化学，1898年取得博士学位后，学习工业技术，进入巴斯夫（BASF）公司，1919年担任社长。1913年成功地将合成氨的哈伯法工业化，进而开发了由水溶性气体生成氢的波斯法。1931年获诺贝尔化学奖。

弗里德里希•贝吉乌斯（Friedrich Karl Rudolf Bergius，1884—1949）：曾在布雷斯劳、莱比锡、柏林各大学学习，1909年到汉诺威大学当讲师。1914年在埃森的戈尔德施米特公司，成功地通过在高压下加氢使煤炭液化，进而证实了从木材获得糖的可能性。1931年获诺贝尔化学奖。

德国的弗朗茨•费歇尔（Franz Fischer，1877—1947）和特罗普施（Hans Tropsch，1889—1935）在1923年发现将水性气体在中压、200℃条件下通过氧化铁催化剂就能得到可以用作发动机燃料的脂肪烃。1935年以后在德国用这个方法就已经可以在商业规模制造烃类了。

波斯和贝吉乌斯在1931年因“化学中的高压技术的发明与开发”获得诺贝尔化学奖。这是因工业领域的业绩被授予诺贝尔化学奖的最早案例。

专栏15

哈伯的荣耀与悲剧[20,21]

完成了由空气中的氮气合成氨的伟业的弗里茨•哈伯是一个罕见的具有天才能力的伟大化学家，但是他的人生与荣耀相伴地充满了很多悲剧。还有，他的一生也揭示了关于科学家为国奉献与伦理的问题。

设立当时的哈伯的物理化学•电化学研究所

1912年为了维持德国在科学和技术上的优势，设立了由几个研究所组成的威廉皇家协会。有人提议作为其中的一个研究所，在柏林大学设置以哈伯为所长的物理化学及电化学研究所。研究所于1912年开设，哈伯离开卡尔斯鲁厄去当了所长。但是转眼第一次世界大战爆发，德法之间的战争成了对峙不决的持久战。德国被敌国包围，不能从外面获得进行战争所必需的资源了。在此国难当头之时，可以称得上盲目爱国的哈伯举全力协助国家，想要为德国的胜利做贡献。

当时最大的问题之一是炸药生产必需的硝酸的制造。他努力增产通过合成得到的氨，成功地实现了通过氨的催化氧化增产硝酸，使战争继续成为可能。哈伯参与的另一个战时研究是开发毒气。为了打破战壕战所形成的战线胶着状态，考虑向前线散布毒气。哈伯提出使用氯气，它在1915年4月22日被用于伊普尔前线。他的研究所全面协助了新毒气的开发。

因为战败和根据凡尔赛条约支付的残酷的赔偿金，德国经济崩溃了。为拯救这一危机，哈伯投入从海水中提取金的研究，努力达8年之久。但是，他委托做的分析结果有误，从海水中只能获得比预想少得多的金，这个计划完全以失败告终。

爱国者哈伯推进和协助了战争，战后又尽力拯救国家的经济危机。但是结果使哈伯的名声受到了伤害。战后他被联合国认定为战犯之一。1920年获颁因氨的合成获得的1918年度诺贝尔化学奖，但对此产生了很多反对与抗议。他不仅参与毒气开发，也有理由称氨的合成使战争得以继续。包括卢瑟福在内的很多联合国科学家也绝没有想饶恕他。

哈伯专心工作不曾顾及家庭。他最早的妻子克拉拉•伊梅瓦尔专攻化学，是布雷斯劳大学获得博士学位的最早的女性，是一个聪明而具有细致性格的人。她抱着继续研究的希望和哈伯结了婚，但这一希望马上就被打碎。她被埋头研究、在家里极度敏感、绝对自我中心的哈伯所压制，逐渐陷入绝望。反对研究毒气的她在伊普尔使用毒气事件发生没过几天的5月1日，用哈伯的手枪自杀了。也有看法认为是抗议哈伯的毒气研究而自杀，不过真相难定。

在第一次世界大战刚结束时的困难时代就马上投入研究所重建的哈伯想努力建设一个涵盖物理、化学、生理学等广泛领域的跨学科研究所。在20世纪20年代后期研究所迎来了全盛时期，以波兰尼（化学反应论）、弗伦德利希（Herbert Freundlich，1880—1941）（胶体化学）、拉登伯格（原子物理）等为团队领导，拥有很多优秀的研究人员。在哈伯的研究所隔周进行的学术研讨会（哈伯研讨会）上，通过被说成是“从氦原子到跳蚤”的广泛领域的话题来介绍尖端研究成果，当时的化学、物理、生理学的一流学者参加，在自由与学科交融的氛围中开展活泼的讨论，在全世界也是有名的。哈伯作为所长发挥了卓越的领导才能。但是这一荣耀的时代也没持续多久。1933年纳粹一夺取政权就制定了将犹太人从公务员系统排除在外的法律，他研究所的很多学者被解雇。哈伯本人因在第一次世界大战中的功绩而被当作例外，但因为对此有抗议，他也辞职了。这年夏天正在亡命途中的他临时滞留剑桥大学，1934年在去巴勒斯坦的途中客死瑞士。这就是为了德国而尽忠献身的哈伯，结果却成了纳粹的牺牲品。

4.11.2 新金属与合金

20世纪初最重要的金属是碳钢，不过其他金属的需求也在增加。随着电子产业的发展，精铜的需求显著增加，罐装食品产业的兴起需要对罐镀锡，所以锡大量使用起来。因为钢板的镀锌，锌的需求也增加。

铁的生产方法和产品也开始发生变化。炼铁大部分被软钢取代，平炉开始较多地用于钢铁生产。随着对钢铁制造工程的理解，品质也有提高。因为钢铁几乎都是合金，所以通过对合金成分的控制、适当的热处理及机械处理就可以生产适合特殊用途的钢铁了。

在19世纪后半叶金属学进步了，对合金也产生了兴趣。金属、合金的研究由于金属显微镜的出现和吉布斯相律（参见第2章）的应用成了有科学基础支撑的学问。1863年英国的H. C. 索比开发了打磨金属表面进行蚀刻的技术，用金属显微镜观察了金属表面。结果，金属的延展性等诸多性质和晶体构造就可以关联起来了。1887年荷兰的罗泽博姆（H. W. B. Roozeboom，1854—1907）开始将相律用于合金的研究，到了20世纪相图（在给定的组成体系内，以温度、压力、组成等为坐标表示与其周围平衡存在的相的数目及其组成，以及各组成的相对量的图）被广泛用于合金的研究。进而，X射线结构解析也被引入合金研究。通过采用这些科学的方法所进行的研究，显著地增加了有关合金的知识，对开发有用的合金起到了帮助。

钢铁的改良最先由哈德菲尔德（Robert Abbott Hadfield，1858—1940）在1882年引入锰开始。他发现锰提高了铁耐受冲击和磨损的性能。也知道了少量的锰作为抗氧化剂也有作用。铁中含20%锰和5%碳的铣铁广泛用作炼制所希望的含锰量钢铁的添加物，锰含量高的钢铁逐渐开始得到使用。锰钢铁硬度高，所以被用于造船。含约40%镍的钢热膨胀系数小，所以在测量用的卷尺、钟摆等方面有各种各样的用途。

含镍和铬的不锈钢在1912年由布雷尔利（Harry Brearly，1871—1948）引入，在食品、药品、化工领域很重要。铬钢硬度和强度都高，所以用于战车和军舰等的装甲。铁合金的研究兴盛起来，用于特殊用途的合金陆续炼制出来。

铝从19世纪末开始就已经能生产了，不过最初并没有太大用途，只不过是用于厨房器具而已。但是第一次世界大战后，炼制出了与铜、锰、镁等的合金，用途增加。铝合金质轻、强度高，所以成了铁路车辆、航空器、汽车引擎的零部件等不可缺少的材料。

4.11.3 塑料

动物的角自古就用来制作梳子和装饰物。还有，马来半岛产的橡胶一样的树脂马来乳胶被用作电气绝缘体。通过努力用合成物制造这样的物质就诞生了塑料。最初半合成的塑料用硝酸纤维素制造。1862年英国人帕克斯（Alexander Parkes，1813—1890）将硝酸纤维素、醇、樟脑、植物油混合制造的各种物品，以商品名纤维素销售。在美国探索可以代替象牙用作弹子球材料的海厄特（John Wesley Hyatt，1837—1920）开发了只含硝酸纤维素和樟脑的材料，1872年以赛璐珞（假象牙）商品化了。赛璐珞可以用于西服领圈、刀柄、照相胶卷、弹子球。

比利时人贝克莱特（Leo H. A. Baekeland，1863—1944）在根特大学取得化学学位后移居美国，在纽约州杨克斯自己的研究所里反复研究将酚缩聚成酚醛树脂所得到的合成树脂，弄清了液态树脂在怎样的条件下成为热硬化性的成型用粉末，开发出了贝克莱特酚醛树脂。1909年在美国市场出现的贝克莱特酚醛树脂是发黑的塑料，不过因为容易成形、绝缘性好，马上在电话、汽车、无线电产业等领域找到了市场。受这一趋势的影响，20世纪前半叶塑料产业进一步加速成长起来。

1918年捷克斯洛伐克化学家约翰（Hans John）用尿素替换酚与甲醛缩聚，成功地得到了氨基树脂。澳大利亚的波拉克（Fritz Pollack）使其得到了进一步的发展，氨基树脂从瓶子到装饰品获得了广泛的应用。

1901年奥托•罗姆（Otto K. J. Rohm，1876—1939）写了有关丙烯酸聚合的博士论文，一进入20世纪30年代通过丙烯酸及其相关化合物的聚合得到的树脂就被开发出来。特别是在1931年通过甲基丙烯酸甲酯的聚合，开发出了在110℃熔融成型容易，也可成片状的透明热可塑性塑料。该有机玻璃比玻璃更轻，在德国、英国、美国生产出来，成了一大工业产品。通过苯乙烯、氯乙烯、乙烯等的聚合合成的塑料也在20世纪30年代陆续登场。

4.11.4 人造纤维与尼龙

最初的人造纤维是由硝酸纤维素制造的人造绢丝。1883年英国发明家斯旺（Joseph W. Swan，1828—1914）开发了制作硝酸纤维素丝的方法。将其碳化用作灯泡的绝缘体。法国人夏尔多内（Hilaire B. Chardonnet，1839—1924）伯爵开发了将硝酸盐部分地加水分解来降低可燃性的方法，1891年开始了人造绢丝的生产。1897年德国人保利（H. Pauly，1870—1950）开发了将纤维素溶解在氢氧化铜的氨溶液中，用硫酸使之沉淀制丝的方法，并将这一技术用于纺织领域。1892年英国人克罗斯（C. F. Cross，1855—1935）和比万（E. J. Bevan，1856—1921）将纤维素溶于二硫化碳和苛性苏打得到糖浆状物（黏胶纤维），由它制得了纤维素的纤维。用这些方法制造的纤维素纤维最早作为“人造绢丝”在市场上推出，不过“人造丝”这一词语逐渐用于从化学处理所得纤维素制得的纤维。因为黏胶纤维廉价易得，所以在20世纪20年代它成了人造纤维制造的主流。人造丝的品质得以提升，已经变得广受消费者欢迎。

1927年美国杜邦公司决定设立从事基础研究的研究所，化学部门的主任斯坦因（Charles M. A. Stine，1882—1954）将华莱士•卡罗瑟斯作为高分子研究的领头人从哈佛大学吸引过来。当时杜邦公司考虑公司的研究所也开展与直接利益没有关系的研究。

1928年卡罗瑟斯在杜邦公司开始了研究。最初着眼于乙炔聚合物的研究。在这个研究中一个助手柯林斯（A. M. Collins）分离出了氯丁二烯，发现使之聚合生成了类似橡胶性质的固体。这就成了最早的合成橡胶“氯丁橡胶”。卡罗瑟斯想做出分子量在4000以上的高分子。他的助手希尔（Julian Hill，1904—1996）在1930年合成了分子量12000的聚酯，它显示了出色的强度和弹性。但是脂肪族聚酯熔点过低、易溶于水，做纤维不合适，所以他转而研究聚酰胺以替代聚酯。他在一系列的试验的最后选择己二酸和己二胺尝试了缩聚。就这样，得到的聚酰胺66是具有

华莱士·卡罗瑟斯（Wallace H. Carothers，1896—1937）：出生于美国爱荷华，曾在密执里州一个很小的大学接受教育，1921年在伊利诺伊大学获得硕士学位。在南达科他大学当过化学讲师，之后回到伊利诺伊大学在亚当斯手下做研究，1924年取得博士学位。在伊利诺伊大学当了两年有机化学讲师后，被评价具有独创性而任哈佛大学讲师。1928年就任杜邦公司有机化学研究所所长，研究高分子聚合物，发明了合成橡胶、尼龙等，但因抑郁症在1937年自杀。

弹性、难溶于水、熔点高的纤维。于是尼龙在1935年2月诞生了。做出尝试用于制作长袜的丝是在1936年，规模化生产的开工是1939年。尼龙作为由煤、空气和水制成的纤维在大力宣传的同时被引入市场。法尔本（I. G. Farben）公司也开发了称作贝纶的、由己内酰胺制得的酰胺纤维。

卡罗瑟斯在杜邦的研究取得了辉煌的成功，但他自己长期受抑郁症困扰。在尼龙制出来的时候病情已经非常恶化。1937年4月29日，他没有看到自己研究开花就因抑郁症自杀。

4.11.5 合成橡胶

橡胶直至20世纪都没怎么引起化学家的关注。而且橡胶产业也和化学没有什么关系。在19世纪末自行车普及，空气轮胎得到了应用，橡胶的需求增加。一进入20世纪就因汽车轮胎的扩张，在美国需求激增，橡胶产业成了大产业之一。橡胶产业的问题之一是原料供应的不稳定性，于是开始了开发合成橡胶的努力。

橡胶和化学之间开始产生关系是1906年美国人奥恩斯拉格（George Oenslager，1873—1956）发现苯胺促进橡胶的加硫（在生橡胶中加硫黄等加热，使橡胶分子牢固结合，改善橡胶的弹性、强度等性状的操作）。此后处理更容易的均二苯硫脲作为加硫促进剂得到使用。进而为了防止因氧化造成的橡胶劣化，发现了芳香胺和苯酚、苯醌类作为抗氧化剂是有效的。

有关橡胶组成的研究始于1860年C.G.威廉斯（Charles Greville Williams，1829—1910）确定了橡胶分解的主成分异戊二烯。1879年法国化学家布恰特（G. Bouchardat）认为形成异戊二烯的分子通过乙烯双键结合，形成链状分子。但是，高分子的化学直到20世纪20年代施陶丁格确立高分子的概念之前几乎没有取得进步。

第一次世界大战中德国受困于天然橡胶不足，投入了合成橡胶的开发。拜耳公司的化学家尝试了通过由丙酮就很容易制得的甲基异戊二烯或二甲基丁二烯的聚合来合成橡胶，生产了“甲基橡胶”。这个橡胶在第一次世界大战后相对于天然橡胶失去了竞争力，但合成橡胶的开发研究得以继续。20世纪30年代I.G.法尔本公司开发了耐磨损性能优异的丁二烯与苯乙烯的共聚物（Buna S）或耐油和溶剂腐蚀性能优异的丁二烯与丙烯腈的共聚物（Buna N）。

1933年美国杜邦公司以氯丁橡胶的名字将聚氯丁烯推向了市场。氯丁橡胶是卡罗瑟斯团队发展了20世纪20年代圣母大学的J. A. 纽兰德（Julius A. Nieuwland，1878—1936）的研究所得到的。他们将盐酸添加到单乙烯乙炔中合成2-氯丁二烯，成功地将它缩合成了聚氯丁烯。氯丁橡胶与天然橡胶相比耐氧化性和耐腐蚀性更优。

4.11.6 化学疗法与药品

对化学疗法贡献最大的是保罗•埃尔利希。曾在布雷斯劳大学、斯特拉斯堡大学、弗莱堡大学、莱比锡大学学习医学的埃尔利希对染料对生物体组织的影响抱有强烈兴趣。19世纪后半叶德国的染料工业成长起来，市场上出现了很多苯胺染料。用该染料对组织染色以便在显微镜下进行观测的工作开始了。埃尔利希从身为组织学家的外甥魏格特（Carl Weigert，1845—1904）那里学习将细菌染色的技术。他关注到特定的染料选择性地染色特定细菌和组织的现象，想到如果使用适当的染料不就可以杀死细菌吗？1891年他发现亚甲基蓝对疟原虫产生作用。于是诞生了化学疗法，开发对身体没有不良反应、选择性地对病原体起作用的药品变得非常重要。埃尔利希提出了分子的侧链附着于病原体抑制其活动的“侧链学说”。

20世纪初期埃尔利希和志贺洁发现偶氮染料台盼红对像嗜睡病那样的锥虫病有效。他确认了1863年贝尚（Antoine Becamp，1816—1908）合成的砷有机衍生物阿托益（氨基苯砷酸钠）对锥虫病有效。那时，也已发现梅毒的病原体螺旋体，被认为它比细菌更接近于锥虫。埃尔利希进行了有机砷化合物的系统性试验，在助手秦佐八郎的协助下发现了606号化合物砷凡纳明（后来以洒尔佛散的名字由赫斯特公司出售）对梅毒的治疗有效。洒尔佛散的成功对化学产业是一个很大的刺激，促进了新分子的合成。不过发现没有副作用的特效药处方是没有的，从1910年至1930年间化学疗法没有取得太大进步。埃尔利希获得了1908年的诺贝尔生理学•医学奖。

保罗•埃尔利希（Paul Ehrlich，1854—1915）：出生于西里西亚，在莱比锡大学学习医学之后，到柏林大学当助手，此后进入科赫领导的传染病研究所。在这里开发了白喉血清的抗体价的测定方法等。1896年担任免疫研究所所长，为了解释免疫的机制提出了侧链学说。1899年设立实验治疗研究所，介入从对色素组织的亲和性和侧链学说推导出的化学疗法的研究。1908年获诺贝尔生理学•医学奖。

格哈德·多马克（Gerhard Johannes Paul Domagk，1895—1964）：在格赖夫斯瓦尔德大学、明斯特大学任教之后，受聘拜耳公司病理学、细菌学研究室室长。1932年成功开发出硫化剂偶氮磺胺。并因此获得了1939年的诺贝尔生理学·医学奖，但奉纳粹的旨意拒绝了获奖。

1932年拜耳公司获得了磺胺类药物Prontosil（偶氮磺胺）的专利。这个药剂由格哈德·多马克通过大鼠实验证实对链球菌感染的防护是有效的。进而其有效性在此后的临床实验也得到确认，因而开始作为医药使用。巴斯德研究所的特雷富埃尔（Jacques Trefouel，1897—1977）研究小组弄清了偶氮磺胺的药效不是因为具有偶氮基的染料，而是因为该染料在体内分解产生的磺胺。磺胺具有和Prontosil相似的药效，这在1908年就已经发现，专利不成立，所以迅速普及。多马克于1939年获得了诺贝尔生理学·医学奖。受磺胺成功的刺激，制药公司对很多其他具有磺胺基团的化合物进行了筛查。英国的May&Baker公司制造了对肺炎有效果的磺胺吡啶和磺胺噻唑。磺胺药剂对很多病原菌有效果，但对结核和汉森氏病（麻风病）等没有效果。

化学疗法中真正的革命由抗生物质的发现所引起，不过这一发现被认为是偶然所致的大发现的经典案例。1928年在伦敦圣玛丽医院工作的苏格兰人细菌学家亚历山大·弗莱明完全偶然地发现了抗生物质。当时他正在进行流感病毒的研究，但很多培养皿就那么放置着外出休假了。休假归来的他注意到葡萄球菌的培养皿被霉污染了。接着发现培养基里种的菌的生长受到霉的阻止，认为霉生出了有抗菌作用的成分（图4.36）。弗莱明查清了这个霉是青霉菌属的一种特异青霉素（Penicillium notatum），从霉中提取出的有效果的成分被命名为青霉素。他注意到这个成分对动物和白细胞是无害的，调查了青霉素所杀死的病菌，发现对很多病菌有效果。但是，并非化学家的他既没能对成分进行稳定化研究，也没有进行结构测定。弗雷明在1929年发表这一发现，但几乎没有引起关注，他本身的研究也有种种困难，因此工作没有进展。青霉素的研究向前推进是10年后牛津大学的沃尔特·弗洛里和厄恩斯特·钱恩重新开启研究之后。他们确认了弗莱明的结果，以不纯的状态提取出了某种对细菌有强力杀菌作用的成分。1942年钱恩制备出黄色粉末的青霉素，通过临床实验确认了它的效果。在牛津大学组织起了青霉素研究团队，因此研究取得了急速推进。这时在美国联邦政府的强力支持下

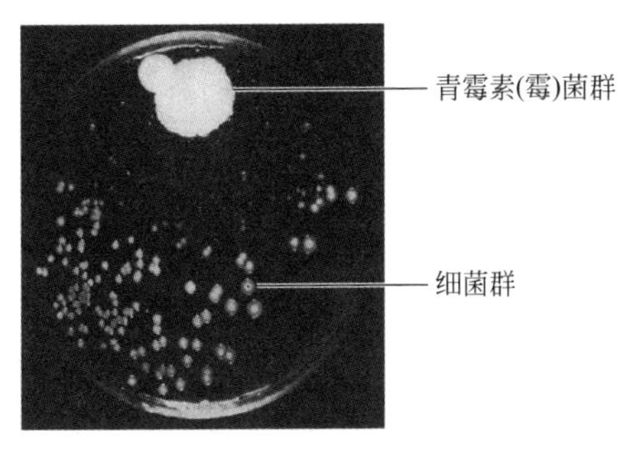

图4.36 弗莱明的照片显示霉周边没有生长细菌

亚历山大·弗莱明（Alexander Fleming，1881—1955）：英国细菌学家。伦敦大学毕业，在圣玛丽医院的医学部细菌学部门上班，发现了溶菌酶。1928年在葡萄球菌的研究中偶然注意到青霉菌有阻碍菌的发育的作用，提取出它的有效成分，将其命名为青霉素，于1929年发表。1928—1948年任伦敦大学细菌学教授。1945年获诺贝尔生理学·医学奖。

沃尔特·弗洛里（Howard Walter Florey，1898—1968）：出生于澳大利亚的英国病理学家。1935—1962年任牛津大学病理学教授。成功分离溶菌酶之后，1939年与钱恩一起成功地分离和纯化了青霉素。1945年获诺贝尔生理学·医学奖。

厄恩斯特·钱恩（Ernst Boris Chain，1906—1979）：出生于德国的英国生物化学家。大学毕业后加入柏林慈善医院，1933年流亡英国，在剑桥大学霍普金斯手下进修生物化学，1935任牛津大学病理学讲师，与弗洛里一起成功分离、纯化了青霉素。1945年获诺贝尔生理学·医学奖。

完善了青霉素的量产体制，因为也有战时的需要，所以青霉素成了确定的传染病治疗药。此后很多研究者竞相参与抗生物质的研究，不断发现新的抗生物质。1945年多萝西·霍奇金采用X射线结构解析技术确定了青霉素的结构（参见第5章）。弗莱明、弗洛里和钱恩3人因各自对青霉素研究的贡献获得了1945年诺贝尔生理学·医学奖。

4.11.7 农药的问世

到了20世纪各发达国家的农业生产飞跃性增加。其中肥料、杀虫剂、除草剂等领域的化学成果的应用起了很大的帮助作用。肥料因为空气中氮气的固定方法的开发和磷酸、钾盐的新的生产源的发现与开发而被带动起来。人们也已认识到，对于植物的生长，硼、钴、锰、铜、钼等微量元素的存在是必需的。

从1870年前后开始，无机物作为杀虫剂使用起来了。已经知道了硫黄对防止霉有效果，硫黄和硫酸铜得到了广泛使用。第二次世界大战前作为杀虫剂无机物是主流。就有机物来说，烟草中提取的尼古丁、从菊科植物中用溶剂提取的除虫菊酯等天然物质获得使用，不过与无机物相比价格昂贵。合成有机杀虫剂的开发带来了农药的划时代进步，其先驱是双对氯苯基三氯乙烷（DDT）。

DDT在1874年已经由蔡德勒（Othmar Zeidler，1859—1911）发现。1938年在瑞士的J. R. 盖基公司，保罗·穆勒发现了它的强力持久性的杀虫效果，盖基公司将它推向了市场。1943年美军将该杀虫剂用于驱赶在卡萨布兰卡蔓延的疟疾和在那不勒斯蔓延的伤寒，获得了成功，为全世界所知晓。DDT对所有种类的昆虫都

保罗·穆勒（Paul Herman Müller，1899—1965）：瑞士化学家。曾在巴塞尔大学学习，在盖基研究所进行染料和皮革鞣剂的研究。1939年成功开发了对苍蝇、蚊子、虱子等有强力杀虫效果的DDT。因此业绩获1948年诺贝尔生理学·医学奖。

有驱除效果，而且被认为对高等动物是无害的。因为制造容易、价格便宜，所以DDT成了大受欢迎的杀虫剂而广泛使用。DDT的大量使用带来的问题变得明朗起来是第二次世界大战后的事了（参见5.7.1节）。

受DDT成功的刺激，有机氯化合物系列的杀虫剂的探索得以推进。英国的ICI公司将六氯环己烷（BHC）推向了市场。该化合物是1825年由法拉第合成的，而9个异构体中有一个无臭、具有杀虫效果。有机磷化合物也有研究，不过对硫磷和马拉硫磷等杀虫剂开发出来是第二次世界大战后的事了。

穆勒因为有机氯系列杀虫剂的发现获得了诺贝尔生理学·医学奖。

4.12 日本的化学

4.12.1 教育·研究环境的整顿

进入20世纪，那时的日本总算在两所大学开始了近代化学的教育，研究环境非常严酷。但在外国一流的研究室学习的日本研究者中也开始出现从事走在世界尖端的研究者。在工部大学校跟随戴维斯学习过的高峰让吉，到格拉斯哥大学留学后，进入了农业商务部。但他在1890年移居了美国，1901年在新泽西州的研究所里成功地实现了肾上腺素的结晶化。长冈半太郎从东京帝国大学毕业后留学欧洲，跟随玻尔兹曼学习，回国后于1903年提出了原子的土星模型。1896年从农科大学毕业的铃木梅太郎在柏林大学埃米尔·费歇尔手下做研究，回国后于1910年最早发现维生素。

日俄战争后，日本开始推进现代化，也在推动设立新的大学以及像高等工业学校那样的高等专科学校，化学家和化学技术人员的培养获得进展。在1907年决定在仙台和福冈分别设置东北帝国大学和九州帝国大学。在东北帝国大学成立理学院，设置了基础化学系。在九州帝国大学的工学院中设立了应用化学系。新设立的大学和高专诞生了新的研究和教育场所，研究的发展和化学家、技术人员的培养得以推进。国立的大学此后增加了北海道大学（1918）、台北大学（1928）、东京工业大学（1929）、东京文理大学（1929）、广岛文理大学（1929）、大阪大学（1931）、名古屋大学（1939），为新培养的化学家提供了研究与教育的场所。另外，1917年因为高峰让吉振兴基础化学的主张设立了理化学研究所（RIKEN），对第二次世界大战前日本的物理与化学基础研究的发展起到了很大作用。

4.12.2 20世纪初的领导型化学家

在20世纪初期，出现了为日本化学跃居世界前列构筑基础的领导型化学家，他们留学欧美，学习了最新的化学，回国后成立新的研究室开展卓越的研究，同时培养了很多研究者。正是因为有了这批人，才使得日本的化学有可能达到国际水平。在此列举其中代表性的化学家。

在物理化学领域有在东京帝国大学帮助了樱井锭二的池田菊苗。他到奥斯特瓦尔德的研究室留过学，回国后于1901年成为教授，1907年发现了海带的甜味成分是谷氨酸钠。不过可以说真正将物理化学引入日本的是樱井门下的大幸勇吉（1867—1950）和片山正夫（1877—1950）。大幸留学德国，跟随奥斯特瓦尔德和能斯特学习后，1903年就任京都帝国大学的教授，开展溶液中的化学平衡和反应速度的研究，出版了日本最早的物理化学教科书《物理化学》。片山从1905年到1909年留学欧洲，在苏黎世大学进行电池电动势的研究，在能斯特手下进行解离平衡的研究，之后于1911年任东北帝国大学教授。1915年出版了《化学本论》，这成了日本最早的基于分子理论的物理化学教科书。1919年作为樱井的继任者担任东京帝国大学教授，进行表面张力等方面的研究，同时培养了很多优秀的物理化学家，奠定了日本结构化学的传统。因为这个传统，在红外•拉曼分光学领域，由水岛三一郎、森野米三等完成了通往世界尖端的研究。

在有机化学中，真岛利行的贡献很大[160]。真岛1899年从东京帝国大学毕业后，从1903年前后开始漆的成分研究，从1907年起留学德国、瑞士、英国。回国后于1911年在新设置的东北帝国大学任教授，1917年成功地完成了漆的主成分漆酚的结构确定和合成。在这里还进行了吲哚类、乌头属生物碱等的研究，同时培养了很多俊秀。从1932年起参与大阪帝国大学的创立，次年起就任大阪帝国大学的专任教授。在下一代的日本有机化学研究的领导者中，以野副铁男、赤堀四郎为首，真岛的门生居多，真岛为日本有机化学达到世界水平奠定了基础，做出了很大贡献。在20世纪后半叶日本的有机化学在世界上甚至达到了竞争尖端的程度，可以说其中真岛所构建的传统做出了很大贡献。作为药学中有机化学研究的先驱者有朝比奈泰彦。他1905年从东京帝国大学毕业后，留学瑞士、德国，师从威尔斯泰特和费歇尔，回国后历任东京帝国大学教授、资源科学研究所所长。他在植物成分分离、结构测定方面取得了成果，特别是以地衣类成分的化学研究而知名，构建了药学中天然产物有机化学研究的基础。

在无机化学领域有将配位化学引入日本的有功之臣柴田雄次。1907年从东京帝国大学毕业的柴田到欧洲留学，在苏黎世大学跟随维尔纳学习，在巴黎大学跟随于尔班（Georges Urbain，1872—1938）学习，之后回国，于1919年任东京帝国大学教授，开展配合物显色研究，被认为是日本配位化学的开拓者。其门生槌田龙太

池田菊苗（1864—1936）：1889年毕业于东京帝国大学理学部化学系，1896年任助理教授，1899—1901年留学德国，在奥斯特瓦尔德手下研究催化反应，回国后任母校物理化学讲座的教授。1908年发明了以谷氨酸钠为主成分的“味精”。1917年参加创建理化学研究所，在那里继续研究工作。

真岛利行（1874—1962）：1899年毕业于东京帝国大学理学部化学系，到瑞士的苏黎世联邦理工学院、伦敦的戴维•法拉第研究所留学。1911年任东北大学教授，推进了漆的主要成分、生物碱、吲哚衍生物、紫草根的主成分等天然有机化合物的结构研究与合成研究。兼任理化研究所主任研究员，对北海道大学、大阪大学、东京工业大学的创建与运营做出了贡献，曾任大阪大学校长。

野副铁男（1902—1996）：出生于仙台，1926年毕业于东北帝国大学，到新创立的台北帝国大学工作，1937年晋升为该大学教授，1948年任东北大学教授。在中国台北期间，发现了来自台湾柏树的碳七元环化合物柏醇，开启了非苯系芳香化合物的先驱性研究。1958年获日本文化勋章。

赤堀四郎（1900—1992）：出生于静冈，1925年毕业于东北帝国大学，留学过德国和美国，1939年任大阪大学教授，后来任该大学校长。广泛开展了氨基酸、蛋白质、酶等方面的研究，同时在大阪大学设立了蛋白质研究所，开创了日本蛋白质研究的先河。1965年获日本文化勋章。

朝比奈泰彦（1881—1975）：1905年毕业于东京帝国大学医科大学药学系，留学过瑞士、德国，跟随威尔斯泰特和埃米尔•费歇尔学习，回国后于1918年任东京大学教授。以和（日本）汉药成分研究、地衣类成分研究闻名。是日本天然有机化学的先驱者。1943年获日本文化勋章。

郎在大阪帝国大学提出了金属配合物的分光化学序。

京都帝国大学的化学家喜多源逸无论是在工业化学方面，还是基础化学方面都对日本化学的发展做出了很大贡献[161]。1906年毕业于东京帝国大学的喜多于1916年转到京都帝国大学，到美国、法国留学后于1921年升任教授。在京都帝国大学他在油脂、人造丝、合成橡胶、合成纤维、合成石油等广泛的领域开展研究，培养了很多人才。特别是樱田一郎对日本高分子科学的发展做出了很大贡献。另外从重视基础化学的喜多源逸的门下出了很多在基础化学领域的领导型化学家，源于这些

喜多源逸（1883—1952）：出生于奈良县，毕业于第三高中，1906年从东京帝国大学应用化学系毕业，担任过该大学助理教授，1916年任京都帝国大学工学部助理教授，1923—1943年任该大学教授。在发酵、油脂、纤维、燃料、橡胶等广阔的领域开展重视基础的应用研究，培养了很多人才。第二次世界大战后任大阪府立大学首任校长。

樱田一郎（1904—1986）：出生于京都，1926年从京都帝国大学毕业，马上就进理化学研究所从事纤维素研究。1928—1931年留学德国，1936年起任京都大学教授。1939年发明了聚乙烯醇纤维"合成1号"，第二次世界大战后以"维尼纶"的名称进入市场。在高分子的结构和物性等基础研究方面也做出了很多贡献。1977年获日本文化勋章。

传统，后来诞生了诺贝尔奖学者福井谦一和野依良治。

专栏16

喜多源逸与京都学派的形成

日本的化学研究水平第二次世界大战后接近世界水平，至2012年诺贝尔奖获得者已经达到7人。这其中在第二次世界大战前打下基础的先驱者的贡献很大。其中一人就是京都大学工学部的喜多源逸，他对以纯粹化学为基础的应用发展做出了很大贡献。在这段短文中以2010年发表于《化学史研究》上的古川安的论文"喜多源逸和京都学派的形成"为参考，就喜多及其影响做一介绍。

喜多源逸1883年出生于奈良县生驹郡平端村（现大和郡山市），曾就读于第三高中，1906年毕业于东京帝国大学工科大学应用化学系，作为大学院生（研究生）留在了河喜多能达的研究室，次年任讲师，1908年任副教授。但是对研究、教育的考虑方法以及性格方面与河喜多不合的喜多源逸在东京帝国大学一直郁郁寡欢地度日。喜多源逸认为即使搞应用化学基础也是必需的，作为基础化学家应该具备很高的研究能力，不过在当时以工学教育为中心的东京帝国大学将重心放在尽快引进欧美的先进技术，以实用的

1937年喜多团队的教官
（右起为小田、喜多、樱田）

工业教育为重点。另一方面，在京都帝国大学，1914年制造化学系的两位教授因泽柳事件被迫辞职，补充教官成为当务之急。因此紧急从九州帝国大学招聘来的教授是喜多源逸在第三高中和东京帝国大学的同学中泽良夫。中泽劝在东京闷闷不乐的喜多源逸来京都，尽管不是升任教授，而是以当时在东京帝国大学的副教授职称过来，喜多源逸还是在1916年转到了京都。

转到京都两年后，喜多因为工业化研究受命到欧美留学了两年。这在当时是副教授晋升教授受阻时的惯例做法。1918年是德国在第一次世界大战中失败的一年，喜多没有去德国，而是到美国和法国留学去了。在美国麻省理工学院（MIT）物理化学家亚瑟•诺伊斯（Arthur A. Noyes，1866—1936）研究室留学。诺伊斯将新兴物理学引入美国，他是一个了不起的人物，在MIT培养出了G. N. 路易斯，在后来任职的加州理工大学培养出了鲍林。喜多还到法国巴斯德研究所伯特朗手下进行酶相关研究。伯特朗是一位对漆的化学研究也感兴趣的学者（参见专栏7）。喜多这次留学在诺伊斯那里学到的东西很重要，在工科大学MIT的化学系，包括数学、物理在内的基础性科目都认真讲授，这使他更加确信自己认为的在工学中基础学问也是重要的这一教育观。在刚刚回国不久的1921年，喜多晋升了教授。于是有了新天地，大刀阔斧地展开了基于自己教育理念的独自的教育和研究。在这个过程中与理化学研究所的关联也大了起来。

1917年财团法人理化学研究所（理研）创立。喜多最初作为候补研究员录用，1922年一建立主任研究员制度，喜多就被任命为主任研究员之一。主任研究员具有人事、工资、研究经费的决定权，其研究室不仅可以设立在东京本部研究所内，还允许设立在各个帝国大学内，所以，理研喜多研究室设立在京都帝国大学内，喜多的弟子在这里作为进修生（研究生）、助手或委托培养生而录用。于是喜多在京都本地就可以大展拳脚开展研究活动了。樱田一郎、儿玉信次郎、小田良平、宍户圭一、新宫春男等后来的京都大学教授都是往日理研的研究生或委培生。

理研在当时是一个没有被学霸和权威所把持、充满自由气氛的研究者乐园，这在朝永振一郎的回忆录中有记述[162]。由第三代理研所所长大河内正敏倡导的“科学主义工业”是指“促进基于研究者自由创意的基础科学研究，其成果通过与各种各样产业技术相结合，培养出很多有作为的研究者，并且取得学术成果”。喜多自身就是按照这一目标在做。

1918年为喜多在京都大学设立了第5讲座，作为负责人他推进了油脂、石油、纤维相关的研究。其弟子们不仅在应用化学领域，而且在包括基础化学在内的广阔领域取得了成果，发展成了日本化学界的一大学派。喜多为了加强合成化学的基础，聘请德国有机化学家拉乌尔为专任讲师，其助手小田良平后来当了教授，构筑了有机合成化学的传统。依靠这个传统培养出了很多优秀的有

大正时代的理研

机合成化学家，与野依良治的诺贝尔奖也有关系。1926年从第5讲座毕业的樱田一郎1928年起到莱比锡大学和威廉皇家研究所留学3年，在库尔特•赫斯（Kurt Hess，1888—1961）的手下学习高分子化学，奠定了日本高分子化学的基础。他1939年开发了日本最早的合成纤维聚乙烯醇系合成纤维维尼纶。儿玉信次郎从1930年起在威廉皇家研究所跟随迈克尔•波兰尼学习，掌握了刚刚兴起的量子力学后回国。他培养了很多优秀的量子化学家，他指导的福井谦一因化学反应理论的研究，成了获得诺贝尔化学奖最早的日本人。儿玉本人是人造石油开发的领导者，在理论与实验两方面推进了基础研究所重视的研究课题。他后来从京都大学教授转到了住友化学，担任研究所长、副社长，活跃在业界。

喜多经常了解最新学术动向，是一个洞察学术方向性的学者。因此喜多发挥本领与其说是作为“研究者”，倒不如说是作为“研究的组织者”。喜多推动的研究领域是工业化学领域的纤维、人造石油、合成橡胶等，在第二次世界大战前和战争中都与国防重要物质的生产相关，作为国策受到支持、获得了大额研究资金，得以大大地推进研究。于是在这种重视基础的学风之下培养了很多在高分子化学、量子化学、催化化学、有机合成化学相关领域做出重大贡献的人才。

4.13 化学与社会

在自然科学各领域中，化学是传统上与社会的联系最强的领域。在20世纪前半叶，其他自然科学部门的研究者几乎还都是属于大学的研究者。但是在化学领域人们已经认识到基础研究与应用研究密切相连，化学的发展与产业的发展相联系，所以正如在德国的化学工业中可以看到的那样，很多优秀的研究者已经从20世纪初开始到企业的研究所工作了。另外，大学与产业界的联系也更紧密了。这样的倾向在第一次世界大战后以美国为中心扩展到了其他先进国家，化学产业取得了显著发展。

20世纪前半叶是全世界受累于两次世界大战及其间的经济恐慌的时代。对于战争的实施化学扮演着重要的角色，战争产生新需求的同时，也刺激了技术的开发。本章将思考20世纪前半叶化学产业的变化、化学与社会的关系、战争及其影响等。

4.13.1 20世纪前半叶化学产业的变化

20世纪是由崭新的技术革新带来产业大发展的时代。科学与技术密切相连发生了革新，对化学产业来说基础化学和应用的关系尤其深。进入20世纪化学产业获得了大的发展，在西欧成了主要产业之一，但发展状况各国差异很大。

在世纪之初德国的化学产业脱颖而出。李比希以后德国的综合性大学以有机化学为重点充实了化学教育，在各地设立工科大学，推行重视应用化学的教育，培养出了能力很强的化学技术人员。不仅有机化学家，奥斯特瓦尔德、哈伯、能斯特等物理化学家也对应用研究感兴趣，积极地参与产业化。企业雇佣有能力的化学家和技术人员，大学和产业的密切协作是德国的特色。1911年在柏林大学成立了威廉皇家协会，由该协会设立了以哈伯和威尔斯泰特为所长的7个研究所。化学作为产业发展的基础学科，也得到了德国政府的强力支持。

德国的化学产业既受惠于地理条件，也受惠来自于鲁尔和西里西亚的煤，来自于普鲁士和阿尔萨斯的钾矿石、产自内卡溪谷的盐等资源。因为硫酸、工业用气、染料、钾等产业而处于优势地位，特别是染料领域在全世界占压倒性的市场占有率。以BASF公司、拜耳公司、赫斯特公司等大的化学企业为中心，很多公司在化学产业界繁荣起来。

在第一次世界大战前的英国，化学教育是学院式的，不能适应时代的要求。大学与产业界的结合几乎没有。20世纪初英国的化学产业起步晚了。始于珀金的苯胺紫的染料产业衰退，苏打产业、化肥产业也依赖过时的制造方法而停滞。第一次世界大战开始的时候，化学产业在英国没太受到重视。

自拉瓦锡以来，化学是法国可以炫耀的科学，但荣耀的时代很快在19世纪末终结。中央集权的教育制度不能充分适应时代的要求。在大学和高等专科学校的高等教育中，与实验科学相比更重视人文科学和数学。受地方实业家和有关当局支援的化学工业学校培养出了优秀的技术人员，但仍然处于无法与德国抗衡的状态。化学产业不断发展，但整体无法与德国相比。

在其他欧洲国家，在化学工业受到限制的领域可以看到有特色的贡献。比利时系的法国索尔维（Societe Solvay）公司作为一个多国企业发展了起来，其碳酸钠的生成占全球生产量的大部分。在精细化工领域瑞士的公司在与德国的竞争中保持着一定的优势。瑞士汽巴（Ciba）公司和瑞士罗氏（Hoffmann•La Roche）公司在医药品领域，瑞士嘉基（Geigy）公司在染料领域获得了成功。苏黎世联邦理工学院（ETH）培养了优秀的化学家和技术人员。在瑞典诺贝尔创立的硝基诺贝尔公司在达那炸药的制造上获得了利润，作为一个多国企业发展了起来。20世纪初美国的化学产业全面地不断发展。大学的化学教育由19世纪末在德国学习过的年轻化学家进行了改革，在多所大学自己培养出了优秀的化学家和技术人员。大学与产业界之间没有障碍，科学家也积极参与解决产业界的问题。在第一次世界大战前还没有值得骄傲的、有传统的化学产业，但已经达到了大部分基本化学品可以自给的状态。

4.13.2 第一次世界大战与化学及化学产业

第一次世界大战是科学扮演了重要角色的首次战争。战争对参战国来说作为综合实力战大大地超出了想象，所以化学产业的力量对战争的进行具有很大的影响力，反过来战争又对化学产业产生了很大影响。首先确保生产炸药必需的硝酸和作为肥料原料的氮源是第一大课题。战前世界氮消耗的大部分是用于肥料，其三分之二以智利产的硝酸钠为原料。炸药制造必需的硝酸也几乎都是用智利硝石制造。英国施行了海上封锁，所以在德国从智利进口很困难。大战邻近之前氨的合成已由BASF公司实现，所以德国政府积极援助其生产。1916年合成氨达到了德国氮生产量的差不多一半。德国使战争持续到1918年的11月显然得益于哈伯-波斯法的成功。

在联合国方面有其他氮源，问题不是那么严峻。而且从临开战起可以从美国弄到炸药。具有巨大需求的无烟炸药在美国的制造商是杜邦公司，由此杜邦公司获得了巨大利润。

关于化学产业整体，联合国方面对战争完全没有准备。德国的医药、染料、玻璃制品、钾产品等因为战争变得难以弄到是当初联合国方面很大的痛处，但战争的需求成了刺激英国和美国的化学产业，使之得到了很大发展的主因。对很多产品的巨大需求促使新技术的开发，生产量大大增加。

在第一次大战中毒气化学武器首次出现，大战甚至被说成是“化学家的战争”。在德国哈伯作为领导者，在威廉皇家研究所进行毒气开发研究，在1915年4月22日的伊普尔战役中首次使用了氯气。接着取代氯气出现了光气，法国军队在1916年2月的凡尔登战役中使用了它。此后德军使用了芥子气。具有强烈爱国心的哈伯认为战争就是为了胜利而不择手段，从而将使用毒气正当化。几乎所有德国化学家都支持这一立场。因为参与毒气开发的缘故，战后他的诺贝尔奖颁奖受到了联合国一方科学家的强烈反对。但是认为在战争中不择手段的化学家即使在联合国一方也同样占大多数。在法国格林尼亚（F. A. Grignard，1871—1935）参与了光气的开发。毒气是受到极大关注的化学武器，但也没有起到决定战争趋势那样的作用。

4.13.3 第一次世界大战后的化学产业

因为1914年至1918年的战争，欧洲参战国的经济受到了严重影响，化学产业也是一样。德国不仅失去了领土，也失去了在战前近乎独占的合成染料界的地位。因此，英国、美国的厂家获得了进入海外市场的机会。因为德国的缺席，出现的其他化学药品的市场也给了英国、美国厂家良机，特别是在美国，与军需相关的企业繁荣了起来。但是在战争中产生的需求，随着战争的结束也就消失了，在发达工业国化学制品变得生产过剩。尤其因为战后经济的不景气进一步陷入困难状态。对此产业界致力于通过企业联盟来维持市场占有率，并开发新的产品和用途。

在20世纪20～30年代的欧洲，厂家之间结成企业联盟是很普遍的事。由此大规模的化学公司就可以维持在主要商品市场的优势。在美国因为反垄断法不存在企业联盟。但是无论在欧洲还是在美国，从战时到战后企业的提升和集中化的倾向得以加强。在德国，在博施（Carl Bosch，1874—1940）的领导下1926年8个关联企业合并，结成了I. G. 法尔本公司。这个新的企业是一个占德国化学产业销售额三分之一的巨人。I. G. 法尔本公司也进入了炸药、人造丝、人造石油等新领域。

I.G. 法尔本公司的诞生加速了英国的化学产业的整合，1926年联合制碱公司、诺贝尔公司、英国染料公司、勃仑纳•蒙特公司合并结成帝国化学工业有限（ICI）公司。

在美国根据反垄断法一个企业通过合并而占据统治地位很难，但美国国内市场非常大的几个大型企业并立是可以的。但是通过扩张与整合即使在美国也出现了杜邦、联合碳化物、孟山都等巨型化学企业。这些企业也投入力量搞研究开发，致力于新市场的开拓。

作为化学制品新用途的开发、未开发原料价值的创造、新应用开发等的代表性实例，可以举出速干漆的开发、作原料用的乙炔的利用案例。

硝酸纤维素系漆在第二次世界大战前就已经开始引入，低黏度的硝酸纤维素系漆由杜邦公司、Hecules公司开发。用这个漆可以显著缩短汽车用涂料的干燥时间，在美国，随着汽车的普及速干型漆的需求爆炸性增大，其他种类的速干漆的研究也兴盛起来，在20世纪20年代后半段醇酸树脂漆登场了。

乙炔因为反应性高，也因为如果能利用廉价的电力，从煤经过钙碳化物就可以简单地生成，所以受到关注。由乙炔可以制造乙醛、进一步将其氧化制得乙酸，因此作为脂肪族化学产业的原料是有用的。乙烯通过氯化也可以生产四氯乙烷、二氯乙烷，它们作为难燃性溶剂被推向了市场。三氯乙烯可以用于干洗和金属脱脂而有需求。1925年纽兰德发现了二乙烯基乙炔，它后来成了合成氯丁二烯橡胶的原料。

在美国，20世纪30年代汽车产业繁荣起来，辛烷值高的汽油的需求激增。几乎所有石油公司都用热蒸馏法进行原油精制，但要求增加馏分和提高品质。1931年胡德利（Eugene J. Houdry，1892—1962）使用硅、铝酸性催化剂开发了催化分馏法，大大提高了生产量，提高了汽油的辛烷值。热分馏法和催化分解法不仅用于汽油生产，也用于乙烯、丙烯、丁烯这样的气体的制造。

在1929年至1931年的大恐慌时代，化学产业也经受了大的痛苦，但与其他产业相比恢复得要早。研究开发的努力有了成果，新的纤维、塑料、合金、医药等的市场增大了。在这个时代煤焦油逐渐失去了作为合成化合物原料的统治地位，代之以从石油和天然气获得的脂肪族烃类。

4.13.4 第二次世界大战和化学

为了战争的进行，与化学相关的军需品的增产是必不可少的，第一次世界大战唤起了化学品的需求。这大大地刺激了在20世纪20～30年代将化学家完成的发现实现工业化。在欧洲的参战国中，德国在1935年撕毁《凡尔赛条约》后，立即着手战争准备。纳粹迫使德国产业界与国家密切协作。很多制造军需物质的企业的协力对德国施行战争是必不可少的。20世纪30年代末战争的准备工作在推进，合成汽油、合成橡胶、人造丝的生产量激增。化学领域的预算一大半投给了通过企业集中化已经成长为巨型企业的I. G. 法尔本公司，I. G. 法尔本公司已经变得全面地从化学方面支持战争。

欧洲的其他参战国，法国和英国的战争准备不充分。在法国，合成汽油和合成橡胶的开发没有进展。合成汽油在英国有制造，但没有进行合成橡胶的生产。在联合国一侧提供化学相关军需品的事情委托给了大型的美国化学企业。美国的实力在各方面都是压倒性的，这在原子弹、合成橡胶、青霉素、航空燃料的开发方面尤为显著。

第二次世界大战中最大的事件就是原子弹的出现。众所周知，利用核能可以获得巨大的能量的想法源于20世纪前半叶物理学的进步，第二次世界大战中美国的曼哈顿计划的原子弹开发是有组织的研究、开发成果，是以加利福尼亚大学的理论物理学家罗伯特•奥本海默领导的优秀物理学家为中心的科学家、工程师团队完成的。原子具有巨大的能量已经由爱因斯坦的特殊相对论推导出的著名公式$E = mc^2$表示出来了，不过实际上核分裂能获得巨大的能量的可能性由核化学家哈恩和斯特拉斯曼1938年的铀核分裂实验证实了。在原子弹的开发中化学和化学家所起的作用也很大。

从匈牙利逃亡来的物理学家西拉德（Leo Szilard，1898—1964）、魏格纳（Wigner）、特勒（Teller）担心纳粹开发原子弹，遂说服爱因斯坦，让他给罗斯福总统写信提醒他纳粹首先开发原子弹的危险性。1941年12月曼哈顿计划启动，动员了大量科学家和工程师开发原子弹。最初制造的原子弹是以铀和钚为原料的，其开发得益于以下4项成果：①由芝加哥大学的费尔米（Fermi）等的团队完成的铀核分裂中的连锁反应的控制；②采用6-氟化铀的气体扩散法的铀235的分离与浓缩；③钚239的生产；④在洛斯阿拉莫斯的原子弹开发与制造。其中②和③是因为化学家和化学产业的贡献实现的。采用气体扩散法的铀235浓缩是尤里（Urey）和阿贝尔森（Abelson）开发的，联合碳化物公司被安排从大量天然铀中分离铀235的任务。杜邦公司担任钚239的生产。在曼哈顿计划中从欧洲逃亡来的一流物理学家做出了很大贡献，不过将制造原子弹所需量的铀235和钚239实际生产出来的是美国的化学企业。纳粹德国也有原子弹制造计划，但觉得实现起来太难就没有实施。

美国在对日宣战开始后马上着手合成橡胶的增产计划。选择丁二烯苯乙烯合成橡胶，积累技术，秘密的协定在政府、标准石油公司、陶氏公司、四大轮胎公司之间缔结而成，投入巨额资金和劳动力，建立了合成橡胶的生产体制。制造方法的改进也被加了进来，在战争结束时合成橡胶产量增加了100倍。

有关青霉素，1939年牛津团队成功地分离制备出了弗莱明鉴定出的特异青霉素。但是在战时的英国没能大量生产。美国伊利诺伊州北部地区研究实验室的团队开发了在玉米糖浆和乳糖的环境下培养霉菌的技术，定量生产成为可能。工业生产方法得以完成，以默克公司为首的几个公司参与，确保军用青霉素的供给，战后已经可以满足一般需求了。

航空燃料需要高辛烷值的汽油，尤金•胡德利发明的接触分解法使之成为可能。但是在胡德利的“固定床”催化中出现因为碳析出物导致的劣化问题。麻省理工大学的团队对奥德尔（N. N. Odell）提出的“移动床”催化进行了研究，1942年由新泽西标准石油公司将其工业化。于是美国空军需要的高辛烷值汽油就可以高产率地制得了，美国航空汽油的供给问题得到解决了。这是战争进行的决定性因素。

参考文献

[1] A. J. Ihde, “*The Development of Modern Chemistry*” Dover Publications, Inc. New York, 1984.
[2] W. H. Brock, “*The Chemical Tree*” New York, 1993.
[3] J. Gribbin, “*Science A History*” Penguin Books, 2002.
[4] M. J. Nye, “*Before Big Sceience*” Harvard University Press, Cambridge, 1996.
[5] M. J. Nye, “*From Chemical Philosophy to Theoretical Chemistry*” University of California Press, Berkeley1993.
[6] K. Laidler, “*The World of Physical Chemistry*” Oxford University Press, Oxford, 1993.
[7] G. Friedlander and J. Kennedy, “*Nuclear and Radiochemistry*” John Wiley & Sons, 1955.
[8] J. S. Fruton, “*Molecules and Life*” John Wiley and Sons, 1972.
[9] J. S. Fruton, “*Protein, Enzymes, Genes*” Yale University Press, New Heaven and London, 1999.
[10] L. K. James, ed. “*Nobel Laureate in Chemistry 1901–1992*” Amer. Chem. Soc./ Chem. Her. Fond., 1994.
[11] “*Iwanami Rikagaku Jiten*” (Iwanami Dictionary of Physics and Chemistry) 5th ed., Iwanami shoten, 1998.
[12] R. J. Forbes and J. E. Dijkserhaus, “*A History of Science and Technology*” Penguin Books, 1963.
[13] F. Aftalion, “*A History of the International Chemical Industry*” Chemical Heritage Foundation, 1991.
[14] P. Coffey, “*Cathedrals of Science: Personalities and Rivalries that made Modern Chemistry*” Oxford Univ. Press, 2008.

[15] C. Reinhardt (Ed.) "*Chemical Sciences in the 20th century*" Wiley-VCH, 2001.
[16] J. R. Oppenheimer Ed. "*The age of Science, 1900–1950*" Scientific American, September 1950.
[17] W. J. Moor, "*Physical Chemistry*" 4th edition, Prentice-Hall, New Jersey, 1972.
[18] J. Heine, "*Physical Organic Chemistry*" McGraw-Hill, New York, 1956.
[19] D. Voet, J. Voet, "*Biochemistry*" 2nd edition, John Wiley and Sons, 1995, 3rd edition, 2004.
[20] D. Stoltzenberg "*Fritz Harber*" Chemical Heritage Press, Philadelphia, 2004.
[21] E. Shimao, "*Jinbutsu Kagakushi*" (Characters in the history of chemistry) Asakura Shoten 2002.
[22] K. Maruyama, "*Seikagaku wo Tsukutta Hitobito*" (Scientists who made biochemistry) Shokabo, 2001.
[23] H. Shinohara, "*Seimeikagaku no Sennkusya*" (Pioneers in Life Science) Koudansha Gakugeibunnko, 1983.
[24] H. Poincare, "*La Valueur de la science*" Flammarion, 1905.
[25] a) A. Serafini, "*Linus Pauling*" Simon & Schuster, London, 1989.
b) T. Hager, "*Force of Nature: The Life of Linus Pauling*" Simon & Scuster, 1995.
[26] W. Nernst, *Kgl. Ges. Wiss. Nachrichten, Math-Phys. Klasse 1*, 1 (1906).
[27] F. Harber, "*Thermodynamik technischer Gasreactionen:Sieben Vortrage*" R. Oldenbourg, Munich, 1905.
[28] G. N. Lewis and M. Randall, "*Thermodynamics and the Free Energy of Chemical Substances*" McGraw-Hill, New York, 1923.
[29] R. H. Fowler and E. Guggenheim, "*Statistical Thermodynamics*" Cam-bridge Univ. Press. 1939.
[30] N. Bjerrum, *Zeitschr. Anorg. Chem.*, **63**, 140 (1909).
[31] P. Debye and E. Hückel, *Physikal Z.*, **24**, 185 (1923).
[32] L. Onsager, *J. Chem. Phys.*, **2**, 599 (1934).
[33] S. P. Sørensen, *Comt Rend. des travaux du Laboratoire de Carsberg* Vlll 1(1909).
[34] G. N. Lewis, *J. Am. Chem. Soc.*, **38**, 762 (1916).
[35] W. Kossel, *Ann. Physik*, **49**, 229 (1916).
[36] I. Langmuir, *J. Am. Chem. Soc.*, **41**, 868 (1919), 42, 274 (1920).
[37] G. N. Lewis, "*Valence and the Structure of the Atom and Molecules*" Chemical Catalogue Co. New York, 1923.
[38] W. Heitler and F. London, *Z. Physik*, **44**, 455 (1927).
[39] L. Pauling, *J. Am. Chem. Soc.*, **53**, 1367 (1931).
[40] J. C. Slater, *Phys. Rev.*, **38**, 1109 (1931).
[41] L. Pauling and E. B. Wilson, "*Introduction to Quantum Mechanics with Application to Chemistry*" Mcgraw-Hill, 1935.
[42] L. Pauling, "*The Nature of the Chemical Bond, and the Structures of Molecules and Crystals*" Cornell Univ. Press, 1939.
[43] L. Pauling, "*General Chemistry*" W.H.Freeman, 1947.
[44] F. Hund, *Z. Physik*, **37**, 742 (1927).
[45] R. S. Mulliken, *Phys. Rev.*, **32**, 186 (1928).

[46] J. E. Lenard-Jones, *Trans Faraday Soc.*, **25**, 668 (1929).

[47] E. Hückel, *Z. Physik*, **70**, 204 (1931).

[48] P. Debye, *Physik. Z.*, **13**, Nr, 3, 97(1912).

[49] P. Debye, "*Polar Molecules*" Dover Publishing, 1929.

[50] W. L. Bragg, *Camb. Phil. Soc. Proc.*, November (1912), Proc. Roy. Soc. London A, **89**, 248 (1913).

[51] W. H. Bragg, W. L. Bragg, *Proc. Roy Soc.* London A, **88**, 428 (1913).

[52] S. Nishikawa, *Proc. Tokyo Math-Phys. Soc.*, **8**, 199 (1915).

[53] I. Nitta, Bull. *Chem. Soc. Jpn.*, **1**, 62 (1926).

[54] K. Lonsdale, *Nature*, **122**, 810 (1928).

[55] J. D. Bernal, R. H. Fowler, *J. Chem. Phys.*, **1**, 515 (1953).

[56] J. D. Bernal, D. Crowfoot, *Nature*, **133**, 794 (1934).

[57] R. Wierl, *Physik. Z.*, **31**, 366 (1930).

[58] A. Brown, "*J. D. Bernal The Sage of Science*" Oxford Univ. Press, 2005.

[59] A. Einstein, *Physik. Z.*, **18**, 121 (1917).

[60] C. V. Raman, K. S. Krishnan, *Nature*, **121**, 501 (1928).

[61] I. I. Rabi, J. R. Zacharias, S. Millman, P. Kusch, *Phys. Rev.*, **53**, 318 (1938).

[62] E. K. Zavoisky, *J. Phys. USSR*, **9**, 447 (1945); **10**, 197 (1946).

[63] R. Marcelin, *Compt rendus*, **151**, 1052 (1910).

[64] W. C. McC. Lewis, *J. Chem. Soc.*, **113**, 471 (1918).

[65] R. Marcelin, *J. de chim. phys.*, **12**, 451 (1914).

[66] K. F. Herzfeld, *Ann. der Physik*, **4**, 59, 635 (1919); Z. Elektrochem, 25, 301.

[67] H. Eyring, M. Polany, *Z. Physikal. Chem., B*, **12**, 279 (1931).

[68] H. Peltzer, E. Wigner, *Z. Physikal. Chem., B*, **15**, 445 (1932).

[69] H. Eyring, *J. Chem. Phys.* 3, 107 (1935).

[70] M. G. Evans and M. Polany, *Trans. Faraday Soc.*, **31**, 875 (1935).

[71] H. Eyring, J. Walter, G. Kimball, "*Quantum Chemistry*" John Wiley and Sons, New York, 1944.

[72] G. Glasstone, K. J. Laidler, H. Eyring, "*The Theory of Rate Processes*" McGraw-Hill, New York, 1941.

[73] M. Smoluchowski, *Physikal. Z.*, **17**, 557, 589 (1916).

[74] H. A. Kramers, *Physica*, **7**, 284 (1941).

[75] M. Bodenstein, S. C. Lind, *Z. phsikal. Chem.*, **57**, 168 (1907).

[76] J. A. Christiansen, Det. Kgl. Damske Vid. Selskab., *Math. Phys. Medd l*, **14**, 1 (1919), Ph. D. Thesis, University of Copenhagen (1921).

[77] F. A. Lindeman, *Trans. Faraday Soc.*, **17**, 598 (1922).

[78] C. N. Hinshelwood, *Proc. Roy. Soc., A*, **113**, 230 (1927).

[79] O. K. Rice, C. H. Rampsberger, *J. Am. Chem. Soc.*, **49**, 1617 (1927).

[80] L. S. Kassel, *J. Phys. Chem.*, **32**, 225 (1928).

[81] N. N. Semenov, *Z. Physik*, **46**, 101 (1927).

[82] C. N. Hishelwood and H. W. Thompson, *Proc. Roy. Soc. A*. **118**, 170 (1928).

[83] J. Stark, *Physik. Z.*, **9**, 88, 84 (1908).

[84] A. Einstein, *Ann. Phys.*, **37**, 832 (1912), **38**, 881 (1912).
[85] M. Bodenstein, W. Dux, *Z. Physikal. Chem.*, **85**, 297 (1913).
[86] W. Nernst, *Z. Elektrochem.*, **24**, 335 (1918).
[87] G. N. Lewis and M. Kasha, *J. Am. Chem. Soc.*, **66**, 2100 (1944).
[88] I. Langmuir, *J. Am. Chem. Soc.*, **39**, 1848 (1917).
[89] I. Langmuir, *J. Am. Chem. Soc.*, **38**, 2221(1916).
[90] E. Rutherford, Phil. *Mag. Ser*. 6, **37**, 581 (1919).
[91] I. Curie, F. Joliot, *Compt Rendus*, **158**, 254 (1934).
[92] O. Hahn, F. Strassman, *Naturwiss.*, **27**, 11 (1938).
[93] L. Meitner, O. R. Frisch, *Nature*, **143**, 239 (1939).
[94] L. A. Turner, *Rev. Mod. Phys.*, **12**, 1 (1940).
[95] R. L. Sime, "*Lise Meitner, A Life in Physics*" Univ. of California Press, 1996.
[96] E. McMillan, P. H. Abelson, *Phys. Rev.*, **57**, 1185 (1940).
[97] G. T. Seaborg, *Nucleonics*, **5**, 16 (1949).
[98] G. de Hevesy, F. A. Paneth, *Z. Anorg. Chem.*, **82**, 322 (1913).
[99] S. Ruben, M. Kamen, *Phys. Rev.*, **59**, 349 (1941).
[100] F. Pregl, "*Die Quantitativ Organische Mikuroanalyse*" Springer Berlin, 1917.
[101] Y. Heyrovsky, *Phil. Mag.*, **45**, 303 (1923).
[102] Y. Heyrovsky, M. Shikata, *Rec. Trav. Chim. Pay-Bus*, **49**, 469 (1925).
[103] M. Tswett, *Ber. Deutsch. Bot. Gesel.*, **24**, 5, 316 (1906).
[104] A. J. Martin, R. C. Synge, *Biochem. J.*, **35**, 1358 (1941).
[105] W. F. Libby, "*Radiocarbon Dating*" University of Chicago, Chicago, 1952.
[106] D. Coster, G. de Hevesy, *Nature*, **111,** 252 (1923).
[107] K. Yoshihara,"Kagakushi Kenkyu", **34**, 137 (2007).
[108] A. Werner, "*Neuere Anschaung auf dem Gebiete der Anorganische Chemie*" F. Vieweg und Sohn, Braunschweig, 1905.
[109] N. V. Sidgwick, "*The Electronic Theory of Valency*" Clarendon press, Oxford, 1927.
[110] H. Bethe, *Ann. Physik*, **3**, 135 (1929).
[111] L. Pauling, *J. Am. Chem. Soc.*, **53**, 1386 (1931).
[112] J. H. van Vleck, *J. Chem. Phys.*, **3**. 803, 807 (1935).
[113] C. J. Ballhausen, "*Introduction to Ligand Field Theory*" McGraw-Hill, 1962.
[114] C. Longet-Higgins, Le Bell, *J. Chem. Soc.*, 250 (1943).
[115] H. Kragh, "*From Geochemistry to Cosmochemistry*" in ref. 12.
[116] F. W. Clark, *United States Geological Survey Bulletin*, No. 770 (1924).
[117] V. M. Goldschmidt, *Videnskapsselskapets Skrifter, I. Mat. Naturv. Klasse*, No. 31(123).
[118] R. Robinson, "*Two lectures on anOutline of an Electronical Theory of the Course of Organic Reactions*" Institute of Chemistry of Great Britain and Ireland, London 1932.
[119] K. Ingold, *Chem. Rev.*, **15**, 225 (1934).
[120] K. Ingold, "Structure and Mechanism in Organic Chemistry" Cornell Univ. Press, Ithaca, N. Y. 1953.
[121] L. Hammett, *Chem. Rev.*, **17**, 125 (1935).
[122] M. Gomberg, *J. Am. Chem. Soc.*, **23**, 757 (1900).

[123] J. D. Kemp, K. S. Pitzer, *J. Am. Chem. Soc.*, **59**, 276 (1937).
[124] S. Mizushima, Y. Morino, *Bull. Chem. Soc. Jpn.*, 17, 94 (1942).
[125] H. Sache, *Ber.*, **23**, 1363 (1890).
[126] E. Mohr, *J. Prakt. Chem.*, **2**, 98, 315 (1918).
[127] O. Hassel, *Tidsskr. Kjemi, Bergvesen Met.*, **3**, 32 (1943).
[128] D. H. R. Barton, *Experientia*, **6**, 316 (1950).
[129] V. Grignard, *Compt rend.* **130**, 1322 (1900).
[130] O. Diels, K. Adler, Liebigs *Ann. Chem.*, **460**, 98 (1928).
[131] H. Staudinger, *Ber.*, **53**, 1073 (1920).
[132] Y. Furukawa, p.228–245 in ref. 15.
[133] E. Fischer, *Ber. Chem. Ges.*, **40**, 1754 (1907).
[134] A. R. Todd, *J. Chem. Soc.*, 693 (1946).
[135] R. Willstätter, Nobel Lecture, 1920.
[136] H. Fischer, *Nobel Lecture*, 1930.
[137] P. Karrer, "*Leherbuch der Organische Chemie*".
[138] P. Karrer, *Nobel Lecture*, 1937.
[139] A. Harden, W. J. Young, *Proc. Roy. Soc. Ser. B*, **77**, 405 (1906).
[140] H. von Euler-Chelpin, *Nobel Lecture*, 1930.
[141] R. Willstätter, "*Problem and Method in Enzyme Research*" Cornell Univ. Press, 1927.
[142] J. Sumner, *J. Biol. Chem.*, **69**, 435 (1926).
[143] J. Northrop, *Nobel Lecture*, 137.
[144] W. Stanley, Science, **81**, 644 (1935).
[145] O. Warburg, *Biochem. Z.*, **152**, 479 (1924).
[146] O. Warburg, *Biochem. Z.*, **214**, 64 (1929).
[147] D. Keilin, *Proc. Roy. Soc. B.*, **98**, 312 (1925).
[148] T. Thunberg, *Skad. Arch. Phigiolo.*, **40**, 1 (1920).
[149] O. Warburg, W. Christian, *Biochem. Z.*, **254**, 438 (1932).
[150] O. Warburg, W. Christian, *Biochem. Z.*, **298**, 368 (1938).
[151] O. Myerhoff, *Z. Physiol. Chem.*, **101**, 165 (1918).
[152] C. H. Fiske, Y. Subbarow, *Science*, **70**, 381 (1929).
[153] K. Lohman, *Nturwiss.*, **17**, 624 (1929).
[154] A Szent- Györgyi, "*Studies on Biological Oxidation and Some of its Catalysis*" Eggenberg and Barth, Budapest and Leipzig (1937).
[155] H. A. Krebs, W. A. Johnson, *Enzymologia*, **4**, 148 (1937).
[156] G. T. Cori, C. F. Cori, C. Schmidt, *J. Biol. Chem.*, **129**, 629 (1939).
[157] C. B. van Niel, *Archiv fur Mikrobiologie*, **3**, 1 (1931).
[158] R. Shoenheimer, D. Rittenberg, *Science*, **82**, 156 (1935).
[159] R. Shoenheimer, S. Ratner, D. Rittenberg, *J. Biol. Chem.*, **130**, 703 (1939).
[160] M. Kaji, "*Kagakusi kennkyu*" (*Studies of History of Chemistry*), **38**, 173 (2011).
[161] Y. Furukawa, "*Kagakushi kennkyu*" (*Studies of History of Chemistry*), **37**, (2010).
[162] S. Tomonaga, H. Ezawa ed. "*Kagakusya no jiyuna Rakuen*" (*Free Paradise of Scientists*) Iwanamibunko, 2001.

近现代的化学和科学·技术史年表（20世纪前半叶）

年	物理学	物理化学、无机·分析·放射化学	有机化学、工业化学	生物化学、药学
1895	X射线的发现（伦琴，1895） 放射能的发现（贝克勒，1896） 塞曼效应（塞曼，1896） 电子的发现（J. J.汤姆森，1897）	镭、钋的发现（居里夫妇，1898） 氖、氪、氙的发现（拉姆塞，1898）		无细胞发酵（毕希纳，1897）
1900	辐射量子论（普朗克，1900） 土星型原子模型（长冈半太郎，1903） 特殊相对论（爱因斯坦，1905） 光量子假说（爱因斯坦，1905） 固体比热理论（爱因斯坦，1906） 阳极线分析（J. J.汤姆森，1907） 氦的液化（卡末林·昂内斯，1908） 原子·分子真实存在的证明（佩兰，1908） α粒子的发现（卢瑟福，1908） 电子带电的测定（密立根，1909）	胶体粒子的显微镜观测（席格蒙迪，1903） 色谱（茨维特，1903） 放射线元素衰变（卢瑟福、索迪，1903） 布朗运动理论（爱因斯坦，1906） 热力学第三定律（能斯特，1906） 玻璃电极（克莱门、哈伯，1906） 地球化学资料（克拉克，1908） pH的概念（索伦森，1909）	三苯甲基自由基的发现（冈伯格，1900） 格林试剂（格林，1901） 反应机理的考察（拉普沃斯，1903） 镍催化加氢（萨巴蒂尔，1905） 叶绿素a和b的发现（威尔斯泰特，1906） 贝克莱特酚醛树脂的合成（贝克莱特，1906） 八肽的合成（E.费歇尔，1907） 由氮和氢合成氨（哈伯、勒·罗西尼奥尔，1909）	肾上腺素晶体（高峰让吉，1900） 蛋白质结构的肽学说（E. H.费歇尔，1902） 激素的发现（贝利斯、斯塔林1902） 发酵中辅酶和磷酸的参与（哈登、杨，1904） 洒尔佛散（埃尔利希、秦佐八郎，1909）
1910	原子核的存在（卢瑟福，1911） 超导的发现（卡末林·昂内斯，1911） 晶体X射线衍射（冯·劳厄，1912） X射线衍射晶体结构测定（布拉格父子，1913） 原子结构的量子理论（玻尔，1913） 元素的固有X射线与原子序数的关系（莫塞莱，1913） 晶体粉末X射线衍射（德拜、舍勒，1916）	同位素的概念（索迪，1910） 甲硼烷的合成（斯托克，1912） 光化学当量（爱因斯坦，1912） 分子的偶极矩（德拜，1912） 示踪法的创始（赫维西，1913） 放射性元素的位移规律（索迪、法扬斯，1913） 基于电子对的化学键（路易斯，1916）	通过加氢的煤液化（贝吉乌斯，1913）	维生素B_1的萃取（铃木梅太郎，1910） 维生素的命名（冯克，1912） 脱氢酶反应（维兰德，1912） 维生素A的发现（麦科勒姆、台维斯） 酶反应速度方程式（米凯利斯、门滕，1913） 降糖机理之甲基乙二醛说（诺伊贝格，1913）

续表

年	物理学	物理化学、无机•分析•放射化学	有机化学、工业化学	生物化学、药学
1910	电磁波的吸收与释放理论（爱因斯坦，1917） 用α粒子破坏原子核（卢瑟福，1919）	离子键理论（科塞尔，1916） 扩散控制反应速度（斯莫鲁霍夫斯基，1916） 有机微量分析（普雷格尔，1916） 吸附等温式（朗格缪尔，1916） 连锁反应机理（能斯特，1918） 质谱分析法（阿斯顿，1919）	托品酮的合成（鲁宾逊，1917）	呼吸脱氢化学说（桑伯格，1917）
1920	原子的磁矩（斯特恩、格拉赫，1921） 康普顿效应（康普顿，1922） 物质波的概念（德布罗意，1923） 电子自旋的引入（古德斯密特、乌伦贝克，1925） 泡利不相容原理（泡利，1925） 矩阵力学（海森堡，1925） 波动力学（薛定谔，1926） 费米统计（费米，1926） 测不准原理（海森堡，1927） 电子衍射（戴维森、杰默、G. P. 汤姆逊，1927） 强磁场理论（海森堡，1928） 金属电子论（布洛赫，1928） 拉曼效应的发现（拉曼，1928） 相对论的电子方程式（狄拉克，1928）	氢键（拉蒂默、罗德布什，1920） 单分子反应机理（林德曼，克里斯蒂安森，1920—1921） 超速离心分离器的开发（斯韦德贝里，1923） 电解质溶液理论（德拜、休克尔，1923） 酸碱概念的扩展（布朗斯特、劳瑞、路易斯，1923） 分支连锁反应（谢苗诺夫、欣谢尔伍德，1923） 断热消磁法的提出（吉奥克，1924） 极谱仪的开发（海洛夫斯基、志方，1925） 配位键的解释（西奇威克，1927） 共价键的量子理论（海特勒、伦敦，1927） 分子轨道法（洪特、马利肯，1927） 晶体场理论（贝特，1929）	高分子说的提出（施陶丁格，1920） 有机电子理论创始（鲁宾逊，1922） 水煤气合成脂肪烃（费歇尔、特罗普施，1923） 糖结构的投影式（霍沃思，1925） 有机电子论的系统化（英戈尔德，1926） 狄尔斯-阿尔德反应（狄尔斯、阿尔德，1928） 氯高铁血红素的合成（H. 费歇尔，1929） 立体配位的引入（霍沃思，1929） 雌激素的分离（布特南特、多伊西，1929）	胰岛素的萃取（班廷、贝斯特，1921） 神经的化学传递（勒维，1921） 呼吸的氧活性学说（瓦尔堡，1923） 细胞色素的发现（凯林，1925） 脲酶的晶体化（萨姆纳，1926） 青霉素的发现（弗莱明，1929） 三磷酸腺苷（ATP）的发现（菲斯克、萨伯罗、罗曼，1929）

续表

年	物理学	物理化学、无机•分析•放射化学	有机化学、工业化学	生物化学、药学
1930	回旋加速器（洛伦兹，1930） 电子显微镜（克诺尔、鲁斯卡，1931） 中子的发现（查德威克，1932） 采用高电压加速装置的原子核人工转换（科克罗夫特、沃尔顿，1932） 相差显微镜（泽尔尼克，1934） 介子理论（汤川，1934） 铀核裂变的理论解释（迈特纳、弗里希，1938） 源于核反应的星球热源解释（贝特，1939） 核磁共振法（拉比，1939）	电负性（鲍林，1931） 杂化轨道（鲍林、斯莱特，1931） 重氢及重水（尤里，1932） 配位场理论（范弗莱克，1932） 人工放射能的发现（约里奥•居里夫妇，1934） 过渡态理论（艾林、波兰尼、埃文斯，1935） 放射分析（赫维西，1936） 电泳法的开发（蒂塞利乌斯，1937） 铀核分裂的发现（哈恩、斯特拉斯曼，1938） 元素的存在比（戈尔德施米特，1938）	环己烷椅式结构（哈塞尔，1930） 通过甲基丙烯酸甲酯聚合的有机玻璃的开发（鲍尔，1931） 合成橡胶的开发（卡罗瑟斯，1931） 休克尔法的开发（休克尔，1931） 维生素B_2的合成（卡勒、库恩，1934） 雄性激素的合成（布特南特，1934） 哈米特规则（哈米特，1935） 合成纤维尼龙（卡罗瑟斯，1936） 维生素A的合成（库恩，1937） 维生素K的结构确定（卡勒等，1939）	胃蛋白酶的晶体化（诺思罗普，1930） 光合成反应的一般化（范尼尔，1931） 黄酶的发现（瓦尔堡、克里斯蒂安，1932） 糖分解途径的确立（埃姆登、迈耶霍夫，1933） 代谢的C_4二羧酸理论（森特-哲尔吉，1935） 代谢研究中示踪技术的应用（舍恩海默，1935） 烟草花叶病病毒的晶体化（斯坦利，1936） 柠檬酸循环（克雷布斯，1936） 生命起源（奥帕林，1938） DDT的杀虫效果（米勒，1938）
1940	电子自旋共振（扎沃伊斯基，1944）	钚（西博格，1941） 乙硼烷的架桥结构（赫金斯，1943） 分配色谱（马丁、辛格，1944） 激发态分子三重态理论（路易斯、卡沙，1944）	叶绿素的结构（费歇尔，1940）	用^{18}O研究光合成（鲁本、卡门，1941） 高能磷酸键的概念（卡尔卡、李普曼，1941） 肺炎双球菌的形质转化（艾弗里，1944）

第3篇

当代化学

第5章　20世纪后半叶的化学（Ⅰ）

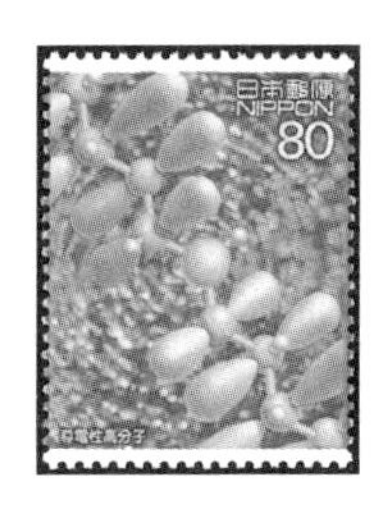

画在邮票上的聚乙炔（导电聚合物）
白川英树发现（邮票：日本2004）

以第二次世界大战为界线，科学所处的环境发生了很大变化，战争及战后美苏的冷战对自然科学的发展有很大影响。科学技术的优势在于大战中的联合国一侧获得胜利的背景，于是原子弹的出现比什么都能明确地显示科学技术的威力。制造原子弹爆炸的曼哈顿计划的成功真实地展示了大规模的有组织的科学技术所产生的威力之巨大。第二次世界大战前科学研究主要以大学为中心小规模地进行，而战后变成在政府资助下进行，即出现了由称作大科学的组织化的研究者进行大规模研究的领域。第二次世界大战前大部分科学家被认为是属于大学的有教养的知识分子，而第二次世界大战后科学家的人数大幅增加，这一状况发生了很大变化。

第二次世界大战前作为科学中心的欧洲受到战争的影响失去了领导地位，科学的中心从欧洲转移到了美国。特别是因为战败和权威犹太科学家的流放导致德国科学的衰退非常显著。美国从战前就开始自行培养出了优秀的科学家，加上从欧洲移居过来的一流科学家，以压倒性的经济实力为背景，第二次世界大战后科学的发展以美国为中心在推进。英国尽管也有经济上的困难，但基础科学还是产生了很多创新性研究。特别是在DNA和蛋白质的结构解析方面的开创性贡献应该特别记述。

20世纪前半叶开始的基于原子和分子的结构，试图将重点放在电子的行为上去理解化学现象的现代化学，吸收了物理学的成果，变成了越来越成熟的精致的学问。另一方面，和生命现象相关的化学与以1953年DNA的结构解明为契机开始的分子生物学融合，成了20世纪后半叶中生命科学的一个大的发展中心。20世纪后半叶化学的发展成果巨大，故分为两章，关于与生命现象相关的化学主要在下一章介绍。写本章时主要参考了文献[1~13]以及从网络上获得的信息，特别是从网址Nobelprize.org获得的信息。

5.1 整体特征

5.1.1 第二次世界大战后科学的社会背景[1,2]

首先简短地总结科学所处状况的变化。在第二次世界大战前的美国，对基础科学研究的财政资助主要是私人财团和私企承担。1945年7月，指挥了战时美国科学家动员的MIT的电气工程学家万尼瓦尔•布什（Vannevar Bush，1890—1974）给总统写了题为“科学——必须到达的前沿”的报告，论及了战后科学技术政策，其思想就是基于从基础研究出发，及至新概念、新原理，由此达到新技术、新产品的认识（科学技术发展的理想模式）；然后论及在战后的新时代美国应该担负起引领基础科学发展的重任。基于这样的思想，在战后的美国，政府开始为基础研究提供丰富的资金。1950年设立了全美科学财团（National Science Foundation，NSF），联邦政府给国立卫生研究所（National Institute of Health，NIH）也投入了大量资金。即使是不与直接实用相关联的基础研究，如果科学价值得到认可也能获得支持。军队和原子能委员会对与军事目的没有直接关系的研究计划也进行资助。第二次世界大战后立即进入了美苏的冷战，而冷战进一步助长了这样的倾向。第二次世界大战后随着西方各国的复兴，世界各国为了自己国家的安全与繁荣，认识到了科学技术的重要性，开始致力科学技术振兴。于是，各国对科学技术的支持力度变得很大，是战前无法比拟的。另外，战争中为了军用开发的技术在战后用到了基础科学的研究，并产生了丰硕的成果。战后对于产生原子弹的物理学虽然有点幻想破灭之感，但对科学无限的进步的信赖和期待还是占主导的，一般来说人们还是相信科学只要不被滥用，对人类的进步和幸福还是有很大贡献的。

1957年，苏联成功发射了世界上最早的人造卫星，对美国的科学技术振兴政策是进一步的鞭策，以宇宙、原子能为首，科学全面获得持续的支持。这样一来，科学受到国家支持和制度化的保障，开始了大的发展。很多大学扩充科学技术学院，获得学位的人数也急剧增加，在大型企业也有基础研究所，出现了很多推进基础科学研究的现象。于是，第二次世界大战后复兴的欧洲各国和日本也开始效仿，努力推进科学技术振兴。在苏联等东方各国也根据领域有所侧重地把科学技术作为对国家生存与发展至关重要的东西给予支持。到了20世纪60年代后半段，由于出现越南战争的影响、公害和环境问题等，对西方各国科学技术进步的朴素的信赖开始失去，但在美苏冷战时期（1947—1991），为了国家的安全、发展和威信，把科学作为必需的东西给予支持，大大地发展了科学。

一进入20世纪80年代，在美国、英国就出现了信奉新自由主义的政府，在1991年又因苏联解体使得冷战结束。与这样的社会背景变化相适应，支撑科学技术的理念也产生了变化。20世纪最后的15年间经济的全球化在发展，在世界性的经济竞争背景下，科学技术对经济的发展的重要性强烈地呈现出来。大学和产业的关系进一步紧密，与专利获取相关联的研究越来越卖劲，投入的资金也越来越多，为了对科学实施巨额资助，已经强烈意识到了对纳税人的解释责任。基础科学对产业有支撑作用，作为创造新产业的源泉不断得到支持，可以说在这个时代，整体上而言应用研究更受重视的倾向更强。

5.1.2 日本的状况

正如上一章所看到的，日本的科学到1940年为止都是顺利地在进步，相当接近欧洲、美国各先进国家的水平。但是在第二次世界大战中遭受毁灭性打击，在战败后除一部分领域外，大大落后于世界水平。随着战后的复兴，日本的科学水平急速追赶世界水平，开始出现跻身世界尖端的研究。这之所以成为可能，主要的原因可以列举如下：

① 第二次世界大战前和战争中日本的高等教育体系在发挥作用，培养了担负科学发展的有能力的人才。

② 在第二次世界大战后的1948年改革了教育制度，由此大学的数目激增，科学家的职位增加，研究阶层变得厚实。

③ 通过富布莱特奖学金等留学制度，年轻的研究者留学美国的机会增加，学习尖端学术变得容易。

④ 受自1960年前后开始的经济高速成长支撑，推进了大学理工专业的扩张，民企也设立基础研究所，科学家和技术人员的数量显著增加，同时给予科学的财政支持也逐渐改善。

于是日本在20世纪70年代成了经济大国，在科学上很多领域也达到了撑起世界科学尖端的一翼。

5.1.3 20世纪后半叶化学的特点

在20世纪后半叶化学发生了大的变化、取得了大的发展。既有从20世纪前半叶开始连续进步的领域，也有由未曾预见到的发现和发明所引发而飞速发展起来的新领域。首先大致总结一下20世纪后半叶化学发展的特点：

① 由于电子和计算机技术的划时代进步和以此为基础的观测技术的飞跃进步，人们就可以在原子和分子水平获得物质的结构和反应的详细信息。化学成了越来越精致的学问，物理学和化学之间的界限开始变得模糊。

② 理论化学获得了进步，已经能在可以信赖的水平解释和预测很多实验结果了。随着计算机的飞跃进步，以前连想都不敢想的计算也变得可能，新诞生了被称作计算化学的领域。

③ 分析和合成越来越复杂的物质的技术进步了，具有有用性质和功能的新物

质的合成及其性质的研究，无论无机化合物还是有机化合物都兴盛起来，化学作为材料科学的基础的重要性增强了。预想不到的新物质的发现也起到了促进作用。

④ 1953年阐明了DNA的结构，很多生命现象可以在分子基础上用化学和物理学的语言解释了。生物学成了化学、物理学的延续，结果在化学的研究中有关生命现象研究的重要性也显著地增加了。

⑤ 在化学的各个专门领域的深化与细分化发展的另一方面，化学内各专业领域间的共同研究，以及物理学和化学、化学和生物学、化学和医学等不同领域间的交叉领域和跨学科领域的研究变得很旺盛。

这样的变化也给研究的方法带来了很大变化。在20世纪的前半叶，化学的研究是依靠个人的创意和努力的小规模研究。但是在20世纪后半叶由大团队开展的研究、依赖于大型昂贵设备的研究逐渐多起来。

20世纪后半叶化学的进步向各个方向膨胀，以有限的篇幅对其做详细记述是不可能的，而且这也大大地超出了笔者的能力。因此在这里不是像前章那样回顾各专业领域的进步，而是选择几个主题讨论。这些主题如下：

① 观测•测定•分析手段的进步与结构化学的成熟。

② 理论与计算化学的进步。

③ 化学反应研究的精密化。

④ 新物质的发现和新合成方法的开发。

⑤ 功能与物性的化学：材料科学的基础。

⑥ 地球•环境•宇宙的化学。

⑦ 分子生物学、结构生物学的诞生与化学。

⑧ 生物化学的发展（Ⅰ）：DNA和RNA的化学。

⑨ 生物化学的发展（Ⅱ）：酶、代谢、分子生理学等。

其中，①～⑥在本章介绍，⑦～⑨在下一章介绍。这样虽不能网罗20世纪后半叶化学发展的全貌，但或许能概览基础化学发展的脉络。即使仅仅概览这些主题，对于笔者这样一个物理化学狭窄专业领域的研究者而言仍然是一件困难的事。因此在写这章的时候将重点放在获诺贝尔奖的研究对象上。另外，事先声明因为笔者的知识与喜好，在每一个主题的记述上也会有详略之别。

20世纪后半叶化学的应用极其广泛，化学产业的发展给人类的生活带来了巨大变化，不过对此本章几乎不触及。有关全世界化学产业在第二次世界大战后的发展在阿夫达里昂（Aftalion）的书[3]中有详细记述。

5.2 观测、分析手段的进步与结构化学的成熟

第二次世界大战后有关原子、分子的观测技术取得了飞跃的进步。使之成为

可能的首先是电子学与计算机技术的进步。从战前开始，无线工程和半导体工程在通信技术和半导体发展的同时，以真空管技术为中心持续取得进步，不过战争中作为军事技术雷达技术获得了发展，发生从短波到超短波广波长范围的电磁波的技术和检测•放大微弱信号的电子工程技术得到了发展。电子工程技术作为以物理学为基础的工学，到20世纪50年代使用真空管发展起来了，但在1948年，美国贝尔研究所的巴丁（John Bardeen，1908—1991）、布拉顿（Walter Houser Brattain，1902—1987）和肖克莱（W. B. Shockley，1910—1989）发明了使用硅半导体的晶体管，从20世纪60年代开始替换成了采用半导体电子技术。此后开发了集成电路（IC），电路装置得以小型化，成了高灵敏、高可靠性的技术。1960年梅曼（T. H. Maiman，1927—2007）发明了红宝石激光器，此后开发了各种激光器，在广泛的光波长范围内，强力、单色且指向性优异的激光已经作为光源使用了。这样的新技术成果马上引入到了化学的观测•分析方法中，给化学中的实验方法带来了革命性变化。

计算机从1940年前后开始做了各种各样的尝试，但现在通常使用的程序内藏式的计算机是1945年由冯•诺依曼（Von Neumann，1903—1957）提出的，1947年在剑桥大学制造出了最早的计算机EDSAC。最初电路使用真空管，所以装置体积大、耗电量大、演算速度也有限，但20世纪60年代初变成了基于晶体管的电路，小型化、高速化成为可能。此后IC和微处理器的导入进一步急速推进了计算机的小型化、高速化，计算速度和可靠性获得了飞跃式提高。一进入20世纪80年代，小型化、高速化和低价化进一步推进，通常已经可以用于观测•测量仪器的控制和数据处理了。利用计算机使进行庞大计算的解析变得可能，使化学研究变得更加精细化。

在本节将概述20世纪后半叶在这样的技术进步背景下进行的各种各样观测方法和分析手段的进步。新的观测•分析方法由物理学家发明和开发的也很多，不过这些马上就被拿来用于化学研究。仪器分析从20世纪前半叶开始在分析化学中也已经占据了重要地位，不过在20世纪后半叶采用新的测定•分析手段显著提升了。20世纪前半叶，很多物理化学家和分析化学家还使用手工制作的仪器进行研究，但在20世纪后半叶出现了很多以研究装置的开发、制造以及销售为专业的公司，研究者已对它们产生了依赖。

5.2.1 结构解析方法的进步：采用衍射法的结构确定

在原子水平正确地确定分子和固体的结构是现代化学中最基本的工作。利用由X射线、电子线、中子线等物质所产生的衍射现象的结构解析方法为这一目的做出了很大贡献。正如上一章已经介绍的那样，这些衍射法是在20世纪前半叶出现的，但20世纪后半叶在X射线结构解析等领域已经有方便的通用设备在销售和广泛使

赫伯特·豪普特曼（Herbert A. Hauptman，1917—2011）：美国晶体学家。毕业于纽约市立学院，第二次世界大战后进入海军研究所，与卡尔一起确立了用数学的方法解析晶体的X射线衍射照片，从而确定分子结构的方法。1985年获诺贝尔化学奖。

杰尔姆·卡尔（Jerome Karle，1918—2013）：美国化学家、晶体学家。毕业于纽约市立学院后，在密西根大学获得物理化学博士。第二次世界大战后进入海军研究所，与赫伯特共同确立了用数学的方法解析晶体X射线衍射照片，从而确定分子结构的方法。1985年获诺贝尔化学奖。

用了，在化学的广泛领域成了不可缺少的研究仪器。进而，也被用于复杂生物大分子的结构解析，对生命科学领域的发展产生了很大冲击。

X射线衍射

由于解析法的进步、检测器灵敏度的提高、数据解析中的计算机的利用等技术上的进步，简单分子和晶体的X射线结构解析逐渐变得容易了。为了从衍射类型确定结构，获得有关被衍射的X射线的强度和相位的信息是必需的，而相位的确定是很困难的问题。但是，这一问题从20世纪50年代开始随着在直接法、多波长异常分散法、重原子导入法等方面的努力而得到了解决。赫伯特·豪普特曼和杰尔姆·卡尔确立了用数学的方法从散射的X射线的强度分布，确定散射X射线的相位的直接法，由此就可以自动地进行比较简单的分子的X射线结构解析了。

在复杂分子的结构解析中，从数量众多的衍射点得到的数据的解析即使到了第二次世界大战后也仍然是极其困难的课题，但随着计算机性能的提高，问题的解决变得可能了。对于X射线光源，除了原来的用电子撞击金属表面的X射线发生法外，又有了利用同步辐射光（利用高能电子在磁场中做圆周运动时，受到轨道中心方向的加速度发射电磁波的现象所得到光，用同步加速器可以获得从真空紫外到X射线广阔波长范围内的强光）的方法。为了利用同步辐射光，需要装备了电子加速器的大型研究设备，但在各发达国家1980年前后才开始引进这样的设备，可以获得之前无法比拟的强力X射线源。这样一来，复杂的有机化合物和生物大分子的结构解析取得了辉煌的进展，一个被称作结构生物学的新研究领域诞生了。结构生物学作为跨化学、生物学的交叉领域获得了很大发展。这个领域的大的问题是难以获得大小适合解析的、高质量的晶体。为了解决这个问题做了各种各样的努力，但无法按照意愿控制晶体的成长，大部分只能依赖经验和试错。

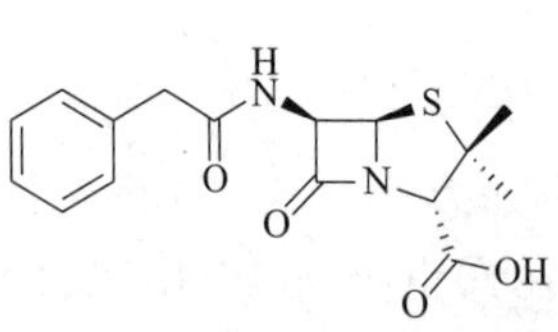

图5.1 青霉素的结构式

在有机化合物的结构解析中，1949年霍奇金等解析清楚了青霉素（图5.1）的三级结构，随之渐渐有了进步。1956年霍奇金等确定了复杂的维生素B_{12}的结构（参见图5.14），之后逐渐在天然有机化合物的结构测定中取得显著成果[14]。

球状蛋白质的X射线结构解析的尝试开始于1935年，剑桥大学的贝尔纳和克劳福特（婚后称霍奇金）用胃蛋白酶的结晶发现了衍射结构[15]。贝尔纳的学生马克斯•佩鲁茨1937年开始了血红蛋白晶体的结构解析。第二次世界大战后佩鲁茨在剑桥大学继续血红蛋白的研究，约翰•肯德鲁也加入了进来，开始肌红蛋白的研究。但是，因为相位问题没有解决，研究迟迟没有进展。1953年佩鲁茨发现即使将汞和银原子置换到血红蛋白分子的特定位置，结构也不改变。通过比较这种同形置换后的分子和没有置换的分子的衍射强度，相位问题得以解决[16,17]。佩鲁茨的同事肯德鲁也采用同样的同形置换方法，1958年用低分辨率（分离能）测定了肌红蛋白的结构，1960年发表了用2Å（0.2nm）的分辨率的测定结果[18]。血红蛋白的结构解析更复杂，但佩鲁茨在1959年报道了低分辨率的解析结果（图5.2）。佩鲁茨发表血红蛋白的高分辨解析结果是在1968年，这距离他开始这项研究工作其实已经过去了30年以上。佩鲁茨和肯德鲁因为有关球状蛋白质结构的研究获得了1962年的诺贝尔化学奖。

多萝西•克劳福特•霍奇金（Dorothy Crowfoot Hodgkin，1910—1994）：牛津大学毕业后，于1932年到剑桥大学在贝尔纳手下开始X射线晶体解析的研究，1934年任牛津大学讲师。1947年成了皇家学会最早的女性会员。1960—1977年任牛津大学教授。在采用X射线衍射确定在医学和生物学上重要分子的结构上取得了卓越业绩，1964年获诺贝尔化学奖。（参见专栏17）

马克斯•佩鲁茨（Max Perutz，1914—2002）：出生于澳大利亚，维也纳大学毕业后赴英国，从1937年起在剑桥大学卡文迪许研究所，最先跟贝尔纳，从1939年开始在劳伦斯•布拉格的手下从事血红蛋白的X射线结构解析。1958年发表了在低分辨率条件下的血红蛋白分子的三级结构。1962年就任剑桥分子生物学研究所的首任所长。1963—1969年任欧洲分子生物学机构议长。1962年获诺贝尔化学奖。

约翰•肯德鲁（John Cowdery Kendrew，1917—1997）：剑桥大学毕业后，第二次世界大战中在空军总部从事作战研究。战后回到剑桥大学，在卡文迪许研究所布拉格手下与佩鲁茨一起用X射线衍射技术解析蛋白质结构。开拓了晶体蛋白质X射线解析的方法和理论，1958年发表了肌红蛋白的三级结构模型。1962年获诺贝尔化学奖。

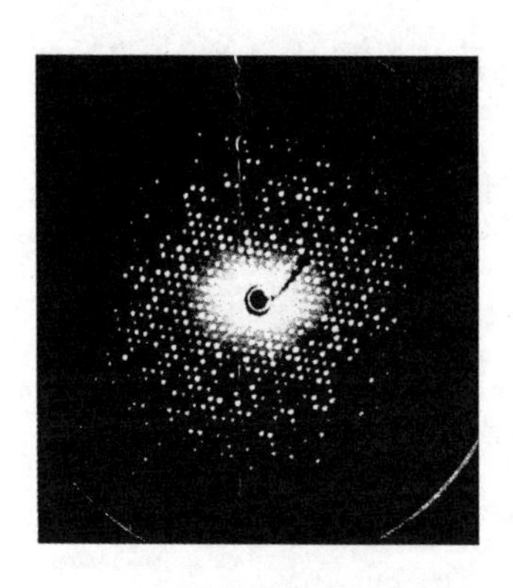

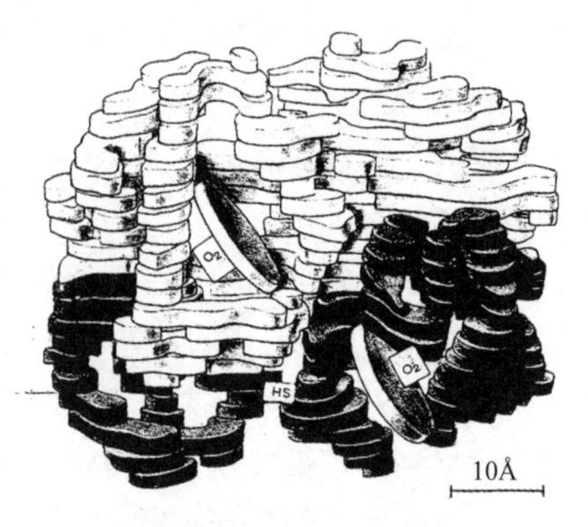

图5.2 血红蛋白单晶的X射线衍射类型（左）与佩鲁茨揭示的最早的低分辨率血红蛋白三级结构（右）

专栏17

复杂分子的结构确定与多萝西·霍奇金[59]

多萝西·克劳福特·霍奇金是采用X射线衍射法确定包括蛋白质在内的、在生物学上具有重要意义的分子结构的开拓者，她是继玛丽及伊蕾娜·居里之后第三位女性诺贝尔化学奖获得者。她确定结构的最重要的分子是青霉素、维生素B_{12}以及胰岛素，不过在她投入到这些物质结构的测定时，其他研究者认为测定这些结构几乎是不可能的课题。她具有坚定的意志和丰富的想象力，她超越当时X射线晶体学可能的范围设法开创新的方法，以令人惊讶的忍耐力克服了困难。她与生俱来的优秀品质就是把不可能变为可能，不过她的成长环境对培养她的创造性和忍耐力也有帮助。

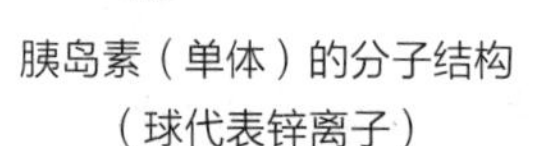

胰岛素（单体）的分子结构（球代表锌离子）

多萝西·克劳福特1910年出生在英国统治下的埃及开罗。父亲是一位古典学者兼考古学家，是埃及的学校和古迹的监督官。母亲虽然没有受过高等教育，但通过自学学习植物学和古代织物而成了行家。在她4岁时一家人在英国休假期间爆发了第一次世界大战，双亲回到了中东，但她和妹妹们被一起托付给了家庭教师，直到战争结束的4年间只见过母亲一次。这一人生经历培养了她的独立意识。

她10岁时在学校学习了化学的入门知识，那时第一次制备晶体，为晶体的美妙而着魔。对化学感兴趣的她和男生一起学习女生通常不学的化学课。读了16岁生日时母亲送给她的亨利·布拉格的《物之本性》，更加深了对晶体的兴趣。18岁时与父母汇合，去了巴勒斯坦，参加父亲的发掘调查，对考古学也有兴趣。大学时犹豫是选化学还是考古学，不过最后还是进入牛津大学的萨默维尔学院专攻化学和物理。

在大学选了结晶学的特别课程后，接受了推动X射线结晶学研究的劝告。但是当时的萨默维尔学院没有相应的环境。1932年毕业的那年，少年时代的朋友约瑟夫到访剑桥大学。他偶然在火车上碰到剑桥大学的物理化学教授劳里（T. M. Lowry，1874—1936），就多萝西的未来进行了商讨。劳里建议到剑桥大学巴纳尔手下做研究。于是，她此后两年就在剑桥大学做研究，1934年拍摄了胃蛋白酶晶体的X射线衍射照片，和巴纳尔一起成了球状蛋白质X射线结晶学的开创者。她之后到牛津大学任讲师，1937年以甾醇的结构解析从剑桥大学获得了博士学位。这年与历史学家托马斯•霍奇金结婚，后来成了3个孩子的母亲。

作为晶体学家的她，其高超的能力渐渐为人所知，新的晶体开始送到她的手里。从著名的有机化学家鲁宾逊那里得到锌胰岛素的晶体并开始研究，不过胰岛素的结构太复杂，弄清其结构历经30多年，这还是在她获得诺贝尔奖之后的事了。在第二次世界大战中青霉素的需求增大，弄清其结构成了当务之急，她在1942年夏天从钱恩（Ernst B. Chain，1906—1979）那里得到了青霉素的晶体，开始研究其结构。这在当时是比任何一个用X射线衍射测定的有机分子都要复杂的结构，其基本结构到1945年才弄清，三级结构在1949年报道出来。接着着手研究的与恶性贫血有关的维生素B_{12}的结构更加复杂，因为可以采用计算机进行计算了，1957年其结构解析完成。因为这些功绩她获得了1964年的诺贝尔化学奖。

一个科学家的能力和人品好坏不一定是一致的，而她的人品也受到很多人的尊敬，马克斯•佩鲁茨说“她是一个伟大的化学家，是一个圣人，稳重、宽容、爱他人，是一个具有献身精神的和平推进者”。顺便提一下，英国首相撒切尔在牛津大学是她的学生。尽管两人政治信仰不同，但据说两人互相尊重。

20世纪后半叶，在X射线结构解析领域诞生了更多的诺贝尔奖获得者。牛津大学的多萝西•霍奇金（专栏17）因在确定生物学上有重要意义的复杂有机分子的结构方面的业绩于1964年获奖。她成了继玛丽•居里、伊蕾娜•约里奥•居里母女之后第三位女性诺贝尔化学奖获得者。威廉•利普斯科姆测定了很多甲硼烷、碳硼烷类的结构，开拓了无机化学的新领域，他因对相位问题的解决做出了很多贡献于1976年获得了诺贝尔化学奖。赫伯特•豪普特曼和杰尔姆•卡尔确立了晶体结构的直接测定，他们因确定了光合成反应中心的蛋白质复合体的三级结构于1985年获得了诺贝尔化学奖。约翰•戴森霍费尔（Johann Deisenhoffer，1943— ）、罗伯特•胡

威廉·利普斯科姆（William Nunn Lipscomb，Jr.，1919—2011）：1946年在加利福尼亚工业大学取得学位后，当过明尼苏达大学教授，之后任哈佛大学教授。根据甲硼烷的X射线结构解析，弄清了在3个原子中2个电子参与的键的性质，为新的立体化学的发展做出了贡献。1976年获诺贝尔化学奖。

贝尔（Robert Huber，1937—）、哈特姆特·米歇尔（Hartmut Michel，1948—）因对光合成初期过程的揭示做出了贡献，在1988年共同获得了诺贝尔化学奖。

X射线结构解析在1953年沃森（J. D. Watson，1928—）和克里克（F. Crick，1916—2004）的DNA结构提案中也扮演了决定性的重要作用。此后核酸、蛋白质、酶的X射线结构解析从1980年左右开始获得急速发展，进一步诞生了很多诺贝尔化学奖获得者，有关这些内容将在下一章介绍。

电子射线和中子射线衍射

电子线和中子线具有由$\lambda=h/(mv)$所给出的德布罗意波（参见第3章），所以显示与X射线相同的衍射现象，成为辅助X射线衍射结构解析的重要手段。电子线衍射现象在1927年由美国的戴维逊（C. T. Daivison，1881—1958）和革末（L. H. Gemer），以及英国的G. P. 汤姆逊（George Paget Thomson，1892—1975）发现，但因为技术上的困难，在结构解析上的应用完全没有进展。不过到了20世纪60年代高真空技术发展了，电子线衍射就可以广泛用于结构解析了。与X射线相比，电子被原子强烈散射、吸收，所以适合薄膜、固体表面的研究。特别是由能量低的、慢速的电子产生的衍射-低速（能）电子衍射（low energy electron diffraction，LEED）作为固体表面结构、吸附结构的有力研究手段得到了广泛应用。电子衍射从20世纪70年代开始在复杂生物大分子的研究中也作为X射线结构解析的辅助手段得到应用，发挥着巨大威力。

中子射线的衍射研究是在1945年由美国橡树岭研究所的沃伦（Ernest O. Wollan，1902—1984）开始的，克利福德·沙尔也加入进来，开拓了基础技术。在衍射现象的观测中，高密度中子射线是必需的，可以使用来自原子反应堆的中子射线或由加速器获得的脉冲中子射线。中子被具有磁矩的原子核及电子散射。由原子核产生的散射与由X射线产生的散射一样与原子序数没有比例关系，不同同位素也有差异，对氢原子，特别是氢的位置的确定很有用。另外，不仅可以用于晶体，也可以用于非晶体、液体、生物大分子等的研究。而且，中子的磁散射现象是确定磁性晶体磁结构的有力手段。沙尔和加拿大物理学家布罗克豪斯（Brockhouse，1918—2003）因在中子散射研究方面的先驱性业绩，在1994年获得了诺贝尔物理学奖，不过这时距最早发现中子射线衍射已经过去了近50年。

克利福德·沙尔（Clifford G.Shull，1915—2001）：美国物理学家。康奈尔工业大学毕业后到纽约大学取得了博士学位。1946—1955年在橡树岭国立研究所任教授，1955—1986年在麻省理工学院（MIT）任教授。在橡树岭期间，确立了“中子散射”技术，及通过单一速度的中子线的物质散射解析研究物质的原子结构。1994年获诺贝尔物理学奖。

5.2.2 显微镜技术的飞跃进步：细胞和表面的原子·分子的直接观察

在微观水平了解结构的最直接的方法就是实实在在地用眼睛观测原子、分子。这是因为20世纪后半叶的显微镜技术的划时代进步才得以实现的。根据19世纪后半叶确立的阿贝理论，光学显微镜的分辨率由衍射图像点的扩散所决定，通常是波长的二分之一水平。这在可见光区为0.2μm左右，直接观测原子、分子的话，分解能差1000倍以上。但是，在20世纪后半叶，光学显微镜技术也受到了激光和微弱光检测技术以及计算机进步的支撑，有了大的发展。特别是用荧光显微镜观测单分子的技术获得了发展，对生物化学、细胞生物学、医学领域产生了巨大影响。

在用电子线代替光的电子显微镜中，德布罗意波长随着电子能量变短，在原子观测中也能获得足够短波长的电子线。电子显微镜是在20世纪30年代开发出来的，不过获得广泛应用还是第二次世界大战后的事情了。20世纪50年代以后，电子显微镜在物理、化学、材料科学、生物学、医学等广泛领域内获得应用，随着技术改进分辨率得以提高，大分子的直接观测也已成为可能。在20世纪最后的20年中，基于新原理的显微镜开发出来，在固体表面等进行原子水平的观测成为可能。这一发展给化学带来的影响非常大。最近的纳米科学和纳米技术的发展都是这些显微镜技术支撑着。

光学显微镜技术的进步

在20世纪光学显微镜经过各种各样的努力，其实用性进一步增加。光通过物质时，通过具有不同折射率的物质的光产生相位差。1932年弗里茨·泽尔尼克利用这一现象开发了相位差显微镜。无染色的细胞和微生物因为透明几乎没有对比度而难以观测。泽尔尼克因为此功绩获得了1953年的诺贝尔物理学奖。另外利用光的偏向性的偏光显微镜、利用偏向性和干涉性的微分干涉显微镜等都分别用到了合适的领域。

弗里茨·泽尔尼克（Frits Zernike，1888—1966）：荷兰物理学家。1920～1958年任格罗宁根大学教授。通过衍射晶格的研究在1934年确立了相位差法的原理，1938年与蔡司一起开发相位差显微镜，使细胞内部结构的观察成为可能。1953年获诺贝尔物理学奖。

荧光、拉曼散射等也可以用于在显微镜下的观测。荧光显微镜的历史有大约一个世纪之久，不过到了20世纪后半叶才广泛使用起来。特别是共聚焦激光显微镜从1980年前后开始普及起来，用激光激发样品的微小区域来观测荧光，用计算机进行重构，可以得到三维高清晰度的图像，由此荧光显微镜的实用性得以提高。在荧光的观测中，除了利用样品的固有荧光之外，还可通过荧光色素的染色、荧光探针的标记、基因重组来发现荧光性蛋白质等。

单分子光谱

在通常的分光实验中，我们观测原子、分子的性质是整体的统计平均。但是，如果能观测每一个原子、分子的性质，就可以弄清隐藏在这个统计平均之中的每一个分子的行为和性质。从20世纪80年代末期前后开始，利用单一光子计数法可以观测凝聚态单分子的荧光，可以明确区分并观测单分子的发光过程了。

单分子分光最早的报告是1989年莫尔纳尔（William Esco Moerner，1953—）等的报告，对极低温基体中的戊省（5个苯环直线状连在一起的芳香烃）观测了埋在不均一宽度中的尖锐的单分子发光，详细地研究了随着周围环境变化的光谱扩散和线宽等[20]。此后，以拥有不同数目发色团的树枝状聚合物和高分子为对象，研究了从单分子荧光向整体荧光移动的过程，以及光合成早期过程中能量的移动。进而人们开始有兴趣尝试在蛋白质等生物大分子上标记发色团来观测荧光，在整块样品的观测中不能获得的分子水平的信息通过酶的功能和结构的变化来得到。常温下的生物大分子的荧光观测发展出了用共聚焦显微镜的单分子三维荧光成像，在生命科学的应用中产生了很大影响。

超分辨荧光显微技术

光学显微镜技术在20世纪末和21世纪初取得了重大进展。发明了包括受激发射损耗（stimulated emission depletion，STED）和光敏定位显微镜（photoactivated localization microscopy，PALM）在内的独创性新技术，使纳米尺度的观测成为可能，突破了阿贝推导出的光学显微镜0.2μm的分辨率极限。这催生了超高分辨率显微镜的开发，并预示着纳米尺度显微镜技术的可能性。STED采用一束激发激光和一束猝灭激光，通过受激发射来耗尽全部受激分子，借此观察部分受激区域。然后通过扫描全部样品得到高分辨图像。在PALM中，样品被一个弱的光学激励所激发，捕获快照图像，指示来自于分布在整个样品中的、被充分分离的单个分子的荧光。通过多次重复这样的测量，就可以获得叠加的图像，生成整个样品的高分辨图像。这些技术使人们能够在单分子水平观测细胞中分子的运动，成了生命科学中前沿研究的极其重要的工具。因为“超分辨荧光显微镜的开发”，赫尔（STED的开发者）、白兹格（PALM的开发者）和莫尔纳尔（他发展了单分子光谱的概念和技

斯特凡·赫尔（Stefan Hell，1962— ）：德国物理学家。赫尔在海德堡大学获得博士学位，现在是位于哥廷根（格丁根）的马克斯·普朗克生物物理化学研究所的所长。他还在海德堡大学的德国癌症研究中心领导一个部门。

埃里克·白兹格（Eric Betzig，1962— ）：美国物理学家和工程学家，白兹格于1988年在康奈尔大学获得博士学位。在贝尔实验室工作一段后，短暂离开了学术研究工作。从2006年开始，他在霍华德·休斯医学研究所珍妮莉娅法姆研究学院（Janelia Farm Research Campus）领导一个研究团队。

威廉姆·艾斯科·莫尔纳尔（William E. Moerner，1953— ）：美国物理化学家。莫尔纳尔在康奈尔大学获得博士学位，然后到IBM工作，再到圣地亚哥的加利福尼亚大学担任教授。1998年受聘斯坦福大学化学和应用物理学教授。

术）获得了2014年的诺贝尔化学奖。

绿色荧光蛋白质（GFP）和荧光成像

在生物大分子的荧光成像中特别有用的方法是以下村脩（参见专栏18）1962年从多管发光水母中发现、分离和纯化的[21]绿色荧光蛋白质（green fluorescent protein，GFP）作为荧光标记的方法。到了1990年普拉舍（Douglas Prasher，1951— ）等确定了GFP的遗传基因，查尔菲、钱恩等的团队在GFP引入异种细胞上获得成功。加入到野生型的GFP中，用遗传基因工程学可以制备荧光特性和波长不同的改良型，GFP及其相关分子被用于细胞生物学、发育生物学、神经生物学、医学等广泛领域。GFP可以通过非侵袭且实时的方式检出，用作与其他蛋白质的融合蛋白质也能发挥机能，所以在追踪蛋白质的行为、位置和变化方面非常重要。

GFP的发现者下村脩、证实了GFP用于生物学的价值的马丁·查尔菲、开发了具有不同荧光特性的荧光蛋白质的钱永健3人因为绿色荧光蛋白质的发现和开发获得了2008年的诺贝尔化学奖。从GFP的发现到开发的经过就是一个始于好奇心的研究的成果发展成广泛应用的案例。

电子显微镜——TEM和SEM

如前章所述，柏林工科大学电气工学家鲁斯卡（Ruska，1906—1988）和克诺尔（Max Knoll，1897—1969）在1931年初用电子线代替光成功地获得了物体的放大图像[23]。但是，电子显微镜开始广泛地用于研究还是第二次世界大战以后的事。最初的电子显微镜是透射型，称作TEM（transmission electron microscope），其基

下村脩（1928—）：出生于日本京都府福知山市，在长崎医科大学附属药学专科部学习。任长崎大学药学部实习指导员之后，从1955年开始在名古屋大学理学部平田义正研究室当研究员，1956年成功完成海萤属荧光素的纯化和晶体化。1960年赴美，在普林斯顿大学投入多管发光水母发光机理的研究，1962年发现绿色荧光蛋白质GFP。1982—2001年任伍兹霍尔海洋生物学研究所首席研究员。2008年获诺贝尔化学奖。

马丁·查尔菲（Martin Chalfie，1947—）：1977年在哈佛大学取得神经生物学学位后，在哥伦比亚大学任教职，1982年升教授。开发了将GFP的遗传基因引入异类细胞的方法，成功地在细胞内制备GFP。2008年获诺贝尔化学奖。

钱永健（1952—2016）：在哈佛大学学习，在剑桥大学取得生理学博士学位。经历加利福尼亚大学伯克利分校，1989年任圣地亚哥大学教授。探明了GFP的结构与改变其遗传基因时的发色之间的关系，开发了绿色以外其他颜色的荧光蛋白质。2008年获诺贝尔化学奖。

专栏18

受惠于偶然的下村脩的人生与GFP[22]

采用绿色荧光蛋白质（GFP）及其相关分子的荧光成像作为当今在时间、空间上分辨并观测生物分子在一个分子水平的行为的手段，在生物化学、生物学、医学等广阔的领域登场。GFP是下村脩在研究多管发光水母的发光机理时发现的。回顾其发展过程，作为一个由纯粹的基础研究发展成很大应用研究的典型案例意义深远。另外，发现者下村的人生充满着故事，没有预料到从被战争玩弄的青年期，到被幸运眷顾成为研究者，获得大的发现。再次有人生也罢科学也罢屡屡被偶然左右这样的感慨。首先从下村的人生来看看吧。

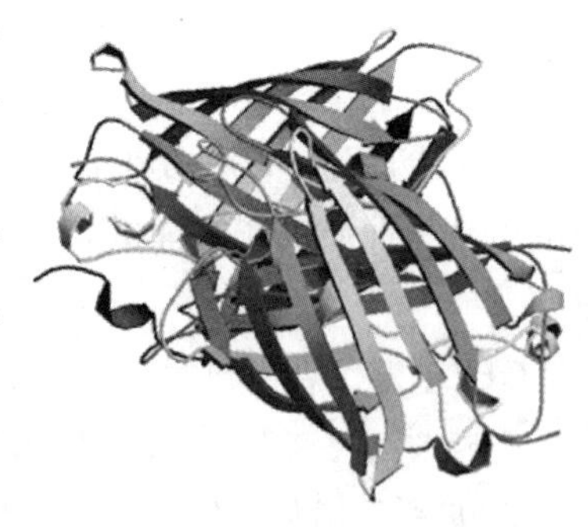

GFP的分子结构（日本模型）

下村脩1928年出生于日本京都府福知山市一个职业军人家庭。随着父亲的工作调动辗转旧满洲、长崎县佐世保、大阪府等各地。在旧制初中的时候，疏散到母亲娘家的长崎县谏早市，经历了20km外的长崎市被投下原子弹。从谏早初中毕业，本想进入旧制高中，但初中时代完全没有学习，没有获得内申书（毕业学校向报考学校提出的考生的内部材料）而放弃，进入到了因原子弹爆炸转移到附近来的长崎医大附属药学专科部。毕业后原本想到武田药品工业就职的，但被面试负责人认定不适合做公司员工。就职考试落败后到长崎医大药学部的安永峻五教授的手下当了4年实验实习的指导员。1955年春安永教授为了把下村培养成研究者，想让下村到名古屋大学生物化学的江山不二夫教授的手下做国内留学，于是到访名古屋大学，但江山教授不在，而接待他们的有机化学教授平田义正邀请其到他那里，下村答应了，于是就在平田教授手下做研究了。这完全是偶然，但从此下村开始被幸运眷顾。

平田所给的研究题目是“海萤的荧光素的纯化与结晶化”。这是极其难的课题，是普林斯顿大学的弗兰克•约翰逊（Frank H. Johnson，1908—1990）教授的团队从20年前开始就想解决的课题。下村埋头研究，10个月后成功地实现了结晶化。没有接受过有机化学正经教育和训练的下村完成了这个课题，是件让人吃惊的事，这或许得益于他与生俱来的高素质和超乎常人的努力吧。1957年研究结果以英文发表了。读到下村论文的普林斯顿大学的约翰逊教授深受感动，将下村招聘到普林斯顿大学。下村在1960年以富布莱特奖学生身份留学普林斯顿大学，在约翰逊教授手下开始了多管发光水母发光机理的研究。

下村和约翰逊在北美西海岸收集大量的多管发光水母，将水母发色的部分切下，压缩、过滤得到榨汁。从这个液体中萃取和精制出少量蓝色发光物质（蛋白质），将它命名为发光蛋白质。弄清了发光蛋白质在Ca^{2+}存在下发光。此后他们进一步推进研究，分离出了在紫外线照射下发绿色荧光的其他蛋白质。这后来被命名为GFP（绿色荧光蛋白质）。20世纪70年代下村弄清了GFP具有特殊的发色团，发光蛋白质和GFP形成复合物，发光蛋白质吸收的光通过共振能量转移激发GFP的发色团，于是发出荧光。这样一来，多管发光水母的发光机理得以阐明。这是生物发光研究出色的成果，进一步说这一发现成了在自然科学广阔的领域产生影响的源头。

进入20世纪90年代，GFP的研究就如本文所述那样取得了大的发展，应用领域不断拓宽，成了在分子水平追踪活体细胞内的生物过程的革命性手段。所获得的大发展是GFP发现之时无论如何也想象不到的。

础是20世纪30年代后半期鲁斯卡和博里斯（Bodo von Borries，1905—1956）打下的。第二次世界大战后鲁斯卡在西门子公司继续TEM的开发，致力装置性能的改善。1954年制造出了被全世界1200个以上的研究所使用的装置“Emiskop 1”。在TEM中从电子枪发射出的电子在高电压下获得加速，所得到的电子射线由静电场和电磁场的透镜聚焦打在样品上，将透过的电子线用电子透镜放大并观测。通常，电子的加速电压100～200kV情况居多，不过500kV～3MV的超高压电子显微镜也有。分辨率由物镜像差（aberration）和电子束波长决定，不过最近随着技术的进步已经可以获得接近理论分辨率0.2～0.3nm了，观测原子也已成为可能。TEM的开发者鲁斯卡在1986年获得了诺贝尔物理学奖。

适合表面观测的电镜有扫描电子显微镜（scanning electron microscope，SEM）。SEM的图像在1935年由克诺尔最先观测到，不过达到能够广泛用于研究是进入20世纪60年代以后的事了。在SEM中，用集束电子线扫描样品表面，检测从各扫描点释放出的电子，将其放大，与扫描同步获得图像。

在生物学方面的应用中电子显微镜产生了很大影响，可以直接观测病毒和细胞的微小器官（图5.3）。但是，因为构成生物体的分子由氢和碳那样的轻原子构成，所以在生物样品的观测中存在图像的对比度弱的问题。阿龙•克卢格在20世纪60年代后半期开发了从不同角度获得二维电子显微镜图像，将它们结合在一起用计算机重构三维图像的方法[24]。根据这个方法他们弄清了烟草花叶病病毒和tRNA、DNA-蛋白质复合体的染色质等用X射线晶体衍射难以确定的复杂生物大分子的结构。他在1982年因电子射线晶体学的开发和生物学上重要的核酸-蛋白质复合体的结构解析的贡献获得了诺贝尔化学奖。

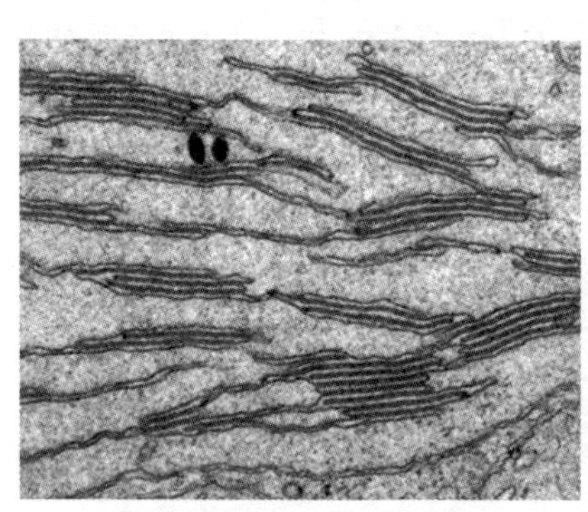

白葶苈属的叶绿体内部

烟草花叶病病毒

图5.3 电子显微镜照片实例

阿龙•克卢格（Aaron Klug，1926—）：出生于立陶宛、在南非长大的英国化学家。在南非大学毕业后赴英，在剑桥大学获得博士学位，在伦敦大学伯贝克学院与富兰克林进行共同研究，之后成为剑桥大学医学研究协会的研究员，1978年任该协会结构研究部部长。1995年任皇家协会会长。在病毒的核酸和包围它的蛋白质的立体结构的解析方面取得业绩。特别是开发了基于电子显微镜图像的晶体学电子分光法，1982年获诺贝尔化学奖。

扫描探针显微镜——STM和AFM

在三维坐标方向上控制位置的压电器件上固定探针，使它沿着样品表面扫描，在原子水平获得表面原子结构和电子状态的信息的方法就是扫描探针显微镜，其代表性的仪器是扫描隧道显微镜（scanning tunneling microscope，STM）和原子力显微镜（atomic force microscope，AFM）。STM是在1981年由IBM苏黎世研究所的格尔德•宾宁和海因里希•罗勒发明的[25]。在STM中，将尖锐的金属探针置于接近金属或半导体样品表面1nm左右的位置，测定在探针和样品之间流过的隧道电流（由于具有比势垒还低的动能的电子突破势垒向外流出的隧道效应，在金属、半导体、绝缘体等的接触面上产生的电流），同时通过压电器件使探针沿着样品表面扫描来观测表面的结构和电子状态。在STM中，可以获得横向0.1nm、纵向（深度）0.01nm程度的分辨率，所以对于表面结构可以获得原子水平的信息。另外，通过在特定原子位置进行分光（隧道分光），也可以得到表面电子状态的信息。STM不仅在高真空中，在空气中和液体中都可以测定。因为这些特征，STM成了表面科学研究中强有力的研究手段。图5.4为早期观测到的一张图。

图5.4 用早期的STM观测到的硅表面

观察到1个原子高度的台阶

在AFM中，通过装探针的悬臂的弯曲度或其共振频率的偏差读取探针和样品表面之间在原子水平起作用的力的大小。AFM是宾宁、奎特（Calvin Quate，1923—）和

格尔德•宾宁（Gerd Binnig，1947—）： 出生于德国的瑞士物理学家。1978年在法兰克福大学取得博士学位后，入职IBM苏黎世研究所，1981年和罗勒一起开发了扫描隧道显微镜（STM）。STM使表面每一个原子的观测成为可能，为表面科学的发展做出了很大贡献。而且在1986年又成功开发了原子力显微镜。与罗勒、鲁斯卡一起在1986年获得诺贝尔物理学奖。

海因里希•罗勒（Heinrich Rohrer，1933—2013）： 瑞士物理学家。在苏黎世联邦理工学院以超导体的研究获得博士学位后，在1963年入职IBM苏黎世研究所，最初进行磁阻抗和磁相转移等临界现象的研究。1978年以宾宁为先锋共同投入STM的研究，1981年取得成功。1986年获诺贝尔物理学奖。

戈伯（Christoph Gerber，1942—）在1986年发明的。与STM只适用于导体表面相比，AFM还适用于绝缘体表面，所以广泛地用于表面研究。STM的发明者宾宁和罗勒与鲁斯卡共同获得了1986年的诺贝尔物理学奖。

扫描近场光学显微镜

光学显微镜的分辨率因光的衍射极限而限制在波长的一半。但是，扫描近场光学显微镜（scanning near field optical microscope，SNOM）利用光在物质表面引起的极化场的表面电磁场，以数纳米的分辨率将物质的光学性质图像化后进行观测。SNOM是1984年由波尔（Dieter W. Pohl，1938—）等开发的。使纳米量级的尖锐探针的尖端接近到距样品表面数十纳米的位置，就能将表面电磁场转换成传播光或散射光。表面电磁场的分布由物质的诱导及其表面结构所决定，所以将探针沿表面扫描并同时测定传播光或散射光，就可以将物质表面的光学特性图像化。由此就可以得到水平方向20nm的分辨率，可以用于表面的纳米结构的研究。

5.2.3 激光的出现与分子光谱学的发展：分子结构和电子状态的观测

解析物质发射或吸收光时所获得的光谱，获得物质结构和性质信息的光谱学在第二次世界大战后取得了很大进步。在分光学中通常光源、区分频率的分光器和检出光的装置是必需的。用作光源的光的波长范围已经涵盖从真空紫外到远红外广阔的范围，在短波长一侧连接着X射线光谱学，长波长一侧与使用电磁波、微波的分光学相联系。用作光源的各种灯和电子管的性能提高了，受光电倍增管的性能提高和电子技术发展的支撑，光信号的检出灵敏度实实在在有了提高。因为计算机技术的发展，检出的信号的处理变得容易，傅里叶变换分光法等新的光谱法得以引入。而且，受基于量子力学解析的精密化等的支撑，分子光谱学从20世纪50年代开始有了实质性进步。

但是，分子光谱学中带来革命性进步的是激光的出现。1960年发明的激光马上被用于化学研究，1970年前后开始在光谱学上的各种各样的应用获得进展。激光的出现使复杂分子的高分辨率分光成为可能，同时短寿命的自由基和激发态的光谱学得以发展，其结构得以解明。还有，采用单色的强激光使得非线性分光学这样的新领域的出现成为可能。脉冲激光的脉冲宽度从20世纪60年代的纳秒（10^{-9}s）推进到皮秒（10^{-12}s）、飞秒（10^{-15}s），现在已经可以获得阿秒（10^{-18}s）范围的脉冲了，出现了超快光谱学（ultra-fast spectroscopy）。在这节对从微波到真空紫外的广泛范围的光谱学的发展做一概述。有关观测伴随核和电子自旋状态之间的跃迁的电磁波的吸收、释放的磁共振以及检出电子的电子光谱，将在其他章节论及。

微波放大器与激光

LASER（激光）是light amplification of stimulated emission of radiation这句话

各词的首字母的组合，按字面翻译就是利用电磁波的诱导释放的光放大器。其理论基础在1917年爱因斯坦的论文[26]中已经给出，不过实现它花了很长时间。为了通过诱导释放得到光（发振），就需要实现占有数的逆转（反转分布），即能量高的能级的占有数比能量低的能级的占有数还要大（图5.5）。1953年哥伦比亚大学的查尔斯•汤斯等用氨分子线实现了反转分布，发明了基于辐射受激发射的微波放大器（microwave amplification by stimulated emission of radiation，MASER）[27]。但是在他们的2能级微波放大器中不能获得连续发振。同一时期，俄国的尼古拉•巴索夫和亚历山大•普罗霍罗夫也独立地获得了微波放大器的构思，1955年发明了可以连续发振的3能级微波放大器。微波放大器此后作为高精度原子钟和频率标准器使用了。汤斯、巴索夫、普罗霍罗夫因在量子电子技术领域的基础性贡献获得了1964年的诺贝尔物理学奖。

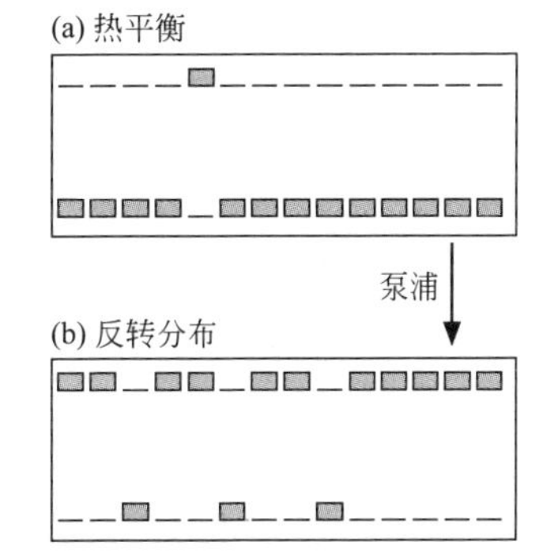

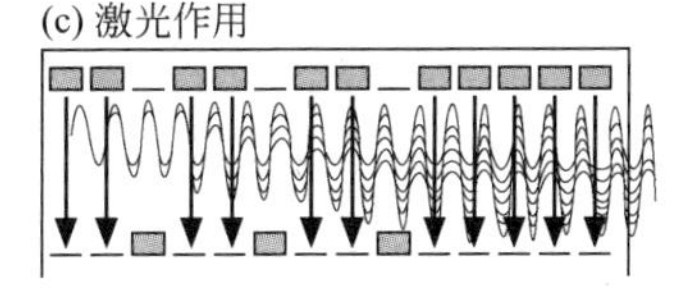

图5.5 表示激光发生原理的概念图

（a）玻尔兹曼分布的热平衡状态；（b）反转分布状态；（c）模型化表示1个被释放出的光子逐渐产生诱导释放，光得以增强的情形

在光的波长范围内，可以获得同样的放大器的理论可能性在1958年由汤斯和贝尔研究所的亚瑟•肖洛所发表。同年，普罗霍罗夫独立地发表了光共振器（相对于具有光领域频率的电磁波的共振器。相对放置2个反射面，使之在其间产生光的驻波）的想法。激光的最初成功是1960年由美国的希欧多尔•梅曼（Theodore H. Maiman，1927—2007）实现的[28]。他制造了在两个端面蒸镀了银的红宝石晶体

查尔斯•汤斯（Charles H. Towns，1915—2015）：美国物理学家。出生于南卡罗莱纳州，在杜克大学获得硕士学位，在加利福尼亚工业大学取得博士学位，1936年入职贝尔研究所从事雷达研究。1948年担任哥伦比亚大学教授，从事微波光谱学研究，1951年构思了微波放大器的原理，1954年取得实验成功。进而在1960年提出激光的原理。获1964年诺贝尔物理学奖。

尼古拉•巴索夫（Nikolay G. Basov，1922—2001）：俄罗斯物理学家。参加第二次世界大战，在乌克兰前线作战。1950年莫斯科物理工科大学毕业后，进入科学院物理学研究所，在普罗霍罗夫手下开展研究，1952年共同提出微波激射器原理，1955年完成3能级微波激射器。1964年获诺贝尔物理学奖。

亚历山大·普罗霍罗夫（Aleksandr M. Prokhorov，1916—2002）：出生于澳大利亚一个逃离帝制俄国的革命者家庭，1923年回到俄罗斯。从列宁格勒州立大学毕业后，1939年进入莫斯科物理学研究所，从事离子层中无线电波的传播研究，第二次世界大战中作为步兵参战。1950年前后开始分子转动、振动的电波分光的研究，和巴索夫共同开发了微波激射器。进而提出光共振器，对激光的开发也做出了贡献。1964年获诺贝尔物理学奖。

亚瑟·肖洛（Arthur L. Schawlow，1921—1999）：美国物理学家。出生在纽约，不过在加拿大多伦多长大，在多伦多大学取得博士学位后，在哥伦比亚大学汤斯手下做研究。1951年至1961年在贝尔研究所工作，从1961年起任斯坦福大学教授。因对激光光谱的发展所做出的贡献获得1981年诺贝尔物理学奖。

尼古拉斯·布隆伯根（Nicolaas Bloembergen，1920—）：出生于荷兰的美国物理学家。乌得勒支大学毕业后，在哈佛大学以关于NMR弛豫的研究取得博士学位，在该大学工作，于1957年升任教授。从20世纪60年代开始从事非线性光谱的开拓性研究，1981年获诺贝尔物理学奖。

的共振器，通过闪灯的照射激发产生反转分布，成功实现了红色光（694.3nm）的激光振荡。激光器的基本构成包括采用各种各样介质的光共振器和产生反转分布的光激发光源。此后开发了容易实现反转分布的四能级激光器等各种激光器（图5.6）。1961年贝尔研究所的贾范（Ali Javan，1926—）开发了He-Ne气体激光器（632.8nm），1962年开发了Nd∶玻璃激光器和半导体激光器，1964年开发了CO_2激光器（10.6μm）、Nd∶YAG激光器（1064nm）（图5.7），新型激光器陆续被开发出

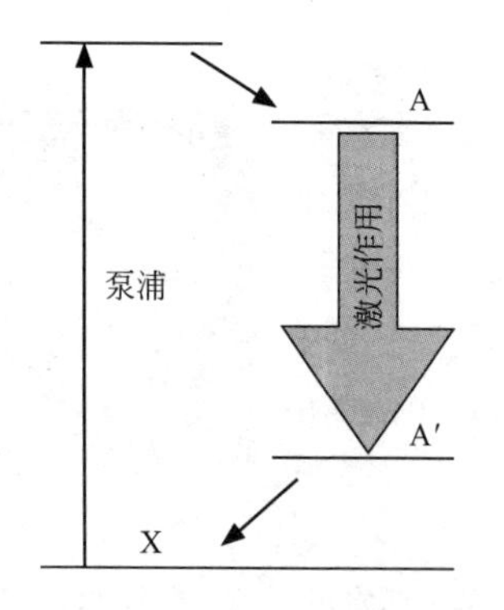

图5.6 四能级激光器中的能级

在四个能级中A、A′是激发状态，容易实现反转分布。Nd∶YAG激光器就是这个类型

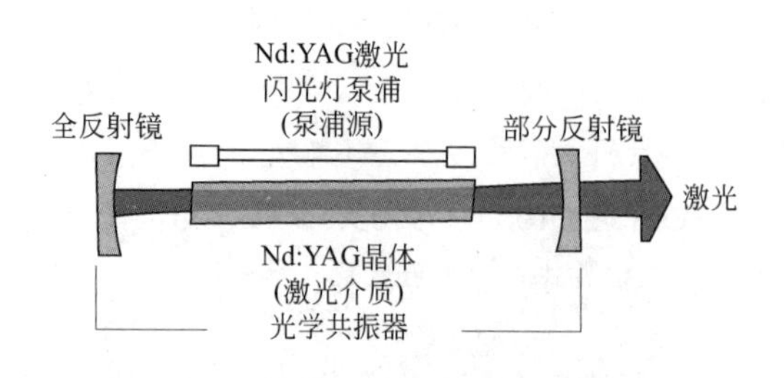

图5.7 Nd∶YAG激光器和光共振器的概念图

添加了钕（Nd）的钇（Y）为激光介质

来。1966年波长连续可变的染料激光器，1970年紫外光气体激光器的准分子激光器（excimer laser）问世，这些激光器马上用到了化学的研究中，开始产生很大的影响。准分子激光器也被广泛地用于现代半导体产业和视力矫正（准分子激光手术）等。

到1970年前后的发展中，激光已经可以在广泛的波长范围内利用了，分子光谱学迎来了大飞跃的时期。这一时期激光具有以下特点：①可以获得单色和大输出功率；②相位一致、收敛性优异；③波长连续可调；④可以获得超短脉冲，等等。关于这些发展下面将做论述。因为对激光分光学发展所做的贡献，尼古拉斯•布隆伯根和肖洛获得了1981年诺贝尔物理学奖。

微波分光

因为战争中的雷达研究，处理微波的技术获得进步，这带来了战后微波光谱学的诞生。在微波的发生中，最初使用像速调管那样的电子管，不过之后开发出了耿氏二极管那样的固体元件，已经能得到稳定的微波了，采用频率合成器已经可以连续覆盖宽广的频率范围了。正如在4.3节所述，分子的转动能级间的能量差与微波的能量相当，微波光谱成了简单分子精密结构测定的有力手段。在通常的微波光谱中，将样品气体导入到作为波导管一部分的池中，在高压电场中调变微波吸收并进行检测。在傅里叶变换光谱中，从脉冲喷嘴将低温气体样品导入至用一对球面镜夹住两端形成的真空的空洞共振器中。通过脉冲微波照射产生振动能级间的跃迁，检测得到的过渡性的信号通过傅里叶变换得到光谱。在这个方法中，因为采用低温样品，所以能获得高分辨率的光谱。从微波光谱不仅可以得到与双原子分子结构相关的精密信息，还可以获得有关电偶极矩、内部转动能、振动转动相互作用、磁矩、电四极矩等的信息。但是，在多原子分子中，根据3个惯性矩不能确定结构，为了获得详细信息，通过同位素置换的比较是必需的。

通过傅里叶变换微波光谱可以研究短寿命自由基（OH，CN，NO，CF，CCH等）和分子离子（CO^+，HCO^+，HCS^+等）。还有，微波光谱在范德华配合物（C_6H_6•HCl，Kr•HF，SO_2•SO_2等）的结构确定中也发挥了威力。

微波光谱与星际分子的电波天文学有密切关系（图5.8）。来自宇宙的微波的存在从第二次世界大战前就已经知道，但作为学术的电波天文学是一个在第二次世界大战后诞生的领域。通过电波天文学已经弄清了宇宙空间存在各种各样的分子，通过实验室的微波光谱研究过的光谱对这些分子的鉴定是有用的。

振动光谱：红外与拉曼

在观测分子振动能级间的跃迁的振动光谱学中主要有红外光谱和拉曼光谱。通常在多原子分子中，由N个核构成的分子的位置可以用$3N$个坐标表示，所有核在平衡点周围振动。假设所有的核都以称作基准振动的相同振动频率做谐振，在直线分子中有3N–5个，非直线分子中有3N–6个基准振动。在红外光谱中，通常观测随着分子的偶极矩变化的、从振动基态至第一激发态的跃迁产生的吸收（参见图4.8）。第二次世界大战前红外光谱主要由物理学家用于简单分子的结构化学研究。战后生物相关分子等复杂分子的结构研究等物理化学的研究获得进步，普通的化学家也已可以很容易弄到红外分光器，红外光谱作为方便的手段已经被广泛地使用于化合物的鉴定、分析。基准振动与整个分子的核的振动相关，但实际上显示出强烈依赖分子内特定官能团的特有振动频率的吸收（图5.9）。例如，C═O基在1700cm^{-1}附近、OH基在3000cm^{-1}附近显示特征吸收，等等。红外吸收可以说是分子的指纹。因此，红外光谱与NMR和紫外-可见吸收光谱一起也广泛地使用于有机化学和配位化学等领域。

图5.8 位于日本野边山的直径45m的电波望远镜

用于星际分子的检出，观测波长在毫米水平的宇宙电波

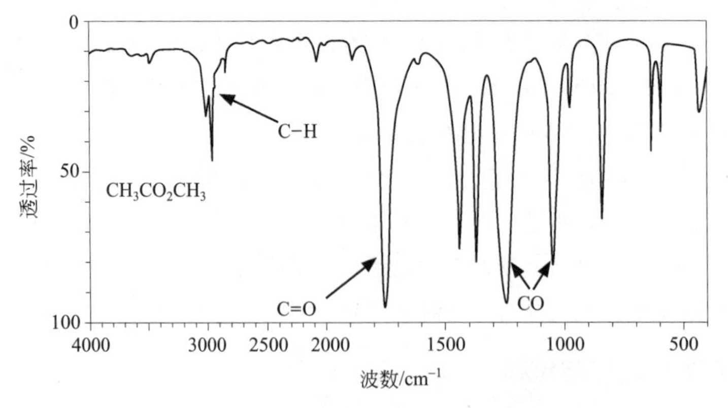

图5.9 红外吸收光谱实例——乙酸乙酯

3000cm^{-1}的吸收带对应C—H伸缩振动，1735cm^{-1}的峰对应C═O伸缩振动，1250cm^{-1}以及1050cm^{-1}的峰对应C—O键振动

在截至20世纪70年代的红外分光器中，采用的方法是将来自红外光源的光用射束分裂器分成两部分，分别通过样品和参比池后进行比较来测定样品的吸收。但是后来傅里叶变换红外光谱仪成了主流。它用迈克尔逊干涉仪（迈克尔逊研制的干涉仪，广泛用于光波长的精密测定、光谱线形的测定、高分辨率分光仪等）获得红外光吸收的干涉波形，将它通过傅里叶变换来得到光谱。在以前的方法中，以频率为横轴，以吸收强度为纵轴作图得到光谱图，而在傅里叶变换法中，同时得到全部频率的信息，通过将它积分使灵敏度显著提高。

在拉曼光谱中，对于频率为ν_0的入射光，观测$\nu_0 \pm \nu_i$（ν_i表示分子振动或转动跃迁的频率）频率的散射光。拉曼散射依赖分子的极化率的变化，所以选择律与红外光谱不同，可以观测在红外光谱中不能观测的振动。在拉曼光谱中，是强单色光照射在样品上，用分光器分开其散射光进行观测。一般而言，拉曼散射光比基于瑞利散射的散射光要弱得多，所以必须有分辨率高的分光器和微弱光的检测器。激光的出现已经可以获得强单色光，拉曼光谱在20世纪70年代以后获得了很大发展。在拉曼散射中，有非共振散射和共振散射。一旦入射光的振动频率接近分子的电子跃迁产生的吸收频率，拉曼散射的强度就会显著增大，利用这种共振拉曼现象的话，也可以进行稀溶液和微量样品的测定，共振拉曼成了生物大分子和短寿命分子研究的有力手段。在拉曼光谱中，只出现特定发色团的振动，所以可以获得有关发色团附近结构的详细信息，在血红蛋白等色素蛋白质的结构研究中发挥了威力。

在使拉曼散射强度显著增加的现象中有表面增强拉曼散射（surface-enhanced raman scattering，SERS）。这是吸附在金属表面的某种分子的拉曼散射强度在溶液中显著变强的一种现象。该现象本身是1974年弗莱施曼（Martin Fleischman，1927—2012）的团队发现的，1977年范达因（van Duyne）提出增强的原因是源于金属表面的等离子体振子（在金属、半导体等上，自由电子集体振动，呈疑似粒子性的振动状态）的激发的电磁场局部增强。

随着激光光谱技术的发展，开发出了诱导释放拉曼光谱、相干拉曼光谱等更高级的拉曼光谱手法，在化学领域也得到了广泛使用。

紫外-可见光的吸收·荧光·磷光

在20世纪30年代，分子内的电子状态已经可以用分子轨道的概念来理解，据此紫外-可见光的吸收和放射就可以看作分子轨道间的电子跃迁来理解了。以双原子分子开始的简单分子的电子光谱的研究从第二次世界大战前开始一直到战后，以赫茨伯格为首的光谱学者在努力研究。简单分子的电子光谱以气体形式可以得到高分辨率的光谱，它们显示源于振动、转动能级的分裂，所以对其进行解析对分子结构也给出详细的信息。这些结果由赫茨伯格总结在专题论文中（图5.10）[29]。

在第二次世界大战前的光谱学中光谱观测采用照相技术，而在20世纪50年代将吸收和发射的强度作为频率的函数记录的分光光度计上市了，并得以普及。化学家将低分辨率的紫外-可见光谱广泛地用于化合物的鉴定和分析。

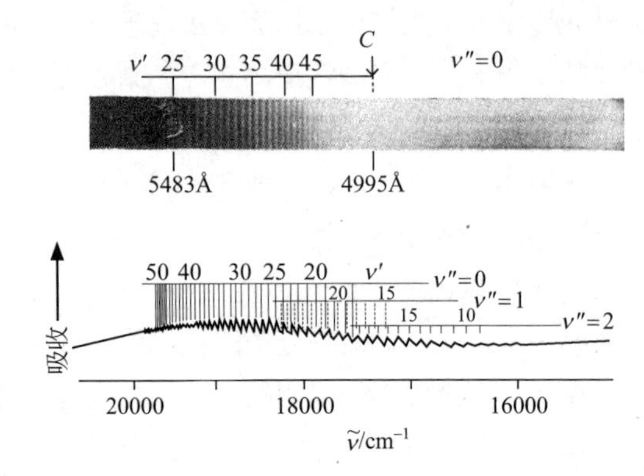

图5.10 碘蒸气的可见光吸收光谱

上图：照相的光谱；下图：用分光光度计记录的光谱

吸收源于从基态v''的振动状态向激发态的v'的振动状态的跃迁

芳香化合物和金属配合物等更复杂的化合物的吸收光谱从1950年前后开始也基于分子轨道理论进行了讨论。截至1950年前后，芳香化合物中的源于π电子轨道间跃迁的ππ*跃迁，源于非键轨道（n轨道）中的电子向π*轨道激发的nπ*跃迁（图5.11），源于σ轨道中的电子向π*激发的σπ*跃迁及其逆向的πσ*跃迁，与金属配合物中的d电子相关的dd*跃迁、dπ*跃迁等，还有源于分子间电荷转移（charge transfer，CT）的CT跃迁等，来源于各种各样不同类型的跃迁的吸收可以区别认识了，各自的吸收特征得以弄清，电子光谱的定性理解进步了。在此对CT吸收做一个补充。

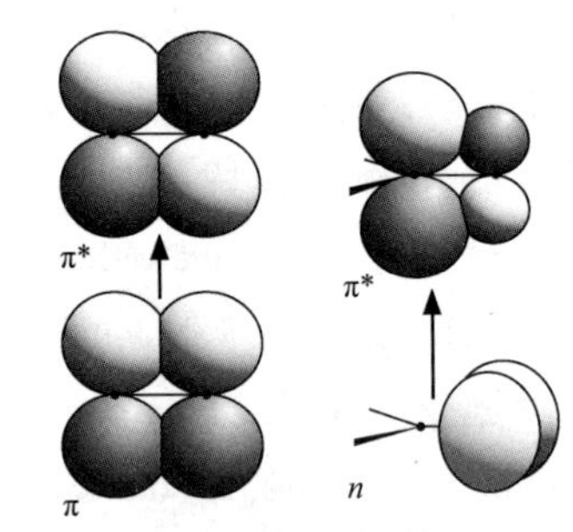

图5.11 π→π*跃迁及n→π*跃迁的概念图

（左）C═C键性的π轨道激发到反键性的π*轨道的π→π*跃迁；

（右）C═O的O原子的n轨道中的电子激发到π*轨道的n→π*跃迁

碘的乙醇溶液（碘酒）呈现褐色，这与碘本身固有的紫色不同。像这样构成原子中没有的吸收光谱的出现从前就知道，1952年马利肯对这样的吸收做了说明[30]，认为由于电子从电子给予体（D）到电子接受体（A）部分地转移，体系更加稳定，是源于从生成的配合物（电荷转移配合物）的基态到激发态的跃迁的CT光谱。这样的光谱同一时间在日本也有东京大学长仓三郎等的团队对由苯醌和对苯二酚生成的氢醌等进行了研究。另外，已经认识到即使在金属配合物中，也有伴随配体向金属的电荷转移的配体-金属电荷转移（LMCT）、相反的金属-配体电荷转移（MLCT）。

1944年路易斯和卡沙（Michael Kasha，1920—2013）提出荧光是从激发一重

长仓三郎（1920—）：1943年东京大学毕业。1959年东京大学物性研究所教授，1981年任分子科学研究所所长。1988年任冈崎国立共同研究机构长。在分子的电子状态和反应性，特别是电荷转移状态和光化学的广泛研究领域取得了业绩，在日本分子科学的发展中发挥了指导性作用。1990年获文化勋章。

态（S_1）到基态（S_0）的发射跃迁产生的发光，磷光是从激发三重态（T_1）到基态（T_0）的跃迁所产生的发光，不过这一观点获得一般性认同是在20世纪50年代初。1949年卡沙提出了存在从S_1态到T_1态的快速无辐射过程[31]。他还提出“卡沙规则”，即激发高的激发态也会出现分子因无辐射的失活过程弛豫于S_1态，荧光是从S_1态发生的。凝聚态中有机化合物的荧光和磷光的研究从20世纪50年代至60年代开展得很活跃，激发态分子失活的辐射和无辐射过程的详细情况逐渐弄清楚了。

比较大的分子在气相中的高分辨率光谱从1970年前后开始用苯及其类似分子等做了研究，因为波长可变的染料激光的出现，激发单一振动电子能级来测定荧光成为可能。如果使激光的波长一定，测定样品发出的荧光就可以获得荧光光谱，边改变激发激光的波长边测定一个强度的话就可以得到荧光激发光谱。而且，从20世纪70年代开始将稀释在稀有气体中的样品作为超音速喷嘴喷流喷射至真空中，获得低温气体分子的技术已经得到了利用，比较大的分子也已经可以获得分离转动结构的高分辨的光谱。通过这些光谱的详细解析就可以获得分子的电子激发状态结构和动力学的详细见解。

在激光出现之前的光谱学中，观测了原子和分子只吸收1个光子的单光子过程。随着强力激光的出现，如果使激光收敛的话可以得到高密度的光子场，利用原子和分子同时吸收2个光子以上的多光子过程的光谱也成为可能。首先，双光子吸收受与单光子吸收不同的选律的控制，所以能够观测在单光子吸收中观测不到的吸收。另外，在双光子、多光子过程中，分子能够容易地离子化，产生的离子和电子可以高灵敏地检测，所以将多光子离子化用于检测的光谱法取得了进步。还有，采用两束激光光源的光-光二重共振法也已经获得广泛应用。

非线性光谱

如前项所述，将激光用作光源给光谱学带来了很多发展，利用激光所具有的特点发展起来的光谱方法从20世纪60年代开始出现了很多种。其中一种光谱法就是利用单色、强力且相位一致的收敛性光的非线性光谱法。另外，通过获得短光脉冲使研究从纳秒（10^{-9}s）到皮秒（10^{-12}s）的非常短时间里发生的过程成为可能，产生了称作超快光谱的领域。这里就其代表性的方法做一介绍。

用光谱学处理的现象可以通过考察由光的电场E产生的物质的极化P来理解。在光弱的时候，这种极化可以用与E成正比的1次项给出，而在强激光照射下，与

E相关的2次、3次项变得重要起来，可以观测到非线性的光学现象。利用这种非线性光学现象的光谱法就是非线性光谱法。

由E的2次项产生的非线性过程被利用于发生频率为2倍的二次谐波，最近作为和频振动光谱法（sum-frequency-generation spectros copy）用于表面和界面的研究，在测定表面分子取向等方面发挥着威力。但是，这一项在具有反转对称性的体系为0，所以对于通常的气体和液体不产生来自2次项的非线性光谱效应。因此，这之前在化学中应用起来的非线性光谱法多利用E的3次项。作为其代表性的方法有相干拉曼光谱（CARS）、光子回波、过渡衍射光栅法等。在前项接触到的多光子吸收和光-光二重共振也可以考虑作为3次非线性效应的应用。在CARS中，将从基态至激发态的跃迁频率ν_1和别的频率ν_2（$\nu_1>\nu_2$）两个频率的激光以某个角度入射到样品上，观测$2\nu_1-\nu_2$的散射光。$\nu_1-\nu_2$在与样品的拉曼活性的谱带频率一致时可以得到强的信号。这个方法适合在背景散射强的体系得到高分辨率的拉曼光谱。光子回波是类似光领域的磁共振的自旋回波的光谱，一边改变2个激光脉冲间的延迟时间一边激发样品，观测产生的光回波信号。在过渡衍射晶格法中，使同一波长的两个激发光以某个角度交叉照射到样品上，以探针光检测因过渡性生成的干涉条纹所激发产生的现象。这些方法适合高速分子运动和迟缓过程等动态过程的观测。

超快光谱

用短光脉冲激发分子，观测生成的短寿命物种吸收，在1949年英国的波特（George Porter，1920—2002）和诺里什（Norrish，1897—1978）开发了采用闪光放电管的闪光光解（flash photolysis）方法[32]，已经广泛用于短寿命激发态和自由基的快速反应的研究。用闪光光解法限于微秒（10^{-6}s）时间尺度的观测，不过因为激光的出现，观测从纳秒（10^{-9}s）到飞秒（10^{-15}s）范围发生的现象成为可能，出现了被称作超快激光光谱的领域。

在这个领域最广泛使用的手法是用泵-探针法观测过渡吸收的方法。这是一种采用超短脉冲泵浦激光器激发样品，作为白色探针光的吸收观测生成的短寿命物种的吸收的方法。如果改变泵光和探针光之间的延迟时间观测吸收，可以追踪产生的短寿命物种的动力学。此外，对于用激光脉冲照射产生的短寿命物种的检出，利用荧光、光离子化等的方法也在努力探索着。在超快激光光谱中，因为采用瞬时强力脉冲，显然非线性光学效应变得重要，超快光谱与非线性光谱密切相关。有关超快光谱用于化学反应的研究将在5.4.2节介绍。

X射线光谱

用高能的X射线和电子线照射激发的物质所发射出的荧光，或物质的X射线吸收也能给出有用的信息。X射线荧光来源于在原子内层电子被离子化产生的空位中，其外层电子回落下来的过程中发射出的X射线。发射出的X射线的能量对应于两层间的能量差，对于原子来说是特有的，所以利用X射线的X射线光谱法已经广泛用于元素分析（图5.12）。

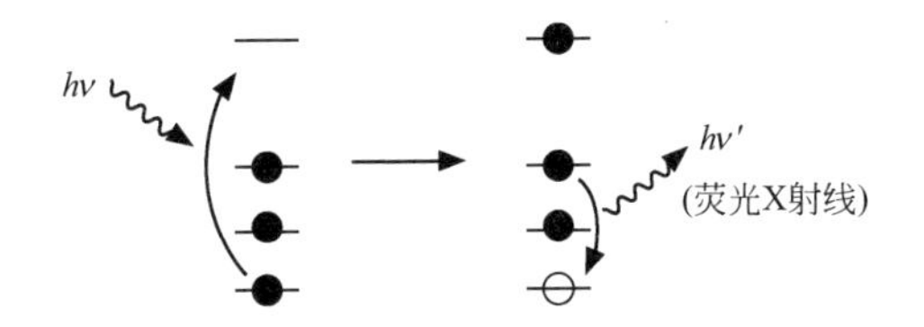

图5.12 荧光X射线发生原理
内层电子通过高能X射线或放射线激发，其他轨道的电子进入产生的空位中，剩余的能量以荧光X射线释放

通过同步辐射光就可以利用强力、波长可调的X射线，在X射线范围的吸收光谱也获得了发展。X射线吸收光谱以在低振动频率侧具有的连续吸收带覆盖尖锐、不连续的吸收端的形式出现。其各部分对应吸收或释放特定内层轨道上的电子的过程。在其吸收端附近可以看到振动结构，这种特征性的结构称作X射线吸收近边结构（X-ray absorption near edge structure，XANES），因为源于内层电子的跃迁，所以通过其结构解析可以知道有关吸收X射线的原子的电子状态。另外，在高能量侧可以看到的结构称作扩展X射线吸收结构（extended X-ray absorption fine structure，EXAFS），可以认为是从吸收X射线的原子释放出的电子的波与来自邻近原子的反射波产生干涉的结果，给出测定对象原子周围结构相关的信息。

□ γ射线光谱：穆斯堡尔效应

1958年德国的鲁道夫·穆斯堡尔发现[33]固体中的原子核不伴随反冲释放γ射线，该γ射线被其他同种原子核没有反冲地共振吸收的现象（穆斯堡尔效应）。利用穆斯堡尔效应的光谱法称作穆斯堡尔光谱法。核的能级随固体中的电子状态仅有微小变化，所以使辐射体或吸收体的一方移动，观测由此产生的多普勒效应来获得光谱。这些光谱显示与电子相互作用产生的位移，由内部磁场和核四极矩产生的分裂，作为获得以Fe为首的20多种原子在固体中的结合状态、原子排列、磁状态等信息的有力手段，在物理、化学、生物学、矿物学等领域已经广泛地使用起来了。穆斯堡尔在1961年获得了诺贝尔物理学奖。

5.2.4 电子光谱法的发展：原子内层和表面状态的观测

在此前所述光谱法中，测定的是吸收或发射的电磁波（光）的强度。在电子光

鲁道夫·穆斯堡尔（Rudolf L. Mössbauer，1929—2011）：德国物理学家。1958年在慕尼黑工业大学取得博士学位后，历任加利福尼亚工业大学教授，1964年任慕尼黑工业大学教授。1957年发现“穆斯堡尔效应”，1961年获诺贝尔物理学奖。

谱中，将X射线、光、电子射线照射在物质上的时候，测定由物质释放出的电子的动能，研究和分析物质的结构和状态。电子光谱在第二次世界大战后获得了大的发展，这尤其得益于真空技术和电子能量的测定技术的进步。电子光谱作为研究表面微观状态的手段，成了弄清表面吸附结构和催化过程详细情况的有力工具，对近年表面科学的发展做出了很大贡献。电子光谱法有X射线及紫外线电子能谱、俄歇电子能谱、电子能量损失光谱等。

光电子能谱

光电子能谱是通过光激发，测定从物质中释放的电子的动能，获得物质内部该电子的键能等相关信息的光谱法（图5.13）。关于因光电效应释放出的电子的能量的研究从20世纪10年代就已经开始进行了，不过在第二次世界大战前的研究中，只能得到很宽的光谱。高分辨的X射线光电子能谱（X-ray photoelectron spectroscopy，XPS）在1957年由瑞典的卡伊•西格巴恩的团队最早报道[34]。他们是做核物理的，为了精确测定β衰变时释放出的电子的能量，使用设计的装置，测定以采用单色X射线照射释放出的电子的动能为横轴，以电子数为纵轴的光谱，发现了之前没有观测到的非常尖锐的峰（图5.13）。他们认识到这些峰源于从样品内的原子层敲出的电子，对各种元素处于不同电子层的电子的键能进行相同的研究，确立了XPS的方法。通过XPS可以使内层电子释放出来，而且离子化能随化学环境而变化，所以适合于表面元素分析、状态分析，也被称作ESCA（electron spectroscopy for chemical analysis）。1969年装置也上市了，作为分析手段也得以拓展。西格巴恩因发现XPS的功绩，与激光光谱的开拓者肖洛及布隆伯根共同获得1981年的诺贝尔物理学奖。

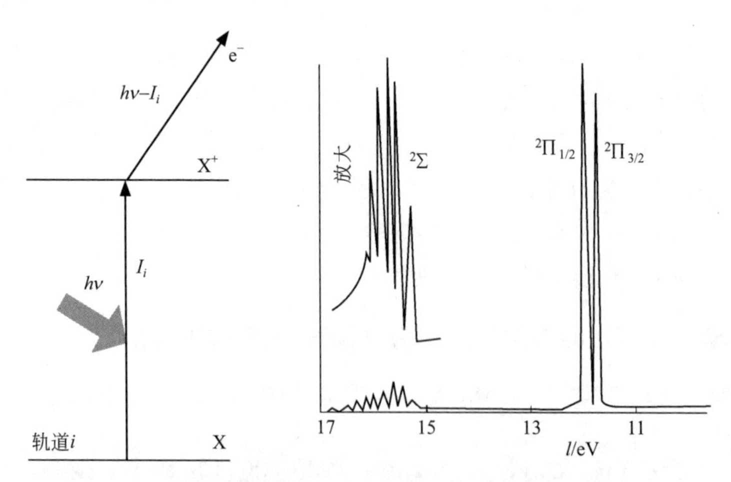

图5.13 光电子能谱原理（左）和HBr的光电子能谱（右）

以$h\nu$能量的X射线或真空紫外线，将原子或分子由状态（X）激发至状态（X′），释放出$h\nu-I_1$能量的电子。右侧的谱带来自Br原子的孤电子对的离子化，左侧的谱带来自成键电子的离子化

卡伊·西格巴恩（Kai M. B. Siegbahn，1918—2007）：瑞典物理学家。1944年在斯德哥尔摩大学取得博士学位后，历任斯德哥尔摩皇家工业大学教授，1954年任乌普沙拉大学教授。从20世纪50年代开始推进粒子射线能量分析器的改进，确立了高分辨光电子光谱法。获1981年诺贝尔物理学奖。

相对于XPS以固体表面释放出的电子为对象，作为气相中分子的光电子光谱，用氦气灯的真空紫外线（58.4nm）做照射光的UV光电子光谱（UPS）是在20世纪60年代初由牛津大学的物理学家特纳（David Turner）开发出来的。在UPS中只释放原子的价电子，因为分辨率高，可以实验测定分子轨道的能量，所以已经被用于分子的电子状态研究。此场合假设激发光的能量为$h\nu$，从轨道i释放电子所需的离子化能为I_i，释放出的电子的能量为E_K，则有$E_K=h\nu-I_i$。根据被称作科普曼斯（Tjalling Koopmans，1910—1985）定理的近似，即I_i等于释放出的电子的轨道能量，就可以解释UPS光谱，分子轨道能量得以确定，获得了广泛的应用。

最近，由于回旋加速器放射光的利用成为可能，照射光的能量范围已经可以连续覆盖，共振效应的观测、角度分解测定、自旋分解测定等高水平的测定已经可以进行了。物质的电子结构和光离子化、光化学反应的研究等方面的研究也取得进展。另外，通过检测向特定方向释放的光电子的角度分辨光电子光谱法也可以获得表面带结构和吸附分子排列相关的信息。光电子只从距表面数百皮米至数皮米程度的深度释放出来，所以光电子光谱法给出固体表面和吸附的原子、分子的结构和电子状态相关的详细信息，成了表面科学中有力的研究手段。

俄歇电子能谱

俄歇电子能谱源于俄歇效应（图5.14），即外层电子填充由高能放射线和电子射线的照射下释放出内层电子产生的空穴，然后与轨道能量差相等能量的二次电子释放出来。俄歇效应是1922年由迈特纳最早报道的现象，不过因为1925年独立发现这一效应的法国人俄歇而冠名俄歇效应。该二次电子的能量对各种元素而言是特征性的，因为结合状态也会变化，所以其解析可以获得有关表面化学组成的信息。从1960年前后起该技术就已经被广泛应用于表面分析了。通常用能量在1～5keV的电子射线照射样品，分析放出的电子能量。

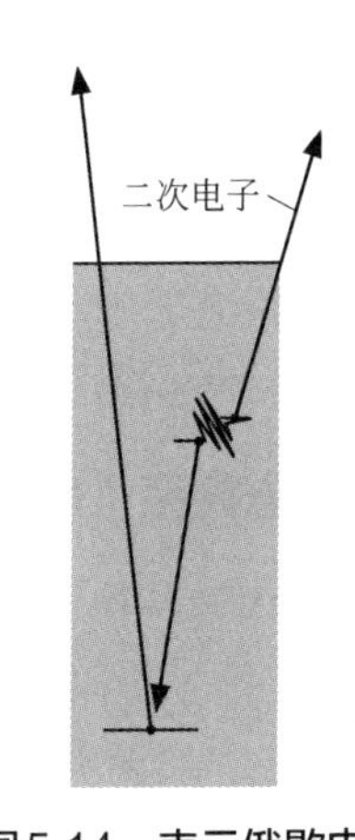

图5.14 表示俄歇电子能谱原理的概念图

以电子落入空穴时的能量，处于别的轨道的电子被释放出来（二次电子释放）

电子能量损失光谱

电子能量损失光谱（electron energy loss spectroscopy，

EELS）是20世纪40年代中期由希利尔（James Hillier，1915—2007）和贝克（R. E. Baker）开拓，1980年前后起广泛用于没有吸附物质的清洁表面研究的光谱法。在这个方法中，将具有一定动能的电子射线对准样品表面，将被放射的电子射线的强度表示成与表面的非弹性散射所失去的量的函数。电子能量的损失因表面的声子（声子是晶格振动以及将广义声波量子化的准粒子）激发、表面电子带及振动能级的激发、内层的离子化等各种各样原因所引起，详细的解析对表面在原子、分子水平给出有用的信息。作为在化学方面的应用，特别被用作解析吸附分子的振动光谱的手段。随着技术的进步，已经可以得到高分辨率（high resolution，HR）的光谱了，称作HREELS。

5.2.5 磁共振法：使自旋探针化的光谱法

第二次世界大战后获得大发展、大大改变化学研究的实验技术之一有磁共振（magnetic resonance）的方法，它是观测因在磁场作用下发生分裂的自旋系的能级间跃迁所产生吸收的方法。如前章所述，以核自旋为对象的核磁共振（nuclear magnetic resonance，NMR）的最早观测是1938年拉比（Isidor I. Rabi，1898—1988）用氯化锂的分子线进行的，关于以电子自旋为对象的电子自旋共振（electron spin resonance，ESR；或electron paramagnetic resonance，EPR）是1944年苏联的扎沃伊斯基（Yevgeny K. Zavoisky，1907—1976）观测成功的。荷兰的霍尔特（Cornelius J. Gorter，1907—1980）在第二次世界大战前尝试了在凝聚态的NMR观测，但没有成功，凝聚态的观测推迟到了第二次世界大战后。磁共振在战后获得了很大发展，在涉及物理、化学、生物学、医学的自然科学的广泛领域产生了很大影响。另外，在磁共振中还有核四极矩共振（NQR，核自旋在1个以上的原子核中，核的电荷分布偏离球形对称就具有核四偶极矩，它因与电场梯度的相互作用，核自旋的能量就会发生分裂。由这种分裂产生的共振就称作NQR）和μ子自旋旋转•弛豫•共振［μSR，观测由入射到物质中的μ粒子（素粒子的一种）的衰变产生的电子自旋的转动、弛豫以及共振，获得物质结构信息的方法］。

核磁共振（NMR）

在1946年初，哈佛大学的爱德华•珀塞尔的团队和斯坦福大学的费利克斯•布洛赫的团队分别独立报道成功地观测到了凝聚系中的NMR信号[35,36]。珀塞尔的团队观测到了脂肪中的质子的共振现象，布洛赫的团队观测到了硝酸铁水溶液的质子的共振现象。当初的研究目的是测定核磁矩。这一发现给物理学界带来了很大冲击，珀赛尔和布洛赫获得了1952年的诺贝尔物理学奖。最初物理学家主要的兴趣放在阐明共振现象的基础和弛豫现象（对处于平衡状态的体系施加外力使之达到新的平衡后，一旦移去外力体系就会恢复到最初的平衡状态的现象。弛豫过程所需时

爱德华·珀塞尔（Edward M. Purcell，1912—1997）：在普渡大学学习电气工程，在哈佛大学学习物理，历经哈佛大学讲师、助理教授，1949年升任教授。第二次世界大战中从事雷达的研究。1946年确立了通过核磁共振测定液体和固体中原子核的磁矩的方法。1952年成功地观测了来自宇宙空间的氢原子的微波，对电波天文学也做出了贡献。1952年获诺贝尔物理学奖。

费利克斯·布洛赫（Felix Bloch，1905—1983）：出生于瑞士，曾在苏黎世联邦理工学院学习，毕业后到莱比锡大学给海森堡当助手。1928年发表了固体中电子的波动函数（布洛赫函数）。1934年赴美国斯坦福大学，1939年和阿尔伯雷一起测定了中子的磁能率。第二次世界大战中从事原子力和雷达的研究，1946年成功地完成了基于核磁诱导法的核磁矩的测定，对磁共振理论的展开也做出了贡献。1952年获诺贝尔物理学奖。

间就是弛豫时间），但渐渐发现了未曾预料到的现象。首先，在1949年奈特（W. D. Knight，1919—2000）最早用金属观测到即使相同类型的核在不同的环境下共振频率也稍有不同。接着在1950年对于^{1}H（质子）、^{14}N、^{9}F又报道即使相同种类的核在不同的化合物中也给出不同的共振频率，这称作化学位移，于是NMR深深地吸引了化学家的兴趣[37]。次年在乙醇的光谱中分离并观测出甲基、亚甲基、羟基的质子，发现了在相同分子的相同种类核中共振频率也因质子类型不同而不同（化学位移）（图5.15）。

化学位移源自内部磁场，因外部磁场的存在，原子或分子内的核周围的电子系被激发，产生的磁矩波及核，所以与外部磁场成正比，通常是外部磁场的10^{-5}～10^{-4}水平。进而还可以观测到相同分子的相同种类核也会因核自旋间的相互作用（自旋-自旋键）产生分裂。已经很清楚了，NMR的谱图包含有关于分子结构和电子状态的丰富的信息，在化学研究方面的应用从20世纪50年代起急速扩展。在理论上理解化学位移和自旋-自旋键也取得进展，因此NMR成了有机化合物结构测定有力的研究手段。进一步，根据谱图和线宽的变化、弛豫现象的解析，NMR在分子内约束转动和

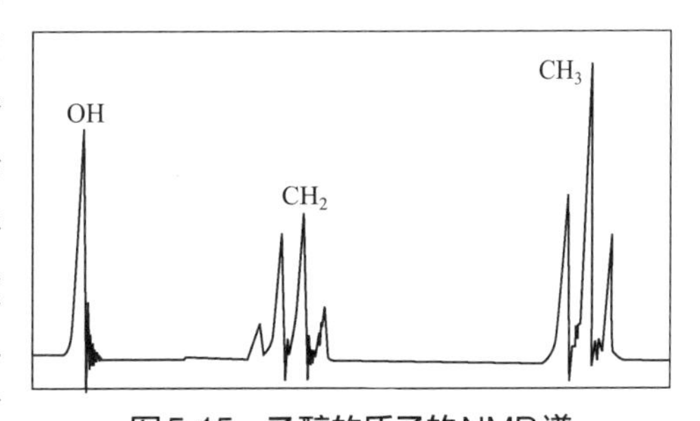

图5.15 乙醇的质子的NMR谱

因为化学位移，被分成OH、CH_2、CH_3三组。各组因自旋-自旋耦合进一步分裂。横轴为磁场的位移，纵轴为信号强度

立体排布的变化、反应速度等的动力学的研究方面也获得广泛应用。于是NMR成了化学研究中不可缺少的工具。

在化学方面的应用中，必须有分离并观测化学位移和自旋-自旋耦合的分裂的高分辨率NMR。从20世纪50年代后半段开始，高分辨率NMR分光器商品化了，被用于广阔领域内的化学研究。在这一时期的NMR分光器中，将固定共振频率的电磁波连续照在样品上，扫描磁场获得光谱的CW-NMR（continuous wave-NMR）获得应用。但是，在这个方法中存在检测灵敏度不够的问题，对像^{13}C这样天然赋存量少的核种的测定有困难。为了提高灵敏度和谱图的分辨率，采用高磁场、提高频率是有效的，不过截至1970年前后通常使用电磁石，所以对质子仅限于100MHz的频率。此后开发出了可以提供高分辨率NMR所要求的均一稳定磁场的超导磁体，将更高的频率用于核磁成为可能。在20世纪末前后有数百MHz的NMR出现了。但是用化学位移和自旋-自旋键的异向性不能平均化的固体样品不能获得高分辨率的NMR谱。1958年安德鲁（Edward R. Andrew，1921—2001）提出与磁场方向成54.2°（称作魔角）的轴的周围，通过使样品速度旋转来消除异向性的方法，此后与交叉分极法［将弛豫时间较短的^{1}H自旋的磁化移到（交叉分极）作为观测对象的、弛豫时间长的其他核的自旋，如^{13}C进行测定］并用，开辟了通往固体高分辨NMR的道路。

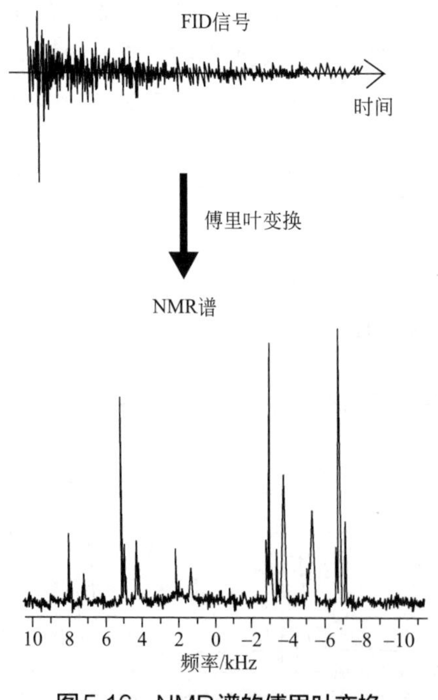

图5.16 NMR谱的傅里叶变换

将上图用脉冲无线电波照射获得的NMR信号随时间的变化（FID信号）经傅里叶变换，就可以得到下面的谱图

在1949年及1950年，托里（Henry C. Torrey，1911—1998）和哈恩（Erwin Hahn，1921—）各自进行了用脉冲电磁波获得NMR信号的先驱性研究。托里研究了在脉冲电磁波下的过渡信号衰减的振动；哈恩将两个脉冲电磁波设置一定的时间间隔进行照射，研究产生的反射波信号的情况[39]。脉冲NMR在20世纪60年代之前主要用于研究弛豫现象，不过在1966年理查德•恩斯特（Richard Etnst，1933—）等开发了采用脉冲照射的傅里叶变换（FT-）NMR方法，为NMR带来了革命性的进步（图5.16）。共振频率的矩形波因为含有共振频率附近的全频率成分，所以在脉冲无线电波照射下，可以激发全部自旋体系，可以得到在整体光谱的时间范围内的过渡性的NMR信号（自由诱导衰减）的重叠信息。将它做傅里叶变换的话，可以获得在频率范围内的光谱。如果通

理查德·恩斯特（Richard Etnst，1933—）：曾在苏黎世联邦理工学院学习化工，取得学位后到瓦里安公司从事NMR的研究与开发，1976年回母校当教授。1966年开发了傅里叶变换NMR方法，成功地将NMR的灵敏度一举提高；1976年开发了二维方法，不仅在物理学和化学领域，也为NMR在包括生物学、医学在内的广泛的科学领域的应用开辟了道路。1991年获诺贝尔化学奖。

过脉冲照射的重复将获得的信号积分，可以大幅度提高信噪比，所以，用FT-NMR与以前的CW-NMR相比可以显著提高灵敏度。于是复杂分子用天然存在量少的 ^{13}C 等核种的NMR也能够容易地观测。但是，随着分子变复杂，NMR谱变得极其复杂，就那样直接解析像蛋白质那样的复杂分子的光谱是不可能的。

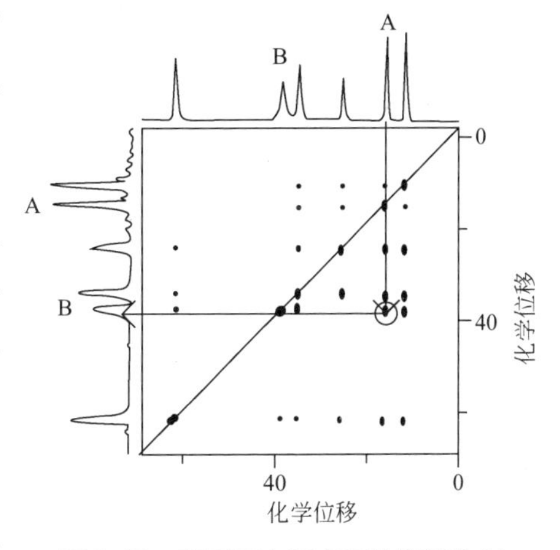

图5.17　表示两个频率下的信号的相关的二维NMR谱的实例

中央的四角图是光谱强度的等高线。用○围起来信号表示一维光谱中给出A峰的核和给出B峰的核之间有相关性

1971年由詹纳（Jean J. L. Jeener，1931—）提议，1976年恩斯特开发的二维NMR为复杂分子的NMR解析开辟了道路（图5.17）[40]。将多个脉冲边改变脉冲间隔边照射，得到的过渡性信号就会受到来自自旋-自旋键等的磁相互作用的影响。将信号随时间的变化进行傅里叶变换，将光谱展开成与两个频率相关的二维谱图，观测在一维光谱中出现的峰之间的相关性，就可以得到自旋-自旋耦合和自旋间的空间距离等信息。这个方法也可以进一步扩展至三维、四维，通常作为多维FT-NMR用于化学、生物学的广泛领域。在二维NMR中，通过 ^{1}H 核的共振观测 ^{13}C 和 ^{15}N 核，既可以确定哪个氢结合在哪个碳或氮上，也可以研究哪个氢和哪个氢离得近，因此NMR应用于蛋白质或核酸等生物大分子的三维机构的解析就成为可能[41]。用NMR在溶液中可以观测生物大分子，所以成了与X射线结构解析相互补充的手段，不过 ^{13}C 和 ^{15}N 核的观测需要使用标记了 ^{13}C 和 ^{15}N 核的生物大分子。

NMR的开拓性研究除创始者拉比、珀塞尔、布洛赫之外，还产生了诺贝尔奖获得者。FT-NMR和二维NMR的开发者恩斯特获得了1991年的诺贝尔化学奖。还有开发了溶液中生物大分子立体结构测定的NMR方法的库尔特·维特里希也共同获得了2002年的诺贝尔化学奖。

库尔特·维特里希（Kurt Wuthrich，1938—）：在瑞士巴塞罗大学取得学位后，历经加利福尼亚大学、贝尔研究所，最后转移到苏黎世联邦理工学院，1980年起任教授。参加到用NMR确定生物大分子结构的方法开发，开发了求算蛋白质中原子间距离的原理，开辟了用NMR解析蛋白质结构的道路。2002年获诺贝尔化学奖。

电子自旋共振（ESR或EPR）

电子自旋共振（ESR）是第二次世界大战中在苏联发现的，不过早期的重要发展从20世纪40年代后期到50年代初期，是由牛津大学的布利尼（Brebis Bleaney，1915—2006）为首的物理学家团队进行的。战争期间中为雷达所用开发的微波技术在战后被用于基础科学，取得了成果，ESR研究也是其中之一。ESR以电子自旋为对象，所以成了研究拥有不成对电子的过渡金属配合物和自由基等永磁性分子中的电子状态的有力手段，在牛津大学以金属配合物为对象进行了详细的研究，考虑自旋-轨道相互作用、电子自旋间的相互作用、电子自旋和核自旋间的相互作用的ESR谱图解析的基础得以构建。ESR往化学方面的应用从20世纪50年代开始进行。首先稳定的有机自由基的研究兴盛起来，已经明白了通过解析来自于电子自旋和核自旋间的超精细相互作用的分裂（hyperfine splitting，HFS），就可以确定分子内的不成对电子密度的分布（图5.18）。特别是在1956年源于芳香族分子自由基的质子的HFS和π电子分子轨道中未成对电子的密度之间的相关性可以用麦康内尔（Harden M. McConnell，1927—2014）公式（设碳的2p轨道上的未成对电子密度ρ，质子的HFS的大小为a_H，表示$a_H = \rho Q$的关系近似成立的公式）表示了，ESR在化学中的应用取得了大的进步[42]。ESR此后广泛地用于含有不成对电子的化学物种的研究，其中包括放射线和光照射下产生的短寿命自由基、激发三重态等过渡态化学物种、过渡金属配合物等。另外，通过线宽和弛豫时间的解析来弄清自由基的立体排布的变化和反应速度的研究也从20世纪50年代开始了。在短寿命自由基的研究中，将低温固体中不稳定自由基封闭进行测定的基质分离法和用自旋捕获剂捕捉不稳定自由基使之变成稳定自由基后检测的自由基捕获法也从20世纪60年代开始广泛使用起来了。进一步，在20世纪70年代开发出了利用脉冲激光和电子射线激发产生的大的过渡性自旋极化进行检测的时间分辨ESR法，在自由基和激发三重态等、纳秒级短寿命的永磁分子的研究中发挥了威力。

在化学领域的ESR研究中，采用X带（9GHz）微波的CW（连续波）ESR一直是主流，但从20世纪70年代开始，脉冲ESR也逐渐获得了应用。还有，ESR和核自旋的激发并用的电子-核二重共振（ENDOR）在20世纪50年代末开发出来，用发光的变化检测ESR的光检测磁共振法（ODMR）在20世纪60年代末开发出来了，被分别用于不同的目的。20世纪80年代以后，开发出了高频率的微波和使用超导磁石的高频ESR，并逐渐得到了应用。

ESR用于生物相关分子的研究也已在20世纪50年代以光合成体系和肌红蛋白等为对象开始了。另外，在20世纪60年代初，开发出了将稳定的硝基氧自由基进行标记来研究生物相关分子和生物膜等的状态和动态行为的自旋标记法，在生物学领域广泛应用起来。1980年以后在光合成体系和含金属酶的研究中，ENDOR、脉冲ESR法、高频ESR等先进的ESR技术获得了广泛的应用。

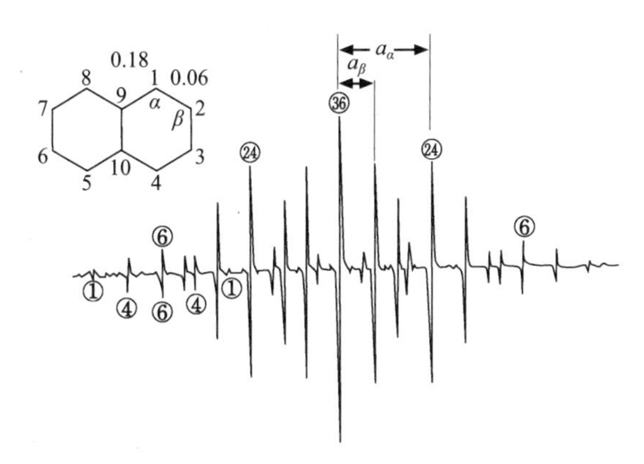

图5.18　萘阴离子自由基的ESR谱

测定出来自萘的 α 及 β 位的质子的超精细分裂（HFS）的碳原子上的不成对电子密度分别为0.18和0.063

□ 磁共振成像

磁共振成像（magnetic resonance imaging，MRI）作为核磁共振的应用登场了，成了医学领域极为重要的技术。1973年纽约州立大学石溪分校的物理化学家保罗•劳特布尔（参见专栏19）通过在静磁场之外再施加另外的梯度磁场，获得来自物体各处的信号，据此开发出了得到断层成像的方法[43]。科学家们马上认识到了这个方法在医学领域的前景，开始尝试获得生物体的断层成像。由于计算机技术和超导磁体的制造技术的进步，在20世纪80年代获得人体断层成像也已成为可能。众所周知，现在MRI成了与X射线CT并列的获得人体断层成像的重要技术，广泛应用于医学临床。生物体内大量存在的质子随存在状态的变化弛豫时间不同，所以利用这一原理就可以根据质子的MRI获得空间分辨率高和对比度大的成像（图5.19）。近年，MRI作为功能MRI（fMRI）也应用到脑科学研究中。在随着脑机能的活动兴奋起来的神经细胞的附近出现了血管的增加，而这时血管内的还原血红蛋白减少，MRI信号增大。利用它可以研究脑的活动。

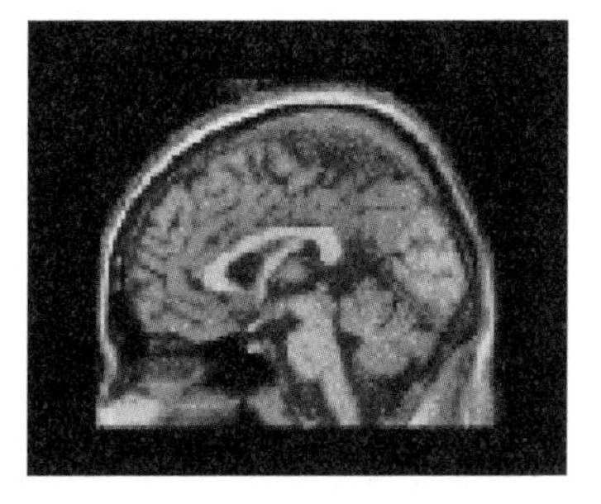

图5.19　人体头部的MRI成像

保罗·劳特布尔（Paul C.Lauterbur，1929—2007）：在凯斯理工学院学习化学，进入梅伦研究所开始^{13}C的NMR研究，之后于1966年到纽约州立大学石溪分校任教，1969年升任教授。1985年到伊利诺伊大学任生物医学核磁共振研究所所长。1973年发表了用NMR获得断层成像的MRI的原理，奠定了MRI发展的基础。2003年获诺贝尔生理学·医学奖。

彼得·曼斯菲尔德（Peter Mansfield，1933—）：英国物理学家。1962年在伦敦大学玛丽女王学院取得学位，1979年起任诺丁汉大学教授。1978年开发了高速成像扫描的方法，对MRI发展做出了贡献。2003年获诺贝尔生理学·医学奖。

2003年的诺贝尔生理学·医学奖授予了对MRI的发明与开发做出贡献的保罗·劳特布尔和英国物理学家彼得·曼斯菲尔德。

专栏19

劳特布尔与MRI的诞生

NMR始于想要测定核磁矩这样一个纯粹的基础研究，但历经半个世纪以上，甚至发展到了观测人体内部的重要手段的MRI。笔者有幸与MRI的开发者劳特布尔博士在纽约州立大学的化学研究室共同度过了10年以上，幸运地有机会了解MRI开发的现场。因此在本专栏将对劳特布尔博士和MRI开发的经过做一介绍。

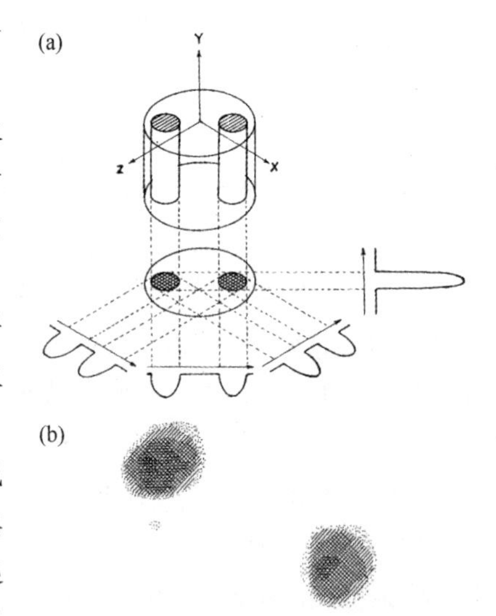

(a)表示MRI基本原理的图[43]；
(b)毛细管中水的成像

保罗·劳特布尔1929年出生于俄亥俄州一个叫悉尼的乡村小镇，在受惠于镇外农场自然的环境中长大，少年时代起就对自然与科学有兴趣，怀抱破解自然之谜的梦想。毕业于克里夫兰的凯斯理工学院，专攻工学。没有上研究生，进入了匹兹堡的梅伦研究所。没有上研究生是因为不愿意听课学习，与其这样还不如选择可以自己做实验进行研究的环境，不过在研究所工作的同时，也在匹兹堡大学注册了学籍，1962年取得了博士学位。在梅伦研究所因为研究高分子的运动状态与NMR相遇，做了各种核种的NMR研究，特别是最早观测了^{13}C同位素的NMR谱而有名。其研究实力和研究业绩获得了好评，1963年作为准教授被聘请到了连新设实验室都没有的纽约州立大学石溪分校，成了大学人。这个经历作为美国的大学人也是很独特的，这或许与他的创造性有关。在大学最初的时间在做将NMR应用至化学的研究，不过20世纪60年代末前后开始将兴趣转移到了生物大分子和生物体系中NMR的应用研究。

1971年夏天他被带去参加了一个NMR小公司的活动。在这个公司的实验室，见证了观测老鼠生物组织的NMR的过程，有机会实际观察到有肿瘤的样品的信号与正常组织的信号显示明显不同的状态。他因此受到很大刺激，他认为不切取组织样品、在活体状态下观察，如果能够弄清楚组织的哪个部分产生NMR信号该多么好。于是对使之成为可能的方法做了各种各样的考虑。结果想到了利用可以随意倾斜的磁场来研究物体内部的三维结构的主意。

在1973年发表的成为诺贝尔奖获奖对象的论文中，用放置在璃管中的2根内径4.2mm装满重水的毛细管中的水（H_2O）样品证实了MRI的基本原理［图（a）］。进而又阐述了利用弛豫时间的差异，选择性地获得成像的可能性。他的关注点的高明之处在于利用磁场的梯度获取空间上的信息。不过，这篇论文一经发表，据说很多人遗憾地说“为什么我自己没有想到呢？”。但是，施行这一想法、证实可以实际获得成像或许并非是件简单的事情。在最初的论文中仅仅显示了二维投影图，不过他马上根据从各个角度的投影图获得的信息开发出了构建三维成像的算法，立即观察到了实际生物体中水的三维分布。首先获得了在附近海滨摄取的蛤仔的成像，接着又获得了小鼠的成像。这时在石溪分校的化学研究室大家怀着满心的期待：这或许会成为将来的诺贝尔奖。

如在最初的论文中也言及的那样，应用于医学早已期待着，但为此开发能放入人的大小的磁石是必要的，实际应用于医学临床是进入20世纪80年代以后了，此后的发展有企业的参与，进展迅速。比较1975年前后的小鼠胸部的图像和图5.19的图像（21世纪初）会有隔世之感，全部从图（b）的简单图像开始。

关于MRI的发展历史，笔者特别感慨的是劳特布尔教授完全独立地完成了初期的研究，没有借助研究生或博士研究员的帮助。并不是受大的预算经费支撑的计划内的研究，也就是说是始于偶然契机的研究获得了很大发展。这是一个说明创新的研究从基于一个人卓越的个人想法的小研究开始的典型案例，不禁让人想到这是在告诉我们培育这样的研究是多么的重要。

5.2.6 分离分析方法的进步

至此所讲到的各种光谱法和磁共振方法，在仪器分析中也是重要的方法，得到了广泛的应用。例如，荧光X射线作为物质中的元素发射的固有X射线广泛地用于分析。此外，在现代化学中的分离、分析技术中，特别重要的方法有质谱（mass spectroscopy，MS）和色谱（chromatography）分析法。这两种方法都是第二次世界大战前开发出来的新技术（参见4.6节），而在战后获得了很大发展，已经应用于化学的广泛领域。将二者结合起来的GC-MS、LC-MS等也成了重要的分析仪器。色谱为生物化学的发展做出了很大贡献，质谱仪也成了测定蛋白质结构的重要仪器，成了生物化学、医学研究不可缺少的仪器。

质谱分析法的进步

1918年至1919年阿斯顿（Aston）和登普斯特（Dempster）开发的质谱分析仪是将样品离子化后测定其质荷比（质量/电荷比）的装置，在第二次世界大战前主要用于同位素的研究。装置的分辨率在1935年至1936年因为美国的登普斯特、德国的马特伊（Josef Matthaei，1929—）和赫尔佐克（Richard Herzog）的二重收敛型装置的导入而大幅改进。分辨率和灵敏度在战后显著提高，已经用于分子的分析，在化学广阔领域的研究中成了重要的分析仪器。另外，作为光谱和反应研究中的检测器也扮演着重要的角色。这之所以成为可能，其背景就是真空技术、电子技术以及计算机技术的飞跃式发展。

质量分析仪主要由样品离子化、离子分析、离子检测3部分构成。首先，概览一下样品离子化的进步吧。对于样品的离子化想出了各种各样的方法。将从加热的灯丝释放出的热电子与样品原子或分子碰撞而离子化的电离法（electron ionization，EI）作为一种简便的方法得到了应用，不过还存在样品容易发生裂解、样品的分子量受限等问题。因此，利用离子-分子反应的化学电离法，将样品涂在须状电极上，加电压以电极附近的高电场进行离子化的场脱附电离法等也设计出来了，不过无论哪种方法所适用的样品都有一定范围。蛋白质等高分子物质的软电离获得成功，使质量分析有可能作为生物化学中的重要分析仪器了，这一飞跃发展从1980年起由芬恩、田中耕一、希伦坎普（Franz Hillenkamp，1936—）等完成。

1984年约翰•芬恩等的团队开发出了电喷雾离子化法，该方法将溶解在溶剂中的样品从施加高电压的毛细管中喷出，形成带电液滴，在这里通过蒸发溶剂分子使液滴分解，最终生成样品分子的离子。该方法是适合像蛋白质那样的高分子的离子化的软电离方法[44]。

1985年希伦坎普和卡拉斯（Michael Karas，1952—）等发现将氨基酸的丙氨酸与色氨酸的基质混合，用266nm的激光一照射就很容易离子化了。进而，又发现与这样的基质一混合，甚至连分子量大的肽也能离子化，该方法被命名为基质辅助激光解离法（matrix-assisted laser desorption/ionization，MALDI）。1987年田中耕一等岛津制作所的团队用混有钴的甘油基质，通过337nm的激光照射，成功地实现了34472Da的蛋白质羧肽酶A的离子化，开辟了MALDI法用于蛋白质分析的道路[45]。

约翰·芬恩（John B. Fenn，1917—2010）：美国分析化学家。1940年在耶鲁大学取得博士学位后，到企业工作，之后从1952年起在普林斯顿大学做研究，1967年起任耶鲁大学教授。1988年开发了电喷雾离子化法，引导了高分子的质量分析法。2002年获诺贝尔化学奖。

田中耕一（1959—）：1983年日本东北大学工学院电气工学系毕业后，进入岛津制作所。在日本中央研究所从事高分子物质的质量分析应用研究，1987年开发了在基质中混入高分子的样品上照射激光，在不破坏高分子的情况下进行离子化的方法。2002年起在岛津制作所做研究员。2002年获诺贝尔化学奖。

希伦坎普等也马上用烟酸基质和266nm激光照射，实现了白蛋白（67Da）的离子化[46]。于是MALDI质量分析成了生物化学研究非常有用的方法（图5.20）。约翰·芬恩和田中耕一因为生物大分子的质量分析法的软脱附离子化方法的开发获得了2002年的诺贝尔化学奖。田中的获奖作为企业研究员受惠于好的研究题目和幸运而完成了影响重大的研究的案例备受关注。

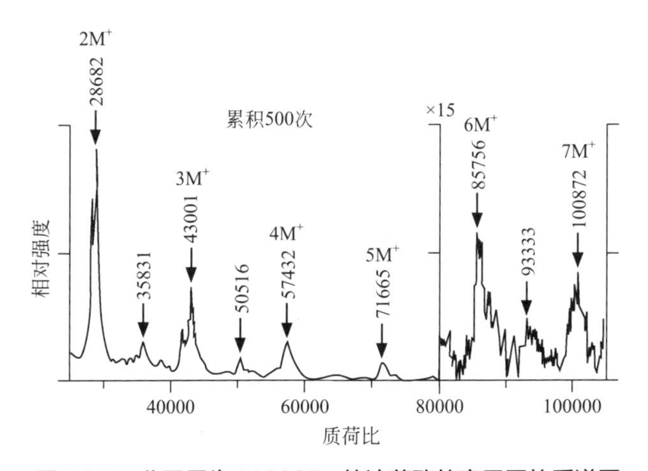

图5.20　分子量为14306Da的溶菌酶的离子团的质谱图

作为离子的分析方法，从第二次世界大战前就已经使用起来的是使离子通过磁场中，利用洛仑兹力引起的飞行路径的改变的方法。通过同时使用电场和磁场使离子的初始角度和初始能量的展宽都得到收敛的二重收敛方法可以获得高分辨率。

在电场中飞行的离子的速度依赖于离子的质量，所以根据离子到达检测器的时间将质量分开的想法从第二次世界大战前就已经有了，但没有获得实际上的成功。第二次世界大战后，操作非常短的电脉冲的技术进步了，使离子瞬间释放出来记录到达检测器的时间的飞行时间型（time of flight，TOF）质量分析器开发出来了。

1953年德国物理学家保罗（Wolfgang Paul，1913—1993）和斯坦威德尔（Helmut Steinwedel）开发出了四极杆质谱分析仪。这个装置使离子通过平行的4根棒状电极内，在电极上同时施加一定的电压和高频电压，只让特定的离子通过。采用在离子束通过的过程中变化电压的方法，通过改变离子的质荷比，就可以完成质量分析。该装置小型，用作检测器很方便。四重电极也可以用作离子捕获。在这种场合下通过改变电位，选择性地释放离子，进行离子的分离。此外，1974年开发出了傅里叶变换离子回旋共振［指具有Z_e电荷、质量为m的粒子，在磁场密度为B的磁场中，由公式$W_c = Z_eB/(mc)$给出的回旋频率做圆周运动，共振吸收其频率的电磁场，增大轨道半径的现象］质量分析仪，实现了极高的分辨率。这些方法可以用于不同的目的，将上述的分析方法组合在一起的串联质谱也得到了应用。

在离子的检测中使用光电倍增管和微通道板。从获得的数据，可以制作以质荷比为横轴、检出（信号）强度为纵轴的质谱图。很多有机化合物和生物大分子都有质谱数据库，通过与数据库比较就可以进行样品的定性分析。

色谱

马丁和辛格开拓的现代色谱法到了第二次世界大战后开发出各种新的方法，取得了很大发展。战后发展起来的色谱法中有气相色谱（gas chromatography，GC）、高效液相色谱（high performance liquid chromatography，HPLC）、薄层色谱（thin-layer chromatography，TLC）、体积排阻色谱（size-exclusion chromatography，SEC）、超临界流体色谱（supercritical fluid chromatography，SFC）等。

在1941年的马丁和辛格的论文中，已经提出了GC的可能性，不过此后近10年无人问津。1949年马丁和詹姆斯（James）开始了共同的开发，在1952年的诺贝尔奖获奖演讲中言及了很多有机酸和胺的气相色谱成功分离[47]。他们在玻璃管中填充吸附了不挥发性液体的小颗粒载体，将其加热，并注入混合物样品，通过用压缩气体推出，检测很好地分离了的样品。这个方法作为分离烃类混合物的简便方法，立即受到了石油化学家的关注。在20世纪50年代热导检测器、氢火焰离子化检测器等高灵敏度检测器也开发出来，以后迅速广泛地应用到了有机化合物的分析。

马丁和辛格的研究也暗示了使用小颗粒吸附剂和高压的HPLC的可能性。以用烷基修饰的多孔硅胶作载体，用高压泵推动液体进行分离的HPLC从20世纪60年代后半期开始，作为可信度高的、简便的方法已经广泛地用于分析化学和生物化学领域。

俄罗斯药学家伊斯梅洛夫（Nicolai A. Izmailov，1907—1961）和施赖伯（Maria S. Shraiber，1904—1992）1938年报道了在玻璃基板上涂氧化铝薄层，将它和纸色谱一样使用，不过当时这一研究谁也没有关注。从20世纪40年代末到50年代有了一些进展。1956年德国化学家斯特尔（Egon Stahl，1924—1986）确立了以硅胶做载体的薄层色谱法（TLC），TLC作为分析手段迅速得以普及。1973年哈尔帕普（Herbert Halpaap，1916—1987）开发了将小粒径硅胶用作薄层基板的高性能（high performance）的HPTLC，显著地提高了分析的精度。

多孔分子筛基于样品分子尺寸进行筛分，利用这一原理的色谱方法称作体积排阻色谱（SEC）。超临界流体色谱（SFC）是在高压下的临界温度以上，以超临界流体作流动相的色谱方法，这些方法已广泛地用于不同目的。

5.3 理论与计算化学的进步：化学现象的理解和预测

试图应用量子力学和统计力学去理解化学现象的尝试从20世纪前半叶开始就为一部分化学家和物理学家所践行，理论化学在化学中也作为一个重要的领域出现了（参照4.3节）。理解化学现象本质的基本框架因量子力学的出现而形成，但多电子体系分子的波动方程不能精确求解，所以如何获得能够解释实验事实的近似解成了最大的问题。即使是近似解，可以处理的对象也仅限于简单分子，因为在计算上处理的电子数目增加，计算量就会急剧增大。第二次世界大战后计算机开发出来了，也马上引入到分子计算中，不过到20世纪50年代为止，计算机的性能还很低，采用基于经验参数的分子轨道法和强调化学直觉的原子价键法进行了定性讨论。进入到20世纪60年代，晶体管化的计算机开发出来了，20世纪70年代导入了集成电路（IC）和微程序，之后计算机的性能到今天为止保持着惊人的发展速度。从1960年到最近，计算机的计算速度基本遵循每两年翻一倍的摩尔（Gordon E. Moore，1929—）法则在进步，所以到2000年的40年间计算机的计算速度其实提高了大概10^6倍之多。因此海量计算成为可能，不使用经验参数的分子轨道计算成了量子化学计算的主流，计算结果的可信度也显著提高。另外，像生物相关分子那样复杂的分子也成了计算对象。于是，在20世纪之末，量子化学计算对很多实验结果的解析也已成了必不可少的工具。

对于高分子、溶液、固体、表面等复杂体系的化学现象的理论处理，因为计算机的进步而成为可能的分子动力学（molecular dynamics，MD）模拟在实验结果的解析、获得实验中想得到的微观水平的信息方面开始发挥威力。随着计算机性能的提高，所用模型的近似程度也在得以提高，已经逐渐可以获得值得信赖的信息了。

另一个大的进步是化学反应的理论。实验中不能获得过渡状态和反应途径相关的知识，通过量子化学计算已经可以在值得信赖的水平获得了。对于气相中的简单分子的反应，已经能够在理论上再现了，对于复杂的溶液反应和催化反应，理论上的理解也显著进步了。

在1950年前后理论化学家在全世界也还很少。现在从事理论与计算化学的化学家人数已经变得很庞大，在化学产业、制药产业中也扮演着重要的角色。

本节将重点放在方法论的发展，对量子化学计算、热力学和统计力学计算中的理论与计算化学的进步做一概述。有关反应理论的进步将在5.4节介绍。

5.3.1 量子化学计算[48]

到了20世纪的后半叶，化学家用分子轨道和原子价键法的概念就可以定性地理解化学键、分子结构和反应性了。简单分子的电子结构可以根据分子轨道图进行解释，芳香烃的性质可以用休克尔分子轨道（HMO）进行讨论。HMO原本是只处理电子轨道的理论，但在1963年霍夫曼提出了将σ轨道也包含在内的拓展休克尔法，讨论了很多分子的稳定性。作为基于这样的早期量子化学理论的成功案例有福井的前线轨道理论和伍德沃德-霍夫曼规则，成功地解释了有机化学中的很多实验结果，产生了很大的影响。这些将在5.4节介绍。不过，在HMO水平的计算中，电子转移和电子光谱等很多实验结果是不能解释的。从1950前后起，朝着精度更高的量子化学计算的努力开始了。

哈特里-福克（HF）模型

采用为处理多电子原子而提出的哈特里（Douglas R. Hartree，1897—1958）-福克（Vladimir A. Fock，1898—1974）方法处理分子中的电子的尝试始于20世纪40年代末期前后。1951年芝加哥大学的罗特汉（Clemenns C. J. Roothaan，1918—）提出了采用平均场近似，以由N个单电子波函数的分子轨道ψ_i构成的斯莱特行列式表示分子的N个电子波函数的方法[49]。斯莱特行列式以分子轨道的乘积表示，对电子的交换具有反对称的性质。ψ_i作为主要由原子轨道χ_μ构成的基函数χ_μ的一次结合，表示成$\psi_i = \sum c_{\mu i}\chi_\mu$，提出了被称作罗特汉方程式的、可以用行列形式以$\boldsymbol{FC} = \boldsymbol{SCE}$给出的分子的哈特里-福克公式[49]。在这里，$\boldsymbol{F}$称作福克行列，$\boldsymbol{C}$为行列的系数，$\boldsymbol{S}$为重叠积分，$\boldsymbol{E}$为轨道能量。这个公式与原子的场合一样，用自洽场（self consistent field，SFE）的方法求解，称作哈特里-福克公式法。

罗特汉最初的公式是以1个轨道中2个电子成对进入的闭壳分子为对象的方法（RHF法），而1954年约翰•波普尔和内斯贝特（Robert K. Nesbet）又将其扩展到具有不成对电子的开壳系的分子（UHF法）。为了求解分子的哈特里-福克方程，必须计算方程中所包含的各种积分，这在高速计算机出现之前是很大的问题。最初使用了斯莱特型的原子轨道函数（Slater type orbital，STO）作为基函数，不过多中心的积分困难。因此，引入参数来确定这个积分值以使之与实验数据一致，在这样的半经验性的（semi-empirical）方法方面做了各种各样的努力。这样的半经验方法的代表性案例有1953年为了处理π电子体系提出的帕里泽-帕尔-波普尔（Pariser-Parr-Pople，PPP）法，对解释共轭化合物的电子转移和光谱是有效的[50,51]。半经验方法

约翰·波普尔（John A. Pople，1925—2004）： 曾在剑桥大学攻读数学，1951年取得博士学位。因为对理论化学感兴趣加入了量子化学计算方法的开发。1964年起在美国匹兹堡的卡内基梅隆大学任教授。1970年完成的“高斯”程序不断改进，在全世界用于分子计算。从20世纪50～60年代的半经验方法的时代开始到1970年以后的*ab initio*计算法的开发，引导了量子化学计算的发展。1998年获诺贝尔化学奖。

在20世纪60年代中期前后扩展到了处理所有价电子的方法中，完全忽视电子排斥积分内的微分重叠的CNDO法、评价其中一部分的INDO法、调整分子积分参数使之与实验数据吻合的MNDO法、AMA法等得到了广泛应用。但是，在这些半经验方法中，为了导入所采用的近似或经验参数，所得到的结果的可靠性存在不确定性。

不使用经验数据的*initio*方法的发展也开始于20世纪50年代。1950年剑桥大学的博伊斯（Samuel F. Boys，1911—1972）采用高斯型函数（Gaussian type orbital，GTO）作为基函数，证实了可以解析性地获得SCF理论中的积分。高斯型函数作为原子轨道的近似没有斯莱特函数好，但如果用多个基函数，近似的程度就会提高。在引入计算机的初期，作为基函数既用了斯莱特函数，也用了高斯函数，但在20世纪60年代后期采用高斯型基函数的程序成了主流。约翰·波普尔的团队在1969年发表了用3个GTO的一次结合表示1个STO的STO-3G程序[52]，1971年发表了其改良版6-31G。此后又进一步公开了经多次改进的、采用高斯函数的*ab initio*量子化学计算程序，可以根据所要求的精度广泛地使用了。

电子相关性处理

哈特里-福克模型最大的缺陷在于忽视了具有反向平行自旋的电子运动之间的相关性，因为这个问题隐含在用电子排布的一个行列式表示波函数的方法中，所以可以通过加进它的行列式进行改进。于是在用HF法得到的基态波函数中，加入表示激发态电子构型的波函数的构型间相互作用（configuration interaction，CI）的方法作为一个提高近似度的方法，从20世纪70年代开始就得到了应用，基态波函数可以表示成：$\Psi = a_0\Psi_0 + \sum a_i\Psi_i + \cdots$。在这里，$\Psi_0$表示相对于HF模型电子构型的波函数，$\Psi_i$表示电子进入不同轨道的激发电子构型的波函数，系数为$\{a_0、a_i\}$，可以用变分法来确定。加1及2电子激发构型的CISD法、3电子激发构型的CISDT等也做了研究。随着计算机性能的提高，还开发了full-CI法和MR-CI法，MR-CI法不仅考虑了作为激发源的HF模型的电子构型，还考虑了多电子构型。另外，还开发出了用更少电子的激发构型的乘积表示多电子激发构型的集群展开法、分子轨道与沃尔特·科恩（Walter Kohn，1923—2016）：出生于维也纳，因为纳粹吞并奥地利而逃亡到英国，在加拿大多伦多大学接受教育后，到哈佛大学理论物理的薛定谔手下获得博士学位。1960～1979年任加州大学圣巴巴拉分校教授。因对合金电子状态的兴趣开发了密度泛函数理论，这一理论在巨大分子和表面等化学领域的计算中获得了广泛应用。1998年获诺贝尔化学奖。

CI中的线性结合系数同时都最适化的多构型法等高精度的CI法。

也尝试了通过与CI法不同的策略来提高精度。多体微扰理论是在1934年处理多电子原子时提出来的，在20世纪70年代已经应用于分子的计算。根据这个方法，通过2次以上的微扰电子相关性关联起来，依据其次数被称作MPn（n = 2, 3, 4，…）。

于是量子化学计算变得精密，达到了可以信赖的水平。实验结果的解释是自然的事情，不能通过实验获得的反应中间体或过渡状态的信息也可以得到了。图5.21给出了这样的一个计算结果的实例。在根据分子轨道法的量子化学计算方法的开发中起领导作用的约翰·波普尔与接下来将要讲到的密度泛函数法创始者沃尔特·科恩共同获得了1998年的诺贝尔化学奖。

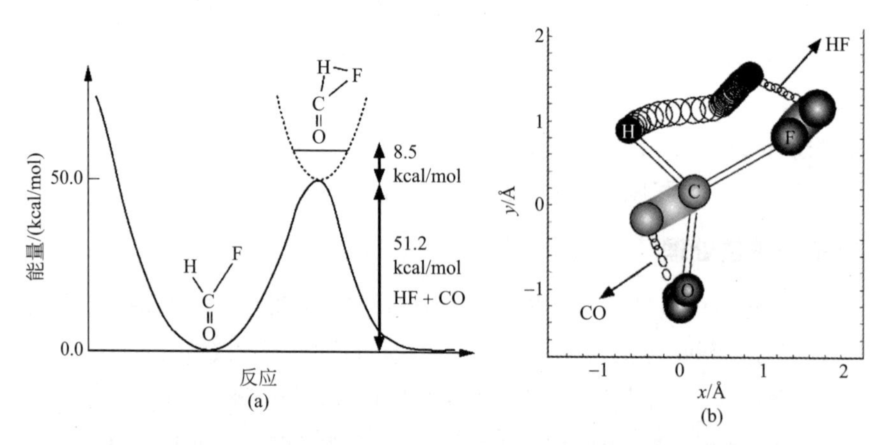

图5.21 HFCO分子解离成HF和CO的反应的量子化学计算结果

（a）随着反应进行的势能变化；（b）随着反应进行的分子结构的变化

碳原子和氢原子、氟原子间的键断裂，氢原子和氟原子间的键生成

密度泛函数理论

根据电子密度计算分子或固体的电子状态的密度泛函数理论（density functional theory，DFT），作为处理多电子体系的*ab initio*分子轨道法的辅助方法，

从20世纪70年代开始已经广泛应用起来了。这是一个用电子密度代替波函数的理论。其基础是1964年霍恩贝格（Pierre Hohenberg，1934—）和科恩提出的两个定理[53]。这是两个针对非简并N电子体系的定理。

定理1：基态能量E_g由单电子密度$\rho(r)$特别确定。在这里，$\rho(r)$由对外场V的薛定谔方程的解推导而来。

定理2：基态能量E_g对于由N标准化的试行电子密度$\rho(r)$，$\rho(r)$在变成真正的基态时给出最小值。

这表示将对波函数已知的东西置换成电子密度，波函数和电子密度呈一一对应关系。1965年科恩和沙姆（Lu Jeu Sham，1938—）引入轨道的概念，电子密度$\rho(r)$可以根据N个单电子轨道$|\psi_i(r)|$表示成$\sum|\psi_i(r)|^2$，得到了称作科恩-沙姆方程的、类似于单电子轨道的薛定谔方程的方程式[54]。为了解这个方程，在所有能量表达式中必须近似地表示代表交换•相关相互作用的部分E_{XC}。因此科恩-沙姆采用了称作局域密度近似法的、用均一电子气体式的方法，不过之后在处理分子问题的应用中又开发了局域自旋密度近似（LSDA）、广义梯度近似（GGA）等改进版、结合了严密的HF交换项的杂化密度泛函数等。

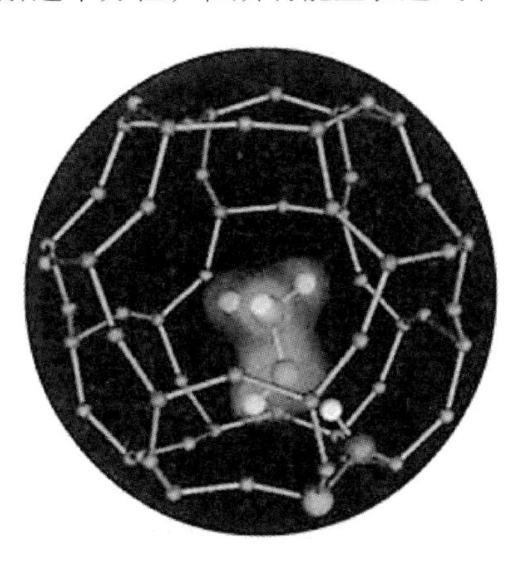

图5.22 用密度泛函数理论计算的沸石晶格内的甲醇结构

在密度泛函数中用较少的计算时间就可以完成获取电子相关的计算，所以适合大的分子和表面、固体的计算，获得了广泛的应用。将对一个大体系的计算结果的实例表示在图5.22中。不过与MO法相比还有以下问题：①目前，E_{XC}函数是近似的，只能通过经验确定，没有确定泛函数准确性的判定标准。②物理量的计算有时困难。③激发态的计算精度不好。④像范德华力那样的弱相互作用的表述通常是困难的。

分子力学法和复杂分子的计算方法

分子力学法（molecular mechanics，MM）是一个将构成分子的原子看成球形，将伴随着原子间键的伸缩和键角的变化的力常数、非键原子间的相互作用等作为参数，将分子的势能作为原子位置的函数求解，来确定平衡状态的分子结构和立体构型、振动频率、生成热等的方法。因为计算时间短，所以也可以用于巨大分子和分子团的计算，自阿林格（Norman Allinger，1928—）等在20世纪70年代初开发出最初的程序MM1以来，又开发出了各种参数选择不相同的程序，已经广泛地用于复杂有机化合物的结构预测等方面。在MM中，作为原子对间的势能考虑了伸缩振动、变角振动、二面角扭曲、面外振动、静电相互作用、范德华相互作用等，求这些势能的总和为最小时的最优化结构。与*ab initio*分子轨道法计算相比，计算时间要短得多，不过尽管如此，对像蛋白质这样的巨大分子的计算需要的参数的数量还是庞大的。为了减少参数的数量提出了各种各样的办法，但又产生了计算精度下降的问题。

尽管MM法可以处理大的体系，但不适合化学反应的研究。另一方面，用*ab initio*法和DFT法那样的量子化学计算又不能处理大的体系。因此，20世纪70年代后，量子化学计算与MM和其他经典力学方法联合使用已用于处理复杂体系，如化学反应体系或生物分子体系。最近利用二者的特点，将量子化学计算和MM法结合起来，应用在研究化学反应体系和大体系的QM/MM法和ONIOM法（核心部分是将高精度的量子化学计算用于处理蛋白质等复杂分子体系的计算方法，但采用了精度要低得多的简便计算方法。由诸熊奎治开发）中。在开发复杂分子体系的计算方法的3位科学家——马丁•卡普拉斯、迈克尔•莱维特、阿里耶•瓦谢尔——获得2013年诺贝尔化学奖，以表彰他们在复杂化学体系多尺度开发中的贡献。

5.3.2 热力学与统计力学

在20世纪后半叶将统计力学应用在溶液等复杂体系着实取得了进展，在非平衡体系的热•统计力学和高分子溶液理论等领域出现了新的发展。随着20世纪70年代开始的计算机的进步，分子动力学的计算首先在蛋白质结构确定中成了重要手段。进而溶液等聚集体的结构和宏观性质的计算成为可能，与量子化学计算并驾齐

马丁•卡普拉斯（Martin Karplus，1930—）：卡普拉斯是一位出生于奥地利的美国理论化学家。他在加州理工学院鲍林手下获得博士学位，在1967年成为哈佛大学教授之前曾在伊利诺斯大学和哥伦比亚大学任教。他的成就跨越理论化学的很多领域。他特别因为生物大分子的分子动力学模拟和核磁共振中描述自旋-自旋耦合的卡普拉斯方程而闻名。他于2013年获得诺贝尔化学奖。

迈克尔•莱维特（Michael Levitt，1947—）：莱维特是出生于南非的犹太裔移民，他在国王学院学习物理，在剑桥大学获得了计算生物学博士，现在是斯坦福大学的结构生物学教授。他因为在DNA和蛋白质的分子动力学计算方面的开创性研究而闻名。他于2013年获得诺贝尔化学奖。

阿里耶•瓦谢尔（Arieh Warshel，1940—）：瓦谢尔出生于巴勒斯坦，是一位具有以色列和美国双重国籍的理论化学家。他从以色列威兹曼科学院获得化学物理学博士学位后，曾在哈佛大学、威兹曼科学院和剑桥大学工作过，1976年成了南加州大学的教授。他因为在生物体系的功能性质的计算机模拟方面的先驱性贡献而闻名。他2013年获得诺贝尔化学奖。

驱，成了计算化学中的一根顶梁柱，获得了广泛应用。

非平衡热力学与耗散结构

作为非平衡过程统计力学中的新发展，有20世纪50年代以东京大学的久保亮五为中心的物理学家做出很大贡献的“线性响应理论”。该理论是处理对于处于热平衡状态的体系，当施加像电场和磁场那样的外场时体系状态变化的理论，在理解核磁共振和激光光谱领域中的弛豫现象方面也扮演了重要角色。这个理论以摄动处理依赖时间的外场的影响，根据对记述体系的密度行列的运动方程式，对于外场采用一次近似记述物理量对外场的响应。

自然界发生的有趣现象很多都处于非平衡状态。20世纪30年代翁萨格开创的非平衡体系的热力学第二次世界大战后马上由伊利亚•普里高津引领了新的发展。比利时布鲁塞尔自由大学普里高津的团队在溶液的统计热力学、非线性热力学、非平衡统计热力学等广阔的领域取得了丰硕的成果，特别是发展了处于远离平衡状态的体系中的非线性热力学的统计理论，作为非平衡体系中的有序形成的机理，提出了耗散结构的概念[55]。所谓耗散结构就是指出现在发生机械能、电能不可逆地转化成热的耗散过程中的物质体系的宏观结构。在化学反应体系中作为耗散结构的典型实例，浓度随时间在空间上周期性变化的别洛索夫（Belousov）-扎鲍廷斯基（Zhabotinsky）（BZ）反应是很有名的。普里高津的团队提出了称作“布鲁塞尔子”的简单反应体系的数学模型来解释这样的振动反应，弄清了在怎样的条件下这一反应会发生。

高分子溶液理论

第二次世界大战后在溶液的统计热力学方面有了很多进步，其中之一就是高分子溶液理论。高分子溶液从其凝固点降低和渗透压实验反映出的非理想性引起了人

久保亮五（1920—1995）：1941年日本东京帝国大学物理系毕业，1954—1980年任东京大学教授。1981—1992年任庆应大学理工学院教授。以橡胶弹性和核磁共振理论、不可逆过程的线性响应理论的确立闻名。1973年获日本文化勋章。1977年获玻尔兹曼奖。

伊利亚•普里高津（Ilya Prigogine，1917—2003）：出生于莫斯科，与受革命后的政府批判的家族一起离开俄罗斯，先到德国，而后于1929年移居比利时。布鲁塞尔的自由大学攻读化学，1951年在那里任物理化学、理论物理学的教授。他在布鲁塞尔率领的统计力学、热力学的研究团队在非平衡热力学，特别是耗散结构理论上取得了很大业绩。另外，也因为出版《从混沌到有序》《可靠性的终结》等启蒙书而闻名。1977年获诺贝尔化学奖。

保罗·弗洛里（Paul J. Flory，1910—1985）：在俄亥俄州立大学获得博士学位后，到杜邦研究所在卡罗瑟斯（Wallace H. Carothers，1896—1937）的手下参加高分子研究。1948年被康奈尔大学聘为教授，1957年任梅隆研究所所长，1961—1975年任斯坦福大学教授。他在高分子化学的广阔领域，在理论和实验两方面都为物理化学打下了基础，对高分子溶液和链状分子的热力学与统计力学的发展做出了很大贡献。1974年因在高分子物理化学方面的基础贡献获得了诺贝尔化学奖。

们的关注。1942年弗洛里和哈金斯（Maurice L. Huggins，1897—1981）独立地用晶格模型（考虑包括整个体系的、像晶体晶格那样的三维晶格，在其各晶格节点排列着溶质分子和溶剂分子，计算分配函数，求热力学量的方法）计算热力学量，解释了高分子溶液的蒸气压和渗透压。弗洛里从1948年前后开始将排除体积的概念引入高分子的溶液理论，带来了高分子溶液理论的新的进展[56]。该理论认为线型高分子的分子链的各个构成要素具有体积，因此排斥其他构成要素应该占据的一部分空间。因为这一效应溶液中的高分子链的伸展比不考虑排斥体积的场合变得更大。基于这一概念他对与高分子溶液性质相关的很多问题给予了解释。另外，在实际的高分子中构成要素间有相互作用，这一相互作用的效果与排除体积的效果正好相互抵消的温度定义为θ温度。已经探明在这个温度下，排除体积的效应被消除，仅仅源于相邻要素间相互作用的性质显著地表现出来，因此，在高分子溶液物性测定中很重要。弗洛里开创的高分子溶液理论之后由很多人发扬光大。

计算机模拟：MD法与蒙特·卡罗法

由实验获得原子·分子聚集体的结构和性质的微观水平的详细信息多数情况下都有困难。基于有关原子·分子结构和相互作用的模型，通过计算机模拟获得在实验中无法获得有关聚集体的信息的分子模拟领域，随着计算机性能的提高作为一个大的领域出现了。其代表性的方法有分子动力学法（MD）和蒙特-卡罗法，在化学领域MD法使用较多。

在MD法中，对于复杂的分子体系，假设构成分子间有适当的势能，计算所有其他分子对各个分子施加的力f，通过将经典力学的牛顿运动方程式$f = ma$积分来求解。因为不能解析性地求解积分，所以数值性地求解它来求得各个分子的运动，得到分子团随时间的变化。由此模拟体系的稳定结构和热力学性质、动力学等。该方法始于1957年阿尔德（Berni J. Alder，1925—）和温赖特（Thomas E. Wainwright，1927—2007）对刚性球体的聚集模拟固相-液相的相转移[57]。1964年由拉曼扩展至具有连续势能的质点体系，逐渐可以用于处理复杂分子体系了。计算中的算法的开发、边界条件处理的攻关等都有进展，随着20世纪70年代开始的高速计算机的普及，可以处理的分子数目也多起来，在化学领域也广泛地应用起来了。计算的可靠性也随着计算速度的提高而急速提高。使用MD法的研究在水和蛋白质的结构和机理的解释等方面做出了巨大贡献。另外，不仅用作基础化学的研究，也广泛用于新药的设计等方面。图5.23 显示了MD模拟的一个实例。

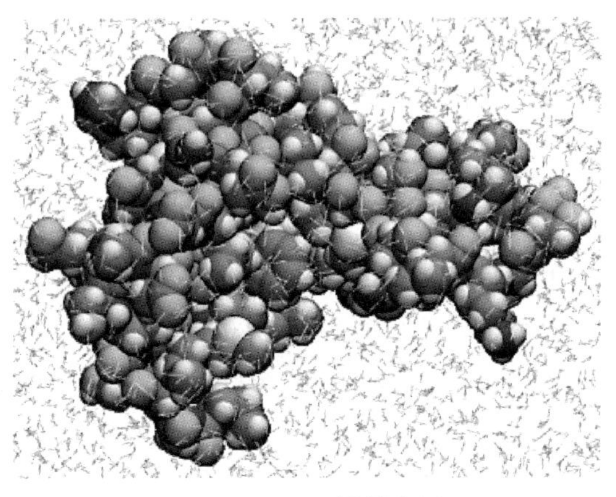

图5.23 MD模拟实例

用MD模拟计算出的水中的蛋白质和水。细线表示水分子

因为用MD计算能够在各种条件下（恒温、恒压、恒容、恒能等）对统计集团进行计算，所以可以处理块状、团簇、表面、界面等各种体系。构成体系的所有原子•分子间的相互作用之和可以用势能表示，不过作为近似通常用双体原子间的势能组合表示。在相互作用势能中，作为分子内势能，采用在MM法中所用的经验性或半经验性参数，作为分子间的非键相互作用可以采用表示静电力的库仑相互作用和表示接近排斥力及色散力的雷纳德•琼斯型势能等。在这些势能中存在精度问题，所以采用量子力学的计算来计算势能，*ab initio*分子动力学法也在1984年由卡尔（Roberto Car，1947—）和帕里内洛（Michele Parrinello，1945—）开发出来，不过能处理的体系还有限。

蒙特-卡罗法是用随机数在数值性上实现偶然发生的现象的经过，在数值上获得问题的近似解的方法，在第二次世界大战中由冯•诺伊曼和乌拉姆（Stanisras Ulum，1909—1984）最先提出，不过因为高速计算机的出现，在统计物理领域也获得了广泛的应用。在处于平衡状态的体系的计算中，状态的抽样在1953年通常采用梅特罗波利斯（Nicholas Metropolis，1915—1999）提出的梅特罗波利斯法。这时由体系的能量E的微小变化dE产生的状态如果d$E \leqslant 1$，用概率1选择，如果d$E>1$，用概率$e^{-dE/(kT)}$选择。于是形成的多数状态为正态分布，作为其整体平均就可得到宏观上体系的性质。不过，用这个方法不能研究体系的动态性质，所以与MD法相比在化学领域的应用有限。

5.4 化学反应研究的精密化

在微观水平理解化学反应发生的本质是化学的中心课题之一。在20世纪后半叶，因为观测•测定技术和理论•计算化学的进步，反应和分子动力学的研究取得了大发展，已经可以在分子水平上理解反应的详细信息了。在这节将概述其发展轨迹。首先在实验方面，第二次世界大战后马上开发了化学弛豫法和闪光光解法等，开拓了研究快速反应的道路。通过这些方法就可以直接观测短寿命反应中间体和激发态了，反应机理和激发态的研究取得了飞跃发展。激光一开发出来就进一步使短寿命化学物种的研究成为可能，在20世纪末过渡状态的观测也在一些情况下成为可能，飞秒化学随之出现了。在气相反应的研究中，用交叉分子束也可以弄清双分子反应发生时的详细信息了。在光化学、表面化学、催化化学等与化学反应有关的所有领域都有大的发展。实验进步的同时，在理论上对反应的理解也取得了大的进步。早期量子化学应用的辉煌成果之一是基于福井的前线电子理论和伍德瓦德-霍夫曼的轨道对称性守恒原理所代表的经验性分子轨道理论的有机化学反应理论的发展。之后由于*ab initio*量子化学计算的进步，在实验中捕捉不到的过渡状态也能阐明了，可以详细地研究反应的机理了。溶液中的重要反应之一是电子转移反应，马库斯（Audolph A. Marcus，1923—）提出了基于热力学的一般性理论。之后溶液反应的理论也吸收了最新的统计力学的成果而获得发展。

5.4.1 反应速度、反应中间体的实验性研究

金属配合物的氧化还原反应

化学反应中最重要的反应类型有氧化还原和置换反应。在氧化还原反应中电子的转移起基本的作用，所以电子转移反应是重要的反应，但其反应机理和反应速度的详细情况不清楚。到了第二次世界大战之后放射性同位素广泛用于反应的研究，像下面这样简单的电子交换反应的研究有了进展。

$$^{*}Fe^{2+}(aq) + Fe^{3+}(aq) = {}^{*}Fe^{3+}(aq) + Fe^{2+}(aq)$$（*表示放射性同位素）

进而，像下面这样的含有电子交换的过渡金属配合物的氧化或还原反应的速度也可以确定了。

$$Co^{III}(NH_3)_5Cl^{2+} + Cr^{II}(H_2O)_6^{2+} \longrightarrow Co^{II}(NH_3)_5H_2O^{2+} + Cr^{III}Cl(H_2O)_5^{2+}$$

在20世纪50年代初通过这样的反应认识到了与配合物形成有关的金属离子的性质对反应速度的确定是重要的。另外也弄清了在这样的反应中，因中心金属离子的电子状态的不同，反应速度有很大变化。在20世纪50年代快速流动法和停留流动法等也应用于反应速度的测定，快速反应的研究取得了飞速进步。

引领过渡金属配合物的电子转移反应和配体置换反应的研究的是亨利•陶布。他从1953年前后开始的研究明确了作为金属配合物电子转移反应中的机理的内圈反应和外圈反应的概念[58]（图5.24）。上述Co^{III}的配合物和Cr^{II}的配合物的反应就是典型的内圈反应，可以做出结论：氯离子处于Co^{III}的配合物和Cr^{II}的配合物二者

亨利·陶布（Henry Taube，1915—2005）：出生于加拿大萨斯喀彻温州，在萨斯喀彻温大学读完硕士后，在加州大学伯克利分校获博士学位，历任康奈尔大学、芝加哥大学、斯坦福大学教授。他是过渡金属配合物反应性研究的开拓者，以电子转移反应机理、配体交换反应的研究为主，是20世纪50～60年代金属配合物反应研究的领导者。1983年获诺贝尔化学奖。

的配位圈内，是连接两个离子的中间体，发生电子转移。另一方面，可以认为在外圈反应中不产生这样的中间体就发生电子转移，可以认为电子转移比配位体置换反应以更快的速度发生。过渡金属配合物的电子转移反应的速度也吸引了理论家的兴趣，后来马克斯的电子转移理论就是集大成之成果。

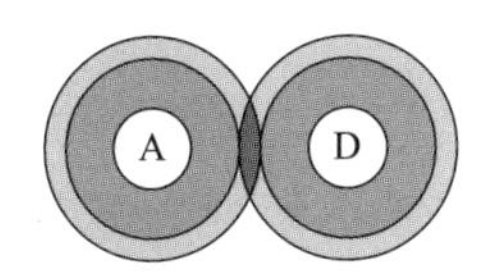

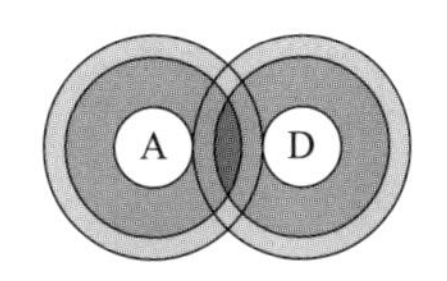

图5.24 过渡状态的外圈及内圈的模型概念图

左：外圈；右：内圈；A为电子接受体；D为电子给予体

有机反应理论和短寿命物种

在有机反应理论领域，哈米特方程代表的反应速度和自由能之间的关系通过很多反应体系得到验证并精密化，与此同时随着观测技术的进步，在英戈尔德等的有机电子理论中假设的反应中间体可以实实在在地捕获到了。

英戈尔德电子理论中的亲核置换或脱去反应中，重要的中间体是碳正离子，由$(CH_3)_2CHCl$解离产生的$(CH_3)_2CH^+$那样的碳原子带正电荷。很多有机反应的速度和立体化学的研究结果是假定存在这样的碳正离子来做出解释的。不过有关这些正离子的结构也还有很多不明之处，在20世纪50～60年代也有过激烈的争论。在通常条件下，碳正离子寿命短，不能直接测定，不过乔治•奥拉发现了在长寿命存在的条件，用光谱法弄清这种短寿命物种结构的道路。他在20世纪60年代中期，成功地用酸性极强的FSO_3H-SbF_5这样的酸在低温下稳定地产生了碳正离子，用高分辨NMR探明了其结构和稳定性[59]。特别是他的研究证明了像温施泰因（Saul Winstein，1912—1969）提出的那样，2-降莰基正离子是含有5配位碳原子的非经典的离子（碳阳离子），围绕着这个离子持续已久的争论得以盖棺定论（图5.25）。奥拉获得了1994年的诺贝尔化学奖。

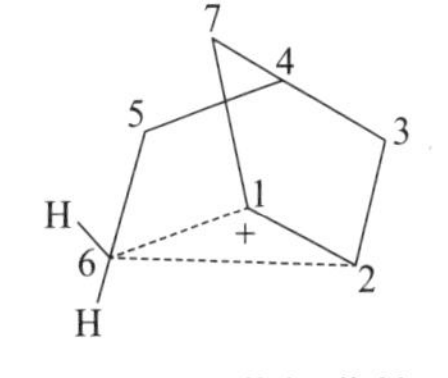

图5.25 非经典的2-降莰基正离子

负电荷，主要是像存在于碳原子上的CH_3^-那样的碳负离

乔治·奥拉（George A. Olah，1927—）：出生于匈牙利布达佩斯，在布达佩斯工业大学读书，并留校任教。1956年因匈牙利革命离开祖国，经英国到加拿大，在道氏化学公司谋得职位。之后在1965年又回到大学任凯斯西部大学教授，1977年以后任南加州大学教授。证实了用强酸生成5配位的碳正离子，开发了采用强酸的、在工业上很重要的反应。1994年获诺贝尔化学奖。

子，也曾被假设作为反应中间体存在于分解反应和金属有机化学中，稳定的碳负离子的存在也得到了确认。例如，二苯甲基碳负离子在低温下以锂·冠醚盐的形式获得[60]。

第二次世界大战后采用ESR和光谱法对作为反应中间体的自由基进行了广泛研究，不过其中拥有含2个不成对电子的碳原子的碳烯化学是从20世纪50年代发展起来。卡宾（碳烯）的基本分子是甲烯（H_2C:），有很多衍生物，科学家对两个不成对电子是单重态还是三重态、其几何构型是怎样的等感兴趣。已经弄清楚在甲烯和简单的碳化氢的卡宾中，基态是三重态，单重激发态处于的能量在基态之上约30kJ/mol。单重态和三重态的卡宾显示不同的反应性，所以从有机反应理论方面来看卡宾也是有趣的对象。例如，在对烯烃的加成反应中单重态卡宾协调性地一步反应，与之对应的三重态卡宾通过两步发生自由基加成。卡宾化学在包括金属有机化学在内的广阔领域都有很活跃的研究，也应用于有机合成化学。

康福思和普雷洛格两位化学家从立体化学的视角出发促进了复杂有机反应和酶催化反应机理的阐明。康福思用同位素标记的方法阐明了酶催化反应的立体化学，在这个方法中，一个非手性分子通过手性酶的作用转变成手性分子。特别是康福思阐明了胆固醇分子骨架形成的过程。普雷洛格的工作聚焦于有机反应中涉及的分子的立体化学与它们的反应进程之间的关系。普雷洛格研究了由8～12个形成高度易变环状结构的碳原子所组成的分子的立体化学，而且也研究了手性分子之间反应的立体化学。1975年的诺贝尔化学奖授予康福思以奖励“他在酶催化反应立体化学方面的工作”，授予普雷洛格以奖励“他对于有机分子和反应的立体化学的研究”。

约翰·康福思（John Cornforth，1917—2013）：康福思是一位出生于澳大利亚的英国有机化学家。十几岁时就深度失聪。他从悉尼大学获得科学学士学位之后，1941年在牛津大学罗宾森（Robinson）实验室完成了他的博士学位论文。1946年加入了伦敦国立药物研究所，在那里从事有机合成和酶反应立体化学。1965—1971年任华威大学教授，1971—1975年任萨塞克斯大学教授。1975年获得诺贝尔化学奖。

弗拉基米尔·普雷洛格（Vladimir Prelog，1906—1998）： 普雷洛格出生于南斯拉夫（波斯尼亚-黑塞哥维那）的萨拉热窝，1929年获得了捷克斯洛伐克布拉格工学院化学工程专业的理学博士学位。从1935年起，他作为研究人员在萨格勒布大学工作，但在1941年为躲避纳粹而逃往瑞士。他在苏黎世联邦理工学院开始了研究，在那里他在鲁兹卡快要退休的时候成了有机化学实验室的主任。他的研究领域广泛。他于1975年获得诺贝尔化学奖。

曼弗雷德·艾根（Manfred Eigen，1927—）： 在格丁根大学攻读物理学和化学，1951年获得博士学位。1953年成为马克斯·普朗克物理化学研究所的研究员，1964年任所长。开发了化学弛豫法、开拓了溶液内快速反应研究的道路，从1960年前后开始推进了在生物化学反应研究方面的应用。1967年获得诺贝尔化学奖后开展分子进化与生命起源的研究。

5.4.2 短寿命物种的观测和高速反应的研究

像中和反应那样常见的反应瞬间就发生，但实际上它以多快的速度发生，直至20世纪后半叶也没弄清。1923年英国的哈特里奇（Hamilton Hartridge，1886—1976）和拉夫顿（Francis Roughton，1899—1972）开发了快速混合法，此后这个方法被钱斯（Britton Chance，1913—2010）等改进并用于酶反应的研究，但在20世纪前半叶测定毫秒（10^{-3}s）以下时间内发生的反应的速度是不可能的。在20世纪50年代初，因为化学弛豫法和闪光光解法的出现，一下子就可以达到微秒（10^{-6}s）级了。从20世纪60年代后期开始已经可以利用激光了，进一步缩短到纳秒（10^{-9}s）、皮秒（10^{-12}s）、飞秒（10^{-15}s）了。在这50年间，观测时间缩短到了原来的$1/10^{12}$。可以说这一技术上的进步给化学反应的研究带来了革命性的变化。另外，使用分子束的研究，从反应发生瞬间给出的详细信息，通过激光和分子束技术的组合也可以获得过渡态的信息了。

化学弛豫法

在处于A $\rightleftharpoons$ B这样的平衡状态的体系中，对温度和压力这样与平衡相关的物理参数施以急剧变化，体系的浓度就会变化以达到新的平衡。追踪这一变化，测定A→B或B→A变化的速度的是化学弛豫法，是在20世纪50年代初由德国马克斯·普朗克研究所的曼弗雷德·艾根开发的[61]。艾根和同事塔姆（Konrad Tamm）和库尔兹（Gunther Kurtze）在1953年测定了各种盐的水溶液的超声波吸收，通过其吸收的解析证实可以确定溶液内快反应的速度。艾根进一步连续开发了将放电产生的大电流通过反应池用焦耳热短时间提高温度来测定弛豫的温度突变法和急剧改变压力的压力突变法等，测定了很多快反应的速率常数。例如，测定出中和反应$H^+ + OH^- \rightarrow H_2O$的反应速率常数在25℃时是$1.4 \times 10^{11}$L/(mol•s)。他的团队广泛地研究了与溶液中金属离子水合的水分子和主体水的交换速率，发现这个速率因金属不同而有很大差异。进而，在化学弛豫法的酮-烯醇转换等有机反应和酶反应的应用中也开展了先驱性的研究。化学弛豫法已经用于包括生物化学在内的化学的广泛领域。

闪光光解法和短寿命物种的化学

为了解释很多化学反应的机理，都假设存在短寿命自由基，但没有获得直接的实验证据。第二次世界大战后很快乔治•波特和罗纳德•诺里什引入的闪光光解法就使短寿命化学物种的定性成了可能，成了研究快反应的极其重要的方法。第二次世界大战中在英国海军中从事雷达开发的乔治•波特在战后到剑桥大学的罗纳德•诺里什的研究室读研究生，开发了用稀有气体中脉冲放电产生的闪光发生光分解，追踪产生的短寿命化学物种的光谱的闪光光解法，1949年和诺里什共同发表第一篇报告[62]，单独发表了第二篇报告[63]。诺里什在这之前以光化学为中心在反应研究方面已经取得了很多业绩，是知名的化学家，他们将该方法应用于很多光反应的研究。在这个方法中，有关短寿命物种的结构信息从吸收光谱的振动和转动结构获得，有关反应速度的信息从光解后的光谱的时间变化获得。

最初研究的是氧和氯的混合气体通过闪光光解产生ClO的自由基，通过吸收光谱的解析获得了自由基的结构和反应方面的信息。他们进一步通过芳香族化合物的光解产生的苄基和苯氨基自由基等，在气相和液相中检测到了很多自由基，弄清了其结构和性质。

波特和他的合作者用闪光光解法研究的短寿命物种中有在溶液中的芳香化合物的最低激发三重态。1944年路易斯（G. N. Lewis）和卡沙（M. Kasha）提出有机分

乔治•波特（George Porter，1920—2002）：曾在利兹大学读书，第二次世界大战中参与雷达开发，之后从1945年起在剑桥大学诺里什手下着手气体反应的研究，1950年用闪光光解法成功地观测了自由基。另外在三重态能级和反应性的研究方面也取得了成果。从1955年起任谢菲尔德大学教授，1966年起任皇家研究所教授。1967年获诺贝尔化学奖。

罗纳德•诺里什（Ronald G. W. Norrish，1897—1978）：英国物理学家。毕业于剑桥大学，取得博士学位后先当讲师，1937年升任教授。从事有关燃烧和聚合反应的光化学研究，与波特一起开发了闪光光解法，在短寿命化学物种的研究方面取得了成果。1967年获诺贝尔化学奖。

子在低温刚体溶剂中的磷光源处于最低激发三重态，但在气相和液相中观测不到磷光，在激发三重态的光化学中的作用没有得到认识。1952年波特和温莎（Maurice W. Windsor）用闪光光解法在普通溶液中研究了芳香族化合物，成功地测定了毫秒级寿命的短寿命三重态的光谱，证实了三重态存在的普遍性[64]。波特的团队进一步对三重态中的反应性、能量转移、三重态-三重态湮灭等进行了研究，弄清了溶液中光化学过程中的激发三重态的作用。波特和诺里什因为开发闪光光解法的功绩和艾根一起获得了1967年的诺贝尔化学奖。

到了20世纪60年代，开发出了脉冲激光，可以用纳秒（10^{-9}s）范围的脉冲光进行激发了，激光闪光光解作为快速的化学现象和短寿命化学物种的研究方法急速发展起来了。近年从皮秒（10^{-12}s）到准皮秒的现象也可以追踪了，已经可以详细研究短寿命的激发单重态和反应中间体了。

在闪光光解法研究短寿命自由基结构方面做出很大贡献的科学家中有赫茨伯格。如前章所述，从纳粹德国逃离，落脚加拿大渥太华国立研究所的他在这里于1949年当上了物理部的部长，推进了光谱学的研究，他的研究所成了世界光谱研究的中心。从20世纪40年代初开始已经对存在于星际和彗星的分子的鉴定感兴趣的赫茨伯格在渥太华推进了自由基和分子离子的精细结构研究。他的团队对在化学上有兴趣的、包括甲基和亚甲基自由基在内的30种以上的自由基进行了详细的光谱学研究，做了结构的精密测定，证实了伴随着自由基从基态变到激发态，结构也发生了很大变化。最初认为由重氮甲烷的闪光光解得到的亚甲基（$:CH_2$）自由基是基态三重态的直线型分子，但通过后来的详细研究得出的结论是具有136°键角的弯曲分子（图5.26）[65]。赫茨伯格因为对分子特别是自由基的电子状态和结构研究的贡献，在1971年获得了诺贝尔化学奖。

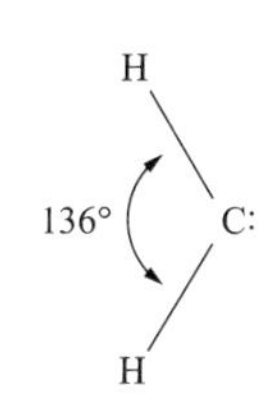

图5.26 亚甲基自由基的基态结构

代替脉冲光采用通过加速器得到的高能电子射线的脉冲辐（射分）解（pulse radiolysis）方法也在20世纪50年代末开发出来，并用于短寿命自由基的研究，测定了很多自由基和离子的可见-紫外吸收和ESR光谱。采用这个方法在1962年也观测了水合电子的吸收光谱。脉冲辐解法的时间分辨率也有提高，近年皮秒级的脉冲辐解也有应用了。

研究短寿命不稳定化学物种的有力手段有基体隔离法。该方法是在稀有气体的基体中，就像在低温固体那样化学惰性的基体中一样，隔离不稳定化学物种后再进行光谱学研究。这个方法的原型源于已经在第二次世界大战前尝试过的活性化学物种在低温玻璃中的研究。但是现代化的基体隔离法始于20世纪50年代中期，其中有以乔治•皮门特尔（George C. Pimentel，1922—1989）为首的很多化学家的贡献。这个方法后来作为活性化学物种的研究手段广泛应用至今。

5.4.3 基元反应的动力学

在通常的反应中所观测的反应速度是处于不同能量状态的分子反应的统计学平均值。但是为了详细研究反应基本过程，希望研究选定状态的反应，即详细研究由处于确定状态的反应分子产生的生成物的状态。从1960年前后开始，像这样的由状态至状态的化学（state-to-state chemistry）的研究得到了很大发展。成为其中心的是采用交叉分子束的研究和由红外发射产生的分子的能量解析研究，通过这个研究已经弄清了分子因碰撞发生反应时的分子动能变化的详细信息。进一步推进，又采用超快激光和分子束的技术尝试了直接通过实验得到有关过渡态的信息，出现了称作飞秒化学的领域。

口 采用交叉分子束和红外发光的研究

采用分子束的研究是随着真空技术的进步发展起来的。20世纪20年代德国法兰克福大学的物理化学家奥托•斯特恩（Otto Stern，1888—1969）用银原子束进行了著名的斯特恩-格拉赫实验，哥伦比亚大学的拉比（I. I. Rabi）在1936年成功地完成了使用分子束的核磁共振实验。采用分子束研究化学反应开始于第二次世界大战前（在20世纪30年代京都大学的佐佐木申二的团队开展了采用分子束的先驱性的化学反应研究工作。例如，通过Na的分子束和Cl_2的气体反应，尝试了直接测定反应速度），不过使两束分子束交叉来研究化学反应的基本过程的尝试始于1945年。这年美国橡树岭研究所的达兹（Sheldon Datz，1927—2001）和泰勒（Ellison H. Taylor）用交叉分子束研究了$K + HBr \longrightarrow KBr + H$的反应。他们从K和KBr对表面离子化检测的效率差异，证实了可以从以弹性散射产生的K的背景中区分在反应中被散射的KBr[66]。

采用交叉分子束的真正的化学反应研究是从20世纪60年代初开始由加州大学伯克利分校的达德利•赫施巴赫团队推进的。最初的对象是：（a）$K + CH_3I \rightarrow KI + CH_3$，（b）$K + Br_2 \rightarrow KBr + Br$。测定了KI的反应散射的微分截面积和角度分布。数据采用基于经典分子碰撞理论的动力学解析方法进行了解析。结果表明[67]：（a）是反冲反应，即在（a）反应中生成物KI是反冲到与入射K原子相反的方向上的；（b）是削裂反应（stripping reaction），即在（b）反应中生成物分子的散射方向处于

达德利•赫施巴赫（Dudley R. Herschbach，1932—）：在哈佛大学取得化学物理的博士学位后，到加利福尼亚大学开始分子束的研究，开拓了采用分子束的反应动力学的研究，创立了所谓分子束研究的“碱时代”。1963年当上了哈佛大学教授，与李远哲一起开发了通用的分子束装置，开了利用分子束研究反应动力学的先河。1986年获诺贝尔化学奖。

李远哲（1936—）：出生于中国台湾，在台湾大学和台湾“清华大学”接受了硕士之前的教育后，在加州大学伯克利分校取得博士学位。1965年加入赫施巴赫的研究团队，在分子束通用装置的开发中扮演了主要角色，后来在芝加哥大学、加州大学成了基于分子束的反应动力学研究的领头人。1986年获诺贝尔化学奖。

与生成物分子的相对速度相同的方向上。另外，还弄清了在反应中生成的能量大部分变成了生成物的内能。赫施巴赫的团队系统地研究了很多碱金属参与的反应，这些反应是分子碰撞后瞬间发生的反应。1966年他们通过$A + X^-B^+ \rightarrow A^+X^- + B$（X为卤素原子）类型的置换反应发现了经长寿命反应配合物发生的反应实例。证实了这一场合下配合物到反应发生为止多次转动，在散射中这时的角动量扮演重要的角色。

早期采用交叉分子束的研究限于碱金属原子参与的反应，但在20世纪60年代后期，转到哈佛大学的赫施巴赫的团队以李远哲为中心，将超音速射流用于分子束源，开发了根据飞行时间可以解析生成物速度的装置。在这里采用超高真空的质谱仪作检测器（图5.27）[68]。用这个装置研究了$Cl + Br_2$、$H + Cl_2$、$Cl + HI$等反应，探讨了详细的反应机理。

采用交叉分子束的研究由很多研究者展开，不过对后来的发展做出很大贡献的是李远哲。他开发了进一步改进的交叉分子束装置，在芝加哥以及伯克利开展了多彩的研究。其中有F和O原子与包括简单有机分子在内的各种分子之间的反应、稀

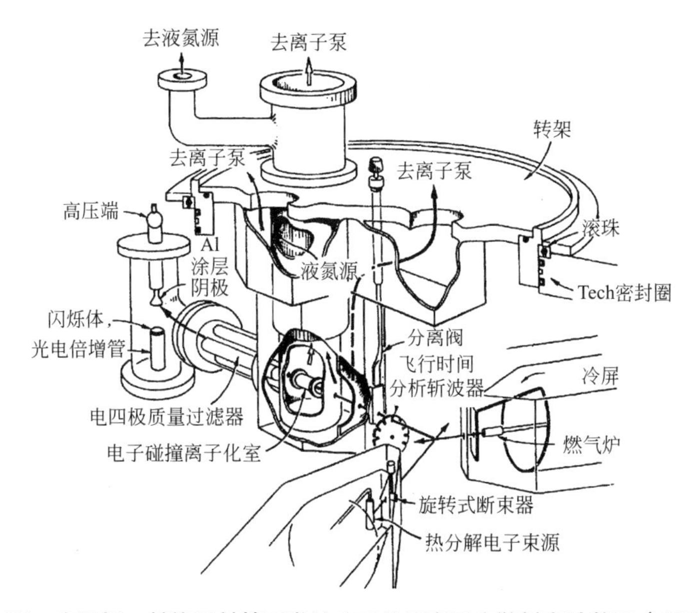

图5.27 李远哲、赫施巴赫等开发的交叉分子束反应散射实验装置（1969年）

约翰·波兰尼（John C. Polanyi，1929— ）：出生在柏林，是迈克尔·波兰尼的儿子，在英国长大，在曼彻斯特大学学习后，历经加拿大国立研究所、普林斯顿大学，从1956年起转到多伦多大学，1962年起任教授。采用红外区域的化学发光研究简单原子、分子的反应，为反应动力学的发展做出了很大贡献。1986年获诺贝尔化学奖。

有气体原子的散射势能的精密测定、多光子光解反应机理的研究等。在F与D_2的反应中，弄清了生成的DF的振动状态，这个结果有助于洞察DF的化学激光作用。另外，对很多反应的研究，证实了在早期的碱金属的研究中发现的瞬时的直接反应和长寿命配合物形成反应的普遍性。

另一方面，由约翰·波兰尼在1958年前后开始的利用红外区域的化学发光的研究是采用交叉分子束的研究工作的辅助手段。他的方法是观测来自生成物的极弱发光后进行解析，可以获得反应前后的分子的能量分布和能量转移的详细信息。反应产生的剩余能量作为生成物的内能储存起来，以红外发光的形式释放出来。波兰尼的团队最早研究过的反应的典型实例是$H + Cl_2 \rightarrow HCl + Cl$，证实了生成的HCl处于高的振动激发态[69]。波兰尼的团队根据一连串的研究推导出了与势能面的形状和生成物的能量分布相关的普遍关系。也就是说在势（能壁）垒位于反应过程初期的反应中，剩余能量成为生成物振动能的倾向强，上述H和Cl_2的反应就是这样的实例。波兰尼证实通过化学反应可以制造分子的高振动态，这就暗示了利用化学反应的激光（化学激光）的可能性。HCl的化学激光作为首例化学激光在1965年由卡斯帕（J. V. V. Kasper）和皮门特尔（G. C. Pmentel，1922—1989）实现了[70]。

赫施巴赫、李远哲、波兰尼3人在1986年因对化学反应基本过程的动力学研究的贡献获得了诺贝尔化学奖。

飞秒化学与过渡态的观测

因为激光技术的进步，详细探明化学反应发生的过程在20世纪80年代后期成为可能。经过过渡态反应发生所需要的时间在比1ps还短的飞秒范围。采用飞秒范围的光脉冲观测化学反应进行的过程，从光谱学的角度研究过渡态和反应中间体的、称作“飞秒化学”的领域诞生了。广泛使用的方法是泵-探针法，该方法用泵·脉冲激发分子使反应启动，用泵·脉冲研究某个时间后反应体系的状态。该领域的先驱人物是加利福尼亚工科大学（加州理工学院）的哈迈德·泽维尔。在1988年报告的最早的实验中研究了氰化碘的光解离，$ICN \rightarrow I + CN$。在这个研究中观测到了I—C键断裂的过渡状态，证实了反应在200fs内发生[71]。

在泽维尔等的其他研究中，对碘化钠（NaI）的解离反应的详细情况做了研究。通过泵·脉冲，离子对（Na^+I^-）激发成共价键性质的$[NaI]^*$，它随着分子的振动改变其性质的情况可以观测到。还证实了在[NaI]* 分子振动的循环过程中，核在离开6.9Å(1Å=10^{-10}m)的点上，分子回到基态解离成Na和I的概率变大（图5.28）[72]。泽维尔的团队还研究了氢和二氧化碳的反应（$H + CO_2 \rightarrow CO + OH$），发现了这个反应经过比较长寿命的中间体状态HOCO。

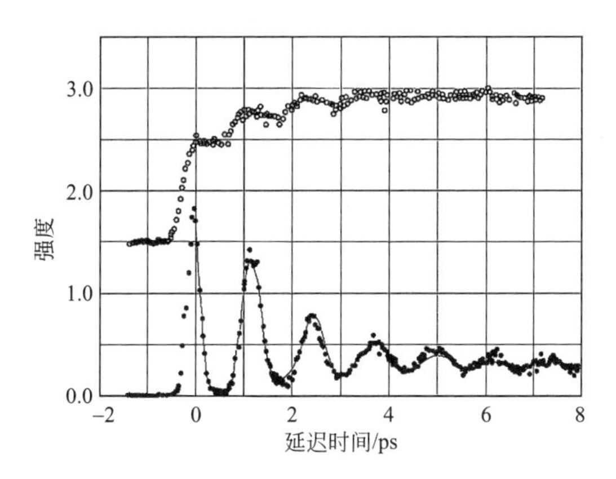

图5.28 表示在NaI光激发解离过程中键合的Na和解离的Na的时间变化图

下面的曲线对应键合的Na，上面的曲线对应解离的Na

泽维尔的团队之后用飞秒化学的技术研究了各种各样的反应过渡态。在他们研究过的反应中，有$C_2I_2F_4$解离变成C_2F_4的反应、由环丁烷到乙烯的反应、由顺式均二苯乙烯到反式均二苯乙烯的异构化反应等。此后有很多研究者加入飞秒化学，活跃的研究一直持续到现在。在早期的研究中，研究对象是分子束中的孤立分子，后来在溶液、表面、生物体中的反应等广阔的领域开展了研究。

5.4.4 激发态分子的动力学

因为从第二次世界大战前持续下来的光谱学研究和关于分子的量子化学理论的进步，有关原子和分子的信息在20世纪后半叶开始的时候已经变得相当丰富了。因为激光的出现，激发态分子的生成及其结构和性质的研究取得了飞跃性的进步，已经可以弄清受激发的分子一边弛豫一边反应的过程的详细情况了，光化学（也可以称作激发态分子的化学）已经成长为化学中的大领域。处于激发态的分子通过

哈迈德·泽维尔（Ahmed H. Zewail，1946—）：出生于埃及的亚历山德里亚近郊，在亚历山德里亚大学读完硕士后赴美国，在宾夕法尼亚大学获得博士学位。1976年以后在加利福尼亚工科大学任教授，采用超快激光推进了激发态和化学反应的研究，从20世纪90年代后期开始在飞秒化学方面做出了先驱性的研究。1999年获诺贝尔化学奖。

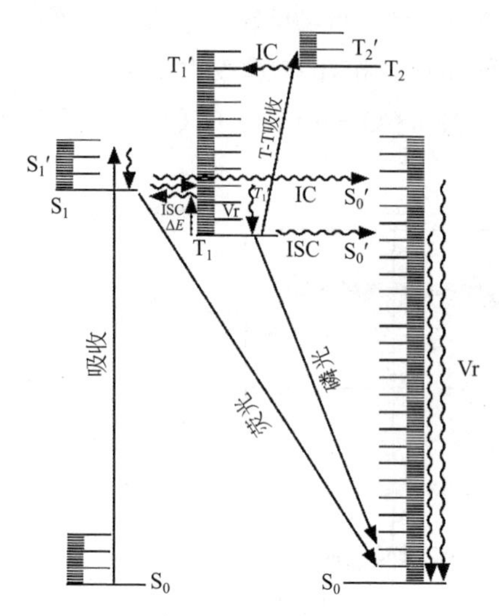

图5.29 激发态参与的诸过程

激发到S_1态的分子发射荧光回到S_0态；或者通过内转换（IC）转移到S_0的高振动态（S_0'）；或者通过系间窜越（ISC）转移到T_1'态。从S_0'态及T_1'态是振动弛豫（Vr），分别无辐射弛豫到S_0及T_1态，或者发磷光回到S_0态

发光（荧光或磷光）、振动弛豫、内转换（处于激发态的原子或分子不改变自旋简并非辐射性地变化到其他激发态）、系间窜越（intersystem crossing，ISC。在处于激发态的原子或分子中，自旋简并发生非辐射性变化。在大多数有机化合物中，通过光激发产生激发单重态，因此多指从这里变化到激发三重态）、能量转移、反应等过程失活。因此激发分子的衰减由这些过程的速度决定（图5.29）。对于这些过程的理解在20世纪后半叶有了大的进展。在这节首先概述激发能的弛豫和转移过程的研究进展。

激发态分子的弛豫

振动能在分子间以及分子内怎样转移对理解化学反应也很重要。如果两个分子在气相碰撞，就会发生振动能的转移，从振动能大的分子（热分子）转移至振动能小的分子（冷分子）。另外，在某个振动模式激发的分子的振动能随着时间推移变成其他振动模式的能量。从1970年起这样的振动能的转移和弛豫过程的详细情况就已经采用可变波长激光通过激发特定的分子振动来进行研究了。

关于分子内振动能的弛豫有两种研究方法。一种方法是用红外光激发处于基态的分子形成特定的高振动激发态，观测该状态发生弛豫的过程；另一种是通过紫外、可见光激发，形成处于特定振动激发态的电子激发态，观测其荧光光谱。作为其典型实例，有研究报道在冷却的烷基苯的S_1态振动激发苯环，研究其振动能重新分配到烷基振动能的速度。通过这些研究，证实控制“分子内振动能再分配”过程速度的重要因素为振动状态密度。

电子激发分子的弛豫过程在激光出现之前是用凝聚体系研究的，源于振电相互作用和自旋轨道相互作用的状态间相互作用和辐射、无辐射过程的关系得到了广泛研究，关于其机理可以获得定性的理解。关于激发单重态和激发三重态之间的系间窜越知道了埃尔-赛义德（Mostafa El-Sayed，1933—）法则，即相同对称性的激发态之间的跃迁慢，nπ*-ππ*那样对称性不同的状态间的跃迁快。另外，也认识到了发生无辐射跃迁的摄动的本质和弗兰克（Franck）-康登（Condon）因子（分子的吸收和发光等的跃迁概率可以近似地由跃迁力矩的2次方与基态和激发态的振动波函数的重叠积分的二次方的乘积给出）的重要性。以这些为背景，在20世纪60年代初林（Sheng Hsien Lin）、约尔特内尔（Joshua Jortner，1933—）、比熊（Mordechai Bixon）等将无辐射跃迁理论定式化了。因为高分辨率波长可调激光和超音速喷射光谱的出现，已经可以通过激发孤立分子的处于特定振动激发态的分子来详细研究弛豫过程了，关于激发态分子的弛豫过程的理解进一步加深了。在这些研究中应该特别提到的是在蒽那样比较大的分子的荧光衰减中可以观测到量子脉动（短时间内激发的原子、分子、离子的荧光强度以对应于相近的两个以上能级间的能量差ΔE的频率变动的现象，表示在多个激发能级间产生了相干性），这暗示与分子内的振动弛豫有关的少数能级一边发生量子力学上的干涉，一边衰减。

□ 能量转移

从处于激发状态的分子向处于基态的分子转移能量的现象在光化学中对光敏反应和猝灭反应、光合成过程等很重要（图5.30）。激发能的转移机理分为单重态之间的转移情况（$^1D^* + {}^1A \rightarrow {}^1D + {}^1A^*$，在这里D表示能量给予体，A表示能量接受体，*表示激发状态）和三重态与单重态之间的转移情况（$^3D^* + {}^1A \rightarrow {}^1D + {}^3A^*$）。前者的场合由福斯特（Theodor Förster，1901—1974）在1948年提出，用D和A的跃迁力矩间的偶极-偶极相互作用的机理进行了解释[73]。在福斯特的机理中，能量转移的速度与D的跃迁力矩和A的跃迁力矩的2次方的乘积成正比，与D的荧光光谱和A的吸收光谱的重叠成正比，与跃迁力矩间的距离的6次方成反比。跃迁力矩大的场合可以解释长距离的能量转移，不过分子间的距离短的场合就必须考虑分子轨道重叠带来的相互作用。三重态-单重态之间的能量转移可以用1953年德克斯特（David L. Dexter，1925—1981）提出的分子间的交换相互作用机理（德克斯特机理）来解释[74]。另外，也可以解释由激发三重态的分子间碰撞产生激发单重态和基态分子的三重态-三重态湮灭现象。

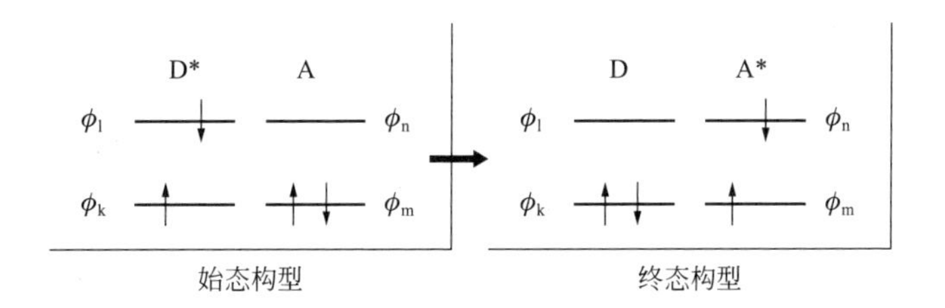

图5.30 能量转移的概念图

D—给予体，A—接受体；*—激发态

在始态，D是激发态，A是基态；在终态，D是基态，A是激发态

5.4.5 光化学[75]

20世纪后半叶光化学的发展显著。前25年主要采用闪光光解法研究基本的光

反应过程。后25年引入了快速激光，很多快速光反应过程得以揭示的同时，高分子和生物体系等复杂体系的研究也向前推进了。进而，以有机合成的应用、太阳能转换、人工光合成、光催化等领域的应用为导向的研究显著增加。在这里将介绍其中的一部分。

中 基础研究

激发三重态是比较长寿命的状态，所以光反应也容易发生。20世纪50年代末至60年代，像苯酰苯这样的芳香族羰基分子的激发三重态中的脱氢反应等研究得很火热。这些分子$^3n\pi^*$态和$^3\pi\pi^*$态接近，随着置换基团和溶剂种类的不同，最低激发三重态的性质也发生改变。已证实在脱氢反应中$^3n\pi^*$态的反应性要比$^3\pi\pi^*$态高得多。

在激发态和基态之间，两个同种分子（一个基态，另一个为激发态）生成二聚体称为激基缔合物（excimer），两个不同种分子生成电荷转移复合物称为激基复合物（exciplex）且发射宽频的荧光，这一现象自20世纪50年代就从韦勒（Albert Weller，1922—1996）等的研究中得知了。因为激光光谱的出现，这些在激发态的复合物的生成、发光机理得到了进一步详细的研究。

电子转移反应的实验性研究始于金属配合物的研究，不过随着快速激光光谱的出现，激发态分子中的电子转移反应的研究得以推进，积累了很多实验数据，与马库斯的理论预测进行了比较研究。在这一领域大阪大学又贺升的团队做出了很大贡献。特别是对马库斯理论中的“反转区”做了详细研讨，对理论式的验证和精密化做出了贡献。

与电子转移反应同时，在用快速激光光谱法所进行的大量研究中还有质子转移反应。分子内质子转移反应的典型实例是水杨酸甲酯的质子转移，在基态分子内形成氢键；而在激发态，与C═O邻接的OH的质子转移，产生光学异构体。这个质子转移是飞秒范围的超快现象，就转移的速度、对激发能的依赖性等进行了详细研究。关于质子转移，对分子内、分子间的转移做了很多研究。

关于光激发产生的自由基也进行了详细的研究。因为溶液内的光激发，分子解离产生的自由基最初是在溶液的笼内生成自由基对。单重态的自由基对再结合，而三重态的自由基对不再结合，因此再结合时自由基对中的单重态-三重态间的跃迁变得很重要。这一跃迁因磁相互作用而发生，受磁场和微波辐射的影响。关于自由基对的动力学已经从磁场效应和ESR的研究中获得了详细的信息。在这一领域日本研究者的贡献很多[76]。

用超快激光光谱研究过的光异构化反应有很多，而其中的典型实例有二苯乙烯的顺/反异构化反应。这个反应最早在20世纪50年代用三重态敏化反应进行了研究，20世纪70年代开始采用皮秒光谱进行了广泛的研究，详细地研究了反应机理。不过，关于机理的详细内容到了20世纪末也还在继续讨论。

以应用为导向的研究

从应用的可能性出发轰轰烈烈地开展研究的课题有光致变色和光催化的研究，不过这些课题从基础研究的视角来看也具有深远意义。所谓光致变色是指化学物质吸收光而改变颜色，在暗处又回到原来的颜色的现象，这自古以来就为人所知。知道无机化合物也有此现象，而有机化合物则尤其引人注目。应用于光记忆材料和光开关的可能性也存在，在20世纪后半叶研究很兴盛。关于变色的原因，有开环反应、顺-反异构化、分子内质子转移、解离生成自由基、电子转移等很多光反应。九州大学的入江正浩等研究过的二芳基乙烯类，因为热稳定性好而引起了化学家们广泛的兴趣。

光催化剂是通过光照射显示出催化作用的物质的总称，其中氧化钛的光催化作用特别引人注目。1972年东京大学的本多健一和藤岛昭用二氧化钛（TiO_2）粉末光分解水生成氢和氧的论文在《Nature》杂志上发表了，引起了关注[77]。这就是说氧化钛的价电子层的电子因紫外线照射而激发到导带，于是就会生成氧化能力非常强的空穴和还原能力非常强的电子，水就分解成了氢气和氧气。这个被称作“本多-藤岛效应”的现象从光能利用的观点出发受到了很大的关注，不过因为光分解的效率低，没有达到实用化程度。另一方面，二氧化钛显示的光催化作用获得了广泛的应用，由于其强的氧化还原作用带来的杀菌效果和对有机物的分解能力受到了关注。

光合成反应是存在于自然界的最重要的光反应，科学家们在这方面做了很多研究。对此将在6.3.5节介绍。以模拟植物的光合成进行人工光合成为目标的研究在20世纪后半叶有很多尝试，不过尚未成功，这将是留给21世纪的一个课题。

5.4.6 反应理论的进步

有机反应理论

始于20世纪30年代的有机电子理论认为亲核试剂与电子密度高的部分反应，亲电子试剂与电子密度低的部分反应。当用休克尔分子轨道可以解释芳香化合物的稳定性后，想要根据π电子的密度理解反应性的尝试就已开始了，但由占据在所有占有轨道上的电子来决定的电子密度控制着反应性的观点占统治地位。不过用此观点不能解释的实验事实有很多。1952年日本京都大学的福井谦一等提出了[78]芳香烃的亲电取代反应在最高占有轨道（highest occupied molecular orbital，HOMO）系数最大的位置发生；亲核反应则由最低空轨道（lowest unoccupied molecular orbital，LUMO）的系数决定（图5.31）。福井等将HOMO和LUMO称作前线轨道，之后尝试了在理论上进行内涵补充和应用范围的拓宽。进而在1964年指出，在狄尔斯-阿尔德反应那样的环加成反应中，反应分子的HOMO和LUMO的对称性和相位起了重要的作用，使前线轨道理论得到了发展。但是，当时前线轨道理论还没那么引人瞩目。

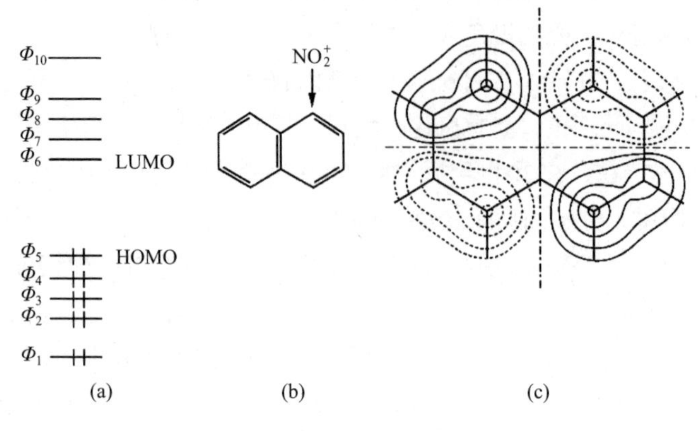

图5.31 萘的前线轨道

（a）在被电子占据的分子轨道中，能量最高的轨道称为最高占有轨道（HOMO）；在没有被电子占据的轨道中，能量最低的轨道称为最低空轨道（LUMO）。将它们合在一起称作前线轨道。上图显示的是萘的前线轨道。（b）NO_2^+ 对萘的亲电进攻。（c）反映电子云密度的萘分子的HOMO图示

1965年罗伯特•伍德沃德（Robert B. Woodward，1917—1979）和罗阿尔德•霍夫曼根据反应中轨道的对称性守恒这一基本原理解释了在电子成环反应、环加成反应、σ迁移重排（与π体系邻接的σ键协调性地移动到分子内新的位置，重新构成π体系的变位）等一系列被称作周环反应（具有下面这样特征的反应：反应物和生成物中至少某一方是不饱和的；伴随σ键的形成或断开和π键的消失或生成；电子重组在环构成过程中发生。不是离子性或自由基反应的协调性反应）的反应中的立体选择性[79]。这被称作伍德沃德-霍夫曼法则，获得了很大反响。例如，在丁二烯的环化和环丁烯的开环反应中，就可以根据这个法则，从反应物（丁二烯）和生成物（环丁烯）的反应分子轨道的对称性，以及反应中轨道的对称性守恒来解释通过热反应和光反应时立体选择性的不同（图5.32）。伍德沃德-霍夫曼法则的出现显示了前线轨道的重要性，因此以此为契机对福井谦一的前线轨道理论的评价也提升了。

福井谦一和罗阿尔德•霍夫曼因为关于化学反应过程理论研究的功绩获得了1981年的诺贝尔化学奖。因为伍德沃德在1979年去世了，所以没有成为1981年的诺贝尔奖获奖对象，不过他已经在1965年因为有机合成上的贡献获得过诺贝尔奖（参见5.5.3节和专栏20）。这些研究可以说证明了根据分子轨道的新概念可以简明地解释复杂的化学反应过程。福井的理论提出来的当时，前线轨道这一特定的轨道决定反应性的观点是崭新的。这一观点发表的当时遭到了很多批评，但他受1952年马利肯关于电荷转移力的论文的刺激进行了理论基础的补充。之后他长年在京都

福井谦一（Kenichi Fukui，1918—1998）：作为喜多源逸的门生在京都大学学习，作为实验有机化学家开始了自己的人生，因为擅长数学自学了量子力学，推进了有机反应的理论研究。1951—1982年任京都大学教授。1952年提出化学反应的前线轨道理论，之后又发展了HOMO-LUMO相互作用理论、反应途径解析等，在化学反应的研究上取得了业绩。另外，在京都大学培养了很多后继者，为日本的理论化学的发展做出了很大贡献。1981年获诺贝尔化学奖。

罗阿尔德·霍夫曼（Roald Hoffmann，1937—）：出生于波兰的犹太家庭，1941年被送到强制收容所，和母亲一起从那里脱逃并藏匿起来，从大战中活了下来。第二次世界大战后脱离波兰，经澳大利亚、德国等地，于1949年移居美国。从哥伦比亚大学毕业后，在哈佛大学跟随利普斯科姆（Lipscomb）学习，1962年取得博士学位，1963年提出扩展休克尔法。之后和有机化学家伍德沃德开始了共同研究，1965年发表了成为伍德沃德-霍夫曼法则基础的论文。1981年获诺贝尔化学奖。

大学和很多共同研究者一起致力于前线轨道理论的发展和应用。

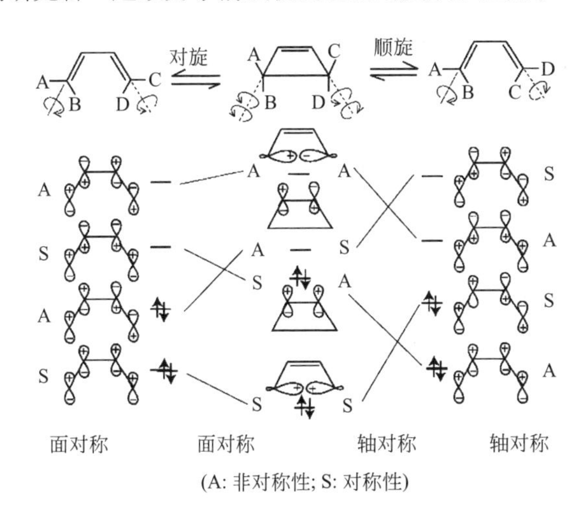

图5.32 丁二烯的环化和环丁烯的开环反应中的立体选择性

反应进行中保持参与轨道的对称性。在热反应中，发生保持活化能低的轴对称性的顺旋旋转反应。而在光反应中，发生保持面对称性的对旋旋转反应，立体选择性不同

电子转移反应的理论

电子转移反应必然伴随着反应物种间的氧化还原反应，是最基本的化学反应之

鲁道夫·马库斯（Rudolf Marcus，1923—）：出生于加拿大蒙特利尔，1946年在麦吉尔大学学习并获得博士学位。在美国北卡罗来纳州立大学和布鲁克林理工学院做过研究后，任伊利诺州立大学的教授，1978年以后任加州理工学院教授。除了在电子转移反应理论中的先驱性工作之外，也因在单分子中的RRKM理论等化学反应理论方面的贡献而知名。1992年获诺贝尔化学奖。

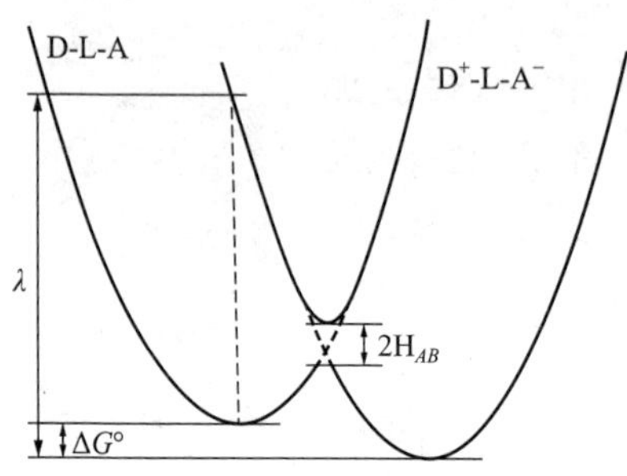

图5.33 电子转移反应中的自由能变（ΔG°）和重组能（λ）

横轴为表示反应进行的反应坐标；纵轴为自由能

一。在微观水平理解电子转移反应，马库斯的理论是基础。鲁道夫·马库斯在20世纪50年代中期受陶布（Henry Taube，1915—2005）等的金属配合物中的电子转移反应研究的刺激开始了自己的研究。他注意到水中Fe^{2+}和Fe^{3+}之间的电子交换速度慢的事实，认为其理由在于电子转移前后离子周围的水合结构发生了大的变化，由此建立了理论（图5.33）。从1956年开始完成的一系列论文中，他对反应速率常数k推导出了下面的公式[80]。

$$k = A\exp\left(\frac{-\Delta G^*}{k_{\mathrm{B}}T}\right)$$

在这里，ΔG^*可以由公式$\Delta G^*=(1/4)(1+\Delta G^{\circ}/\lambda)^2$给出。$\Delta G^{\circ}$是反应的标准自由能，$\lambda$称作重组能，由来自溶剂的部分$\lambda_0$和来自振动的部分$\lambda_i$所构成。在最初的论文中，对溶剂使用了诱导连续体近似，之后进行了基于统计力学的分子理论的处理。马库斯进一步将该理论应用于处理电极上的电子转移反应。后来对马库斯公式的预测和实验结果的比较研究最初是以配合物的电子转移反应和荧光消光的结果为中心展开的，通常可以得到满意的结果。于是，通过1984年米勒（John R. Miller）等进行的实验，就确定了他的成功。作为马库斯公式预测的一个重要的结论就是反转区的存在。在λ相同而ΔG°不同的一系列反应中，ΔG^*随着ΔG°从零开始减小而减小，在$\Delta G^{\circ}=-\lambda$时变成零，不过当$\Delta G^{\circ}$进一步减小时，$\Delta G^*$转向增大。马库斯将$-\Delta G^{\circ}<\lambda$命名为正常区，将$-\Delta G^{\circ}>\lambda$命名为反转区。米勒等通过联苯阴离子和各种电子接受体分子以4个已烷环连接的体系测定了电子转移速度，研究了转移速度和$-\Delta G^{\circ}$的关系，其结果与马库斯理论的预测一致，证实了反转区的存在[81]。之后马库斯理论的预测与实验结果的比较在由光激发产生的电荷转移复合物的重组反应和电极反应等方面也做了广泛研究，其基本正确性得到了证实。

关于早期公式中的指前因子A，后来补充了量子力学的详细考察，公式更加精密化了。现在马库斯理论也广泛应用于蛋白质和光合成体系，解释生物化学、生物学领域的电子转移反应。马库斯因对电子转移反应理论的贡献，获得了1992年的诺贝尔化学奖。

基元反应理论

反应速度理论以艾林（Henry Eyring，1901—1981）的过渡态理论的出现迈出了面向速率常数的理论预测的第一步，不过正确地预测是很困难的课题。在20世纪后半叶的反应速度理论中，采用基于统计理论的近似和基于碰撞•散射理论的近似推进了研讨。在这里简单提及一下。

单分子反应理论是在1952年由马库斯根据RRK理论加入了过渡态的概念改良而来的，称作PRKM理论，已经广为人知了[82]。在这个理论中，是假设具有E^*能量的状态A^*和过渡态$A^{\neq}$之间达到平衡，从A^*状态的数目和$A^{\neq}$状态的数目计算反应速率常数。因此，计算中需要有关过渡状态的势能和结构以及振动频率的信息。有关过渡态的信息不能通过实验获得，所以必须有可以信赖的量子化学计算。进一步，该理论基于体系可以取得的全部状态能够同等地实现这一假设，其中与反应速度相比分子内的振动能的转移和再分配快是前提。这个假设是否正确在超快激光出现后，成了在实验和理论两方面都有兴趣的课题。

过渡态理论对于理解反应速度获得了很大成功，但基本假设还存在合理化的困难，存在很多批评和争议。第二次世界大战后要想克服这一缺陷的努力一直持续不断，其中之一就是变分过渡态理论。在过渡态理论中，假定反应体系经历过渡态就发生反应，但如果体系又穿越过渡态复原的话，实际上反应是不发生的。为了避免这样的情况，想到了改变将反应物和生成物分开的势能面位置，将穿过这个势能面到达反应物的单向流最小化的方法。进一步，对过渡态理论与马库斯理论中间的关系也进行了详细考察，双方已经可以统一地理解了。另外，对活性配合物和活化能的含义也做了详细的斟酌，赋予了新的含义。

5.4.7 表面反应和催化反应

在表面上的化学反应是与非均相体系的催化反应相关的重要领域。近代表面化学在20世纪最初的四分之一世纪是由朗格缪尔开拓的（参见4.4节），但表面的化学反应在原子•分子水平的研究长时间没有进展。可以列举的理由是控制表面的成分和状态很困难、没有直接观测表面发生的现象的手段。这一状况在20世纪50～60年代随着半导体技术的发展，在高真空下在原子水平观测表面的手段陆续问世，到20世纪60年代末，横跨物理、化学、工学等广泛领域的“表面科学”出现了。在这样的状况下，原子•分子水平的表面化学反应的研究活跃起来了。

20世纪60年代中期，低速电子衍射（LEED）技术被引入到表面结构研究，可以研究单晶清洁表面在原子水平的结构了，研究了用铂等作催化剂的金属的表面结构和反应性之间的关系。结果表明，表面的梯级（原子水平的台阶）和晶格缺陷在表面反应中起重要的作用。进而还弄清了表面与固体内部不同的原子排列产生的表面重构、分子吸附在表面产生的表面层结构、金属表面加入异种金属时生成的“表面合金”等结构。

吸附在表面的分子的结合强度可以通过测定温度升高时脱离的难易程度来确定。可以区分以像范德华力那样的弱的力和表面结合的“物理吸附”以及与分子表面的原子生成共价键的“化学吸附”，不过随着电子能量损失光谱（EELS）的引入，就可以观测吸附分子的振动光谱了。于是，吸附分子的结合状态和结构就可以弄清了，追踪随着反应的进行在表面上参与反应的分子变化的情况就成为可能了。表面观测因为20世纪80年代的扫描隧道显微镜（STM）的出现进一步发展了，从原子排列到电荷密度的高低，已经能够可视化了。另外，也可以采用光电子光谱法等详细研究表面的电子状态了。于是表面的反应过程的研究成了一个极其活跃的研究领域。

在这样的背景下，引领现代表面化学研究的是德国的马克斯-普朗克协会、弗里茨-哈伯研究所的格哈德•埃特尔和加利福尼亚大学伯克利分校的伽柏•绍莫尔尧伊。埃特尔详细地研究了使用以哈伯-布什法而闻名的铁催化剂从氮气和氢气合成氨的机理（图5.34）。证实在该反应中，N_2分子在铁表面解离，在表面上产生N原子，它和H_2分子解离吸附产生的H原子发生分步反应，经过NH、NH_2，最后以NH_3的形式脱离出来进入气相，弄清了各个步骤的焓变。他又研究了在铂表面的CO的催化氧化反应，在这个过程中发现了铂表面的CO_2生成的振动反应[83]。2007年埃特尔因在固体表面的化学过程研究方面的贡献获得了诺贝尔化学奖。

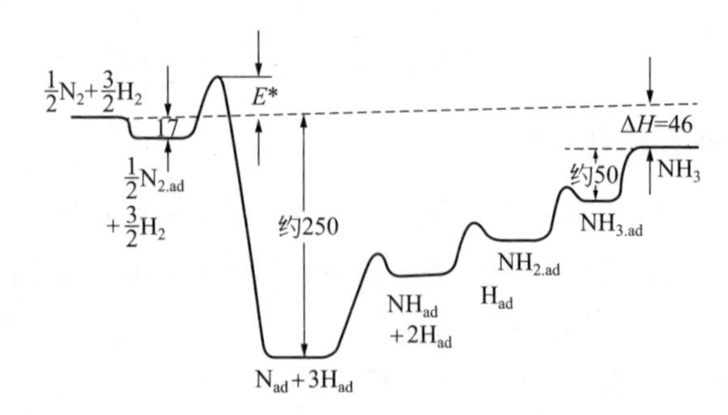

图5.34 在铁表面由N_2和H_2生成NH_3的反应中各步的焓变（单位kJ/mol）

绍莫尔尧伊发现了铂表面的解离反应是因为表面的梯级和缺陷而发生的。他还通过乙烯的加氢反应发现了铂催化剂表面次乙基（CH_3C）的生成，并确定了它的

格哈德·埃特尔（Gerhard Ertl，1936—）：曾在斯图加特大学学习，在慕尼黑工业大学获得博士学位，历经助手、讲师，从1968年起任汉诺威大学教授，从1986年起历任柏林自由大学以及柏林工业大学教授、弗里茨-哈伯研究所所长。使用低能电子衍射、紫外光电子能谱、扫描隧道显微镜等最新的观测手段，引领表面催化反应的研究，特别因氨合成反应的分子机理阐释、用钯催化剂的一氧化碳的氧化研究而知名。2007年获诺贝尔化学奖。

伽柏·绍莫尔尧伊（Gabor Somorjai，1935—）：匈牙利出生的美国化学家。出生于犹太家庭，从纳粹手中逃脱生存下来，在布达佩斯经济大学学习化工。1956年的匈牙利动乱后移居美国，在加州大学伯克利分校取得博士学位，在IBM短暂工作后，在伯克利任教授，成了表面化学的领导型研究者。

结构。证实了在次乙基中3个原子从六角形结构的铂表面推出去，与碳原子结合，形成类似于有机金属分子的结构。

5.5 新物质的发现与合成

可以认为到1945年为止自然界存在的元素全部被发现了，简单的化合物几乎也都发现了。但是对于元素，第二次世界大战后到1984年又合成了97号至109号的人工元素。关于简单无机化合物，在1962年发现被认为是惰性、不形成化合物的稀有气体也形成了稳定的化合物。1985年发现了C_{60}、C_{70}等富勒烯类。这证实像碳那样的常见元素中也存在未知的单体，这给化学界带来了很大的冲击。与生物体相关的复杂分子的发现也一直持续不断。

合成有用的新物质和自然界存在的物质是化学的一大目标。合成化学作为化学的一大支柱发展起来了，像上一章介绍的那样，在20世纪前半叶取得了很大进步。在20世纪后半叶，合成化学发展得越来越快，能够合成复杂天然有机化合物和金属配合物。合成化学家不断开发新的合成方法，最大限度地使用红外、可见、紫外分光光谱仪，以及NMR、X射线解析、质谱仪、各种色谱等可以利用的仪器。在必要的场合，也援用根据分子轨道法和分子力学法等获得的理论解析结果，给了合成很大的推动作用。分子结构和性质之间的关系逐渐可以理解了，根据目标设计并合成分子的工作也广泛开展起来。于是，现在已经快达到可以合成任何想得到的分子的阶段。作为基础研究，为了验证理论也合成具有特殊性质的分子。在本章将列举新元素、无机化合物、新有机金属化合物、新合成方法的开发、复杂天然有机化合物的合成、超分子和分子聚集体的研究等。

5.5.1 新元素和新物质群

人工元素的合成和周期表

到1945年为止，已经发现了96个元素，不过第二次世界大战后进一步通过核反应合成了人工元素。在1984年，截至第109号元素铸（Mt）的元素载入了周期表。其中99号的锿（Es）拥有20天的半衰期，101号钔（Md）的半衰期766min，102号锘（No）是2.3s，后面的逐渐变短，Mt是3.4ms。西博格与第94号至第102号元素的发现有关。他弄清了这些元素都属于从90号元素钍开始的锕系，确立了锕的化学。在这些元素中研究最多的原子是钚，它由铀在原子反应堆中大量产生，其半衰期长，用作原子反应堆原料和核武器。

稀有气体化合物

最初人们认为最外层的s及p轨道填满电子的稀有气体是稳定的、不形成化合物，但1933年鲍林预测了重稀有气体与氟和氧形成化合物。1962年加拿大不列颠哥伦比亚大学的尼尔•巴特利特（Neil Bartlett，1932—2008）报道了Xe和PtF_6反应生成了$Xe^+[PtF_6]^-$[84]。同年克拉森（Howard Claassen，1918—2010）通过Xe和氟（F）在高温下的反应得到了XeF_4[85]。之后制备了XeF_2、XeF_6、$XeOF_2$、$XeOF_4$、XeO_3、XeO_4等。稀有气体的化合物ArF、KrF_2、$XeCl_2$、Xe_2等在激发状态以短寿命的准稳定化合物存在，在准分子激光中广泛应用。

簇合物

“簇合物”原本是在20世纪60年代初作为表示含有金属-金属键的金属簇合物的用语而引入的。但是后来就变成广泛用作表示原子、分子从几个到几千个聚集在一起的微粒（粒径1nm左右）的用语了。簇合物作为处于原子•分子和凝聚相中间范围的物质引起了人们的兴趣。在物理化学领域受到关注的是随着构成簇合物的原子、分子数目的变化，其物性和反应性也跟着变化，1980年前后起研究兴盛起来了。

原子和简单分子通过范德华力和氢键结合形成的簇合物作为气相孤立分子可以用超音速分子射线发生器制备。在这种方法中，因为尺寸不同的簇合物同时形成，所以通过质量分离等手段分选特定尺寸的簇合物，用各种分光法研究其结构和性质。例如，研究了在苯和苯酚等各种芳香族化合物中水分子的水合簇合物的详细结构。另外，将溶剂分子一个一个加入进来，追踪溶剂化结构和反应性变化的工作也开展了。关于金属原子的簇合物，在汞的簇合物中，在尺寸200～300个原子附近有金属-绝缘体的转移，在锰簇合物中，随着尺寸的变化有强磁性-反强磁性的变化等，物性随簇合物尺寸的变化受到了关注。另外，在镍簇合物离子上的甲醇分子的分解反应中，观测到了反应速度依赖簇合物尺寸的现象，从与催化作用的关系出发也令人感兴趣。

因为与催化反应的关联最引人注目的是以多个相互结合的金属原子为中心组成原子团的金属簇合物，其典型代表有以M_xL_y（M为金属原子，L为配体）形式表示的$Tr_4(CO)_{12}$和$Fe_3(CO)_{12}$这样的金属羰基簇合物。这些金属簇合物作为称作费歇尔-特罗普歇（Fischer Tropsch）反应的CO的氢化反应的催化剂很有效。

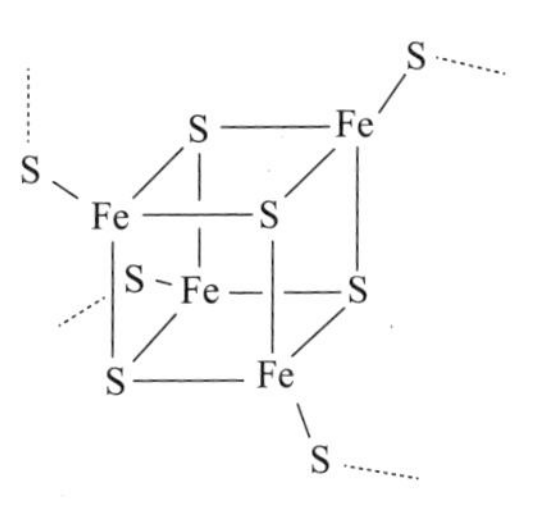

图5.35 铁氧还蛋白的4Fe-4S簇合物的结构

以4个铁原子和4个硫原子构成的立方体为中心形成的簇合物分子在20世纪60年代初被发现作为生物酶铁氧还蛋白，作为在生物体系促进电子转移反应的铁蛋白质的官能部分（图5.35）。含这样的立方体结构的金属簇合物还有镍、钨、锌、锰、铬等，在自然界发现为生物酶。

准晶体

人们一直认为固体的存在状态只有晶体和非晶体。与晶体和非晶体都不相同，处于第三固体状态的物质在20世纪80年代被发现，成了讨论的话题。1984年以色列的丹尼尔•舍特曼报道从液体状态急速冷却下来的Al-Mn合金尽管像晶体一样显示电子衍射斑点，但显示在晶体中不存在的5次旋转对称性，具有正20面体的对称性[86]。这是违反当时常识的发现，这样的固体后来发现了很多，称作准晶体。已经弄清了准晶体虽然不具有像晶体那样的平移对称性（周期性），但呈现高有序性的结构。最早发现的准晶体是热力学不稳定的，通过加热就析出稳定的晶体相，但后来稳定的准晶体由（日本）东北大学的蔡等人陆续发现。准晶体具有与晶体不同的性质，引起了人们的兴趣。例如，铝、铜、铁都是良导电体，但由它们构成的Al-Cu-Fe准晶体显示异常高的电阻。另外，大块状的准晶体因其非晶体性难以形成劈开面，而呈现刚性和高强度。发现准晶体的舍特曼2011年获得了诺贝尔化学奖。

有机金属化合物

碳原子和金属原子直接成键的有机金属化合物从19世纪就已经知道。在20世纪前半叶，格氏试剂、烷基锂化合物等在有机合成中有用的化合物发现了很多。但到了20世纪后半叶，发现了以二茂铁为首的金属茂化物这样拥有新型键的有机金属化合物，另外以齐格勒（Ziegler）-纳塔（Natta）催化剂的发现为首，随着有机

丹尼尔•舍特曼（Daniel Shechtman，1941—）：以色列材料科学家。出生于特拉维夫，1972年毕业于以色列理工学院，在同一大学修完博士课程，在材料工学系工作，现在为教授。1982年作为访问学者在霍普金斯大学的研究中发现了准晶体。因为这一发现获得了2011年的诺贝尔化学奖。

Fe

图5.36 二茂铁的结构
通常将用其他金属原子置换Fe后的同类型化合物通称二茂（金属）

金属化合物催化剂的重要性获得认识，有机金属化学作为有机化学和无机化学（配位化学）相融合的领域获得了很大发展。

二茂铁$[(C_5H_5)_2Fe]$在1951年最早由保森（Peter L. Pauson，1925—）和基利（Thomas J. Kealy，1917—2012）以及米勒（S. A. Miller）等独立地合成出来[87]，不过最初并没能给出正确的结构。1952年哈佛大学的伍德沃德和杰弗里•威尔金森等根据红外吸收、磁化率、偶极矩等的测定和反应性，推定出两个环戊二烯基（CP）离子夹着2价铁离子的三明治结构，伍德沃德将这个化合物命名为二茂铁（图5.36）[88]。同一时期，慕尼黑工业大学的恩斯特•费歇尔和帕布（W. Pfab）根据X射线结构解析对二茂铁的三明治结构做出了结论，开始了其他过渡金属的二环戊二烯化合物如二茂镍、二茂钴的研究[89]。他们之后根据NMR和X射线结构解析确认了三明治结构。威尔金森还合成了钌和钴的类似化合物展开研究。于是开始了一系列过渡金属的茂化物$[(C_5H_5)_2M]$的研究。

二茂铁的结构和电子状态给研究金属化学带来了新的概念。在二茂铁中，铁原子是+2价氧化态，CP环以阴离子的形式构成6个π电子体系，环具有芳香性和稳定化作用。通过这些π电子，CP环与金属离子形成共价键合的π配合物，同时可以认为加上Fe^{2+}的6个电子成为18电子稀有气体电子排布的配合物而达到稳定。关于化学性质，证实了显示芳香族特有的反应性。

费歇尔和威尔金森之后也在有机金属化学方面做出了很多贡献。费歇尔成功地

杰弗里•威尔金森（Geoffrey Wilkinson，1921—1996）：在伦敦大学帝国学院学习，1946年取得博士学位。在加利福尼亚大学西博格手下参与镧系金属放射性同位素的研究，之后转到麻省理工学院（MIT）转向无机化学，1951年在哈佛大学与伍德沃德一起开始二茂铁的研究。1956年回到英国，任伦敦帝国学院的无机化学教授。1965年开发出了作为催化剂有用的威尔金森配合物。1973年获诺贝尔化学奖。

恩斯特•费歇尔（Ernst Fischer，1918—2007）：曾在慕尼黑工业大学学习，以有机金属化学方面的研究于1952年取得博士学位。此后留校任助手，开始了二茂铁的研究。1959年任慕尼黑工业大学教授，1964年任无机化学研究所所长。与威尔金森各自独立阐明了有机金属化合物构成的各种各样三明治化合物的结构。1973年获诺贝尔化学奖。

合成了由苯和铬构成的三明治化合物$Cr(C_5H_5)_2$。威尔金森用NMR分光研究了铼和氢原子结合的三明治化合物CP_2ReH，在20世纪60年代开发了对烯烃加氢有用的威尔金森催化剂$Rh(Cl)(PPh_3)$。

在费歇尔后来的大贡献中有过渡金属卡宾（M═CRR′）及碳炔（M≡CR）配合物化学。这些化合物在过渡金属催化剂参与的有机化学反应中被认为很重要，但并不知道是稳定的配合物。1964年费歇尔成功地分离出稳定的卡宾配合物，之后他的团队又合成并研究了很多M═C(ER)R′（E为O、S、NR″）类型的化合物。这些化合物作为费歇尔型卡宾而闻名。在费歇尔型卡宾中，金属原子是π电子接受体，卡宾的碳原子具有亲电子性。另一方面，在施罗克（Richard R. Schrock，1945—）开发的复分解催化用的卡宾催化剂中，卡宾的碳原子为亲核性。

费歇尔和威尔金森因为对具有三明治结构的有机金属化合物的研究，在1973年获得了诺贝尔化学奖。

5.5.2 有机化合物的新合成法

20世纪后半叶的有机合成化学的发展是显著的，关于新的合成方法也取得了大量的研究成果。受篇幅所限不详细对此加以叙述，这里仅就2011年为止成为诺贝尔化学奖对象的业绩做一介绍。

高分子合成

高分子合成在20世纪30年代诞生了尼龙和塑料，在第二次世界大战后最早获得大发展，构建了战后高分子工业飞速发展的基础。其代表性的实例有齐格勒和纳塔开发的使用催化剂（齐格勒-纳塔催化剂）的合成法。德国化学家卡尔•齐格勒从第二次世界大战前开始在德国的哈勒大学、第二次世界大战后在马克斯•普朗克研究所等机构投身有机金属化合物的研究，以此为基础系统地推进了新反应的研究。1953年采用将乙基铝和四氯化钛组合起来的催化剂，发现在常温常压下聚合可以得到高结晶性的聚乙烯，开发了低压聚乙烯合成法[90]。意大利米兰工业大学的化学家居里奥•纳塔1938年以来用X射线衍射研究了高分子化合物的结构，探明了用齐格勒催化剂合成高分子，它们具有立体规则性，随着立体结构的不同在性

卡尔•齐格勒（Karl Ziegler，1898—1973）：在马尔堡大学学习，曾任教于法兰克福大学、海德堡大学，1936年任哈尔大学教授。1943年起任威廉皇家学会（后称马克斯•普朗克学会）煤炭研究所所长。研究有机金属化合物的合成和用它作催化剂的乙烯聚合法，1952年发现将三乙基铝－四氯化钛组合起来用作催化剂，在常温常压下实现乙烯聚合，建立了高分子工业发展的基础。1963年获诺贝尔化学奖。

居里奥·纳塔（Giulio Natta，1903—1979）：在米兰工学院获得博士学位后，历经帕多瓦大学、罗马大学 、都灵大学，1938年以后任米兰工学院教授。研究了固体X射线及电子衍射在催化剂和高分子化合物领域的应用。用齐格勒催化剂合成了高分子，解明了这些高分子的立体规律性和性质之间的关系，建立了高分子工业发展的基础。1963年获诺贝尔化学奖。

质上也产生差异[91]。进而，用三乙基铝-三氯化钛成功地实现了高聚合度的聚丙烯的聚合，探明了它呈立体特异性结构。之后知道了第1～3族的金属烷基化物和第4～8族的金属的组合对烯烃类的聚合有效，它们统称为齐格勒-纳塔催化剂，高活性和立体特异性的催化剂的开发飞跃发展，石油化学工业获得了大发展。

齐格勒-纳塔催化剂通过其反应机理的研究对有机金属化学的发展也有很大帮助。齐格勒和纳塔获得了1963年的诺贝尔化学奖。

布朗和维蒂希

从第二次世界大战中期到战后初期开发的合成方法中，特别广泛应用的有使用布朗开发的有机硼化合物的方法和使用维蒂希开发的有机磷化合物的方法。赫伯特·布朗从第二次世界大战前开始就在芝加哥大学的史莱辛格（Schlessinger）的研究室开始了乙硼烷的研究，从乙硼烷和羰基化合物之间的反应的研究开始，发现硼氢化钠（$NaBH_4$）具有优异的还原能力。布朗后来在普渡大学系统地研究了氢化硼和有机硼化合物的反应，发现了乙硼烷或者烷基硼烷与烯烃反应的硼氢化反应。这个反应成了有机合成法中极其有用的反应，布朗开拓了有机合成化学的新领域。此外对反应性和立体变形的关系、碳正离子的结构进行了研究，在有机化学反应领域

赫伯特·布朗（Herbert C. Brown，1912—2004）：出生于伦敦，2岁时随家人一起移居美国。14岁时父亲去世，为了帮助家里，高中休学3年去工作。获得奖学金进芝加哥大学学习，1936年硕士毕业，1938年获得无机化学博士学位。曾任韦恩州立大学助理教授，1947年任普渡大学教授。从乙硼烷和羰基化合物反应的研究开始，发现了具有优异还原能力的硼氢化钠，陆续发现新的合成反应。1979年获诺贝尔化学奖。

格奥尔格·维蒂希（Georg Wittig，1897—1987）：德国有机化学家。1926年在马尔堡大学获得博士学位后，在德国各地的大学任教职，1995年任海德堡大学教授。以维蒂希反应闻名，发展了以有机磷为基础的合成反应。1979年获诺贝尔化学奖。

也留下了很多业绩[92]。布朗在普渡大学培养了很多后继者，其中日本研究者也很多，2010年诺贝尔化学奖获得者根岸以及铃木也是布朗的门生。他因为新的有机合成方法的开发与维蒂希共同获得了1979年的诺贝尔化学奖。

格奥尔格•维蒂希1944年任蒂宾根大学教授，从1965年起任海德堡大学教授，在有机化学的广阔领域做出了很多贡献。其中称作维蒂希反应的、使用有机磷化合物的烯烃的合成反应的发现最为著名，这个反应在有机合成中广泛使用[93]。

不对称合成

1979年以后，在有机合成方法方面的诺贝尔化学奖长时间缺席，而进入21世纪后这个领域的获奖连续不断。这大概是20世纪最后的四分之一世纪中有机合成法的辉煌发展和对应用产生巨大影响的反映吧。成为这些诺贝尔奖对象的都是利用新催化剂的合成法的开发。

存在于自然界的很多化合物是具有镜像异构体的手性化合物。核酸、蛋白质等生物大分子都是手性化合物，手性化合物的一对镜像异构体具有与其他镜像异构体不同的相互作用。即生物体对生物活性物质的镜像异构体作为不同的化合物来识别。因此，在药品和农药的合成中选择性地合成其中一种镜像异构体的不对称合成就变得很重要了。在这样的背景下，美国孟山都公司的威廉•诺尔斯将还原反应催化剂威尔金森配合物（铑配合物）的配体换成了手性磷化氢配体的不对称催化剂，证实了选择性地合成一种镜像异构体的可能性[94]。诺尔斯的团队改良催化剂应用于帕金森病治疗药物L-DOPA（左旋多巴）的工业生产。

名古屋大学野依良治的团队大大地发展了采用不对称催化剂的还原反应的研究。他在1980年报道[95]以称作BINAP的手性膦作配体的铑配合物为催化剂，通过氨基酸的不对称加氢反应可以实现接近100%对映体过量率。野依等进一步采用铑和钌的BINAP配合物成功地实现了各种官能团的高效不对称还原，使该方法获得了很大发展（图5.37）。该方法也被应用于以L-薄荷脑为首的药品等工业生产。

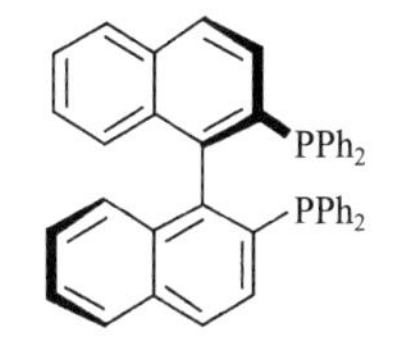

图5.37 BINAP的结构

另一方面，斯克利普斯（Scripps）研究所的巴里•夏

威廉•诺尔斯（William S. Knowles，1917—2012）：从哈佛大学毕业后，1942年在哥伦比亚大学获得博士学位，在公司的研究所开始研究生活，到1986年为止任孟山都公司的研究员。1968年用铑配合物最早证实有机化合物加氢反应中的不对称合成的可能性。这类反应在1974年被用于帕金森症治疗药物L-DOPA的合成，这是不对称合成反应最早的工业化应用。2001年获诺贝尔化学奖。

野依良治（1938—）： 1963年日本京都大学工学院硕士毕业，留校当助手，1968年任名古屋大学副教授，留学哈佛大学科里研究室后，1972年任名古屋大学教授。专攻精密有机合成化学、分子催化化学，投身不对称合成反应的开发。采用手性催化剂，特别是Ru-BINAP催化剂实现了高产率不对称加氢反应，在不对称合成的工业化方面也做出了很大贡献。2003年任理化学研究所所长。2000年获日本文化勋章，2001年获诺贝尔化学奖。

巴里·夏普莱斯（Karl Barry Sharpless，1941—）： 1963年毕业于达特茅斯大学，1968年在斯坦福大学获得博士学位。1970年起在麻省理工学院工作，1990年起任美国斯克利普斯研究所教授。投身采用手性催化剂的氧化反应的研究，开发了各种有助于不对称氧化反应的催化剂。他的方法被应用于各种药物合成。2001年获诺贝尔化学奖。

普莱斯和香月勗（Tsutomu Katsuki）开展了利用手性催化剂的不对称氧化反应的研究。1980年他们采用钛配合物不对称催化剂成功地将烯丙醇转变成了手性环氧化合物[96]。环氧化合物是很多合成反应的有用中间产物，该反应为很多不对称化合物的合成开辟了道路。诺尔斯、野依良治、夏普莱斯因对催化不对称合成发展的贡献获得了2001年的诺贝尔化学奖。对这一工作在学术价值和实用价值方面都给予了很高的评价。

烯烃复分解反应

复分解（metathesis）来源于希腊语的“交换位置”，不过有机合成中的烯烃复分解反应是指如图5.38所示两种烯烃之间发生的键的重组的催化反应。这样的反应已经在20世纪50年代在高分子产业中被发现，不过烯烃复分解反应作为有用的合成方法得到认识是卡尔德隆（Nissim Calderon）等报道通过氯化钨-三乙基铝催化剂使2-戊烯变成3-己烯和2-丁烯之后。1971年法国的伊夫•肖万提出由卡宾金属配合物和烯烃形成四元环的金属环丁烷后，生成其他烯烃和其他卡宾配合物的反应机理[97]。这一提案为设计新的催化剂开辟了道路，有效的催化剂的探索成了烯烃复分解反应研究的中心。在这方面起到引领作用的是麻省理工学院的理查德•施罗克和加州理工学院的罗伯特•格拉布斯。

1980年施罗克等发现了钽的卡宾配合物催化烯烃复分解反应[98]。1990年他们报道了钼配合物具有很高的活性。不过这些配合物都有对水和氧不稳定的缺点。1992年格拉布斯等报道了对水和氧比较稳定、对烯烃复分解反应有效的钌卡宾配合物[99]。从那以后很多研究者开发的钌碳烯配合物获得了广泛的应用，烯烃复分解反应在以天然产物合

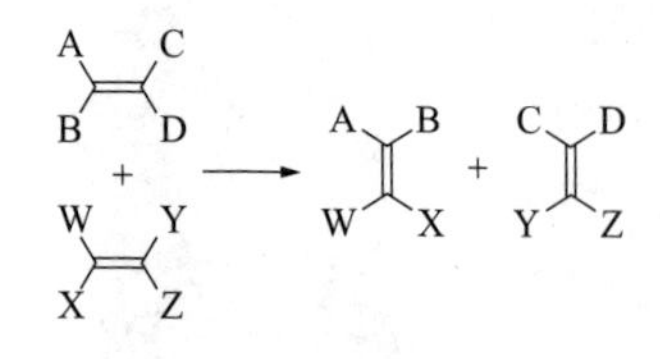

图5.38 烯烃复分解反应

伊夫·肖万（Yves Chauvin，1930—）：1954年毕业于里昂化学·物理·电子高等专科学校，1960年作为研究员进入法国石油研究所（IFP），1991—1995年任所长。1971年弄清了金属卡宾配合物促进烯烃复分解反应的机理，为之后烯烃复分解反应催化剂的开发奠定了基础。2005年获诺贝尔化学奖。

理查德·施罗克（Richard R. Schrock，1945—）：美国有机化学家。1971年在哈佛大学获得博士学位后，历经剑桥大学和杜邦公司，从1975年起进入麻省理工学院，1980年任教授。1990年发现用钼配合物催化剂高产率地促进了烯烃复分解反应。2005年获诺贝尔化学奖。

罗伯特·格拉布斯（Robert H. Grubbs，1942—）：美国有机化学家。1963年在哥伦比亚大学获得博士学位，历经斯坦福大学、密歇根州立大学，1978年任加州理工学院教授。研究有机金属的催化反应，开发了烯烃复分解反应的格拉布斯催化剂等很多催化剂。2005年获诺贝尔化学奖。

成为首的很多合成过程中变得重要起来。今天，烯烃复分解反应在医药、化学产业也还广泛使用。2005年肖万、施罗克、格拉布斯3人因对烯烃复分解反应研究的贡献获得了诺贝尔化学奖。

交叉偶联等

对有机化合物来说碳之间的键是其根本，所以开发在两个反应分子间选择性形成新的C—C单键的方法是有机合成化学的重要课题。在20世纪后半叶，很多化学家对这一问题发起挑战，有了很大发展。这个反应被称作偶联反应，键合的两个分子相同时称作自偶合，不同时称作交叉偶联。交叉偶联反应的研究从20世纪60年代后期起大大地向前推进了，其中日本研究者的贡献很大。

在20世纪后半叶，过渡金属配合物用作催化剂的有机合成方法获得了很大发展。在交叉偶联反应中用作催化剂的有钯（Pd）、镍（Ni）、铜（Cu）等，特别是钯很有效，它成了2010年诺贝尔化学奖的对象。1968年美国的理查德·赫克发现将卤化苯基钯（PhPdX）添加到乙烯中就会生成苯乙烯。1972年他开发了以钯作催化剂，将有机卤化物（RX）和烯烃偶联的赫克（Heck）反应[100]。

$$RX + H_2C{=\!=}CHR' + \text{Pd催化剂} \longrightarrow RHC{=\!=}CHR'$$

（R、R′表示烯丙基、苯基、烷基等；X表示卤素）

在这个反应中，首先亲电子试剂RX和Pd反应，生成Pd配合物（RPdX），亲核试剂烯烃与之形成配合物相结合，接着R转移到烯烃上，生成新的C—C键。最后氢和Pd都脱离，生成置换烯烃。

另一方面，1976年普渡大学的根岸英一用有机锌化合物（RZnY）作亲核试剂开发出了下列与卤化物偶联的根岸反应[101]。

$$RZnY + R'X + Pd\text{催化剂} \longrightarrow R—R' + MX$$

1972年京都大学的熊田、玉尾用格氏试剂和镍催化剂，对已报道的反应加以改良，使之成容易使用的形式。1979年北海道大学的铃木章、宫浦宪夫等用有机硼化合物（RBY）作亲核试剂，在碱存在下开发了同样的偶联反应[102]。因为使用硼化合物，偶联反应在更加温和的条件下能够更容易进行，其实用性增加了。

在交叉偶联反应中，可以使分子选择性地高效率结合，在天然产物全合成等复杂化合物的合成中也获得广泛应用。另外，在应用方面也已经广泛用于药物和液晶等的制造，成了对产业也产生很大影响的技术。赫克、根岸、铃木因有机合成中的钯催化交叉偶联反应的研究获得了2010年的诺贝尔化学奖。

正如在这节所记述的，在有机合成化学领域日本的有机化学家做出了很多贡献。在第二次世界大战后的复兴期京都大学的野崎一开发了利用各种金属元素性质

理查德·赫克（Richard Heck，1931—）：在UCLA学习，1952年硕士毕业，1954年获得博士学位。做完博士研究员后，于1957年进入特拉华州的赫克力士公司做研究，之后从1971年至1989年任特拉华大学教授。赫克反应的发展开始于20世纪60年代后期，70年代由沟吕木及赫克本人做了改进，其重要性逐渐得到认可。2010年获诺贝尔化学奖。

根岸英一（1935—）：出生于伪满洲国长春，第二次世界大战后在神奈川县大和市度过了少年时代。1958年毕业于东京大学工学院应用化学系，进入帝人公司，作为富布莱特（Fulbright）奖学生留学宾夕法尼亚大学，1963年获博士学位。1966年从帝人离职成了普渡大学布朗研究室的研究员，1972年任雪城大学助理教授，1976年升为准教授。1979年任普渡大学教授。2010年获诺贝尔化学奖。

铃木章（1930—）：出生于北海道，少年时父亲去世，通过苦学从北海道大学理学院毕业，1959年北海道大学博士毕业后留校当助手，1961年成为北海道大学工学院副教授。从1965年起的3年留学普渡大学布朗研究室，之后1973年升任教授。1979年与助手宫浦共同发现铃木-宫浦偶联反应。2010年获诺贝尔化学奖，2010年获日本文化勋章。

向山光昭（1927—）：1948年毕业于东京工业大学，1963年升任该大学教授，1974年转任东京大学教授，1987年任东京理科大学教授。开发了向山羟醛反应等很多有机合成化学中的新反应类型，此外还成功合成了抗癌剂紫杉醇。1987年获日本文化勋章。

的新反应。他的门生中出了野依等很多人才。东京大学的向山光昭开发了以向山*β*-羟基醛反应为首的很多新合成反应，培养了很多优秀的有机化学家。

5.5.3 天然有机化合物的合成

复杂天然有机化合物的研究从20世纪前半叶起就一直是一个很大的领域。在20世纪前半叶用有机化学的手法做结构测定是一个大目标，但在第二次世界大战后，X射线衍射、红外吸收、可见吸收、紫外吸收、NMR等光谱方法的引入使结构解析变得容易了。另一方面，天然有机化合物的合成从作为确认结构的手段，逐渐作为一个以合成本身为目的的领域获得了很大发展。由市售可以得到的简单化合物合成天然有机化合物的“全合成”作为有机合成化学最具挑战性的领域诞生了。全合成一方面是使用高度精炼技术的领域，另一方面也是响应来自医学、农学、工学等实用科学要求的领域。

全合成与伍德沃德

对天然产物合成化学的发展，天才化学家罗伯特•伍德沃德（参见专栏20）有很大贡献。哈佛大学的伍德沃德在包括结构测定在内的整个天然产物化学中都做出了很大贡献，特别是在天然有机化合物的全合成方面的业绩是无人能比的。他在1944年与多林（Williams van Eggers Doering，1917—2011）共同合成了抗疟疾药奎宁[103]。这一合成在当时是划时代的工作。之后从20世纪40年代后期开始至20世纪50年代，伍德沃德完成了一系列当时被认为合成困难的化合物的合成[104]。它们中有类甾醇中的胆固醇（1951年）、磺胺嘧啶（1951年）、生物碱中的利血平（1956年）、毒鼠碱（1954年）（图5.39）。他的合成方法是经过周密设计的，有对有机合成反应的渊博的知识和对基于物理有机化学的反应机理的深邃的洞察力做保证，所以不愧是能够把有机合成从依赖经验的技术变成有艺术之感的精密化学之作。伍德沃德后来在1960年成功地合成了光合成色素叶绿素、1962年成功合成了抗生物质四环素。1965年因为对有机合成方法的贡献获得了诺贝尔化学奖，但他的业绩的最亮点应该是1972年完成的维生素B_{12}的全合成（图5.40）。与瑞士的阿尔伯特•艾申莫瑟（Albert Eschenmoser，1925—）的团队共同进行的这个项目是由100人以上的研究人员历经10年的努力才得以完成的。这个合成包括了接近100个步骤，显示了即使极其复杂的有机化合物也可以通过适当的方法和努力实现合成[105]。

此外，伍德沃德还参与了两项成为其他诺贝尔奖对象的研究，二茂铁的研究

罗伯特·伍德沃德（Robert Burns Woodward，1917—1979）：出生于波士顿，从青少年开始就对化学有强烈的兴趣。在麻省理工学院学习，20岁获得博士学位，1938年成了哈佛大学的教员，顺利晋升，1950年当上了教授。1941年发现共轭不饱和化合物的紫外吸收规律，根据各种抗生物质、生物碱、萜类等的结构测定和合成的研究确立了新的合成方法，成功地实现了奎宁、毒鼠碱、叶绿素、维生素B_{12}等的全合成，赢得了声誉。1965年获诺贝尔化学奖。（参见专栏20）

和伍德沃德-霍夫曼原理。他自己的诺贝尔奖授奖是1965年，但遗憾的是在伍德沃德-霍夫曼原理的发现成为诺贝尔奖对象之前的1979年，伍德沃德就去世了，所以没能实现第二次获得诺贝尔化学奖，不过毫无疑问可以说他是20世纪后半叶最伟大的有机化学家之一。

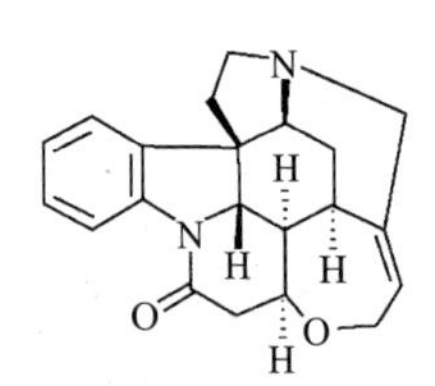

图5.39 毒鼠碱

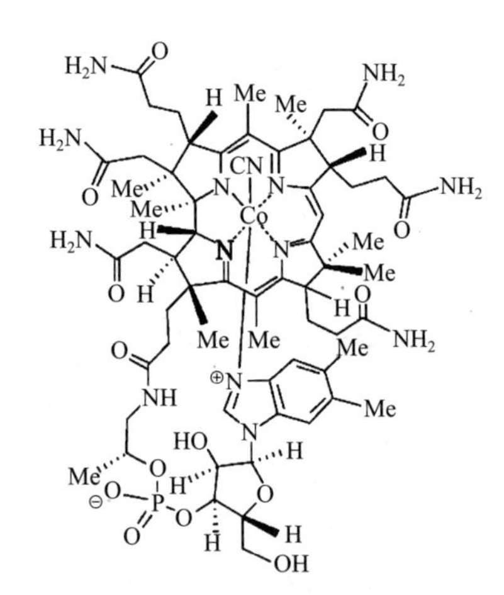

图5.40 维生素B_{12}

专栏20

天才有机化学家伍德沃德

众所周知，物理学的爱因斯坦和数学的拉马努詹是天才，那么在化学领域有天才吗？伍德沃德是与爱因斯坦和拉马努詹完全不同的类型，可以说是化学的天才。他在1965年因为对有机合成方法的贡献获得了诺贝尔化学奖，而作为他最大业绩的维生素B_{12}的合成是在他获奖之后完成的。对成为1973年诺贝尔奖对象的具有三明治结构的有机金属化合物的研究也做出了重要贡献，这时他与威尔金森及费歇尔共同获奖也不奇怪。如果他再稍微长寿一点的话，大概会与福井、霍夫曼一起获得1981年的诺贝尔奖。

伍德沃德1917年出生于波士顿郊外，爷爷是一位药剂师。1岁的时候父亲因流感去世，母亲将其抚养成人，从青少年开始就非常喜欢化学，一个人独自学习。上了公立小学和中学，在自家的实验室埋头化学实验，据说高中入学时就已经将当时大学使用的加特曼（L. Gatterman，1860—1920）的有机化学实验书里的实验几乎都做了一遍。在学校还是跳级生，16岁时就进入麻省理工学院。不过他不屑于正规的教学，上课一概不去，只参加考试。因此受到开除学籍处分，不过被允许复学，1936年毕业，20岁时获得了博士学位。1937年成了哈佛大学的特别研究员，之后一直在哈佛大学任研究职位，从1950年起任正教授。

演讲中的伍德沃德

20世纪40年代初，在天然产物的结构测定中开辟了采用紫外分光光谱法的道路，因而名声大振。他从很多实验数据发现了化学结构与紫外吸收光谱间的相关性，后来发现了被称作伍德沃德规律的法则。这是将当时刚刚开发出来的分析仪器引入复杂有机化合物结构测定的最早实例，引领了此后的红外光谱、NMR、旋光色散（optical rotary dispersion）等分光法应用于结构测定和合成的新潮流。

从20世纪40年代中期起开始天然有机化合物的合成研究，如本书所解释的那样，接连不断地合成出在当时认为不可能合成的复杂天然有机化合物，构建了被称作伍德沃德时代的有机化学新时代。维生素B_{12}的全合成的确是有机合成历史上纪念碑式的事件。在维生素B_{12}的合成期间，他获得了作为有机反应理论中最重要的法则“伍德沃德-霍夫曼法则”的构想。霍夫曼用理论计算验证了他的构想，共同发表了该法则，成了1981年霍夫曼的诺贝尔奖工作。他是突破有机合成化学框架取得伟大业绩的大化学家。

关于伍德沃德流传着各种各样的佳话。喜欢蔚蓝色，西服仅限深蓝色，领带是天蓝色。就连停车位也涂成蓝色。星期四晚上研究室的讨论会据说常常持续到深夜。他的演讲长，往往持续3～4小时。在多数演讲中他不使用幻灯片，使用多种颜色的粉笔在黑板上书写复杂的结构式。演讲时伍德沃德在桌子的一边摆放着新的彩色粉笔，另一边摆放着一排雪茄，抽完的上一只雪茄用来给下一只雪茄点火。他厌恶运动，睡眠时间短，是一个重烟瘾者，也喜欢苏格兰威士忌和马提尼酒。然而，这种生活习惯带来了灾难，1979年62岁时在睡眠中因心脏病发作去世。

没有能够两次获得诺贝尔奖，但获得了全世界各种各样的奖。这些奖中包括美国国家科学奖、英国皇家协会戴维奖章、法国化学会拉瓦锡奖章、日本二等勋章旭日重光奖。

科里与逆合成

天然有机化合物的全合成作为20世纪后半叶有机合成化学活泼的研究领域发展起来，直到现在还在合成很多复杂的化合物。20世纪60年代至90年代引领这个领域的另一个化学家是哈佛大学的伊莱亚斯•科里。他引入逆合成分析的概念开发了立体特异性和位置选择性地合成复杂生理活性物质的方法理论[106]。这就是在多段合成中，通过将目标化合物划分成单纯结构的前驱体来找出合理的合成路径。他将该方法与计算机结合，给有机合成带来了新的发展。他的团队用这个方法成功实现了很多生理活性物质的全合成[107]。这些物质中有前列腺素-F_2（1971年）、红霉内酯（1975年）、白三烯（1981年）等。可以说他在将艺术的有机合成变成谁都可以做到的精密科学方面做出了很大贡献。科里因为有机合成的理论及方法论的开发在1990年获得了诺贝尔化学奖。伍德沃德和科里所代表的20世纪后半叶的天然化合物全合成获得了爆发性的发展，很多优秀的化学家参与到这一领域。在该领域日本研究人员的贡献也很显著。

在生物化学上很重要的化合物多肽的合成在20世纪初由埃米尔•费歇尔（Emil H. Fischer，1852—1919）开始。1953年文森特•迪维尼奥合成了具有生理活性的多肽催产素（脑垂体激素），此后合成出了很多多肽。早期的合成在溶液中进行，但在合成的各阶段每次取出生成物都有损失，全流程收率很低。1962年布鲁斯•梅里菲尔德开发出了避免这一缺陷的固相聚合法[108]（图5.41）。在这个方法中，将氨基酸结合在聚乙烯树脂等不溶性载体上，依次加入氨基酸和反应试剂合成多肽。而且能够进行自动化合成了，多肽合成成了高产率和容易进行的操作。迪维尼奥在1955年因为研究了含硫生物活性物质，特别是催产素、抗利尿激素的结构测定和全合成，获得了诺贝尔化学奖。梅里菲尔德在1984年因开发采用固相反应的多肽合成方法获得了诺贝尔化学奖。固相合成之后在核酸合成中发挥了特别大的威力，对基因操作技术的发展给予了很大帮助。

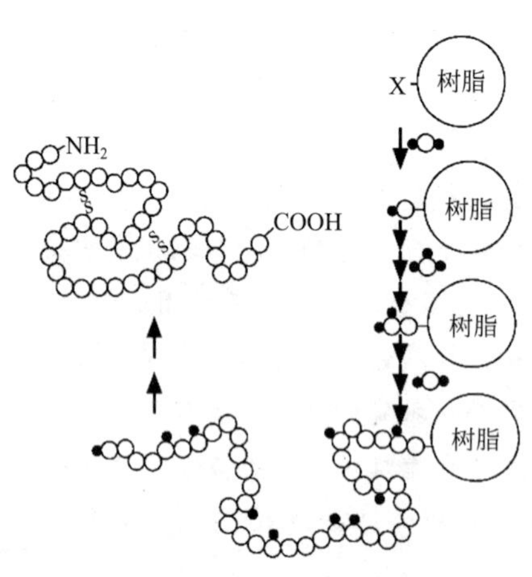

图5.41 固相合成法概念图

用大○表示的不溶性树脂的颗粒上带有用X表示的官能团，将用小○表示的单体单元与用●表示的基团结合，将单体接在颗粒上。在它上面再接上下一个单体单元，依次重复这样的操作制备聚合物

在天然有机化学领域，日本研究者的贡献也很多。在此，作为代表性实例列举将在专栏21中介绍的在河豚毒素的研究上做出贡献的津田恭介、平田义正、岸义仁，将新的物理手段引入生物活性物质的结构测定，解明了银杏叶成分白果苦内酯结构

伊莱亚斯·科里（Elias James Corey，1928—）：1951年在麻省理工学院取得博士学位后，经伊利诺伊大学，于1959年就任哈佛大学教授。投身天然有机物的合成法研究，确立了逆合成分析方法，与计算机相结合带来了有机合成的新发展。因天然产物，特别是前列腺素、红霉素等生理活性物质的合成而闻名。因为有机合成的理论和方法论的开发获得了1990年诺贝尔化学奖。

文森特·迪维尼奥（Vincent Du Vigneaud，1901—1978）：美国生物化学家。伊利诺伊大学硕士毕业，在罗切斯特大学获得博士学位。历任伊利诺伊大学和乔治·华盛顿大学教授，1938年任康奈尔大学生物化学教授。因“含硫生物活性物质结构鉴定与全合成”于1955年获诺贝尔化学奖。

布鲁斯·梅里菲尔德（Robert Bruce Merrifield，1921—2006）：出生于德克萨斯，在加利福尼亚大学洛杉矶分校读完本科和研究生，1949年获得生物化学博士学位。进入洛克菲勒医学研究所，20世纪50年代至60年代开发了多肽的固相合成方法，对激素和酶的研究做出了很大贡献。1984年获诺贝尔化学奖。

津田恭介（1907—1999）：1929年毕业于东京大学医学院药学系，后任该大学副教授，经九州大学教授，1955年任东京大学应用微生物研究所教授。为河豚毒素的分离和结构测定、豆科生物碱的研究等天然有机化学的发展做出了贡献。1982年获日本文化勋章。

中西香尔（1925—）：出生于香港，1947年毕业于名古屋大学。1958年任东京教育大学教授，1963年任东北大学（日本）教授，1969年任哥伦比亚大学教授。完成了很多天然有机化合物的分离与结构鉴定，因崭新的NMR和CD光谱法的应用而闻名。2007年获日本文化勋章。

专栏21

围绕河豚毒素的研究与结构解析的竞争

河豚自古为日本人喜好，因河豚毒中毒的人也很多，所以很多日本研究者进行了科学地研究。在国外，库克船长1774年的航海日志中也有关于河豚毒的记述，而大西洋河豚的毒没有得到确认，所以对河豚毒的关注度在西方比较低。让我们回顾一下从河豚毒的发现到其结构的解明及至全合成的过程吧。

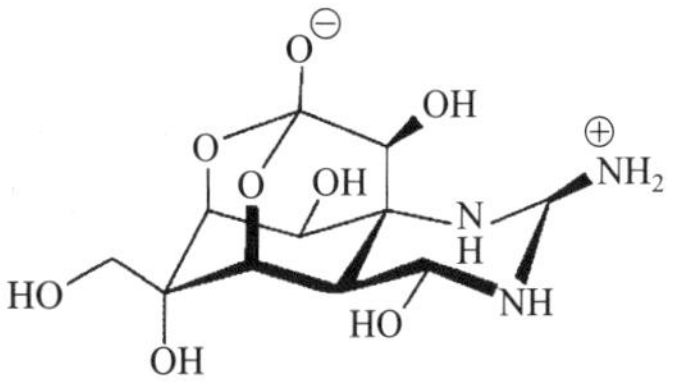

河豚毒素的分子结构

河豚毒的科学研究始于1887年京都帝国大学药理学教授高桥顺太郎和副教授猪子吉人的研究。他们证明了由河豚产生的中毒不是因其腐败产生的，而是河豚体内本来就有的毒素所致。

1907年最早成功分离河豚毒素的是内务部东京卫生试验所所长田原良纯。他1881年毕业于东京医学院制药系，到内务部卫生局东京司药场上班，担当食品分析。司药场改组成试验所后任检测部部长。着眼于在欧美还不太先进的动物成分的分析，开始了河豚毒素的分析。从1890年起留学德国3年，在慕尼黑大学和弗赖堡大学做研究。在慕尼黑大学师从阿道夫•冯•拜尔（Adolf von Baeyer，1835—1917）。回国后重启河豚毒素的研究，在10余年艰难的研究之后，1907年成功地分离了毒素成分。他根据河豚科的学名Tetraodontidae和表示毒的意思的toxin，将其命名为tetrodotoxin（河豚毒素）。不过分离出的毒素纯度还太低。

到了1950年冈山大学的横尾晃成功地将河豚毒素以结晶形式制备出来了。这显示可以得到高纯度的样品了，这就有可能用它来做结构鉴定了。20世纪50年代是全世界持续盛行复杂有机化合物结构测定的时期，日本的化学也度过了战败后的困难阶段，在世界化学界开始跃跃欲试，河豚毒素结构鉴定是非常好的研究题目，冈山大学、东京大学、名古屋大学的研究者参与了结构鉴定。

1964年在京都召开了国际天然产物会议，在那里名古屋大学的平田义正和后藤俊夫、东京大学的津田恭介、哈佛大学的伍德沃德率领的3人团队各自就河豚毒素的结构鉴定做了报道。3个团队的研究方法虽有些差异，但报告的结构基本相同。这一事件大大鼓舞了日本化学家。平田、津田的团队与伍德沃德相互竞争，显示了日本天然化学的研究水平达到了国际顶级水平。采用X射线衍射的详细结构鉴定1970年由大阪大学的仁田勇团队完成了。

结构一经确定，接下来就是合成。平田的弟子岸义仁1972年成功地合成了河豚毒素。这一合成是需要29步的艰难合成。岸义仁后来成了哈佛大学教授，活跃在海洋天然产物合成领域，成功地完成了比河豚毒素更复杂的水螅毒素（一种海产毒素）等的全合成。岸义仁合成的河豚毒素是两个光学异构体混在一起的消旋体，不过2003年名古屋大学矶部稔的团队和斯坦福大学杜波依斯（Du Bois）的团队完成了不对称全合成。

为河豚毒素的结构解析做出很大贡献的平田义正1941年毕业于东京大学，1944年任名古屋大学副教授，在第二次世界大战中期和后期的困难时期专心研究，在从蚕的变异株的卵发现的3-羟基犬尿氨酸的结构鉴定和合成等方面取得业绩。1952—1953年留学哈佛大学后，从1954年起任教授，在天然产物化学的研究上取得了很大成果。作为教育家也很出色，其门生中人才辈出，有岸义仁（哈佛大学教授）、中西香尔（哥伦比亚大学教授）、后藤俊夫（名古屋大学教授）、上村大辅（名古屋大学教授）、下村脩（2008年诺贝尔化学奖获得者）等人。另外，也因提拔年轻的野依良治，招聘其到名古屋大学而知名。

查尔斯·佩德森（Charles John Pedersen，1904—1989）：出生在朝鲜釜山，父亲是挪威航海技师，母亲是日本人，在横滨接受了中学教育，毕业于戴顿大学，在麻省理工学院修完硕士课程。之后到杜邦公司工作了42年。以应用研究的实绩获得认可，在1947获得可以自由进行研究的资格，投身于各种各样的研究中，在金属催化氧化反应的研究过程中发现了冠醚。1987年获诺贝尔化学奖。

的中西香尔。另外，前述的向山用独自的方法短时间内合成了抗癌剂紫杉醇而受到了关注。

5.5.4 超分子化学或主客体化学[110]

通过共价键形成的普通分子的研究已经很成熟。另一方面，通过分子间弱相互作用生成的分子聚集体和超分子的化学到20世纪后半叶也取得了很大进步。在生物体内的化学反应中弱相互作用扮演重要角色，这在19世纪末前后就已经有所认识了。1890年奥沙利文（O'Sullivan）和汤普森（Fredrick Williams Thompson，1859—1930）提出转化酶和基质糖暂时形成配合物促进糖的转化反应。1894年埃米尔·费歇尔把酶和基质的相互作用假设为“钥匙和锁眼”，强调键的选择性。此后，离子键、氢键、范德华力、给予·接受键等各种弱相互作用与键的本质，以及它们在化学中的重要性逐渐弄清了。不过到了20世纪70年代，超分子化学（或主客体化学）作为一个新领域诞生了。随着生物化学的进步、分子生物学的出现，很多化学家开始对阐明蛋白质、酶、核酸等相关的生物体机能的本质抱有兴趣了，这是超分子化学出现的背景。不过超分子化学发展的直接契机是1967年由查尔斯·佩德森报道的冠醚的偶然发现。

冠醚

在杜邦公司开展金属催化氧化反应研究的佩德森1962年尝试由邻苯二酚的单醚和二氯乙醚制备5齿配体，但当时分离出了收率0.4%的白色纤维状晶体。他对这个晶体感兴趣，详细研究了它的性质和结构，发现这是一个6齿配体的大环状醚，具有识别钠等金属离子的能力。佩德森研究了一系列大环醚，将它们命名为冠醚，1967年发表了有关它们的合成和对金属阳离子识别能力的论文[111]。冠醚通常将构成环的原子数当作x，氧原子数当作y，表示成x-冠-y-醚，根据环的大小，可以识别的阳离子不同（图5.42）。这篇论文立即引起了化学广泛领域的研究者的兴趣。佩德森1960年开始研究多齿酚配体对钒族VO的催化活性的影响，是在这一过程中发现了冠醚。的确可以说是无心

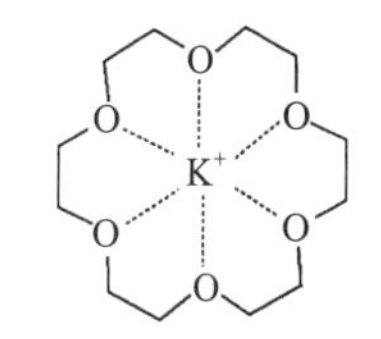

图5.42 K^+配位的18-冠-6

插柳柳成荫的大发现的典型案例。

中 穴醚和主体分子

接着佩德森的研究，具有多齿配体的分子的化学主要是法国斯特拉斯堡大学的让•马里•莱恩和美国加州大学洛杉矶分校（UCLA）的唐纳德•克拉姆的团队拓展的，取得了很大的发展（图5.43）。莱恩认识到具有2个以上环的笼状分子与阳离子具有更强的结合能力，开发了笼状分子，其代表性的例子称作[2.2.2]穴醚，由2个氮原子、6个氧原子以及18个碳原子构成笼。这个分子对钾离子有很强识别能力。穴醚与NH_4^+、碱金属、碱土金属、镧系元素等阳离子形成配合物，比冠醚具有更高的离子半径选择性[112]。克拉姆进一步设计具有高选择性的主体分子，采用并开发了先进的有机合成方法。于是，开发出了不仅对金属阳离子，而且对有机阳离子以及阴离子、中性小分子也具有选择性的主体分子。另外，克拉姆还开发了与镜像异构体中的一方选择性结合的光学活性冠醚，这是人工模拟酶所具有的能力的工作[113]。

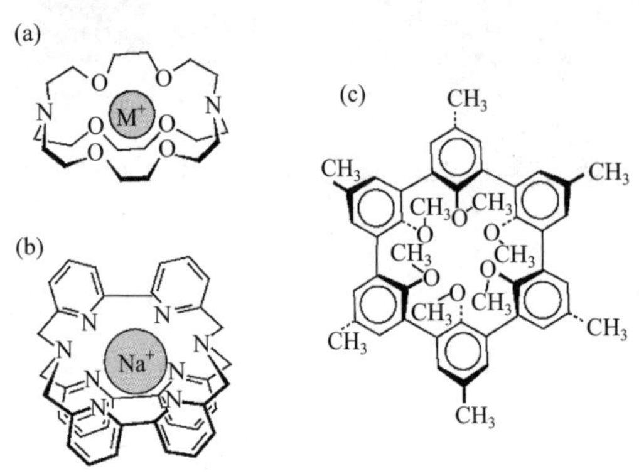

图5.43 （a）及（b）是将金属离子围在内部的穴状配体实例，（a）为[2.2.2]穴醚，（c）为克拉姆合成的主体分子的一例

让•马里•莱恩（Jean-Marie Lehn，1939—）：在法国斯特拉斯堡大学取得博士学位，在伍德沃德研究室做博士研究员后，历任斯特拉斯堡大学、巴黎法国学院教授。开发了将冠醚三维化的穴醚，定义并发展了基于分子间力的超分子化学领域。莱恩是一个具有丰富想象力和多才多艺的人，也是一个热爱音乐和美术的欧洲有涵养的学者。1987年获诺贝尔化学奖。

唐纳德•克拉姆（Donald James Cram，1919—2001）：从内布拉斯加大学毕业后，到哈佛大学取得博士学位。在加州大学洛杉矶分校任教授，在有机化学的广泛领域取得了很多业绩。特别是使冠醚化学得到了发展，开拓了主客体化学。另外，作为教育家也很出色，与哈蒙德（Hammond）合著的有机化学教科书被译成12国语言，在全世界广泛使用。1987年获诺贝尔化学奖。

这些研究与生物膜中的离子迁移、离子选择性分离与萃取、离子选择性电极和阳离子传感器的开发、催化剂活性、镜像异构体分离等研究也联系在一起，取得了很大发展。由莱恩和克拉姆引领，超分子化学或主客体化学在20世纪80年代及之后急速发展，合成的分子也变得越来越复杂和精准。相关的主要领域涉及分子识别、人工酶系统、人工光合成系统、分子传感器、分子机器等多个分支，超分子化学发展成了学术界限广阔的研究领域。

克拉姆、莱恩、佩德森3人因为在开发和利用具有高选择性的结构特异性相互作用的分子方面取得的贡献获得了1987年的诺贝尔化学奖。意味深长的是这3人属于经历和性格都是不同类型的研究者。佩德森还是一个没有博士学位的诺贝尔奖获得者，这也引人瞩目。

5.5.5 新的碳物质[114]

富勒烯

富勒烯是由碳构成的中空球、椭圆或管状分子的总称。作为碳的单质，众所周知有石墨、金刚石以及无定形碳，1985年罗伯特•柯尔、哈罗德•克罗托以及理查德•斯莫利发现了球状的C_{60}，成了热门话题。这一发现原本是由不同领域的研究者协作偶然诞生的成果。对红巨星感兴趣的克罗托认为碳的长链分子存在于红巨星附近，就考虑想在实验室生成这样的分子。光谱学家柯尔向克罗托建议，要他和有采用激光蒸发生成团簇进行观测的装置的同事斯莫利商量。于是，3人开始了共同研究。1985年他们的团队通过石墨的激光蒸发，成功地生成了主要由C_{60}和C_{70}组成的碳团簇[115]。C_{60}特别稳定，他们认为它呈足球形的结构，根据美国建筑家巴克敏斯特•富勒设计的球状建筑命名为巴克敏斯特•富勒烯（图5.44）。大泽映二在1970年已经推测到存在这样结构的分子，但大泽的论文是发表在日文杂志上，当时不怎么为人知晓[116]。

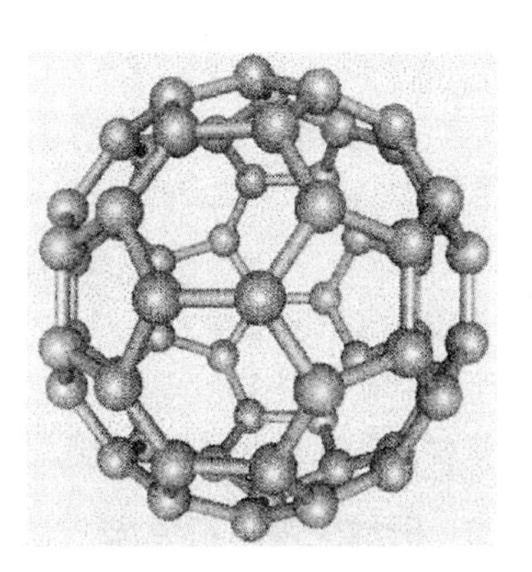

图5.44 C_{60}的结构模型

柯尔、克罗托、斯莫利此后接着研究，一步一步地得到了支持其结构的证据，1990年德国物理学家卡拉舒曼（Wolfgang Kratschmer，1942—）和霍夫曼（Donald Huffman，1935—）通过在氦气氛中的石墨棒间的电弧放电，成功地生成了克级的C_{60}和C_{70}，确认了其结构[117]。进一步，C_{76}、C_{78}、C_{84}等一系列的碳团簇和内包金属原子的碳团簇也制备出来了，这些碳团簇被命名为富勒烯类。于是以C_{60}为中心的碳团簇的化学和物理的新研究领域诞生了。

罗伯特·柯尔（Robert F.Jr. Curl，1933—）：美国光谱学家。曾在莱斯大学学习，在加利福尼亚大学伯克利分校取得博士学位，在受聘哈佛大学研究员之后，到莱斯大学任教授。通过红外激光光谱法进行自由基的动力学研究，与克罗托、斯莫利共同在发现富勒烯的相关工作中做出了重要贡献。1996年获诺贝尔化学奖。

哈罗德·克罗托（Harold Walter Kroto，1939—）：英国物理化学家。曾在谢菲尔德大学学习，取得博士学位后，历经加拿大国立研究所、贝尔研究所，1967年到萨西克斯大学任教职，从1985年起任教授。1985年以在实验室制得线状碳星际分子为目的，与斯莫利共同开展了石墨的激光剥离实验，直至发现石墨烯。1996年获诺贝尔化学奖。

理查德·斯莫利（Richard E. Smalley，1943—2005）：美国物理学家。曾在密西根大学学习，在普林斯顿大学取得博士学位。到壳牌石油公司工作之后，历经芝加哥大学研究员，转到莱斯大学，1981年升教授。是激光剥离法团簇分光学研究的开拓者，用他开发的装置与克罗托、柯尔共同进行通往发现富勒烯的研究。1996年获诺贝尔化学奖。

C_{60}容易接受电子成为阴离子，发现钾盐（Ka_3C_{60}）晶体在19K变成超导体。在电子转移反应和催化反应的研究中也广泛使用C_{60}和它的衍生物。不过富勒烯科学后来的大发展还是碳纳米管和石墨烯的发现。

因发现富勒烯，柯尔、克罗托、斯莫利3人于1996年获得了诺贝尔化学奖。由卡拉舒曼和霍夫曼成功实现的富勒烯大量制备成了富勒烯科学大发展的契机，但诺贝尔奖评审委员会选择的还是与最初的发现有关的3人。

碳纳米管与石墨烯

碳纳米管的存在从20世纪70年代起就已经知道了，而到了20世纪90年代猛然间变得引人注目了。1991年NEC筑波研究所的饭岛澄男制备富勒烯时，在电弧放电的碳电极阴极侧堆积物中，根据透射电子显微镜的观测发现了通过碳六元环网络构成的纳米尺寸直径的管（碳纳米管，CNT），并由电子衍射解明了其结构[118]。该CNT呈多层结构，不过之后又发现了单层CNT（图5.45）。CNT是将单层石墨膜（石墨片）卷起呈现筒状结构，不过因为石墨片的几何结构的差异而存在3种不同的CNT，具有金属型和半导体型的不同性质。CNT根据其电学特性可以期待用于

饭岛澄男（1939—）：1968年在日本东北大学物理学科读完博士，任东北大学科学计测研究所助手。1970年任亚利桑那州立大学研究员，1982年就职科学技术振兴机构，1987年任日本电气首席研究员。1991年用高分辨电子显微镜发现碳纳米管。2009年获日本文化勋章。

安德烈·海姆（Andre Geim，1958—）：出生于俄罗斯的荷兰物理学家。1982年在俄罗斯科学院固体物理研究所取得博士学位。1990年起在欧洲各地的大学做研究，之后于2001年受聘曼彻斯特大学教授。因有关石墨烯的创新性研究，获2010年诺贝尔物理学奖。

康斯坦丁·诺沃肖洛夫（Konstantin Novoselov，1974—）：旅居英国的俄罗斯物理学家。曾在莫斯科物理技术学院学习。在荷兰奈梅亨大学取得博士学位。在曼彻斯特大学与海姆一起开展了石墨烯的创新性研究。2010年获诺贝尔物理学奖。

电子技术，因其质轻、拉伸强度和弹性等优异的力学性能，用作结构材料的可能也受到关注。

2004年曼彻斯特大学的安德烈·海姆以及康斯坦丁·诺沃肖洛夫成功地用黏附胶带从石墨的晶体上剥离了单层膜石墨烯。此后兴趣集中在石墨烯具有的惊人的奇特物性上。石墨烯的电导率以及热导率非常高，是碳原子的单层结构，透明度高，强度极大。其平面（二维）性带来的物性吸引了物理学家在理论研究上的兴趣，同时作为材料的实用性也被寄予很大希望。

海姆和诺沃肖洛夫因二维石墨烯的开拓性研究获得了2010年的诺贝尔物理学奖。

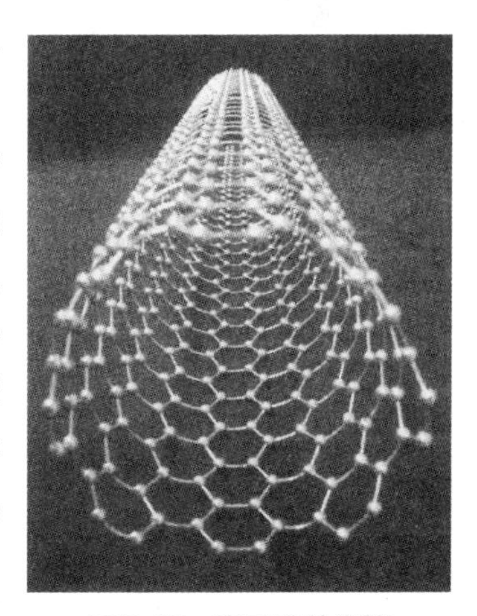

图5.45 表示碳纳米管结构的模型

5.6 功能·物性的化学：材料科学的基础

化学中的物性研究作为物理化学和无机化学的一部分一直持续着。但是，在20世纪前半叶化学中物性研究的中心是以液体、溶液、相平衡、胶体为对象的。以量子力学和统计力学为基础的固体物性的研究主要是物理学家在做，化学家所做的研究较少。在20世纪后半叶这一状况发生了很大改变，由化学家所做的物性研究显著地兴盛起来了。在其背景中有作为电子产业和高分子产业基础的材料科学的发展。物性研究受来自产业中应用方面的期待所支持，获得了很大发展。

1948年美国贝尔研究所的布拉顿（Walter Houser Brattain，1902—1987）、巴丁（John Bardeen，1908—1991）、肖克利（Shockley）等的团队发明了晶体管，电子工学从使用真空管变成了使用半导体，电子工业成为一大产业取得了飞跃发展。在此背景下研究固体的电、磁性质的现代化固体物理学以量子力学和统计力学为基础发展起来了，不过最初化学家参与得少。但从1970年前后开始，不仅原来的金属和半导体，高分子物质和有机物质等更多种类的物质的电、磁性质也受到了关注，由化学家所做的物性研究也兴盛起来了。另外，在各种物质的物性研究中，物理学家和化学家的共同研究成了不可缺少的部分，物性研究作为学科交叉色彩浓厚的研究领域获得了很大发展。

关于20世纪30年代作为新化学物质出现的高分子物质，随着1953年齐格勒-纳塔催化剂的开发，聚丙烯等塑料已经可以很容易合成了。塑料的强度、耐热性等得到显著改善，已经获得了广泛使用，高分子物质的物性研究成了化学家以及物理学家感兴趣的对象。进一步，具有特殊功能的功能高分子也可以制备了，对其物性也进行了详细研究。

化学家所做物性研究的对象近年大大拓宽了，包括液晶、表面、界面、光电材料、陶瓷、碳材料等，物性研究作为化学的一大领域不断发展。本章着眼基础研究列举其中的几个亮点。

5.6.1 新的功能性物质

在20世纪后半叶开发和研究了丰富多彩的物质，也包括前一节谈到的超分子和碳材料。其中有很多因有可能应用其新的功能而受到关注。在此就其中几个简单介绍一下。

自组装膜与纳米粒子

分子体系从不规则的结构自发且可逆地向规则结构转变的现象在化学中经常能见到。到了接近20世纪末的时候，所谓的纳米科学和纳米技术变得引人瞩目，积极地利用自组装的尝试兴盛起来了。其中之一就是有机分子依靠化学吸附形成的自组装单分子膜（self-assembled monolayer，SAM），从基础和应用两方面都受到了关注。SAM是两亲性有机分子的一端化学吸附在基板上，吸附分子通过分子间相互作用自组装形成的排列整齐的单分子膜。自组装化的分子多具有长链烷基，通过范德华力或疏水相互作用组装的膜稳定。作为基板，在使用金、银、铜、铂、汞等金属表面或砷化镓（GaAs）、磷化铟（InP）等半导体表面的场合，利用硫原子和金属原子的亲和性，通常利用有机硫分子（巯基：—SH或二硫基：—S—S—）来制备SAM。在用非金属氧化物作基板的场合，有机硅分子可以用于SAM制备。SAM通过表面改性可以应用于化学、工学等广阔的领域。

将粒径1～100nm的微粒称作纳米粒子。纳米粒子因比表面积大，其性质因量子效应随尺寸而发生很大变化等特征而受到关注。特别是金、银的纳米粒子显示特有的等离子共振吸收，显示依赖于粒子尺寸的特有颜色。金微粒特有的颜色自古就用于有色玻璃的上色等，不过在20世纪后半叶，在纳米粒子的制备方法上也下了很多功夫，在基础和应用两方面纳米粒子的研究都已变得活跃起来。另外，还发现金纳米粒子对很多反应都显示出催化活性，研究随之兴盛起来。

硒化镉（CdSe）和硫化锌（ZnS）等半导体纳米粒子将电子封闭于其中，因量子效应显示依赖粒子尺寸的特有性质。这称作量子点，从20世纪80年代初开始瞄准各种各样的应用进行了大量研究。特别是作为光学材料的应用备受期待。

液晶和超分子

在由棒状和平面状的分子构成的物质中有的在某个温度下具有像液体那样的流动性的同时，分子还呈规则地排列的状态。这个状态是液体和固体的中间状态，一般称作液晶（图5.46）。在棒状分子的液晶中，有棒状分子只以长轴平行有序排列的向列（型）液晶、进一步在分子重心位置有规律地形成层的碟状液晶、分子排列整体上呈螺旋结构的胆甾醇型液晶。1888年，澳大利亚的植物学家莱尼泽（Friedrich Reinitzer，1857—1927）通过安息香酸胆甾醇发现从有序晶体到无序液体的转变是逐步发生的，德国物理学家莱曼（Otto Lehmann，1855—1922）马上认识到这是从晶体向液晶转化的缘故，液晶显示光学异向性（多折射）。但是液晶的

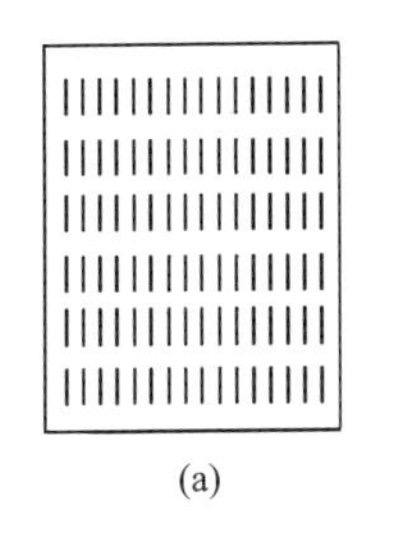
(a)

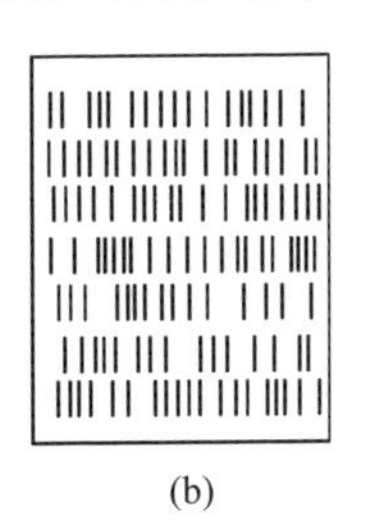
(b)

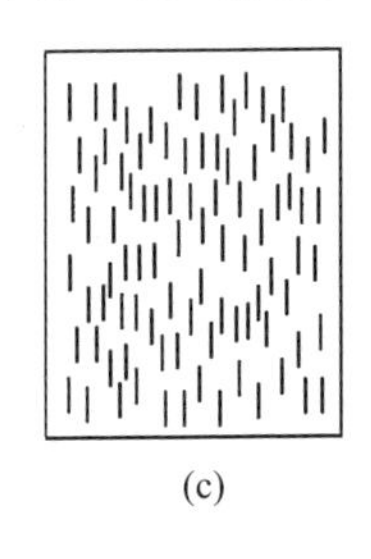
(c)

图5.46 晶体与液晶

（a）晶体：有一定的排列和周期性；（b）碟状液晶态：呈一定的排列，以等距的平面排列，但面内没有周期性；（c）向列液晶态：呈一定的排列但没有周期性

研究长时间没什么进展，液晶变得受人关注是20世纪60年代以后了。特别是在1969年克尔克（Hans Kelker）在常温下合成了向列液晶*N*-(4-甲氧苯亚甲基)-4-丁基苯胺（MBBA）分子，液晶的研究变得兴盛起来。液晶中的相转移和光散射等现象由法国物理学家德热纳（de Gennes，1932—2007，1991年诺贝尔物理学奖得主）的团队做了详细研究。此后，开发出了熔点低、化学性质稳定的氰基

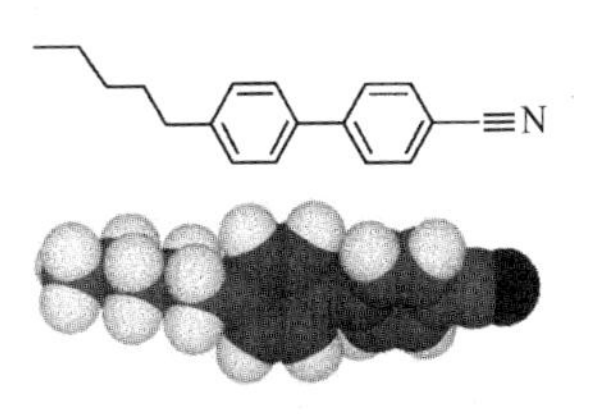

图5.47 4-烷基-4-氰基联苯的分子模型

联苯类，已经应用于液晶显示等领域（图5.47）。

高分子化学第二次世界大战后取得了飞跃性的发展，随之开发出了具有各种各样功能的高分子材料。通过反应物和反应条件的变化就可以合成出具有各种性质（硬度、张力、弹性、黏度、热稳定性、溶解性、与溶剂的亲和性和反应性、感光性等）的聚合物。通过两种以上单体的聚合得到的共聚物对制备具有所期望的功能的聚合物是有用的，特别是两种不同聚合物的链通过化学键联结在一起的块状聚合物受到关注［图5.48（a）］。三块聚合物是由A、B两种聚合物构成的，1个聚合物B被2个其他聚合物A夹在中间。如果A和B相互没有化学亲和的话，一种聚合物就要避开另一种聚合物而产生排斥。其结果，A的两端变圆成球状，就可以得到A分子的球分布在B分子的连续基质中那样的聚合物。于是在制得的块状聚合物中，两相就会在纳米水平分开形成规则的结构。因为抱着能获得期望的力学、光学、电、磁、流动性等方面的性质，所以对这样的聚合物的研究很活跃。

20世纪80年代开始在研究变得兴盛起来的高分子中有一种统称为树枝状聚合物的高分子［图5.48（b）］。树枝状聚合物（dendrimer）是从称作核的中心分子分支出称作树枝的侧链部分而形成的。树枝部分的分支次数称作代。树枝状聚合物的概念于1985年由托马利亚（Donald A. Tomalia，1938—）提出。核分子被树枝覆盖，与外部环境隔开，所以显示特殊的发光行为和反应性。合成出了各种树枝状聚合物，以期成为新的功能材料，并对它们的性质做了研究。

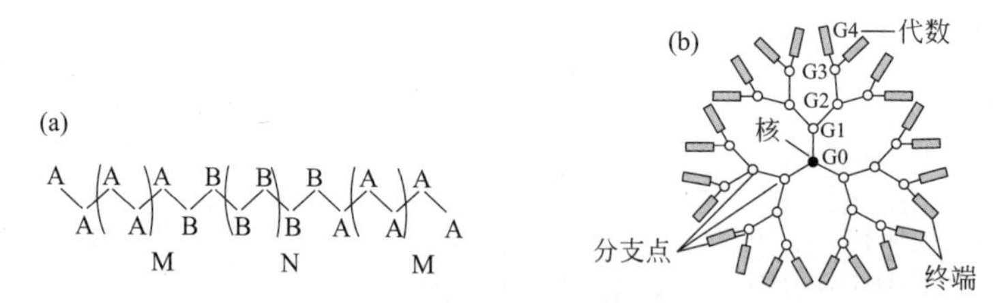

图5.48 块状聚合物（a）以及树枝状聚合物（b）的结构模型

光学材料

从20世纪80年代起，采用光纤的光通信技术取得了很大发展，而使之成为可能的是基于化学蒸镀法（CVD）技术开发出的透明度极高的石英纤维。将硅的化合物在氧气流中燃烧，就会生成纯粹的硅的“烟”，附着在玻璃管内壁。将玻璃管和附着在内壁的硅熔融，拉伸得到的玻璃皮膜的石英纤维光损失小，使光通信的实用化成了可能。另外，采用镀铒（Er）的玻璃光增幅器也开发出来了。于是，光电技术作为原来的电子技术的替代技术出现了，不过支撑这一技术的是以化学为基础的光学材料。

5.6.2 导电性物质

导（电）体的研究至20世纪70年代为止以金属和无机半导体为主要对象，是固体物理学的重要领域，但在硅和锗的半导体中百万分之一左右杂质的高纯度是必要的，在高纯制备技术的开发中化学上的研究也很重要。之后在无机半导体中由两种元素构成的锑化铟和镓-砷等的混合物半导体出现了，化学家和物理学家共同研究的机会增加了。进一步又发现了非晶硅显示半导体的性质，超越原来基于晶体性质的固体物理学范围的领域诞生了，化学家可以活跃的地方增加了。化学家所做的导体研究以有机物的电导率研究为中心，在20世纪后半叶兴盛起来了，不过在1985年氧化物高温超导体一经发现，很多化学家加入到探索显示高温超导的物质中来了，导电性物质的研究作为物理•化学的交叉研究领域获得了很大发展。

导电性有机化合物的研究[119]

有机导体的研究从20世纪40年代开始就已经在日本、英国、苏联开始了，已经知道多个苯环缩合的化合物显示半导体的行为。1954年东京大学的赤松秀雄、井口洋夫、松永义夫的团队发现用溴作用于苝（二萘嵌苯）得到的配合物显示很高的导电性[120]，于是弄清了有机物也可以成为导体，在20世纪60年代有机导体的研究兴盛起来了（图5.49）。可以认为在这些物质中容易移动的π电子赋予了导电性。1973年费拉里斯（John P. Ferraris）等发现四氰基对醌二甲烷（TCNQ）和四硫富瓦烯（TTF）的电荷转移复合物（CT复合物）具有金属传导性，有机物的导电性迅速登场[121]。在TTF-TCNQ配合物晶体中，弄清了它们分别具有+0.56、–0.56的电荷，同种分子之间形成分子面平行的“凸轮结构”，是在该分子的堆积方向上电子容易流动的一维导体。该配合物显示随着温度降低导电性增强的金属性，不过在54K就转变成绝缘体了。这就是英国物理学家派尔斯（Rudolf Ernst Peierls，1907—1995）所预测的。自从发现TTF-TCNQ是金属（分子性金属）以来，分子性金属的研究兴盛起来，研究了很多配合物的导电性，探讨了这样的配合物中导电性发现的条件。

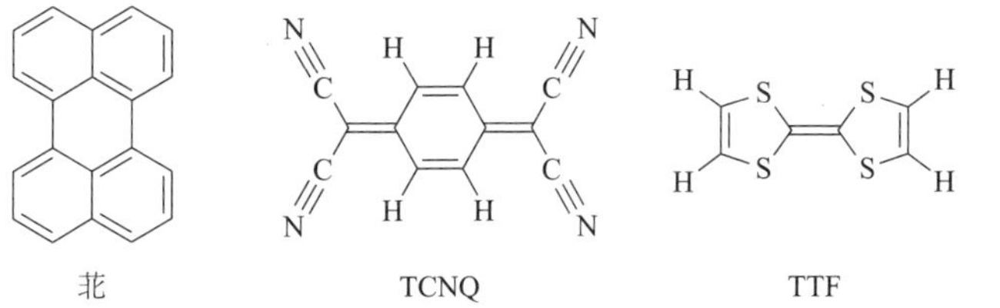

苝　　TCNQ　　TTF

图5.49　苝、TCNQ（四氰基对醌二甲烷）和TTF（四硫富瓦烯）结构

已经认识到在低维导体中，如果抑制在低温下向绝缘体的转变就有可能成为导体，在这个方向上的研究也有进步。20世纪80年代发现代替TTF，将S置换成原

井口洋夫（1927—1995）： 1948年日本东京大学物理系毕业，留校当助手、副教授，1967年任东京大学物性研究所教授。1975年任分子科学研究所教授，1987—1993年任该研究所所长。研究有机物质的导电性，发现了有机半导体并确立了其概念。进一步还开拓了电荷转移配合物的电导性的研究。2001年获日本文化勋章。

白川英树（1936—）： 1961年日本东京工业大学理工学院毕业，留校在资源化学研究所当助手，历经宾夕法尼亚大学研究员、筑波大学副教授，后升任筑波大学教授。1967年偶然发现通过使用高浓度催化剂可以获得薄膜状的聚乙炔，详细地研究了其结构和性质。之后在1976年与麦克德尔米德和黑格开展共同研究，发现了可以与金属匹敌的导电高分子。2000年获诺贝尔化学奖。

艾伦·麦克德尔米德（Alan Graham MacDiarmid，1927—2007）： 出生于新西兰，在当地的大学毕业后留学美国，在威斯康星大学取得博士学位，再获得奖学金到剑桥大学又取得了一个博士学位。从1955年起在宾夕法尼亚大学工作，1964年升任教授。最初的大约20年研究硅化学，当知道白川的聚乙炔后邀请他来研究室，与物理教授黑格一起3人共同开展成为诺贝尔奖对象的研究课题。2000年获诺贝尔化学奖。

艾伦·黑格（Alan Heeger，1936—）： 在内布拉斯加大学攻读物理和数学，在加州大学伯克利分校取得物理博士学位。1962年至1982年在宾夕法尼亚大学工作，之后到加州大学圣巴巴拉分校任教授。在和赋予聚乙炔导电性的白川、麦克德尔米德的共同研究中在理论上予以支持，后来参与高分子半导体的发光现象的研究。2000年获诺贝尔化学奖。

子半径大的Se，将H换成甲基的四甲基四硒富瓦烯（TMTSF）配合物具有超导性，对分子性金属中的超导性的关注增加了。另外，还发现无机高分子$(SN)_x$在极低温度（0.3K）下呈现超导性，引起关注。有机物中的超导体，在CT体系中可以得到12.3K的超导转移温度，使用C_{60}的配合物可以得到33K的超导转移温度。

有机高分子长期作为绝缘体在使用，但从20世纪70年代开始，其导电性已经开始受到关注了。1963年澳大利亚的魏斯（D. E. Weiss）等的团队发现在聚吡咯中掺杂碘得到的黑色物质有很高的导电性，之后同样高的导电性在聚苯胺中也发现了。不过这些早期的研究没太受到关注，导电性聚合物一跃变得引人关注是从1977年白川英树、艾伦•麦克德尔米德、艾伦•黑格发现掺杂碘的聚乙炔显示出可以与金属比拟的高导电性开始的[122]。在20世纪70年代初，东京工业大学的白川英树发现了控制顺式和反式聚乙炔的生成比进行合成的方法（图5.50）。反式聚乙炔显示出比顺式高约10^5倍的高电导率，但与普通金属相比电导性还是要低。知道了白川的聚乙炔的宾夕法尼亚大学的麦克德尔米德和物理学家同事黑格一起与白川共同开展掺杂卤素的聚乙炔的研究，发现通过掺杂，电导率一下子增加了10^3倍之多[123]。此后发现顺式聚乙炔通过AsF_5的掺杂电导率提高了10^{11}倍之多。接着这些研究，开展了聚吡咯、聚苯胺等很多高导电性聚合物的研究。尽管对导电性聚合物，特别是对其应用的可能性抱有很多的期待，但作为基础科学的研究也是有兴趣的对象。通过卤素掺杂电子从聚乙炔向卤素转移，生成阳离子自由基（极化子：指晶体中传导电子跟随其周围晶格的变性而运动的状态）。极化子的行为和传导机理对固体物理来说也是有兴趣的对象。导电性聚合物的研究是化学和物理交叉研究取得划时代成果的最佳实例。白川英树、麦克德尔米德、黑格3人获得了2000年度诺贝尔化学奖。

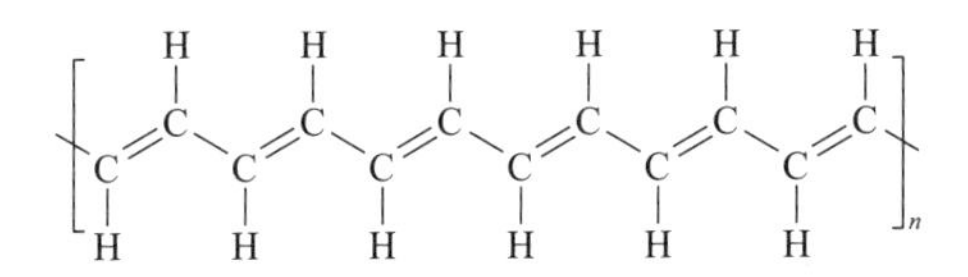

图5.50 反式聚乙炔

高温超导体

1911年卡末林•昂内斯（Heike Kamerlingh-Onnes，1853—1926）最早用汞发现金属超导体，1973年用NbGe合金发现23K转变温度最高，其后13年没有发现超过这个温度的超导体，超导被认为不会在大大超过这个温度下发生，而且认为超导是只在金属中发生的现象。1985年IBM苏黎世研究所的格奥尔格•贝德诺尔茨和亚历山大•穆勒发现不是金属的铜氧化物（$La_{1.85}Ba_{0.15}CuO_4$）的电阻从30K附近开始减

约翰内斯•格奥尔格•贝德诺尔茨（Johannes Georg Bednorz，1950—）：德国物理学家。明斯特大学毕业后，到苏黎世联邦理工学院取得博士学位。进入IBM苏黎世研究所后，1983年起和穆勒一起研究氧化物的超导可能性，1986年发现钡、镧、铜氧化物在35K成超导状态。1987年获诺贝尔物理学奖。

卡尔•亚历山大•穆勒（Karl Alexander Muller，1927—）：出生于瑞士，在苏黎世联邦理工学院攻读物理，1957年取得物理学博士学位。1963年进入IBM苏黎世研究所，开展$SrTiO_3$及其相关的钙钛矿系化合物的物性研究。20世纪80年代初开始探索氧化物超导体的可能性，直至1986年发现氧化物超导体。1987年获诺贝尔物理学奖。

小，在10K以下为零[124]。这个结果在世界各地重复试验，1986年确认了该陶瓷物质（La-Ba-Cu-O系）是具有35K转变温度的高温超导体。这是颠覆原本有关超导常识的发现。这之后将全世界很多固体物理学家和固体化学家卷入进来的高温超导的探索热潮持续了数年。新的物质系的探索是化学家所擅长的，吸引了很多化学家。1987年发现了在92K转移的钇系铜氧化物$YBa_2Cu_3O_7$[125]。此后，在汞系铜氧化物中发现了160K的转变温度。对高温超导体狂热的第一原因就是对应用的可能性有很大期待，而这些超导体是与原来的金属、合金不相同的陶瓷，从学术的角度考虑也有很大兴趣。首先，对这些新发现的超导体中的超导机制在从前的BCS理论（由巴丁、库珀、施里弗在1956年提出的解释超导现象的理论。可以认为电子之间通过电子-晶格相互作用施加引力成对，在最低能量状态以基团凝缩实现超导状态）的框架内是否能够理解感兴趣。因此开展了庞大的实验和理论的研究，而在实验研究中必须用可信度高的样品做精密测定，化学家和物理学家的紧密协作是有效的。在高温超导体得到确认的次年（1987年），贝德诺尔茨和穆勒就获得了诺贝尔物理学奖，从这个事实就可以证实高温超导体的发现带来的影响有多大。1990年以后也还持续开展高温超导体的研究，新型的高温超导体陆续被发现。

5.6.3 磁性与磁体

在磁体的研究中，也有化学家的重要贡献，例如第二次世界大战前（1930年）加藤与武郎和武井武（东京工业大学）发明的铁磁体（$FeO{\bullet}Fe_2O_3$），不过磁性的研究主要还是物理学家在做。作为主要的磁性，物质的反磁性、永磁性、强磁性、反强磁性等的本质因为量子力学的出现在第二次世界大战前就弄清了，但对金属、合金、无机化合物以及有机化合物，丰富多样的磁体研究还是在第二次世界大战后展开的。到了20世纪后半叶，用于磁带、磁盘等磁记录元件和通信仪器部件的磁体的应用范围大大扩展了。在这样的社会背景下，磁性的基础研究在第二次世界大战后也持续进行。在20世纪后半叶的开头25年，磁体的研究主要由物理学家进行，但随着磁性研究扩大到各种各样的物质体系，化学家所做的研究也增加了，学科交叉的倾向加强了。从20世纪末期开始，对利用电子具有的电荷和自旋两方面性质的自旋电子学感兴趣，磁体的研究兴盛起来了。

各种磁体[126]

1948年路易斯•尼尔发现了铁磁体，在晶体中存在两种具有逆向自旋的磁性离子，因为相互的磁化大小不同，所以作为整体是具有磁化的磁体。弄清了自古就以磁石为人所知的磁铁矿（四氧化三铁）是铁磁体。20世纪50年代以后通过中子衍射研究了各种无机化合物晶体的磁结构，还发现晶体内的每一个原子层磁方向一点点地旋转改变，呈螺旋状的新奇的磁体（螺旋磁体）形式存在。这样一来，加上从前就知道的永磁体、强磁体、反强磁体，人们知道了存在着各种各样的磁体

（图5.51）。

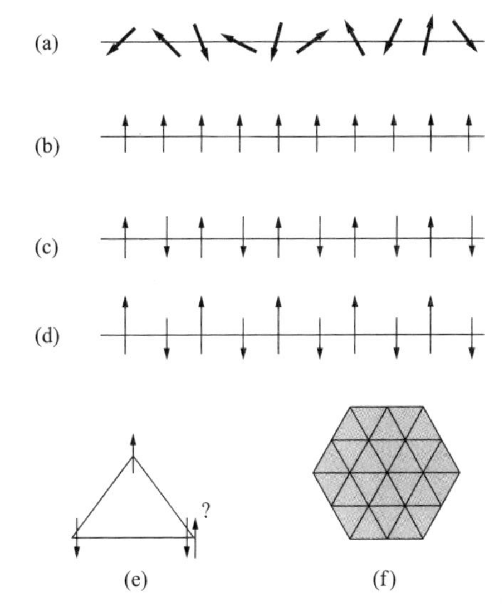

图5.51　表示各种磁体自旋状态的概念图

（a）永磁体；（b）强磁体；（c）反强磁体；（d）铁磁体；（e）3个反强磁性的自旋显示的阻挫；（f）三角晶格

在晶格中担负磁性的离子之间通常有三维磁相互作用发生，不过在其中的一维或二维与另外的一维相比要弱得多的场合，磁性离子间的相互作用可以近似地看作二维或一维，为低维磁体。这些低维磁体显示与通常的三维磁体不同的磁学性质。20世纪60年代开始这样的磁体的磁学性质与低维有序-无序转变的问题也相关，激起了人们的兴趣，研究活跃起来。发现与一维磁体接近的磁体有$CsCoCl_3$、$CsCuCl_3$、$KCuCl_3$等，与二维磁体接近的磁体有$CoCl_2$、$NiCl_2$、$FeCl_2$等。

作为反强磁体的一种，近年令人感兴趣的是阻挫磁体。例如在正三角形的顶点设置自旋，在相互之间呈现反强磁性相互作用的场合，2个的自旋上下对齐，第3个自旋无论朝向哪个方向，能量上都是相同的，2个的朝向成为竞争。这样的自旋竞争就是自旋阻挫。在将正三角形连接起来构成的三角晶格和网眼晶格那样的自旋体系，期待基于阻挫的自旋体系的大摇摆会产生，发现新奇的物性。

在通常的金属磁体中与磁性有关的内层电子受原子核束缚几乎不参与电导。但是这些内层电子在具有与费米能量（电子和质子等自旋在半整数的费米体系，在热力学零度，在粒子所占据的能级中的最高能级的能量）相近能量的体系中，磁性电子也变得在原子间产生作用，从而参与传导。在这样的体系（例如铈化合物）中磁性电子相互之间有强相互作用，根据具体情况或成为磁体或成为超导体，所以作为磁性与超导性密切相关的体系引起了人们的兴趣。

20世纪80年代中期发现蒸镀两种以上的金属制成的磁性薄膜具有有趣的物性。1987年德国的彼得•格林贝格尔和艾尔贝•费尔发现将强磁性薄膜和非强磁性薄膜叠起来的多层膜显示出随着磁场变化电阻发生很大变化的巨磁阻效应（giant

路易斯•尼尔（Louis-Eugene-Felix Neel，1904—2000）：法国物理学家。从巴黎高等师范学院毕业后，在斯特拉斯堡大学研究金属及合金的磁性，1937年升教授。1945—1976年任格勒诺布尔大学教授。在反强磁性、铁磁性、磁区理论等方面取得了卓越业绩，1970年获诺贝尔物理学奖。

彼得·格林贝格尔（Peter Grunberg，1939—）：出生于捷克的德国物理学家。1969年在达姆施塔特技术大学取得博士学位后，1972—2004年任尤利西固体物理研究所研究员、教授。因发现巨磁电阻效应，2007年获得诺贝尔物理学奖。

艾尔贝·费尔（Albert Fert，1938—）：法国物理学家。在高等师范学院学习数学和物理，1970年在巴黎南大学取得博士学位，1976年起任该大学教授。1988年用交替沉积了铁和铬的物质发现了巨磁电阻效应现象。2007年获诺贝尔物理学奖。

magneto resistance，GMR）。GMR此后应用于硬盘的磁头，受到关注。格林贝格尔和费尔获得2007年的诺贝尔物理学奖。薄膜的磁性从与自旋电子学的相关性考虑也是令人感兴趣的。

分子磁性[127]

磁化学作为在微观水平研究化合物磁性的领域从第二次世界大战前就有了，但受金属配合物和有机自由基的研究，以及物性物理中磁性研究进步的刺激，产生分子特性的分子磁性的研究从20世纪60年代后期就开始了。1967年大阪府立大学的伊藤公一发现了基态五重态的卡宾分子[128]，之后伊藤公一和分子科学研究所·东京大学的岩村秀等的团队详细地研究了高自旋状态的合成卡宾分子的磁性。1987年米勒（Joel S. Miller）等通过含金属配合物的电荷转移配合物$[Fe^{III}\{C_5(CH_3)_5\}_2]$[TCNE]发现了整体的磁性。1991年东京大学的木下实等首次在纯有机游离基晶体中发现强磁性转移。于是分子磁性的研究在化学家之间活跃起来。

在分子磁性领域，从在分子理论上弄清强磁性和反强磁性相互作用机理的研究，到基于分子设计合成具有特殊磁性的分子，通过光和温度、压力等的影响研究磁性发生很大变化的现象等，展开了对多种物质的研究。在有机分子和配合物的磁体中也发现了铁磁体和显示自旋阻挫的磁体。作为特别引人注目的配合物体系，有普鲁士蓝类似配合物$A[B(CN)_6]$（A、B为过渡金属原子），通过A、B的组合可以控制磁性。进一步在这种配合物中还发现了光诱导磁性。

作为物理和化学交叉研究的成果而引人注目的是20世纪90年代发现的高自旋态（S=10）Mn_{12}醋酸盐配合物（图5.52）[129]。在这个配合物中，观测到了起因于分子的磁滞，称作单分子磁石。在2K的磁化曲线中也可以观测到量子磁化隧道效应。单分子磁石的研究此后持续活跃着。

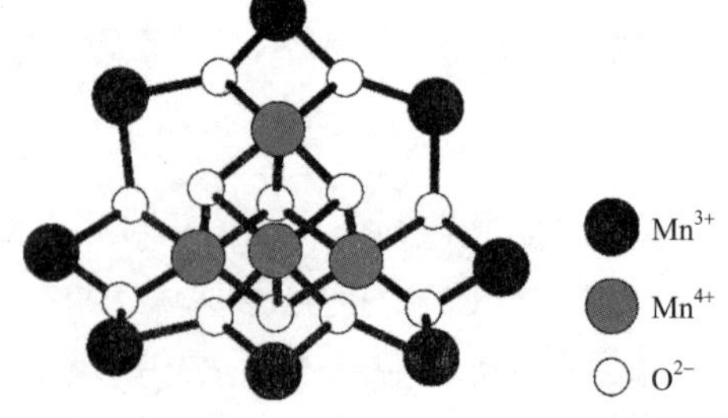

图5.52 Mn_{12}团簇的单分子磁石的结构

5.6.4 光学性质

固体物质的光学性质作为物性物理

学的一个领域从第二次世界大战前就开始了研究。当根据量子力学可以理解原子和简单分子的光谱本质的时候，关注固体光学性质的物理学家开始了先驱性的研究。物理学家主要研究将一束放射线和电子照射在卤化碱等的离子晶体上产生的颜色中心。根据这些研究诞生了在绝缘体或半导体中激发态的电子和空穴（hole）对处于被库仑力束缚状态的激子（exiton）的概念。激子的概念大致可以分成两种，一种是最早在1931年由弗伦克尔提出的激发态的波函数的扩展与晶格常数相比小得多的激子，另一种是后来由瓦尼埃（Gregory Hugh Wannier，1911—1983）提出的波函数的扩展比晶格常数大得多的激子。用激子的功能讨论了在绝缘体或半导体中随着光激发产生的发光、能量弛豫、能量转移、电荷复合、光导等现象。

在半导体或相关材料中，通过外加电压激发的电子与空穴的复合释放激子的能量。这种将能量以光的形式释放的现象称作电致发光（EL），基于这一过程的器件称作发光二极管（LED），它在照明和显示技术等领域具有广泛的应用。在LED中，来自N型半导体的电子和来自P型半导体的空穴在发射区复合产生光。霍洛尼亚克（Nick Holonyak，1928—）在20世纪60年代用砷化镓（GaAs）半导体发明了红光LED。到70年代末期为止，包括黄色和绿色在内的其他颜色的LED也开发出来了。但由于难以获得高质量氮化镓（GaN）晶体的半导体，使蓝光LED的开发进程受阻。1986年，名古屋大学的赤崎勇和天野浩的团队采用蒸发技术在蓝宝石衬底上成功地制得了高质量GaN晶体的薄膜，这为蓝光LED的开发铺平了道路。日亚化学公司的中村修二开发了可批量生产蓝光LED的技术。随着这决定性一步的迈出，全部三原色的LED都可获得了，实现了长期追求的构筑白光LED的目标。LED的效能和寿命都大大地超过了白炽灯和荧光灯，而且这一技术的广泛采用有望为降低能耗做出巨大贡献。为蓝光LED的开发做出贡献的三位科学家赤崎勇、天野浩和中村修二获得了2014年的诺贝尔物理学奖，以表彰他们“发明了高效蓝

赤崎勇（Isamu Akasaki，1929—）：日本应用物理学家和化学工程学家。本科毕业于京都大学，学的是化学，在名古屋大学获得了工学博士学位。曾在东京松下研究所工作，在担任名城大学教授之前一直是名古屋大学教授。2014年获得诺贝尔物理学奖。

天野浩（Hiroshi Amano，1960—）：日本工程学家，在名古屋大学完成了在工程方面的学士和博士研究工作，现任该校工程研究领域的教授。2014年获得诺贝尔物理学奖。

中村修二（Shuji Nakamura，1954—）：出生于日本的美国工程学家。中村毕业于德岛大学，并在那里获得了工学博士学位。在日亚化学公司工作之后，他去美国担任了加州大学圣芭芭拉分校的教授。2014年获得诺贝尔物理学奖。

光二极管，使明亮和节能的白光源成为可能”。

在固体中化学家感兴趣的物质有分子晶体，分子晶体中的吸收和发射光谱、激发态的弛豫和能量转移、光导等现象从20世纪60年代至70年代研究很活跃。

5.7 地球、环境和宇宙化学

基于分子和原子理解围绕我们的物质世界的化学对象涉及整个地球和宇宙，作为研究它的领域有地球化学、宇宙化学。这些只是地球科学、宇宙科学这样的跨学科的广阔研究领域的一部分，在这里化学扮演的角色很重要。在这章就其部分内容加以介绍。

到了20世纪后半叶，在人口的急速增加、地球规模的大量消费社会的出现，人口向城市集中等背景下，地球环境的恶化及其改善成了大问题。这是伴随着科学技术的发展带来的不好的一面，它与科学技术进步带来的人类生活水平的提高是一个整体。例如，就化学而言，塑料等高分子产品的发明，为人类生活的便利和富庶做出了很大贡献，但另一方面，庞大的塑料废物的处理问题又产生了。DDT的发明作为杀虫剂对疟疾的扑灭有很大贡献，农药的普及使粮食增产成为可能，但给自然环境带来的恶化成了刻骨铭心的遗憾。在环境问题中各种因果关系复杂地交织在一起，要解决它往往需要超越化学界限的学科交叉组合，化学扮演决定性角色的时候也有。在这里以臭氧层破坏问题中化学所起的作用为中心做一介绍。

5.7.1 地球·环境化学

地球化学

如上章所述，地球化学主要是作为研究地球构成物质的结构、化学组成、循环等问题的领域起步的。在空间与时间上研究广阔的地球内部和表面的元素、同位素、化学物种的存在分布、迁移、变化，是发现影响它们的规律和原理的研究领域。因此，与矿物学、岩石学、地质学、地球物理学等相近的地球科学的各领域的关联很深，在20世纪后半叶，作为超出普通化学范畴的跨学科的地球科学的一个领域发展起来了。在这个领域，以分析化学、无机化学、物理化学、有机化学最新发展的化学手段和思路为基础起到了重要作用，不过为了理解地球规模的物质转化和循环必须考察超出原来分子水平化学的大规模的复杂相互作用。

臭氧层破坏问题与化学

有关地球的问题，特别是在化学家的贡献大的问题中有臭氧层破坏问题的阐明[130]。地球周围的大气含有少量的臭氧（O_3）。这个臭氧吸收太阳光中的大部分紫外线，保护地球上的生命不受紫外线的伤害。臭氧由大气中的氧分子（O_2）通过下述反应产生。

$$O_2 + h\nu \longrightarrow 2O$$

$$O + O_2 + M \longrightarrow O_3 + M（M为N_2或O_2）$$

在20世纪30年代英国地球物理学家查普曼（Sydney Chapman，1888—1970）提出大气中臭氧的生成与消失的理论，提出了臭氧的浓度随着高度变化，从15km到50km的地方存在臭氧层。但是，之后的观测结果显示与查普曼的预测有偏差，暗示其他微量化学物种的存在对臭氧层的臭氧浓度有影响。1970年保罗•克鲁岑暗示了O和NO_2与臭氧发生催化反应使臭氧的浓度减小[131]。NO和NO_2由地表的土壤细菌和海水释放的N_2O提供。1971年约翰斯顿（Harold Sledge Johnston，1920—2012）详细地研究了氮氧化物和臭氧的反应性，指出因为超音速飞机在平流层飞行带来的氮氧化物的积聚，臭氧层有被破坏的危险。

1974年马里奥•莫利纳和舍伍德•罗兰指出：作为稳定无毒性的气体，作为制冷剂和喷剂使用的$CFCl_3$和CF_2Cl_2等氯氟碳（CFC），因其化学惰性对臭氧层构成威胁[132]。可以认为CFC不反应就上升进入臭氧层，在那里因紫外线照射分解生成

保罗•克鲁岑（Paul Crutzen，1933—）：出生于阿姆斯特丹，第二次世界大战中在德国占领下的困难时期结束了初等教育。从工业专科学校毕业后，从事土木相关工作，但在1959年被斯德哥尔摩大学的气象学院录用为工程师，进入了气象研究领域，1973年在斯德哥尔摩大学取得博士学位并继续研究，当上了该大学的教授。1970年指出人类活动对平流层臭氧层可能产生影响而引人注意。1995年获诺贝尔化学奖。

马里奥•莫利纳（Mario Jose Molina，1943—）：出生于墨西哥城，毕业于当地的国立自治大学，之后到德国弗莱堡大学、美国加州大学伯克利分校学习，1972年取得博士学位。1974年作为博士研究员在加州大学伯克利分校与罗兰一起做研究，指出氟利昂对臭氧层破坏的可能性。1989年以后任麻省理工学院教授。1995年获诺贝尔化学奖。

舍伍德•罗兰（Frank Sherwood Rowland，1927—2012）：1952年在芝加哥大学利比手下以放射化学的研究获得博士学位，曾在普林斯顿大学、堪萨斯大学任教，从1964年起任加州大学尔湾分校教授。1974年与莫利纳共同预言了氟利昂对臭氧层的破坏，并弄清了其机理。他努力使科学家、政治家和一般市民认识到臭氧层破坏的问题，为推进氟利昂完全废止的国际磋商做出了贡献。1995年获诺贝尔化学奖。

氯原子，它进入催化循环，与氮氧化物同样破坏臭氧层。这个报告唤起了对臭氧层普遍的强烈担忧，开始了平流层臭氧化学的综合性研究，对很多分子种的反应进行了详细研究。1985年南极上空的臭氧层实际上已经变稀薄了，观测到所谓的臭氧洞的存在，臭氧层破坏的威胁成了现实。以至于在1987年的《蒙特利尔议定书》中，国际上进一步限制了氯氟碳等危险气体的使用。这是化学家为解决地球规模环境问题做出很大贡献的好例子。在臭氧层的化学阐明方面起先驱性作用的克鲁岑、莫利纳、罗兰3人获得了1995年的诺贝尔化学奖。

地球环境问题与化学

化学和环境问题的关系多样且复杂。首先是有害物质对环境的污染问题，其次是废弃物处理问题，再次是地球规模的气候与海洋的变动问题。这些都是相互交织的，不是简单地就能解决的，化学与它的解决有很大关系。

有害废弃物的破坏与弃置带来的环境恶化问题随着人口增加和人类消费活动的增大，在20世纪后半叶变得严峻起来。地表水和地下水是珍贵资源，保护水不被污染是重要的课题。由磷酸和其他营养素引起的富营养化使很多湖泊面临生物学死亡的危险。为了保持水免受污染必须弄清污染物质的发生源，弄清污染物质的迁移和变化过程。很多废弃物被埋在地下，但为了使地下作为废弃场所安全，必须对那里的物理、化学、生物体系有充分的了解，能够正确地预测废弃化合物的迁移和变化。在这方面分析化学的应用是不可缺少的。但是，就像被认为稳定、无害的氯氟碳成了破坏臭氧层的原因那样，在20世纪后半叶认识到没有预想到的物质却成了环境恶化的要因，加深了人们对环境问题严峻性的印象。典型的案例是以DDT为代表的杀虫剂的问题。

DDT作为对人类无害的有效杀虫剂使用，为消灭像疟疾那样的由昆虫传染的疾病做出了贡献。但是，DDT是极其稳定的化合物，经证明由于DDT的大量散布导致DDT在环境中残留，它通过食物链积蓄在鸟的体内，阻碍鸟的生殖。另外，发现在被认为除去杂草对粮食生产有帮助的农药中也有同样的悬念。像这样以前认为稳定、有用的物质之后带来预想不到的严峻问题的案例在20世纪末前后指出了很多。为了解决这样的问题，首先重要的是详细了解对环境和生物有影响的化学物质参与的过程。

到了20世纪末，随着人类的活动，大气中增加的CO_2和CH_4引起的气候变动，所谓的“地球温暖化”的可能性作为一个严峻的问题已经为人们所认识。地表的平均气温在1906—2005年的100年间上升了0.74℃。另一方面，大气中的CO_2浓度这一期间从约300μL/L增加到了381μL/L，最近约以2μL/(L•a)的速度在增加。地球的表面温度由在太阳光照射下地球接收的能量中以辐射释放到宇宙空间的部分和在地表转换成热量的部分的平衡所决定。CO_2和CH_4等的温室效应是因为气体吸收红外线，妨碍红外线向地球之外的地方辐射，促进地表温度的提升。在近年的气温上升和CO_2的增加中，多大程度依赖人类的活动，多大程度是由自然原因造成，关于这个问题专家之间有不同意见，但在20世纪末的大体看法中，主要意见是化石燃料的大量消费等人类活动是CO_2和CH_4等温室效应气体增加和气温上升的要因。进一步，大气中CO_2的浓度继续增加的话，令人担忧的严峻问题不单单是温暖化。大气中的CO_2溶进海水增加海水的酸性。大气中CO_2的浓度增加如果按现在的速度发展，可以预想在不远的将来海洋生态体系会受到很大影响。为了阻止CO_2等温室效应气体的增加、防止地球环境恶化，包括代替化石燃料的替代能源的开发在内，关于地球环境问题的解决有赖于化学的事情很多。

5.7.2　宇宙化学

宇宙对人类来说是剩下的未开垦的疆域，是无限好奇心之所在。物理学和天文学相联系的领域宇宙物理学在20世纪前半叶就获得了很大发展，成了一个确定的学术领域。而在20世纪后半叶，作为天文学和化学相联系的跨学科领域，宇宙化学也发展起来了。在此背景下，一方面有在以广波长范围内的望远镜为中心的宇宙观测技术上取得的辉煌发展，另一方面有随着分子光谱发展对分子的理解上的进步。于是，在有关宇宙的科学中，化学扮演重要角色的领域也发展起来了，例如星际分子的发现与鉴定、星球形成中的化学过程、化学进化、生命起源等。在这里对其中的几个话题做一个简单介绍。

□　星际分子的观测[134]

在恒星间的广阔空间中存在着分子，这在1940年通过用光学望远镜观测CH、CH^+、CN的吸收得到了确认。到了20世纪60年代，随着从厘米（cm）到纳米（nm）波长范围的电波望远镜的出现，弄清了很多分子的存在。星际空间温度低至10～100K，所以观测不到来自电子跃迁和振动跃迁的电磁波的释放，通常用电波望远镜只能观测转动状态间的跃迁产生的电磁波。另外，观测到的电波非常弱，所以通过开发具有大的接收天线的电波望远镜，很多分子的观测才开始变得可能。此后红外范围的观测技术也取得进步，根据红外光谱的观测也可以进行了。

宇宙空间的分子密度低至1～10^5cm^{-3}，所以通过与其他分子的碰撞发生反应的概率很小，不稳定的自由基和分子离子也存在。以1963年观测到羟基自由基（OH•）开始，这样的不稳定分子的发现持续不断，在20世纪末弄清了存在超过100种的分子种类。它们是从H_2、C_2、CH、CO、CO^+、CN、CP、CS、FeO、HCl、HN、HO、N_2、O_2、SiC、SiO、PN、PO、NaCl等双原子分子，H_3^+、C_3、CH_2、H_2O、HCN、HNC、HCP等3原子分子，C_2H_2、H_2CO、C_3N、C_3O、H_3O^+、NH_3等4原子分子，C_5、CH_4、HCOOH、SiH_4等5原子分子，到包括甲醇（6原子）、甲基胺（7原子）、乙酸（8原子）、乙醇（9原子）、丙酮（10原子）、苯（12原子）、萘（18原子）在内的各种1～18原子分子。已经弄清在星际间存在由这样的气体分子和氢、氦这样的原子及它们的离子，还有被称作星际尘埃的硅、碳、镁、铁等构成的微粒。

在可见光下看不到的星际分子的发现使“星际分子云”的研究变为可能。星际分子云进一步进化就会因重力收缩导致密度、温度上升，诞生星球。还有最初经历发射红外线的原始星球的阶段，接着开始核分裂反应形成耀眼的恒星。恒星进一步进化就形成红巨星，在星球上合成的元素形成各种各样的分子和固体颗粒。这些物质释放在星际空间又会形成分子云。于是星际分子的化学对理解星球从诞生到死亡（图5.53）的宇宙的壮观故事有重要的帮助。

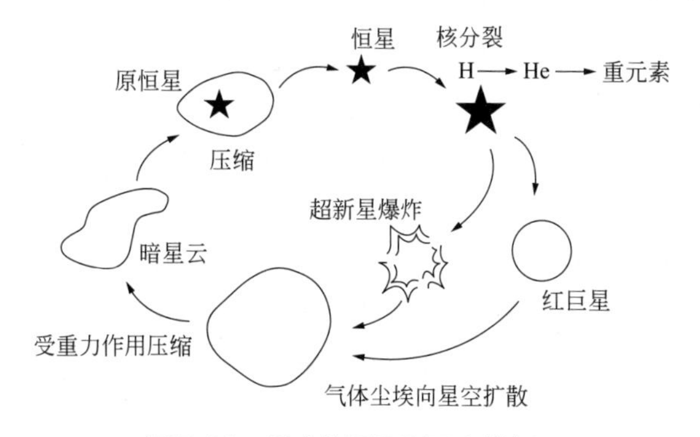

图5.53 星球从诞生到死亡的循环

宇宙空间的化学反应[133]

宇宙空间的原子组成大部分是H，其次是15%左右的He，其他的C、N、O等原子的存在量只有氢原子的0.01%。因此，宇宙空间的反应主体是氢参与的反应，在低温、低密度的宇宙环境，发生与地球上不同的反应（图5.54）。在像A+ B→AB这样的反应中，生成的AB分子处于高振动状态，因为不能通过碰撞释放这个多余的能量，于是就解离。另外，AB + C→AC + B这样的反应因为温度低，活化能不够，不能发生反应。1973年沃森（W. D. Watson）、赫布斯特（Eric Herbst）和克伦佩勒（William Klemperer，1927—）独立地提出模型，认为宇宙空间的反应基于离子•分子反应[134,135]。H的密度在100cm^{-3}的分子云中氢几乎都是分子，所以H_2参与的反应是主体。H_2因为高能宇宙射线和紫外线等离子化成H_2^+，H_2^+和H_2反应生成H_3^+和H。H_3^+容易将质子转移给其他原子和分子。从那里不断地如图5.54所示那样发生反应生成分子。

在这个反应过程中，成为中心的分子种是H_3^+。H_3^+的光谱1980年在实验室观测到了，但在星际云的观测困难。到了1998年格巴尔（Thomas R. Geballe）和冈武史总算成功地观测到了[136]。根据信号强度还推测了星际云中H_3^+的存在密度，基于此就可以详细讨论宇宙空间中的分子形成了。

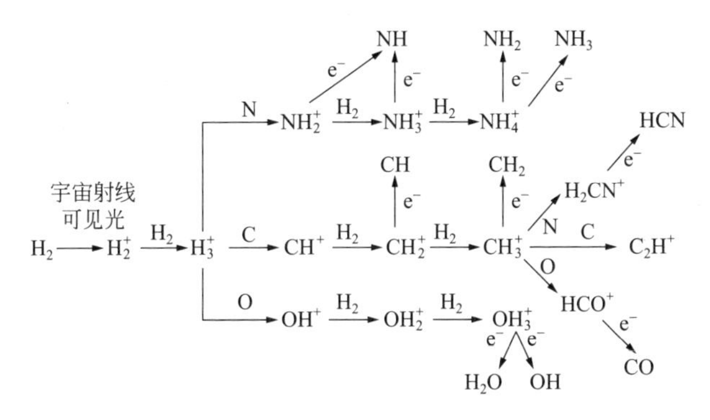

图5.54　宇宙空间中分子形成的早期过程

5.7.3　生命起源

在地球上生命是怎样诞生的？这是留给科学的最大的谜，是化学和生物学相关的大问题。在20世纪后半叶，很多科学家对这个问题发起了挑战。虽然离解决问题还很遥远，但作为遗留问题还是概览一下在20世纪的进步吧。地球上诞生生命推定大概在38亿年前。在只存在无机化合物的地球上，是怎样产生构成生物体的有机化合物，它又是怎样发展成具有生命的生物的呢？

生命的起源与化学进化

1924年俄罗斯生物化学家亚历山大•奥帕林出版了《生命的起源》一书，提出了化学进化论。奥帕林认为远古的地球大气是由氢、氨、甲烷和水蒸气构成的还原性气体。认为这些化合物通过宇宙射线、太阳光线、雷光等获得能量发生反应，结果生成低分子有机化合物，它浓缩形成高分子化合物的汁液一样的东西，由此进一步生成胶体状的称作凝聚层的聚集体，连接着生命的诞生。同一时期英国生物学家霍尔丹（J. B. S. Haldane，1892—1964）也独立地提出相同的观点，该化学进化论以奥帕林-霍尔丹假说为人所知。

亚历山大•奥帕林（Aleksandr I. Oparin，1894—1980）：在莫斯科大学学习植物生理学，留学德国，跟随纽伯格、科塞尔、威尔施泰特学习。1929年任莫斯科大学植物生理化学教授，1935年任巴克纪念生物化学研究所教授，1946年任该所所长。从1920年前后起就地球上的生命起源开展了研究，1923年出版了关于这一问题的小册子。1937年出版了更加充实的《生命的起源》，1957年、1966年出版了该书的修订本。其他还有细胞内酶的作用、工业生物学中的业绩。

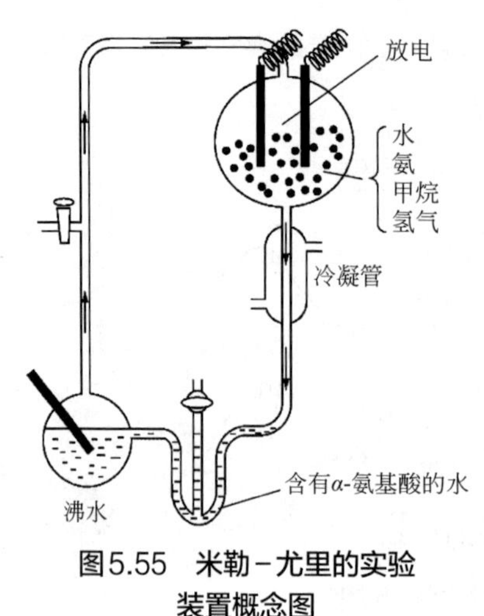

图5.55 米勒–尤里的实验装置概念图

第二次世界大战后从该假说出发发展了化学进化论。1951年巴纳尔提出“黏土说”，即在低分子的有机分子聚合成高分子的过程中，吸附到黏土上是很重要的一环。1988年德国的瓦赫特绍泽（Gunter Wachtershauser，1938—）提出的“表面代谢说”中论及在表面的反应是在黄铁矿（FeS）表面的有机物的聚合反应。奥帕林假说的第一阶段，从无机化合物形成有机化合物，在1953年芝加哥大学的米勒（Stanley Lloyd Miller，1930—2007）-尤里（Urey）的实验中得到了验证[137,138]（图5.55）。他们将被认为是原始大气成分的甲烷、氢气、氨、水蒸气的混合气体装入容器，模拟雷引起了火花放电。使该混合气体一边循环一边持续放电一个星期的时间，通过分析装置内的水发现生成了包括α-氨基酸在内的多个有机化合物。因为α-氨基酸是蛋白质的构成分子，所以认为作为生命基础的分子在原始地球上生成的可能性得到了验证，成了很大的话题。但是此后又认为原始大气是一氧化碳、二氧化碳、氮、水，是主成分更加酸性的气体。在这样的环境中氨基酸的生成更难，作为生命基础的有机分子的生成问题还没有得到解决。

作为其他的可能性考虑过的是α-氨基酸等从宇宙获得的观点。原始的地球是不断下陨石的残酷环境。不过在陨石中有含很多碳的球粒陨石。1980年从这种陨石的提取液中鉴定出了很多氨基酸。根据1986年哈雷彗星接近时的探测，弄清了彗星中也存在很多有机物。在星际物质中还没有确认氨基酸的存在，不过因为电波望远镜的进步，可以期待在星际物质中也会发现氨基酸。以这样的状况为背景，人们讨论着诞生生命的有机分子应该是从宇宙获得这样的观点。支持这个观点的证据是氨基酸的手性对映性问题。氨基酸是光学活性分子，有L体和D体，但构成地球上的生物体的氨基酸只有L体。这是为什么？据报道，在陨石中也是一部分氨基酸的L体比D体多，认为其原因有可能在宇宙。氨基酸在圆偏振光作用下，L体或D体的一方被选择性地分解。形成陨石的原始星际尘埃在宇宙中一旦被圆偏振光照射，D体或L体的一方就会变得过剩。不管怎么说，就连原始地球中的有机分子的起源也还没有弄清楚。

在20世纪后半叶，关于从有机物到生命的路径也提出了各种各样的假说。地球上的生命具有核酸的自我复制功能和蛋白质的催化功能。那么核酸和蛋白质哪个先生成的呢？这是长期争论的话题。因为具有催化活性的RNA（核糖体）的发现（参见6.2.4），最初的生命是由RNA构成的体系这一“RNA宇宙说”获得更多支持，但还缺少决定性的证据。生命的起源这一问题依然是一个大谜团，它的解决带到了21世纪。

参考文献

[1] S. Nakayama,"*Kagakugijyutu no Kokusai Kyousouryoku*"(*International Competitiveness of Science and Technology*) Asahi Sinbunsha, 2006.
[2] T. Hiroshige, "*Kagaku no Shakaisi*" (*Social History of Science*) Iwanami Gendaibunnko, 2002.
[3] F. Aftalion, "*A History of International Chemical Industry*" Chemical Heritage Foundation, 1991.
[4] L. K. James "Nobel Laureates in Chemistry 1901–1992" Amer. Chem. Soc./Chem. Her. Found. 1994.
[5] "Iwanami Rikagaku Jiten"(Iwanami Dictionary of Physics and Chemistry), 5th ed. Iwanami Shoten, 1998.
[6] Royal Society of Chemistry , N. Hall ed. "*The Age of the Molecules*" London, UK, 1999.
[7] N. Hall ed. "*The New Chemistry*" Cambridge Univ. Press, 2000.
[8] C. Reinhardt ed. "*Chemical Sciences in the 20th Century*" Wiley-VCH, Weinheim.
[9] National Research Council "*Opportunities in Chemistry*" National Academy Press, Washington, 1985.
[10] G. C. Pimentel, J. A. Coonrod, "*Opportunities in Chemistry*" National Academy Pres, Washington, D. C., 1987.
[11] National Research Council, "*Beyond the Molecular Frontier*" National Academies Press, Washington, D.C. 2005.
[12] N. Hirota, K. Kajimoto ed. "*Gendaikagaku eno Shoutai*" (*Invitation to Contemporary Chemistry*) Asakura Shoten, 2001.
[13] W. J. Moore, "*Physical Chemistry*" 4th ed. Prentice Hall, New Jersey, 1972.
[14] D. Hodgkin, Nobel Lecture 1964, Noberprize.org.
[15] J. D. Bernal, D. Crowfoot, Nature, **133**, 794 (1934).
[16] D. W. Green, V. M. Ingram, M. F. Perutz, *Proc. Roy. Soc. London, A*, **225**, 287 (1954).
[17] M. Perutz, Nobel Lecture 1962, Nobelprize.org.
[18] J. C. Kendrew, R. E. Dickerson, B. E. Strandberg, R. G. Hart, D. R. Davies, D. C. Phillips, V. C. Shore, *Nature*, **185,** 422 (1960).
[19] S. B. McGrayne, "*Nobel Women in Science*" Birch Lane Press, 1922, p.225–254.
[20] W. E. Moerner, L. Kador, *Phys. Rev. Lett.,* **62**, 2535 (1989).
[21] O. Shimomura, F. H. Johnson, Y. Saiga, *J. Cell. Comp. Phisiol.*, **59**, 223 (1962).
[22] ja.wikipedia.org/wiki/Osamu Shimomura.
[23] E. Ruska, Nobel lecture 1986, Nobelprize.org..
[24] D. J. DeRosier, A. J. Klug, *Nature*, **217**, 130 (1968).
[25] G. Binnig, H. Rohrer, Ch. Gerber, E. Weibl, *Phisica, B*, **109/110**, 2075 (1982).
[26] A. Einstein, *Ann. Physik*, **18**, 121 (1918).
[27] J. P. Gordon, H. J. Ziegler, C. H. Towns, *Phys. Rev.*, **95**, 282 (1954).
[28] T. H. Maiman, *Nature*, **187**, 493 (1960).
[29] G. Herzberg, "*Molecular Spectra and Molecular Structure, I Diatomic Molecules*, 2nd Ed.

1950, *II Infrared and Raman Spectra*, 1945, *III Spectra of Polyatomic Molecules*", 1966, Van Nostrand Co. Toronto, Canada.

[30] R. S. Mulliken, *J. Am. Chem. Soc.*, **74**, 811(1952).

[31] M. Kasha, Discussions Faraday Soc., **9**, 14 (1950).

[32] R. G. W. Norrish and G. Porter, *Nature*, **164**, 658 (1949).

[33] R. L. Mössbauer, Zeit. Physik, A **151**, 124 (1958).

[34] C. Nording, E. Sokolowski, K. Siegbahn, *Phys. Rev.*, **105**, 1676 (1957).

[35] E. M. Purcell, H. C. Torrey, R. V. Pound, *Phys. Rev.*, **69**, 37 (1946).

[36] F. Bloch, W. W. Hansen, M. E. Packard, *Phys. Rev.*, **69**, 127 (1946).

[37] J. T. Arnold, S. S. Dharmatti, M. E. Packard, *J. Chem. Phys.* **19**, 507 (1951).

[38] H. C. Torrey, *Phys. Rev.*, **76**, 1059 (1946).

[39] E. L. Hahn, *Phys. Rev.*, **77**, 297 (1950).

[40] W. P. Aue, E. Bartholi, R. R. Ernst, *J. Chem. Phys.*, **64**, 2229 (1976).

[41] K. Wüthrich, Nobel Lecture, 2002, Noberprize.org..

[42] H. M. McConnell, *J. Chem. Phys.*, **26**, 764 (1956).

[43] P. C. Lauterbur, *Nature*, **249**, 190 (1973).

[44] M. Yamashita, J. B. Fenn, *J. Phys. Chem.* **88**, 4451 (1984).

[45] K. Tanaka, Y. Ido, S. Akita, Y. Yoshida, T. Yoshida, *Rapid. Commun. Mass Spectrom.*, **36**, 59 (1988).

[46] M. Karas, F. Hillenkamp, *Annal. Chem.* **60**, 2299 (1988).

[47] J. Martin, Nobel Lecture, 1952, Nobelprize.org.

[48] Y. Harada, "*Ryousikagaku*" (*Quantum Chemistry*) Shoukabo, 2007.

[49] C. C. Roothaan, *Rev. Mod. Phys.*, **23**, 69 (1951).

[50] R. Pariser, R. Parr, *J. Chem. Phys.*, **21**, 466 (1953); **21**, 767 (1963).

[51] J. Pople, *Trans, Faraday Soc.*, **4**, 1375 (1953).

[52] W. Hehre, R. F. Stewart, J. A. Pople, *J. Chem. Phys.*, **51**, 2657 (1969).

[53] P. Hohnberg, W. Kohn, *Phys. Rev.*, **136**, B 864 (1964).

[54] W. Kohn and J. Sham, *Phys. Rev.*, **140**, A1133 (1965).

[55] I. Prigogin, Nobel Lecture, 1977.

[56] P. Flory, *J. Chem. Phys.*, **17**, 303 (1949).

[57] B. J. Adler, T. E. Wainwright, *J. Chem. Phys.*, **27**, 1208 (1957).

[58] H. Taube, *Chem. Rev.*, 50, 69 (1952).

[59] P. Schleyer, W. E. Watts, R. C. Fort, M. B. Comisarpe, G. A. Olah, *J. Am. Chem. Soc.*, **86**, 5679 (1964).

[60] M. M. Olmstead, M. M. Power, *J. Am. Chem. Soc.*, **107**, 2174 (1985).

[61] M. Eigen, G. Kurtze, K. Tamm, *Z. Elektrochem*, **57**, 103 (1953).

[62] R. G. W. Norrish, G. Porter, *Nature*, **164**, 658 (1949).

[63] G. Porter, Proc. *Roy. Soc. London, A*, **200**, 284 (1949).

[64] G. Porter, M. W. Windsor, *J. Chem. Phys.*, **21**, 2088 (1953).

[65] G. Herzberg, J. W. C. Johns, *J. Chem. Phys.*, **54**, 2276 (1971).

[66] E. Taylor, S. Datz, *J. Chem. Phys.*, **23**, 1711 (1955).

[67] D. R. Herschbach, *Adv. Chem. Phys.*, **10**, 319 (1966).

[68] Y. T. Lee, J. D. McDonald, P. R. Lebreton, D. R. Herschbach, *Rev. Sci. Instr.*, **40**, 1402 (1969).

[69] J. C. Polanyi, *J. Chem. Phys.* **31**, 1338 (1959).

[70] J. V. V. Kasper, G. Pimental, *Phys. Rev. Lett.*, 14, 352 (1965).

[71] A. H. Zwail, *Science*, **242**, 1645 (1988).

[72] T. S. Rose, M. J. Rosker, A. H. Zwail, *J. Chem. Phys.*, **88**, 6672 (1988), **91**, 7415 (1989).

[73] T. Förster, *Ann. Phys.* (Leipzig), **2**, 55 (1948).

[74] D. L. Dexter, *J. Chem. Phys.*, **21**, 836 (1953).

[75] M. Itoh, "*Reza- Hikarikagaku*" (*Laser Photochemistry*) Shoukabo (2002).

[76] S. Nagakura, H. Hayashi, T. Azumi, ed. "*Dynamic Spin Chemistry*" Kodansya, 1998.

[77] K. Honda, A. Fujishima, *Nature*, **238**, 37 (1972).

[78] K. Fukui, T. Yonezawa, C. Nagta, H. Shingu, *J. Chem. Phys.*, **22**, 1433 (1954).

[79] R. B. Woodward, R. Hoffman, *J. Am. Chem. Soc.*, **87**, 395 (1965).

[80] R. Marcus, *J. Chem. Phys.*, **24**, 966, 979 (1956).

[81] J. R. Miller, L. T. Calcaterra, G. L. Closs, *J. Am. Chem. Soc.*, **106**, 3047 (1984).

[82] R. Marcus, *J. Chem. Phys.*, **21**, 359 (1952).

[83] "*Chemical Processes on Solid Surface*" 2007, Nobelprize. org.

[84] N. Bartlett, *Proc. Chem. Soc. London*, 1962, 218.

[85] H. H. Classen, H. Selig, J. G. Malm, *J. Am. Chem. Soc.*, **84**, 3593 (1962).

[86] D. Schechtman, I. Bleach, D. Gratias, J. Cahan, *Phys. Rev. Lett.*, **53**, 1951 (1984).

[87] T. J. Kealy, P. L. Pauson, *Nature*, 168, 1039 (1951).

[88] G. Wilkinson, M. Rosenblum, M. C. Whiting, R. B. Woodward, *J. Am. Chem. Soc.*, **74**, 2125 (1952).

[89] E. O. Fischer, W. Pfab, *Z. Naturforsch.*, **76**, 377 (1952).

[90] K. Ziegler, E. Holzkamp, H. Breil, H. Mirtin, *Angew. Chem.*, **67**, 541 (1955).

[91] G. Natta, Nobel Lecture, 1963, Nobelprize.org.

[92] H. C. Brown, Nobel Lecture, 1979, Nobelprize.org.

[93] G. Wittig, U. Schollkopf, *Chem. Ber.* **87**, 1318 (1954).

[94] W. S. Knowles, M. J. Sabacky, *Chem. Commun.* 1445 (1968).

[95] A. Miyashita, A. Yasuda, H. Takaya, K. Toriumi, T. Itoh, T. Souichi, R. Noyori, *J. Am. Chem. Soc.*, **102**, 7932 (1980).

[96] T. Katsuki, K. B. Sharpless, *J. Am. Chem. Soc.*, **102**, 5974 (1980).

[97] J. –L. Herisson, Y. Chauvin, *Makromol. Chem.*, **141**, 161 (1971).

[98] R. R. Schrock, S. M. Rocklage, J. H. Wengrovius, G. Rupprecht, J. Fellman, *J. Mol.Catal.*, **8**, 73 (1980).

[99] S. T. Nguyen, L. K. Johnson, R. H. Grubbs, *J. Am. Chem. Soc.*, **114**, 3974 (1992).

[100] R. F. Heck, J. P. Nolley, *J. Org. Chem.*, **37**, 2320 (1972).

[101] E. Negishi, A. O. King, N. Okukado, *J. Org. Chem.*, **42**, 1821 (1977).

[102] A. Miyaura, A. Suzuki, *Chem. Commun.* 866 (1979).

[103] R. B. Woodward, W. E. Doering, *J. Am. Chem. Soc.*, **66**, 849 (1944).

[104] R. B. Woodward, M. P. Cava, W. D. Ollis, A. Hunger, H. U. Daeniker, K. Schenker, *J. Am. Chem. Soc.*, 76, 4749 (1954).

[105] R. B. Woodward, *Pure and Applied Chemistry*, **33**, 145 (1973).

[106] E. J. Corey, X. –M. Cheng, "*The Logic of Cemical Synthesis*" John Wiley, New York, 1989.
[107] E. J. Corey, N. H. Andersen, R. M. Carlson, J. Paust, E. Vlattas, R. E. K. Winter, *J. Am. Chem.*, **90**, 3245 (1968).
[108] R. B. Merrifield, *J. Am. Chem. Soc.*, **85**, 2149 (1963).
[109] J.-M. Lehn, "*Supuramolecular Chemistry*" VCH, Weinheim, 1995.
[110] K. Takeuchi, "*Jinbutu de Kataru Kagakunyuumon*" (*Introduction to Chemistry by stories about characters*) Iwanami Shinsho, 2010.
[111] C. Pedersen, *J. Am. Chem. Soc.*, **89**, 2495, 7019 (1967).
[112] J.- M. Lehn, *Structure and Bonding*, **16**, 1 (1973).
[113] E. P. Kyba, R. C. Helgeson, K. Madan, G. W. Gokel, T. L. Tarnowski, S. S. Moore, D. J. Cram, *J. Am. Chem. Soc.*, **99**, 2564 (1977).
[114] H. Shinohara, "*Nanoka-bon no Kagaku*" (*Sceience of nano carbon*) Kodansha, 2007.
[115] H. W. Kroto, J. R. Heath, S. C. O'Brien, R. F. Curl, R. E. Smally, *Nature*, **318**, 162 (1985).
[116] E. Osawa, *Kagaku* (Chemistry), **25**, 854 (1970).
[117] W. Krätschmer, K. Fostiropoulos, R. Huffman, *Chem. Phys. Lett.*, **170**, 167 (1990).
[118] S. Iijima, *Nature*, **354**, 56 (1991).
[119] G. Saito ed. "*Bunsierekutoronikusu no Hanashi*" (*Story about molecular electronics*) Kei Di Neobukku, 2008.
[120] H. Akamatsu, H. Inokuchi, Y. Matsunaga, *Nature*, **173**, 168 (1954).
[121] J. P. Ferraris, D. O. Cowan, V. Walaska, J. H. Perlstein, *J. Am. Chem. Soc.*, **95**, 498 (1973).
[122] The Nobel Prize in Chemistry 2000, Advanced Information, "*Conductive Polymers*" Nobelprize.org.
[123] H. Shirakawa, E. J. Louis, A. G. MacDiarmid, A. *J. Heeger, J. Chem. Soc. Chem. Comm.*, 579 (1977).
[124] J. G. Bednorz, K. A. Mueller, *Z. Phys. B*, **64** (2), 189, (1986).
[125] K. M. Wu et. al., Phys. Rev. Lett. **58**, 908 (1987).
[126] M. Mekata, Pariti-(Parity), **25**, (7), 50 (2010).
[127] K Itoh ed. "*Bunsijise*" (*Molecular magnetism*), Gakkai Shuppan Senta-, 1996.
[128] K. Itoh, *Chem. Phys. Lett.* **1**, 235 (1967).
[129] A. Caneschi, D. Gateschi, R. Sessoli, A.-L. Barra, L. C. Brunel, M. Gillot, *J. Am. Chem. Soc.*, **113**, 5873 (1991).
[130] The Nobel Prize in Chemistry 1995, Press Release, Nobelprize.org.
[131] P. J. Crutzen, Quart. *J. Roy. Meteor. Soc.*, **96**, 320 (1970).
[132] M. Molina, F. S. Rowland, *Nature*, **249**, 810 (1974).
[133] R. Carson, Silent Spring, Penguin Modern Classics, 2000..
[134] The Chemical Society of Japan, ed. "*Sentan kagaku siri-zu IV*" (*Cutting edge chemistry series*) III *Supe-su kemisutori-(Space chemistry)*, Maruzen, 2004.
[135] W. D. Watson, *Astrophys. J.,* 183, L17 (1973).
[136] E. Herbst, W. Klemperer, *Astrophys. J.*, **183**, 505 (1973).
[137] T. R. Geballe, T. Oka, *Nature*, **384**, 334 (1996).
[138] S. Miller, *Science*, **117**, 528 (1953).
[139] S. Miller, H. C. Urey, *Science*, **130**, 245 (1959).

第6章 20世纪后半叶的化学（Ⅱ）

——基于分子的生命现象的理解

邮票上描绘的DNA模型和富兰克林的DNA的X射线衍射图像

生命是化学现象。在20世纪初起步的生物化学的发展中，通过化学来阐释以代谢为中心的生命过程取得了很大进展。但在20世纪前半叶，化学还没有直接参与遗传、发生、进化这样的生物学中的重要问题。这一状况在1953年因沃森和克里克阐明了DNA的结构而突然间发生了改变。以此为契机打开了在分子水平阐释生命现象的道路，分子生物学作为尖端学术领域诞生了。在这里生物学和化学完全结合在一起了，生物学的主要部分都可以作为分子结构、分子间相互作用和分子的转变过程来理解了。分子生物学通常看作生物学的一个领域，但站在以分子为基础的学问这点上，就是化学本身，也可以说化学包含了生物学的大部分。实际上生物化学和分子生物学的界限几乎不存在，现代的代表性生物化学教科书中也广泛地处理遗传因子相关的问题[1]。另外，只要回顾一下从20世纪后半叶开始到现在为止的诺贝尔化学奖及生理学•医学奖的获得者，生物化学、分子生物学领域的研究者占压倒性多数。这也可以说体现了这样的现状：原来的生物化学和分子生物学可以统一于应该称作生命分子科学的一个大领域中，占了化学及生物学尖端领域的大部分。

另一方面，蛋白质、酶、代谢等传统生物化学领域在20世纪后半叶的进步也很显著。就像20世纪前半叶经验性的化学随着结构化学的进步变成了精致的学问那样，基于生物大分子结构的精密讨论在生物化学领域也变得可能了。这得益于X射线结构解析和NMR等结构解析技术的进步，阐明生物大分子结构和功能的、称作结构生物学的领域由此诞生了。

在这一章将概览20世纪后半叶基于分子理论对生命现象的理解。与生命相关的化学在20世纪后半叶获得了大发展，取得了巨大成功。笔者不是这一领域的专家，所以的确不能窥其全貌。因此，将以成为诺贝尔奖对象的业绩为中心进行归纳。在撰写本章时主要参考了文献[1-8]以及来自网络，特别是Nobelprize org.的资料。

6.1 分子生物学、结构生物学的诞生

沃森和克里克阐明了DNA的结构被说成是20世纪后半叶科学上最大的发现，正是因为这一发现诞生了分子生物学这一新的领域，在这一章，首先回顾一下DNA结构解析的路径，探索这一发现是怎样诞生的，回顾一下早期核酸研究的发展。接着将讲述一下大大改变生物化学的结构生物学的发展。

6.1.1 DNA结构解析之路

"DNA结构"是如何解析清楚的本身就是一个充满很多趣闻轶事的故事。这个故事中的主角是詹姆斯•沃森、弗兰西斯•克拉克、莫利斯•威尔金斯、罗莎琳德•富兰克林4人。前面3人在1962年获得了诺贝尔生理学•医学奖。富兰克林因为在1958年去世了，所以没有成为诺贝尔奖获奖人。有关DNA的结构解析有很多人有著书，包括参与这一工作的当事人。在此参考这些著作笔者试着来总结一下[5,9-12]。

基于物理的基础来理解遗传这一生物学现象的多数科学家是物理出身的。但是，当知道遗传因子是由称作DNA的大分子组成的，从分子结构解明这点来考虑的话就还是化学的问题。在这一认识下，在做过研究的科学家中也有称作结构化学第一人的鲍林。不过最早解析出DNA正确结构的并不是鲍林，而是不喜欢化学、从物理转过来的克拉克和生物学家沃森的团队，这倒有点讽刺意味。然后以此为契机分子生物学和生物物理学作为新的学问诞生了。作为与生命现象相关的分子研究领域，原来就有的生物化学对这个新的学问的诞生仅仅起了配角的作用，不过在此后的分子生物学的发展中生物化学家也做出了很大贡献。

艾弗里和查戈夫的研究

到20世纪40年代为止通常认为担负遗传的物质是蛋白质，不过暗示核酸是遗传载体的实验结果也开始出现。1923年英国细菌学家格里菲思（Frederick Griffith，1879—1941）在肺炎双球菌中发现了有病原性和无病原性两种细菌。然后在1928年将有病原性细菌（S型）经过热处理使之失去病原性，如果将它与没有病原性的细菌（R型）一起给老鼠注射，结果令人吃惊地发现在老鼠体内产生了S型细菌，而且这个S型细菌即使反复分裂也不改变其性质[13]。这意味着R型细菌通过形质转换变成了S型细菌。

关注了这一发现的纽约洛克菲勒研究所的奥斯瓦德•艾弗里开始了分离和鉴定引起形质转换的物质的研究。根据长年累月的细心实验，艾弗里、麦克劳德（Colin MacLeod）和麦卡蒂（Maclyn McCarty）在1944年发表了这个物质是DNA的论文[14]。其结论如下：

“在这里提出的证据是支持脱氧核糖核酸型的核酸是Ⅲ型肺炎双球菌中的形质转换的基本单位这一观点的证据。”

不过，这一结论并没有马上得到普遍认同，很多学者怀疑艾弗里的结论，认为在艾弗里的纯化中蛋白质没有被完全除去等。同属洛克菲勒研究所的著名生物化学家米尔斯基（Alfred E. Mirsky，1900—1974）也是一个强烈的反对者。但是，受这个报道的刺激推进核酸研究的科学家也开始出现，20世纪40年代后期核酸的研究已经相当瞩目了。艾弗里写这个具有创新的论文是在他67岁时。他在1955年去世，没有获得诺贝尔奖。不过，在今天人们仍然评价只有他才是应该获得诺贝尔奖的人。

关注艾弗里的研究结果，接下来将其推进一大步的是纽约哥伦比亚大学的生物化学家埃尔文•查戈夫。查戈夫和他的合作者借助当时生物化学中已经开始使用的纸色谱技术和紫外分光光度法，分析了来自很多不同种属的DNA碱基成分。结果显示相同种属的DNA碱基成分比总是相同的，而在不同种属的DNA中这个成分比相互都不同。这意味着DNA具有与生物种数目相同程度的多样性。他进一步发现在构成DNA的4种碱基中，嘌呤碱基［腺嘌呤（A）和鸟嘌呤（G）］的量和嘧啶碱基［胸腺嘧啶（T）和胞嘧啶（C）］的量是相同的，发现了A和T的比以及G和C的比总是1∶1这一查戈夫法则[15]。查戈夫没能弄清这一法则所具有的重要意义，不过查戈夫的研究确定了列文的DNA四核苷酸说是错误的。

在DNA是遗传因子的本质获得广泛认可的研究中，有赫尔歇（Alfred Day

奥斯瓦德•艾弗里（Oswald T. Avery，1877—1955）：出生于加拿大哈利法克斯，父亲是一名英国神职人员。1887年举家移居纽约，他在科尔盖特大学获得文学学士。因有志于医学而进入哥伦比亚大学医学院读研究生。1907年起在霍格兰研究所开始了微生物学的研究，1923年成为洛克菲勒研究所的研究员，研究肺炎双球菌的毒性以及抗原性。受格里菲思研究的启发，投入到探明遗传因子本质的实验，1944年67岁时发表了显示DNA就是遗传因子载体的决定性的论文，但当时还没有那么受关注。

埃尔文•查戈夫（Erwin Chargaff，1905—2002）：出生于奥地利的美国生物学家。在维也纳工业大学专攻有机化学，1928年取得博士学位，1933年经由巴斯德研究所的工作移居美国，1938年到哥伦比亚大学生物化学系当副教授，1950年升任教授。1944年受艾弗里研究的刺激转向核酸研究，发现了与DNA双螺旋结构相关的查戈夫法则。

Hershey，1908—1997）和蔡司（Martha Cowles Chase，1927—2003）在1952年发表的实验[16]。他们用寄生于细菌的病毒噬菌体做了研究。他们所使用的噬菌体在包裹DNA和它的蛋白质的壳层产生。他们用^{35}S标记蛋白质，用^{32}P标记DNA。结果从增殖的噬菌体中发现了^{32}P，没有发现^{35}S。这明确地显示遗传物质是DNA，因此很多研究者开始对DNA感兴趣了。

物理学家与遗传学

已经明白基于物理学基础可以理解化学现象，认为从物理学的角度也可以理解生物学的物理学家在20世纪30年代开始出现。但是，玻尔在1930年以“光与生命”为主题的演讲中推测生命不能还原到原子物理学，但就像在波和粒子间可以看到互补性一样，在生命的过程中或许也有这样的互补性。听了玻尔演讲的柏林大学年轻的理论物理学家马克斯•德尔布吕克认为遗传因子也应该有互补性，想要查清这一问题。他在自家开私人研究会，有和遗传学家讨论的场所。1935年他们提出突然变异的量子论模型。也就是说根据这一模型，放射线照在遗传因子上的话，遗传因子就发生量子飞跃产生突然变异。1936年以后洛克菲勒财团开始积极支持生物物理学的项目。1937年在意大利的费米研究所策划从放射医学向生物物理学转向的萨尔瓦多•卢里亚也把目光停在了德尔布吕克的论文上。

德尔布吕克于1937年获得洛克菲勒财团的支持赴美国，到了加利福尼亚工业大学遗传学大师摩根（Thomas Hunt Morgan，1866—1945）的研究室。在那里他碰到了噬菌体，以它为材料开始了遗传研究。1940年他获得了范特彼尔特大学的讲师职位。1941年夏天在纽约郊外的冷泉港研究所（生物实验室）召开了以“遗传因子和染色体-结构与功能”为主题的研讨会，聚集了80位遗传学家和核酸研究者。在这里卢里亚和德尔布吕克相遇并开始了共同研究。1940年从欧洲逃亡过来的卢里亚经哥伦比亚大学，在印第安纳大学取得了细菌学讲师职位。卢里亚后来

马克斯•德尔布吕克（Max Delbruck，1906—1981）：出生于德国的美国分子生物学家。在哥廷根大学攻读物理，作为理论物理学家出道，但在威廉皇家化学研究所对遗传现象感兴趣。1934年赴美国，历经范特彼尔特大学教授，1947年任加州理工学院教授。作为噬菌体研究小组的领头人活跃在学术界。获1969年诺贝尔生理学•医学奖。

萨尔瓦多•卢里亚（Salvador E. Luria，1912—1991）：出生于意大利的美国遗传学家。在都灵大学攻读医学，在巴斯德研究所学习噬菌体实验技术后赴美国，经印第安纳大学，从1950年起任麻省理工学院教授。与德尔布吕克一起组成噬菌体研究小组推进噬菌体研究，弄清了因细菌和噬菌体发生突变（突然变异）的问题。获1969年诺贝尔生理学•医学奖。

在印第安纳大学指导了沃森。德尔布吕克和卢里亚以冷泉港研究所为据点成立了噬菌体研究小组。他们每年夏天在这里召开噬菌体讲习会，努力扩大噬菌体研究的范围。

1944年量子力学创始人之一的薛定谔以在都柏林的公开演讲的内容为基础出版了《生命为何物》的小册子[17]。这本小册子基于当时的遗传学知识，论及从物理学家的角度看到的生命，多数内容今天来看的话并不正确，但对当时的年轻科学家产生了很大影响。在欧洲以物理学研究作为目标的年轻人中有相当多的人对物理学被用作以原子弹为首的战争工具感到失望而考虑转向生物学。沃森、克拉克、威尔金斯都受到这本书的影响而立志于DNA的研究。

生物大分子的X射线结构解析和来自结构化学的方法

如在第5章所述，利用X射线技术来解析生物大分子结构的尝试在20世纪20年代就已经开始。在亨利•布拉格率领的伦敦皇家研究所做X射线结构解析的威廉•阿斯特伯里在1928年转到利兹大学，开始了角蛋白和胶原蛋白等纤维状蛋白质的研究。在20世纪30年代初，他拉伸弄湿了的羊毛和毛发时发现发生了很大的结构变化。X射线的数据显示，拉伸前的纤维呈现以5.1Å（$1Å=10^{-10}m$）的间隔重复的螺旋状结构。阿斯特伯里提出拉伸前的蛋白质分子取螺旋结构（α型），而一经拉伸螺旋环就被破坏成伸展的状态（β型）。

1937年夏天鲍林考察了符合阿斯特伯里的X射线数据那样的多肽的螺旋结构，不过没有充分的数据，没能马上得出结论。于是进入20世纪40年代鲍林和同事科里共同进行氨基酸和多肽的详细X射线结构解析，确定键角和键长，获得了肽结构是平面结构，在多肽中这个平面间的二面角呈无歪斜结构的证据。基于此鲍林考察α螺旋的模型，1950年提出了螺旋重复的间隔是5.4Å，以3.7个肽键成1螺距的模型[18]（图6.1）。于是认为该螺旋二重卷曲的二重螺旋结构是纤维状蛋白质的结构。鲍林没有拿到支持这一观点的实验结果，但还是通过基于结构化学知识的考察确信了它。鲍林还认为像血红蛋白和肌红蛋白那样的球状蛋白质也由这样的α螺旋构成。

在布拉格任所长的卡文迪许研究所，佩鲁茨和肯德鲁继续开展蛋白质的X射线结构解析。在鲍林的论文发表稍早一点的时候，他们也发表了关于α螺旋的论文，但其中有错误。鲍林的论文一发表，佩鲁茨马上进行实验，得到了鲍林的观点正确的证据。于是，围绕阐明α螺旋结构的竞争以鲍林的胜利告终。这是严重刺伤布拉格自尊心的事情[19]。这时，DNA是控制遗传信息的物质已经获得了普遍认同，所以下一个目标就是DNA，显然鲍林是要介入其中的。

核酸的化学结构主要得益于列文和托德的研究，到20世纪50年代初得以解明。核酸是核苷酸的线状聚合物，糖残基的3′和5′位通过磷酸桥连。聚核苷酸的磷酸二酯基呈酸性，核酸在生理条件的pH值下是多价的阴离子。问题是这个核酸呈现怎样的三维立体结构，它与功能有怎样的关联。

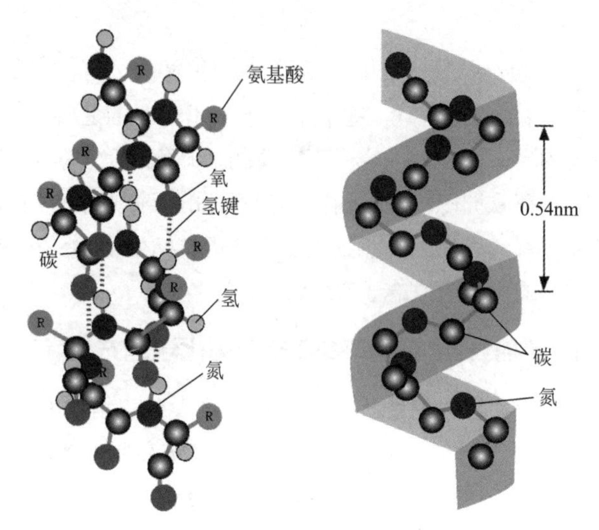

图6.1 蛋白质的α螺旋结构

右图是用飘带状环表示主链结构的模型图

在英国，DNA结构解析先驱者也是阿斯特伯里。他1938年报告DNA拥有2.7nm的重复结构，碱基为平面，以0.34nm的间隔堆积着[20]。但是，他没有取得进一步的进展。在英国真正推进DNA的X射线结构解析的是伦敦大学国王学院的约翰•兰德尔（John Turton Randall，1905—1984）率领的团队。兰德尔第二次世界大战前在伯明翰大学开展发光研究等工作，战争中在雷达用空洞磁控管的开发上取得了业绩，战后立项了生物物理学的项目。当被推选为国王学院物理学主任教授后，就获得了来自MRC（医学研究评议会）和洛克菲勒财团的巨额研究资金，组建了研究团队，全力开始研究。第二次世界大战前在兰德尔手下参与发光研究、战争中参加原子弹开发项目的莫里斯•威尔金斯也于1946年加入了这个团队，1950年前后开始用X射线衍射研究DNA。这时，很多人已经开始认识到DNA是遗传信息的载体，其结构确定很重要。在1951年初，他得到了比之前报告的照片要清晰得多的DNA的X射线衍射照片。

1951年1月，罗莎琳德•富兰克林加入了兰德尔的团队。她在剑桥大学专攻物理，以煤的研究获得博士学位后，在巴黎参加石墨和碳颗粒的研究，掌握了X射线结构解析技术。兰德尔期待她的X射线结构解析技术，考虑并考察了以她为国王学院的DNA研究的中心，可这个想法没有告诉已经在国王学院独自开始DNA的X射线衍射研究，并不断取得成果的威尔金斯。富兰克林以为威尔金斯要抽手DNA的X射线衍射，于是和威尔金斯之间产生了误解，他们之间的关系一开始就变得很紧

莫里斯·威尔金斯（Maurice H. F. Wilkins，1916—2004）：出生于新西兰，1940年剑桥大学毕业，第二次世界大战中在美国参与原子弹开发计划。1946年到伦敦大学的国王学院任教职，最早用偏光显微镜开展病毒研究，从1950年前后起开始DNA的X射线结构解析，对沃森-克里克DNA模型建立做出了贡献。1970年任该大学教授。1962年获诺贝尔生理学·医学奖。

罗莎琳德·富兰克林（Rosalind Franklin，1920—1958）：在剑桥大学专攻物理化学，以煤的结构研究取得博士学位，1947—1950年在巴黎国立化学应用研究所从事X射线结构解析。1951年任伦敦大学国王学院生物物理研究所研究员，开始了DNA的X射线解析，拍摄到当时最好的X射线照片，为沃森-克里克DNA模型建立做出了贡献。1953年起在同属伦敦大学的伯贝克学院在烟草花叶病病毒的X射线结构解析方面取得业绩。1958年38岁因癌症英年早逝。

弗朗西斯·克里克（Francis H. C. Crick，1916—2004）：在伦敦大学攻读物理学，在剑桥大学的研究生院开始了研究，但因第二次世界大战而中断，战争中在英国海军参与雷达研究。第二次世界大战后对物理学失望，转向生物学研究，在佩鲁茨手下开始了采用X射线衍射的蛋白质结构研究。从1951年起与沃森一起从模型构建开始研究DNA结构，次年提出双螺旋结构。在之后的分子生物学的发展中也扮演了领导性的角色，1962—1977年任剑桥医学研究评议会分子生物学研究员，1972—2004年在美国任索尔克研究所研究员。1962年获诺贝尔生理学·医学奖。

张了。他们相互也不再讨论地继续DNA的研究[12]。

另一方面，在布拉格的卡文迪许研究所，由佩鲁茨和肯德鲁继续开展血红蛋白和肌红蛋白的结构解析。蛋白质的结构解析是极其困难的工作，其前途尚无眉目。但是，布拉格和兰德尔之间有英国派的绅士协定，DNA结构解析作为国王学院的工作，布拉格不插手。

1949年弗兰西斯·克里克加入佩鲁茨的团队，以多肽和蛋白质的结构解析开始了学位论文的研究。他已经33岁，但还是一个没有业绩的研究生。他的聪明是谁都认可的，但也被认为多嘴多舌、没有章法。对他来说，像蛋白质的X射线结构解析那样需要耐力的实验性研究并不适合他的性格。

詹姆斯·沃森在印第安纳大学卢里亚的手下以噬菌体的研究在23岁时获得博士学位后，1950—1951年按照做病毒的生物化学研究的预定到哥本哈根大学留学去

詹姆斯·沃森（James Dewey Watson，1928—）：是一位早熟的天才，痴迷于赏鸟而专攻动物学，1947年毕业于芝加哥大学，但对遗传学感兴趣，在印第安纳大学研究X射线对噬菌体的影响，21岁取得博士学位。1951年留学剑桥大学，在卡文迪许研究所与克里克一起研究，提出了DNA的双螺旋结构。之后在加州理工学院任教授，1955起任哈佛大学教授，1968年起任科尔德·斯普林·哈伯研究所所长。1965年出版的《遗传因子的分子生物学》作为优秀的教科书而闻名。专著《双螺旋》回顾了DNA模型建成时的研究生活，作为赤裸裸地加进个人见解的书令人兴趣深厚，但在客观性上有很多问题。1962年获诺贝尔生理学·医学奖。

了，但在1951年5月那不勒颠的研讨会上看到了威尔金斯的DNA晶体的X射线衍射照片，考虑将研究方向转到X射线结构解析。在卢里亚的援助下，获得了在卡文迪许研究所肯德鲁手下做博士研究员的职位，1951年10月终于来到了剑桥大学。于是DNA结构解析故事中出现的4位主角在剑桥和伦敦聚齐了。

沃森－克里克模型与DNA结构解析

沃森和克里克之间尽管有12岁的年龄差，但两人从最初开始就很合脾气。两人善言谈，抱着无论如何都要解析清楚DNA结构的强烈热情。另一方面，在研究上他们是互补型的。克里克是物理出身，擅长理论，沃森是生物出身，具备遗传基因相关的生物学知识。但是，因为与国王学院有关系，所以DNA的研究不是所长布拉格所认可的课题。对克里克来说有蛋白质研究的本职工作，对沃森而言有烟草花叶病病毒结构研究的任务。尽管如此他们还是深入仔细地解析了国王学院的实验数据，觉得如果能据此构建模型的话，就能找到DNA的正确结构了。于是开始模型构建。这个方法正是鲍林解析α螺旋结构时使用的方法。对于X射线衍射的数据，因为克里克和威尔金斯很亲密，所以可以获得最新的信息。在这点上他们比不得不依赖阿斯特伯里的陈旧数据的鲍林处于有利得多的地位。

根据富兰克林在国王学院研讨会上的说法，基于沃森知道的数据，两人很快构建了模型，但在该模型中核酸碱基伸向外侧。两人将这个模型给威尔金斯、富兰克林等国王学院的成员看了，但遭到彻底批判，狼狈不堪。不过，在1952年夏天，他们开始认为应该是碱基汇聚连接成DNA。7月查戈夫本人访问研究室，提醒说DNA中的A和G以及C和T的量是相同的。通过氢键结合的A和T对以及C和D对作为桥形成双螺旋这样的想法正在孕育中。A、G、C和T要通过氢键聚集，有关互变异构体的知识是必需的，而对此当时在研究室的物理化学家多诺霍（Jerry Donohue，1920—1985）的建言是有益的。

1952年12月，鲍林的儿子、剑桥大学的研究生彼得·鲍林（Peter J. Pauling）

从父亲那里收到解析出了DNA结构的信，听到这个新闻的沃森和克里克急于完成他们的模型。次年1月彼得从父亲那里收到了论文的预印稿，将它给沃森和克里克看了。令人惊奇的是这像他们前面的模型那样，是碱基伸向外侧的三重螺旋结构。数日后沃森将鲍林论文的复印件给威尔金斯看了。威尔金斯擅自将富兰克林拍摄的最好的DNA的X射线照片给沃森看了。这个照片明显地显示了DNA呈双螺旋结构（图6.2）。于是他们确信通过碱基对连接的双螺旋结构是正确的。他们的模型到1953年3月初完成了，论文马上送到了《Nature》杂志。

国王学院的X射线结构解析也因为威尔金斯和富兰克林的不和而进展不顺利。威尔金斯根据他的数据考虑了DNA的螺旋结构，但最好的数据是富兰克林掌握着。她最初否定了螺旋结构，但在1953年初她根据自己的数据解析也独自确定了双螺旋结构，论文正在写作之中。于是1953年4月25日发行的《Nature》杂志上刊登了3篇有关DNA结构的论文。第一篇是沃森和克里克提出双螺旋模型的论文[21]（图6.3）；第二篇是威尔金斯和共同研究者根据X射线衍射结果暗示DNA螺旋结构的论文[22]；第三篇是富兰克林和戈斯林（Raymond Gosling，1926—）的有关决定双螺旋结构的X射线衍射的结果[23]。1953年富兰克林离开了窝心的国王学院，转到了伦敦大学伯贝克学院的巴纳尔研究所，开始病毒的结构解析。她在1958年因患癌症38岁英年早逝。

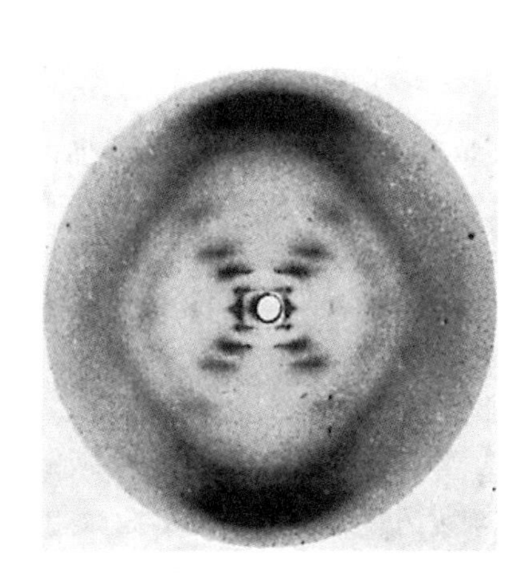

图6.2 富兰克林拍摄的显示双螺旋结构的DNA的X射线衍射照片

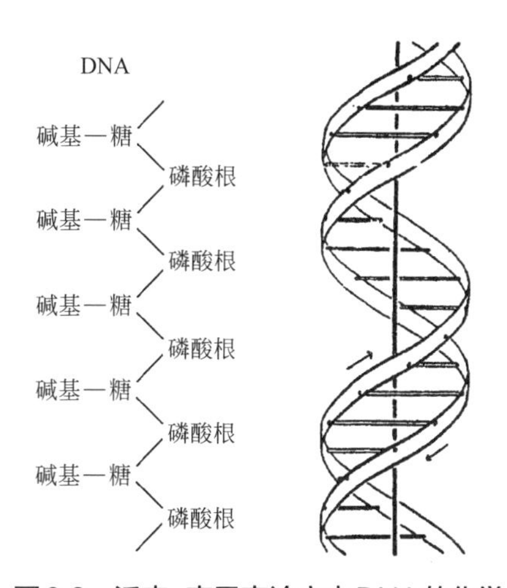

图6.3 沃森·克里克论文中DNA的化学结构（左）和双螺旋结构模型（右）

在1953年的论文中，并不是所有生物化学家和生物学家都马上相信了威尔金斯的模型。也有人还半信半疑，实验的验证是必需的。在此后将近10年的时间里积累了各种各样的实验数据，模型的正确性确定了，1962年沃森、克里克、威尔金斯获得了诺贝尔生理学·医学奖。（参见专栏22）

专栏22

莱纳斯·鲍林的成功与失败

莱纳斯·鲍林是20世纪最伟大的化学家之一。他从20世纪20～30年代在化学键理论方面取得了成功，成了结构化学的第一人。于是从30年代起以结构化学为武器转向生物大分子的结构解析。他收获了发现蛋白质的α螺旋结构那样辉煌的成功，但在DNA结构解析上却失败了。

鲍林的三重螺旋DNA的分子模型

在20世纪30年代通常认为蛋白质是掌握生命现象最重要的关键分子，但其结构还完全不知道。鲍林首先正确地认识了蛋白质的构成成分氨基酸和肽键的结构，想要基于这一知识推测蛋白质可能的结构，1937年与科里一起推进了氨基酸的X射线结构解析。

鲍林此后不久离开了蛋白质结构研究。1948年2月他在剑桥大学接受了名誉博士称号，为了在皇家研究所做星期五讲座去了英国。在皇家研究所讲座的两周后，他得了感冒卧床休息。为了打发无聊取出纸和笔，开始按螺旋结构的想法考虑角蛋白的立体结构。当将肽键的部分平面固定，在认为旋转可能的点将纸弯折制作模型，就可以得到与氨基酸和肽键已知的键距和键角不矛盾的螺旋结构。这就是α螺旋模型的诞生。

1950年春天，布拉格、佩鲁茨等剑桥大学团队报道了题为“蛋白质晶体中的多肽链的排列”的论文。但是这篇论文显示他们没有理解肽键的结构是平面的事实。鲍林和科里急忙在1950年10月将他们关于α螺旋模型的快报送到了美国化学会志“JACS”，在1951年5月的国立科学委员会纪要（PNAS）上发表了详细报告。读了鲍林-科里论文的佩鲁茨急忙验证他们的模型是否正确，确认了鲍林的模型是正确的。

1950年前后在遗传现象中已经认识到DNA的重要性。1951年夏天，鲍林也开始对DNA的结构解析抱有兴趣。1952年11月他在生物科学的研讨会上受到刺激，从次日开始就收集核苷酸和DNA的资料，投入DNA模型的构建。于是，就形成了将磷酸基置于中间，3条DNA相互纠缠着的三重螺旋结构。鲍林查找文献以寻求从X射线衍射得到的有关DNA结构的资料，但只有阿斯特伯里的陈旧数据。在没有检验模型正确性的数据的情况下，他继续考虑DNA各部分协调排布的结构，绝大部分原子都能协调排布的三重螺旋模型宣告完成。鲍林和克里克将三重螺旋的论文于12月31日送到了“PNAS”。但是，通过沃森-克里克的论文和支持该论文的富兰克林的X射线衍射的结果，马上就清楚鲍林他们的三重螺旋是错误的。在DNA结构解析的赛跑中鲍林失败了。他为什么局限于三重螺旋，而没有把目光放到双螺旋上去呢？这在于DNA的密度问题。DNA的样品含有很多水合水，实际的DNA只有样品的三分之二，因为水合水的原因双螺旋被想成了三重螺旋。

在DNA结构解析的赛跑中，为什么结构化学的第一人鲍林输给了还没出道的研究者沃森和克里克呢？对此有各种各样的观点[24]。鲍林不清楚最新的DNA的X射线解析结果，不过对此也有非难美国政府的意见。说是因为当时不给反对美国核试验的鲍林发护照，因为没能出席在英国召开的学术会议，所以没能选取到剑桥大学获得的最新数据。鲍林本人对失败的原因列举了3条：他信赖的X射线解析数据是不充分的；过分依赖了水合DNA的密度；缺乏DNA的次级单元的信息。但是，α螺旋的成功和DNA的失败之间有很大的不同。α螺旋的研究是历经很长时间才获得的。DNA的研究是仅仅一个月匆忙完成的。即使对天才的鲍林来说，一个多月的工作也不可能逮到第二条大鱼吧。

DNA的复制

沃森-克里克的双螺旋模型论文的最后做了如下的结尾：

“我们发现我们假定的特定碱基对本身就是暗示遗传信息复制机理的物质。”

于是，在接下来的论文中指出了DNA链可以成为指令合成其辅链的模板。实验证明是由鲍林研究室的梅赛尔森（Mattheew S. Meselson，1930—）和斯特尔（Franklin William Stahl，1929—）在1958年所做的漂亮实验[25]。他们注意到标记了的母本DNA打开，它作为模版，如果子DNA被半保存地复制的话，2条链中只有1条被标记。于是，制备氮原子为^{15}N的DNA大肠杆菌，将它用普通的^{14}N原子培养基培养，用密度梯度超速离心分离法考察随着大肠杆菌反复复制，DNA的重量怎样变化。于是就得到了像沃森-克里克模型预测一样的实验结果。他们还进一步证明了DNA是双螺旋的。将^{15}N-DNA用^{14}N培养基培养第一代，通过使得到的DNA过热•变性来将双链DNA分离成单链DNA，当将它用密度梯度超速离心分离法分开，就出现了2条带。显示其中1条是^{15}N的，另1条是^{14}N的，它们的DNA的质量是变性前DNA质量的一半。

DNA的复制是通过怎样的过程发生的呢？在之后的研究中发现这是一个有各种各样的酶参与的复杂过程，而最早证实这一点的是1957年华盛顿大学（圣路易斯）的亚瑟•科恩伯格（Arthur Kornberg，1918—2007）所做的研究[26]。他的研究

亚瑟·科恩伯格(Arthur Kornberg, 1918—2007):在纽约市立大学攻读化学，在罗切斯特大学攻读医学，1943—1953年在国立卫生研究所(NIH)工作，之后经华盛顿大学微生物学教授(1953—1959)，再任斯坦福大学生物化学教授。在NIH时代，在辅酶(特别是吡啶核苷酸)的合成与分解的研究上取得了成果后，又于1956年成功地从大肠杆菌中分离和纯化了DNA聚合酶，在试管内合成了DNA。1959年获诺贝尔生理学·医学奖。

小组将^{14}C标记的脱氧胸腺嘧啶核苷(具有以胸腺嘧啶为碱基的核苷酸)加到从大肠杆菌提取的不含DNA的上清液中，再在其中加入从牛的胸腺提取的DNA和ATP，研究反应。结果判明，在DNA中有^{14}C进入。这意味着通过上清液中的酶合成了DNA。科恩伯格着手从大肠杆菌的上清液中纯化参与DNA合成的酶，成功地纯化出DNA聚合酶，研究工作于1958年发表出来。该酶用大肠杆菌以外的生物模版DNA也忠实地进行复制，忠实地重现模版DNA的AT与GC的组成比。科恩伯格因为这一研究，与成功合成RNA的奥乔亚一起获得了1959年的诺贝尔生理学·医学奖。这一成果是生物化学家在早期DNA研究中的一大贡献。

DNA与RNA

到1960年前后为止，DNA的双螺旋结构确立了。那么，RNA的作用以及DNA和RNA是什么关系？DNA的功能是自我复制和指令RNA分子的转录，而RNA具有各种各样的生物功能。其中重要的功能有称作转录和翻译的功能。这是在模板DNA的指示下合成蛋白质的过程。

关于RNA参与蛋白质的合成已经在20世纪30年代后期由卡佩森(Trobjorn O. Caspersson, 1910—1997)和布拉谢(Jean L. A. Brachet, 1910—1997)的研究弄清了。他们在真核细胞中发现了DNA处于核中，而RNA主要处于细胞质中。布拉谢发现细胞质的含RNA颗粒在蛋白质中也富含。他们着眼于后来被命名为核糖体的这种RNA-蛋白质颗粒的浓度与细胞的蛋白质合成速度相关联的问题，提示了RNA和蛋白质合成的关联。布拉谢使用放射性同位素标记的氨基酸证实了进入蛋白质里的氨基酸几乎都与核糖体结合在一起。另外，在真核生物中DNA不直接与核糖体接触，也证实了DNA不直接指令蛋白质合成。

6.1.2 蛋白质的结构解析与结构生物学的诞生

在20世纪30～40年代，很多生物化学家认为蛋白质的结构解析是发展生命现象的化学的关键。但是，蛋白质的结构复杂，关于其结构即使到了20世纪30年代末也还没有定论。蛋白质的结构分一级、二级、三级和四级。一级结构是多肽链的氨基酸序列；二级结构是多肽主链的部分立体结构；三级结构是多肽链整体的三维构造；四级结构是次级单元的立体分布。首先，关于一级结构，1953年弗雷德里克•桑格最先确定了胰岛素的全氨基酸序列，此后数千种蛋白质的氨基酸序列得以确定。桑格的工作对后来生物化学的发展产生了很大影响。

关于二级结构，如前节所述，作为基础的多肽键通过20世纪30～40年代鲍林和科里的研究已经弄清，但关于α螺旋和另一个重要的结构β位的详细研究始于20世纪50年代。

三维结构的解析是极其困难的课题，如在5.2.1节所述的那样，在20世纪50年代末肌红蛋白和血红蛋白的大体结构已经确定了。这个研究是20世纪30年代开始的，因为战争的原因有中断，直到成功实际上花了近30年。可以说这得益于惊人的乐观主义和不屈精神支撑着的忍耐力。这样一来结构生物学在剑桥大学诞生了。

一级结构的确定

弗雷德里克•桑格以蓖麻毒的代谢研究在剑桥大学获得博士学位后，开始研究牛胰岛素的氨基酸序列。他在1945年开发了用氟代二硝基苯标记多肽链的N末端的氨基酸来进行确认的方法（DNP法），弄清了胰岛素由2条多肽链构成。接着想出了切断连接2条链的—S—S—键，得到2条多肽链。进一步通过酸和酶的作用将它切成短的片段，分离并鉴定这些片段。在分离、鉴定的过程中使用了色谱和电泳法，特别是刚开发出来的纸色谱的应用是有效的。在片段的氨基酸序列确定中，采用从N末端依次确定序列的方法。于是根据确定的片段的序列再构整个链的序列，最后确定—S—S—键的位置。这样一来，在1955年就确定了由51个氨基酸构成的胰岛素的全化学结构[27]。这是向蛋白质结构解析迈出的一大步。他除牛之外还确定了猪、羊、马的胰岛素结构，发现了物种的序列特异性。这些辉煌的成果是以超强的耐力一步一步，努力复努力克服了无数困难所取得的。他因为这一业绩获得了1958年诺贝尔化学奖，而他从此仍然在剑桥大学专心研究，22年后的1980年因为

弗雷德里克•桑格（Frederick Sanger，1918—2013）：在一个（基督教的）教友派执业医生家庭长大，在剑桥大学读书，1939年在自然科学领域获得硕士学位，专攻生物化学，以蓖麻毒的代谢研究取得博士学位。1944年至1951年在剑桥大学做医学研究员，从1951年到退休的1983年是医学研究评议会的职员，从1962年起在分子生物学研究所做研究。他终身投入生物大分子的一级结构的研究，1951年初成功地确定了胰岛素的多肽链的氨基酸序列，因此第一次获得了1958年的诺贝尔化学奖。在1975年为了确定DNA中的碱基序列开发了新的方法，因此在1980年第二次获得诺贝尔化学奖。

斯坦福·摩尔（Stanford Moore，1913—1982）：美国生物化学家。1938年在威斯康星大学取得博士学位后，进入洛克菲勒研究所，1952年任洛克菲勒大学教授。致力于改良色谱技术，确定了核糖核酸酶的一级结构。1972年获诺贝尔化学奖。

威廉·斯泰因（William H. Stein，1911—1980）：美国生物化学家。在哥伦比亚大学取得博士学位后，进入洛克菲勒研究所，从事蛋白质的结构研究，改良氨基酸、肽类的分析方法，确定了核糖核酸酶的一级结构。1972年获诺贝尔化学奖。

确定了大肠杆菌噬菌体DNA的碱基序列，第二次获得诺贝尔化学奖。（参见专栏24）

接着桑格的工作，斯坦福·摩尔和威廉·斯泰因又确定了由124个氨基酸构成的核糖核酸酶的化学结构。该蛋白质比胰岛素的氨基酸数目多，但他们开发了采用离子交换树脂和自动分离仪的新色谱方法使氨基酸分析更容易了。此后蛋白质的一级结构的确定借助于很多技术的发展变得容易了，到20世纪末，确定氨基酸序列的蛋白质达数千种。但是，测定法的本质还是桑格所揭示的那些。摩尔和斯泰因1972年获得了诺贝尔化学奖。

蛋白质的一级结构的解析在发现遗传信息的结果中具有重大意义。1949年鲍林和板野（Harvey Akio Itano，1920—2010）发现正常人的血红蛋白（HbA）和镰状红细胞贫血患者的血红蛋白（HbS）的电泳性不同，推测可能是血红蛋白变异引起的分子病。1956年英格拉姆（Vernon Martin Ingram，1924—2006）弄清了这是由于血红蛋白的特定氨基酸的置换所致。解释了在这个变异中，HbS一旦失去氧就容易变成纤维状，红细胞的形状就会改变。

已经弄清蛋白质的氨基酸序列对生物分类和进化的阐释也有帮助。比较很多真核生物的细胞色素c，有很多残基只能置换成不可变残基和类似的氨基酸。对各种生物考察氨基酸序列，属于同类的生物的细胞色素c的氨基酸序列类似。两个相同蛋白质的进化上的差异可以通过数二者氨基酸的差异得知。解析这样的数据可以制作出基于蛋白质结构的生物种类的体系树形图。将蛋白质的变异与通过生物化石放射性年代测定获得的种属的分枝时间作图，可以得到直线关系，知道了容许的变异以一定速度发生。

蛋白质的立体结构

在二级结构解析中做出很大贡献的是鲍林。如前所述，肽键为平面结构是20世纪30～40年代鲍林和科里的研究阐明的，确立了多肽是平面结构的肽结构连接起来的。因此多肽的结构由肽键相互间的弯曲角（二面角）决定，但因为立体阻碍其可取之值限定在一定的范围内。决定蛋白质结构的另一个要因是氢键的稳定化，鲍林和科里1951年通过分子模型的考察推导出了源于这个因素形成了α螺旋结构。

这是生物化学中极其重要的发现，对DNA的结构解析也产生了很大影响。

同年，鲍林和科里又提出一个二级结构，β褶皱片结构（图6.4）。在这个结构中肽结构以相同的二面角重复，多肽的主链间形成氢键而达到稳定化。其中氢键结合的两条肽链的方向有相反和相同两种情况。

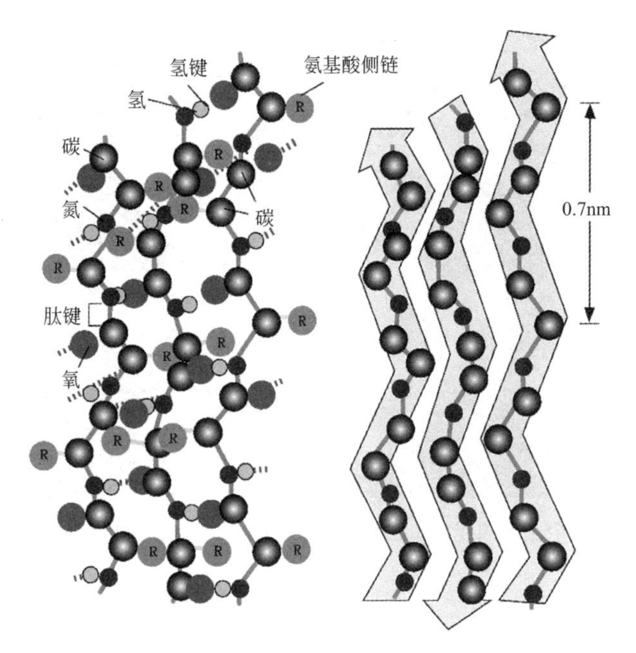

图6.4 蛋白质的β结构

相邻的单链通过氢键连接成片状。右图是飘带状表示的模型图

在角蛋白、绢丝蛋白、胶原蛋白等纤维状蛋白质中，二维结构是整体结构的基础。这些蛋白质不结晶，所以不能做晶体X射线衍射，不过分子的长轴按纤维方向排列。在20世纪30年代初期阿斯特伯里开始了这些纤维状蛋白质的X射线衍射分析，成了鲍林提出α螺旋和β片结构模型时的实验依据。

蛋白质的三维立体结构的X射线解析在佩鲁茨和肯德鲁的血红蛋白和肌红蛋白的结构解析之后，借助计算机技术的飞跃发展，从1980年左右起急速发展起来，成了孕育被称作结构生物学新领域的原动力。进而，在较小的蛋白质的结构解析中，从20世纪80年代后期起二维NMR也可以使用了。于是很多生命现象与蛋白质等超大分子的结构和分子间相互作用有关就变得可以理解了。

蛋白质的结构与功能

随着蛋白质结构的探明，其结构与功能的关系就得到了详细研究。在其发展初期发挥作用最大的是有关血红蛋白和肌红蛋白的研究。肌红蛋白呈椭圆体结构，8个螺旋结构通过短肽结构连接。血红素被推入到由两个螺旋形成的疏水口袋中。血红蛋白由4个次级单元α_1、α_2、β_1、β_2构成，而两个α和两个β呈两面对称排布。血红素处于每个次级单元的2个球蛋白之间（图6.5）。血红蛋白结合氧具有正的协同效应是因为1个血红素上结合氧的话，其他血红素的键亲和性增加，而血红蛋白分子中的血红素-血红素间距有25～37Å之大，怎样理解这个协同效应是一个问题[28]。

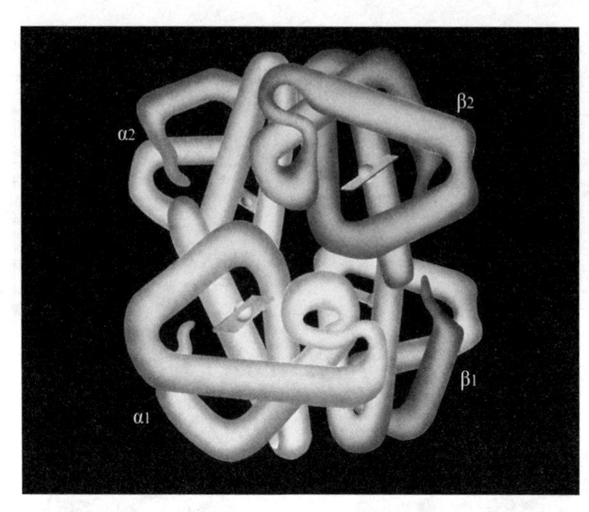

图6.5 由4个次级单元（α_1、α_2、β_1、β_2）构成的血红蛋白结构的计算机图形

圆筒表示α结构

在20世纪60年代初，巴斯德研究所的莫诺（Jacques Monod，1910—1976）、雅各布（Francois Jacob，1920—2013）、尚热（Jean-Pierre Changeux，1936—）关注血红蛋白分子和氧的协同性结合与某种生物合成相关的酶催化行为之间的类似性，弄清了显示S形饱和曲线的现象在很多蛋白质中都能看到，将它命名为变构效应[29]。他们提出了一般化的假说，将变构效应作为由至少与2个可逆的状态相联系的几个次级单元所构成的蛋白质的协同性行为。2个状态中的1个称作T（tense）状态，次级单元通过相互间的键束缚在一起，在另一个R（relaxed）状态没有这种束缚。在佩鲁茨的机理中，通过氧与血红素的Fe（Ⅱ）结合，Fe（Ⅱ）嵌入血红素的面上，以此为契机发生T→R的状态变化。T状态通过一系列离子键稳定，而在R状态离子键断开。于是1个次级单元中的Fe（Ⅱ）结合上O_2引起其他次级单元中的结构变化，Fe（Ⅱ）对O_2的亲和性就会增加。这样一来，血红蛋白和氧结合的问题就可以作为变构效应的典型案例解释了。

马克斯•佩鲁茨和约翰•肯德鲁获得了1962年的诺贝尔化学奖。这年沃森、克里克、威尔金斯获得了诺贝尔生理学•医学奖，所以这一年对DNA和蛋白质这样的阐释生命现象最重要的物质的结构解析成了诺贝尔奖的对象，的确是显示广义结构化学辉煌胜利的事件。不过，正如这章所记述的那样，对这两个物质来说，通往结构解析的路径大不相同，这具有非常深远的意义。

克里斯蒂安·安芬森（Christian B. Anfinsen，1916—1995）：美国生物化学家。1943年在哈佛大学取得博士学位后，在宾夕法尼亚、哈佛、斯德哥尔摩各大学做研究。之后在美国国立卫生局（NIH）研究蛋白质的结构与生理学功能的关系。1972年获诺贝尔化学奖。

折叠与结构变化

随着蛋白质分子结构的探明，在剩下的问题中吸引很多研究者兴趣的是蛋白质分子的折叠问题。蛋白质分子在生理条件下自然折叠，所以三维结构通过一级结构来确定。但是，根据一级结构预测三维结构即使到了20世纪末也是不可能的，折叠问题作为理论化学的重要问题，它的解决带到了21世纪。

1957年克里斯蒂安·安芬森及其共同研究者证实：当将核糖核酸酶在尿素中通过巯基乙醇还原，二硫化物的—S—S—键就被切断，结构完全松散，但当除去尿素暴露于氧气中就会复原，酶活性也恢复[30]。这个结果支持了球状蛋白质的三级结构的形成是由氨基酸序列的一级结构决定的自发过程的观点。但是，在之后的详细研究中弄清了折叠过程中，很多场合需要分子伴侣（指蛋白质折叠形成多聚体时，暂时与之结合，帮助其到达正确结构的蛋白质）等辅助蛋白。

安芬森于1972年获得了诺贝尔化学奖。其获奖理由是在“核糖核酸酶的研究，特别是氨基酸序列和生物活性结构间的关系阐明”方面的贡献。

6.2　生物化学的发展（Ⅰ）：DNA和RNA化学

到1960年前后为止，确立了DNA的三维结构基本是正确的，DNA复制机理的大体脉络已弄清。接下来的大课题是DNA碱基序列所书写的生命密码如何解读，弄清细胞如何读取DNA分子的信息。再就是进一步确定DNA碱基序列，详细考察遗传基因的结构，弄清结构与功能的关系。从20世纪50年代中期至60年代，逐渐弄清了DNA信息复制成RNA，接着氨基酸排列、合成蛋白质的过程。于是转录、翻译、复制、修复、重组、发现遗传基因等核酸的主要功能的研究得到了飞速发展。

另一方面，核酸中碱基序列的确定比蛋白质的氨基酸序列的确定更加困难，不过1975年以后快速确定碱基序列的新方法开发出来了，获得了快速发展。生物化学研究中的大问题是难以获得足够量的酶蛋白质等样品，不过在1972年重组DNA的技术开发出来了，这个难点得以克服，遗传基因工学诞生了。还有，在1985年开发出了快速扩增DNA片段的聚合酶链式反应（PCR）方法，解读遗传基因信息的尝试有了进步，在20世纪末，人类基因组解读方案甚至达到了接近完成的程度。在这样的技术进步的帮助下，有关核酸的研究在20世纪后半叶爆发式地发展起来了。在这节回顾一下在遗传信息发现和传输这一构成分子生物学的核心领域的进步。这个领域的突出业绩大多成了诺贝尔化学奖及生理学•医学奖的对象，将以它们为中心做一概览。

6.2.1 DNA信息的转录与翻译

根据以DNA碱基序列密码化的信息，是如何制造由氨基酸连接而成的蛋白质的呢？其核心内容是两个过程，即以DNA为模板合成RNA的“转录”过程和基于RNA的信息合成蛋白质的、称作“翻译”的过程。20世纪50年代中期至60年代分子生物学的兴趣在于阐明这一问题。

遗传信息和RNA

1954年理论物理学家乔治•伽莫夫感慨沃森-克里克的双螺旋模型而对遗传密码有了兴趣。他指出[31]构成蛋白质的主要氨基酸有20多种，要用4种碱基定义20种氨基酸，那1种氨基酸必须是包含至少3个碱基的序列。不过当时已经知道蛋白质并非由DNA存在的核来制造，在蛋白质的合成中RNA是重要的。所以认为首先研究RNA为好。伽莫夫和沃森建立RNA领带俱乐部（RNA tie club）(沃森和伽莫夫建立的俱乐部，对应20种氨基酸，会员限定为20人，每一个人被分配与特定氨基酸对应的领带别针)，推进“密码解读”运动。1955年克里克认为每一个氨基酸都有特定的衔接分子，由它将氨基酸分子搬运到蛋白质合成现场。他猜想这个衔接分子也许就是RNA分子。

克里克的这个想法的正确性很快就被波士顿大学的查美尼克（Paul Charles Zamecnik，1912—2009）所证实。查美尼克为合成蛋白质开发了无细菌体系。他用从大白鼠肝脏组织获得的物质在试管中重现被单纯化的细胞内部，追踪用放射性同位素标记的氨基酸嵌入蛋白质的情况。由此弄清了核糖体是蛋白质合成的场所。之后查美尼克和霍格兰（Mahlon Bush Hoagland，1921—2009）发现了氨基酸在成为多肽链之前与小的RNA连接。这就证明了克里克的学说，即氨基酸确实分别有特定的衔接分子。于是转移RNA（tRNA）就被发现了。这个发现证实RNA有不同的种类。

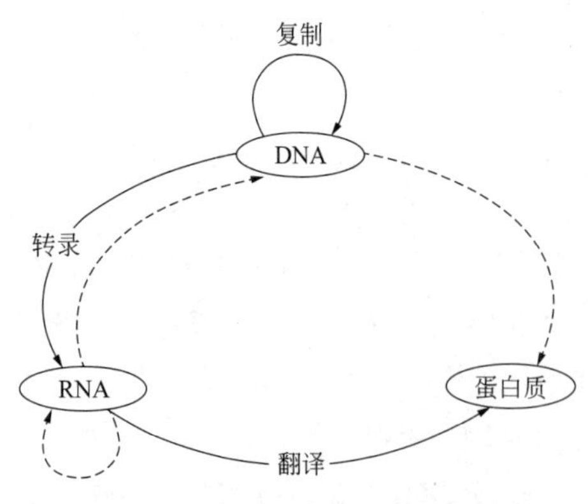

图6.6 分子生物学的中心法则

实线箭头表示信息流向；虚线箭头表示极少发生的信息流向

1958年克里克把当时稀里糊涂认识的DNA、RNA、蛋白质的关系归纳在一个流程图中，将它称作分子生物学的中心法则[32]（图6.6）。也就是说“DNA指令

乔治·伽莫夫（George Gamow，1904—1968）：俄罗斯出生的美国生物化学家。从列宁格勒大学毕业后，在格丁根大学、哥本哈根大学、剑桥大学做研究，1934年赴美，任乔治·华盛顿大学、科罗拉多大学教授。因提出α衰变及β衰变理论、宇宙起源大爆炸学说等而闻名。

罗伯特·霍利（Robert William Holley，1922—1993）：出生于伊利诺伊州，在伊利诺伊大学学习，在康奈尔大学攻读有机化学并获得博士学位。当了康奈尔大学的有机化学副教授，但转向了生物化学，1962年成了生物化学教授。1975年左右起投身酵母丙氨酸tRNA的结构鉴定。他的团队用两个RNA分解酶将tRNA分解成其构成成分，通过比较考察分解成分，在1964年成功地确定了整体的结构。这个业绩在解释蛋白质合成机理上是关键因素，因此他获得了1968年的诺贝尔生理学·医学奖。

自我复制和向RNA的自我转录，RNA指令向蛋白质的自我翻译”。不过在这个阶段还不清楚指令蛋白质翻译的RNA的真面目。直到发现tRNA之前，还认为细胞的RNA完全是具有模板作用的分子，不过也逐渐弄清了这个观点有问题。核糖体的RNA链长度通常是一定的，但如果它是蛋白质合成的模板，那么与蛋白质的尺寸相对应的RNA链的长度也应该不同。另外，核糖体的RNA链的碱基序列与染色体DNA分子的碱基序列没有相关性也很奇妙。

到了1960年，发现了被称作信使RNA（mRNA）的第三RNA，这些矛盾就解决了。这个发现与野村、沃森、梅赛尔森、雅各布、布伦纳等很多科学家有关。mRNA用蛋白质合成的真正模板摄录DNA的信息，在核糖体内含特定氨基酸的tRNA与之结合，由此氨基酸以适当的顺序排列并结合，多肽链形成的图解就清楚了。

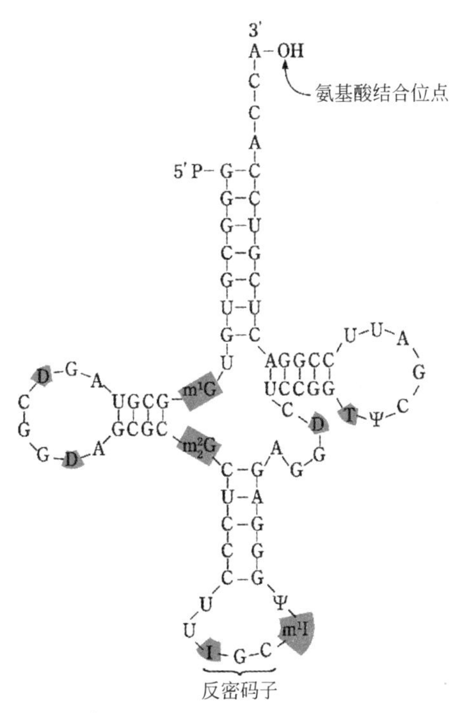

图6.7 苜蓿叶型酵母tRNA的碱基序列

加阴影的部分为尿嘧啶、胞嘧啶、腺嘌呤、鸟嘌呤的衍生物

在1965年罗伯特·霍利经过7年的努力后最早确定了具有生物学意义的核酸、酵母tRNA的序列[33]。该tRNA呈类似苜蓿叶的碱基序列结构（图6.7）。之后还确

马丁·特明（Howard Martin Temin，1934—1994）：美国病毒学家。1959年在加州理工学院获得博士学位后，在威斯康星大学继续研究由劳氏肉瘤病毒引起的癌症，1970年发现将病毒的RNA转移至DNA的逆转录酶。1975年获诺贝尔生理学·医学奖。

戴维·巴尔的摩（David Baltimore，1938—）：美国病毒学家。在洛克菲勒大学学医，1964年获得博士学位，经索尔克研究所教授，1972年任麻省理工学院教授。发现病毒将RNA的遗传基因信息逆转录至宿主细胞的DNA，是细胞癌化的机理，还发现将RNA的信息录入DNA的逆转录酶。1975年获诺贝尔生理学·医学奖。

定了很多tRNA的结构，它们呈霍利提出的苜蓿叶型。这些tRNA都具有主干和臂，主干为在5′末端具有磷酸基的7个碱基对，臂具有3个环。在处于主干相反侧的5个碱基对的臂上的环中有与密码相辅的三串碱基、反密码。tRNA的三维结构到1974年首次通过X射线结构解析弄清。霍利在1968年与尼伦伯格、科拉纳一起获得了诺贝尔生理学·医学奖。

1970年发现与克里克主张的分子生物学的中心法则DNA→RNA→蛋白质的流向不同的情况也有。做鸡肉瘤研究的马丁·特明认为病毒RNA并不是在宿主细胞内被逆转录到DNA。他研究室的水谷发现了在病毒提取液中以RNA为模板合成DNA的酶。麻省理工学院的戴维·巴尔的摩也在相同时期发现了在老鼠白细胞病毒提取液中RNA依赖性DNA聚合酶。特明和巴尔的摩因为发现“逆转录酶”获得1975年诺贝尔生理学·医学奖。

遗传密码的解读

下一个问题是弄清将DNA序列变成氨基酸系列的规则，即DNA的密码解读。为了只用4个碱基编码20种氨基酸，最少需要3个碱基的组合（密码）。这时就可能有$4^3 = 64$个三联体碱基的组合。1961年西德尼·布伦纳和克里克用引起突变的物质成功地在噬菌体的DNA上去掉或增加1个碱基对。于是考察因为碱基对的插入或缺失产生的变异的性质，得出了如下结论。①碱基对的插入或缺失使连续的碱基对作为密码可读取的读取框（frame）错位；②密码是三联体碱基；③全部64个三联体密码编码氨基酸。于是，知道了密码是三联体碱基，但还留下了密码解读的问题。

突破密码解读关键的是国立卫生研究所（NIH）的年轻研究者马歇尔·尼伦伯格。他和共同研究者马特伊（J. Heinrich Matthaei，1929—）用无细胞体系合成蛋白质时，考察了在试管中合成的RNA是否也和天然信使RNA具有同样的机能。他们在6年之前使用格伦伯格-马纳戈（Marianne Grunberg-Manago，1921—2013）开发的方法，制备聚尿嘧啶（UUUUU⋯）加入到无细胞体系。得到了一个令人惊讶

西德尼·布伦纳（Sydney Brenner，1927—）：英国分子生物学家。在南非的大学读完学士、硕士后，1954年在牛津大学获得博士学位，经剑桥大学分子生物学研究所，1996年任加利福尼亚·拉霍亚分子科学研究所所长。2002年因“器官发生和程序化细胞凋亡”的研究获诺贝尔生理学·医学奖。

马歇尔·尼伦伯格（Marshall W. Nirenberg，1927—2010）：美国生物化学家。在佛罗里达大学、密西根大学学习，1957年进入国立卫生研究所（NIH），1961年在试管内成功合成蛋白质，开启了遗传信息解读的头绪。之后与科拉纳合作合成了64种三核苷酸，确定了氨基酸密码序列。1968年获诺贝尔生理学·医学奖。

葛宾·科拉纳（Har Gobind Khorana，1922—2011）：印度出生的美国生物化学家。在旁遮普大学学习化学，在利物浦大学取得博士学位，在加拿大从事研究之后，经威斯康星大学教授，1970年任麻省理工学院教授。弄清了碱基的各种组合分别对应哪个氨基酸，为遗传密码的解读做出了贡献。1968年获诺贝尔生理学·医学奖。

的结果，那就是合成了仅仅只有一种氨基酸苯丙氨酸排列的蛋白质。也就是说弄清了UUU是编码苯丙氨酸的密码[34]。

以尼伦伯格的发现为契机开始了剩下的63个命名解读的竞争。印度出生的威斯康星大学的生物化学家葛宾·科拉纳开发出了正确合成具有单纯重复序列的RNA的方法，成功解读了很多密码。于是到1966为止64种编码全部解读完毕。尼伦伯格和科拉纳在1968年获得了诺贝尔生理学·医学奖。

遗传因子发现的调节与操纵子学说

到1965年为止，DNA→RNA→蛋白质这一流向的大脉络已经清楚了。但是，这样产生的蛋白质中有的存在量大，有的存在量小。这是为什么呢？遗传因子的多数在特定的细胞里，只在某个特定时期接通开关制备特定的蛋白质，它以怎样的机制发生呢？关于这样的遗传因子的开关问题，最早的引人关注的是20世纪60年代初巴黎的巴斯德研究所的弗朗索瓦·雅各布和雅克·莫诺所做的研究[35]。他们着眼大肠杆菌利用乳糖这点展开了研究。大肠杆菌为了消化乳糖，制造了β-半乳糖苷酶。当在大肠杆菌的培养基中加入乳糖，大肠杆菌就开始制造这种酶。他们认为乳糖的存在是制造β-半乳糖苷酶的契机，想要弄清其机理。他们通过巧妙的实验得到了在没有乳糖时，存在妨碍β-半乳糖苷酶遗传因子转录的抑制因子（repressor）分子的证据。认为抑制剂与乳糖结合就不起作用了，所以要得到能够转录酶的遗传因子，乳糖是必需的。

雅各布和莫诺推进了这一观点，提出了如下有关遗传因子的发现和调节的操纵

弗朗索瓦·雅各布（Francois Jacob，1920—2013）：作为犹太家庭的独子出生在法国南锡，以神童著称。立志学医而进入了巴黎大学，但在第二次世界大战中去了英国，志愿加入了戴高乐的自由法兰西军，在北非前线负了重伤。1947年大学毕业，但放弃了成为外科医生，目标是做研究。过了30岁，几乎没有基础知识就参加了巴斯德研究所的利沃夫（Andre Michel Lwoff，1902—1994）和莫诺的研究小组。与莫诺组成绝佳组合开展共同研究，推进了与大肠杆菌的遗传基因发现和调节相关的研究，提出了操纵子学说等，构建了分子遗传学的基础。1964年就任法兰西学院教授。他的著作《内在的肖像》[36]被评价为文学价值很高的自传。1965年获诺贝尔生理学·医学奖。

雅克·莫诺（Jacques Monod，1910—1976）：多才多艺的他纠结于是应该当音乐家，还是应该成为生物学家，最后还是选择了生物学。从巴黎大学毕业后，留校当了助手、副教授。第二次世界大战中参加了反法西斯地下抵抗运动，战争结束的同时进入了巴斯德研究所。通过改变培养基的组成，发现细菌的酶合成发生了变化，与雅各布一起提出了操纵子学说。另外，还发现了酶的边沟效应等，活跃于分子生物学的鼎盛期。长于哲学思维，他的著作《偶然性和必然性》[37]显示了以分子生物学知识为基础的唯物论世界观，产生了很大反响，成了世界性的畅销书。1965年获诺贝尔生理学·医学奖。

子学说（图6.8）。大肠杆菌具有结构遗传因子（将直接对应酶等蛋白质的DNA区域称作结构遗传因子，由同一操作员调节的一组结构遗传因子就是操纵子），即生成β-半乳糖苷酶的Z遗传因子和进一步生成β-半乳糖苷·透过酶的Y遗传因子。由调节遗传因子I制造的抑制剂与操纵子o结合的过程中，就会抑制发现生成分解乳糖必需的酶的结构因子。但是如果存在乳糖的话，抑制剂的结构发生变化，变得不能与o操纵子结合，邻接的结构遗传因子群被转录成mRNA。这个操纵子学说大大

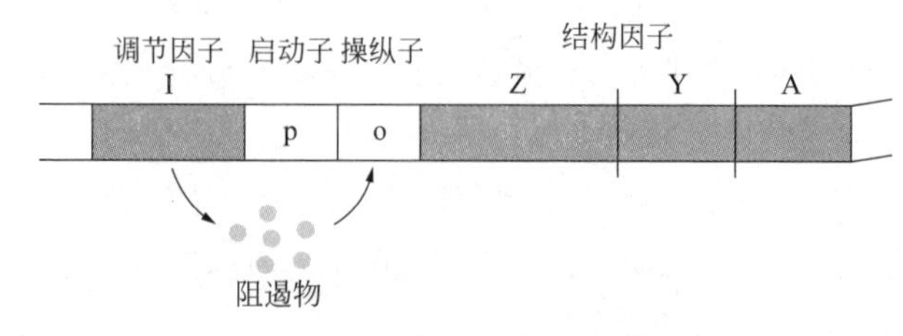

图6.8 大肠杆菌操纵子的模型图

当操作子接受阻遏物就会抑制结构遗传因子的发现

地刺激了后来的遗传因子发现和调节的研究。弄清抑制剂的本来面目是很困难的课题，不过在20世纪60年代末吉尔伯特和穆勒希尔（Muller-Hill，1933—）弄清了抑制剂是结合在DNA上的蛋白质。知道了抑制剂分子的性质，弄清了蛋白质通过与DNA分子结合直接调节遗传因子的活动。

雅克•莫诺和弗朗索瓦•雅各布与A. M. 雷沃夫一起在1965年获得了诺贝尔生理学•医学奖。

6.2.2 DNA的复制、修复、寿命

DNA的复制

DNA复制的机理是根据1953年沃森-克里克模型直接预测出来的，但弄清复制机理的详细内容却是20年之后的事了。根据1957年的康巴格反应的研究，弄清了DNA的复制需要DNA聚合酶这样的酶，复制的DNA链从5′末端延伸到3′末端方向。1963年凯恩斯（John Forster Cairns，1922—）证实用大肠杆菌的DNA，复制从1个开始点（称复制族）一边解开螺旋一边进行。但是在双重链的DNA中，2条链被扭成逆向，所以双方的链按5′→3′方向伸展是不可解的。1967年名古屋大学的冈崎令治提出一个半不连续复制模型[38]，即两条母链用不同的方法复制，一条复制群的移动方向按5′→3′方向伸展，另一条在5′→3′方向上短的链（冈崎片段）不连续地合成后，通过DNA连接酶连接起来。进而还弄清了通过DNA聚合酶生成DNA链时，RNA作为引物（DNA聚合酶合成DNA时，具有提供3'OH作用的短核酸片段）起作用。

DNA的复制是一个各种酶交织在一起的复杂过程。在DNA聚合酶中，除康巴格发现的称作DNA聚合酶Ⅰ或PolⅠ的酶外，后来还发现了DNA聚合酶Ⅱ（PolⅡ）以及DNA聚合酶Ⅲ（PolⅢ），考察了其机能。随着近年X射线晶体学的进步，这些酶的结构得到了详细研究，DNA复制过程的详细情况在分子水平得以厘清。

PCR法

人工进行DNA链的复制、制备大量的DNA链的方法是20世纪80年代中期由塞特斯（Cetus）公司的凯利•穆利斯开发的聚合酶链式反应（PCR）方法[39]（图6.9）。该方法的基础技术是科拉纳和克莱普（Kjell Kleppe，1934—1988）提出的，但提出将它改善成革命型方法的想法是穆利斯提出的，实现它的是西塔公司的很多研究人员。在这个方法中，将想复制的片断和各核苷三磷酸、含喜热性细菌的酶的溶液加热至90℃，双链DNA分解成单链，以此为模板在70℃使酶起作用，复制DNA。通过1次操作DNA的量翻倍，所以如果将这个操作重复n次，就能得到2^n倍量的DNA。这个方法简便，已经被应用于DNA鉴定和基因组解析等广泛的领域[40]。人类基因组计划（为了解明健康和患病的遗传因子的功能而启动的，是解

凯利·穆利斯（Kary Banks Mullis，1944—）：出生于美国北卡罗来纳州，在亚特兰大的佐治亚理工学院学习化学，在加州大学伯克利分校取得博士学位。在多个大学做过研究员，后来于1979年进入生物技术公司塞特斯，开发了PCR方法。1986年离职，1988年以后经营自由职业的顾问业。1993年获诺贝尔化学奖。

析人类基因组的全碱基序列的项目。1990年由美国能源部和国立卫生研究所开头，接着英国、日本、法国、德国、中国也加入进来，2000年完成）那样大规模的基因组解析成为可能就是得益于该技术。开发者凯利·穆利斯获得了1993年度诺贝尔化学奖。

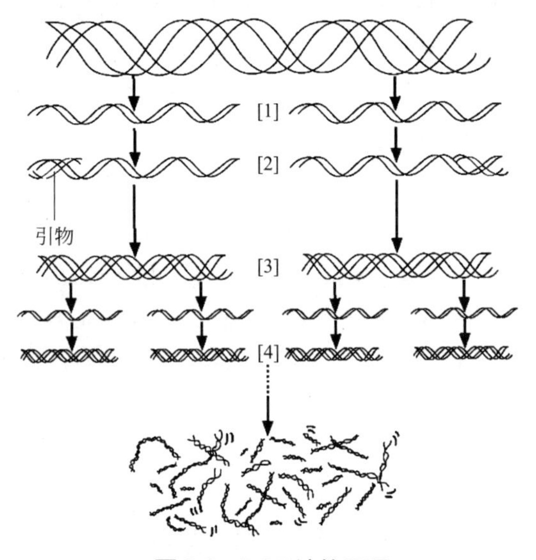

图6.9 PCR法的原理

[1]加热DNA链；[2]加入最初合成的引物；[3]通过DNA聚合酶的作用，得到相同的双链DNA；[4]重复以上操作得到大量DNA

穆利斯与其他诺贝尔奖获得者不同，是一个可以称之为另类的人物，其言行屡遭非议。传说他是一个爱好冲浪的玩童，PCR的想法诞生于和女友开车的途中。否定艾滋病起因于HIV病毒，反对有关地球温暖化的大部分意见，公开宣称相信占星术。大体上是一个与通常的大化学家的印象相去甚远的人物，但这样的人物在诺贝尔奖获得者中也有。（参见专栏23）

DNA的修复与寿命：端粒与端粒酶

细胞内的DNA会因各种各样的原因受到损伤。认为其最大的原因是伴随正常代谢产生的活性氧（含高反应性氧的分子、自由基、原子、单线态氧的总称。O_2^-、H_2O_2、OH、HO_2等反应性极高）。还有紫外线、X射线、放射线辐射、烟草的烟

另类化学家穆利斯与PCR的开发[40,41]

PCR是可以将微量的DNA片段在短时间内按指数形式增幅的划时代的技术，DNA的结构和功能相关的基础研究不用说，还广泛用于遗传基因诊断、DNA鉴定、人类基因组计划等与生命相关的领域。也被说成是生命科学中最伟大的发明。不过作为PCR的开发者、获得了诺贝尔化学奖的凯利•穆利斯恐怕在诺贝尔奖历史上也是一个最另类的人物。

凯利•穆利斯从经历来看就有点不一样。1972年在加州大学伯克利分校取得了博士学位，但拿到学位后却去写小说。马上又放弃了写小说，到堪萨斯大学医学院做研究员，之后回到伯克利，做了2年快餐兼咖啡店的店主。之后在加州大学圣弗朗西斯科分校药学院当博士研究员，1979年进入生物技术的标杆企业塞特斯（Cetus）。他是一个无与伦比的喜欢女人的人，还是一个冲浪狂，在研究生时代热衷LSD（长距离慢跑）。

抱着冲浪板的穆利斯

在塞特斯公司的工作是合成寡核苷酸。最初还有兴趣埋头工作，但很快就厌恶工作中所要求的麻烦的重复操作。因为他的傲慢和一副要吵架的样子，和同事之间产生了摩擦。1981年当了DNA合成室的室长，设计了加速寡核苷酸生产的革新方法，取得了成果，但和研究室的其他成员的关系更加恶化。

按穆利斯本人所说，PCR的想法是像下面这样产生的。1983年春天的某个夜晚，他和女友一起开车去自己的山庄，在开车途中考虑着DNA序列解读的问题，想法就闪现了。用1对寡核苷酸的引物夹住DNA的某个部分，如果使用DNA聚合酶拷贝该部分的话，就可得到2个片段。如果重复这个操作就可以制备大量DNA片段。穆利斯为这个想法而兴奋。8月他将这个想法在公司内的研讨会上发表了。但是反应只有一个，即便想法看上去不错，也不表示实际能顺利进行下去。经过反复实验，在这年12月得到了有希望的结果。但是，另一方面对他在公司内的行为举止的反感增强了。穆利斯与女朋友的关系也出现裂痕，情绪变得不稳定，在公司内屡屡制造麻烦。

到了1984年，在塞特斯公司组建了PCR项目组，也投入力量到PCR的应用研究。是一个尝试对成为镰状红血球贫血症根源的β血球蛋白遗传因子序列进行扩增的计划。在1985年春天得到了可以将基因组的DNA片段扩增几十万倍的数据。决定成果要写成论文发表，结果是穆利斯写“基础篇”的论文，项目组成员分别写“应用篇”。但是穆利斯完全不写论文，“应用篇”先投到了《Science》杂志，在1985年12月20日那期登载出来了。穆利斯将“基础篇”的论文投到了《Nature》杂志，但没有受理，给《Science》杂志的重投稿也被拒了。他的论文拖延再拖延，到了1987年在《Methods in Enzymology》杂志上发表了，但这时PCR已经广为人知了。

PCR开发中的一个问题点就是因为在扩增过程中采用的高温，DNA聚合酶不稳定而被破坏。为此每次重复复制循环时必须添加酶。穆利斯在1986年开始使用耐热菌的聚合酶，这样DNA聚合酶只加1次就可以了。于是PCR成了生命科学的革命性的技术。穆利斯在1986年从塞特斯公司辞职。

关于PCR的开发只有穆利斯被授予诺贝尔奖，对此不会没有批判。PCR的开发有塞特斯公司多位优秀的技术人员的协助，最初是作为技术完成的。但是，如果没有穆利斯，PCR在塞特斯公司可能就不会诞生。也有批判说PCR中完全没有新的思想，只不过是将已知的东西很好地结合在一起了而已。不过在革新的技术中往往会有这样的情况。尽管穆利斯是一个屡屡制造麻烦的人，但毫无疑问他是一个富于创造性的人物。

气中的碳化氢等致癌性物质引起的DNA损伤。例如，当DNA中的鸟嘌呤8位的H用活性氧氧化为OH，变成8-羟基鸟嘌呤，G-A对就会变成T-A对。发生这样的错误时就会停止DNA的复制进程，进行DNA修复。另外，DNA的复制并不是完全100%准确率地进行，偶尔在复制过程中也会出错。为了维持生命的正常，在这样的场合必须进行DNA的修复。在DNA的修复中也存在由特定酶的行为产生的机制。双螺旋的一条链的DNA受损的时候有两种修复它的机制，一种是直接复原损伤的机制，另一种是除去受损核苷酸复原的机制。另外，双螺旋双方的链被切断的场合也有修复它的机制。

这样一来，DNA可以进行修复，即便如此，DNA的自我修复也并非是无限可能的。在真核细胞的直链DNA的前端部分有称作端粒的部分，排列着很多特征性的碱基序列（哺乳类为TTAGGG）。DNA在DNA聚合酶的作用下被复制，但直链DNA的末端不能被复制，所以每次染色体分裂进行复制时，DNA就缩短。这样一来在重复复制过程中染色体不断缩短，最后就变得没有了，不过现实中并不会发生这样的事情。20世纪70年代初这个矛盾作为“末端复制问题”得到了认识，在80年代随着对端粒的理解的进步而获得了解决。

1980年伊丽莎白•布莱克本分析单细胞真核生物四膜虫的DNA的端粒，发现它具有CCCCAA的重复碱基序列。正在研究酵母细胞中的直链DNA（微染色体）分解的杰克•绍斯塔克与布莱克本共同开展研究，发现当将四膜虫的端粒接到酵母

伊丽莎白·布莱克本（Elizabeth H. Blackburn，1948—）：出生于澳大利亚的美国生物学家。从墨尔本大学毕业后，1975年在剑桥大学取得博士学位。历经加州大学伯克利分校副教授、教授，1990年任圣弗朗西斯科分校教授。1984年发现端粒酶。2009年获诺贝尔生理学·医学奖。

杰克·绍斯塔克（Jack William Szostak，1952—）：出生于英国的美国生物学家。在加拿大长大，毕业于麦吉尔大学，1977年在康奈尔大学取得博士学位。1979年转到哈佛大学医学院，任教授。因端粒的功能阐释、酵母染色体的人工合成等工作闻名。2009年获诺贝尔生理学·医学奖。

卡罗尔·格雷德（Carol W. Greider，1961—）：美国分子生物学家。1983年从加州大学圣巴巴拉分校毕业后，在伯克利分校取得博士学位。1997年起任琼斯·霍普金斯大学医学院教授。1984年与布莱克本共同发现端粒酶。2009年获诺贝尔生理学·医学奖。

的微型染色体的末端，该染色体就不发生分解[42]。于是发现了具有特征碱基序列的端粒有保护DNA的功能。在这些研究的过程中还知道了端粒时而伸长、时而缩短。布莱克本和她的研究生卡罗尔·格雷德研究端粒的生成过程，发现了与端粒的特异性序列的伸长有关的酶，即端粒酶[43]。这个酶由蛋白质和RNA构成，RNA拥有特征性的碱基序列。通过端粒酶的作用可以使端粒DNA伸长，可以弥补因复制导致的端粒缩短。

在之后的研究中已经弄清端粒和端粒酶与老化和癌的生成有关，端粒和端粒酶的重要性得到进一步的认识。端粒一缩短就会妨碍细胞增殖，最后终止分裂。另一方面，端粒酶防止端粒的缩短延长细胞的寿命。生物中的老化是一个不能归结于单一原因的复杂过程，推测端粒的缩短是老化的原因之一。另外，在癌细胞中端粒酶的活性高，这被认为是癌细胞无限增殖的原因。如果端粒酶的活性可以抑制的话，将可以期待打开通往抑制癌症之路。

对端粒研究做出重大贡献的布莱克本、格雷德、绍斯塔克3人获得了2009年的诺贝尔生理学·医学奖。他们的研究最初也是因好奇心驱使而开始的，并不是以应用和医学为目标的研究。

6.2.3 核酸的操作与碱基序列的确定

核酸操作

核酸的分子很大，所以进行碱基序列测定需要的样品量大。从1970年开始，操作核酸的技术发展了，核酸的研究迎来了新的发展期。20世纪60年代瑞士生物化学家维尔纳·阿尔伯发现了“限制酶”，它可以通过限制噬菌体的增殖，在某个

维尔纳·阿尔伯（Werner Arber，1929—）：瑞士微生物学家。曾在苏黎士联邦理工学院、日内瓦大学、南加州大学学习，历任南加州大学、日内瓦大学教官，1971年任巴塞尔大学教授。20世纪50年代末至60年代初，研究宿主决定性变异现象，直至发现限制酶。1978年获诺贝尔生理学·医学奖。

汉弥尔顿·史密斯（Hamilton Othanel Smith，1931—）：美国微生物学家。毕业于加州大学伯克利分校后，1956年在约翰·霍普金斯大学获得医学博士学位。1967年任该大学副教授，1973年升任教授。1967年以后为了从噬菌体病毒中取出DNA，推进了流感病毒的研究，1970年发现限制酶。1978年获诺贝尔生理学·医学奖。

丹尼尔·内森斯（Daniel Nathans，1928—1999）：美国分子生物学家。在华盛顿大学获得博士学位。历经国立癌症研究所、洛克菲勒研究所，1962年任约翰·霍普金斯大学教授。着手肿瘤病毒SV40的研究，用限制酶分解SV40的DNA，阐明了其遗传因子的结构。1978年获诺贝尔生理学·医学奖。

保罗·伯格（Paul Berg，1926—）：从宾夕法尼亚州立大学毕业后，在西保留地大学取得博士学位。历经丹麦哥本哈根大学、华盛顿大学的特别研究员，1959年任斯坦福大学生物化学教授。1960年起推进了大肠杆菌的核酸合成、tRNA合成调节机制的阐明、肿瘤病毒SV40的研究，1972年开发出了将大肠杆菌的γ噬菌体遗传基因和SV40的遗传基因在试管内连接起来的方法，是遗传基因重组实验方面的先驱，成了遗传基因工学的开拓者。1980年获诺贝尔化学奖。

确定的碱基序列处切断DNA。他还发现了化学修饰相同碱基序列、使之不被切断的“修饰酶”。1970年约翰·霍普金斯大学的汉弥尔顿·史密斯纯化出了不同类型的切断特定碱基序列的限制酶。史密斯的同事丹尼尔·内森斯用从流感病毒获得的限制酶将猴子的癌病毒SV40的环状DNA切断为11个片段，成功地制作成了切断地图。这样一来就证实了限制酶是在特定的碱基序列位置切断DNA的化学剪刀。

斯坦福大学的保罗·伯格开始了考察遗传基因发现的研究，他在SV40的DNA中编入细菌的遗传基因，让它感染动物的细胞。他用从大肠杆菌中发现的称作EcoR Ⅰ的限制酶推进了研究。这个酶识别GAATTC这一碱基序列，在G与T之间切断。双链的另1条的该部分的序列是CTTAAG，它也在A和G之间被切断，TTAA这一条链留在末端。这个称作黏性末端，容易和与之互补的黏性末端结合。黏性末端在切断DNA、嵌入希望的遗传基因时起“浆糊”的作用。将与切DNA的“剪刀”连接时的“浆糊”弄到手的伯格在1972年发表了“遗传基因重组”

的技术[44]。遗传基因重组技术在1973年因为波伊尔（Boyer）和科恩（Stanley N. Cohen，1935—）的方法开发变成了简单得多的方法，大量DNA的合成成为可能。在斯坦福大学做大肠杆菌的质粒（染色体外遗传因子，处在大肠杆菌等细菌和酵母的细胞核外，细胞分裂时和染色体独立复制，可以延续至下一代的DNA的总称）研究的科恩和在加州大学圣弗朗西斯科分校做限制酶研究的波伊尔共同开展研究，成功地确立了用EcoR Ⅰ将希望的DNA片段嵌入到质粒，在大肠杆菌中使之增殖的方法。用这个方法克隆（大量制作与被移入细菌细胞的DNA片段相同的片段）所有生物的DNA就成为可能了。

参与了限制酶发现的阿尔伯、史密斯、内森斯获得了1978年的诺贝尔生理学•医学奖，伯格因为作为遗传基因工学基础的核酸生物化学的研究获得了1980年的诺贝尔化学奖。不过，为遗传基因重组技术的发展做出巨大贡献的波伊尔和科恩没有获得诺贝尔奖。

核酸碱基序列的测定

核酸碱基序列测定也以和蛋白质的场合相同的策略取得了进展。即：①将聚核苷酸链特异性地分解成小片段并分离；②测定各个片段的序列；③确定片段的排列。到20世纪70年代中期为止，核酸序列测定迟缓，仅仅少数几个DNA的碱基序列得以确定。但是，1975年以后因为下列技术的开发急速发展起来了。①发现了将双链DNA特异性切断的限制酶；②DNA序列测定方法的开发；③分子克隆技术的开发。

哈佛大学的沃尔特•吉尔伯特和剑桥大学的弗雷德里克•桑格在同一时期分别提出了其他序列测定法[45,46]。吉尔伯特作为理论物理学家成了哈佛大学的教师，但被沃森引导转向了核酸研究。在吉尔伯特和马克萨姆（Allan Maxam，1942—）考察过的化学剪切法中，将单链DNA的一端用放射性^{32}P标记，进行如同在某个特定碱基部位发生剪切的化学处理。这样做就可以得到一端用^{32}P标记的各种长度的DNA。是一种将它用电泳法分离，用自体放射造影照片读取、比较、进行确定的方法[45]。在因蛋白质的一级结构测定获得诺贝尔奖的桑格的链终止法中，以想知道序列的DNA为模板，使之与DNA聚合酶作用，在^{32}P标记的引物上附上与模板互补的碱基。一旦加入4种脱氧核苷三磷酸（dNTP）和二脱氧核苷三磷酸（ddNTP），如果ddNTP被嵌入进去了，互补链的合成就将终止。于是用电泳法分离所合成的各种长度的链，进行比较就可以确定序列[46]。

沃尔特•吉尔伯特（Walter Gilbert，1932—）：美国分子生物学家。毕业于哈佛大学，在剑桥大学修数学和物理学取得博士学位。1968年在哈佛大学任理论物理学教授，但转向了分子生物学，开发了测定DNA碱基序列的方法。1980年获诺贝尔化学奖。

要确定像染色体那样的长DNA的序列，加快速度是必需的。链终止法更适合于自动化、计算机化，在后来的基因组解析中采用了高速化后的链终止法。吉尔伯特和桑格在1980年与伯格一起获得了诺贝尔化学奖，不过对桑格来说这是第二次获得诺贝尔化学奖，他成了唯一一个两次获得诺贝尔化学奖的人。（参见专栏24）

专栏24

两次获得诺贝尔化学奖的桑格[7]

在科学领域两次获得诺贝尔奖的人只有3人。玛丽•居里（1903年物理学奖，1911年化学奖）、约翰•巴丁（1956年及1972年物理学奖）和弗雷德里克•桑格（1956年及1980年化学奖）3人。莱纳斯•鲍林获得了两次诺贝尔奖，但有一次是和平奖。两次获得化学奖的只有桑格一人。桑格是怎样的人，他怎样做才成就了如此伟业呢？

第一次诺贝尔奖授奖仪式上的桑格（右）和瑞典公主（左）

弗雷德里克•桑格1918年出生于英国格洛斯特郡的一个小村庄，父亲是教友派教徒的执业医生。1936年进入剑桥大学的圣约翰学院，学习自然科学。1939年专攻生物化学到大学毕业。虽然第二次世界大战开始了，但他是教友派教徒，从良心上来说是兵役反对者，所以免服兵役。1940年起开始博士学位的研究，以氨基酸蓖麻毒的代谢研究在1943年取得了博士学位。

取得学位后，进入当时在剑桥大学刚成为生物化学教研室主任教授的蛋白质化学家奇布诺尔（Albert Charles Chibnall，1894—1988）的团队开始研究。那时对蛋白质的结构还一无所知，甚至都不确定蛋白质是结构一定的分子。研究了牛胰岛素的氨基酸组成的奇布诺尔请桑格帮忙，他开始了确定这个蛋白质的氨基酸序列的研究。胰岛素是容易得到的小分子量的蛋白质。用本章前面（6.1.1节）所介绍过的方法，克服一个个困难，在1965年确定了由51个氨基酸构成的牛胰岛素的一级结构。因为这一功绩他在1958年第一次获得了诺贝尔化学奖。这时他才40岁。在授奖仪式上评选委员会委员长蒂塞利乌斯说道，诺贝尔奖的目的不单单是对成果的褒奖，也有对未来工作的奖励的意思，对桑格的情况来说还真成了这样。因为他往后也同样不紧不慢地持续着研究，22年后第二次获得了诺贝尔化学奖。

获得诺贝尔奖后，大家都期待他推进更大的蛋白质的氨基酸序列测定工作，但他把这让给了别人，去挑战新问题。这就是核酸的碱基序列。他首先面对RNA的碱基序列问题。但是，在这个过程中遭遇了和氨基酸序列测定不同的困难。桑格的团队克服了这个困难，成功地确定了大肠杆菌的5S核糖体RNA的碱基序列，不过在RNA的碱基序列的测定竞赛中，被罗伯特•霍利（1968年诺贝尔生理学•医学奖获得者）抢了先。

桑格接下来挑战DNA碱基序列的测定。他开发了称作加减法的方法，1975年确定了噬菌体φX174的碱基序列。他的方法是以DNA的单链为模版，用DNA聚合酶制备各种片段，用电泳法分离，进行比较考查。1977年他的团队引入了双脱氧链终止法这一新方法。这一方法使长链DNA的序列迅速、准确地测定成为可能。他的团队用这个方法确定了人的线粒体DNA（16569碱基对）和噬菌体λ的基因组（48502碱基对）的序列。因为这一功绩他获得了1980年度诺贝尔化学奖。之后他的方法经过改进和自动化，也被用于人类基因组序列的测定。于是，是桑格完成了测定蛋白质和DNA这一与生命现象相关的最重要的分子构成成分的序列的方法开发伟业。他的伟大成果是在研究过程中一个一个认真解决每一次遇到的问题所取得的，与一个闪念就能获得的成果无法比拟。

在教友派教徒家庭成长起来的他是厌恶暴力的和平主义者。但是，他逐渐失去信仰，成为不可知论者。他是这样说的："我作为教友派教徒成长起来。对教友派教徒来说，真理是重要的。人无疑要追求真理，但这需要证据。我想相信神，但这很难。对我来说证明是必要的。"自制、安静的他不做宣传自己业绩那样的事，他坚辞爵位，不希望被加Sir称号被人称呼。1983年引退后，以打理剑桥郊外自家庭院为乐，安度余生。

内含子和外显子

因为DNA碱基序列可以测定了，于是弄清了一个重要事实就是断裂基因的存在。1977年理查德•罗伯茨和菲利普•夏普独立地发现了遗传基因没有因引起感冒的腺病毒变成连续的碱基序列，作为赋予遗传信息的密码有意义的部分（外显子）可以被没有意义的部分（内含子）阻断。他们通过电子显微镜观察和生物化学的研究证实外显子在DNA上分开存在，转录成RNA时内含子部分被切掉（splicing）（图6.10）。后来弄清了这样的断裂基因的存在在很多真核生物中是共通的。根据后来的研究知道了在真核生物中，首先含内含子的全结构遗传基因被转录，成为mRNA前驱体，接着内含子被切掉，外显子同伴连接变成成熟的mRNA。真核生物的大部分遗传基因由内含子构成。断裂基因的发现是有关遗传基因本质的重要发现。发现者罗伯茨和夏普获得了1993年的诺贝尔生理学•医学奖。

理查德·罗伯茨（Richard John Roberts，1943—）：英国出生的美国分子生物学家。在谢菲尔德大学取得博士学位后，历经哈佛大学、冷泉港研究所，1992年任新英格兰生物研究所部长。1977年证实了腺病毒的遗传基因是被分断的，发现在DNA中有外显子和内含子两个区域。1993年获诺贝尔生理学·医学奖。

菲利普·夏普（Phillip Allen Sharp，1944—）：美国分子生物学家。在伊利诺伊大学取得博士学位后，经冷泉港研究所，1974年起任麻省理工学院癌症研究所部长。1977年发现在DNA中有外显子和内含子两个区域。1993年获诺贝尔生理学·医学奖。

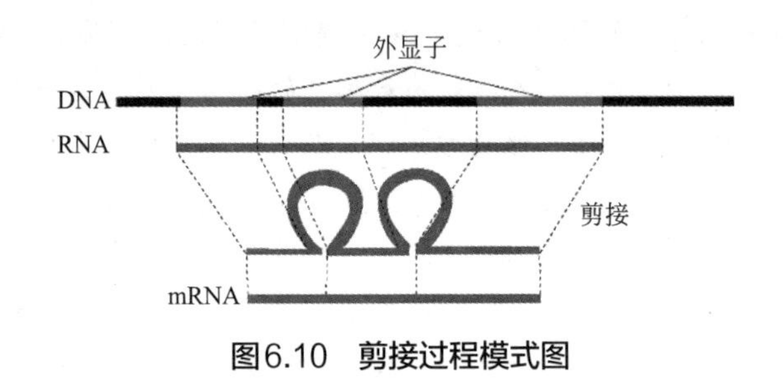

图6.10 剪接过程模式图

6.2.4 RNA的功能与蛋白质的合成、分解

至20世纪60年代的研究中，基于DNA信息来合成蛋白质的过程的大致脉络可以理解了，但转录、翻译机理的详细情况还不清楚，揭开这些疑惑的研究从20世纪70年代开始活跃起来。另外，关于RNA的功能和蛋白质的分解也发现了很多新的事实，DNA和RNA的化学越来越发展起来了。

转录机制的详细情况

读取模板DNA的碱基序列，催化由A、U、G、C核酸碱基类和核糖三磷酸合成互补性的RNA的反应的酶称作RNA聚合酶。细菌的RNA聚合酶是在1960年由赫维茨（Jerald Hurwitz，1928—）和魏斯（Samuel B.Weiss，1865—1940）独立发现的。进而在从20世纪70年代开始的研究中，RNA聚合酶的结构和转录机制的详细内容弄清楚了。大肠杆菌的RNA聚合酶是称作σ因子的次级单元结合在由4个次级单元构成的中心酶上，根据电子射线晶体解析弄清楚具有DNA结合的大孔。转录通过σ因子识别称作启动子的特有碱基序列开始，双链DNA打开，开始转录，链从5′向3′方向延伸。转录的终结在DNA特定的部位发生。

真核生物中的转录要复杂得多。1960年罗德（Robert G. Roeder，1942—）和鲁特（William Rutter，1928—）证实RNA聚合酶有Ⅰ、Ⅱ、Ⅲ三种。它们分别合成不同的RNA。其中RNA聚合酶Ⅱ合成mRNA。20世纪70年代末至80年代，发

罗杰·科恩伯格（Roger David Kornberg，1947—）：是1959年诺贝尔奖获得者亚瑟·科恩伯格的长子，在哈佛大学专攻化学，在斯坦福大学获得博士学位后，历经哈佛大学医学院的工作，1978年起任斯坦福大学教授。以酵母为材料研究清楚了真核生物的遗传信息转录机理，使用电子显微镜和X射线衍射，探索清楚了RNA聚合酶是怎样起作用的。2006年获得诺贝尔化学奖。

现在真核生物中只用RNA聚合酶不能进行转录，转录需要一群称作转录因子（transcription factor，TF）的蛋白质。在RNA聚合酶Ⅱ的场合，已知TFⅡA、B、D、E、F及H为转录因子。转录因子拥有DNA结合部位和转录活化部位，识别DNA的特有序列。

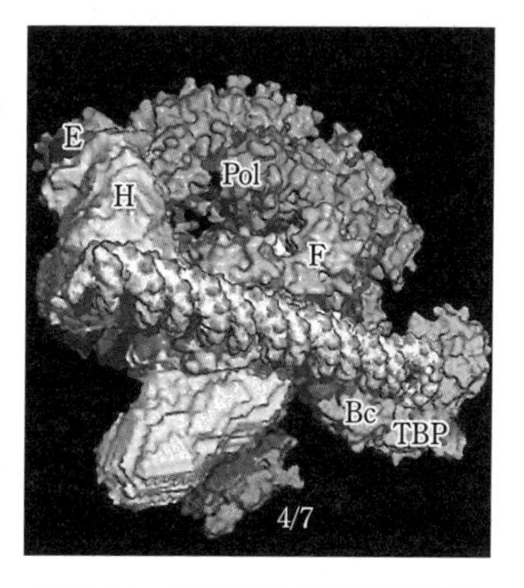

图6.11 RNA聚合酶Ⅱ转录初始复合物的结构

根据X射线及电子射线晶体解析，可以看见DNA发生聚集

在真核生物的转录机制的阐明中做出重大贡献的是斯坦福大学的罗杰·科恩伯格。他从20世纪80年代开始就着手研究这个问题，以酵母作为模型体系推进了研究。他不仅采用高水平的生物化学手法，同时还使用X射线晶体解析和电子显微镜技术，向与转录有关的分子的立体结构解析发起了挑战（图6.11）。在20世纪90年代，与转录有关的蛋白质的结构逐渐解析清楚了，在2001年接着又成功地解析了转录中的RNA聚合酶Ⅱ的复合物的结构，弄清了其立体结构[47]。罗杰·科恩伯格在2006年因为“真核生物中转录分子机理的研究”获得诺贝尔化学奖。他是1959年因发现DNA聚合酶获得诺贝尔生理学·医学奖的亚瑟·科恩伯格的长子。顺便提一下，次子托马斯·科恩伯格（Thomas B. Kornberg，1948—）是DNA聚合酶Ⅱ和Ⅲ的发现者。

1977年夏普和罗伯茨发现从DNA转录的真核生物的RNA（mRNA前驱体）由含与蛋白质合成有关的遗传信息的外显子部分和不是那样的内含子部分构成。从那以后，自20世纪70年代末到80年代，对这个RNA的内含子部分被除掉，制成mRNA的过程（RNA剪接）的理解有了进步。接下来的课题是用细胞内的核糖体解析清楚从mRNA将信息传递给tRNA，使之合成蛋白质的机理。

蛋白质合成与核糖体

tRNA将3个碱基的组合（密码子）作为对应1个α-氨基酸的编码读取。密码子的组合有4^3=64种，但其中61个对应20种氨基酸和1个开始读取的密码子，再加上3个终了密码子。tRNA将与mRNA成对的、称作反密码子的碱基序列拿到特定

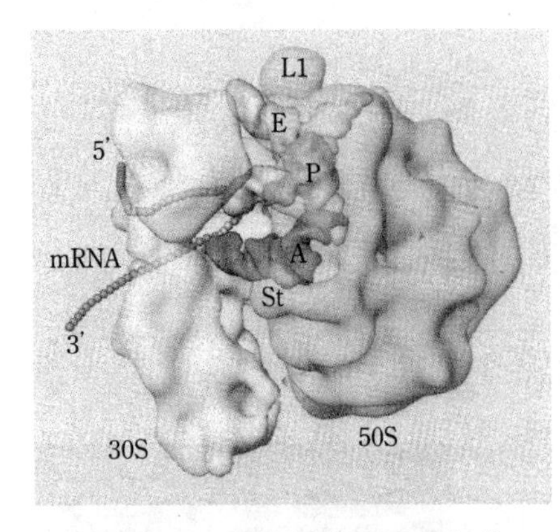

图6.12 25分辨率下的大肠杆菌核糖体的结构成像图

左侧的次级单元为30S；右侧的次级单元为50S。tRNA占据A、P、E位置

的位置。蛋白质的合成在细胞内的核糖体中进行，所以要搞清蛋白质合成的详细机理就有必要解析核糖体的结构。根据电子显微镜的研究大致推定了其形状，1980年前后搞清了原核生物的核糖体由30S（S为大小单位）和50S两个次级单元构成，30S的次级单元由20个不同的蛋白质和1个RNA（rRNA）组成；50S的次级单元由33个蛋白质和3个rRNA组成（图6.12）。从20世纪80年代开始，对机理做详细研究的同时，X射线晶体结构解析的研究也有了进展。

原核生物的蛋白质合成是在核糖体内，有mRNA、tRNA、rRNA、GTP（鸟苷三磷酸），以及其他因子参与的极其复杂的过程，不过其概要如下：①氨基酸的活化——在氨基酸特有的tRNA的2′或3′末端形成酯键，合成酰氨基tRNA。②起始复合物的形成——在核糖体的30S次级单元上结合上起始因子，解离核糖体。在解离的30S二次级单元上面结合上mRNA、起始tRNA和GTP，形成30S起始复合物，在它上面附上50S次级单元，形成70S起始复合物。③多肽链的生成与延长——对应mRNA的密码子的酰氨基tRNA和蛋白质延长因子的复合物结合在50S次级单元的A部位。接着，酰氨基tRNA的氨基亲核置换次级单元P部位的tRNA，形成肽键。P部位的tRNA失去氨基酸，脱离P部位，A部位的肽基tRNA转移至P部位。通过重复这样的过程多肽链就延长了。④合成结束——mRNA的终止密码子在A部位被识别，结束蛋白质的合成。

蛋白质的生物合成很复杂，但可以非常精密巧妙地控制，可以准确无误地进行。要理解其详细情况就必须弄清核糖体反应过程中间的复合物的结构。核糖体的晶体结构解析从1980年前后开始有了进展，在2000年高分辨率的结构可以弄清

阿达·约纳特（Ada Yonath，1939— ）：出生于耶路撒冷，父亲是从波兰移居到巴勒斯坦的犹太人。贫穷中勤学苦读，在希伯来大学学习化学。在魏茨曼科学研究所专攻X射线晶体学，1968年获得博士学位。20世纪70年组建蛋白质的X射线结构解析研究室，1979—1984年担任马克斯·普朗克分子遗传学研究所的课题组长。20世纪70年代挑战当时认为不可能的核糖体的结构解析。1980年成功地将核糖体晶体化，经过约20年的艰难研究，最终基本成功地确定了核糖体的晶体结构。2009年获得诺贝尔化学奖。

了。为此做出重大贡献的是阿达•约纳特、托马斯•施泰茨、文卡特拉曼•拉马克里希南3人。约纳特在20世纪80年代初成功地将耐热性菌的核糖体结晶化，打开了通向核糖体的X射线晶体结构解析的道路[48]。施泰茨通过电子显微镜和重原子置换解决了相位问题，2000年成功地完成了50S次级单元的高分辨率结构解析[49]。同年拉马克里希南得到了30S次级单元的高分辨率图像（图6.13）[50]。于是在21世纪初，在原子水平理解核糖体的结构和功能成为可能。约纳特、施泰茨、拉马克里希南3人因为核糖体的结构和功能的研究，共同获得了2009年的诺贝尔化学奖。女科

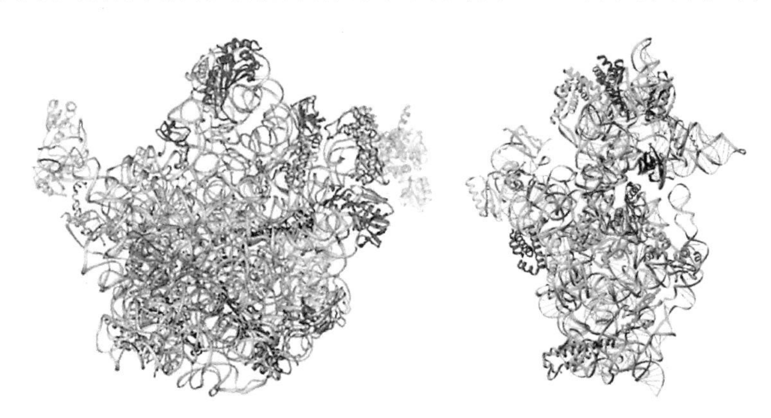

图6.13 耐热菌T. *thermophilus*的70S核糖体的2个次级单元的X射线结构图

托马斯•施泰茨（Thomas Arthur Steitz，1940—）：美国生物化学家。出生于威斯康辛州，在劳伦斯大学学习化学，在哈佛大学利普斯科姆手下做研究，1966年在生物化学及分子生物学方向获得博士学位。之后到剑桥大学分子生物学研究所做博士研究员后，到耶鲁大学任教职，现在是分子生物物理和生物化学教授。20世纪90年代在开发使X射线结构衍射的分辨率飞跃性提高的技术中做出贡献，因为在肽基转移酶反应机理的阐明等、核糖体的复杂结构和功能的研究等方面的业绩，2009年获得诺贝尔化学奖。

文卡特拉曼•拉马克里希南（Venkataraman Ramakrishnan，1952—）：出生于印度泰米尔纳德邦，在印度巴罗达大学学习，取得物理学理学硕士学位。毕业后赴美，在俄亥俄州立大学取得物理学博士学位后，到加州大学圣地亚哥分校学习生物学，转到了生物学领域。作为博士研究员在耶鲁大学开始了核糖体的研究，1983—1995年在布克海文研究所继续核糖体的研究，之后在1995年受聘犹他大学教授，1999年转到剑桥大学MRC分子生物学研究所。他的团队成功地确定了核糖体的30S次级单元的高分辨率结构。2009年获得诺贝尔化学奖。

学家约纳特出生在耶路撒冷，现在是魏茨曼研究所的结构生物学教授。施泰茨是美国耶鲁大学的分子生物物理•生物化学教授。拉马克里希南出生于印度，在美国获得了物理学博士学位，现在是剑桥大学分子生物学研究所的结构研究部门的课题组长。这显示出现在化学研究的国际性和学科交叉性。

蛋白质的降解与泛素

在1942年舍恩海默用同位素所做的开创性研究中，已经证实生物体中的蛋白质总是在合成的同时又分解，处于动态平衡状态。细胞不断由氨基酸合成蛋白质，同时蛋白质又分解成氨基酸。于是，一旦积累就会对细胞有害的异常蛋白质、或者不再需要的酶和调控蛋白质将被除去。像胰蛋白酶那样的分解蛋白质的酶和分解称作溶菌体的蛋白质的细胞小器官已经广为人知。在它们的分解过程中分解不需要能量。但是，在1950年前后发现的实验结果证实存在有与此不同的、对需要能量的ATP有依赖性的其他蛋白质的分解过程。对这样的蛋白质的分解过程从20世纪70年代末开始做了详细研究，在细胞内蛋白质的分解中由泛素（ubiquitin）控制的过程扮演重要的角色。这些主要是阿龙•切哈诺沃、阿夫拉姆•赫什科、欧文•罗斯等在20世纪70～80年代的研究所探明的[51-53]。

泛素是由76个残基构成的单体蛋白质，赋存于真核生物中。泛素在ATP存在下以硫酯键与泛素活性化酶（E1）结合，接着转移至泛素结合酶（E2）。进一步，泛素在泛素转移酶（E3）的作用下从E2附加到标记待分解蛋白质的溶素侧链上。这个过程重复进行，用多个泛素构成的链制备标记蛋白质。用这个泛素链修饰的蛋

阿龙•切哈诺沃（Aaron Ciechanover，1947—）：以色列生物化学家。毕业于哈达萨赫医学院，在以色列工学院获得博士学位，1977年起在该大学工作，2002年升任教授。20世纪70年代后期起与赫什科和罗斯一起进行采用泛素的蛋白质分解研究。2004年获诺贝尔化学奖。

阿夫拉姆•赫什科（Avram Hershko，1937—）：以色列生物化学家。毕业于希伯莱大学哈达萨赫医学院，1969年获得博士学位。从1962年起在以色列工学院工作，1998年升任教授。20世纪70年代后期起与切哈诺沃和罗斯一起进行采用泛素的蛋白质分解研究。2004年获诺贝尔化学奖。

欧文•罗斯（Irwin Rose，1926—2015）：美国生物化学家。在芝加哥大学获得博士学位，历经耶鲁大学、福克斯•蔡斯癌症研究中心的工作，从1997年起归属加利福尼亚大学欧文分校。20世纪70年代后期至80年代前期与切哈诺沃和赫什科一起进行采用泛素的蛋白质分解研究。2004年获诺贝尔化学奖。

白质一旦结合在被称作蛋白体（proteosome）的巨大蛋白质复合物上，泛素就被除掉，只有蛋白质被分解。已经弄清泛素像这样起标记接受分解的蛋白质的作用，除此之外，还与细胞周期控制、DNA修复、转录控制、凋亡（一部分细胞预先通过遗传基因确定的机理自杀性地脱落死去的现象）等细胞内的各种过程有关。

切哈诺沃、赫什科、罗斯3人因发现借助泛素的蛋白质分解，获得了2004年的诺贝尔化学奖。

RNA的催化功能与RNA世界

到20世纪70年代为止，认为RNA是接受和传递来自DNA的遗传信息的中介分子，担负以酶功能为首的生理功能的物质是基于其信息合成的蛋白质。不过在20世纪70年代克隆、遗传基因重组、DNA碱基序列测定等遗传基因操作的方法得以确立，用它对RNA的功能进行详细研究取得了进步，切赫和阿尔特曼发现了RNA本身具有催化功能这一意外的事实，RNA的重要性越来越被认识到。

在20世纪80年代初，托马斯•切赫研究鞭毛原生动物四膜虫的rRNA遗传基因编结，他将从该生物分离出的rRNA前驱体在没有鸟苷或鸟嘌呤核苷酸和蛋白质的条件下培养，发现它进行自我切除内含子、连接上外显子的自我编结。1982年他证实了在这个反应中RNA本身具有催化剂的功能[54]。另一方面，西德尼•阿尔特

托马斯•切赫（Thomas Robert Ceck，1947—）：作为捷克斯洛伐克移民的儿子出生在芝加哥，在爱荷华长大，从格林内尔学院毕业后到加州大学伯克利分校专攻生物物理化学，在那里知道了分子生物学的新奇。获得博士学位后，历经麻省理工学院博士研究员，到科罗拉多大学当教师。他的主要研究领域是细胞核内的转录过程的研究，发现在这一过程中RNA的自身编结现象，发现RNA也可以具有催化功能。另外，在端粒的结构和功能研究方面也取得了业绩。20世纪70年代后期至80年代前期与切哈诺沃和赫什科一起进行采用泛素的蛋白质的分解研究。1989年获诺贝尔化学奖。

西德尼•阿尔特曼（Sidney Altman，1939—）：作为苏联移民的儿子出生在加拿大蒙特利尔，在麻省理工学院以及哥伦比亚大学学习物理学，不过被分子生物学迷住，到科罗拉多大学专攻生物物理学并取得博士学位。历经哈佛大学、剑桥大学博士研究员后，受聘耶鲁大学生物学教授，还当过耶鲁大学的校长。他和切赫独立发现RNA和蛋白质的复合物的催化活性源于RNA，RNA分子单独也具有催化活性。1989年获诺贝尔化学奖。

曼正在研究由切断大肠杆菌的RNA（称作RNaseP的RNA）和蛋白质构成的酶，他发现了这个酶的本源是RNA[55]。此后弄清了RNA特有的各种各样的局部结构产生自我切断过程中的催化功能，基于核糖体的蛋白质合成的中心是RNA。这样的蛋白质酶和具有同样功能的RNA被命名为核糖酶。

受RNA具有催化作用这一发现的触发，1986年提出了"RNA世界假说"[56]，认为生命的起源是作为遗传基因发挥功能，同时又具有自我复制催化功能的RNA。根据这一假说，在原始地球上由RNA构成的自我复制系统的世界（RNA世界）最初就有，它之后进化，遗传信息的载体转移至更稳定的DNA上，酶功能转移至在结构上更有柔韧性的蛋白质上。这一假说提示了意味深长的可能性，因而备受关注，不过也指出了几个问题点，因为缺乏实验证据，之后也一直在持续讨论。

阿尔特曼和切赫因发现RNA有催化作用，获得了1989年的诺贝尔化学奖。

6.3 生物化学的发展（Ⅱ）：酶、代谢、分子生理学等

在20世纪后半叶，传统的生物化学也获得了大的发展。使这个发展变成可能的是实验技术的进步。首先，随着色谱、超速离心分离、电泳等分析技术的进步，参与生物体内反应的物质的分离、分析变得容易了。其次，放射性同位素，特别是^{14}C、^{15}N、^{32}P已经能够广泛应用于生物化学的研究，已经可以追踪生化反应、鉴定反应中间体了。再次，X射线结构解析进步了，酶蛋白质的三维结构已经清楚了，可以在分子水平阐明酶反应机理的详细情况了。采用通过遗传基因操作改造了的蛋白质进行研究也变得可能了。于是传统的生物化学领域，即酶反应和代谢的研究也获得了很大发展。

在这节，涉及酶的结构与反应机理、代谢及其调节、生物膜与膜传输、电子传递、光合成、信号传送这些主题。这个领域的进步速度非常快，重要的业绩很多。在这节以成为诺贝尔化学奖及生理学•医学奖对象的研究为中心概览该领域的进步。

6.3.1 酶的结构和反应机理的阐明

酶化学的进步

即便在萨姆纳和诺思罗普的研究中已经弄清了酶是蛋白质，但在第二次世界大战前认为酶的活性来源于低分子的辅基分子的观点仍占主导。糜蛋白酶、溶菌酶、胃蛋白酶等酶的活性部位的结构被阐明，酶活性的本源在于蛋白质本身这一问题得到确定是第二次世界大战后的事。战后，紫外-可见吸收光谱及荧光光谱等分光法

已经得到广泛使用，随着用化学修饰的蛋白质的研究等新的研究方法的引入，酶的研究取得了显著进步。还有，借助停（止）流（动）法等反应速度的新研究法、艾林提出的过渡状态理论、由英戈尔德和哈梅特开展的物理有机化学的反应理论等成果，酶反应机理已经可以进行详细讨论了。从1980年前后开始基于X射线衍射和NMR的结构解析取得了显著进步。于是在20世纪后半叶，庞大数目的酶的结构和功能已经可以清晰地给予解释了。

酶通过分子形状和物理性质的互补性与基质特异性结合。酶和基质的结合以及反应是立体特异性的，反应效率高的主要原因是反应分子相互之间能够以适当的取向接近。另外，在进行氧化还原反应的酶和催化基团转移的很多酶中，辅酶是必需的，很多维生素是辅酶的前驱体。很多酶反应可以用酸碱催化。例如，肽和酯的加水分解、磷酸基的反应、互变异构反应等都是这样的实例。约三分之一的酶必须有金属离子才会发现催化活性。金属离子和质子一样中和负电荷，起路易斯酸的作用。

溶菌酶和糜蛋白酶

关于在这之前已经弄清的数目巨大的酶的反应机理还不能详细阐释，在此就其典型实例简单介绍一下。一个是溶菌酶的例子。溶菌酶是破坏细菌的细胞壁的酶，广泛分布于脊椎动物的细胞和分泌物中。在溶菌酶中，研究最多的是鸡蛋白（HEW）的溶菌酶。该酶是氨基酸129残基的多肽单链，有4个二硫键。HEW溶菌酶的X射线结构在1965年由菲利普斯等解析清楚了，这是作为酶最早以高分辨率解析清楚的结构（图6.14）。据此弄清了横切酶蛋白质的侧面有因基质结合的裂纹。溶菌酶加水分解构成细胞壁的多糖成分间的糖苷键。*N*-乙酰氨基葡萄糖（NAG）的寡糖结合在活性部位妨碍酶活性，所以根据以$(NAG)_6$为模型的实验可以研究与基质结合的详细情况，催化机理由菲利普斯提出[57]。包括：①溶菌酶与细胞壁的六糖单元结合，这时第4个己糖环（D环）歪斜；②邻近的谷氨酸的质子给予糖苷键的O，C—O键被切断，产生氧鎓离子（oxonium ion）；③因为与邻近的天冬氨酸盐的静电相互作用，使氧鎓离子稳定化；④在氧鎓离子上水发生反应生成产物，酶复原。围绕这一机理做了很多研究，可以认为菲利普斯的理论是正确的。

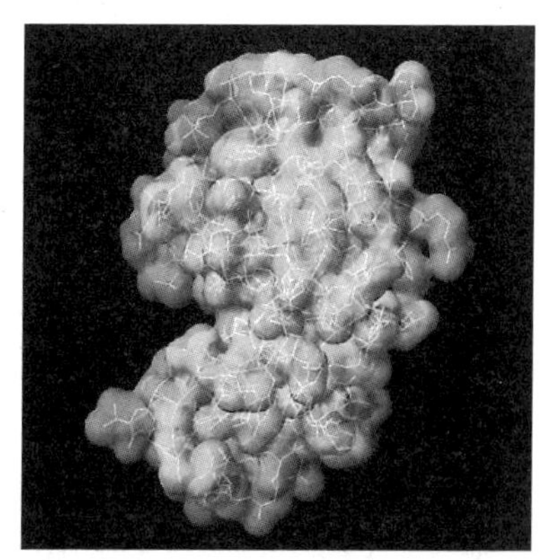

图6.14 溶菌酶的计算机成像表面结构

酶的裂纹清晰可见

列举的另一个例子是像糜蛋白酶和胰朊酶那样的一系列丝氨酸蛋白酶（活性中心有丝氨酸的蛋白质分解酶）的反应。糜蛋白酶和胰朊酶是从胰管分泌的蛋白质消化酶。根据20世纪50年代初开始的研究，丝氨酸蛋白酶的反应机理是按下面的进程进行的。①酶的活性部位的丝氨酸的羟基亲核攻击被切断的肽键的羧基碳原子，形成四面体中间体；②因为与天冬氨酸之间的氢键，通过增加了极性活性部位的组氨酸的作用，这个中间体被破坏，生成酰基-酶中间体，通过脱氨水被置换出来；③通过②的逆过程，形成四面体型中间体，通过①的逆过程生成羧基产物和原来的酶。1967年布洛（David Mervyn Blow，1931—2004）进行了牛糜蛋白酶的X射线结构解析，弄清了活性部位的结构。通过胰朊酶和阻碍胰朊酶活性的蛋白质形成的复合物的X射线结构解析，获得了证实四面体型中间体存在的证据。

6.3.2 代谢研究的发展及其影响

关于代谢路径的阐明，舍恩海默在第二次世界大战前就已经用同位素^{2}H和^{15}N开展了先驱性的研究工作，不过在第二次世界大战后，^{3}H、^{14}C、^{32}P等放射性同位素变得很容易利用了，通过采用标记了这些核素的分子所做的研究，代谢研究取得了很大发展。进而，将在反应的各个步骤中起催化作用的酶分离、结晶出来，并进行鉴定，酶反应的机理得到了详细研究。从1980年前后开始，X射线晶体解析和二维NMR已经应用到了酶结构和功能的研究，酶的结构和反应机理的详细情况已经弄清了。

糖降解机理的详细情况

糖类、蛋白质、脂质等代谢物质首先被分解成组成单元（氨基酸、葡萄糖、脂肪酸、丙三醇等），产生共同的中间体乙酰辅酶A。该分子的乙酰基通过柠檬酸循环被氧化成CO_2，同时还原NAD^+和FAD。它们在电子传输体系被O_2进一步氧化时，通过氧化磷酸化产生ATP。如前章所述，葡萄糖被分解成丙酮酸的糖分解体系的概要在第二次世界大战前就已经弄清了，不过在20世纪后半叶，弄清了其各步骤酶反应机理的详细情况。在糖降解体系中，由1分子的葡萄糖生成2分子的丙酮酸，被移交到柠檬酸循环。这时全部2分子的ADP转换成ATP。

汉斯•克雷布斯（Hans Adolf Krebs，1900—1981）在第二次世界大战前确立了柠檬酸循环的存在，但从丙酮酸生成柠檬酸的机理还没有阐明，没有到达循环的完结。第二次世界大战后最重要的贡献是阐明了从丙酮酸获得两个碳的化合物乙酰基-CoA的过程和草酰乙酸缩合生成柠檬酸的过程。

1945年李普曼和卡普兰发现了对胆碱的乙酰化有效的新酶，李普曼将它命名为辅酶A（CoA）。此后他的团队证实该辅酶含有腺苷二磷酸、泛酸以及含巯基（—SH）的成分。1951年奥乔亚和雷宁（Feodor F. K. Lynen，1911—1979）证实柠檬酸生成时与草酰乙酸直接缩合的是乙酰基CoA，弄清了柠檬酸循环的全貌（图

6.15）。这之后该循环各步骤在分子和酶水平的详细研究得以推进。乙酰基CoA是借助末端巯基连接上乙酰基来进行运输的重要代谢中间体。

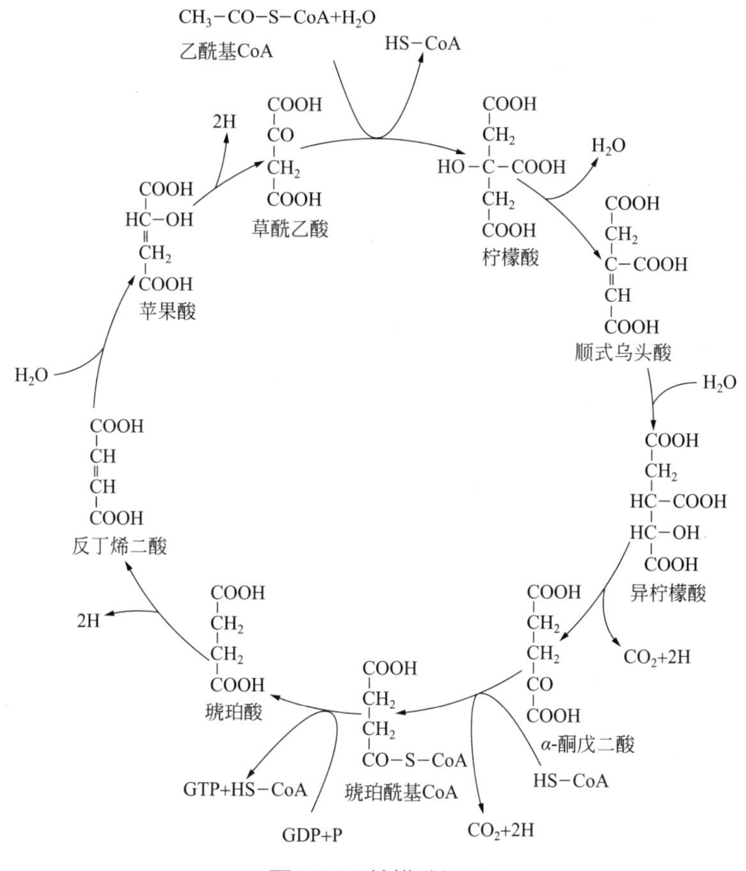

图6.15 柠檬酸循环

1953年汉斯•克雷布斯因发现三羧酸循环、弗里茨•李普曼因发现代谢中的高能磷酸键的意义以及辅酶A获得诺贝尔生理学•医学奖。

糖原代谢

动物将剩余的葡萄糖作为糖原主要储存在肝脏和肌肉中，必要时再分解成葡萄糖。糖原通过糖原磷酸化酶的作用分解成少1个葡萄糖的糖原和葡萄糖一磷酸（G1P），不过G1P不直接返回到糖原和磷酸。1957年阿根廷生物化学家卢伊斯•莱洛伊尔证实[58] G1P和尿苷三磷酸葡萄糖反应生成尿苷二磷酸葡萄糖（UDPG），从那里葡糖基在糖原合成酶的作用下移动至糖原。这一发现在改变原先与糖原生物合成有关的看法这点上是划时代的，他因此功绩获得了1970年诺贝尔化学奖。

糖原的代谢是受磷酸化酶控制的反应，其研究对阐明生物体保持恒常性（体内平衡）的控制机制扮演重要的角色。其控制有各种机制，不过在这里对成为诺贝尔

卢伊斯·莱洛伊尔（Luis Federico Leloir，1906—1987）： 阿根廷生物化学家。在布宜诺斯艾利斯大学学习，1947年任布宜诺斯艾利斯生物化学研究所所长。他因在蔗糖、乳糖等糖和糖原的半合成的过程和中间体的阐明方面的贡献，获得了1970年诺贝尔化学奖。

爱德温·克雷布斯（Edwin Gerhard Krebs，1918—2009）： 美国生物化学家。在圣路易斯的华盛顿大学取得医学博士学位，1957年在西雅图的华盛顿大学任生物化学教授。阐明了磷酸化酶的磷酸化和去磷酸化参与糖原的代谢。1992年获诺贝尔生理学·医学奖。

埃德蒙·费希尔（Edmond H. Fischer，1920—）： 美国生物化学家。出生在中国上海，父母都是瑞士人。在日内瓦大学取得博士学位，1961年在西雅图的华盛顿大学任教授。阐明了磷酸化酶的磷酸化和去磷酸化参与糖原的代谢。1992年获诺贝尔生理学·医学奖。

厄尔·萨瑟兰（Earl Wilbur Sutherland，1915—1974）： 美国生物化学家。毕业于华盛顿大学医学院，1963年任范德比尔特大学教授。在发现第二信使cAMP并研究其功能、激素作用的阐明方面做出了贡献。1971年获诺贝尔生理学·医学奖。

生理学·医学奖对象的研究做一简单回顾。

1938年科里夫妇发现磷酸化酶有两种型体。a型即使没有腺苷一磷酸（AMP）也是活性的，但b型需要AMP活化。1959年爱德温·克雷布斯和埃德蒙·费希尔发现一旦磷酸化酶b蛋白质的特定丝氨酸被磷酸化，磷酸化酶就变成a型，通过脱磷酸再回到b型。他们还证实在磷酸化中蛋白激酶起催化剂作用，在脱磷酸化中磷酸酶起作用。于是，就弄清了与糖原代谢有关的磷酸化酶和合成酶通过两个可逆互变的酶进行控制。

肝脏内的糖原代谢由胰高血糖素（glucagon）控制，在其他组织中由胰岛素和副肾的肾上腺素和去甲肾上腺素控制。这些激素在细胞质膜中借助膜受体蛋白质传递刺激。细胞种类不同受体就不同，对不同的激素产生响应，在细胞内释放出称作第二信使（在生物体内信息传递中，像激素那样在器官、细胞、组织之间与直接信息传递相关的物质称第一信使，与之对应地将细胞内与信息传递相关的物质称第二信使）的分子，该分子将激素的信息传到细胞内。1956年厄尔·萨瑟兰和拉尔（Theodore W. Rall，1928—）发现环状腺苷一磷酸（cAMP）是肝脏内胰高血糖素和肾上腺素的血糖提升作用的媒介分子，萨瑟兰后来证实胰高血糖素和肾上腺素在细胞表面活化腺苷酸，产生cAMP，证实了cAMP扮演第二信使的角色。

分子水平的代谢控制和调节的研究在20世纪后半叶取得了很大发展，萨瑟兰、克雷布斯、费希尔等的开创性研究意义重大。萨瑟兰在1971年，克雷布斯和费希尔在1992年获得了诺贝尔生理学•医学奖。另外，萨瑟兰和克雷布斯是科里夫妇的门生，科里夫妇在该领域的影响是伟大的。

6.3.3 生物膜与膜输送

细胞用细胞膜包覆着，在真核生物中，核、线粒体、叶绿体、小胞体、高尔基体等也由膜隔开着。生物膜是由脂质、蛋白质、少量糖有组织地集合在一起的，通过调节特定的分子或离子的流动来调节细胞内液的组成。很多生物化学反应以膜为立足之地进行。

生物膜的结构

1952年艾弗特•戈特（Evert Gorter，1881—1954）和弗朗索瓦•格伦德尔（Francois Grendel）最早提出存在双分子膜。他们抽出红细胞的细胞膜在表面展开为单分子膜，就观察到成了原来面积的2倍，由此他们就提出细胞膜由脂质双分子膜所构成。到了第二次世界大战后，电子显微镜已经用到了细胞的研究，生物膜通常呈脂质双分子膜已经得到了认可，不过弄清生物膜的详细结构还是比较近的事情。

采用荧光、NMR、ESR等分光法，在弄清人工脂质双分子膜的动态性质的同时，也积累了有关生物膜中蛋白质的信息，1972年辛格（Seymour Singer，1924—）和尼科尔森（Garth L. Nicolson，1943—）提出了生物膜的“流动拼接模型”[59]（图6.16）。据此，膜内蛋白质可以看作是浮在脂质的二维海面的冰山那样的东西，与其他膜成分聚集，只要不被阻碍就可以认为能横向自由移动。

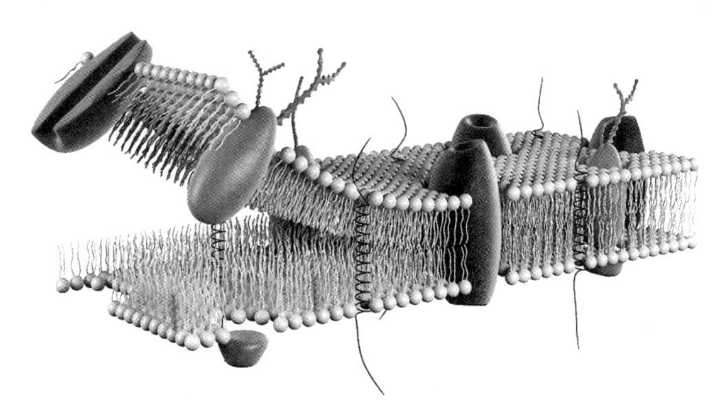

图6.16 细胞质膜的模型图

膜内蛋白质埋在磷脂双分子膜中，糖分子（用小球表示）处于膜外侧

膜输送

生物膜是非极性的，离子和极性物质不能透过，Na^+、K^+、Ca^{2+}和丙酮酸、氨基酸、糖、核苷酸等代谢物全部通过蛋白质中介透过膜。离子透过膜作为生理学及生物化学中的重要问题从19世纪起吸引了人们的兴趣。20世纪50年代初英国的霍

奇金和赫克斯利（Andrew Fielding Huxley，1917—2012）弄清了Na^+和K^+通过神经细胞膜的透过对神经传递很重要。但是，与离子的输送相关的蛋白质的结构和膜透过的机理不明，其阐明是20世纪后半叶中生物化学的重要课题之一。

沿浓度梯度的输送由膜通道蛋白质介导，但逆浓度梯度的输送则注入自由能，通过离子泵进行。在这方面，加水分解ATP供给自由能的例子很多。最常研究的输送体系是1957年由延斯•斯科发现的叫作Na^+,K^+-ATP酶（ATPase）的膜蛋白质[60]（图6.17）。这个酶蛋白质与ATP加水分解共同起作用，从细胞中取出Na^+，放入K^+，所以称作Na^+/K^+泵。在其作用中，取出3个Na^+，放进2个K^+，所以就成了进行只向外取出1个电荷的产生电势的输送，与神经细胞的点刺激也有关系。

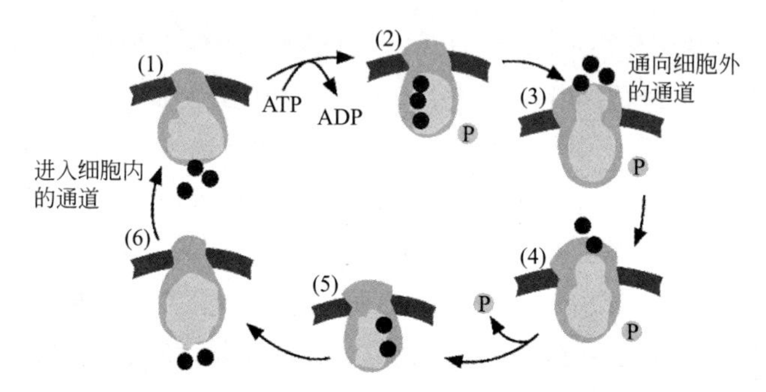

图6.17 Na^+,K^+-ATP酶产生的离子泵的作用机理的模型图

（1）Na^+嵌入酶中；（2）ATP变成ADP，1个磷酸基与酶结合；
（3）酶的结构发生变化，Na^+释放到细胞外；（4）K^+嵌入酶中，磷酸基释放出来；
（5）K^+与酶结合；（6）K^+释放出来，酶复原

选择性地结合在特定离子上使其容易透过膜的离子载体（例如，对K^+有选择性的缬氨霉素和对Na^+有选择性的莫能菌素）的研究第二次世界大战后有进展，但弄清使特定离子选择性地透过的离子通道的结构和离子透过机理的详细情况还是最近的事。K^+借助称作K^+通道的膜蛋白质从细胞内透过到细胞外。这个过程在细胞内渗透压维持和神经传递等生物化学过程中是很重要的。这个通道对K^+比对Na^+有10^4倍以上的选择性，透过速度也大。1998年洛克菲勒大学的罗德里克•麦金农成功地完成了称作KcsA的K^+通道的X射线结构解析，弄清了离子透过的详细机理[61]。由此，证实了蛋白质的螺旋末端的氧原子形成选择性地过滤K^+的空洞，与氧原子配位的K^+从那里通过的模型。

水通过细胞膜的透过是生理学上重要的问题，但这也是到了20世纪后半叶还未阐明的难题之一。在20世纪50年代中期，发现了水通过只让细胞膜中的水透过的孔迅速透过到膜内，通过后来的研究，弄清了只让水通过，不让离子通过的膜的存在，但其本质并不清楚。20世纪80年代中期，正在开展红细胞的膜蛋白研究的彼得•阿格雷偶然发现未知的膜蛋白质，确定了它的肽和DNA的序列，推定了水

延斯·斯科（Jens Christian Skou，1918—）：丹麦化学家。曾在哥本哈根大学学医，1944年毕业后接受临床培训，对局部麻醉效果感兴趣，到奥胡斯大学生理学研究所做研究，获得了博士学位，1963年升任奥胡斯大学生理学教授。1957年发现存在于细胞膜上、能将钠离子排出并将钾离子带入的"Na^+、K^+-ATP酶"，成了离子泵最早的发现者。1997年获诺贝尔化学奖。

罗德里克·麦金农（Roderick MacKinnon，1956—）：美国生物化学家。毕业于塔夫茨大学医学院，临床研修后进入基础研究。经过布兰达斯大学、哈佛大学的研究，1996年受聘洛克菲勒大学教授。阐明了使特定离子透过的离子通道的结构和功能。2003年获诺贝尔化学奖。

彼得·阿格雷（Peter Agre，1949—）：美国生物化学家。毕业于约翰·霍普金斯大学医学院，到北卡罗莱纳大学做过研修、研究，之后回到母校，1993年升任教授。在红血球的研究中，发现了使水选择性通过的蛋白质水通道蛋白。2003年获诺贝尔化学奖。

通道的可能性。然后根据含该蛋白质的细胞与不含该蛋白质的细胞的比较研究，在1992年证明了它是构成水通道的膜蛋白质[62]。该蛋白质后来被命名为水通道蛋白（aquaporin），2000年报道了它的高分辨率X射线结构解析结果。确认了这种膜蛋白质从细菌到动植物广泛存在。

斯科因发现Na^+,K^+-ATP酶于1997年获诺贝尔化学奖，阿格雷和麦金农因分别发现水通道和研究离子通道的结构与机理获得2003年的诺贝尔化学奖。

6.3.4 生物体内电子传递与氧化磷酸化

在20世纪前半叶，主要通过瓦尔堡等的研究弄清了生物体内的氧化是由细胞内的酶催化引起的。葡萄糖在糖降解过程和柠檬酸循环的酶作用下，最终被氧化成CO_2。葡萄糖被氧气氧化可以用下式表示，产生大量的自由能。

$$C_6H_{12}O_6 + 6O_2 \longrightarrow 6CO_2 + 6H_2O \quad \Delta G = -2823\ \text{kJ/mol}$$

如果将这个反应分开成葡萄糖的碳原子被氧化成CO_2的反应（$C_6H_{12}O_6 + 6H_2O \rightarrow 6CO_2 + 24H^+ + 24e^-$）和氧分子被还原成水的反应（$6O_2 + 24H^+ + 24e^- \rightarrow 12H_2O$）来考虑的话，知道这个反应是一个含有24个电子转移的反应。在生物体内该电子的传输是一步步进行的，会经历含很多酶的多段过程，产生的自由能以ATP储存起来。在20世纪前半叶，对这些电子通过电子传递链分步进行氧化还原，最终将氧气还原成水的过程进行了详细研究。于是，弄清了电子传递与通过氧化磷酸化生成ATP的关联。

彼得·米切尔（Peter Dennis Mitchell，1920—1992）：从剑桥大学毕业后，在母校继续研究，1950年取得博士学位。1955年在爱丁堡大学受聘研究职位，不过1963年因病离开大学。数年后独自在自家建立研究所，以一个小团队重新开始研究，继续进行实验验证1961年发表的“化学渗透说”的研究。根据这些研究获得了证实他假说正确性的结果，他的假说逐渐被人们接受。1978年获诺贝尔化学奖，作为不属于大学的研究者获得诺贝尔奖而成为人们谈论的话题。（参见专栏25）

电子传输机制

1948年伦宁格（Albert Lester Lehninger，1917—1986）和肯尼迪（Eugene P. Kennedy，1919—2011）证实细胞内的线粒体包含氧化必需的酶、丙酮酸脱氢酶、柠檬酸循环的各种酶、电子传递和氧化磷酸化必需的各种酶和蛋白质，弄清了线粒体是真核细胞中的氧化代谢进行的场所。第二次世界大战后可以利用电子显微镜了，线粒体的内部结构也逐渐弄清了，线粒体的膜内外代谢已经可以详细讨论了。

在20世纪50年代，放射性核种^{32}P已经用于氧化磷酸化的研究，伦宁格的团队证实了ADP的磷酸化与电子从NAD转移到氧之间的关系。1957年克兰（Frederick Crane）发现了辅酶Q（CoQ），研究了它在电子传递体系中的作用。钱斯的团队用分光法鉴定了氧化磷酸化引起的电子传递体系的各个阶段。在之后的研究中弄清楚了电子传递是埋在线粒体中的4种蛋白质复合体参与发生的（图6.18）。复合体从标准还原电位低的开始依次命名为复合体Ⅰ、Ⅱ、Ⅲ、Ⅳ，电子按NADH→复合体Ⅰ→CoQ→复合体Ⅲ→复合体Ⅳ这样流动。根据特异性抑制剂对各复合体的效果和各复合体的标准还原电势的测定就可以确定这些电子流。在1980年以后，因为X射线结构解析技术的进步弄清了这些蛋白质复合体的结构，已经可以详细讨论电子传递的机理了。NADH由于氧气的氧化产生的标准自由能变是–218kJ/mol，而从ADP生成ATP必需的标准自由能是30.5kJ/mol，氧化1分子的NADH可以给予足够的能量生成多个ATP分子。从20世纪50年代开始讨论的大问题是关于在电子传递体系所得到的自由能如何储存起来用于ATP合成的机理。对此提出了各种各样的假说，作为解释实验事实时最没矛盾的学说已经为人接受的

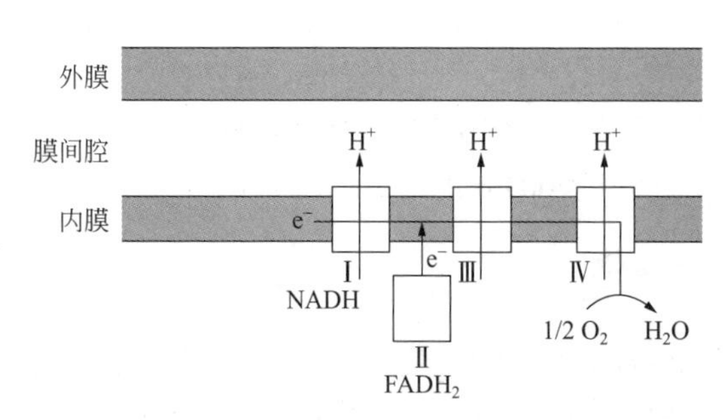

图6.18 线粒体中的电子传递体系的模型图

是彼得•米切尔于1961年提出的“化学渗透说”[63]。

化学渗透说

根据化学渗透说，由于电子传递得到的自由能，氢离子从线粒体基质被推出到膜间的空间，隔开内膜形成电化学的H^+浓度梯度。这个电化学势能梯度可以用于ATP合成。电子经复合体Ⅰ、Ⅲ、Ⅳ传递的时候，H^+从线粒体内膜被推出到外面，产生质子浓度梯度。每2个电子通过复合体Ⅰ、Ⅲ、Ⅳ时，就形成在各复合体中合成1分子ATP必要的质子浓度梯度。电子通过时的质子传递机理也做了详细探讨。米切尔的化学渗透说在提出当初反对者很多，但都逐渐变得接受了，他在1978年获得了诺贝尔化学奖。（参见专栏25）

专栏25

自己建研究所的米切尔

像获得诺贝尔奖那样的科学家，很多都是在规模很大的大学里，有设备齐全的研究室，与很多学生和研究人员一起做研究取得成果。但是，在20世纪后半叶，竟有令人感到惊讶的人物，用自己的财产建研究所，在那里以少量人员的团队开展研究、取得成果并获得诺贝尔奖，这个人就是米切尔。

彼得•米切尔1939年进入剑桥大学的耶稣学院，学习自然科学，专攻生物化学。入学考试的结果和学业期间的成绩都不太好，但幸运的是在读研究生时受到丹尼利（James F. Danielli，1911—1984）和基林这样优秀学者的熏陶。1951年以有关青霉素作用的研究取得博士学位，从1950年起当了6年生物化学研究室的助手，对磷酸透过细菌细胞壁的渗透性做了研究。1955年爱丁堡大学动物学研究室组建化学生物学研究小组，被招聘去了那里。在这里1961年发表了关于氧化磷酸化的“化学渗透说”，不过当时这一领域的研究者认为高能磷酸中间体生成后，磷酸移至ADP而生成ATP，所以他的学说都没人正眼相看。

1897年建造当时的格林馆

1962年因胃溃疡请假，1963年辞职在英国西南端的乡村博德明别墅静养。当时他听说有一处19世纪初建造的叫格林馆的房屋挂牌卖出，就投入遗产买入了该房产。他原本对建筑感兴趣。格林馆老旧受损了，花了两年时间对其进行了改造，变成了私宅兼研究所。那两年他完全远离研究，亲自作为建筑家和现场监督指挥工程。他的健康恢复了，又得到剑桥大学的研究协力者珍妮佛•毛利（Jennifer Moyle，1921—）的协助，研究员就他和毛利两人，再加上技术员和秘书，一个很小的格林研究所在1965年开张了。他想在这里继续证实被学术界忽视的"化学渗透说"的研究。

那时，证实他的假说的研究在光合成研究领域开始出现。在叶绿体中通过氢离子浓度差来制备ATP的报告出来了，支持了他的假说。他和毛利也证实了线粒体在氧化磷酸化时将氢离子排出到膜外。从那以后支持米切尔假说的研究结果陆续出现，米切尔说从假说变成了定论。如下图所示，在有影响的研究者中，米切尔说的支持者的变化确实令人印象深刻。1961年他最初提出时没有支持者，在1977年除大御所的格林（David Ezra Green，1910—1983）外，都成了他的支持者。于是在1978年米切尔终于独享了诺贝尔化学奖。

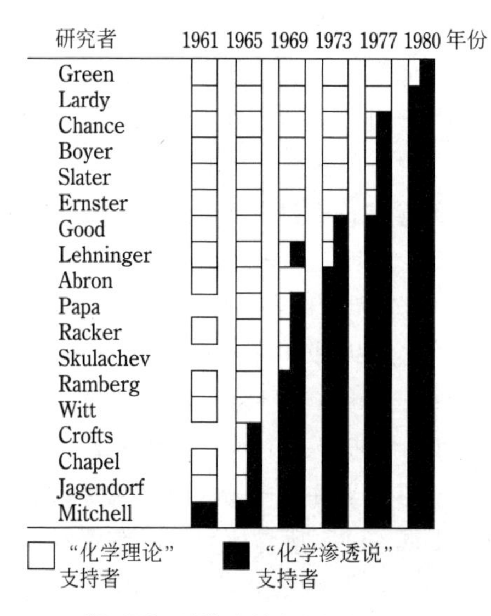

"化学渗透说"支持者各年度的变化

彼得•米切尔在晚年看到越来越集团化的社会里暴力增加的状况，对文明社会中个人之间的交流问题产生了兴趣。从他本人在科学世界中的经验出发，认为小的团队不仅比大团队更容易形成活泼的亲密关系，而且与很多情况相比更能有效地发挥功能。笔者认为在当今，比米切尔做研究时代的研究规模变得更大、有更加集团化的倾向，学习米切尔的研究方法的地方还很多。

质子浓度梯度中储存的自由能怎样用于ATP的合成呢？这由称作ATP合成酶的酶来进行。ATP合成酶由埋在线粒体膜内的F_0部分和伸出到基质中的F_1部分构成。1961年拉克尔（Ephraim Racker，1913—1991）成功地分离了F_1部分，证明与ATP酶的活性有关。从20世纪60年代到70年代，保罗•波耶尔提出了"结构变化机理"[64]，即随着位于F_1中心的γ亚基的转动，α及β亚基的立体结构发生变化，

保罗·波耶尔（Paul Delos Boyer，1918—）：在犹他州出生和长大，在布里格姆·杨大学学习化学，1942年在威斯康星大学取得生物化学博士学位。从事有关血清白蛋白稳定化的战时研究之后，到明尼苏达大学任教职，从事酶的研究。从1963年起任加州大学洛杉矶分校（UCLA）的化学及生物化学教授。很早开始就持续开展作为生物体内能源的ATP的合成酶的研究，提倡通过旋转构成ATP的部分继续合成的“转动说”。1997年获诺贝尔化学奖。

约翰·沃克（John E. Walker，1941—）：英国生物化学家。在牛津大学取得博士学位，1982年任英国分子生物医学研究所教授。为了验证ATP合成酶的旋转说着手其X射线结构解析，历经10余年的研究，最终阐明了ATP合成机理。1997年获诺贝尔化学奖。

这与ATP的合成相联系（图6.19）。在这个机理中质子的浓度梯度驱动γ亚基的转动，它改变α、β亚基的催化部位的立体结构，与之对应，就发生由ADP合成ATP的反应。1994年约翰·沃克的团队成功地完成了F_1部分的X射线晶体结构解析[65]，证实波耶尔的模型基本正确。波耶尔和沃克1997年因阐明了ATP合成的酶机理获得了诺贝尔化学奖。

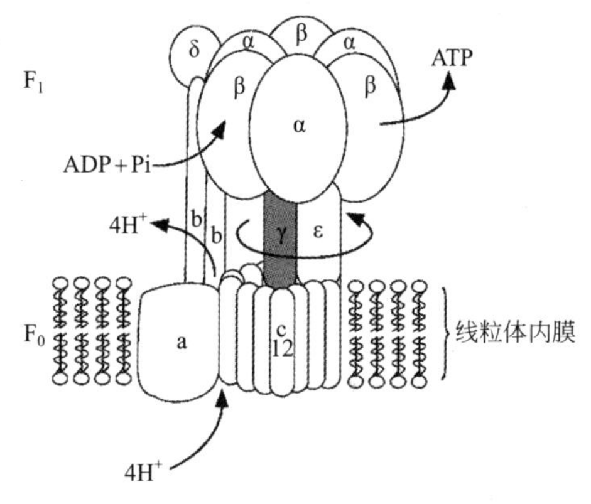

图6.19 线粒体膜、F_1、F_0、ATP合成酶的结构模型图

6.3.5 光合成

与光合成相关的研究在化学领域是一个非常重要的研究方向，包括很多有机化学家、物理化学家、生物化学家在内的广阔领域的研究者参与其中，是一个研究活跃的交叉学科领域。在20世纪前半叶，已经弄清光合成中包括光参与的光反应和没有光参与的暗反应，前者利用光能合成ATP和NADPH，后者利用它们由CO_2和水合成碳水化合物。第二次世界大战后的研究首先从暗反应过程的详细阐明开始。

暗反应

利用放射性同位素的示踪实验在第二次世界大战前就已经开始了，不过到了战后^{14}C可以很容易地使用了。加利福尼亚大学的梅尔文·卡尔文的研究小组从1946年就着手研究$^{14}CO_2$放射性标记嵌入一系列光合成反应中间体的过程，以弄清其详细情况。首先在单细胞绿藻小球藻的培养液中，在各种光照条件下，在给予$^{14}CO_2$

梅尔文·卡尔文（Melvin Calvin，1911—1997）：出生于明尼苏达，父亲是来自俄罗斯的犹太人移民，1935年在明尼苏达大学以卤素的电子亲和力的研究取得博士学位后，到曼彻斯特大学的波兰尼手下做研究，在那里对光合成产生了兴趣。1937年被G. N. 路易斯招聘成了加利福尼亚大学的研究人员，从1946年到1980年任劳伦斯放射研究所的生物·有机部门的主任，推进了光合成的研究。因发现与光合成相关的卡尔文-本森循环，于1961年获诺贝尔化学奖。

一定时间后杀死绿藻使反应停止，用当时刚刚开发的二维纸色谱和自动X光照相技术分离、鉴定生成的放射性化合物，详细考察了反应路径。这是需要艰苦努力的工作，到1953年为止卡尔文、巴沙姆（James Alan Bassham，1922—2012）以及本森（Andrew Benson，1917—2015）的研究小组几乎探明了其全貌，确立了如今称作卡尔文-本森循环的反应路径（图6.20）。根据早期的实验，将$^{14}CO_2$给予绿藻，5s以内杀死绿藻，就能鉴定出最初生成的稳定化合物3-磷酸甘油酸（3PG）。接着在光照下将绿藻充分暴露于$^{14}CO_2$中，光合成中间体就会处于确定不变的状态，停止提

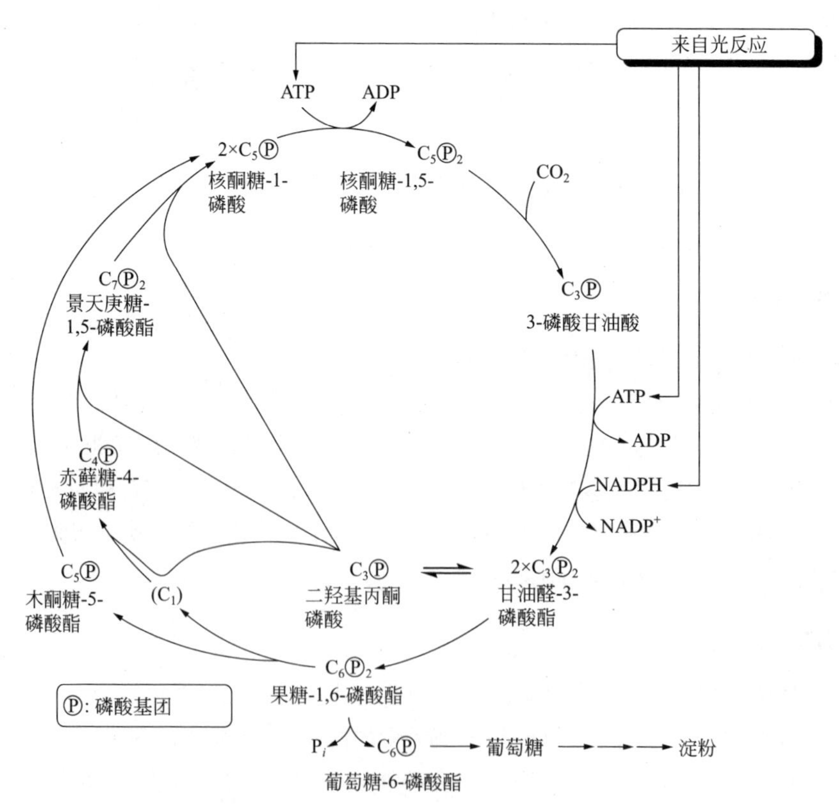

图6.20 光合成的卡尔文-本森循环

供$^{14}CO_2$，观察到了生成物的变化，这证实了CO_2和核酮糖-1,5-二磷酸酯（RuBP）反应生成2分子3PG[66]。在卡尔文循环中，首先用ATP和NADPH，由3分子RuBP和3分子CO_2制备6分子的甘油醛-3-磷酸酯（GAP），其中1分子GAP被用于半合成，5分子GAP经过含C_3、C_4、C_5、C_6、C_7化合物的循环，再生起始物质RuBP。催化固定CO_2的酶，RuBP羧化酶占叶子的蛋白质的50%，是生物界最多的蛋白质。该酶的催化反应机理由卡尔文提出。根据X射线结构解析这个酶呈现由8个大的亚基（L）和8个小的亚基（S）构成的L_8S_8结构。

梅尔文•卡尔文于1961年因植物的光合成研究获得诺贝尔化学奖。

光反应和初期过程

光合成中的光化学反应是天线叶绿素（antenna chlorophyll）吸收的光能通过激发能转移，不断地在叶绿素分子之间移动后，被反应中心的叶绿素捕获开始的。1952年都逊斯（Louis N. M. Duysens）证实了使用红色光合成细菌，在光合成中叶绿素被直接光氧化。该细菌的光反应体系比高等植物的光反应体系简单，所以被广泛用于对反应初期过程和反应中心构造的研究。

植物中的光反应在叶绿体中的类囊体膜（是叶绿体和氰基细菌中排列的膜状结构，在这里发生光合成光反应）内发生，包含与线粒体内的电子传递和氧化磷酸化类似的过程。1954年阿尔农（Daniel I. Arnon）发现了ATP的合成依赖于光（光磷酸化）。1957年爱默生（Robert Emerson，1903—1959）等发现采用绿藻小球藻的氧发生量子产率，当照射680nm以上长波长的红色单色光的同时也照射黄绿光，就会显著增加。这显示在通过光合成的氧气发生中有相连接的两个光化学过程。1960年希尔和本多尔（Derek S. Bendall）提出了将光化学体系Ⅰ和光化学体系Ⅱ串联排列的Z机理，证实了光化学体系中的电子流的能量梯度（图6.21）。在光化学体系Ⅰ（PSⅠ）中，同时制备能够还原$NADP^+$的强还原剂和弱氧化剂。在光化学体系Ⅱ（PSⅡ）中，同时制备能够氧化H_2O的强氧化剂和弱氧化剂。PSⅠ和PSⅡ同时工作，用H_2O的电子还原$NADP^+$，发生光合成。根据1960年左右之后很多研究者所做的详细研究，光化学体系的结构和电子传递的详细机理得以阐明。类囊体膜的电子传递系统由PSⅡ、细胞色素b_{6f}复合体和PSⅠ 3种蛋白质复合体构成。在电子传递体系PSⅡ中，一旦受光激发的叶绿素P680（Chla）释放出电子，含Mn的氧发生复合体就从H_2O中夺出电子补充之。被激发的P680因光诱导电荷分离，将电子传给Pheo，它被运送到质体醌（Q）池，将质体醌变成质体醇。质体醇还原细胞色素复合体，这时将H^+嵌入类囊体膜内，还原质体蓝素。PSⅠ的P700也因光激发释放出电子，成为氧化型，不过它被还原成质体蓝素而复原。从P700释放出来的电子经过一系列的电子传递体，将$DADP^+$还原成NADPH。由于在这一系列的过程中产生的质子的浓度梯度，通过ATP合成酶的作用制造ATP。

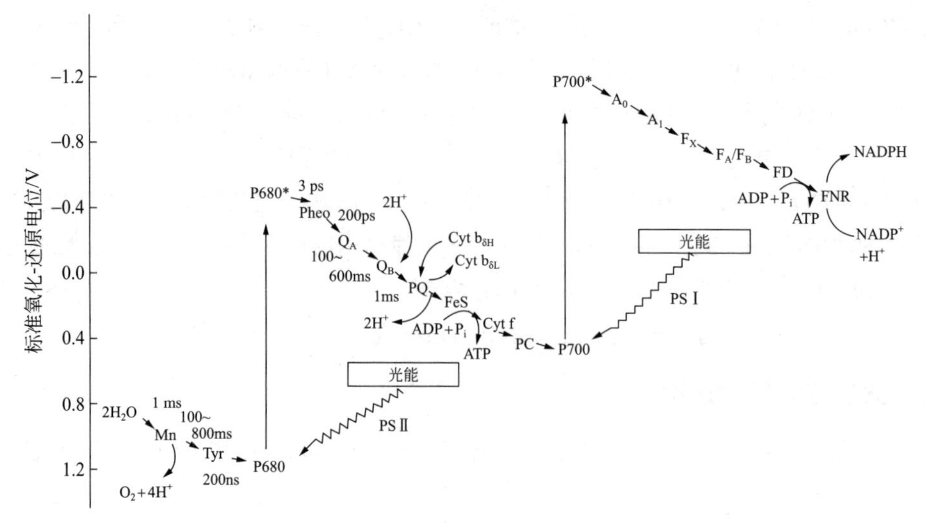

图6.21 光合成反应的Z方案图

从1980年前后开始，光合成的初期过程的研究受X射线结构解析、皮秒/飞秒超快分光、脉冲ESR等物理观测手段的进步所支撑，获得了很大发展。最早进行详细研究的是红色光合成细菌的光合成体系。1982年哈特穆特•米歇尔成功地将光合成细菌的光反应中心的膜蛋白质结晶化[67]，1984年与约翰•戴森霍费尔、罗伯特•胡贝尔等一起成功地确定了反应中心的膜蛋白的高分辨三维结构[68]。根据其结果，反应中心由4个亚基构成，在其中2个亚基中色素分子几乎对称排列，Chla的2个

哈特穆特•米歇尔（Hartmut Michel，1948—）：德国生物化学家。在图宾根大学学习生物化学，1977年在维尔茨堡大学取得博士学位。1979年进入马克斯•普朗克生物化学研究所，1987年任马克斯•普朗克生物物理研究所副所长。1982年成功地以纯晶体得到光合成细菌的膜蛋白质，与戴森霍费尔、胡贝尔一起用X射线解析技术成功地阐明了光合成中心的立体结构。因为此功绩获得了1988年的诺贝尔化学奖。

约翰•戴森霍费尔（Johann Deisenhoffer，1943—）：德国生物化学家。1974年在马克斯•普朗克研究所取得博士学位。1982—1985年与米歇尔和胡贝尔一起投入光合成细菌的光合成中心的结构解析，获得了成功。1987年转到美国霍华德研究所。1988年获诺贝尔化学奖。

罗伯特•胡贝尔（Robert Huber，1937—）：德国生物化学家。在慕尼黑工业大学取得博士学位后，进入马克斯•普朗克生物化学研究所。通过X射线衍射解析清楚了光合成细菌的光合成中心的膜蛋白质立体结构。1988年获诺贝尔化学奖。

分子形成特殊的对。参与初期反应的Chla、Pheo、Q、铁离子等的排列已清楚，据此就有可能讨论初期过程的详细情况。通过超高速分光和ESR模拟电子状态的结果，弄清了特殊对的二聚体激发后3ps内电荷分离，产生自由基对$(Chla)_2^+$+$Pheo^-$，约200ps后电子转移至Q_A，100μs后特殊对的二聚体复原（图6.22）。戴森霍费尔、胡贝尔、米歇尔3人获得了1988年度的诺贝尔化学奖。他们的研究弄清了光合成反应中心的结构，不仅为光合成研究的大进展做出了贡献，也被高度评价为膜蛋白质的结晶化和结构解析开辟了道路。

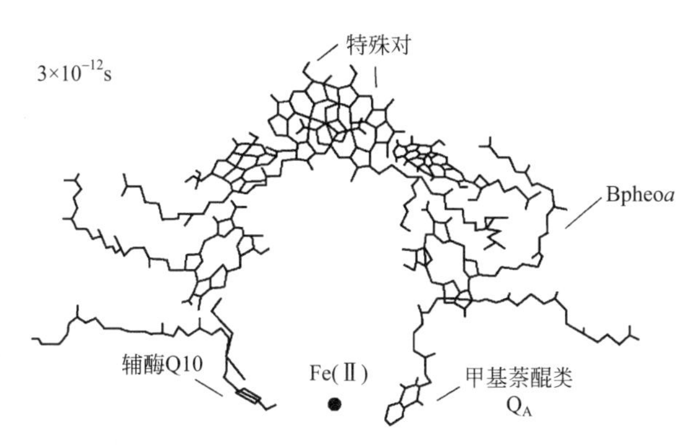

图6.22 光合成细菌的反应中心的结构和初期激发过程

光首先将BChl*b*的特殊对激发至激发态，从那里受激发的电子在3ps后转移至Bpheo*a*，进而在200ps后转移至Q_A。100μs后电子转移至辅酶Q10

6.3.6 信号传递

生物体作为一个整体为了保持协调和持续活动就必须在构成生物体的无数细胞间，通过化学的信号进行信息交换。激素和其他信号传递分子与细胞表面的受体分子结合，受体将信号传送至细胞内部。在萨瑟兰的开创性研究中，已经弄清了用于细胞间信息传递的信号（第一信息）在细胞膜转变成用于细胞内信息传递的信号（第二信息）的cAMP，不过细胞内的信号传递机制一直不清楚。到了20世纪后半叶，这个问题接近解决。

信号传递机制

从20世纪60年代末到70年代，马丁•罗德贝尔和阿尔弗雷德•吉尔曼的研究小组为探明其机理做出了很大贡献（图6.23）。罗德贝尔发现了从细胞外部向细胞内部的信号传递，实现信号的识别、传递与增强这3种功能部分是必要的，传递由尿苷三磷酸（GTP）驱动。吉尔曼的研究小组分离和纯化了与GTP及GDP（尿苷二磷酸）结合的膜蛋白质（G蛋白质），弄清了该蛋白质与传递有关，结合在GDP上的G蛋白质是非活性的，但与GTP一置换，就受到与受体相互作用的刺激而变成活性，使腺苷酸环化酶活化。G蛋白质由α、β、γ 3个亚基（G_α、G_β、G_γ）构成，

马丁·罗德贝尔（Martin Rodbell，1925—1998）：美国生物化学家。从约翰·霍普金斯大学毕业后，到西雅图的华盛顿大学取得了博士学位。之后在国立卫生研究所做研究。20世纪60年代提倡在信息传递中G蛋白质通过从受体向酶传递信息，起中转作用机理的学说。1994年获诺贝生理学·医学奖。

阿尔弗雷德·吉尔曼（Alfred G. Gilman，1941—）：美国药理学家。耶鲁大学毕业后，在凯斯西部大学医学院取得博士学位，历经国立卫生研究所、弗吉尼亚大学的研究工作后，受聘德克萨斯大学医学中心药学部主任。证明了G蛋白质参与信号传递，分离和纯化了很多G蛋白质。1994年获诺贝生理学·医学奖。

$G_β$和$G_γ$结合在一起。$G_α$与GDP或GTP结合。$G_α$•GDP•$G_βG_γ$与受体•激素复合体一结合，$G_α$就会将GDP与GTP交换，从$G_βG_γ$解离出来，活化信号增强体系。例如，在糖原的代谢中，腺苷酸环化酶在增幅器生成cAMP。存在不同种类的G蛋白质，分别与特定受体结合，活化特定的增强体系。于是已经能够理解对应各种各样刺激进行响应。G蛋白质在生物化学•医学的广阔领域担负着重要角色，在20世纪后半叶研究兴盛。罗德贝尔和吉尔曼因发现G蛋白质和这些蛋白质在细胞中的信号传递作用，获得了1994年的诺贝尔生理学•医学奖。

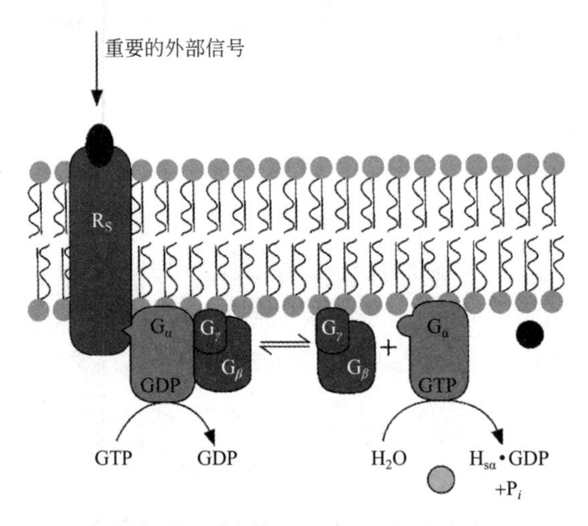

图6.23 G蛋白质的结构和信号传递机制

G蛋白质结合受体的结构与功能

细胞怎样识别产生视觉、嗅觉、味觉的刺激和肾上腺素、组胺、多巴胺那样的递质，是如何传递其信号的呢？在20世纪后半叶之初就已经公认处于细胞表面的受体是重要的，但对其本源还一无所知。

罗伯特·莱夫科维茨（Robert Joseph Lefkowitz，1943—）：美国生物化学家。出生于纽约，1966年在哥伦比亚大学取得博士学位，在国立卫生研究所接受医学临床及研究训练后，1973年任杜克大学医学中心准教授，1979年升任教授。2012年因G蛋白质偶联受体的先驱性研究获诺贝化学奖。

布莱恩·科比尔卡（Brian Kobilka，1955—）：美国生物化学家。从明尼苏达大学专攻化学和生物学毕业后，到耶鲁大学取得硕士学位，在完成作为内科医生的研修后，在杜克大学莱夫科维茨的手下做博士研究员，1989年转到斯坦福大学，任医学部分子及细胞生理学教授。2012年因G蛋白质偶联受体的研究获诺贝尔化学奖。

在1960年末罗伯特•莱夫科维茨将肾上腺素等各种激素用碘的放射性同位素标记，查清其受体，提取出来进行研究。他的研究小组提出了有关受体活化的四元复合模型（图6.24）。于是，注意到与肾上腺素和具有同样功能的激动剂（指在生物体内起作用，产生与激素和神经递质同样功能的显效药）的结合加强了受体与G蛋白质的亲和性，与G蛋白质的结合同时又加强受体和显效药的结合，从而活化G蛋白质这一异构效应。他和布莱恩•科比尔卡的研究小组解析编码肾上腺素受体的遗传基因，发现该受体类似于与视觉相关的受体，弄清了它们属于具有同样结构和功能的一群G蛋白质结合受体。2011年科比尔卡的研究小组成功地完成了受体•G蛋白质复合体用激素活化处在传递信号状态的X射线结构解析，成功地弄清了活化过程中的受体结构变化的详细情况。

莱夫科维茨和科比尔卡获得了2012年的诺贝尔化学奖。

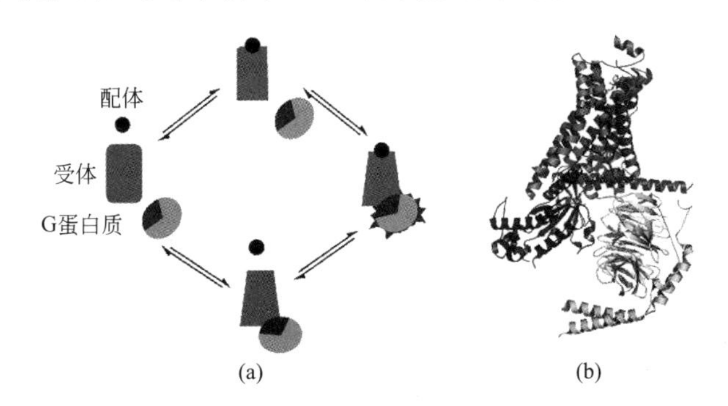

图6.24　G蛋白质结合受体的结构与功能

（a）由配体（●）、受体、G蛋白质构成的四元复合体的热力学循环；
（b）由X射线结构解析得到的四元复合体的结构

神经递质和一氧化氮（NO）

在突触的神经传递中有化学物质参与这一事实在1921年由奥地利生理学家

奥托•勒维（Otto Loewi，1873—1961）最早证实，之后弄清了该物质是乙酰胆碱 $[(CH_3COOCH_2CH_2N^+(CH_3)_3]OH^-$。这样的神经递质发现有很多，如氨基酸、胺类、肽类等，不过简单的双原子分子NO是信号传递分子在20世纪80年代弄清了，激起了人们的兴趣。1980年佛契哥特（Robert F. Furchgott，1916—2009）发现乙酰胆碱的血管扩张作用是因为在血管内皮乙酰胆碱生成了未知物质，将它命名为内皮细胞舒血管因子（endothelium-derived relaxing factor，EDRF）。1986年前后罗伯特•佛契哥特、路易斯•伊格纳罗（Louis J. Ignarro，1941—）的研究小组用光谱学的方法查清了EDRF是NO。另一方面，费瑞•慕拉德（Ferid Murad，1936—）在1977年发现了硝酸甘油等硝酸药释放出NO，通过活化血管平滑肌的胍基酸环酶，生成环状GMP来发生松弛反应。硝化甘油自诺贝尔发现以来作为抗胸闷药使用了100年以上，但意味深长的是其作用机理通过这些研究才得以弄清。NO的作用通过这些研究受到关注，关于NO的研究爆炸式增加，其结果是让人们认识到了NO作为重要的信号传递分子在医学的广阔领域担负着重要的角色。佛契哥特、伊格纳罗、慕拉德因发现作为循环系统中的信号传递分子的NO获得1998年的诺贝尔生理学•医学奖。

6.3.7 免疫与遗传重组

利根川进对免疫中的抗体的多样性发现机理的阐明是免疫学中的重大成果，同时也是证实遗传可变性的重要发现。像人这样的高等动物具有称作免疫的防御体系来保护身体抵抗病毒和细菌那样的外部入侵者。其中之一是淋巴球B细胞，产生与入侵的各种各样的病原体（抗原）对应的抗体。抗原的数目虽然非常多，但能制造出对应任何抗原的抗体。在人的场合，细胞中的遗传因子数目据称约3万，而可以制造出的抗体种数据称超过百亿。这到底可能吗？利根川进研究了老鼠的淋巴球B细胞制造称作免疫球蛋白的蛋白质抗体的情况，解开了这一谜团。

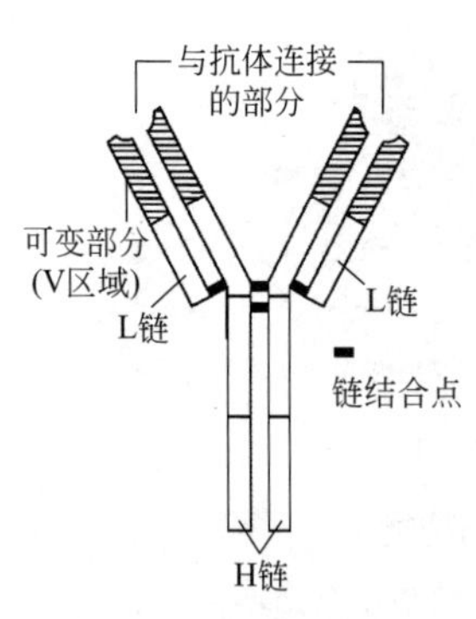

图6.25 免疫球蛋白的结构模型图

内侧的Y字形部分为H链；外侧短的部分为L链。带斜线部分为可变性区域

免疫球蛋白的结构如图6.25所示，呈由称作L链和H链的肽链构成的Y字形。在Y字形尖端和抗原连接，存在识别它的部分。这个部分是随每个抗体而不同的可变部分（V区域），之外的部分的结构是一定的。H链的V区域分成V、D、J这3个区块，根据指定其各个氨基酸序列的遗传因子组合，可以确定V区域全部氨基酸序列。在制造B细胞的造血细胞的DNA中制定这些区块的候补遗传因子对V而言有约100个，对D有20个，对J有4个，所以从各自的候补中各选一个遗传因子，就可制备8000个不同种类的抗体分

利根川进（1939— ）：1963年毕业于京都大学理学部化学系，1968年在加州大学圣地亚哥分校获得博士学位，在索尔克研究所做完博士后研究员之后，于1971—1981年任瑞士巴塞尔免疫研究所研究员，在这里成功地在遗传基因水平阐述了成为其获得诺贝尔奖的抗体分子的多样性发现机理。此后任麻省理工学院霍华德•休斯医学研究所教授，转向脑科学•神经科学研究，2009年受聘理化研究所脑科学综合研究中心主任。1987年获诺贝尔生理学•医学奖。

子。同样，L链的V区域也有多样性，进一步要是包括由区块的连接部位的错位产生的多样性，B细胞生产的抗体分子就会产生庞大的多样性。这样在制造出抗体分子的过程中遗传因子被重组产生多样性的抗体的情况利根川进从1976年开始的研究就探明了[70]。该研究不仅是免疫的机制阐明，从遗传基因重组这点来看也是重要的研究。

参考文献

[1] For example, D. Voet and J. Voet, *"Biochemistry"* 3rd ed. John Wiley, 2004.

[2] J. Fruton, "*Molecules and Life Historical Essays on the Interplay of Chemistry and Life*" John Wiley and Sons, 1972.

[3] J. Fruton, "*Proteins, Enzymes, Genes*" Yale Univ. Press, New Heaven, 1999.

[4] K. Maruyama, "*Seikagaku wo tsukutta Hitobito*" (*People who made biochemistry*) Shokabo, 2001.

[5] M. Watanabe, "*DNA no Nazo ni idomu*" (*Challenge to the riddle of DNA*) Asahi Sensho, 1998.

[6] A. Ohno, "*137 Okunen no Monogatari*" (*Stories of 13.7 billion years*) Sankyo Syuppan, 2006.

[7] L. K. James "*Nobel Laureates in Chemistry 1901–1992*" Amer. Chem. Soc./Chem. Her. Found. 1994.

[8] J. D. Watson with A. Berry, "*DNA: The secret of life*" Random House, New York, 2003.

[9] J. D. Watson, "*The Double Helix*" The New American Library, 1968.

[10] F. Crick, "*What Mad Pursuit: Personal View of Scientific Discovery*" Basic Books, New York, 1988.

[11] M. Wilkins, "*The Third Man of the Double Helix*" Oxford Univ. Press, 2003.

[12] B. Dixon, "*Rosalind Franklin: The Dark Lady of DNA*" Harper Collins, 2002.

[13] F. Griffith, *J. of Hygience*, **27**, 113 (1928).

[14] O. T. Avery, C. M. Macleod, M. McCarty, *J. Experimental Medicine*, **79**, 137 (1944).

[15] E. Chargaff, *Experientia*, **6**, 201 (1950).

[16] A. D. Hershey, M. Chase, *J. Gen. Physiol.*, **36**, 39 (1952).

[17] E. Schrödinger, "What is life? The Physical Aspect of the Living Cell" Cambridge Univ. Press, 1944.

[18] L. Pauling, R. B. Corey, *J. Am. Chem. Soc*., **72**, 5349 (1950).

[19] M. Perutz, "*I wish I had made you mad earlier*" Cold Spring Harbor Pres, 2002.

[20] W. T. Astbury, F. O. Bell, *Nature*, **141**, 747 (1938).

[21] J. D. Watson, F. H. C. Crick, *Nature*, **171**, 737 (1953).

[22] M. H. F. Wilkins, A. R. Stokes, H. R. Wilson, *Nature*, **171**, 738 (1953).

[23] R. E. Franklin, R. G. Gosling, *Nature*, **171**, 740 (1953).

[24] T. Hager, "*Force of Nature: The Life of Linus Pauling*" Simon & Schuster, 1995.

[25] M. Meselson, F. W. Stahl, *Proc. Natl. Acad. Sci*., **44**, 671 (1958).

[26] A. Kornberg, *Science*, **131**, 1503 (1960).

[27] F. Sanger, *Adv. Protein Chem*., 7, 1 (1952), Nobel lecture 1958, Nobelprize. org.

[28] M. Perutz, *Nature*, **228**, 728 (1970).

[29] J. Monod, J. P. Changeux, F. Jacob, *J. Mol. Bio*., **6**, 306 (1963).

[30] C. B. Anfinsen, *Science*, **181**, 223, (1973).

[31] G. Gamow, *Nature*, **173**, 318 (1954).

[32] F. H. C. Crick, *Symp. Soc. Exp. Biol*., **12**, 138 (1958).

[33] R. W. Holley, J. Apgar, G. A. Everett, J. T. Madison, M. Marquisse, S. H. Merrill, J. R. Penswick, A. Zamir, *Science*, **147**, 1462 (1965).

[34] M. Nirenberg, J. H. Matthaei, *Proc. Natl. Acad. Sci*., **47**, 1588 (1961).

[35] F. Jacob, J. Monod, *J. Mol. Biol*., **3**, 318 (1961).

[36] J. Monod, "*Chance and Necessity: An Essay on the Natural Philosophy of Modern Biology*" Alfred Knopf, New York, 1971.

[37] F. Jacob, "*The Statue Within*", Basic Books, 1995.

[38] R. Okazaki, T. Okazaki, K. Sakabe, K. Sugimoto, A. Sugino, *Proc. Natl. Acad. Sci*., **59**, 598 (1968).

[39] K. B. Mullis, *Sci. Am*., **262**, 56 (1990).

[40] P. Rabinow, "*Making of PCR*" Univ. of Chicago Press, Chicago & London, 1996.

[41] K. Mullis, "*Dancing in the Mind Field*", Vintage, 2001.

[42] J. W. Szostak, E. H. Blackburn, *Cell*, **29**, 245 (1982).

[43] G. W. Greider, E. H. Blackburn, *Cell*, **43**, 405 (1985).

[44] A. D. Jackson, R. H. Symons, P. Berg, *Proc. Natl. Acad. Sci. USA*, **69**, 2904 (1972).

[45] W. Gilbert, A. Maxam, *Proc. Natl. Acad. Sci. USA*, **70**, 3581 (1973).

[46] F. Sanger, S. Nicklen, A. R. Coulson, *Proc. Natl. Acad. Sci. USA*, 74, 5463 (1977).

[47] a) P. Cramer, D. A. Bushnell, R. Kornberg, *Science*, 292, 1863 (2001).
b) A. L. Gnatt, P. Cramer, J. Fu, D. A. Bushnell, R. D. Kornberg, *Science*, **292**, 1876 (2001).

[48] A. Yonath, J. Mussig, B. Tesche, S. Lorenz, V. A. Erdmann, H. G. Wittmann, *Biochem. Int*., **1**, 428 (1980), A. Yonath, H. D. Bartunik, K. S. Bartels, H.G. Wittmann, *J. Mol. Biol*., **177**, 201 (1984).

[49] N. Ban, P. Nissen, J. Hansen, M. S. Capel, R. Sweet, P. B. Moore, T. A. Steitz, *Science*, **289**, 905 (2000).

[50] W. A. Clemons, J. L. May, B. T. Wimberly, J. P. McCutcheon, M. S. Capel, V. Ramakrishnan, *Nature*, **400**, 833 (1999).

[51] A. Ciechanover, Y. Hod, A. Hershko, *Biochem. Biophys. Res. Commun.*, **81**, 1108 (1978).

[52] A. Hershko, A. Ciechanover, I. A. Rose, *Proc. Natl. Acad. Sci. USA*, 76, 3107 (1979).

[53] A. Ciechanover, H. Heller, S. Elias, A. L. Haas, A. Hershko, *Proc. Natl. Acad. Sci. USA*, **77**, 1365 (1980).

[54] A. J. Zaug, T. R. Cech, *Nucleic Acids Res.*, **10**, 2823 (1982).

[55] C. Gurrier-Takada, K. Gardiner, T. Marsh, N. Pace, S. Altman, *Cell*, **35**, 849 (1983).

[56] W. Gilbret, *Nature*, **319**, 618 (1986).

[57] C. C. F. Blake, L. N. Johnson, G. A. Mair, A. C. T. North, D. C. Philips, V. R. Sarma, *Proc. R. Soc, London*, Ser. B, **167**, 378 (1967).

[58] L. F. Leloir, C. E. Cardini, *J. Am. Chem. Soc.*, **79**, 6340 (1957).

[59] S. J. Singer, G. L. Nicolson, *Science*, **175**, 720 (1972).

[60] J. C. Skou, *Biochim. Biophys. Acta.*, **20**, 394 (1957).

[61] P. Doyle, J. Cabral, R. Pfuetzner, A. Kuo, J. Gulbis, S. Cohen, B. Chait, R. Mackinon, *Science*, **280**, 67 (1998).

[62] G. M. Preston, T. Caroll, W. B. Guggino, P. Agre, *Science*, **256**, 358 (1992).

[63] P. Mitchell, *Nature*, **191**, 144 (1961).

[64] P. D. Boyer, R. L. Cross, W. Momsen, *Proc. Natl. Acad. Sci. USA*, **70**, 2837 (1973), P. D. Boyer, Nobel Lecture, 1997, Noberprize.org..

[65] J. P. Abrahams, A. G. Leslie, W. Lutter, J. E. Walker, *Nature*, **370**, 621 (1994).

[66] M. Calvin, J. Chem. Soc. (1956) 1895, *Science*, **135**, 879 (1962).

[67] H. Michel, *J. Mol. Biol.*, **158**, 562 (1982).

[68] J. Deisenhofer, O. Epp, K. Miki, R. Huber, H. Michel, *J. Mol. Biol.*, **180**, 385 (1984).

[69] Nobel Prize in Chemistry 2012—*Advanced information*, Nobelprize.org.

[70] N. Hozumi, S. Tonegawa, *Proc. Natl. Acad. Sci. USA*, **73**, 3628 (1976)

近现代的化学和科学·技术史年表（20世纪后半叶）

年	物理、应用物理、技术	观测·分析、反应、理论·计算	新物质、合成、功能、物性、环境	生物化学、分子生物学
1945	中子衍射（沃伦，1945） 核磁共振（布洛赫、珀赛尔，1946） 全息照相理论（伽柏，1948） 晶体管（巴丁、布拉顿、肖克莱，1948） 铁磁性（尼尔，1948） 计算机EDSAC（剑桥大学，1949） 重整化理论（朝永，1949）	^{14}C年代测定法（利比，1946） 快速光解（波特、诺里什，1947） 激发转移（福斯特，1948） 高分子溶液理论（弗洛里，1948） 气相色谱（马丁、詹姆斯，1949）	钷（马林斯基、格伦丹宁、科里尔，1945） ATP的合成（托德，1948）	辅酶CoA的发现（李普曼、卡普兰，1945）
1950	微波量子放大器（汤斯，1953） 四极质谱仪（保罗、斯坦威德尔，1953） 连续振荡微波量子放大器（巴索夫、普罗霍罗夫，1955） 超导理论（巴丁、库珀、施里弗，1957） 穆斯堡尔效应（穆斯堡尔，1957） 不可逆过程理论（久保，1957） 半导体中的隧道效应（江崎，1958） 激光可能性提案（汤斯、肖洛，1958） 集成线路（基尔比，1958）	分子的HF式（罗特汉，1951） 前线轨道理论（福布，1952） 配体中的电子转移反应（陶布，1952） 电荷转移光谱（马利肯，1952） 化学弛豫法（艾根，1953） 根据交叉分子线的反应研究（达兹、泰勒，1954） 维生素B_{12}结构确定（霍奇金，1954） 电子转移反应理论（马库斯，1956） X射线光电子能谱（西格巴恩，1957） 刚性球的MD计算（阿尔德、温赖特，1957） 基于化学发光的反应研究（波兰尼，1958） 肌红蛋白结构确定（肯德鲁，1958）	胆固醇的合成（伍德沃德，1951） 二茂铁（威尔金森、伍德沃德，1951） 由无机物生成氨基酸（米勒、尤里，1953） 烯烃的催化聚合（齐格勒、纳塔，1953） 维蒂希反应（维蒂希，1954） 有机半导体的发现（赤松、井口，1954） 硼氢化反应（勃朗，1956）	核酸的查戈夫法则（查戈夫，1950） 蛋白质的α螺旋结构（鲍林，1950） 证实遗传物质是DNA的实验（赫尔歇、蔡司，1952） DNA的双螺旋结构（沃森、克里克，1953） DNA螺旋结构的X射线解析（富兰克林，1953） RNA的酶合成（奥乔亚，1955） 胰岛素的一级结构（桑格，1955） 光合成中的CO_2固定途径（卡尔文、本森，1957） 环腺苷酸（cAMP）的发现（萨瑟兰，1957） 糖原生物合成机理（莱洛伊尔，1957） Na^+、K^+输送ATP酶（斯科，1957） DNA的酶合成（科恩伯格，1958）
1960	激光的发明（梅曼，1960） 自发的对称性破坏（南部，1960） 超导体中的隧道效应（约瑟夫森，1962） 光学相干性的量子理论（格劳伯，1963） 夸克理论（盖尔曼等，1964）	绿色荧光蛋白（GFP）的发现（下村，1962） 伍德沃德-霍夫曼法则（伍德沃德、霍夫曼，1965）	叶绿素的合成（伍德沃德，1960） 固相聚合法（梅里菲尔德，1962） 稀有气体化合物（巴特利特，1962）	遗传控制的操纵子学说（莫诺、雅各布，1961） 化学渗透学说（米切尔，1961） 遗传密码解读（尼伦伯格，1961） 变构效应（莫诺、尚热、利沃夫，1963） tRNA的碱基序列测定（霍利，1965）

续表

年	物理、应用物理、技术	观测•分析、反应、理论•计算	新物质、合成、功能、物性、环境	生物化学、分子生物学
	光纤通信（高锟、霍克哈姆，1966） 非晶态电子理论（莫特，1969）	傅里叶变换NMR（恩斯特，1966） 密度泛函理论（科恩、沈吕九，1968） *ab initio*分子计算（波普尔，1969） 碳正离子的鉴定（奥拉，1969）	冠醚的发现（佩德森，1967） 手性合成反应（诺尔斯，1968）	限制酶的发现（阿尔伯，1968）
1970	CCD传感器的发明（波义耳、史密斯，1970） ^3He的超流（戴维•李、里查森、奥谢罗夫，1972） 第3代夸克、轻子的预言（小林、益川，1973）	本田-藤岛效应（本田、藤岛，1972） NMR成像（劳特布尔，1973） 表面增强拉曼（弗莱施曼，1974） 二维NMR（恩斯特，1976）	复分解反应机理（肖万，1971） 前列腺素的合成（科里，1971） 赫克反应（赫克，1972） 维生素B_{12}的全合成（伍德沃德、艾申莫瑟，1972） 金属CT复合物（费拉里斯，1973） 氟利昂对臭氧层的破坏（莫利纳、罗兰，1974） 根岸偶联反应（根岸，1976） 导电高分子（白川、黑格、麦克迪尔米德，1977） 铃木偶联反应（铃木，1979）	生物膜的流动镶嵌模型（桑格、尼克森，1972） 遗传重组技术（博格，1972） 抗体遗传基因的结构（利根川，1976） 核酸碱基序列测定方法（吉尔伯特、马克萨姆、桑格，1977） 分裂遗传基因（罗伯茨、夏普，1977）
1980	量子霍尔效应的发现（克利青，1980） 扫描隧道显微镜的发现（宾宁、罗勒，1981） 高温超导体的发现（贝德诺尔茨、穆勒，1985） 原子力显微镜的发现（宾宁等，1986） 巨磁阻抗（格林贝格尔、费尔，1987）	电喷雾离子化法（芬恩，1984） MALDI法（希伦坎普，1985） 采用MALDI法的蛋白质分析（田中，1987） 飞秒光谱（泽维尔，1987） 单分子光谱（莫尔纳尔，1989）	手性氢化反应的开发（野依，1980） 手性氧化反应（夏普莱斯、香月勗，1980） 准晶体的发现（舍特曼，1984） 富勒烯的发现（科尔、克罗托、斯莫利，1985）	端粒的结构与功能（布莱克本、绍斯塔克，1980） RNA的催化功能（切赫，1982） PCR法的开发（穆利斯，1985） 光合成反应中心的结构解析（戴森霍费尔、胡贝尔、米歇尔，1985）
1990	波斯-爱因斯坦凝聚的实现（康奈尔、维曼，1995）		碳纳米管（饭岛，1991）	

第7章 20世纪的化学与未来

国际纯碎与应用化学联合会（International Union of Pure and Applied Chemistry，IUPAC）的会标

在20世纪取得了大发展的化学领域，有怎样的未来可以期待呢？在这章，打算立足20世纪化学的发展，对21世纪的化学进行一个展望。将来的事情谁也无法准确预测，但思考未来是意味深长的事，也是非常重要的。首先，通过诺贝尔奖来回顾一下20世纪化学的变迁和孕育开创性研究的背景。其次，考虑20世纪末到21世纪化学领域发生的变化，尝试对今后的化学做一个展望。

7.1 20世纪的化学与诺贝尔奖

诺贝尔奖在科学界是最有权威的奖，受到社会的极大关注。诺贝尔奖是从1901年开始的（诺贝尔物理学和化学奖章见图7.1），但作为诺贝尔奖对象的业绩是从19世纪末一直到现在为止的，几乎覆盖了整个现代化学。因此，诺贝尔奖是了解20世纪化学发展和变化状况的良好指标。看看114年间的获奖者阵容和他们的业绩（截至2014年），从中就能看出各种各样的倾向。但是并非没有问题。在这节先指出诺贝尔奖的特点和问题点后，再思考通过诺贝尔奖看到的现代化学及其变化。接着再考虑对化学的发展产生重大影响的重要发现是怎样做到的。

7.1.1 从诺贝尔化学奖看到的20世纪的化学

诺贝尔奖的特点与问题[1,2]

到2014年为止，在114年的诺贝尔奖评审中，有授予后来判定是错误的业绩的，也有做出的评审被质疑的。不过整体而言评审是做得基本恰当的，这大概就是这一奖项变得具有很大权威的第一个原因吧。但是，以诺贝尔奖为指标来考虑科学

图7.1 诺贝尔奖章（物理学和化学）

正面是阿尔弗雷德•诺贝尔的头像；背面是科学女神轻轻揭开
自然女神的面纱，凝视着她的侧脸的场景

的发展并非没有问题。诺贝尔奖因为死后不能被授予，所以屡屡有取得卓越业绩的科学家被排除在获奖对象之外。在与化学关系很紧密的科学家中，周期表的门捷列夫、对原子结构阐明做出重大贡献的莫斯利（Moseley）、对DNA结构解析起决定性作用的罗莎琳•富兰克林、最早证实遗传中DNA重要性的艾弗里等在业绩为世人广泛认可的时候已经去世，为此失去了获奖的机会。在电子显微镜的开发中，从最早的开发到鲁斯卡获奖历经约50年，共同研究者诺尔（Max Knoll，1897—1969）已经去世，没能成为获奖对象。

因为获奖者同一年度最多3人，屡屡也有排第4名的候选人以微弱之差与获奖失之交臂。在单独获奖的情况下，与其他候选人相比强多少有时也存疑。另外，在共同研究的场合，公正评价研究指导者和实际进行研究的学生和助手的贡献程度往往也很难。比较某个领域和其他领域的重要性往往也困难。在业绩的评价中无论如何也会引入评审委员的喜好和主观性，因为是人做的评判，所以很难避免错误和偏见以及疏漏。有时也不能认为评审一定是公平的。例如，在原子核分裂的发现中只有哈恩1人获奖，而迈特纳没有共同获奖，对此很多人就认为是不公平的。近年在评审中投入很多人力审慎进行，但即便如此也没有完美无缺的事。所以，即使在最近对评审委员会的决定也屡屡表示疑议。

因为重视最先的发现•发明，所以长年累月积攒起来的贡献不太受好评。例如，在20世纪物理化学的广阔领域做出很多贡献的G. N. 路易斯几次成为候选人而没有获奖。因此，即使对学术的发展做出很大贡献，但不是获奖者的人很多。即便考虑到上述问题的存在，回头看看这114年获奖者和他们的业绩，也能充分看出这之间化学发展和化学变化的情况。在书末附录中列出了1901—2014年的诺贝尔化学奖获奖者和业绩。

获奖对象领域的变化

将114年分成前半段和后半段大致将不同领域获奖数的变化列于表中（表7.1）。在前面57年间，将领域分成物理化学、有机化学、无机•分析•放射化学3个领域的话，化学奖基本均等授予。有关放射能的获奖多，不过这正好是在告诉我们放射能在那个时代是多么重要，对化学产生了多么大的影响。在20世纪前半叶，放射能在物理和化学两方面都是前沿研究领域。以化学热力学为首的物理化学相关获奖也相当多，不过这大概是显示了它作为化学的基础的重要性和引入物理学的进步发展起来的新学术的魅力吧。在有机化学中天然有机化学的获奖多，这告诉我们复杂有机化合物的结构阐明和合成是当时化学的前沿研究。还有，这个领域作为生物化学发展的基础也非常重要。但是，在生物化学领域的化学奖还是比较少，主要限于与酶研究相关的研究。这之外的生物化学的重要研究，例如代谢和生物体内氧化还原相关的研究倒是成了生理学•医学奖的对象。大概是认识到了医学中生物化学的重要性的结果吧。或许可以说生物化学在化学中其重要性还没有获得充分的认识。

表7.1　不同领域获奖者数的变化

领　　域	1901—1956	1957—2014
物理化学	14	37
有机化学	19	25
无机、分析与放射化学	16（其中放射化学7个）	8
生物化学（含分子生物学）	6	40
其他	3	2

注：跨2个领域的，两边都计入。

与此相对应，在之后的57年间状态一下子变了。生物化学•分子生物学领域的获奖数的增加引人注目。特别是最近30年中这个领域的获奖很多。这大概是真实地反映了20世纪后半叶生命科学大发展的影响吧，不过笔者认为是诺贝尔奖评审委员会广泛认同分子生物学也包括在化学学科中的结果。生物化学、分子生物学相关的卓越业绩成了化学奖和生理学•医学奖两边的对象，而二者的区别不太明确。例如1962年的诺贝尔奖，DNA的结构解析授予了生理学•医学奖，而蛋白质的结构解析授予了化学奖；DNA的结构解析即便是授予化学奖也一点都不奇怪。事实上，DNA的碱基序列的测定、遗传重组、PCR法的开发、RNA的催化作用的发现等，与DNA和RNA相关的、通常被看成分子生物学成果的很多研究后来都成了化学奖的对象。

包含理论化学在内的物理化学领域的获奖也相当多，这得益于引入物理学的成果，以及观测手段和计算机的飞跃进步，显示了物理化学领域的进步对化学的影响之大。包括有机金属化学在内的有机化学领域的获奖也较多，特别是在这10年间有机合成化学的获奖很耀眼。这大概是人们认识到合成物质是化学的一个中心课题，它不仅作为学术重要，与产业结合对人类生活也产生了很大影响的结果。也包括物理化学，最近与应用相结合的研究在诺贝尔奖中也获得了认同，与这一倾向也一致。关于奖诺贝尔的遗言中说道："给予对人类做出最大贡献的人们。"所以应用也得到充分考虑可以说是遵循了诺贝尔的遗志。另外，物理化学和生物化学、分析化学和生物化学、物理化学和有机化学等领域的交叉研究，以及在传统领域分类困难的、学科交叉的研究的获奖也出现了。笔者认为在20世纪后半叶，在原来的领域和超出物理•化学•生物框架的领域，显示了新的化学在发展的状态。

获奖者的国籍

表7.2显示了不同国家的获奖者人数的变化。在前57年德国压倒多数，英国和美国也诞生了比较多的获奖者。诞生牛顿和达尔文的英国在化学领域发挥了独自的创造性。美国在第二次世界大战前也已显示出具有相当的实力。其他欧洲各国，特别是瑞士和瑞典这样的小国家也顽强奋斗了。

表7.2 化学奖按国籍的获奖人数

国家	1901—1956	1957—2014	合计
美国	10	57	67
德国	20	8	28
英国	10	14	24
法国	6	2	8
日本	0	7	7
瑞士	3	3	6
以色列	—	4	4
瑞典	3	0	3
荷兰	2	0	2
加拿大	0	2	2

在后57年，美国化学家的获奖占压倒性多数，是第二次世界大战后美国化学强盛的反映。其背景是美国有经济上的优势，不过，有很多优秀的大学生和接收来自欧洲和亚洲的优秀人才带来的效果也是明显的。在欧洲各国，英国按人口比例获奖者人数是多的，不过也有稍微减少的倾向。21世纪英国的化学还会持续诞生独创性的研究吗？德国的减少显眼，但纳粹对犹太人学者的流放和大战失败的影响是很明显的。法国的退潮也很显著。另一方面，以色列虽为小国，但最近的获奖很显眼。众所周知，在全世界按人口比例来比较，优秀的犹太人学者的数目占压倒性多数，这也许是证明犹太人优秀的数据吧。

日本化学家的获奖自1981年福井最早获奖以来一直断档，不过最近有2000年的白川、2001年的野依、2002年的田中、2009年的下村、2011年的铃木和根岸，在急速地增加。在后57年中，达到了与德国比肩的水平，反映了以第二次世界大战后经济发展为背景的日本化学水平的提高。从这一点也可看出，如果撇开美国不说，日本的化学达到了与世界尖端比肩的水平。但是也不能松手这个数字高兴。下村、根岸的业绩应该认为是在美国做出来的。还有田中、下村在获奖之前在日本化学界并不知名，这暗示化学中的重要发现的偶然性和最近化学的特点的变化。野依、铃木、根岸的获奖是在有机合成化学领域的获奖，这个领域传统上是日本研究水平高的领域。白川的获奖也是基于物质合成，也许可以说日本人的“制造”的传统已体现在这样的获奖之中。

serendipity与诺贝尔奖

知晓成为诺贝尔奖对象的研究是怎样诞生的意义深远。科学史上很多大的发现并不是所预期的，经常被认为是偶然所致，就像用serendipity（根据英国小说家沃尔波尔的童话《斯里兰卡的三个王子》造出来的词语，指意外发现不同于原本想要探索的东西的珍奇事物的本领。在自然科学中意味着“偶然发现有趣的或有价值的事物的能力”）这样的词语所表示的那样[3]，这到底是怎么回事呢？总体上来说，大多是在开始研究的时点选择认为重要的研究题目，对其进行探索而取得大的成果。但因为偶然的发现开辟新领域的例子也相当多。那就从成为诺贝尔奖对象的20世纪后半叶的研究中列举这样的实例吧。

首先，成为有机金属化学发展源头的二茂铁的发现就不是预期的成果。佩德森发现的后来成为超分子化学发展契机的冠醚也是这样。冠醚是尝试制备五齿配体过程中的副产物。发现C_{60}等富勒烯的研究最初的目的是在星际空间寻找碳的长链分子。陶瓷高温超导物质的发现也可以说还是偶然的发现。与这些情况性质稍微不同，成为白川发现导电聚合物契机的聚乙烯薄膜的制备据说是缘于做实验的研究生将催化剂的浓度弄错了1000倍。像这样在没有预期到的地方屡屡隐藏着大发现的玄机。特别是在处理复杂物质的化学领域，应该可以认为还留下了很多我们想都没想到的发现的可能性。

在以复杂生物大分子为对象的生物化学和分子生物学领域，没有预期到的大发现自然很多。在DNA和RNA的研究早期阶段很多重要的发现是没有预期到的。后来也有像RNA的催化作用、水通道膜蛋白质等很多不在预料中的发现。在发展之中的领域和处理生物体那样复杂的体系的领域，意外发现的机会多是理所当然的。在以医学那样的复杂现象为对象的领域，几乎所有重要的发现都是偶然的，也有批判说提出消灭癌症那样口号的大课题对于诞生创造性成果完全是无效的[3]。

即便不是像上述例子所说的大发现，作为化学研究者谁都可能有过这样的经验吧，在研究过程中碰到意想之外的结果，然后从那里开始新的研究。在偶然的发现中无疑幸运起了很大作用，但重要的是要具有抓住那样的幸运机会不让它错失，并展开研究的能力，这大概是serendipity的本质吧。正如巴斯德所言，“幸运只眷顾有准备之心的人（chance favors only the prepared mind）。”

基础研究的重要性

仅仅受聪明的好奇心驱使所进行的基础研究的成果，后来在预料之外地得以展开，包括应用在内获得很大发展的例子很多。成为2008年诺贝尔化学奖对象的下村发现GFP就是一个很好的例子。在想要弄清多管水母为什么在暗处发光而开始的研究中，谁预想到成了重要的工具呢。另外，作为原子核磁性研究手段开始的核磁共振的方法，后来成了物理、化学、生物研究中不可缺少的重要研究手段，进而发展成了当今医学中重要的MRI。激光的发现是从原子•分子的诱导释放的基础研究开始的，但在今天，激光在社会上，包括光通信、条形码读取和激光磁盘在内被广泛使用。像这样基础研究的成果在包括应用在内得到很大发展的例子很多，不过预测那样的发展可能性在最初发现的时点几乎是不可能的。因此，对仅仅受聪明的好奇心驱使的纯碎基础研究也给予适当的资助，用长远的眼光来看，对科学•技术的发展是重要的，对此笔者认为是毋容置疑的。

最近化学的研究也形成了大的规模，大型研究项目多了起来，研究经费被有限分配到特定的领域的情况也多起来了。这样的研究资助做法会诞生成为诺贝尔奖对象那样的独创性的研究成果吗？项目研究对处于在一定程度上已经可以预见的研究做进一步的推进是有效的，但对孕育开拓新领域那样的研究不一定合适。对化学而言，成为诺贝尔奖对象的研究多出自以优秀的个人研究者的独创性的想法为基础的小规模的研究。笔者认为不单优先项目研究，多撒播一些具有前瞻性的种子，创造使种子萌芽的研究环境是很重要的。论现状，担忧重视短期目标指向的研究的倾向太强。

7.1.2 鲍林的预测与20世纪后半叶的化学

化学的发展要是屡屡因为偶然的发现受到很大的影响，那还有可能对化学的未来做出预测吗？整体的大趋势一定程度上应该是可以预测的。在20世纪前半叶末期，鲍林对2000年的化学做了预测[4]。知道像他那样的大化学家多大程度正确地预测化学的未来具有深远意义。归纳鲍林的预测有如下几条。

① 获得对原子•分子间力的完全知识，结果将可能对化学反应的速度做出合理的预测。因此，化学家知道催化剂怎样起作用，通过特定的催化剂可以控制反应。

② 未来的化学家或许能够充分利用一些新的手段，例如强力的放射线、非常高的温度或压力，来随意进行化学反应。

③ 如果进一步深入理解分子结构与物质的化学•物理性质之间的关系，或许也能预言为了各种特殊目的合成的有必要的新物质类型。

④ 与硅和氟的新化合物最近取得的进步一样，其他元素或许也有新的使用方

法。制备超大分子倾向强的元素可以期待磷、钯、钼等元素化学的进步。

⑤ 金属、合金、金属间化合物的研究被忽视了，金属物质的结构化学的理论会发展，有可能能用公式表示具有特殊性质和用途的新合金。

⑥ 具有生理作用的物质，特别是维生素和药物研究会推进，以分子结构为基础的生理活性物质的化学将取得进步。

⑦ 蛋白质、核酸、其他有机体的巨大分子成分（包括酶和遗传因子）的结构将会解析出来。药物作用会弄明白，化学家将会为保健和抑制病魔做出很大贡献。

像这样，鲍林的预测是充满希望的乐观的东西。这个预测在20世纪末实现到了什么程度呢？关于化学反应和合成的预测①～③，可以说预测得相当准确。例如在③中预想了进行分子设计来合成分子的可能性。不过关于催化剂的预测可以认为有一点过于乐观。即使在现在我们也还没有达到使用适应订单的催化剂来自由地控制反应的阶段。另外，在计算机应用于化学研究之前，就如此乐观地预测理论在化学中的威力及其成果，确实令人惊讶。化学家还没有获得随心所欲地控制反应的方法，但强力激光的出现，②可以说部分地实现了吧。④和⑤关于无机化合物、金属、合金的化学的预测不是太准，不过这可以认为是对复杂的化学现象有些过于乐观的缘故。关于生命现象相关的化学的大发展，⑥和⑦与预测一样，或者可以说发展的还超出了预测。对鲍林来说，DNA和蛋白质的结构解析在1950年已经只是时间问题而已，之后的生命科学的大发展应该是可以预见的。尽管对各个研究的发展做出预测是困难的，但关于整体的发展，可以说鲍林还是相当正确地预见了未来。不管怎么说，鲍林的预测对化学的顺利进步还是充满了希望的，其中很多可以说截至20世纪末已经实现了。

7.2 迎接21世纪的化学

就像到此为止一直看下来的那样，20世纪作为“原子•分子的科学”的化学获得了大发展。但是，在20世纪后半叶，制度化的科学•技术被深深地植入社会，不得不接受来自社会状况的巨大影响。随着传统化学本身的成熟和围绕化学的状况的变化，在化学研究的动向上也可以看到大变化的征兆。在这章将对从20世纪末进入到21世纪的化学的变化做一考察，想对化学的未来做点考虑。将来谁也不可能清楚地看透，但在这个变化的时代对将来加以思考是很重要的。看透广阔的化学领域、展望其未来，这大大超出了笔者的能力，只是打算在这里写出来作为讨论的素材。

7.2.1 围绕科学的状况的变化

1990年冷战结束，社会在支撑科学•技术的理念上发生了变化，为经济发展服务的科学•技术这方面加强了。可以认为冷战结束后不久，资本主义经济顺风顺水，但进入21世纪世界迎来了大的变化和迷茫的时代。2001年9月11日纽约的恐怖事件以来，在世界范围内战乱仍未停止。以2008年雷曼破产为契机，在冷战中获胜、讴歌繁荣的先进资本主义各国，在基于新自由主义的经济中也显现出各种各样内在的问题。2011年欧洲金融危机的影响给世界经济投下了阴影。受20世纪中技术革新的支撑，依赖以大量消费为基础的经济成长发展起来的现代文明令人担忧在不久的将来将面临越来越增加的人口、恶化的地球环境、资源的枯竭与粮食的短缺、能源等全球性难题。科学•技术的进步为各先进国家带来了物质上的丰富，但另一方面，贫富差距和南北间的经济价差越来越大。经济的全球化在进行之中，进一步加剧技术革新的竞争。在世界很多国家，认为为了经济竞争取胜、使国家繁荣，科学•技术的发展是必需的，因而科学•技术的研究与开发得到支持，但科学•技术的支撑是要花钱的事，已经强烈地认识到了获得纳税者认可的说明责任的重要性。为此应用导向的研究受重视的倾向得到强化。另外，在各先进国家，科学家、技术人员的数量膨胀，职业科学家、技术人员的状况也发生了很大变化[5]。也已经强烈地意识到了不仅要着眼知识的扩张，也要着眼为人类社会可持续发展的科学这一立场[6]。

以这样的状况为背景，在日本1996年以科学技术创造立国为目标制定了科学技术基本法，作为国策来支持科学技术振兴。2001年第2期的科学技术基本法中作为这一理念载有以下3点[7]。

①“通过知识的创造与活用能对世界做出贡献的国家”——创新知识。

②“有国际竞争力、可持续发展的国家”——知识创造活力。

③“可以安心•安全、高质量生活的国家”——知识创造富裕社会。

这是不同价值观融合的理念。①是继承传统科学价值观的理念。②是经济国际化价值观的理念，只要是认同了以科学技术发展为基础的现代资本主义社会，就应该是必然的选择吧。③是以对环境保护和医疗•福利的充实做出贡献的科学技术为目标的理念。像这样反映现在科学与社会的关系的复杂性，支撑科学技术的理念也不得不变得具有多样性。支撑各先进国家的科学技术的理念即便在上述3个理念中的侧重点也多少有些不同，但也很类似。在这章思考一下处于这样状况下的化学。

7.2.2 化学的现状与课题

从20世纪末到21世纪初，化学研究的方向产生了明显的变化。这一方面是因为化学本身发展了，传统的领域作为学术已经成熟了；另一方面也是因为化学和其他自然科学各个领域的重合进一步加大。还有，可以认为冷战结束后支撑科学的理念也产生了变化，追求科学对经济成长有帮助的强烈社会愿望也有很大影响。

化学的印象

正如第4～6章所详细介绍的那样，化学在20世纪取得了很大进步。其进步的原动力大体而言是人类想要理解这个世界上存在的物质及其性质的求知好奇心和人们想要过健康舒适生活的欲望。前者作为求知好奇心的对象主要引导基础化学的学术发展。后者作为应用化学的技术带来工学、医学、药学、农学及以此为基础的产业的大发展，对人类的生活产生很大影响。但是，在20世纪末也开始有质疑说因为其进步会失去作为领域的本性，面临着其成果不被世人认同的“印象丧失问题”。例如，2001年《Nature》杂志发表了以“被成功埋没的领域（A discipline buried by success）”为题的论说，有下面这样的讨论[8]：

“化学不限于原来的有机化学、无机化学、物理化学的领域，加入到催化、有机合成、高分子、材料科学等中就扩展到了其他新的邻界领域，与其他学科领域相接。不过这种多样性使得对化学难以定义。因为不能对化学的特征做正确定义，结果是化学容易被误解，不能获得充分的评价，招致印象（形象）降低。对一般民众而言，化学和化学产业是同义语，与公害相连的化学产业的负面形象重合。对其他领域的科学家，特别是年轻科学家来说，化学被看成已经过了鼎盛时期的成熟领域。化学家在畅谈着很多梦想，然而化学在21世纪还要像之前一样获得成功，必须改善印象，吸引优秀的年轻人，获得充分的经费预算支持。随着科学家之间的界线变得不明确，合成和分析这样的化学基础技术在交叉领域变得更加重要，化学家正在变得越来越多地与生物学家、物理学家、工程学家、计算机学家等合作。实际上，尖端的交叉领域充满着提高化学家形象的机会。化学家为了使其贡献广为世人所知，有必要摒弃之前那样的谦虚，更积极地向外界宣传自己。”

很多化学家也都有这样的危机感。例如，在美国化学会志上也有讨论认为要提升化学的印象就应该将“化学”改为“分子科学”。

□ 布雷斯洛-蒂雷尔（BT）报告

化学和围绕化学的状况的变化在2005年出版的美国国立研究评议会的报告书（图7.2）中也可看到。美国国立研究评议会每隔20年左右就要出版关于化学现状与未来展望的报告书[9,10]。2005年出版的题为“超越分子的界限”的报告书[10]是由哥伦比亚大学的有机化学家唐纳德•布雷斯洛（Breslow）和加州大学圣巴巴拉分校的化工学者马修•蒂雷尔（Tirrell）召集的17位著名化学家及化工学者组成的委员会起草的。在这个报告（简称BT报告）中，将原来分开讨论的化学和化工［应该注意美国大学的化学（chemisty）和化工（chemical engineering）的差异与日本的状况不同。在日本大学的工学部（院）所做的很多化学研究在美国大学是在化学系进行的］合并在一起作为“化学科学”讨论。在20世纪后期的冷战时代支撑基础

唐纳德·布雷斯洛（Donald C. D. Breslow，1931—）：在哈佛大学读完本科和研究生，以有机化学为专攻，师从伍德沃德。1956年以后在哥伦比亚大学从事研究和教育，合成具有有趣性质的化合物，作为仿生化学的创始人而闻名。1999年获普利斯特里奖，2010年获珀金奖。

马修·蒂雷尔（Matthew Tirrell，1950—）：在麻省理工学院专攻高分子科学并取得博士学位，1977—1999年在明尼苏达大学，之后到加州大学圣巴巴拉分校任化学工学教授和工学院长，现任芝加哥大学分子工学研究所所长。在高分子表面的研究上取得了出色业绩，2012年获美国物理学会高分子物理奖。

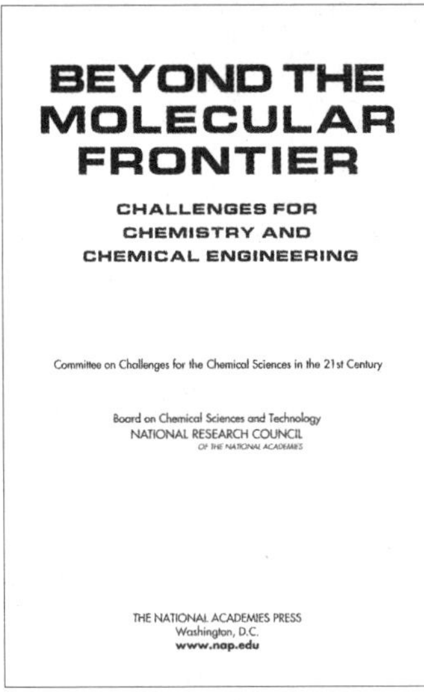

图7.2 布雷斯洛-蒂雷尔总结的美国国立研究评议会的报告书的封面页

研究的理念是科学的发展从基础向应用、从应用向开发这样的理想模式，但这作为现在的科学研究模式是不符合实情的。

科学研究的类型可以分成3种：①纯粹的基础研究；②纯粹的应用研究；③有目标指向的基础研究。①的典型例子有玻尔的量子理论；②的典型例子有爱迪生的研究；③的典型例子有巴斯德的微生物研究和朗格缪尔的表面研究。可以认为现在类型③的研究有增加，其重要性也在增加。在那里，科学的发展并不是单纯地从基础走向应用，被认为是基础和应用相互影响机制下的循环过程。这是以基础化学的成熟和应用·开发受重视的强烈倾向状况为背景的产物，事实上是基础和应用相互影响而发展的情况在增加。笔者认为上述3种类型的研究合理平衡地受到支持对科学的健康发展是很重要的，不过，最近有将②和③作为重点的倾向。

BT报告关于最近的化学和围绕化学的状况的变化有如下观点：

“从20世纪90年代开始，化学和化工开始重合，两者的关系变得更加紧密了。这在高分子、催化、电子材料的合成和制造、生物科学和生物工学、药学、纳米科学和纳米工学、计算机科学与工程等跨学科领域尤为显著。这些领域不仅作为化学的领域被接受，而且成了以化学为中心的领域，横跨各个传统的化学领域。在这些领域区分化学家和化学工作者没有太大意义，在某项研究中通常的好奇心和破解自然之谜的方面强，在某项研究中工学的方面受到重视。化学家从细胞到云、从能量的生成到地球系，已经参与到复杂体系的研究，已经开始借鉴工学的系统方法，工学家因为基础化学的引入对工学问题的解决有必要进入到化学研究。”

这个报告的题目是“超越分子的界限”，可能是因为这个委员会认为化学的领域超越分子扩展到了材料、细胞、生命、地球等学科，认为在那里有化学的新的发展可能性。不过，化学这样扩展下去，明确地定义化学变得越来越困难，留下了《Nature》指出的“印象丧失的问题”。另外，要推进这样的交叉学科领域的研究，除了掌握自己本来专业领域的深厚知识之外，同时必须具备对其他领域的理解和能够与其他领域研究人员充分交流的能力。现在重视狭窄的专长教育的大学和研究生教育还不能适应这样的人才培养。化学在不断变化，而要与之充分对应，很多困难的问题还摆在我们面前，这也能从这个报告中读到。

化学家和化学技术人员应该挑战的课题

BT报告认识到化学的新发展常常因意外的发现而触发，在此基础上，就化学和化工领域在现在和不远的将来，列举了下面9个重要的领域。①合成；②物质转换；③分离、鉴定、成像、测定；④理论与计算机模拟；⑤与生物、医学的交叉领域；⑥材料；⑦大气、环境；⑧能源；⑨安全。在这些领域，根据化学和化工以前实现的成果来展望各个领域的未来。整体而言，今后化学家和化学工作者应该挑战的课题归纳如下。

（1）合成与制造　创造出具有高选择性、耗能少、环境友好、采用精密合成法或制造法、在科学或实用方面有兴趣的任何新物质都能制造出来的方法。为了达成这样的目标，在新合成法和制造法的开发中必须要不断有进步。人类从新物质（包括医药和特殊用途的材料）不断获得恩惠。

（2）安防材料与装置　为了高灵敏度和高选择性地检测和鉴定危险物质和生物，为了保护市民免受恐怖袭击、事故、犯罪、疾病的危害，开发新的材料和装置。迅速、准确地检测出危险病原体、剧毒化学物质、隐藏的爆炸物等是对付这些威胁的第一步。依靠化学家后续步骤就是考虑对付这些威胁的新方法。

（3）反应的理解与控制　在整个时间范围和所有分子尺寸理解反应怎样发生的并加以控制。对反应的基本理解有助于设计新的反应和制造方法，提供作为科学的化学中的基本洞察。接下来的20～30年面向这个目标的大的进步应该包括以下内容。采用大规模并行处理装置的分子运动预测模型计算的实现；不仅控制分子团簇，也控制各个分子进行研究的技术的开发；为观测反应中间分子结构的、达到电子射线及X射线波长的光的超高速脉冲的发生。这些只不过是理解化学中的进步对实用也有帮助的领域中的很少的例子而已。

（4）新材料和器件　如何开发出设计和制造具有与目的相吻合性质的新物质、材料、器件的方法。由此使新物质的探索合理化，可以省去试错步骤。最近的化学理论和计算的进步有望使之成为可能。

（5）生命体的化学　理解生命体中化学的详细情况。如何理解各种各样不同蛋白质和核酸，其他生物体相关小分子聚集起来形成化学功能复合体，如何理解在活细胞的各种成分间起作用的复杂化学相互作用。在化学上解释生命过程也会是将来持续的一大挑战。在思考和记忆背后的化学会是特别有趣的挑战。这个领域是一个伴随生物学逐渐成为化学科学（然后伴随化学逐渐变成生命科学）、可以看得到大进步的领域。

（6）医药与治疗　要开发医治现在还无法治疗的疾病的药品和治疗方法。尽管化学家在很多新药的发明、技术工作者在新材料的开发等方面有很大的进步，但在这个领域还存在很多应该去挑战的课题。针对起因于癌症、病毒的疾病，针对其他很多病的新药为人类的福利做出了很大贡献。

（7）自组装的利用　作为对复杂体系和材料的合成及制造有用的方法，开发自组装方法。适当设计的化学成分的混合物自组装成和生物体内一样从纳米到微米尺寸的结构复杂的聚集体。将这个方法从实验室规模搬到实用性的制造领域，或许就会给化学制造带来革命性变化。

（8）环境化学　理解包括大地、海洋、大气、生物圈的地球的复杂的化学，由此维持人类生活的舒适性。这是对我们活动场所的自然科学的基本挑战，掌握帮助防止环境恶化政策立案的关键。进而，化学家基于这样的理解创造出消除公害和其他对地球的威胁的新方法。

（9）能源　为了真正拓展可持续的未来，开发出无限的、便宜的能源（使用能源制造、储存、运输的新方法）。现在的能源制造和使用浪费了有限的资源、引起了环境问题。对非化石燃料，使以采用各种方法制造的氢为基础的经济成为可能的燃料电池、太阳光的各种利用方法、使有效的能源输送成为可能的超导体都值得期待。

（10）自最适化化学体系　设计并发展进行自最适化的化学体系。通过进化模仿生物体系进行自我最适化的方法，体系制备出最合适的物质，不是将希望的物质从多成分混合物中分离制备出来，而是将最适物质作为唯一的物质制备出来。自最适化方法应该适用于有洞察力的化学家制备出新的药品、催化剂和其他重要化学物质。

（11）化学制造法的革新　将化学工艺的设计革新成安全、精密、柔性、能效高、环境友好的设计，使新产品能够迅速商品化。在绿色化学的展开中已经有了很大进步，但要用对地球及其居民完全无害的工艺持续满足重要化学品生产的需求还需要有很多的进步。

（12）与市民的沟通　关于化学和化工对社会的贡献要有效地传达到民众耳中。化学家和化学技术人员有必要学习与民众如何通过媒体或直接进行沟通。化学家和化学技术人员有必要对民众解释自己在做什么，谋求更好的社会的化学科学是什么。

（13）教育　将最好的年轻学生吸引到化学科学，帮助他们挑战取得成就。他们在分子的最前线及超越分子的领域工作，一边欢度激情的人生，一边为顺应人类迫切的愿望做贡献。

整体而言，可以感觉到强烈的应用愿望，而从这个列表也可以理解在“作为睿智的好奇心对象的化学”和“给人类以恩惠的化学”两方面，化学中应该挑战的课题很多。

7.2.3　化学中的大问题是什么

在化学领域确实留下了上述很多应该解决的问题，在化学中是否还存在驱使人类求知好奇心、激动人心的大疑问呢？长时间任《Nature》杂志主编的约翰•马多克斯1998年出版了名为《What remained to be discovered》一书，预见了21世纪可以期待有大发现的领域[11]。他对物质、生命、我们周围的世界3个问题进行了考察。马多克斯作为问题提出来的“物质”是关于物质的根源，与之相关的是宇宙•素粒子物理学。与“生命”相关的归于生物学，在这本书中化学没有凸显出来。但是实际上“生命”和“我们周围的世界”这样的问题与化学有很大关联。在“生命”领域提到了生命起源、生命中的协同与自律、遗传基因及其缺陷、进化。这些传统上是属于生物学的领域，不过这些问题的阐明主要期待在分子水平的研究，笔者认为是化学家真正应该挑战的课题。在与“世界”相关的问题中，化学直接参与的是有关“避免发生环境恶化带来的大惨案”的问题，其中之一可以列举出大气中CO_2增加引起的地球温暖化问题，不过针对“避免大惨案”可以期待化学做出的贡献不只限于温暖化问题。前述的BT报告中列举的很多课题都与避免大惨案有关，根据这些追求也可以期待大的发现。

在《Nature》杂志2006年的论说中，向化学家提出化学中的“大疑问（big question）”是什么[12]。物理学家提出宇宙起源和构造的问题，生物学家说生命是什么的问题。在化学中应该还有与这些问题相当的大疑问。很多著名化学家回答这一问题的意见的一致之处是有关生命过程的化学。斯坦福大学的物理化学家理查德•泽雷说“还没有解答的问题是有关生命过程的化学”，哈佛大学的乔治•怀特赛兹主张“细胞的性质就是分子问题本身”。蛋白质折叠、生物体分子功能的遗传基因的符号化、高选择性分子识别等基本上都是化学问题。不过，遗留下来的大问题并不限于与生命相关的问题。化学中有其他学科所没有的“造物”的一面，操控原子•分子是化学家的“特技”。据此，《Nature》杂志的论说列举了如下6个问题：

理查德·泽雷（Richard Neil Zere，1939—）：在哈佛大学读完本科和研究生，1964年取得博士学位。1969年任哥伦比亚大学教授，1977年以后任斯坦福大学教授。专业方向为物理化学和分析化学。因激光化学，特别是在分子水平的化学反应的实验及理论研究而著名。2005年获沃尔夫奖（化学方面）。

乔治·怀特赛兹（George M.Whitesides，1939—）：在哈佛大学读完本科，1964年在加州理工学院取得博士学位。1963—1982年在麻省理工学院工作，1982年以后任哈佛大学教授。因在涉及NMR、有机金属化学、自组装分子、软光刻、纳米技术多个领域的贡献而著名。2003年获京都奖（尖端技术方面），2007年获普利斯特里奖。

① 如何设计具有特殊功能和动力学特征的分子。
② 细胞的化学基础是什么。
③ 在能源、航天•宇宙、医药领域如何制备将来需要的材料。
④ 思考和记忆的化学基础是什么。
⑤ 在地球上生命是怎样诞生的，在地球之外诞生生命有可能吗？
⑥ 怎样能够探索全部元素的可能组合。

这些大疑问的确是驱使我们求知好奇心的东西。但是，仅仅追求“大疑问”真的那么重要吗？过分看重“大疑问”，结果会不会损害化学的创造性？就像化学史所展现的那样，大的发展往往由通常研究中的偶然发现所带动。诺贝尔奖化学家罗尔德•霍夫曼这样说：

“化学没有圣杯。我的哲学气质不在于为解答大疑问做研究，而是在于在美丽的化学庭院里研究很多小的问题，将目光放在它们之间的关系上。”

笔者对霍夫曼的话有同感。前述的BT报告中列举的很多课题也许不是解开“大疑问”的课题。但是，这些问题可以解答我们身边遇到的疑问，是对社会要求解决的问题的回应。在现代化学中，不忽视激励人类求知好奇心的“大疑问”，切实解决这样的问题才是重要的。

7.3 今后的化学和对化学的期待

围绕着我们的物质世界全部由原子•分子组成，原子•分子的结构、运动和相互作用的基本原理已经弄清。但是，原子•分子的组合可以说具有无限的多样性，与之相应由此产生的物质的结构和性质也是多样和复杂的。笔者认为理解由这样的多样性产生的物质的性质和反应，并利用它创造新的物质是今后化学中作为“新知识创造”最值得期待的。当今化学也已成熟，对比较简单的分子已经获得了详细的知识，重点将转移到各种成分相互作用的“复杂体系”的研究。从这一点来看，生物体系的化学还有很多未解决的问题，充满着魅力。蛋白质和DNA等生物体相关大分子的结构就算可以理解，但关于它们通过怎样的分子间相互作用网络发现复杂而精妙的生物体功能，未知的问题也依然堆积如山。当然有趣的复杂体系并非仅限于生物体系。在各种状态发生的化学反应的理解、有趣物质的功能和物性的阐释、新物质的合成也多为复杂体系的问题。另外，大气化学、地球化学、海洋化学、宇宙化学等，广义而言与围绕着我们的环境相关的化学将各种因素交织在一起的复杂体系作为研究对象。还有，并不是只有由多成分构成的体系才是感兴趣的复杂体系。像富勒烯和碳纳米管那样的新的碳物质是快到20世纪末期才发现的，它们是因结构多样性产生的新物质。在世界上还留下了超出我们想象的丰富多样的世界，笔者期待在那里有化学丰富的未来。

人类从化学的大进步中得到了各种各样的物质恩惠，而由科学•技术的发展所支撑的现代文明面临的问题却越来越严峻。因为人口增加带来的环境恶化；温室效应气体增加带来的地球变暖；能源、水、粮食、资源的匮乏；新的流行病的出现；有害物质造成的污染等，可以预料得到的今后人类将要面对的全球性的重大问题堆积如山[13]。解决这些问题需要国际性的协力，不过现状则是因为各国利益冲突，国际协调很多情况下是极其困难的。在当今世界性的不景气中，先进国家也好发展中国家也好，都将目标放在扩大就业和经济的进一步成长上。今后包括中国和印度这样拥有庞大人口的国家在内，如果世界经济持续成长、世界的富裕阶层和中间阶层增加、全世界的整体消费水平大大提高，这些问题会越来越严峻，令人担忧世界会否走向悲惨结局。笔者无法预测在维持既有的价值观不变的情况下，仅仅通过科学技术的进步及其恰当利用，能够在有限的地球上与地球环境协调、完成可持续发展，解决这些问题并避免人类走向悲惨结局。不管怎样，转变思想、从依赖大量消费和经济成长的社会解脱出来想必是必要的。但是，怎样解决地球温暖化的问题，如何获得安全、绿色的能源，如何避免资源枯竭和粮食危机，怎样解决化学物质的污染等，无论哪一个问题都迫在眉睫，关乎人类的存亡。要解决这些问题，化学和化学技术的进步是必需的。上一节介绍的BT报告中所述的化学的挑战如果成功，解决这些问题的可能性将提高。

图7.3 世界化学年的标志

2011年是联合国世界化学年［图7.3。2011年是居里夫人获诺贝尔化学奖100周年，又恰逢国际纯碎与应用化学联合会（IUPAC）创立100周年，所以IUPAC和联合国教科文组织共同提议，并被联合国采纳。顺便提一下，2005年是爱因斯坦奇迹之年后的100年，是世界物理学年]。这一年初《Nature》又编集了关于化学的现状与未来的特辑[14]。化学迄今取得了辉煌的进步，也为其他领域的发展做出了贡献，但没有获得与之相称的评价，在谈论这些的基础上还论述了在化学领域有很多有趣的问题，化学能为这些问题的解决做出很大贡献的全局性问题也堆积如山，因而对化学充满着期待。于是刊登了以富勒烯、碳纳米管、石墨烯为代表的新型碳材料的研究，以及化学产业中绿色化学的动向的评论，介绍了很多化学家对化学的现状与未来的看法。其中哈佛大学的怀特赛兹和麻省理工学院的多伊奇发表了如下主张。

化学是将原子、分子相对的单纯性与宏观物质和生命的复杂性及功能相结合的学问。很多科学中最有趣的问题和很多社会所面临的重要问题，要解决它们化学是必需的。例如，化学反应与网络结合对生命的理解，疾病的分子学基础的理解，地球保护，能源和水生成、储藏和保存，二氧化碳的管理等。化学对抓住这些研究机会是行动迟缓的，学术型的化学家满足于现状，表现出保守的一面。

不过，从20世纪90年代起化学研究的既有结构开始瓦解。首先，化学中最大的创新机会已经在传统化学的范畴之外了。新的化学前沿是生命科学、材料科学。此外，再加上能源、环境、健康管理。其次，功能取代了结构成了研究的目标。功能比结构更难处理，特别是功能的设计很难。还有，由于博士的需求与供给的不平衡，学术性化学研究陷于人口过剩。最终领域的分割导致年轻化学家狭窄的专业化，培养出不适应新学术创造的化学家。为了应对这样的状况，化学家认为有必要施行大胆的变革，提出了如下主张：

（1）化学必须以解决重要问题为目标，让支付研究费用的社会认识到其重要性。对此为了在化学中有基础性的发现，从实际问题出发，由此弄清尚未解决的基础性问题的策略应该是有效的。

（2）学术领域的成熟和整合。化学应该不论过去，积极地面向具有不确定性的未来，将教育和研究进行集中。首先将化学系与化工系整合，其次是形成广范围的新研究团队来面对需要化学家技术的、具有挑战性的问题。已经明确的课题有功能性材料、催化剂、复杂的动态网络、能源、环境、可持续、健康、平衡外的体系。

（3）化学在各领域都有其特有的能力。即与复杂的动力学、生物及环境的网络、新分子和新物质的合成、分子性质与物质性质之间的关系等问题相关的能力。应该活用这些知识能力、谋求独立发展。

（4）在化学的很多领域，至今仍然遵循教授考虑问题和战略，研究生进行实验这样的师傅带徒弟的制度。这对于培养在整合多个领域形成的新领域开展研究的化学家是最不可取的。应该是教授启发学生好奇心的教育方式。学生不是单纯的徒弟，应该是在有希望的领域开展研究的独立的同事。

这个主张对传统化学和支撑它的体系的改革诉求是相当过激的，或许感到反感的化学家也很多。另外，也能感觉到美国社会竞争激烈和新自由主义的抬头。不过，化学今后也还会是有魅力的领域，为了获得社会的支持必须积极地参与到新的问题中。在社会和科学都迎来大变革的时代的今天，认真地面对这样的主张、认真地考虑化学的未来是很有必要的。决定未来的是年轻的一代。期待年轻一代面对化学的新发展敢于挑战，开拓丰富的化学的未来。

参考文献

[1] I. Hargitai, "*The Road to Stockholm*" Oxford Univ. Press, 2002.

[2] E. Norrby, "*Nobel Prizes and Life Sciences*" World Scientific, 2010.

[3] M. A. Meyers, "*Happy Accidents: Serendipity in Modern Medical Breakthroughs*" Arcade Publishing, 2010.

[4] J. R. Oppenheimer Ed. "*The age of Science, 1900–1950*" Scientific American, September 1950.

[5] F. Satoh, "*Shokugyou to siteno Kagaku*" (*Science as a profession*) Iwanami Sinsho, 2011.

[6] Y. Murakami, "*Ningen ni totte Kagaku towa nanika*" (*What is Science for human being* ?), 2010.

[7] Science and Technology Basic Law (second period), Ministry of Education, Culture, Sports, Science and Technology, 2001.

[8] *Nature*, **406**, 399 (2001).

[9] National Research Council, "Oppor tunities in Chemistry" National Academy Press, Washington, D.C., 1985.

[10] National Research Council, "*Beyond the Molecular Frontier*" National Academy Press, Washington, D.C., 2005.

[11] J. Maddox, "*What remained to be discovered*" The Free Press, 1998.

[12] *Nature*, **442**, 500 (2006).

[13] J. Martin, "*The Meaning of the 21st Century*" Riverhead Press, New York, 2007.

[14] *Nature*, **469**, 5 (2011).

结 尾

考虑着回答化学是什么这个问题，以20世纪为重点回顾了化学发展的历史。在本书中，将重点放在物质的变化和创造上，将化学看作研究原子、分子及其聚集体的结构和性质的学问，回顾了化学的历史。不过其尖端的研究领域随着时代而变化，现在与其他科学、技术的各领域有很大重叠，明晰地定义化学固有的领域已经变得非常困难。但是，作为处理物质的科学、技术的中心，可以说化学的重要性今天越来越增强。因此化学家不要拘泥于领域的定义，重要的应该是将目标放在有助于在本质上挑战重要问题的解决、创造新知识、建立物质上和精神上都丰富的人类生活。

在20世纪刚开始的时候，还在讨论原子、分子是否真实存在。在20世纪之末就已经能够实际观测和操作一个个原子、分子了。已经能够说复杂的生命现象也是基于分子的结构与变化。就像它们所象征的那样，在20世纪化学取得了令人惊讶的进步，扩展了知识的世界。化学的历史包含了很多充满知识刺激的发现，使人类对可能性抱有很大希望。化学的应用孕育了大的技术发展，为使人类的物质丰富、健康的生活成为可能做出了很大贡献。

但是，包括化学在内，20世纪科学技术的发展不一定与人类的幸福相连接。原子弹的出现所象征的科学、技术被恶用于战争所带来的悲惨无以言表，期待的原子能的和平利用也被福岛原子能发电事故证明其难度。日本“3.11”大震灾和随之发生的事故证明了与自然之力的大小相比人类的力量是多么渺小，显露了巨大技术控制的危险性。第二次世界大战后基于科学、技术进步的经济发展给世界带来了先进国家的贫富差距、南北间的经济差距、地球环境恶化、精神颓废等各种各样严峻的问题。另一方面，人类的本性和古希腊时代一点也没变，人类重复着不变的“愚蠢”行为。遗憾的是人类还没有发现将科学、技术的进步活用于为人类谋幸福的社会、经济和政治体系。而且因为科学、技术的进步，甚至还担忧人类走向悲惨的结局。

根植于人类本性决定的求知好奇心和欲望的科学、技术今后也还会继续辉煌地发展，谁也不能阻止它。果真人类从依赖经济增长和大量消费的社会解脱，或许能够构建与科学、技术进步和谐的新文明，解决面临的问题，到达光辉的未来。21世纪或许真的是紧要关头。化学不仅是物质的丰富，也包含精神的丰富，让我们祈祷化学能为人类幸福的未来做出贡献吧。

后 记

写这本书的直接机缘是2007年当时任京都大学学术出版社理事长的挚友加藤重树先生劝我写一本《现代化学史》。我在京都大学工作的1995年前后，还曾经在面向一、二年级学生的全校公共课“现代化学入门”中，尝试讲授过10学时左右的现代化学史。“这样的话题不曾听到过，很有趣，”那时听到学生这样的感想就鼓起了勇气，就想一旦有机会就写现代化学史。于是响应加藤先生的提议，从2007年年底前后就开始一点一点地写作了。读了不少之前出版的与化学史相关的书和化学家的传记，但一旦要写归纳性的书就难下笔，至初步的原稿形成历经数年。总算把原稿写出来了，但相对于广阔的化学领域，我所知道的东西甚少，内容上有很多地方没有自信。加藤先生对我说他亲自为我审读，不过万分遗憾的是他2010年病故了。在原稿阶段请很多人读过，总算能完成这本书了。在此衷心感谢施以援助的各位朋友。

首先，京都大学学术出版社的理事长桧山为次郎先生通读了整个原稿，提出了很多宝贵意见。特别是与有机化学相关的事项补充了我知识不足的地方。另外，京都大学理学研究科的马场正昭先生读了整个原稿，指出了错误，给了很多建议。大野惇吉、尾本兴亚、野崎光洋、吉村浩康、林重彦、山本忠史各位读了部分原稿、指出了错误，提出了很多宝贵意见。

最后，给我最大帮助的是出版社专务理事铃木哲也和编辑室的永野祥子。铃木先生通读全稿，从整体构成到细微之处，为使这本书更有魅力提出了各种各样的方案。永野仔细检查原稿，指出了很多不易理解的表述和错误。由于她出色的编辑加工，使这本书出版进程得以顺利推进。还有，和他们二位的讨论对我来说是非常快乐的事。对二位的尽心竭力表示衷心感谢。

加藤先生没能看到这本书深感遗憾，不过现在终于兑现了与加藤先生的承诺，感到很高兴。从内心祝愿这本书在唤醒年轻人对化学的兴趣方面能有所裨益。

广田襄

2013年8月末

附　录

Ⅰ　元素发现的历史

Ⅱ　与李比希有关联的诺贝尔奖获得者系统图

Ⅲ　从历代诺贝尔奖获得者看化学的进展

I 元素发现的历史

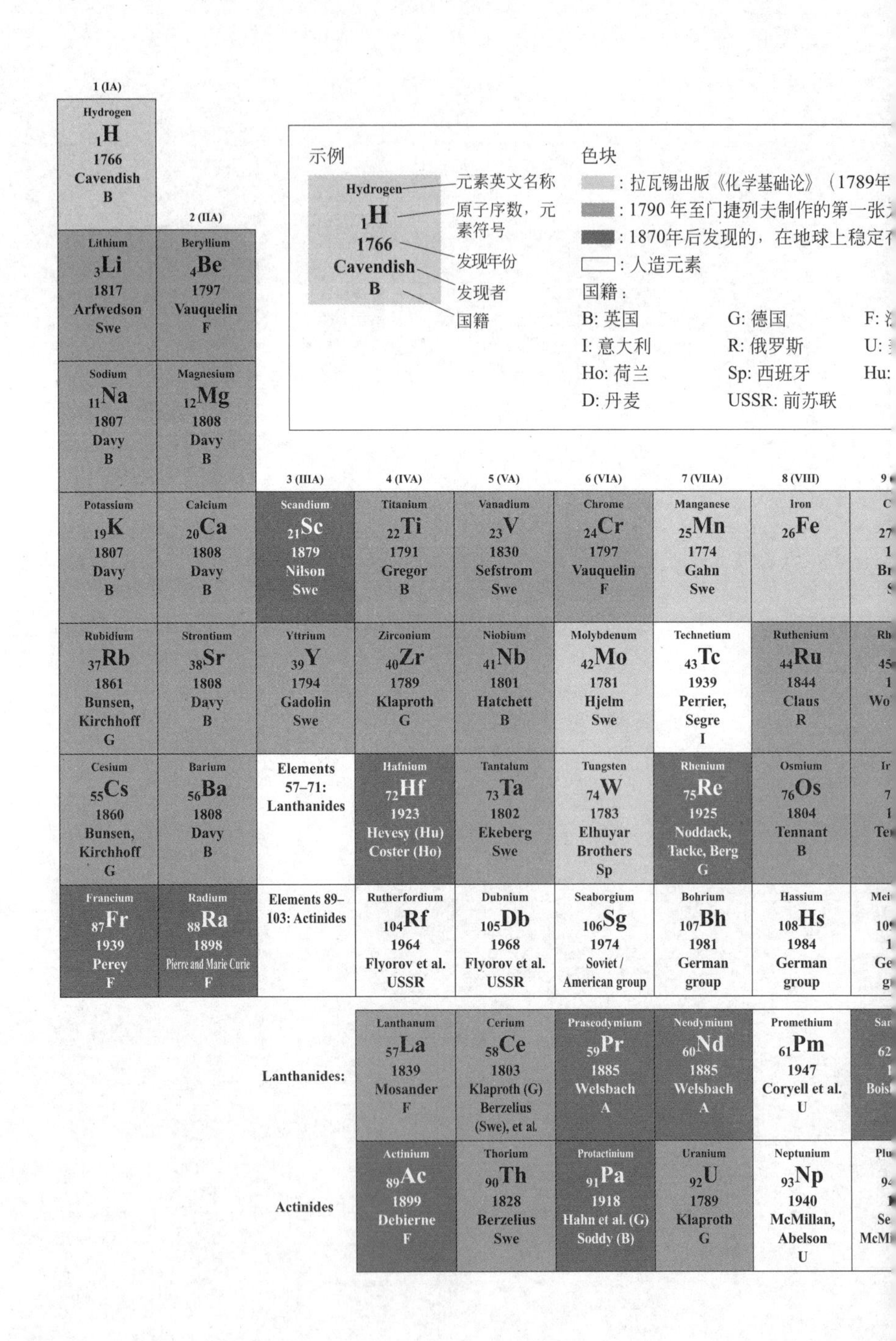
示例
Hydrogen
1H
1766
Cavendish
B
元素英文名称
原子序数，元素符号
发现年份
发现者
国籍
色块
：拉瓦锡出版《化学基础论》（1789年
：1790 年至门捷列夫制作的第一张
：1870年后发现的，在地球上稳定
：人造元素
国籍：
B: 英国
G: 德国
I: 意大利
R: 俄罗斯
Ho: 荷兰
Sp: 西班牙
D: 丹麦
USSR: 前苏联
1 (IA)
2 (IIA)
3 (IIIA)
4 (IVA)
5 (VA)
6 (VIA)
7 (VIIA)
8 (VIII)
Hydrogen 1H 1766 Cavendish B
Lithium 3Li 1817 Arfwedson Swe
Beryllium 4Be 1797 Vauquelin F
Sodium 11Na 1807 Davy B
Magnesium 12Mg 1808 Davy B
Potassium 19K 1807 Davy B
Calcium 20Ca 1808 Davy B
Scandium 21Sc 1879 Nilson Swe
Titanium 22Ti 1791 Gregor B
Vanadium 23V 1830 Sefstrom Swe
Chrome 24Cr 1797 Vauquelin F
Manganese 25Mn 1774 Gahn Swe
Iron 26Fe
Rubidium 37Rb 1861 Bunsen, Kirchhoff G
Strontium 38Sr 1808 Davy B
Yttrium 39Y 1794 Gadolin Swe
Zirconium 40Zr 1789 Klaproth G
Niobium 41Nb 1801 Hatchett B
Molybdenum 42Mo 1781 Hjelm Swe
Technetium 43Tc 1939 Perrier, Segre I
Ruthenium 44Ru 1844 Claus R
Cesium 55Cs 1860 Bunsen, Kirchhoff G
Barium 56Ba 1808 Davy B
Elements 57–71: Lanthanides
Hafnium 72Hf 1923 Hevesy (Hu) Coster (Ho)
Tantalum 73Ta 1802 Ekeberg Swe
Tungsten 74W 1783 Elhuyar Brothers Sp
Rhenium 75Re 1925 Noddack, Tacke, Berg G
Osmium 76Os 1804 Tennant B
Francium 87Fr 1939 Perey F
Radium 88Ra 1898 Pierre and Marie Curie F
Elements 89–103: Actinides
Rutherfordium 104Rf 1964 Flyorov et al. USSR
Dubnium 105Db 1968 Flyorov et al. USSR
Seaborgium 106Sg 1974 Soviet / American group
Bohrium 107Bh 1981 German group
Hassium 108Hs 1984 German group
Lanthanides:
Lanthanum 57La 1839 Mosander F
Cerium 58Ce 1803 Klaproth (G) Berzelius (Swe), et al.
Praseodymium 59Pr 1885 Welsbach A
Neodymium 60Nd 1885 Welsbach A
Promethium 61Pm 1947 Coryell et al. U
Actinides
Actinium 89Ac 1899 Debierne F
Thorium 90Th 1828 Berzelius Swe
Protactinium 91Pa 1918 Hahn et al. (G) Soddy (B)
Uranium 92U 1789 Klaproth G
Neptunium 93Np 1940 McMillan, Abelson U

元素
1869年）期间发现的元素

Swe: 瑞典
A: 奥地利
Swi: 瑞士

III)	11 (IB)	12 (IIB)	13 (IIIB)	14 (IVB)	15 (VB)	16 (VIB)	17 (VIIB)	18 (0)
								Helium $_{2}$He 1895 Ramsay B
			Boron $_{5}$B 1808 Gay-Lussac, Thenard F	Carbon $_{6}$C	Nitrogen $_{7}$N 1772 Rutherford B	Oxygen $_{8}$O 1774 Priestley B	Fluorine $_{9}$F 1886 Moissan F	Neon $_{10}$Ne 1898 Ramsay, Travers B
			Aluminum $_{13}$Al 1825 Oersted D	Silicon $_{14}$Si 1824 Berzelius Swe	Phosphorus $_{15}$P 1669 Brand G	Sulfur $_{16}$S	Chlorine $_{17}$Cl 1774 Scheele Swe	Argon $_{18}$Ar 1894 Ramsay, Lord Rayleigh B
kel Ni 51 stedt ve	Copper $_{29}$Cu	Zinc $_{30}$Zn	Gallium $_{31}$Ga 1875 Boisbaudran F	Germanium $_{32}$Ge 1886 Winkler G	Arsenic $_{33}$As	Selenium $_{34}$Se 1817 Berzelius Swe	Bromine $_{35}$Br 1826 Balard F	Krypton $_{36}$Kr 1898 Ramsay, Travers B
lium d 03 aston	Silver $_{47}$Ag	Cadmium $_{48}$Cd 1817 Stromeyer G	Indium $_{49}$In 1863 Richter, Reich G	Tin $_{50}$Sn	Antimony $_{51}$Sb	Tellurium $_{52}$Te 1782 Müller A	Iodine $_{53}$I 1811 Courtois F	Xenon $_{54}$Xe 1898 Ramsay, Travers B
num Pt 48 lloa	Gold $_{79}$Au	Mercury $_{80}$Hg	Thallium $_{81}$Tl 1861 Crookes B	Lead $_{82}$Pb	Bismuth $_{83}$Bi	Polonium $_{84}$Po 1898 Pierre and Marie Curie	Astatine $_{85}$At 1940 Corson et al. U	Radon $_{86}$Rn 1900 Dorn G
adtium Ds 94 n et al.	Roentgenium $_{111}$Rg 1994 German group	Copernicium $_{112}$Cn 1996 German group		Flerovium $_{114}$Fl 1998 Russian / American group		Livermorium $_{116}$Lv 2000 Russian / American group		
ium u 06 rcay	Gadolinium $_{64}$Gd 1880 Marignac Swi	Terbium $_{65}$Tb 1843 Mosander Swe	Dysprosium $_{66}$Dy 1886 Boisbaudran F	Holmium $_{67}$Ho 1879 Cleve Swe	Erbium $_{68}$Er 1843 Mosander Swe	Thulium $_{69}$Tm 1879 Cleve Swe	Ytterbium $_{70}$Yb 1878 Marignac Swi	Lutetium $_{71}$Lu 1907 Urbain F
cium m 45 g et al. .A.	Curium $_{96}$Cm 1944 Seaborg et al.	Berkelium $_{97}$Bk 1949 Thompson, Seaborg et al.	Californium $_{98}$Cf 1950 Thompson, Seaborg et al.	Einsteinium $_{99}$Es 1952 Seaborg et al.	Fermium $_{100}$Fm 1952 Seaborg et al.	Mendelevium $_{101}$Md 1955 Ghiorso et al. U.S.A.	Nobelium $_{102}$No 1957 Swedish / American / British team	Lawrencium $_{103}$Lr 1961 Ghiorso et al. U.S.A.

Ⅱ 与李比希有关联的诺贝尔奖获得者系统图

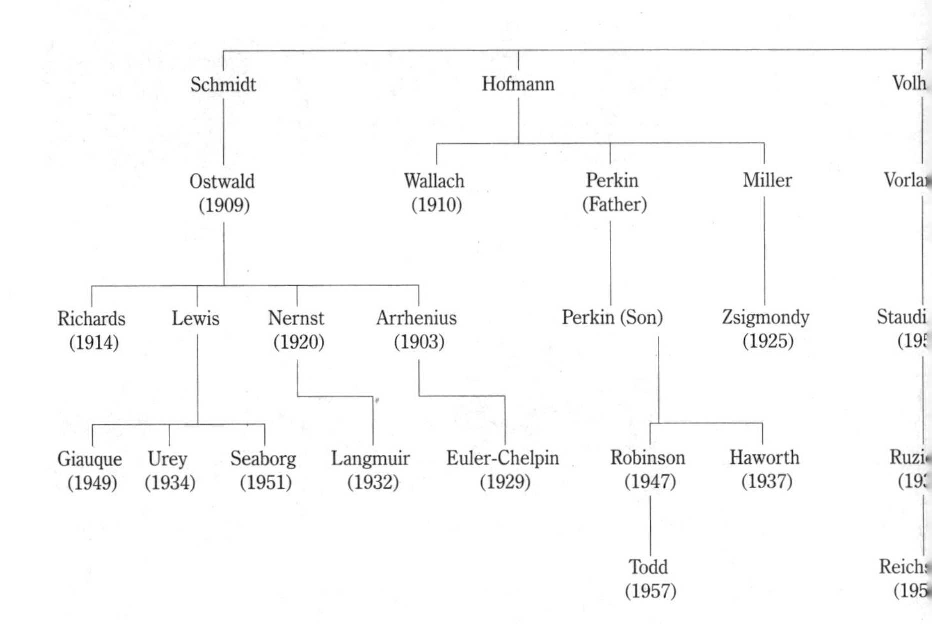

注：括号里的数字表示诺贝尔奖获得的年份；

*特指生理学•医学奖，*之外的都是指化学奖；

该系统图基于Yusaku Ikegami提供的资料整理制作。

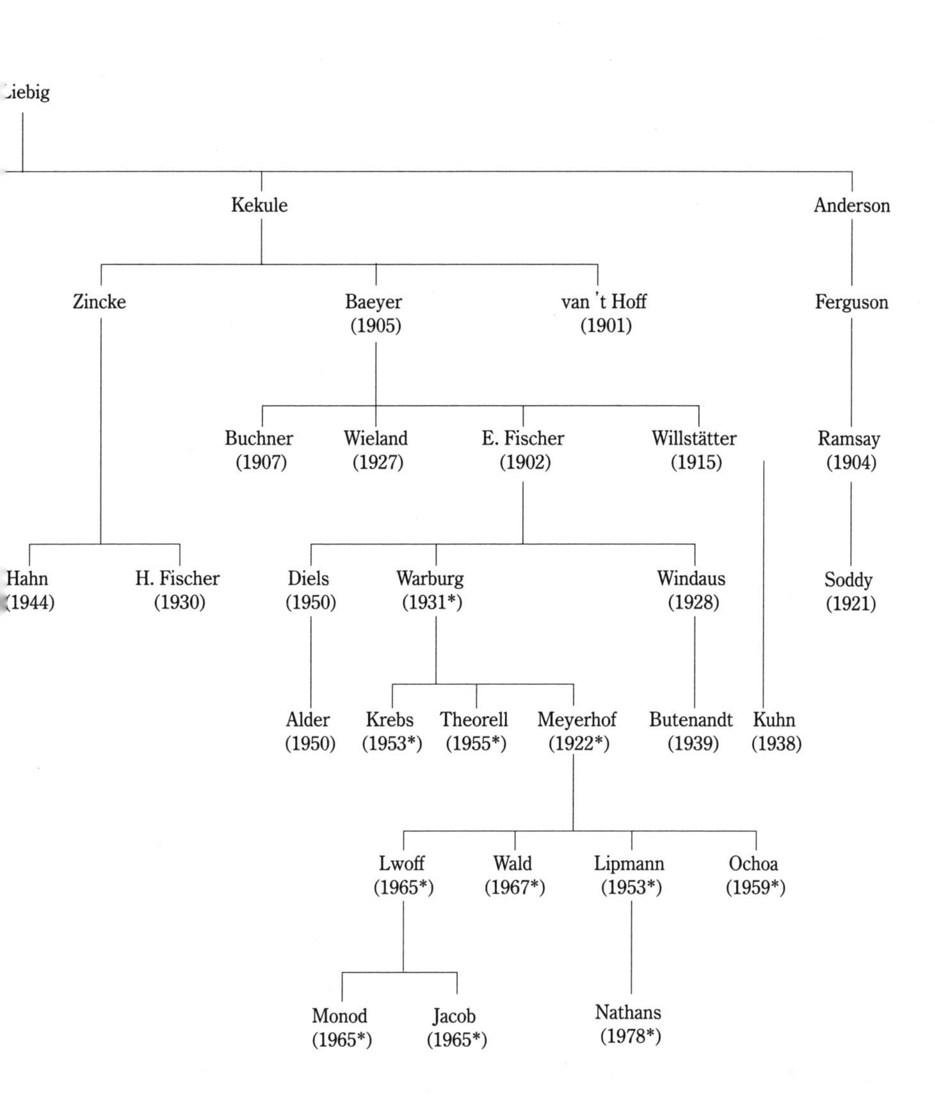
Liebig
Kekule
Anderson
Zincke
Baeyer (1905)
van 't Hoff (1901)
Ferguson
Buchner (1907)
Wieland (1927)
E. Fischer (1902)
Willstätter (1915)
Ramsay (1904)
Hahn (1944)
H. Fischer (1930)
Diels (1950)
Warburg (1931*)
Windaus (1928)
Soddy (1921)
Alder (1950)
Krebs (1953*)
Theorell (1955*)
Meyerhof (1922*)
Butenandt (1939)
Kuhn (1938)
Lwoff (1965*)
Wald (1967*)
Lipmann (1953*)
Ochoa (1959*)
Monod (1965*)
Jacob (1965*)
Nathans (1978*)

Ⅲ 从历代诺贝尔奖获得者看化学的进展

注：记述全部化学奖获奖者和物理学奖（物）、生理学•医学奖（生）获奖者中业绩与化学关系密切的科学家以及日本科学家。

年份	化学奖	物理学奖、生理学•医学奖（精选）
1901	J. H.范特霍夫（荷兰），化学热力学定律及溶液渗透压的发现	W. C.伦琴（德国），发现X射线（物理学）
1902	E.费歇尔（德国），糖及卟啉衍生物的合成	H. A.洛伦兹、P.塞曼（荷兰），关于磁场对辐射现象影响的研究（物理学）
1903	S.A. 阿伦尼乌斯（瑞典），电解质溶液理论相关的研究	A. H. 贝克勒尔、P.居里、M.居里（法国），放射能研究（物理学）
1904	W.拉姆塞（英国），发现空气中的惰性气体元素并确定了它们在元素周期表中的位置	瑞利（英国），气体密度测定相关研究和氩气的发现（物理学）
1905	J. F. W. A. 冯•拜尔（德国），有机染料及氢化芳香族化合物的研究	P.E.A. 伦纳德（德国），阴极射线的研究（物理学）
1906	H.穆瓦桑（法国），氟的研究与分离，以及发明以其名字命名的莫瓦桑电炉	J. J.汤姆森（英国），气体电导相关的理论与实验研究（物理学）
1907	E.毕希纳（德国），化学-生物学中多项研究以及发现无细胞发酵	A. A.迈克尔逊（美国），发明光学干涉仪并使用其进行光谱学和基本度量学相关研究（物理学）
1908	E.卢瑟福（英国），有关元素蜕变及放射化学的研究	P.埃尔利希（德国）、E.梅奇尼科夫（俄国），有关免疫的研究（生理学•医学）
1909	F. W.奥斯特瓦尔德（德国），有关催化作用的研究以及化学平衡和化学反应速率相关的研究	
1910	O.瓦拉赫（德国），在脂环族化合物领域的开创性研究	J. D.范德华（荷兰），关于气体和液体状态方程的研究（物理学）； A.科塞尔（德国），通过蛋白质、核酸方面的研究确立了细胞化学（生理学•医学）
1911	M.居里（法国），发现了镭和钋元素，镭元素的性质及其化合物的研究	W.维恩（德国），发现热辐射定律（物理学）
1912	V.格林尼亚（法国），发现格林尼亚试剂 P.萨巴蒂埃（法国），发明在金属细粉存在下的有机化合物加氢法	
1913	A.维尔纳（瑞士），有关分子内原子连接的研究	H.卡末林-昂内斯（荷兰），与液氦制造相关的低温现象的研究（物理学）
1914	T. W.理查兹（美国），众多元素原子量的精确测定	M. 冯•劳厄（德国），发现晶体中的X射线衍射现象（物理学）
1915	R.威尔施泰特（德国），关于植物色素，特别是叶绿素的研究	W. H.布拉格、W. L.布拉格（英国），用X射线进行晶体结构解析相关研究（物理学）
1916	未颁奖	未颁奖
1917	未颁奖	C. G. 巴克拉（英国），发现元素的特征X射线（物理学）
1918	F.哈伯（德国），从单质（氮、氢）合成氨的研究	M.普朗克（德国），确立量子论物理学进步作出巨大贡献（物理学）

续表

年份	化学奖	物理学奖、生理学·医学奖（精选）
1919	未颁奖	J.斯塔克（德国），发现阳极射线的多普勒效应以及斯塔克效应（物理学）
1920	W. H.能斯特（德国），热化学研究	
1921	F.索迪（英国），对放射性物质化学的贡献，以及对同位素的起源和性质的研究	A.爱因斯坦（德国），理论物理学的多项研究，特别是光电效应定律的发现（物理学）
1922	F. W.阿斯顿（英国），发现了大量非放射性元素的同位素，并且发现了整数法则	N. H.玻尔，原子结构和原子辐射的研究（物理学） A.V.希尔（英国），有关肌肉中能量代谢的发现（生理学·医学） O.迈耶霍夫（德国），发现肌肉中乳酸生成与氧消耗的相关性（生理学·医学）
1923	F.普雷格尔（奥地利），创立了有机化合物的微量分析法	R. A.密立根（美国），关于基本电荷及光电效应的研究（物理学） F. G. 班廷、J. J. R.麦克劳德（加拿大），发现胰岛素（生理学·医学）
1924	未颁奖	M.赛格巴恩（瑞典），X射线光谱学线中的发现与研究（物理学）
1925	R.席格蒙迪（德国），有关胶体溶液的异相性质的研究，并创立了现代胶体化学	J. 弗兰克、G.赫兹（德国），发现原子和电子的碰撞规律（物理学）
1926	T.斯韦德贝里（瑞典），分散体系的研究	J.佩兰（法国），与物质不连续结构相关的研究，特别是沉降平衡相关的发现（物理学）
1927	H.维兰德（德国），对胆汁酸及相关物质结构的研究	A.H. 康普顿（美国），发现康普顿效应（物理学） C. T. R.威尔逊（英国），利用云雾室观测荷电粒子的相关研究（物理学）
1928	A.温道斯（德国），对甾类的结构以及它们和维他命之间的关系的研究	O. W.理查森（英国），热离子现象的研究与理查森效应的发现（物理学）
1929	A.哈登（英国）、H.冯·奥伊勒-切尔平（瑞典），有关糖类发酵以及相关发酵酶的研究	L.V.德布罗意（法国），发现电子的波动性（物理学） C.艾克曼（荷兰），发现抗神经炎的维生素（生理学·医学） F. G.霍普金斯（英国），发现促进成长的维生素（生理学·医学）
1930	H.费歇尔（德国），有关血红素和叶绿素结构的研究，特别是血红素的合成	C.V.拉曼（印度），光散射相关研究与拉曼效应的发现（物理学）
1931	C.波斯（德国）、F.贝吉乌斯（德国），发明与发展化学高压技术	O.瓦尔堡（德国），发现呼吸酶的特性和作用机理（生理学·医学）
1932	I.朗格缪尔（美国）、在表面化学方面的发现与研究	W.海森堡（德国），量子力学的创立以及对位和邻位氢的发现（物理学）
1933	未颁奖	E.薛定谔（奥地利）、P. A. M.狄拉克（英国），发现新形式的原子理论（物理学） T. H.摩尔根（美国），发现染色体的遗传功能（生理学·医学）
1934	H.C.尤里（美国），重氢的发现	
1935	F.约里奥·居里、I.约里奥·居里（法国），人工放射性元素的研究	J.查德威克（英国），发现中子（物理学）

续表

年份	化学奖	物理学奖、生理学•医学奖（精选）
1936	P. J. W.德拜（荷兰），通过偶极矩及X射线和电子衍射来确定分子结构	H. H.戴尔（英国）、O.勒韦（德国），发现神经冲动的化学传递（生理学•医学）
1937	W. N.霍沃思（英国），对糖和维生素C的结构研究 P.卡勒（瑞士），对类胡萝卜素、黄素、维生素A和维生素B_2的结构研究	C. J.戴维森（美国）、G. P.汤姆逊（英国），发现晶体对电子的衍射现象（物理学） A.森特-哲尔吉（匈牙利），发现生物学燃烧，特别是维生素C及富马酸的接触作用（生理学•医学）
1938	R.库恩（德国），有关类胡萝卜素和维生素的研究	E.费米（意大利），发现由中子碰撞产生的新放射性元素并用热中子实现核反应
1939	A. F. J.布特南特（德国），有关性激素的研究 L.鲁日奇卡（瑞士），有关聚亚甲基和高级萜烯类结构的研究	E. O.劳伦斯（美国），开发回旋加速器和人工放射性元素研究（物理学） G.多马克（德国），发现磺胺的抗菌效果（生理学•医学）
1940	未颁奖	未颁奖
1943	G.赫维西（匈牙利），在化学反应研究中使用同位素作为示踪物的研究	O.斯特恩（美国），开发分子束方法和发现质子磁矩（物理学） C. P. H.达姆（丹麦）、E. A.多伊西（美国），发现维生素K的化学性质（生理学•医学）
1944	O.哈恩（德国），发现原子核裂变	I. I.拉比（美国），通过共振测定原子核的磁矩（物理学）
1945	A.维尔塔宁（芬兰），农业化学和营养化学方面的研究和发明	W.泡利（奥地利），发现泡利不相容原理（物理学） A.弗莱明、E. B.钱恩、H. W.弗洛里（英国），发现青霉素以及青霉素对各种传染病的治疗效果（生理学•医学）
1946	J. B.萨姆纳（美国），发现了酶可以结晶 J. H.诺思罗普和W. M.斯坦利（美国），酶和病毒蛋白质的纯化制备	P. W.布里奇曼（美国），发明超高压压缩装置以及高压物理学研究（物理学） H. J.马勒（美国），发现用X射线可以使基因人工诱变（生理学•医学）
1947	R.鲁宾逊（英国），对具有重要生物学意义的植物产物，特别是生物碱的研究	C. F.科里、G. T.科里（美国），发现基于催化作用的糖原代谢（生理学•医学）
1948	A. W.蒂塞利乌斯（瑞典），对电泳现象和吸附分析的研究，特别是有关血清蛋白的复和性质的发现	P. M. S.布莱克特（英国），利用威尔逊云雾室的原子核物理学和宇宙射线领域的发现（物理学） P. H.穆勒（瑞士），发现DDT对多足动物的强力接触毒性作用（生理学•医学）
1949	W. F.吉奥克（美国），在化学热力学领域的贡献，特别是对超低温状态下物质的研究	汤川秀树（日本），基于介子理论预言∏介子的存在（物理学）
1950	O. P.狄尔斯，K.阿尔德（德国），双烯合成法（迪尔斯-阿尔德反应）的发现与应用	
1951	G. T.西博格，E. M.麦克米伦（美国），发现超铀元素	J. D.科克罗夫特（英国）、E. T. S.沃尔顿（爱尔兰），通过人工加速荷电粒子的原子核嬗变相关研究（物理学）
1952	A. J. P.马丁，R. L. M.辛格（英国），发明了分配色谱法，并用于物质的分离、分析	F.布洛赫、E. M.珀塞尔（美国），基于核磁共振的磁矩的测量（物理学） S. A.瓦克斯曼（美国），发现链霉素（生理学•医学）

续表

年份	化学奖	物理学奖、生理学•医学奖（精选）
1953	H.施陶丁格（德国），链状高分子化合物的研究	F.泽尔尼克（荷兰），相衬显微镜的研究（物理学） F. A.李普曼（美国），高能磷酸结合在代谢中的重要性以及辅酶A的发现 H. A.克雷布斯（英国），发现三羧酸循环（生理学•医学）
1954	L.C.鲍林（美国），关于化学键的研究	M.玻恩（英国），量子力学，特别是波函数的统计学研究（物理学） W.博特（德国），利用符合计数法的原子核反应和γ射线相关研究（物理学）
1955	V.迪维尼奥（美国），含硫生物活性物质的研究，特别是催产素、抗利尿激素的结构确定与全合成	P.库什（美国），有关电子磁矩的研究（物理学） W. E. 拉姆（美国），发现氢原子光谱的精细结构（物理学） H.西奥雷尔（瑞典），过氧化酶的研究（生理学•医学）
1956	S. C. N.欣谢尔伍德爵士（英国）、N.N.谢苗诺夫（苏联），有关气相化学反应速度理论，特别是连锁反应的研究	W. B.肖克利、J.巴丁、W. H.布拉顿（美国），半导体研究与晶体管效应的发现（物理学）
1957	A.托德（英国），有关核苷酸和核苷酸辅酶的研究	
1958	F.桑格（英国），有关蛋白质，特别是胰岛素结构的研究	G. W.比德乐、E. L.塔特姆（美国），通过化学过程的调节控制遗传基因的相关研究（生理学•医学）
1959	J. 海洛夫斯基（捷克斯洛伐克），极谱理论及发明	S.奥乔亚、A.科恩伯格（美国人），有关RNA和DNA合成的研究（生理学•医学）
1960	W. F.利比（美国），碳-14年代测定法的研究	
1961	M.卡尔文（美国），植物光合作用的研究	R.穆斯堡尔（德国），有关γ射线共振吸收的研究和穆斯堡尔效应的发现（物理学）
1962	M. F.佩鲁茨、J. C.肯德鲁（英国），球形蛋白质的结构研究	F. H. C.克里克（英国）、J. D.沃森（美国）、M. H. F.威尔金斯（英国），发现核酸的分子结构及其对生物体内信息传递的意义（生理学•医学）
1963	K.齐格勒（德国）、G.纳塔（意大利），采用新催化剂聚合法的开发与基础研究	J. C.艾克尔斯（澳大利亚）、A. L.霍金奇、A. F.赫克斯利（英国），发现与神经细胞末梢及中枢部位的兴奋和抑制有关的离子机制（生理学•医学）
1964	D. C.霍奇金（英国），采用X射线衍射法的生物分子的分子结构研究	C. H.汤斯（美国）、N. G.巴索夫、A. M.普罗霍罗夫（苏联），微波激射器、激光器的发明和量子电子学基础研究（物理学） K. E.布洛赫（美国）、F.吕南（德国），有关胆固醇和脂肪酸的生物合成及控制方面的研究（生理学•医学）
1965	R. B.伍德沃德（美国），对有机合成方法的贡献	朝永振一郎（日本）、J.施温格、R. P.费因曼（美国），在量子电磁力学方面的基础研究（物理学） F.雅各布、A. M.雷沃夫、J. L.莫诺（法国），有关酶和细菌合成中的遗传调节相关研究（生理学•医学）
1966	R. S.马利肯（美国），利用分子轨道法对化学键及分子电子结构的基础研究	A.卡斯特勒（法国），光磁共振方法的发现与开发（物理学）

续表

年份	化学奖	物理学奖、生理学•医学奖（精选）
1967	M.艾根（德国）、R. G. W.诺里什（英国）、G.贝特（英国），利用很短的能量脉冲对快化学反应的研究	H.贝蒂（美国），核反应理论方面的贡献，特别是关于恒星能源的发现（物理学） R. A.格拉尼特（瑞典）、H. K.哈特兰、G.沃尔德（美国），与视觉的化学生理学基本过程有关的发现（生理学•医学）
1968	L.昂萨格（挪威，美国），确立了不可逆过程的热力学基础，发现倒易定理	R. W.霍利、H. G.科拉纳、M. W.尼伦伯格（美国），遗传信息的破译及其在蛋白质合成中的作用的阐释（生理学•医学）
1969	O.哈塞尔（挪威），D. H. R.巴顿（英国），分子立体构象概念的引入与解析	M.德尔布吕克、A. D.赫尔、S. E.卢里亚（美国），发现病毒的复制机制和遗传物质的作用（生理学•医学）
1970	L. F.莱洛伊尔（阿根廷），糖核苷酸的发现及其在碳水化合物生物合成中的作用研究	L.内尔（法国），关于反磁铁性和铁磁性的基础研究（物理学）
1971	G.赫茨伯格（加拿大），有关分子特别是自由基的电子构造与几何形状的研究	E. W.萨瑟兰（美国），发现激素的作用机理（生理学•医学）
1972	C. B.安芬森（美国），有关RNA的研究，特别是对氨基酸序列与活性构象之间关系的研究 W. H.斯泰因，S.摩尔（美国），RNA的化学结构与活性中心的催化作用的关系的理解	J.巴丁、L. N.库柏、R.施里弗（美国），超导现象的理论阐释（物理学） G. M.埃德尔曼（美国）、R. R.波特（英国），有关抗体化学结构的发现（生理学•医学）
1973	E. O.费歇尔（德国）、G.威尔金森（英国），关于具有三明治结构的有机金属化合物的研究	江崎玲于奈（日本）、I.贾埃弗（美国），发现半导体中的隧道效应以及实验发现超导体（物理学） B.约瑟夫森（英国），约瑟夫森效应的理论预测（物理学）
1974	P. J.弗洛里（美国），高分子物理化学的理论与实验两个方面的基础研究	
1975	J. W.康福思（澳大利亚），关于酶催化反应的立体化学研究 V.普雷洛格（瑞士），有机分子和有机反应的立体化学相关的研究	R.杜尔贝科（美国/意大利）、H. M.特明、D.巴尔的摩（美国），有关肿瘤病毒和遗传基因相互作用的研究（生理学•医学）
1976	V. N.利普斯科姆（美），对硼烷结构的研究	
1977	I.普里高津（比利时），对非平衡态热力学，特别是耗散结构的研究	P. W.安德森、J. H.范弗莱克（美国）、N. F.莫特（英国），对磁体和无序体系电子结构的理论研究（物理学）
1978	P.米切尔（英国），生物膜中能量转换的研究	P.卡皮察（苏联），低温物理学的基础研究（物理学） D.内森斯、H. O.史密斯（美国）、W.阿尔伯（瑞士），限制性内切酶的发现及其应用（生理学•医学）
1979	H. C.布朗（美国），G.维蒂希（德国），新的有机合成方法的开发	G. N.蒙斯菲尔德（英国）、A. M.科马克(美国)，开发了使用电子计算机的X射线断层扫描技术（生理学•医学）
1980	P.伯格（美国），对作为遗传工程基础的核酸的生物化学研究 F.桑格（英国）、W.吉尔伯特（美国），核酸碱基序列的确定	

续表

年份	化学奖	物理学奖、生理学•医学奖（精选）
1981	福井谦一（日本）、R.霍夫曼（美国），化学反应过程的理论研究	N.布隆伯根、A. L.肖洛（美国），对激光光谱学的贡献（物理学） K.西格巴恩（瑞典），开发高分辨率光电子光谱法（物理学）
1982	A.克卢格（英国），晶体学的电子分光法的开发与核酸•蛋白质复合物的立体结构的解析	K. G.威尔逊（美国），与物质的相变相关的临界现象的理论（物理学） S. K.贝里斯德伦、B. I.萨米埃尔松（瑞典）、J. R.范恩（英国），前列腺素类相关生理活性物质的研究（生理学•医学）
1983	H.陶布（美国），电子转移反应（特别是金属配合物中）的机理研究	B.麦克林托克（美国人），发现移动的基因等，遗传学上卓越的研究（生理学•医学）
1984	R. B.梅里菲尔德（美国），开发了多肽固相合成法	
1985	J.卡尔勒、H. A.豪普特曼（美国），确立了直接测定物质晶体结构的方法	K.冯•克里津（德国），发现量子霍耳效应并开发了测定物理常数的技术（物理学）
1986	D. R.赫施巴赫（美国）、李远哲（美国，中国台湾）、J. C.波兰尼（加拿大），对化学基元反应的动力学过程的研究	E.鲁斯卡（德国），电子显微镜相关的基础研究与开发（物理学） G.宾宁（德国）、H.罗勒（瑞士），扫描隧道电子显微镜的开发（物理学）
1987	C. J.佩德森、D. J.克拉姆（美国）、J. M.莱恩（法国），选择性高、引发结构特异性反应的分子的合成	J. G.贝德诺尔茨（德国）、K. A.穆勒（瑞士），发现氧化物高温超导材料（物理学） 利根川进（日本），阐明生成多样性抗体的遗传性原理（生理学•医学）
1988	J.戴森霍费尔、R.胡贝尔、H.米歇尔（德国），构成光合成反应中心的蛋白质复合体的三维结构的确定	
1989	S.阿尔特曼、T. R.切赫（美国），发现RNA有催化性质	N. F.拉姆齐、H. G.德默尔特（美国）、W.保尔（德国），高精度原子光谱法的开发（物理学）
1990	E. J.科里（美国），开发了有机合成的理论和方法	
1991	R.恩斯特（瑞士），高灵敏、高分辨率核磁共振（NMR）的开发与实用化	G.德-热纳（法国），复杂高分子、液晶、超导磁性材料相变现象的数学研究（物理学）
1992	R.马库斯（美国），有关溶液中电子转移反应速度的理论	E. H.费希尔、E. G.克雷布斯（美国），发现作为生命控制机理的蛋白质可逆磷酸化作用（生理学•医学）
1993	K. B.穆利斯（美国），对DNA化学的贡献，开发了聚合酶连锁反应（PCR） M.史密斯（加拿大），对DNA化学的贡献，开发了部位特异性突变法	P. A.夏普、R. J.罗伯茨（美国），发现断裂基因（生理学•医学）
1994	G. A.奥拉（美国），对碳正离子化学的贡献	B. N.布罗克豪斯（加拿大）、C. G.沙尔（美国），在凝聚态物质研究中发展了中子散射技术（物理学） M.罗德贝尔、A. G.吉尔曼（美国），发现G蛋白及其在细胞中转导信息的作用（生理学•医学）

续表

年份	化学奖	物理学奖、生理学•医学奖（精选）
1995	F. S. 罗兰（美国）、M.莫利纳（墨西哥）、J.克鲁岑（德国），有关臭氧层的形成与分解的大气化学研究	
1996	R. F. 卡尔（美国）、R. E. 斯莫利（美国）、H. W. 克罗托（英国），发现富勒烯（C_{60}）	D. M. 李、R. C. 理查森、D. D. 奥谢罗夫（美国），发现氦-3 中的超流动性（物理学）
1997	P. D. 博耶（美国）、J. E. 沃克（英国），阐明了腺苷三磷酸（ATP）合成酶的机理 J. C. 斯科（丹麦），发现离子传输酶（ATP 酶）	朱棣文、W. D. 菲利普斯（美国）、C. 科昂•塔努吉（法国），开发了用激光使原子冷却至极低温的技术（物理学）
1998	W. 科恩（美国），发展了密度泛函理论 J. A. 波普尔（英国），开发了量子化学计算方法	R. B. 劳克林、H. L. 施托默、崔琦（美国），发现电子在强磁场中的分数量子化的霍尔效应（物理学） R. F. 佛契哥特、L. J. 依格纳罗、F. 穆拉德（美国），发现与一氧化碳相关的循环系统中的信号分子（生理学•医学）
1999	A. 泽维尔（美国），采用飞秒激光光谱法研究化学反应过渡态	G. 布罗尔（德国），发现控制细胞运输和定位的内在信号蛋白质（生理学•医学）
2000	A. J. 黑格（美国）、A. G. 麦克迪尔米德（美国）、白川英树（日本），导电聚合物的发现与开发	Z. I. 阿尔费罗夫（俄国）、H. 克罗默（德国）、J. S. 基尔比（美国），信息通信技术中的额基础研究（物理学）
2001	W. S. 诺尔斯（美国）、野依良治（日本），手性催化加氢反应 B. 夏普莱斯（美国），手性催化氧化反应	E. A. 康奈尔、C. E. 维曼（美国）、W. 克特勒（德国），有关碱金属原子稀薄气体的玻色－爱因斯坦凝聚态的实现以及凝聚态物质性质的基础研究（物理学）
2002	J. B. 芬恩（美国）、田中耕一（日本），生物大分子的鉴定和结构解析方法的开发（质谱分析软电离方法的开发） K. 维特里希（瑞士），生物大分子的鉴定和结构解析方法的开发（生物大分子结构测定相关NMR 光谱法的开发）	R. 戴维斯（美国）、小柴昌俊（日本），对天体物理学的先驱性贡献，特别是检出宇宙中微子（物理学） S. 布伦纳（英国），器官发生和程序化细胞凋亡研究（生理学•医学）
2003	P. 阿格雷（美国），发现细胞膜中存在的通道（水通道的发现） R. 麦金农（美国），发现细胞膜中存在的通道（离子通道的构造与机理研究）	A. A. 阿布里科索夫、V. L. 金茨堡（俄罗斯）、A. J. 莱格特（美国）、在超导体和超流体领域中做出了开创性贡献（物理学） P. 劳特布尔（美国）、P. 曼斯菲尔德（英国），在核磁共振成像技术上的发现（生理学•医学）
2004	A. 切哈诺沃、A. 赫什科（以色列）和 I. 罗斯（美国），发现了泛素调解的蛋白质降解	R. 阿克塞尔、L. B. 巴克（美国），发现气味受体和嗅觉系统组织（生理学•医学）
2005	I. 肖万（法国）、R. H. 格拉布（美国）、R. R. 施罗克（美国），有机合成中的复分解反应方法的开发	R. 格劳伯（美国），对光学相干的量子理论的贡献（物理学） J. L. 霍尔（美国），对基于激光，包括光学频率梳技术在内的精密光谱学发展做出了贡献（物理学）
2006	R. D. 科恩伯格（美国），对真核生物中转录的研究	
2007	G. 埃特尔（德国），固体表面化学过程的研究	A. 费尔（法国）、P. 格林贝格尔（德国），发现巨磁电阻效应（物理学）

续表

年份	化学奖	物理学奖、生理学•医学奖（精选）
2008	下村脩（日本）、M.沙尔菲（美国）、钱永健（美国），绿色荧光蛋白（GFP）的发现及其应用	南部阳一郎（日本），发现基本粒子物理学及原子核物理学中的对称性自发破缺机制（物理学） 小林诚、益川敏英（日本），发现对称性破坏的起源，并预言了自然界至少存在三类夸克（物理学）
2009	V.拉马克里希南（印度/美国）、T. A.斯泰茨（美国）、A. E.约纳特（以色列），核糖体结构和功能研究	高锟（美籍华人），以光通信为目的纤维内光传输相关成就（物理学） W.博伊尔、G. E.史密斯（美国），发明了成像半导体电路CCD传感器（物理学） E. H.布莱克本、C. W.格雷德、J. W.绍斯塔克（美国），发现端粒和端粒酶保护染色体的机理（生理学•医学）
2010	R. F.赫克（美国）、根岸英一（日本）、铃木章（日本），有机合成中的钯催化交叉偶联反应的研究	A.海姆（荷兰）、K.诺沃肖洛夫（俄罗斯，英国），二维石墨烯材料方面的创新实验（物理学）
2011	D.舍特曼（以色列），发现准晶体	
2012	R. J.莱夫科维茨、B. K.科比尔卡（美国），G蛋白偶联受体的研究	J. B.戈登因（美国）、长山中伸弥（日本），发现细胞核重新编程（生理学•医学） S.阿罗什（法国）、D. J.维因兰德（美国），使测量和操子单个量子系统成为可能的实验方法
2013	M.卡普拉斯（美国）、M.莱维特（美国，英国，以色利）、A.瓦谢尔（美国，以色列），开发了复杂化学体系的多尺度模型	J. E.罗斯曼、R. W.谢克曼、T. C.苏德霍夫（美国），发现细胞内部囊泡运输调控机制（生理学•医学）
2014	E.白兹格（美国）、S. W.赫尔（德国）、W. E.莫尔纳尔，超分辨荧光显微镜的开发	赤崎勇、天野浩（日本）、中村修二（美国），发明了蓝色发光二极管，并由此带来的新型节能光源（物理学）

索　引

人名索引

C

D

E

F

G

H

J

K

L

M

N

O

P

Q

R

S

T

主题词索引

图版·简历来源

第1章

主题图: Courtesy of the National Library of Medicine.

图1.2: Hieronymus Brunschwig. Liber de arte distillandi. Strassburg: 1500. Page 39 verso. Courtesy of the National Library of Medicine.

图1.3: Georgius Agricola; translated from the first Latin edition of 1556 by Herbert Clark Hoover and Lou Henry Hoover. De re metallica. London: The Mining magazine; 1912. Book VII, p.265. "A FIRST SMALL BALANCE. B SECOND. C THIRD, PLACED IN A CASE." Courtesy of Internet Archive.

图1.4: Antoine Laurent Lavoisier. Traité élémentaire de chimie. Paris: Cuchet, 1789. Courtesy of HathiTrust.

图1.5: Antoine Laurent Lavoisier. Traité élémentaire de chimie. Paris: Cuchet, 1789. p.192. Courtesy of HathiTrust

Paracelsus: Courtesy of the National Library of Medicine.

Robert Boyle: Courtesy of the National Library of Medicine.

Joseph Black: Courtesy of the National Library of Medicine.

Joseph Priestley: Courtesy of the National Library of Medicine.

Carl Scheele: Courtesy of the National Library of Medicine.

Henry Cavendish: Edgar Fahs Smith Collection, University of Pennsylvania Libraries

Antoine-Laurent de Lavoisier: Courtesy of the National Library of Medicine.

专栏1: Joseph Priestley. Disquisitions Relating to Matter and Spirit.

London: J. Johnson; 1777. Courtesy of HathiTrust.

专栏2 (p.19): Courtesy of the National Library of Medicine.

专栏2 (p.20): Antoine Laurent Lavoisier. Traite elementaire de chimie.

Paris: Cuchet, 1789, plate 4.

第2章

主题图: Courtesy of Masami Saitoh.

图2.1: John Dalton. A new system of chemical philosophy. Lonodn: R. Bickerstaff; 1808. Volume: 1, p.218, Plate 4. Courtesy of HathiTrust. 742.

图2.2: Alessandro Volta. On the Electricity Excited by the Mere Contact of Conducting Substances of Different Kinds. Philosophical Transactions of the Royal Society, 1800. v. 90, pt. 2. pp.403–431. Courtesy of Internet Archive.

图2.3: E. Shimao, "Jinbutsu Kagakushi" (Characters in the history of chemistry) Asakura Shoten 2002, p.60.

图2.4: Aaron J. Ihde, The Development of Modern Chemistry, Dover Publications, 1970, p.305, p.309.

图2.5: Aaron J. Ihde, The Development of Modern Chemistry, Dover Publications, 1970, p.313.

图2.7: Rene Dubos, Pasteur and Modern Science, ASM Press, Washington, D.C. 1998, p.18.

图2.10 : Kirchhoff, G. and Bunsen, R. (1860), Chemische Analyse durch Spectralbeobachtungen. Ann. Phys., 186: 161–189. Copyright © 1860 WILEY-VCH Verlag GmbH & Co. KGaA, Weinheim.

图2.11: The Special Collections Research Center, University of Chicago Library.

图2.12: Lothar Meyer. Die Natur der chemischen Elemente als Funktion ihrer Atomgewichte. Annalen der Chemie und Pharmacie. 1870; Supplement 7: 354–364.

图2.15: Based on Alfred Werner, New Idea of Complex Cobalt Compounds, 1911.

图2.17: Based on W. J. Moore “Physical Chemistry”4th Ed. Prentice-Hall, 1972, p.143, Figure 4.11.

图2.22: Photo courtesy of Tsuyama Archives of Western Learning.

John Dalton: Courtesy of the National Library of Medicine.

Jons Jacob Berzelius: Courtesy of the National Library of Medicine.

Joseph Gay-Lussac: Courtesy of the National Library of Medicine.

Amedeo Avogadro: Edgar Fahs Smith Collection, University of Pennsylvania Libraries.

Jean-Baptiste-André Dumas: Courtesy of the National Library of Medicine.

Humphry Davy: Courtesy of the National Library of Medicine.

Michael Faraday: Courtesy of the National Library of Medicine.

Friedrich Wöhler: Courtesy of the National Library of Medicine.

Justus von Liebig: Courtesy of the National Library of Medicine.

Auguste Laurent: Edgar Fahs Smith Collection, University of Pennsylvania Libraries.

Charles Gerhardt: Edgar Fahs Smith Collection, University of Pennsylvania Libraries.

Stanislao Cannizzaro: Edgar Fahs Smith Collection, University of Pennsylvania Libraries.

Friedrich August Kekule: Courtesy of the National Library of Medicine.

Louis Pasteur: Courtesy of the National Library of Medicine.

Jacobus Henricus van’t Hoff: Edgar Fahs Smith Collection, University of Pennsylvania Libraries.

Marcellin Berthelot: Edgar Fahs Smith Collection, University of Pennsylvania Libraries.

Robert Bunsen: Courtesy of the National Library of Medicine.

Gustav Kirchhoff: Courtesy of the Library of Congress, LC-USZ62-133715.

Dmitri Ivanovich Mendeleev: Edgar Fahs Smith Collection, University of Pennsylvania Libraries.

Lothar Meyer: Edgar Fahs Smith Collection, University of Pennsylvania Libraries.

Ferdinand Henri Moissan: Reproduced courtesy of the Library of the Royal Society of Chemistry.

John Strutt (Lord Rayleigh): Science & Society Picture Library/ Aflo William Ramsay: Edgar

Fahs Smith Collection, University of Pennsylvania Libraries.

Alfred Werner: ETH-Bibliothek Zurich, Image Archive.

Sadi Carnot: Edgar Fahs Smith Collection, University of Pennsylvania Libraries.

William Thomson: Edgar Fahs Smith Collection, University of Pennsylvania Libraries.

James Clerk Maxwell: ETH-Bibliothek Zurich, Image Archive.

Ludwig Boltzmann: © Archives of Graz University Josiah Willard Gibbs: AIP Emilio Segre Visual Archives Svante Arrhenius: Edgar Fahs Smith Collection, University of Pennsylvania Libraries.

Wilhelm Ostwald: Edgar Fahs Smith Collection, University of Pennsylvania Libraries.

Emil Fischer: Courtesy of the National Library of Medicine.

Friedrich Miescher: © Ralf Dahm, Mainz, Germany.

Eduard Buchner: Courtesy of the University of Würzburg.

William Perkin: Edgar Fahs Smith Collection, University of Pennsylvania Libraries.

Adolf von Baeyer: Edgar Fahs Smith Collection, University of Pennsylvania Libraries.

Alfred Nobel: © The Nobel Foundation

Yoan Udagawa: Courtesy of Takeda Science Foundation Kyo-U Library.

Mitsuru Kuhara: Courtesy of the Kuhara family, deposited at Tsuyama Archives of Western Learning.

Jyoji Sakurai: Photo courtesy of RIKEN.

专栏3 (p.33): Edgar Fahs Smith Collection, University of Pennsylvania Libraries.

专栏3 (p.34): James Gillray “New Discoveries in Pneumatics”

专栏4 (p.76): Based on P. Tans (2007) “Monthly mean atmospheric carbon dioxide at Mauna Loa Observatory, Hawaii”. Global Monitoring Division, Earth System Research Laboratory, National Oceanic and Atmospheric Administration, U.S. Department of Commerce, U.S.A.

专栏4 (p.77): Courtesy of Masami Saitoh.

专栏5 (p.79): ©Technische Universität Braunschweig

专栏5 (p.80): ©Technische Universität Braunschweig

专栏6 (p.92): Courtesy of Liebig-Museum Giessen, Germany.

专栏6 (p.93): Liebigs Annalen. 1997. Volume 1997, Issue 12. Front cover.

Copyright Wiley-VCH Verlag GmbH & Co. KGaA. Reproduced with permission.

专栏7 (p.103): Photo courtesy of Graduate School of Engineering, Kyoto University.

专栏7 (p.104): Hikorokuro Yoshida (1897) “Shinpen Kagaku Kyokasho”

第3章

主题图: Courtesy of the University of Würzburg.

图3.1: Science Museum / Science & Society Picture Library

图3.2: S. Honma, “Shinban Denshi to Genshikaku no Hakken” (S. Weinberg, “The Discoveries of Subatomic Particles”) Chikuma Gakugei Bunko, 2006, p.7. Reproduced with permission.

图3.3: Based on Linus Pauling, General Chemistry, Dover Publications, 1970, p.72, fig.3–25.

图3.4: H. G. J. Moseley, M. A., The High-frequency spectra of the elements, Phil. Mag., 1913, p.1024.

图3.5: Astons first Mass Spectrograph set up in the lab. C.1919. Courtesy of the Cavendish Laboratory, University of Cambridge.

图3.6: Based on S. Honma, "Shinban Denshi to Genshikaku no Hakken" (S. Weinberg, "The Discoveries of Subatomic Particles") Chikuma Gakugei Bunko, 2006, p.251.

William Crookes: Courtesy of the National Library of Medicine.

Joseph John Thomson: Courtesy of the National Library of Medicine.

Wilhelm Röntgen: Courtesy of the National Library of Medicine.

William Henry Bragg: Courtesy of State Library of South Australia, B3991.

Lawrence Bragg: AIP Emilio Segre Visual Archives, Weber Collection

Henry Moseley: Edgar Fahs Smith Collection, University of Pennsylvania Libraries

Henri Becquerel: Courtesy of the National Library of Medicine.

Pierre Curie: Edgar Fahs Smith Collection, University of Pennsylvania Libraries

Marie Sklodowska-Curie: Edgar Fahs Smith Collection, University of Pennsylvania Libraries

Ernest Rutherford: Courtesy of the National Library of Medicine.

Frederick Soddy: Edgar Fahs Smith Collection, University of Pennsylvania Libraries.

Francis Aston: Edgar Fahs Smith Collection, University of Pennsylvania Libraries.

Harold Urey: Edgar Fahs Smith Collection, University of Pennsylvania Libraries.

Albert Einstein: ETH-Bibliothek Zurich, Image Archive.

Jean Perrin: Edgar Fahs Smith Collection, University of Pennsylvania Libraries.

Max Planck: Archives of the Max Planck Societey, Berlin.

Niels Bohr: ©The Niels Bohr Archive, Copenhagen

Arnold Sommerfeld: AIP Emilio Segre Visual Archives, Physics Today Collection.

Wolfgang Pauli: Science Photo Library/Aflo

James Chadwick: AIP Emilio Segre Visual Archives, Numeroff Collection.

Werner Heisenberg: Courtesy of Archiv of the University of Leipzig.

Louis de Broglie: AIP Emilio Segre Visual Archives, Physics Today Collection.

Erwin Schrödinger: AIP Emilio Segre Visual Archives, Physics Today Collection.

Max Born: Courtesy of The University of Edinburgh.

Paul Dirac: AIP Emilio Segre Visual Archives.

专栏8 (上图): Courtesy of Wayne Boucher.

专栏8 (下图): Courtesy of MRC Laboratory of Molecular Biology.

专栏9 (p.124): Wellcome Library, London

专栏9 (p.125): Courtesy of Masami Saitoh.

第4章

主题图: Courtesy of Masami Saitoh.

图4.1: Valence and the structure of atoms and molecules. Gilbert Newton Lewis. New York: Chemical Catalog, 1923 (Monograph series/American Chemical Society). p.29. Fig. 3. Courtesy of

HathiTrust.

图4.2: Valence and the structure of atoms and molecules. Gilbert Newton Lewis. New York: Chemical Catalog, 1923 (Monograph series/American Chemical Society). p.33 Fig.4. Courtesy of HathiTrust.

图4.3: Based on W. J. Moore, “Physical Chemistry” 4th ed. Prentice Hall, New Jersey, 1972.

图4.8: Based on W. J. Moore, “Physical Chemistry” 4th ed. Prentice Hall, New Jersey, 1972.

图4.10: Based on P. W. Atkins, “Physical Chemistry” 5th edition, p.952, fig. 27.15, 27.16.

图4.11: Photo Courtesy of Beckman Coulter.

图4.12: Reprinted by permission from Macmillan Publisher Ltd: Dent CE, Stepka W, Steward FC, Detection of the Free Amino-Acids of Plant Cells By Partition Chromatography, Nature 160; 1947:682–683. Copyright © 1946.

图4.36: Photograph of a culture-plate showing the dissolution of staphylococcal colonies in the neighbourhood of a penicillium colony. (Fig.1, page 228–1). Alexander Fleming, On the Antibacterial Action of Cultures of a Penicillium, with Special Reference to Their Use in the Isolation of B. Influenzas. Br J Exp Pathol. 1929; 10(3): 226–236. Courtesy of PubMed Central.

Linus Pauling: AIP Emilio Segre Visual Archives, W. F. Meggers Gallery of Nobel Laureates.

Gilbert Newton Lewis: AIP Emilio Segre Visual Archives, photograph by Francis Simon.

Walther Nernst: ©UB der HU zu Berlin; Porträtsammlung; Richthofen, Nernst, Walter

William Giauque: AIP Emilio Segre Visual Archives, W. F. Meggers Gallery of Nobel Laureates.

Peter Debye: Archives of the Max Planck Societey, Berlin.

Walter Heitler: ETH-Bibliothek Zurich, Image Archive.

Fritz London: AIP Emilio Segre Visual Archives, Physics Today Collection.

Robert Mulliken: AIP Emilio Segre Visual Archives, Physics Today Collection.

Ernst Ruska: Archives of the Max Planck Societey, Berlin.

Gerhard Herzberg: Courtesy of National Research Council Canada Archives.

Chandrasekhara Raman: Edgar Fahs Smith Collection, University of Pennsylvania Libraries.

Isidor Rabi: AIP Emilio Segre Visual Archives, Physics Today Collection.

Henry Eyring: AIP Emilio Segre Visual Archives.

Michael Polanyi: Courtesy of Professor John Polanyi.

Theodor Svedberg: Edgar Fahs Smith Collection, University of Pennsylvania Libraries.

Irving Langmuir: AIP Emilio Segre Visual Archives.

Frederic Joliot-Curie: AIP Emilio Segre Visual Archives, W. F. Meggers Collection.

Irene Joliot-Curie: AIP Emilio Segre Visual Archives, W. F. Meggers Gallery of Nobel Laureates.

Lise Meitner: Archives of the Max Planck Societey, Berlin.

Otto Hahn: Archives of the Max Planck Societey, Berlin.

Glenn Seaborg: Courtesy of the U.S. Department of Energy.

Georg de Hevesy: AIP Emilio Segre Visual Archives, W. F. Meggers Collection.

Fritz Pregl: Photo: Graz University Archive.

Jaroslav Heyrovsky: Courtesy of Institute of Physical Chemistry of J. Heyrovsky of the AS CR.

Mikhail Tsvet: Photo courtesy of Itaru Matsushita.

Archer Martin: © National Portrait Gallery, London

Willard Libby: Courtesy of U.S. Department of Energy.

Victor Goldschmidt: Courtesy of University History Photobase, University of Oslo. Unknown photographer.

Christopher Ingold: Reproduced courtesy of the Library of the Royal Society of Chemistry

Victor Grignard: Mary Evans Picture Library/ Aflo

Otto Diels: © UB der HU zu Berlin; Porträtesammlung; Diels Otto

Kurt Alder: © The Department of Chemistry, the University of Cologne

Robert Robinson: "Robert Robinson, Professor of Organic Chemistry". Courtesy of the University of Sydney Archives, the reference number G3_224_1679.

Hermann Staudinger: ETH-Bibliothek Zurich, Image Archive.

Walter Haworth: Reproduced courtesy of the Library of the Royal Society of Chemistry

Richard Willstätter: Archives of the Max Planck Societey, Berlin.

Hans Fischer: Edgar Fahs Smith Collection, University of Pennsylvania Libraries.

Heinrich Wieland: Courtesy of Albert-Ludwigs-Universität Freiburg.

Adolf Butenandt: Archives of the Max Planck Societey, Berlin.

Paul Karrer: ETH-Bibliothek Zurich, Image Archive.

Richard Kuhn : Archives of the Max Planck Societey, Berlin.

Arthur Harden: Reproduced courtesy of the Library of the Royal Society of Chemistry.

Hans von Euler-Chelpin: Leopoldina-Archiv/MM 3470

James Sumner: HUP Sumner, James (1), Harvard University Archives

John Northrop: Courtesy of the Rockefeller University.

Wendell Stanley: Courtesy of the Rockefeller University.

Otto Warburg: Courtesy of the National Library of Medicine.

Otto Meyerhof : Archives of the Max Planck Societey, Berlin.

Albert Szent-Györgyi: Courtesy of the National Library of Medicine.

Hans Krebs: Reproduced courtesy of the Library of the Royal Society of Chemistry

Gerty Cori and Carl Cori: Becker Medical Library, Washington University School of Medicine.

Rudolph Schoenheimer: University Archives, Rare Book & Manuscript Library, Columbia University in the City of New York.

Umetaro Suzuki: Photo courtesy of RIKEN.

Jokichi Takamine: Photo courtesy of RIKEN.

Fritz Haber: Archives of the Max Planck Societey, Berlin.

Wallace Carothers: Photo courtesy of E. I. du Pont de Nemours and Company

Paul Ehrlich: Courtesy of the National Library of Medicine.

Kikunae Ikeda: Photo courtesy of RIKEN.

Riko Majima: Photo courtesy of RIKEN.

Gen'itsu Kita: Courtesy of the Kita family.

专栏10: The Bancroft Library, University of California.

专栏11: © Wolfgang Suschitzky / National Portrait Gallery, London

专栏12 (p.194): Photo: Deutsches Museum

专栏12 (p.196): Archives of the Max Planck Society, Berlin.

专栏13: Photo courtesy of Tohoku University Archives.

专栏14: PBD ID: 1E9Z

N.-C. Ha, S.-T. Oh, J.Y. Sung, K.-A. Cha, M. Hyung Lee, B.-H.Oh (2001) Supramolecular assembly and acid resistance of Helicobacter pylori urease. Nat.Struct.Biol. 8: 480.

专栏15: Archives of the Max Planck Societey, Berlin.

专栏16 (p.264): Courtesy of the Kondo family.

专栏16 (p.266): Photo courtesy of RIKEN.

第5章

主题图: Courtesy of Masami Saitoh.

图5.2: Max F. Perutz — Nobel Lecture: X-ray Analysis of Haemoglobin. Nobel Lecture, December 11, 1962.© The Nobel Foundation 1962.

图5.3: 左: Courtesy of professor Noriko Nagata. 右: Courtesy of professor Yuichiro Watanabe.

图5.4: Reprinted Fig.1 with permission from Physical Review Letters as follows:G. Binnig, H. Rohrer, Ch. Gerber, and E. Weibel, Physical Review Letters, vol. 50, p.120–123. ©1983 by the American Physical Society.

图5.5: By permission of Oxford University Press, USA.

图5.6: P. W. Atkins, Physical Chemistry, 5th Edition., Oxford University Press, 1994, p.602.

图5.8: © National Astronomical Observatory of Japan

图5.10: G. Herzberg, Spectra of diatomic molecules, van Nostrand, 1950, p.38.

J. Michael Hollas. Modern Spectroscopy, 4th Edition. John Wiley and Sons. 2004. Fig. 7.19, p.245. Copyright © 2004, John Wiley and Sons. Reproduced with permission.

图5.13 : P. W. Atkins, Physical Chemistry, 5th Edition., Oxford University Press, 1994, p.615 fig.17.39, 17.41.

图5.15: Based on W. J. Moore, "Physical Chemistry" 4th ed. Prentice Hall, New Jersey, 1972.

图5.16: Based on N. Hirota, K. Kajimoto ed. "Gendaikagaku eno Shoutai" (Invitation to Contemporary Chemistry) Asakura Shoten, 2001, p.45.

图5.17: Based on N. Hirota, K. Kajimoto ed. "Gendaikagaku eno Shoutai" (Invitation to Contemporary Chemistry) Asakura Shoten, 2001, p.52.

图5.19: Courtesy of professor Naoyuki Osaka.

图5.20: Nobelprize.org. Nobel Lecture 2002, fig. 18.

图5.21: Based on N. Hirota, K. Kajimoto ed. "Gendaikagaku eno Shoutai" (Invitation to Contemporary Chemistry) Asakura Shoten, 2001, p.15.

图 5.22: Cover Picture. Angew. Chem. Int. Ed. Engl. 1996. 35. Front cover. Copyright Wiley-VCH Verlag.

图 5.23: Courtesy of professor Shigehiko Hayashi.

图 5.27: Reprinted with permission from Y. T. Lee, J. D. McDonald, P. R. LeBreton, D. R. Herschbach. Molecular Beam Reactive Scattering Apparatus with Electron Bombardment Detector. Review of Scientific Instruments 1969; 40(11), Copyright © 2003, AIP Publishing LLC.

图 5.28: P. W. Atkins, Physical Chemistry, 5th Edition., Oxford University Press, 1994, p.946.

图 5.29: J. G. Calvert and J. N. Pitts "Photochemistry" John Wiley & Sons 1966 p.244, Fig. 4.

图 5.34: The Nobel Prize in Chemistry 2007 — Advanced Information". Nobelprize.org. Nobel Media AB 2013. Web. 22 Aug 2013. <http://www.nobelprize.org/nobel_prizes/chemistry/laureates/2007/advanced.html>

图 5.44: H. Shinohara, "Nanoka-bon no Kagaku" (Sceience of nano carbon) Kodansha, 2007, p.44. Reproduced with permission.

图 5.45: H. Shinohara, "Nanoka-bon no Kagaku" (Sceience of nano carbon) Kodansha, 2007, p.196. Reproduced with permission.

图 5.47: Hall, N. (ed) and Royal Society of Chemistry, The age of the molecule, London: Royal Society of Chemistry, 1999. p.168. Reproduced by permission of The Royal Society of Chemistry.

图 5.52: Fig. 1 from Miyazaki, Y. Magnetic Field Dependent Heat Capacity of a Single-Molecule Magnet.

图 5.55: Based on A. Ohno, "137 Okunen no Monogatari" (Stories of 13.7 billion years) Sankyo Syuppan, 2006.

Dorothy Crowfoot Hodgkin: AIP Emilio Segre Visual Archives, Physics Today Collection.

Max Perutz: © Österreichische Nationalbibliothek Vienna: Pf 31.108:D(1)

John Kendrew: European Molecular Biology Laboratory, Heidelberg, Germany.

Osamu Shimomura: Photo courtesy of Nagasaki University.

Gerd Binnig: Courtesy for Definiens AG, München, Germany.

Heinrich Rohrer: © IBM Research – Zurich.

Charles Townes: Courtesy of Professor Charles Townes.

Edward Purcell: National Archives and Records Administration, courtesy AIP Emilio Segre Visual Archives.

Felix Bloch: Stanford News Service

Richard Ernst: ETH-Bibliothek Zurich, Image Archive

Paul Lauterbur: AIP Emilio Segre Visual Archives

Koichi Tanaka: Photo courtesy of Shimadzu Corporation.

John Pople: AIP Emilio Segre Visual Archives, Physics Today Collection

Walter Kohn: Courtesy of Professor Walter Kohn.

Ilya Prigogine: Courtesy of The Center for Complex Quantum Systems, Department of Physics, The University of Texas at Austin. With kind permission of Maryna Prigogine.

Paul Flory: Chuck Painter / Stanford News Service

Henry Taube: University of Saskatchewan Archives, A-8703

George Olah: Courtesy of Professor George A. Olah.

Manfred Eigen: Max-Planck-Gesellschaft.

George Porter: Reproduced courtesy of the Library of the Royal Society of Chemistry

Dudley Herschbach : AIP Emilio Segre Visual Archives, W. F. Meggers Gallery of Nobel Laureates.

Yuan Lee: Photo: The International Council for Science

John Polanyi: Courtesy of Professor John Polanyi.

Ahmed Zewail: AIP Emilio Segre Visual Archives, Physics Today Collection.

Kenichi Fukui: Photo courtesy of Fukui Institute for Fundamental Chemistry, Kyoto University.

Roald Hoffmann: AIP Emilio Segre Visual Archives, Physics Today Collection.

Rudolf Marcus: AIP Emilio Segre Visual Archives.

Gerhard Ertl : Fritz-Haber-Institut

Geoffrey Wilkinson: © Liam Woon / National Portrait Gallery, London

Ernst Fischer: Technische Universität München

Karl Ziegler: Archives of the Max Planck Societey, Berlin.

Giulio Natta: Photo courtesy: Giulio Natta Archive.

Herbert Brown: Purdue University, Department of Chemistry

William Knowles: © 2005 National Academy of Sciences, U.S.A. PNAS is not responsible for the accuracy of this translation..

Ryoji Noyori: Photo courtesy of RIKEN.

Yves Chauvin: Reuters/ Aflo

Richard Heck: © The Nobel Foundation. Photo: Ulla Montan.

Eiichi Negishi: © The Nobel Foundation. Photo: Ulla Montan.

Akira Suzuki: © The Nobel Foundation. Photo: Ulla Montan.

Elias Corey: AP/ Aflo

Charles Pedersen: Photo courtesy of E. I. du Pont de Nemours and Company

Jean-Marie Lehn: Courtesy of Professor Jean-Marie Lehn

Donald Cram: UCLA Photography

Robert Curl: Photo: Thomas LaVerne

Harold Kroto: Photo: Margaret Kroto

Richard Smalley: AIP Emilio Segre Visual Archives, Physics Today Collection

Hideki Shirakawa: Photo Courtesy of University of Tsukuba.

Alan Heeger: Courtesy of Professor Alan Heeger.

Johannes Bednorz: © IBM Research-Zurich

Karl Alexander Müller : © IBM Research-Zurich

Paul Crutzen: Max-Planck-Gesellschaft

Sherwood Rowland: AIP Emilio Segre Visual Archives, Physics Today Collection.

专栏17: PDBID: 4INS. E.N. Baker, T.L. Blundell, J.F. Cutfield, S.M. Cutfield, E.J. Dodson,

G.G.Dodson, D.M. Hodgkin, R.E. Hubbard, N.W. Isaacs, C.D. Reynolds, K. Sakabe, N. Sakabe, N.M. Vijayan (1988) The structure of 2Zn pig insulin crystals at 1.5 A resolution. Philos.Trans.R.Soc. London,Ser.B 319: 369–456.

专栏18: PDBID: 1GFL. F. Yang, L.G. Moss, G.N. Phillips Jr. (1996) The molecular structure of green fluorescent protein. Nat.Biotechnol. 14: 1246–1251.

专栏19: Reprinted by permission from Macmillan Publishers Ltd: Lauterbur PC. Image Formation by Induced Local Interactions: Examples Employing Nuclear Magnetic Resonance. Nature 242; 1973: 190–191. Copyright ©1973.

专栏20: Courtesy of Harvard University Archives.

第6章

主题图: Courtesy of Masami Saitoh.

图6.2: Reprinted by permission from Macmillan Publishers Ltd: Franklin R, Gosling RG. Molecular Configuration in Sodium Thymonucleate. Nature 171; 1953: 740–741.

图6.3: Reprinted by permission from Macmillan Publishers Ltd: Watson JD, Crick FHC. Genetical Implications of the structure of Deoxyribonucleic Acid. Nature 171; 1953: 964–967.

图6.5: Science Photo Library/ Aflo

图6.11: Reprinted from FEBS Lett., 579(4), Boeger H, Bushnell DA, Davis R, Griesenbeck J, Lorch Y, Strattan JS, Westover KD, Kornberg RD, Structural basis of eukaryotic gene transcription, 899–903, Copyright 2005, with permission from Elsevier.

图6.12 : Voet, Biochemistry, 3rd Ed., Wiley, p.1313.

图6.13: Reprinted from Cell, 107(5), Harms J, Schluenzen F, Zarivach R, Bashan A, Gat S, Agmon I, Bartels H, Franceschi F, Yonath A, High resolution structure of the large ribosomal subunit from a mesophilic eubacterium, 679–688, Copyright 2001, with permission from Elsevier.

Reprinted from Cell, 102(5), Schluenzen F, Tocilj A, Zarivach R, Harms J, Gluehmann M, Janell D, Bashan A, Bartels H, Agmon I, Franceschi F, Yonath A, Structure of Functionally Activated Small Ribosomal Subunit at 3.3 Å Resolution, 615–623, Copyright 2000, with permission from Elsevier.

图6.14: Prepared with Jmol: an open-source Java viewer for chemical structures in 3D. http://www.jmol.org/ (PDBID:5LYZ)

图6.16: Science Photo Library/ Aflo

图6.22 : Based on Voet, Biochemistry, 3rd Ed., Wiley, p.881, fig. 24–12.

图6.24: PBD ID: 3SN6

Crystal structure of the β2 adrenergic receptor—Gs protein complex. Rasmussen, S.G., DeVree, B.T., Zou, Y., Kruse, A.C., Chung, K.Y., Kobilka, T.S., et.al, (2011) Nature 477: 549–555.

Oswald Avery: Courtesy of the Rockefeller University.

Maurice Wilkins: © National Portrait Gallery, London

Rosalind Franklin: Courtesy of Jenifer Glynn, from National Library of Medicine's Profiles in Science.

Francis Crick: Courtesy of the Salk Institute for Biological Studies.

James Watson: HUP Watson, James (2), Harvard University Archives

Arthur Kornberg: Courtesy of Arthur Kornberg, from National Library of Medicine's Profiles in Science.

Frederick Sanger: Courtesy of Genome Research Limited.

Robert Holley: Courtesy of the Salk Institute for Biological Studies.

Francois Jacob: Courtesy of Institut Pasteur.

Jacques Monod: Courtesy of Institut Pasteur.

Paul Berg: Courtesy of National Library of Medicine's Profiles in Science.

Roger Kornberg: Courtesy of Professor Roger Kornberg.

Ada Yonath: © Nobel Foundation. Photo: Ulla Montan.

Thomas Steitz: © The Nobel Foundation. Photo: Ulla Montan.

Venkatraman Ramakrishnan: © The Nobel Foundation. Photo: Ulla Montan.

Thomas Cech: Photo: University of Colorado, Glenn Asakawa

Sidney Altman: Photo: Michael Marsland, Yale University

Jens Skou: Photo: Lars Kruse, Aarhus University

Peter Mitchell: AP/ Aflo

Melvin Calvin: Berkeley Lab

Hartmut Michel: Max-Planck-Gesellschaft

Susumu Tonegawa: Photo courtesy of RIKEN.

专栏22: Science & Society Picture Library/ Aflo

专栏23: Courtesy of Nancy Cosgrove Mullis.

专栏24 : ZUMA Press/ Aflo

专栏25 (p.437): © The Francis Frith Collection

专栏25 (p.438): Based on K. Miura, "Noberusho no Hasso" Asahi Sinbunsha, 1985, p.108.

第7章

主题图: With kind permission of IUPAC.

图7.1: © ® The Nobel Foundation. Photo: Lovisa Engblom.

图7.2: Reprinted with permission from Beyond the Molecular Frontier: Challenges for Chemistry and Chemical Engineering, 2003 by the National Academy of Sciences, Courtesy of the National Academies Press, Washington, D.C.

图7.3: With kind permission of IUPAC.